Kennbuchstaben für elektrische Objekte

Kennbuchstabe	Aufgabe bzw. Zweck des Objektes	Schlagwort	Beispiele elektrischer Objekte (Betriebsmittel)
A	Mehrere Aufgaben oder Zwecke (keine Haupteigenschaft)	**Keine Hauptaufgabe**	Stromkreisverteiler A1 Schaltschrank A2 Hausanschlusskasten A3
B	Umwandeln einer physikalischen Eigenschaft in ein Signal	**Umwandlung in Signal**	Mikrofon B1 Stromwandler B2 Drucksensor B3 Grenztaster B4
C	Speichern von Material, Energie, Information	**Speichern**	Kondensator C1 Batterie C2 Warmwasserspeicher C3
E	Bereitstellung von Strahlung oder Wärmeenergie	**Bereitstellen von Wärme**	Kühlschrank E1 Infrarotstrahler E2 Leuchten E3
F	Direkter Schutz von Energie- oder Signalfluss für Personen oder Sachen	**Schutz**	Sicherung F1 Leitungsschutz-Schalter F2 RCD F3 Motorschutzrelais F4
G	Initiieren von Energie-, Material- bzw. Signalfluss	**Initiieren von Energie**	Generator G1 Solarzelle G2 Ventilator G3 Elektro-chem. Element G4
K	Verarbeiten von Signalen bzw. Informationen	**Verarbeiten von Signalen**	UND-Baustein K1 Hilfsschütz K2 Schaltrelais K3 Zeitrelais K4
M	Bereitstellung mechanischer Energie zu Antriebszwecken	**Mechanische Energie**	Motor M1 Betätigungsspule M2
P	Darstellen von Information	**Darstellen von Information**	Messgerät P1 Lautsprecher P2 Hupe P3 Signalleuchte P4
Q	Kontrolliertes Schalten oder Variieren von Energie-, Signal- bzw. Materialfluss	**Schalten von Energie**	Installationsschalter Q1 Hauptschütz Q2 Leistungsschalter Q3 Stromstoßschalter Q4
R	Begrenzen bzw. Stabilisieren von Bewegung, Energie-, Informations- bzw. Materialfluss	**Begrenzen**	Diode R1 Widerstand R2 Bremse R3 Regler R4
S	Umwandeln von manueller Betätigung in ein Signal	**Umwandeln in Signale**	Tastatur S1 Steuerschalter S2 Tastschalter S3
T	Umwandeln von Energie unter Beibehaltung der Energieart oder eines Signals ohne Informationsverlust	**Umwandeln von Energie**	AC/DC-Umformer T1 Transformator T2 Gleichrichter T3 Verstärker T4 Stromwandler T5 Antenne T6
U	Halten von Objekten	**Halten**	Isolator Kabelpritschen
V	Verarbeiten bzw. Behandeln von Materialien	**Verarbeiten von Material**	Geschirrspüler V1 Waschmaschine V2 Staubsauger V3
W	Leiten oder Führen von Energie, Signalen und Materialien	**Leiten**	Kabel W1 Leitung W2 Sammelschiene W3
X	Verbinden von Objekten	**Verbinden**	Steckdose X1 Stecker X2 Klemmleiste X3

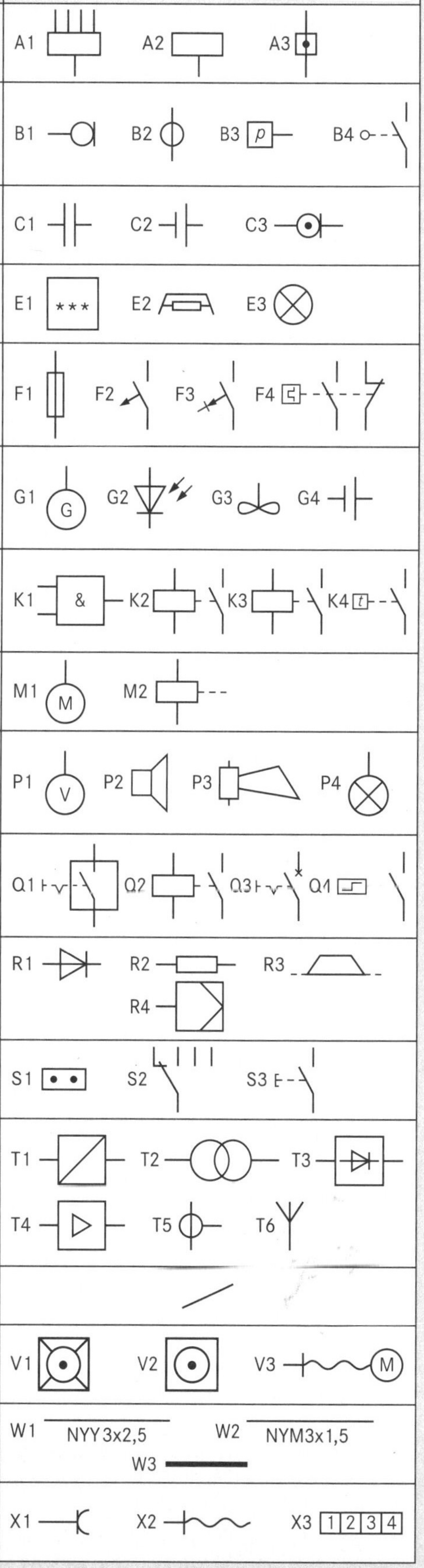

Heinrich Hübscher, Jürgen Klaue, Mario Levy, Dr. Dag Pechtel, Mike Thielert

Elektrotechnik

Grundwissen

Lernfelder 1 – 4

- Elektrotechnische Systeme analysieren
- Elektrische Installationen planen
- Steuerungen analysieren
- Informationstechnische Systeme bereitstellen

westermann

3. Auflage, 2010
Druck 2, Herstellungsjahr 2011

Redaktion:	Armin Kreuzburg, Annette Möhle
Umschlaggestaltung:	boje5, Grafik & Werbung, Braunschweig
Satz und Lay-out:	Fa. Lithos, Dirk Hinrichs, Wolfenbüttel
Druck und Bindung:	westermann druck GmbH, Braunschweig

ISBN 978-3-14-**22 1532**-7

Verteilung der jährlichen Sonnenenergie

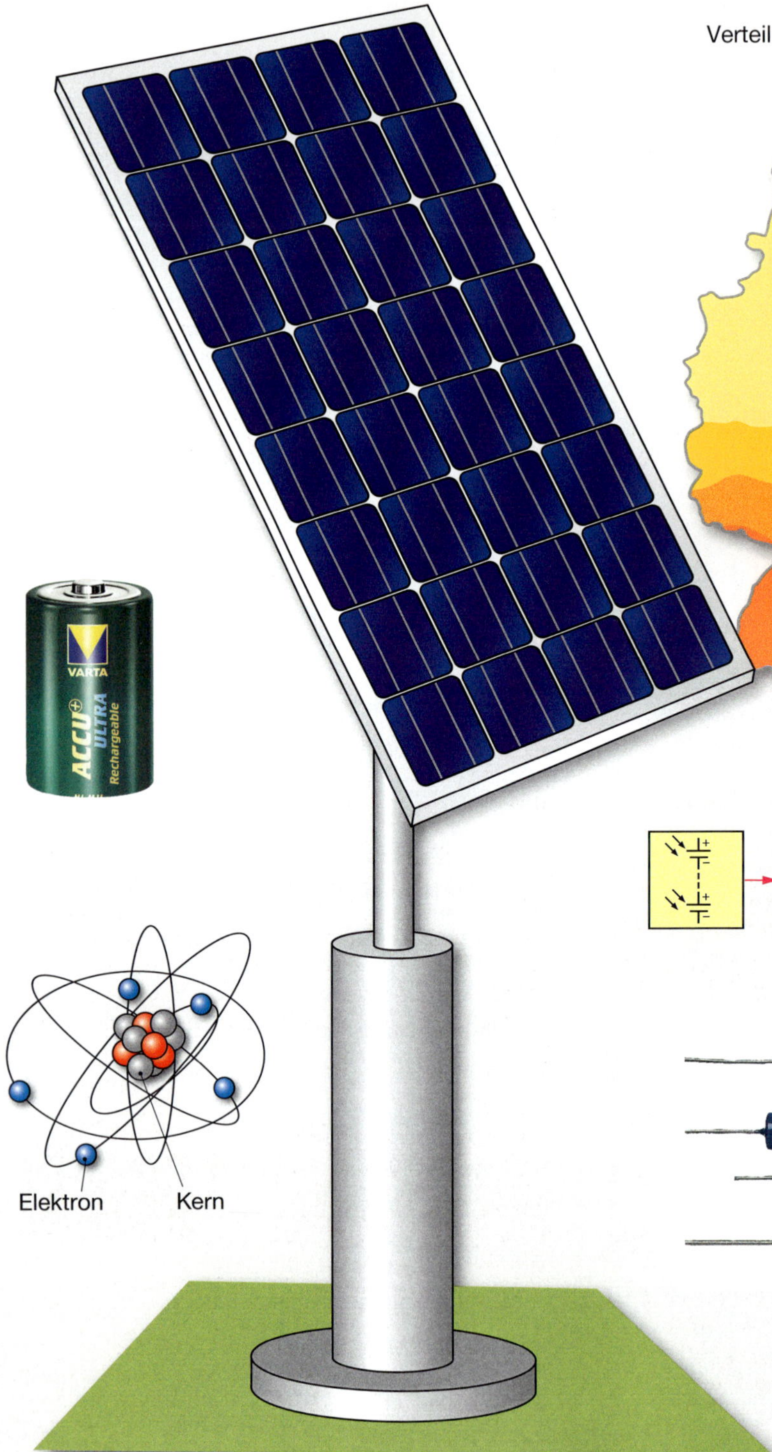

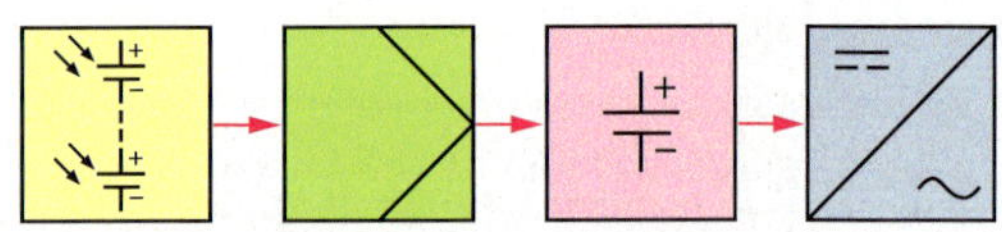

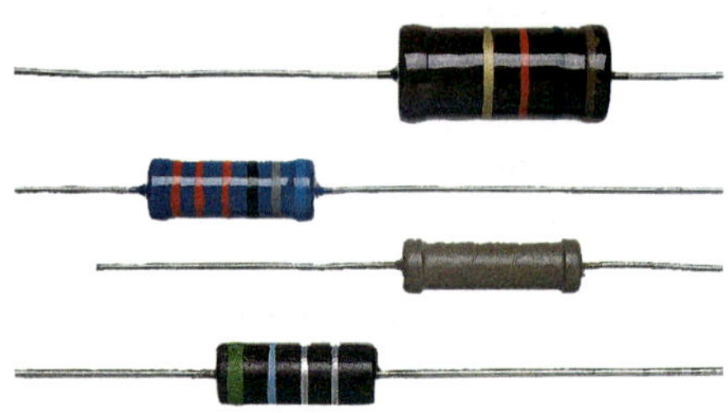

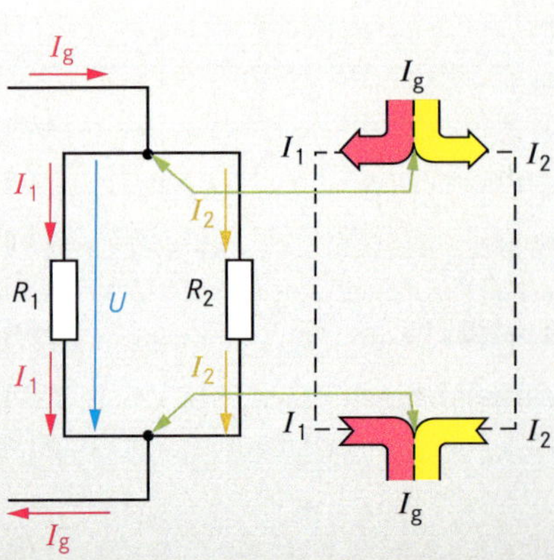

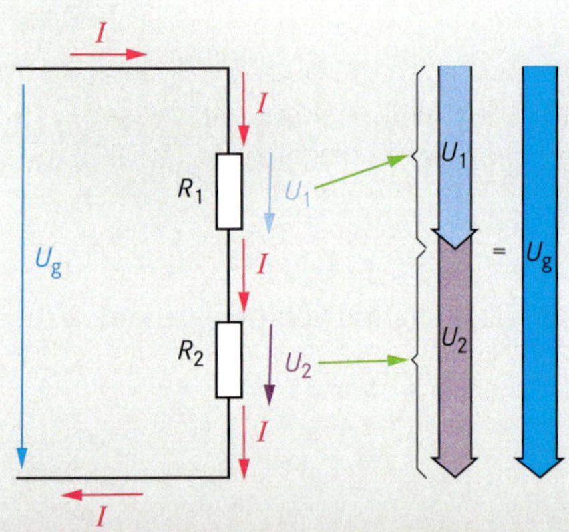

1 Elektrotechnische Systeme analysieren

1.1 Photovoltaik-Anlage

Weil für ein Wochenendgrundstück eine elektrische Energiezuführung über das Leitungsnetz nicht möglich war, wurde von Ihrer Firma eine Photovoltaik-Anlage installiert. An diesem elektrotechnischen System soll jetzt ermittelt werden, welche elektrischen Größen eine Rolle spielen und welche Grundschaltungen vorhanden sind.

Der Hersteller hat die Anlage wie folgt beschrieben:

Netzunabhängige Photovoltaik-Anlagen/ Inselanlagen

Netzunabhängige Photovoltaik-Anlagen (Anlagen im Inselbetrieb) kommen überall dort zum Einsatz, wo keine Anbindung an das öffentliche Energieversorgungsnetz besteht oder eine solche Versorgung nicht erwünscht bzw. unrentabel ist.

Die Anlagen werden so ausgelegt, dass sie in der Zeit des größten Energiebedarfs den maximalen Ertrag liefern. So ist z.B. bei einer schwerpunktmäßigen Nutzung im Winter ein anderer Neigungswinkel der Solarmodule optimal (ca. 65°) als im Sommer (30°).

Um die Energieversorgung auch nachts oder während strahlungsarmen Perioden zu gewährleisten, ist bei Inselanlagen ein Energiespeicher (Akkumulator) erforderlich. Ebenso wird die Installation eines Ladereglers notwendig, um den Akkumulator vor Überladung bzw. Tiefentladung zu schützen.

Sollen durch die Photovoltaik-Anlage auch Geräte versorgt werden, die Wechselspannung benötigen, ist zusätzlich ein Wechselrichter zu installieren.

Die Beschreibung enthält bereits wichtige Informationen über die Funktion und den Aufbau dieses Systems. Grundsätzlich dient es dazu, Sonnenenergie in elektrische Energie umzuwandeln.

Folgende Komponenten werden im Text genannt:
- **Solarmodul** [*solar module*]
- **Laderegler** [*charge controller*]
- **Akkumulator** [*accumulator, storage battery*]
- **Wechselrichter** [*inverter*]

1.1.1 Systemanalyse

Die vier Komponenten der Photovoltaik-Anlage sind kompakte Baugruppen. Sie können nach DIN EN 61346 als **Objekte** [*objects*] bezeichnet werden. Es soll nun geklärt werden, wie diese einzelnen Objekte im System zusammenwirken.

Die Umwandlung der Sonnenergie in elektrische Energie erfolgt im **Solarmodul** (Abb. 1) ①. Den Begriff „Modul" verwendet man, wenn mehrere Elemente - in diesem Fall sind es einzelne Solarzellen - zusammengeschaltet sind (s. Kap. 1.3.3). Die Wirksamkeit wird dadurch vergrößert.

Da auch in Zeiten, in denen die Sonne nicht scheint, elektrische Energie benötigt wird, muss Energie in **Akkumulatoren** ③ (s. Kap. 1.3.2) auf chemischem Wege gespeichert werden. Zwischen dem Solarmodul und dem Akkumulator befindet sich ein **Laderegler** ②. Er enthält elektronische Schaltungen, mit denen die Aufladung überwacht und optimiert wird.

Akkumulatoren geben an ihrem Ausgang elektrische Energie in Form einer Gleichspannung ab. Da die Geräte im Haushalt in der Regel eine Wechselspannung von 230 V benötigen (s. Kap. 1.1.3), erfolgt eine Umwandlung in einem **Wechselrichter** ④. Die Abnahme der Spannung erfolgt dann über eine Schalttafel. Auf ihr können Steckdosen, Schutzschalter usw. montiert sein.

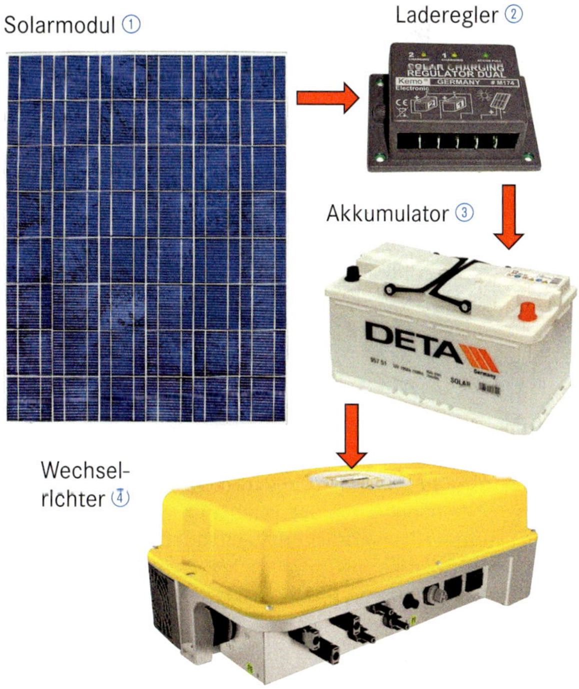

1: Komponenten einer Photovoltaik-Anlage

Was sind elektrotechnische Systeme?

Elektrotechnische Systeme [*electrical systems*]

- besitzen Ein- und Ausgänge (die Ausgangsgrößen sind von den Eingangsgrößen abhängig),
- haben eine Funktion bzw. Aufgabe und
- lassen sich in technische Objekte zerlegen, die in einem bestimmten Zusammenhang stehen.

Neben dieser Funktionssicht können Systeme auch aus der Sicht des Produktes oder des jeweiligen Ortes dokumentiert werden.

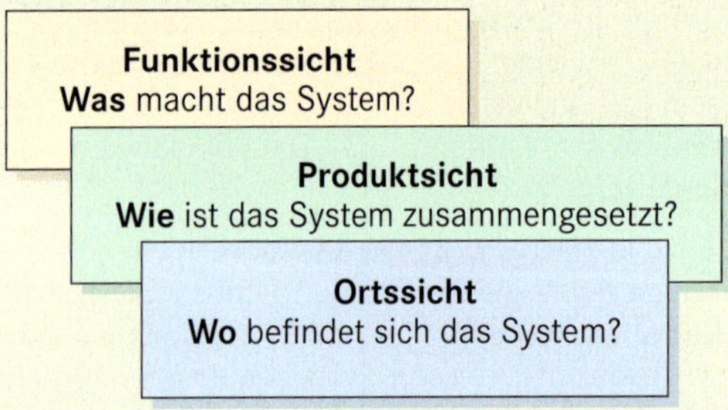

Elektrotechnische Systeme lassen sich unterschiedlich dokumentieren. In der Herstellerunterlage auf der vorigen Seite wurde z.B. die Photovoltaik-Anlage mit Worten beschrieben. Dieser Text reicht für Anwender bzw. Käufer aus.

Für Elektrofachleute sind diese Informationen nicht ausreichend. Deshalb wurde z.B. in der Abb. 1 auf S. 7 der Energiefluss zwischen den einzelnen Objekten zusätzlich durch Pfeile eingezeichnet. Auf diese Weise ist die Wirkrichtung zwischen den Objekten erkennbar. Sie geht vom Solarmodul bis hin zum Wechselrichter.

In der Elektrotechnik werden häufig **Schaltpläne** [*circuit diagrams*] verwendet, mit denen man die Funktion der Systeme dokumentiert (Funktionssicht). Man erkennt aber an den Symbolen nicht, wie das System, das Teilsystem oder das Bauteil tatsächlich aussieht. Durch die Verwendung genormter Symbole (**Schaltzeichen** [*graphical symbols*]) wird jedoch für Fachleute sofort deutlich, welche Funktion sich hinter dem Symbol verbirgt. Als Beispiel dazu dient die Photovoltaik-Anlage in Abb. 1. Dort sind die einzelnen Objekte des Systems durch Schaltzeichen in Blockform dargestellt (**Blockschaltplan** [*block diagram*]).

In der Elektrotechnik können die Objekte in den Plänen zusätzlich durch Buchstaben gekennzeichnet werden (**Kennbuchstaben** [*code letters*]). In Abb. 1 ist z.B. das Solarmodul durch den Buchstaben G gekennzeichnet worden. Damit drückt man nicht die spezielle Funktion des Solarmoduls, sondern lediglich die allgemeine Funktion „Auslösen (Initiieren) eines Energieflusses" aus. In diesem Fall ist es das Sonnenlicht, das einen elektrischen Energiefluss auslöst. Der Kennbuchstabe G wird auch für Netzgeräte, Batterien usw. verwendet.

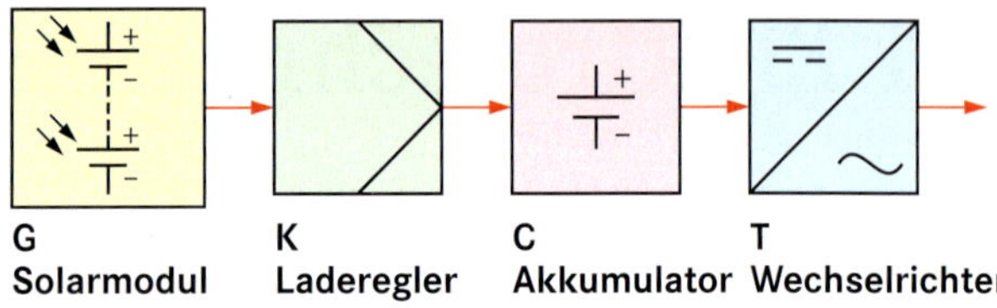

1: Blockschaltbild der Photovoltaik-Anlage

Auch der Kennbuchstabe K kann für verschiedene Bauteile verwendet werden. Er wird z.B. für ein mechanisches Schütz bzw. Relais oder auch für einen Transistor eingesetzt, der als elektronischer Schalter arbeitet. In beiden Fällen findet eine „Verarbeitung von Signalen und Informationen" statt.

Der Akkumulator hat in der Photovoltaik-Anlage eine doppelte Funktion. Er wirkt wie eine Energiequelle, müsste also mit dem Buchstaben G gekennzeichnet werden. Er hat aber auch die Funktion der Energiespeicherung. Seine Kennzeichnung müsste dann durch den Kennbuchstaben C erfolgen. In solchen Fällen muss entschieden werden, welche Hauptfunktion im Plan angegeben werden soll.

Den Kennbuchstaben T benutzt man, wenn in dem Objekt eine Umwandlung der Energie stattfindet und die Energieart unverändert bleibt. Bei der Photovoltaik-Anlage ist es der Wechselrichter, der die Gleichspannung des Akkumulators in Wechselspannung umwandelt.

Kennbuchstabe	Zweck und Aufgabe
C	Speichern von Energie oder Information
G	Initiieren eines Energieflusses
K	Verabeitung von Signalen und Informationen
T	Umwandlung der Energie unter Beibehaltung der Energieart

2: Kennbuchstaben für Objekte

Aufgabe

1. Finden Sie heraus, wodurch beim Dynamo und bei der Brennstoffzelle der elektrische Energiefluss ausgelöst wird und beschreiben Sie die grundsätzliche Funktion der beiden Generatoren.

- Systeme bestehen aus Objekten, die untereinander in Beziehung stehen.
- Systeme lassen sich in Teile (Objekte) untergliedern.
- Objekte eines Systems können durch Kennbuchstaben verdeutlicht werden (Zweck und Funktion).
- Systeme lassen sich aus der Sicht der Funktion, des Produktes oder des Ortes dokumentieren.

1.1.2 Elektrische Größen des Solarmoduls

Das verwendete Solarmodul besteht aus 72 einzelnen Zellen. Sie sind zur Erhöhung der Wirksamkeit zusammengeschaltet (Abb. 3b). Die Eigenschaften dieses Moduls lassen sich durch elektrische Größen kennzeichnen (Kenngrößen). Sie sind in der Tabelle von Abb. 3a aufgeführt. Es sind dies die **Leistung** ① (s. Kap. 1.1.10), **Spannung** ② (s. Kap. 1.1.3) und **Stromstärke** ③ (s. Kap. 1.1.4). Es handelt sich dabei um physikalische Größen, die über Messverfahren eindeutig definiert sind. Sie werden durch Formelzeichen in kursiver (schräger) Schrift abgekürzt.

Maximale Leistung ①	220 W
Stromstärke ②	5,37 A
Spannung ③	41,0 V DC ④

a) Kenngrößen des Solarmoduls

Maßangaben in mm

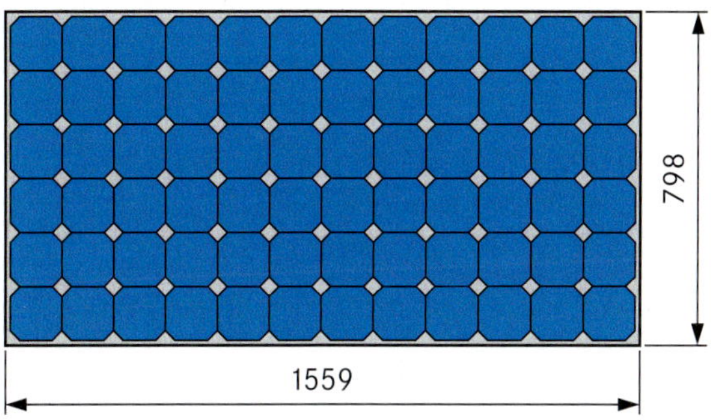

b) Anordnung der einzelnen Solarzellen

3: Daten des Solarmoduls

Wenn man den Wert einer Größe (Größenwert) angeben will, muss man den **Zahlenwert** [*numerical value*] und die dazugehörige **Einheit** [*unit*] nennen, in der diese Größe gemessen wird. Die Zeichen für den Zahlenwert und die dazugehörige Einheit werden im gedruckten Text in senkrechter Schrift gesetzt. Der Zusammenhang zwischen Zahlenwert und Einheit lässt sich durch folgende **Größengleichung** [*quantity equation*] ausdrücken:

Beispiel: Spannung ③

Größenwert	=	**Zahlenwert**	·	**Einheit**
U	=	$\{U\}$	·	$[U]$
U	=	41,0	·	V
Spannung	=	Zahlenwert der Spannung	·	Einheit der Spannung

Die Spannung in der Tabelle von Abb. 3a ist zusätzlich durch die Buchstaben **DC** gekennzeichnet worden ④. Damit drückt man aus, dass es sich um eine Spannung handelt, deren Zahlenwert sich innerhalb einer Zeitspanne nicht ändert. Diese Gleichspannung verursacht dann einen **Gleichstrom** [*Direct Current*].

Daneben gibt es auch Spannungen, deren Zahlenwerte sich ständig ändern (Wechselspannungen). Der Strom wird dann mit **AC** gekennzeichnet [*Alternating Current*].

Basisgrößen und Einheiten

Das physikalische-technische Größensystem basiert auf wenigen voneinander unabhängigen Größen, den **Basisgrößen** [*basic quantities*]. International sind aus den verschiedenen Bereichen der Physik sieben Basisgrößen mit ihren entsprechenden Einheiten festgelegt worden. Sie sind die Grundlage für das **SI-Einheitensystem** (**S**ystème **I**nternational d'Unités, Internationales Einheitensystem).

Für Deutschland ist das SI-Einheitensystem seit dem 2. Juli 1969 durch das „Gesetz über Einheiten und Messwesen" verbindlich.

Größe und Formelzeichen	**Einheitenname und Einheitenzeichen**
Länge l	Meter, 1 m
Masse m	Kilogramm, 1 kg
Zeit t	Sekunde, 1 s
Temperatur T	Kelvin, 1 K
Elektrische Stromstärke I	Ampere, 1 A
Stoffmenge n	Mol, 1 mol
Lichtstärke I	Candela, 1 cd

Die in der Physik und Technik vorkommenden Zahlenwerte können groß, aber auch sehr klein sein. Aus Gründen der Vereinfachung verwendet man **Vorsätze** [*prefixes*] ① mit entsprechenden **Vorsatzzeichen** [*prefix signs*] ②, die einem bestimmten **Faktor** [*factor*] entsprechen ③ (z.B: $10^3 = 1000$; $10^{-3} = 1/1000$).

①	②	③	①	②	③
Pico	**p**	10^{-12}	Deka	**da**	10^1
Nano	**n**	10^{-9}	Hekto	**h**	10^2
Mikro	**µ**	10^{-6}	Kilo	**k**	10^3
Milli	**m**	10^{-3}	Mega	**M**	10^6
Zenti	**c**	10^{-2}	Giga	**G**	10^9
Dezi	**d**	10^{-1}	Tera	**T**	10^{12}

- Wichtige elektrische Größen sind Spannung, Stromstärke und Leistung.
- Eine physikalische Größe besteht aus dem Zahlenwert und der dazugehörigen Einheit.
- Physikalische Größen lassen sich durch Größengleichungen darstellen.
- Gleichstrom kann durch DC und Wechselstrom durch AC gekennzeichnet werden.
- Im SI-Einheitensystem sind als Basis sieben Größen und Einheiten festgelegt.

Kennlinie des Solarmoduls

Um die Arbeitsweise elektrischer Objekte zu veranschaulichen, sind in den Herstellerunterlagen oft Kennlinien in Diagrammform vorhanden. Für das verwendete Solarmodul ist in Abb. 1 beispielhaft eine Kennlinie dargestellt.

Die Kennlinien zeigen das Verhalten des Solarmoduls bei einer bestimmten Sonneneinstrahlung, die als Leistung in Watt (Einheitenzeichen W) pro Fläche (Einheitenzeichen m^2) angegeben wird ①. Sie beträgt 1000 W/m^2.

An den beiden Achsen des Koordinatensystems sind die Stromstärke ② in Abhängigkeit von der Spannung ③ mit entsprechenden Zahlenwerten angegeben.

Es ist bei Diagrammen üblich, dass man an der waagerechten Achse (**Abszisse** [*abscissa*]) die unabhängige Größe und an der senkrechten Achse (**Ordinate** [*ordinate*]) die abhängige Größe darstellt. Damit die Zahlenwerte an den Achsen eindeutig sind, müssen neben der Größe auch die Einheit angegeben werden (z. B. *U* in V oder *U*/V).

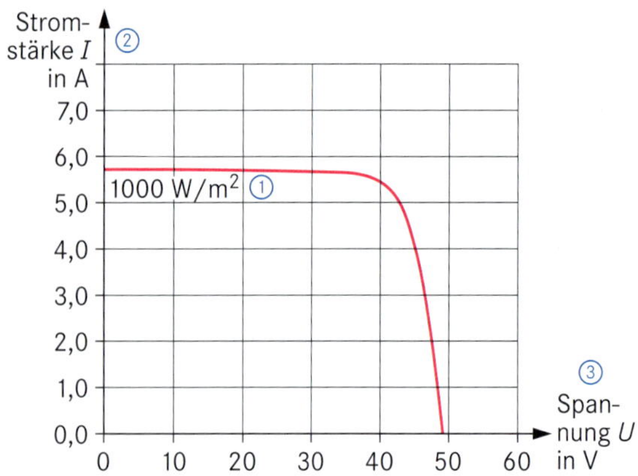

1: Kennlinien eines Solarmoduls

Aufgabe

1. Ermitteln Sie die Größenwerte sowie die Spannungsart (Gleich- bzw. Wechselspannung) für die Betriebsspannungen folgender Geräte bzw. Anlagen: Fernbedienung für Fernsehgerät, Spannungsversorgung im Automobil, Fön, Elektrorasierer, Mobiler Datenspeicher (Smart Media Card), Digitaler Videorecorder.

- Zusammenhänge zwischen elektrischen Größen lassen sich in Form von Kennlinien darstellen.
- In einem Diagramm befindet sich in der Regel an der Abszisse die unabhängige Größe und an der Ordinate die abhängige Größe.

Wie entsteht eine elektrische Spannung?

Auch in der Natur kommen elektrische Spannungen vor, deren gewaltige Entladungen wir in Form von Blitzen erleben.

Aber auch kleinere elektrische Erscheinungen sind seit langem bekannt. Mit einem geriebenen Bernstein konnte man in der Antike kleine Körper auf geheimnisvolle Weise anziehen oder sogar schweben lassen. Diese so genannte **Reibungselektrizität** [*electricity of friction*] wurde noch bis ins 18. Jahrhundert zur Belustigung in Salons der vornehmen Gesellschaft benutzt.

Heute wissen wir, dass für das elektrische Verhalten der Materie die Ladungen der atomaren Bausteine verantwortlich sind.

Was sind Ladungen und woher kommen sie?

Alle Stoffe bestehen aus **Atomen** [*atoms*], die wiederum aus einem **Kern** und einer **Hülle** aufgebaut sind. Im Kern sind positive Kernteilchen vorhanden, die **Protonen** [*protons*] und außerdem neutrale Teilchen, die **Neutronen** [*neutrons*]. In der Hülle befinden sich negative Teilchen, die **Elektronen** [*electrons*].

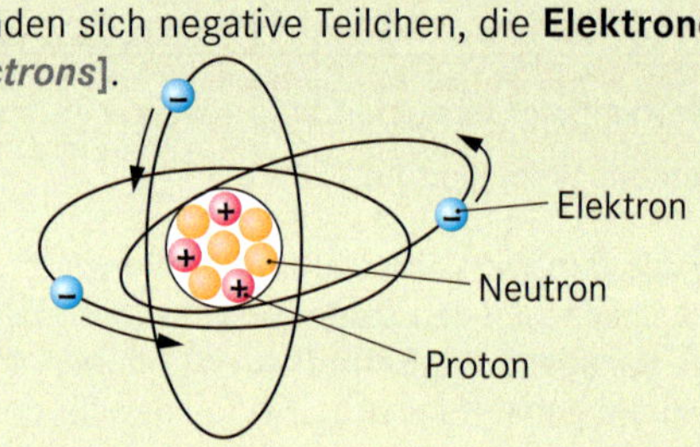

Wenn ein Stoff nicht geladen ist, dann sind gleich viele positive und negative Ladungen vorhanden. Der Stoff ist neutral. Bei einem aufgeladenen Stoff ist das Gleichgewicht gestört. Der Stoff wirkt nach außen positiv, wenn die positiven Ladungen überwiegen. Er ist negativ, wenn die negativen Ladungen überwiegen (**Elektronenüberschuss**).

Die Trennung von Ladungen kann auf einfache Weise durch Reiben eines Kunststoffstabes mit einem Wolltuch hervorgerufen werden. Oft genügt schon ein intensiver Kontakt zwischen den einzelnen Stoffen (z. B. Folien). Daher bezeichnet man diese Ladungstrennung als Reibungselektrizität.

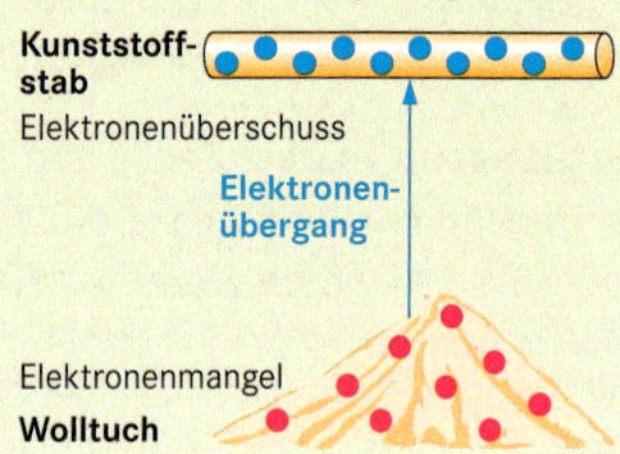

1.1.3 Elektrische Spannung

Der Begriff „Spannung“ wird umgangssprachlich unterschiedlich verwendet. So kann z. B. eine Feder gespannt sein oder man ist selbst gespannt, wie ein Fußballspiel enden wird. In allen Fällen handelt es sich um einen besonderen Zustand, der nach „Entspannung“ strebt.

Auch mit dem Begriff „elektrische Spannung“ kennzeichnet man einen besonderen Zustand, allerdings den einer elektrische Energiequelle. Dort wird durch Ladungstrennung (s. S. 10, rechte Spalte) eine elektrische Spannung hervorgerufen und ständig aufrecht gehalten. Diese Quellen werden deshalb als **Spannungsquellen** [*voltage sources*] bezeichnet. Auch das Solarmodul ist eine Spannungsquelle.

In der Photovoltaik-Anlage werden Akkumulatoren als Spannungsquellen verwendet, bei denen die elektrische Spannung durch chemische Prozesse entsteht (s. Kap. 1.3.2). Man bezeichnet sie deshalb auch als elektrochemische Spannungsquellen.

Bei der Photovoltaik-Anlage werden die Akkumulatoren (s. Kap. 1.3.2) zur Energiespeicherung benutzt. Sie besitzen zwei Pole, die durch Plus (+) und Minus (–) gekennzeichnet sind. Die Unterschiede sind in Abb. 2 vereinfacht dargestellt. Verbindet man diese beiden Pole z. B. mit einer Glühlampe, dann gleichen sich die Ladungen aus. Die beweglichen Ladungen sind Elektronen. Sie wandern außerhalb der Quelle vom **Minuspol** [*negative pole*] zum **Pluspol** [*positive pole*]. Es fließt ein elektrischer Strom (s. Kap. 1.1.4). Dies geschieht in elektrochemischen Spannungsquellen so lange, bis die chemischen Substanzen in der Quelle vollständig umgewandelt sind.

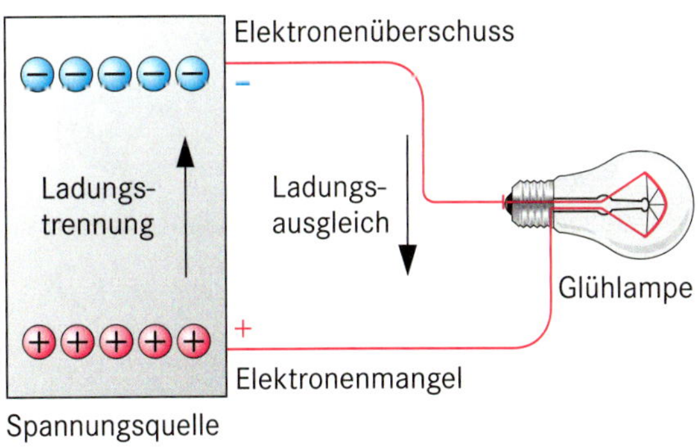

2: Spannungsquelle und Ladungsausgleich

Damit elektrische Geräte einwandfrei arbeiten können, muss die Spannungsquelle eine Spannung liefern, die das Gerät zum Funktionieren benötigt. Die von der Quelle gelieferte Spannung muss also mit der für das Gerät erforderlichen Spannung übereinstimmen (Abb. 3). Die Quellenspannung wird deshalb auch als Versorgungsspannung oder **Bemessungsspannung** [*rated voltage*] bezeichnet. Mitunter wird nicht ein einzelner Wert, sondern ein Spannungsbereich angegeben (z. B. Netzteil 100 V bis 240 V AC).

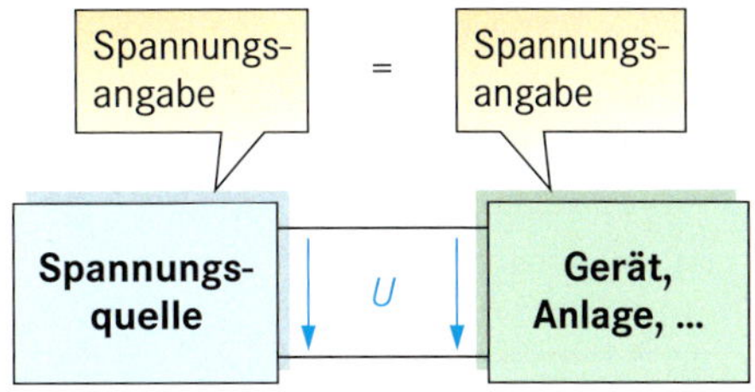

3: Spannungsquellen und Geräte

In elektrotechnischen Plänen können Spannungen durch Pfeile gekennzeichnet werden (Abb. 3). Sie geben die Polarität zwischen zwei Punkten der Schaltung (Leitungen, Klemmen, Anschlüsse usw.) an und gehen definitionsgemäß vom Pluspol (Elektronenmangel) zum Minuspol (Elektronenüberschuss).

Die elektrische Spannung kürzt man durch das Formelzeichen U ab. Als Einheit wird **Volt** [*volt*] verwendet (Alessandro Volta, italienischer Physiker, 1745-1827).

Elektrische Spannung	Formelzeichen	Einheit
	U	V (Volt)

Der Zahlenwert sagt etwas über die Wirksamkeit der Quelle aus. So ist z. B. die Netzspannung von 230 V, die am Ausgang des Wechselrichters der Solaranlage zur Verfügung steht, erheblich wirkungsvoller als die Spannung von 12 V bei einem Klingeltransformator.

Um große und kleine Spannungen übersichtlich darstellen zu können, verwendet man Vorsätze mit entsprechenden Vorsatzzeichen (s. Abb. 4 und Kap. 1.1.2).

1 GV	1 Gigavolt	1 000 000 000 V = $1 \cdot 10^9$ V
1 MV	1 Megavolt	1 000 000 V = $1 \cdot 10^6$ V
1 kV	1 Kilovolt	1 000 V = $1 \cdot 10^3$ V
1 mV	1 Millivolt	0,001 V = $1 \cdot 10^{-3}$ V
1 µV	1 Mikrovolt	0,000 001 V = $1 \cdot 10^{-6}$ V

4: Spannungsangaben mit Vorsätzen

- In Spannungsquellen werden Ladungen voneinander getrennt.
- Die Pole einer Gleichspannungsquelle unterscheiden sich durch Elektronenmangel (Pluspol) und Elektronenüberschuss (Minuspol).
- Damit elektrische Geräte einwandfrei funktionieren, muss die Spannung bzw. der Spannungsbereich der Quelle mit der Bemessungsspannung des Gerätes übereinstimmen.
- Spannungspfeile gehen vom Plus- zum Minuspol.
- Zur Kennzeichnung kleiner bzw. großer Größen verwendet man Vorsätze mit entsprechenden Vorsatzzeichen, die bestimmten Faktoren entsprechen.

Wie lassen sich Ladungen nachweisen?

Benutzt wird dazu ein **Elektroskop** *[electroscope]*, bei dem mit einer negativ aufgeladenen Kugel der oben angebrachte Teller berührt wird. Dabei stellt man fest, dass der bewegliche Zeiger ausschlägt. Gleichartige Ladungen stoßen sich also ab. Das gleiche Ergebnis erhält man mit positiven Ladungen.

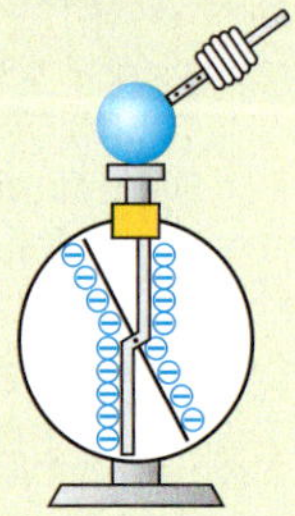

Zur Messung der **Ladung** *[charge]* (Formelzeichen ***Q***) ist eine Einheit notwendig. Sie wird zu Ehren des Physikers Charles Augustin Coulomb (1736 - 1806) mit 1 **Coulomb** (Einheitenzeichen **C**) festgelegt.

Für die Ladung von 1 Coulomb werden $6{,}25 \cdot 10^{18}$ Elektronen benötigt. Diese Zahl ist unvorstellbar groß.

In Spannungsquellen sind oder werden Ladungen ständig voneinander getrennt. Dazu ist Arbeit erforderlich, die auf unterschiedlichste Weise aufgebracht wird.

- Batterie, Akkumulator: Elektrochemische Prozesse
- Solarzelle: Licht (Ladungstrennung im Halbleiter)
- Generator: Bewegung von Spulen im Magnetfeld

Model zur Spannungserzeugung

Das Prinzip der Spannungserzeugung soll mit einem einfachen Modell erklärt werden, das aus zwei unterschiedlich aufgeladenen Platten besteht.

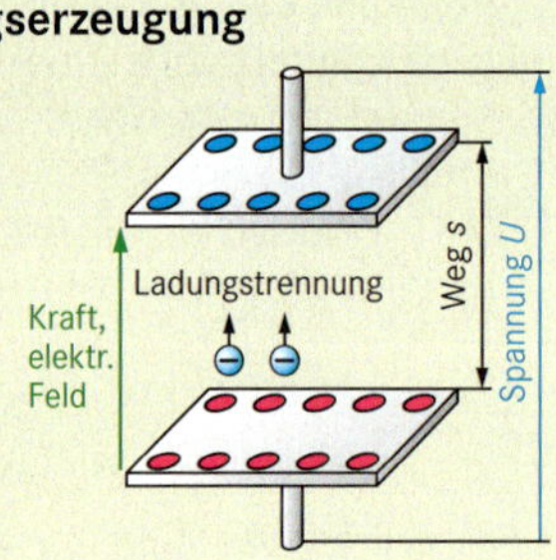

Um weitere Ladungen zu trennen, ist Arbeit erforderlich, da Abstoßungskräfte *F* überwunden werden müssen. Bei einer Verdopplung der Ladung *Q* würde man auch eine doppelt so große Trennungsarbeit (*W*) aufbringen müssen. Trennungsarbeit und Ladung steigen im gleichen Verhältnis (proportional). Bildet man aus *W* und *Q* das Verhältnis *W*/*Q*, ergibt sich eine Konstante. Diese wird als elektrische Spannung bezeichnet. Sie lässt sich durch folgende Formel ausdrücken:

$$\textbf{Spannung} = \frac{\textbf{Arbeit}}{\textbf{Ladung}} \qquad \boxed{U = \frac{W}{Q}} \qquad W = F \cdot s$$

Zu Ehren des italienischen Physikers Alessandro Volta (1745 - 1827) wird als Einheit das Volt verwendet. Die Einheit für die Arbeit ist 1 Newtonmeter, so dass sich die folgende Einheitengleichung ergibt:

$$1\,\text{V} = \frac{1\,\text{Nm}}{1\,\text{C}}$$

Spannungsarten

In der Photovoltaik-Anlage (s. Kap. 1.1.1) kommen zwei Arten von Spannungen vor, Gleich- und Wechselspannungen (Abb. 1). Das Solarmodul und der Akkumulator geben eine Gleichspannung ab. Die Polarität an den Klemmen ist immer gleich (Plus- und Minuspol). Danach erfolgt mit dem Wechselrichter eine Umwandlung der Gleich- in eine Wechselspannung.

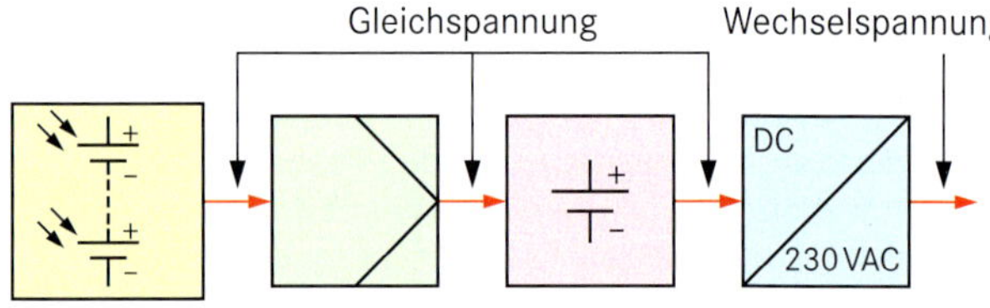

1: Spannungsarten in der Photovoltaik-Anlage

Elektrochemische Spannungsquellen geben Gleichspannungen ab. Man muss dabei zwischen wiederaufladbaren (Akkumulatoren, **Sekundärelementen** *[electric storage batteries]*) und nicht wiederaufladbaren Quellen (**Primärelementen** *[primary cells]*, Abb. 2 und s. Kap. 1.3.2) unterscheiden.

Altbatterien
gehören in die dafür vorgesehenen Altbatteriesammelbehälter und
nicht in den Hausmüll!

Die in halbfester Form vorhandenen Säuren und Laugen sowie Schwermetallverbindungen (z.B. Manganoxid, Zinksulfat) sind eine Gefährdung des Grundwassers!

Umwelt schützen!

2: Elektrochemische Spannungsquellen

Im Gegensatz dazu ist die Spannung, die von Kraftwerken erzeugt und über Hochspannungsleitungen bis in unsere Wohnungen für die häusliche Energieversorgung gelangt, eine **Wechselspannung** *[alternating voltage]* (Abb. 3).

An den Anschlüssen einer Wechselspannungsquelle ändert sich die Polarität ständig. In Abb. 3 steigt beispielsweise der Zahlenwert der Spannung von Null beginnend, erreicht einen positiven Höchstwert, sinkt bis auf Null, erreicht einen negativen Höchstwert usw.

Würde diese Änderung langsam geschehen, müsste sich bei einem Gleichspannungs-Messinstrument mit einem Zeiger, der Zeiger ständig hin- und herbewegen. Bei der Netzwechselspannung geschieht dies jedoch 50-mal in der Sekunde, so dass diese Instrumente für eine Darstellung der Spannung zu träge sind.

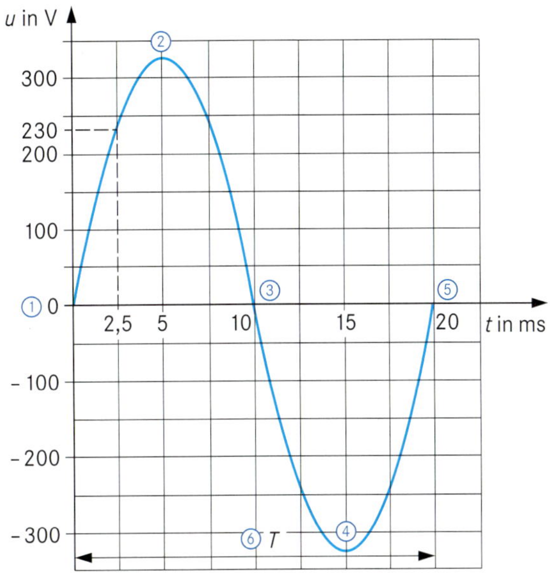

3: Liniendiagramm einer Wechselspannung

Für die Darstellung des Verlaufs von Wechselspannungen benutzt man deshalb ein **Oszilloskop** [*oscilloscope*] (s. rechte Spalte).

Der Kurvenverlauf wird als **Sinuskurve** [*sine curve*] bezeichnet. Sie ist in Abb. 3 als Linienverlauf (**Liniendiagramm** [*line diagram*]) dargestellt und besitzt folgende Merkmale:

- Nulldurchgänge ①, ③, ⑤
- Positiver Maximalwert (positive **Amplitude** [*amplitude*]): $+\hat{u}$ ② (sprich: u-Dach)
- Negativer Maximalwert ④ (negative Amplitude): $-\hat{u}$
- **Periodendauer *T*** [*period time*] ⑥

Die Periodendauer ist die Zeit, die für eine vollständige Schwingung benötigt wird. In der Regel wird aber nicht die Periodendauer, sondern die **Frequenz *f*** [*frequency*] zur Kennzeichnung von Wechselspannungen verwendet. Sie gibt an, wie viele Schwingungen in einer Sekunde ablaufen. Als Einheit wird Hertz (Hz) benutzt.

Folgender Zusammenhang zwischen Frequenz und Periodendauer ergibt sich dann:

$$\textbf{Frequenz} = \frac{\textbf{Anzahl der Perioden}}{\textbf{Zeit für diese Perioden}}$$

$$f = \frac{1}{T} \qquad 1\ \text{Hz} = \frac{1}{\text{s}} = \text{s}^{-1}$$

	Formelzeichen	Einheit
Frequenz	*f*	Hz (Hertz)

Messen mit dem Oszilloskop

Beim Oszilloskop wird auf dem Display jeder augenblickliche Wert der Spannung (**Augenblickswert** [*instantaneous value*]) in senkrechter (vertikaler) Richtung abgebildet. Die Einstellung des Maßstabes geschieht mit einem Steller mit 10 V/cm ①. Verwendet wird auch die Angabe 10 V/Div bzw. 10 V/div. Mit der Bezeichnung „Div" kennzeichnet man die Rastereinheit auf dem Bildschirm des Oszilloskops (Divit: Teil).

Der positive Maximalwert ② der Spannung lässt sich dann wie folgt berechnen:

3 cm · 10 V/cm = 30 V

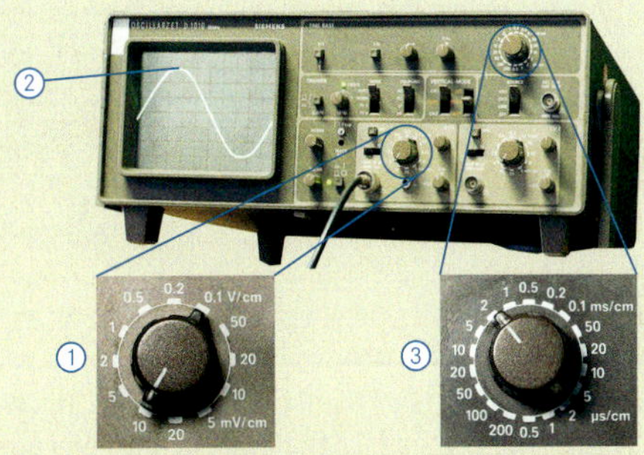

Zusätzlich zu dieser vertikalen Darstellung wird die horizontale (waagerechte) Position der Spannung ermittelt und abgebildet, so dass der zeitliche Verlauf (**Zeitablenkung** [*time base sweep*]) der Spannung erkennbar wird. Es entsteht ein ruhendes Bild. Mit einem Steller (Timebase-Steller) kann die Zeitablenkung eingestellt werden. Bei dem abgebildeten Oszilloskop beträgt sie z. B. 2 ms/cm ③ (oder auch 2 ms/Div). Je nach Einstellung ergeben sich eine oder mehrere Schwingungen.

Aufgabe

1. Lesen Sie aus dem Diagramm (Abb. 3) die Spannung bei 7,5 ms und bei 17,5 ms ab. Nennen Sie Gemeinsamkeiten bzw. Unterschiede.

- Eine Gleichspannungsquelle liefert eine gleichbleibende Spannung. Die Polarität an den Anschlüssen ändert sich nicht.
- Eine sinusförmige Wechselspannung ändert im Gegensatz zur Gleichspannung ihre Größe und Polarität.
- Eine sinusförmige Wechselspannung wird durch Amplitude und Frequenz gekennzeichnet.
- Die Zeitspanne für die Schwingung einer Wechselspannung bezeichnet man als Periodendauer.
- Mit einem Oszilloskop lassen sich die zeitlichen Verläufe von Spannungen darstellen.

1.1.4 Elektrischer Strom

Der Begriff „Strom“ wird in der Umgangssprache für verschiedene Vorgänge benutzt. Wir sprechen z. B. von einem Fahrzeugstrom auf der Autobahn, von einem Menschenstrom (Abb. 1) oder Flüssigkeitsstrom. Allen diesen Beispielen ist gemeinsam, dass eine Bewegung von Körpern, Flüssigkeiten oder Teilchen in eine bestimmte Richtung stattfindet.

1: Menschenstrom

Was ist elektrischer Strom?

Wenn ein elektrisches Gerät oder eine Anlage „eingeschaltet“ wird, sagen wir oft: „es fließt Strom“. Voraussetzung hierfür ist, dass eine Spannungsquelle und entsprechende Leitungen zum Gerät bzw. der Anlage vorhanden sind sowie ein Schalter betätigt wird. Diese Anordnung nennt man dann einen **Stromkreis** [*electric circuit*].

In Abb. 2 ist ein Stromkreis mit Schaltzeichen dargestellt. Mit Hilfe von Leitern aus Metall (in der Regel Kupfer) wird die elektrische Energie aus der Quelle transportiert und diese anschließend in der Lampe umgewandelt. Dabei fließt der elektrische Strom.

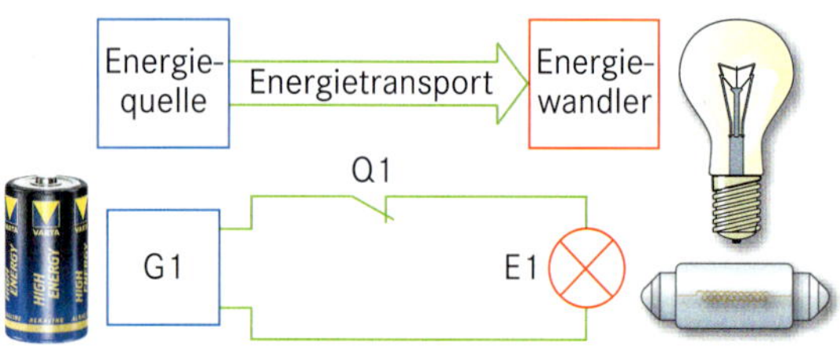

2: Elektrischer Stromkreis

Im elektrischen Stromkreis der Abb. 2 fließt der Strom in metallischen Leitern. Man stellt sich diese Bewegung als eine gerichtete Bewegung von Elektronen vor. Da am Minuspol der Quelle ein Elektronenüberschuss herrscht, bewegen sich im Leiter die Elektronen vom Minuspol zum Pluspol. In Abb. 3 ist dieses modellhaft dargestellt.

- Der elektrische Stromkreis ist ein System, in dem elektrische Energie transportiert und umgewandelt wird.
- Es fließt nur dann ein elektrischer Strom, wenn der Stromkreis geschlossen ist.

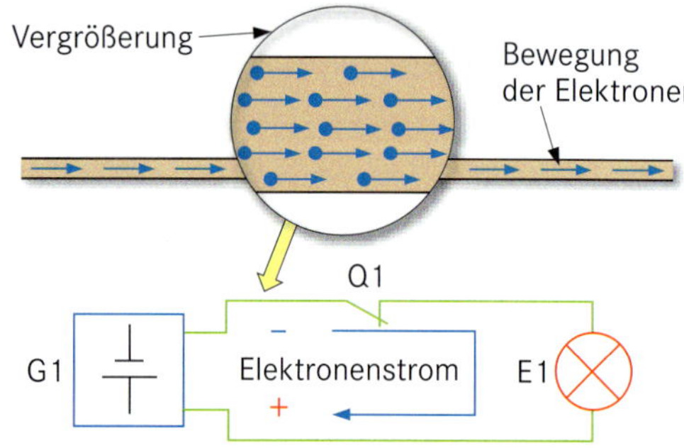

3: Elektrischer Stromfluss als Elektronenbewegung

Wovon hängt die Stärke des Stromes ab?

Die Elektronen besitzen die **Ladung Q** [*charge*] mit der Einheit Coulomb (Einheitenzeichen C). Diese Ladungen bewegen sich in einer bestimmten Zeit durch den Leiterquerschnitt. Da sich innerhalb des Stromkreises die Ladungen nicht ändern – es gehen keine Elektronen „verloren“ oder kommen welche hinzu – ist die Stromstärke überall gleich. Sie wird um so größer, je größer die Zahl der Ladungen und je geringer die Zeit t ist, in der sich die Elektronen durch den Leiterquerschnitt bewegen.

Die Stromstärke wird durch das Formelzeichen I abgekürzt. Als Einheit wurde das **Ampere** [*ampere*] gewählt (Andrè-Marie Ampere, franz. Physiker 1775 - 1836). Damit ergibt sich für 1 Ampere die Einheit 1 Coulomb durch 1 Sekunde.

Fasst man diese Abhängigkeiten zusammen, erhält man folgende Formel für die **elektrische Stromstärke** [*electric current intensity*]:

$$\textbf{Stromstärke } I = \frac{\textbf{Ladung}}{\textbf{Zeit}}$$

$$I = \frac{Q}{t} \qquad 1\,\text{A} = 1\,\frac{\text{C}}{\text{s}}$$

Elektrische Stromstärke	Formelzeichen	Einheit
	I	A (Ampere)

Die Ladung eines einzelnen Elektrons ist sehr klein und beträgt $1{,}6 \cdot 10^{-19}$ C. Sie wird auch als Elementarladung bezeichnet und durch das Formelzeichen e abgekürzt.

Stromrichtung

In technischen Unterlagen ist es mitunter sinnvoll, die Richtung des Stromes anzugeben. Dies geschieht durch einen Pfeil innerhalb oder außerhalb der Leitung bzw. über dem jeweiligen Objekt (Abb. 4). Wenn die Quelle über einen Plus- und Minuspol verfügt, geht der Pfeil (Richtungspfeil) definitionsgemäß vom Pluspol zum Minuspol (technische Stromrichtung). Die Pfeilrichtung sagt nichts über die tatsächliche Elektronenbewegung aus.

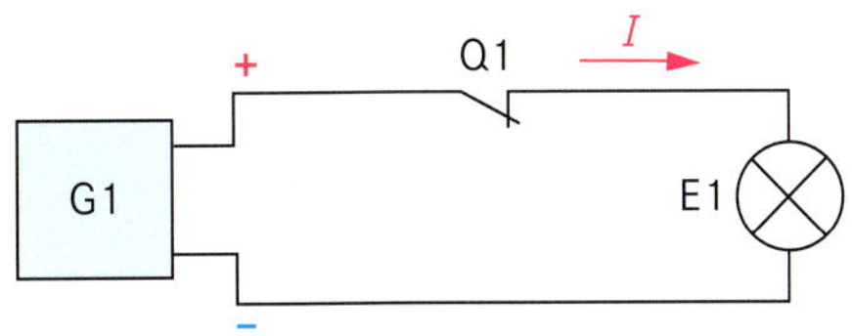

4: Stromrichtung

Stromarten

Entsprechend den Spannungsarten unterscheidet man Gleich- und Wechselstrom. Gleichstromquellen sind Batterien, Akkumulatoren und Energieversorgungen für elektronische Geräte. Zeichen: — oder ⎓

Das Energienetz für die Industrie und Haushalte versorgt uns mit Wechselstrom. Die Stromrichtung ändert sich dabei ständig. Es entstehen gleichgroße positive und negative Anteile (Abb. 5). Zeichen: ~

Wenn der Strom Anteile von Gleich- und Wechselstrom enthält, nennt man ihn **Mischstrom** [UC: *Universal Current*] (Abb. 6). Zeichen: ≂

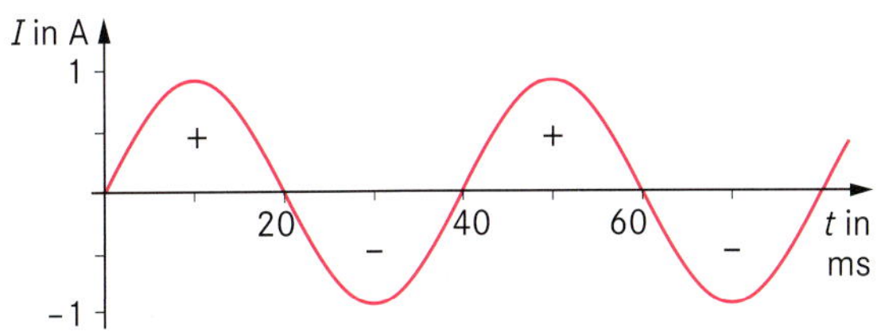

5: Wechselstrom

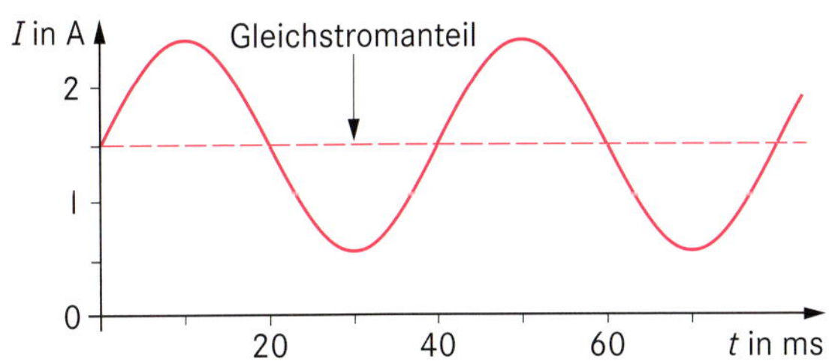

6: Mischstrom

Aufgabe

1. Ermitteln Sie die Stromstärken für folgende Geräte: Taschenlampe, Energiesparlampe 25 W, CD-Player, Staubsauger, Monitor (eventuell technische Unterlagen heranziehen).

- Eine Gleichspannungsquelle liefert eine gleichbleibende Spannung. Die Polarität an den Anschlüssen ändert sich nicht.
- Eine sinusförmige Wechselspannung ändert im Gegensatz zur Gleichspannung Größe und Richtung.

Modellvorstellungen zum elektrischen Strom

Was bewegt sich im **Leiter** [*conductor*]?

Zur Klärung dieser Frage wird der modellhafte Aufbau eines metallischen Leiters betrachtet.

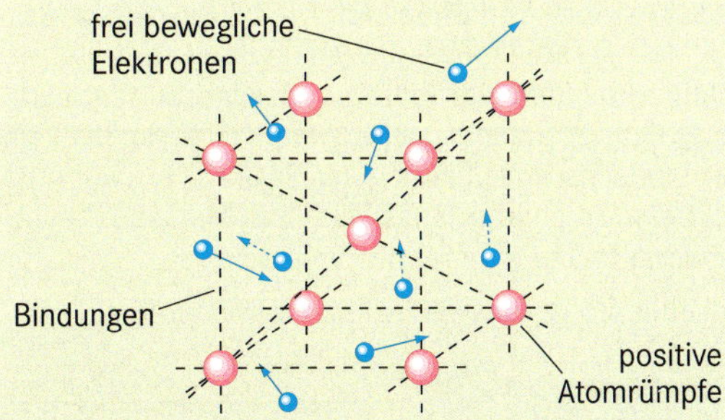

Bei diesem festen Körper befinden sich die Atome an bestimmten Stellen des Raumes (**Kristallgitter** [*crystal lattice*]). Da bei Metallatomen die äußeren Elektronen nicht besonders fest an den Kern gebunden sind, können sie sich im Kristallgitter frei bewegen. Diese Bewegung ist ungeordnet. Erst wenn wie in der folgenden Abbildung eine Spannung anliegt, findet eine gerichtete Bewegung statt. Die Elektronen werden abgestoßen (Minuspol) bzw. angezogen (Pluspol) und es fließt Strom.

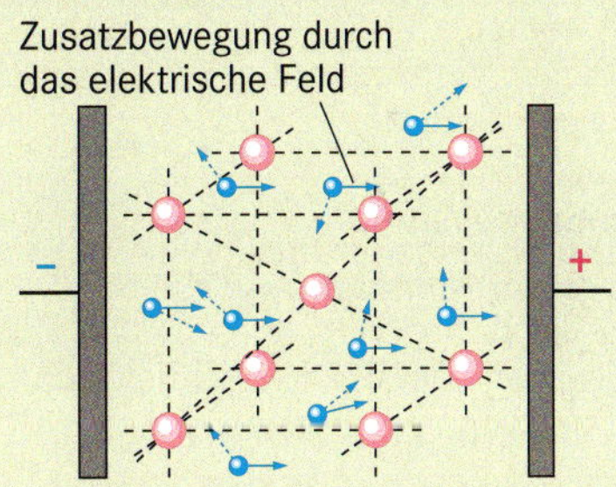

Modell des elektrischen Stromkreises

Der elektrische Stromkreis lässt sich in begrenztem Umfang mit einem Wasserkreislauf vergleichen. Beide besitzen Antriebsquellen (Turbine ≙ Spannungsquelle). Diese sorgen dafür, dass Wasser bzw. Ladungen in einem ständigen Kreislauf transportiert werden. Mit dem Wasserkreislaufmodell können aber nicht die besonderen Wirkungen des elektrischen Stromes erklärt werden (z. B. magnetische Wirkung, Licht).

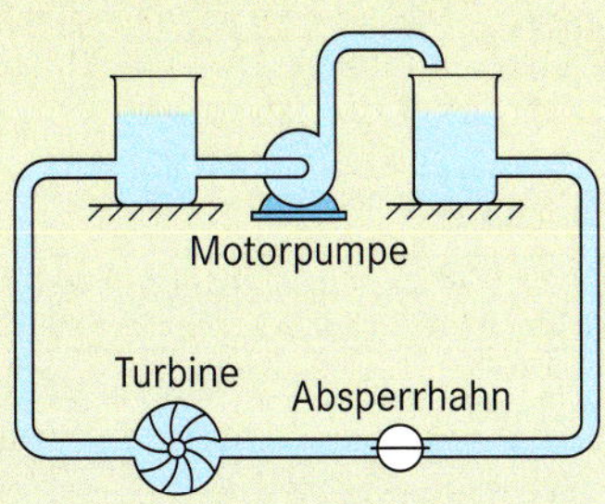

1.1.5 Messen von Spannung und Stromstärke

Spannungsmessung

Als Spannungsquelle wird in Abb. 1 eine elektrochemische Quelle verwendet, an der eine Glühlampe (z. B. Meldelampe) angeschlossen ist. Die Spannung besteht zwischen Plus- und Minuspol. Die beiden Anschlüsse des Messgerätes müssen deshalb direkt mit diesen Polen verbunden werden. Das Messgerät liegt also parallel zur Spannungsquelle. Wenn im Messgerät keine automatische Umschaltung der Polarität erfolgt, müssen beim Geräteanschluss Plus- und Minuspol beachtet werden.

Folgende Vorgehensweise ist dabei sinnvoll:

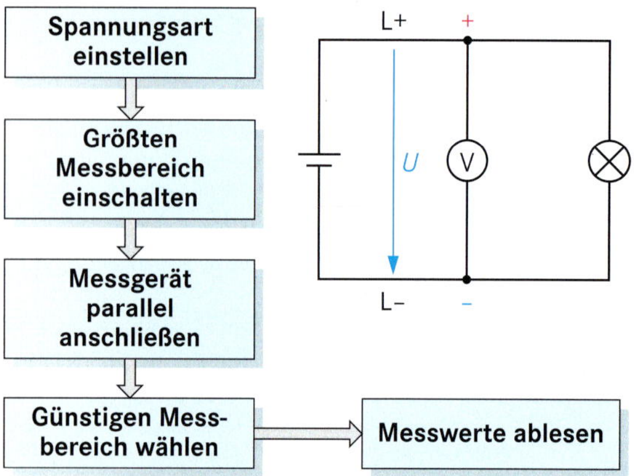

1: Spannungsmessung

Stromstärkenmessung

Da die Stromstärke direkt im Stromkreis gemessen wird, muss dieser unterbrochen und das Messgerät eingefügt werden. Der Strom fließt jetzt durch das Messgerät und kann gemessen werden.

Folgende Vorgehensweise ist dabei sinnvoll:

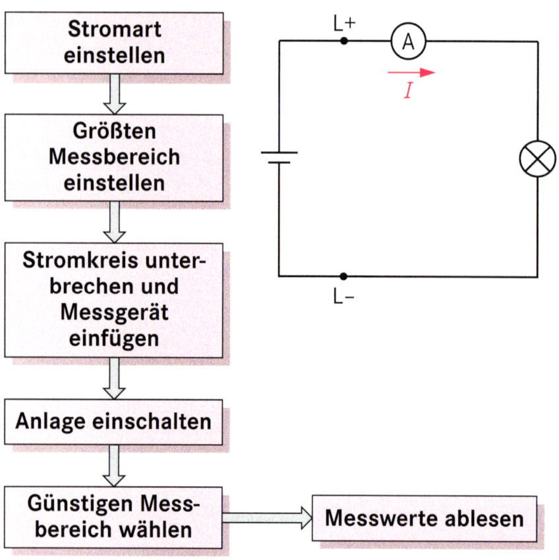

2: Messen der Stromstärke

Messungen an der Photovoltaik-Anlage

Als praktisches Beispiel soll die Ausgangspannung an der Photovoltaik-Anlage gemessen werden. Es handelt sich um eine Wechselspannung (Abb. 3 ①).

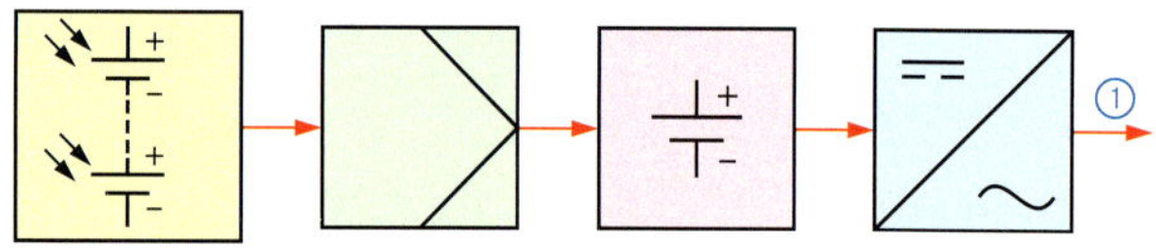

3: Photovoltaik-Anlage

Die Wechselspannung wird verwendet, um elektrische Geräte zu betreiben. Als Belastung dient in diesem Fall eine Glühlampe.

Als Messgeräte werden verwendet:

- Messinstrument P1 mit Zeigerausschlag
- Oszilloskop P2

Die **Messschaltung** [*measuring circuit*] in Abb. 4 zeigt, dass die Spannungsmessgeräte parallel angeschlossen werden.

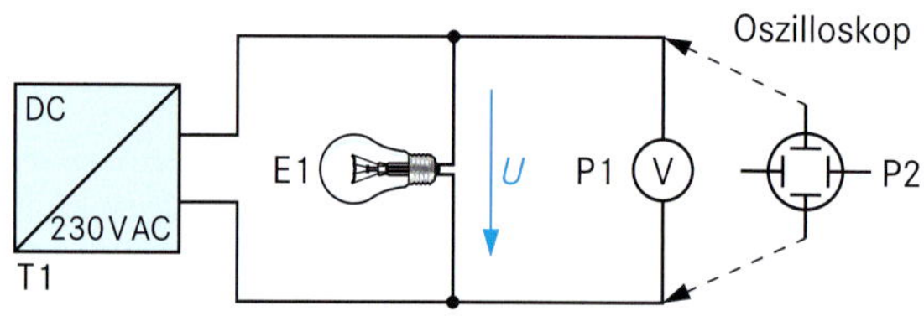

4: Messschaltung

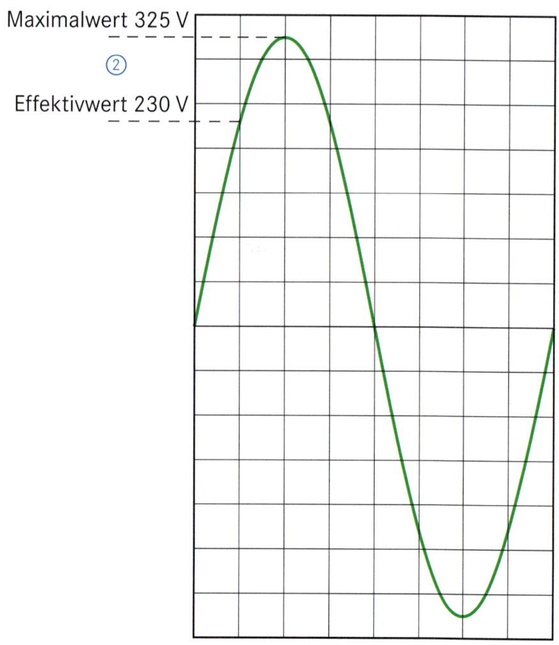

Einstellungen am Oszilloskop:
A_Y = 50 V/Div, A_X = 5 ms/Div

5: Ergebnis der Wechselspannungsmessung mit dem Oszilloskop

Die Messungen mit dem Messinstrument P1 liefern folgende Ergebnisse:

- DC (Gleichspannung) im 1000 V-Bereich: 0 V
- AC (Wechselspannung) im 1000 V-Bereich: 230 V

Das Oszilloskop P2 liefert keinen bestimmten Wert, sondern zeigt auf dem Bildschirm den Spannungsverlauf an (Abb. 5). Der Maximalwert lässt sich über die Einstellung A_Y = 50 V/Div berechnen:

Abgelesener Wert: 6,5 Div (Abb. 5 ②)

Maximalwert: $\hat{u}$ = 6,5 Div · 50 V/Div

$\hat{u}$ = 325 V

Mit dem Vielfachmessgerät misst man nicht den Spitzenwert, sondern einen kleineren Wert. Er wird als **Effektivwert** [*root mean square value*] bezeichnet und gibt an, wie groß eine Gleichspannung mit gleicher Wirkung wäre (z. B. bei einem Wärmegerät).

Messfehler [*measuring error*]

Messungen sind stets mit Fehlern behaftet. Die Genauigkeit, mit der ein Messgerät misst, wird als **Güteklasse** bezeichnet. Sie wird in Prozent des Skalenendwertes angegeben. Betriebsmessgeräte besitzen Güteklassen von 1; 1,5; 2,5 und 5.

Bei den Fehlerarten wird zwischen dem relativen und dem absoluten Fehler unterschieden. Der **absolute Fehler *F*** [*absolute error*] ist die Abweichung des angezeigten Messwertes (Ist-Wert) vom tatsächlichen Wert (Soll-Wert). Er ist für die gesamte Skala gleich groß.

Der **relative Fehler *f*** [*relative error*] ist der absolute Fehler, bezogen auf den jeweiligen Messwert. Er wird in Prozent angegeben und ist für die gesamte Skala unterschiedlich. Da er am Ende der Skala am geringsten ist, sollte möglichst bei großen Zeigerausschlägen gemessen werden.

Aufgaben

1. Schauen Sie auf ein Ihnen zur Verfügung stehendes Vielfach-Zeigerinstrument und listen Sie in einer Tabelle auf, welche Messungen damit durchgeführt werden können.
2. Ermitteln Sie für die in Abb. 5 dargestellte Wechselspannung die Periodendauer.

- Spannungsmessgeräte werden parallel an die zu messende Spannung angeschlossen. Der Stromkreis wird nicht unterbrochen.
- Stromstärkenmessgeräte werden direkt in den Stromweg geschaltet. Dazu muss der Stromkreis unterbrochen werden.
- Vielfachmessgeräte zeigen im Wechselspannungsbereich den Effektivwert an.

1.1.6 Anzeige bei Messgeräten

Analoge Anzeige

Die Größen in der Elektrotechnik sind in der Regel stetige Größen, d. h., sie können innerhalb gewisser Grenzen beliebige Zwischenwerte annehmen. Bei **analog** [*analog*] arbeitenden Messgeräten wird dazu jede Signalgröße (z. B. Spannung 1,98 V in Abb. 6b) durch eine stetige Messgröße mit einer entsprechenden Winkelstellung des Zeigers abgebildet (Abb. 6a).

Die Messgenauigkeit hängt dabei vom Gerät und der Ablesegenauigkeit ab. Sinnvoll ist ein Ablesen im letzten Drittel der Skala (s. linke Spalte, relativer Fehler), was durch Einstellen eines entsprechenden Messbereichs erreicht werden kann.

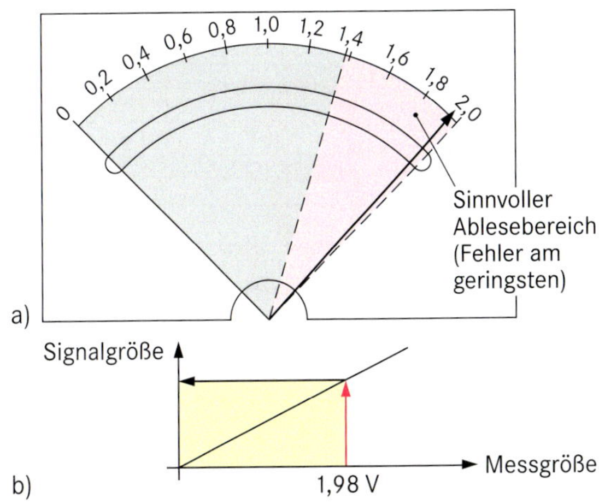

6: Analoge Anzeige

Digitale Anzeige

Bei der digitalen Anzeige wird die Messgröße direkt als Zahlenwert angezeigt (z. B. 1,98 V in Abb. 7a). Dieser eine Zahlenwert gilt allerdings für einen Messgrößenbereich, der z. B. in Abb. 7b von 1,98 V bis 1,99 V reicht (gestufte Anzeige, Quantisierung). Die Messgenauigkeit hängt dabei von der Höhe der Stufen ab (Quantisierungsstufen).

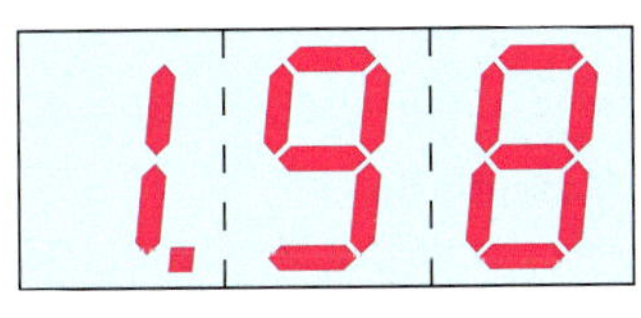

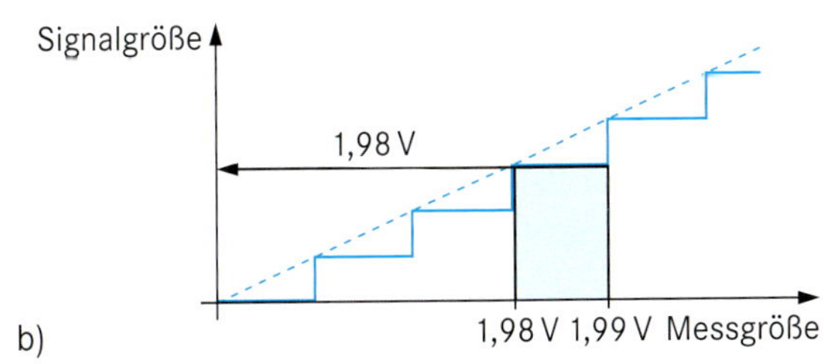

7: Digitale Anzeige

Sieben-Segment-Anzeige

Die zahlenmäßige Darstellung in digitalen Messgeräten erfolgt z. B. mit **Sieben-Segment-Elementen** *[seven segment display elements]* (s. Abb., sieben Segmente A bis G). Die Zahlen 0 bis 9 lassen sich so durch eine entsprechende Ansteuerung der einzelnen Segmente darstellen. Man unterscheidet Elemente mit LEDs und LCDs.

- **LED**: Lichtaussendende Diode (Leuchtdiode) *[Light Emitting Diode]*, z. B. 1,5 V; 30 mA
- **LCD**: Flüssigkristall-Anzeigeelement *[Liquid Crystal Display]*, z. B. 1,8 V ... 8 V; 4,5 µA

LED-Anzeigeeinheiten bestehen aus sieben Leuchtdioden. Sie leuchten dann, wenn durch sie ein elektrischer Strom fließt. Verschiedene Farben sind möglich.

LCD-Anzeigeeinheiten bestehen aus **Flüssigkristallen** *[liquid crystal elements]*. Im spannungslosen Zustand sind die Moleküle zwischen den Glasplatten noch ungeordnet. Licht kann durch sie hindurch treten und an der Rückwand reflektiert werden. Das gesamte Anzeigefeld erscheint gleichmäßig hell. Legt man jetzt zwischen der rückwärtigen Platte (gemeinsame Elektrode für alle Segmente) und den einzelnen Segmenten eine Spannung, dann richten sich die dazwischen befindlichen Moleküle aus. Die optischen Eigenschaften verändern sich und die Kristalle bleiben nicht mehr durchsichtig. Auftretendes Licht wird jetzt an der Oberfläche reflektiert und das einzelne Segment wird deutlich sichtbar.

Nachteilig ist, dass LCD- Anzeigeeinheiten nur bei Beleuchtung anzeigen. Vorteilhaft ist, dass sie zum Betrieb weniger elektrische Energie benötigen als LED-Anzeigen.

Digitales Messprinzip

Zur Erklärung des digital arbeitenden Messprinzips soll die vereinfachte Darstellung von Abb. 1 benutzt werden. Die analoge Messgröße ① wird zunächst im Analog-Digital-Umsetzer in eine Signalfolge bestehend aus 0 und 1 umgewandelt (z. B. 0011 ②). Diese gelangt dann in einen Decoder. Er wandelt die Signalfolge so um, dass sie von der nachfolgenden Anzeigeeinheit als Ziffer ③ abgebildet werden kann.

Bei der digitalen Aufbereitung wird der Gesamtbereich der stetigen Messgröße in eine endliche Anzahl von Teilen (**Quanten** *[quanta]*) eingeteilt. Je feiner die Einteilung, desto genauer ist die Anzeige.

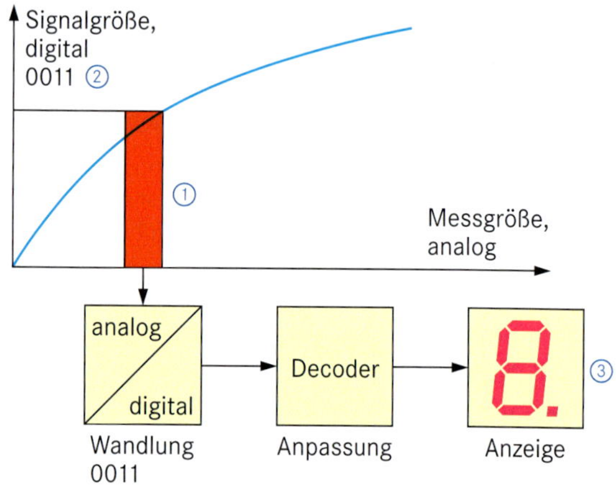

1: Digitales Messprinzip

Zur Veranschaulichung soll ein Spannungsmessgerät mit einer 4 ½-stelligen Anzeige betrachtet werden. Diese Angabe bedeutet, dass an den letzten vier Stellen als Anzeige die Ziffern 0 bis 9 erscheinen können. Die Angabe „½-Stelle" bedeutet, dass die höchstwertige Dezimalstelle nur als 0 oder 1 angezeigt werden kann.

In einem eingestellten 200 V-Bereich wäre demnach die größtmögliche Anzeige 199,99 V. Man spricht in diesem Zusammenhang auch von einem Anzeigeumfang, der in diesem Fall 19.999 **Digits** beträgt. Die Zahl der Messschritte beträgt dabei 20.000 und jeder Schritt entspricht einer Spannungsänderung von 10 mV. Dies ist eine sehr feine Unterteilung.

Bei einer 3 ½-stelligen Anzeige wäre die Zahl der Messschritte um den Faktor 10 kleiner. Das Gerät verfügt dann nur über 1.999 Digits.

Messfehler bei digitalen Messgeräten

Digital anzeigende Messgeräte vermitteln durch die eindeutige Anzeige oft den Eindruck, dass sie den Messwert „genau" anzeigen. Dieses ist jedoch nicht der Fall. Auch diese Messgeräte besitzen einen Fehler, der häufig geringer ist als bei vergleichbaren analog anzeigenden Messgeräten. Die Fehlerangabe findet man in der Regel in der Bedienungsanleitung.

Wodurch entstehen diese Fehler?

Elektronische Bauteile arbeiten im digitalen Messgerät nicht fehlerfrei. Sie verfügen über einen Toleranzbereich. Außerdem können durch verschiedene Einflüsse, z. B. durch die Temperatur, zusätzliche Fehler auftreten.

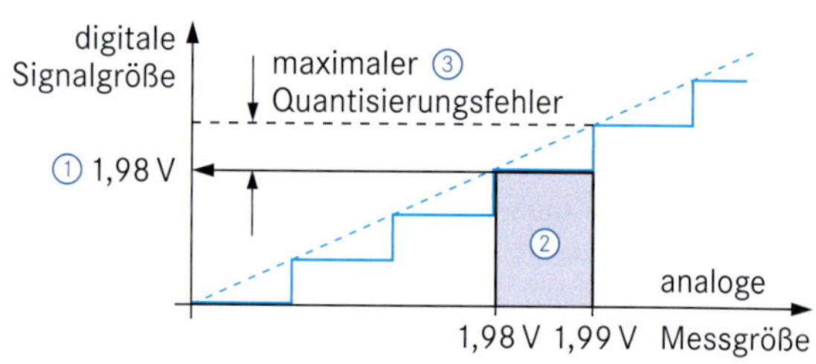

2: Quantisierungsfehler

Ein weiterer Fehler wird durch das Messverfahren an sich hervorgerufen. Man nennt ihn den **Quantisierungsfehler** [*quantisation error*]. In Abb. 2 ③ ist der maximale Quantisierungsfehler von 0,01 V dargestellt. Aufgrund der Stufigkeit wird ein einzelner digitaler Wert ① erzeugt, der innerhalb eines analogen Bereichs ② liegt. Beispiel: 1,98 $V_{Digital}$ = 1,98 V bis 1,99 V

Eine Verringerung des Quantisierungsfehlers lässt sich durch eine kleinere Schrittfolge (z. B. 1 mV) erreichen.

Eine vollständige Fehlerangabe eines digital anzeigenden Messgerätes enthält deshalb eine Fehlerangabe in Prozent vom Messwert und zusätzlich die mögliche Zahl der fehlerhaften Digits. Beispiel: 0,2 % + 2 Digits.

LCD Anzeige	**3 ½-stellig**
DC V	200 mV/2/20/200/100 V, ±0,5 % 10 MΩ Eingangswiderstand
AC V (Effektivwert) 40 Hz bis 600 Hz	200 mV/2/20/200/750 V, ± 1 % 10 MΩ Eingangswiderstand
DC A	200 µV/2/20/200 mA/2/10 A, ±0,5 %
AC A (Effektivwert) 40 Hz bis 600 Hz	200 µV/2/20/200 mA/2/10 A, ± 1 %
Widerstand	200 Ω/2/20/200 kΩ/2/20 MΩ, ±0,5 %, 20 MΩ, ±0,75 % max. 250 V DC/eff Überlast

3: Daten eines digitalen Vielfachmessgerätes

Aufgabe

1. Ermitteln Sie anhand der Betriebsanleitung eines digital anzeigenden Vielfachmessgerätes die jeweiligen Fehler im Gleichspannungsbereich.

- Bei der analogen Anzeige wird zu jeder Signalgröße eine entsprechende Messgröße gebildet, in der Regel als Zeigerausschlag (Winkel).
- Bei digital anzeigenden Messgeräten wird die Messgröße direkt zahlenmäßig angezeigt. Die analoge Messgröße wird dazu in eine Folge von 0/1-Signalen umgewandelt.
- Bei analog anzeigenden Messgeräten ist der Anzeigefehler am geringsten, wenn er im Endbereich der Anzeige liegt.
- Bei der Digitalisierung analoger Signale wird das Signal zu bestimmten Zeiten abgetastet. Der Wert wird gespeichert und in eine Quantisierungsstufe eingeordnet. Abschließend wird jedem Wert eine Dualzahl zugeordnet (Codierung).

Digitalisierung

Das abgebildete analoge Signal U_a soll in ein digitales Signal umgewandelt werden. Der Vorgang vollzieht sich in mehreren Schritten.

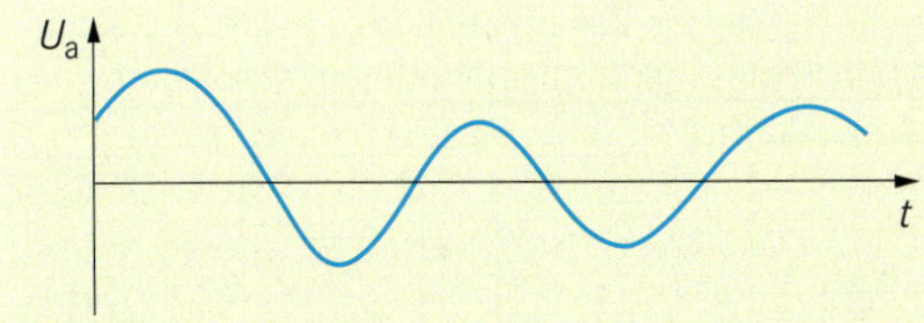

- **Abtasten und Halten**
  Aus dem analogen Signal U_a werden zu genau festgelegten Zeitpunkten die jeweiligen Spannungen U_b ermittelt. Damit der Wert weiterverarbeitet werden kann, muss er begradigt und über die Abtastzeitspanne konstant gehalten werden.

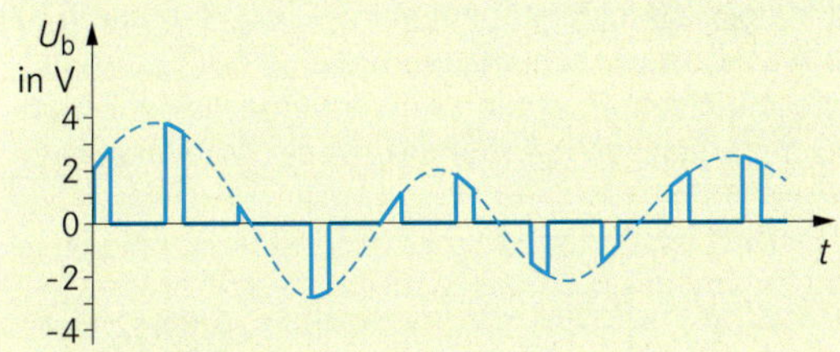

- **Quantisieren und Codieren**
  Jeder abgetastete Analogwert wird danach in eine Stufe bestimmter Höhe (Quantisierungsstufe, U_c) eingeordnet. Wenn der Abtastwert zwischen den Stufen liegt, ergeben sich Fehler. Sie sind um so kleiner, je größer die Zahl der Quantisierungsstufen ist.

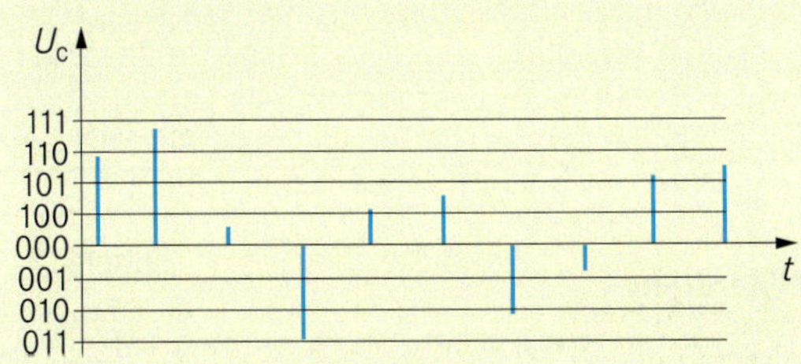

Jedem Wert in der Stufe wird eine bestimmte 0/1-Folge (Bitfolge) zugeordnet U_d (Codierung durch ein Codewort). In diesem Fall sind es 3 Bit.

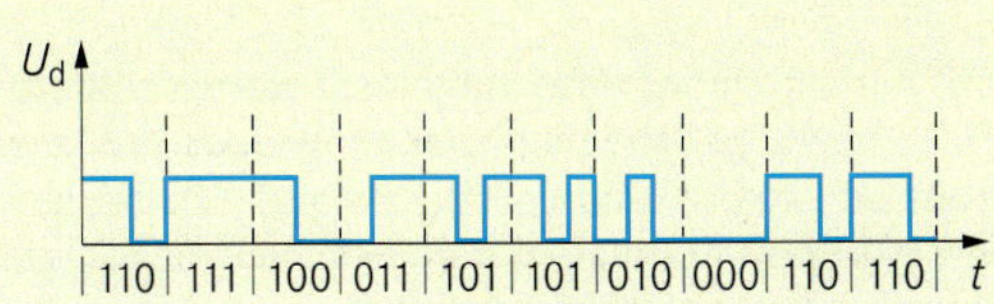

1.1.7 Elektrischer Widerstand

Die in Kap. 1.1.1 analysierte Photovoltaik-Anlage wird benutzt, um elektrische Geräte oder einzelne Objekte, wie z. B. Glühlampen, zu betreiben (Abb. 1). Bei der Glühlampe wird elektrische Energie in Licht umgewandelt. Spannung und Stromstärke spielen dabei eine wichtige Rolle. Welche Zusammenhänge bestehen, soll in den nachfolgenden Kapiteln untersucht werden.

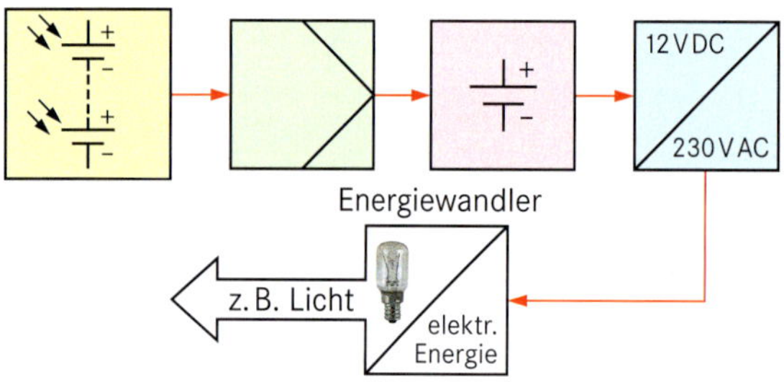

1: Energiewandlung

Benutzt wird die Messschaltung in Abb. 2. Zwei kleine Glühlampen (Meldelampen) mit 6 V/0,3 A ① und 6 V/0,1 A ② werden nacheinander an eine 6 V Spannung angeschlossen. Es stellen sich die unterschiedlichen Stromstärken von 0,3 A und 0,1 A ein. Wie lässt sich das erklären?

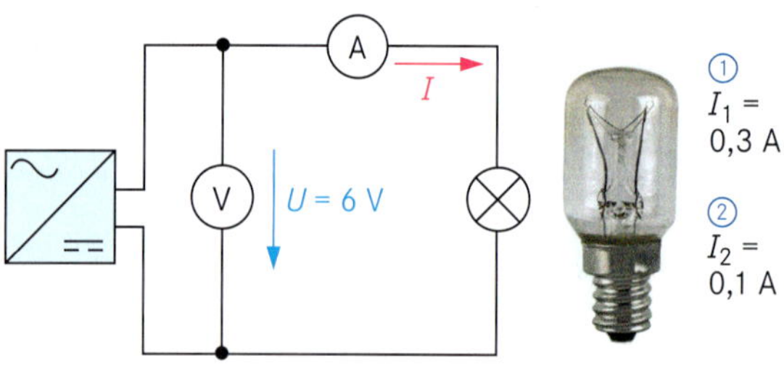

2: Stromkreis mit unterschiedlichen Glühlampen

Die Drähte innerhalb der Glühlampen wirken für den Strom wie unterschiedlich große „Hindernisse“. Diese Eigenschaft wird durch die physikalische Größe **Widerstand *R*** [*resistance*] ausgedrückt. Als Einheit wurde Ohm (Einheitenzeichen Ω, Omega) festgelegt (Georg Simon Ohm, deutscher Physiker 1789 - 1854).

Widerstand	Formelzeichen	Einheit
	R	Ω (Ohm)

Für den elektrischen Widerstand wird in der Elektrotechnik als Schaltzeichen ein Rechteck verwendet. Da die Glühlampe in Abb. 2 wie ein Widerstand im Stromkreis wirkt, kann sie durch das Widerstandssymbol ersetzt werden (Abb. 3).

Elektrische Widerstände im Stromkreis können aber nicht nur als Hindernisse aufgefasst werden. So ruft z. B. Lampe ① bei gleicher Spannung einen größeren Strom als Lampe ② hervor. Die Lampe ① leitet also „besser“. Diese Aussage ist dem Sinn nach das Gegenteil von „Hindernis“ (Widerstand).

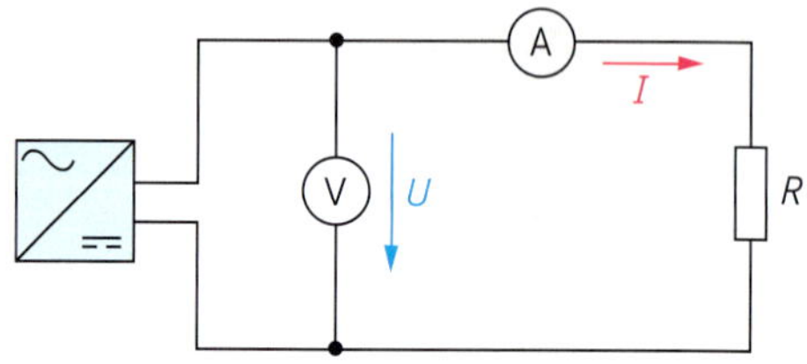

3: Stromkreis mit Widerstand

Eine entsprechende Größe lässt sich definieren. Sie wird als elektrischer **Leitwert** [*conductance*] bezeichnet. Als Formelzeichen wird G verwendet. Als Einheit wurde **Siemens** [*siemens*] festgelegt (Werner v. Siemens, deutscher Erfinder, 1816 - 1892).

Leitwert	Formelzeichen	Einheit
	G	S (Siemens)

Zwischen Widerstand und Leitwert ergibt sich somit folgende formelmäßige Beziehung:

$$G = \frac{1}{R} \qquad 1\,\text{S} = \frac{1}{\Omega}$$

S: Siemens
Ω: Ohm

Das Wort Widerstand wird nicht nur für die Eigenschaft von Leitern verwendet, sondern auch für das elektrische Bauteil selbst. In Dokumentationen wird ebenfalls der Buchstabe R verwendet, allerdings in gerader Schrift. Folgende Aussage ist deshalb möglich:
Der Widerstand (Bauteil) R1 hat den Widerstand (Eigenschaft) von R_1 = 4,7 Ω.

Widerstand als Bauteil

Je nach Anwendungsbereich werden verschiedenartige Widerstände hergestellt. Sie können wie in Abb. 4 aus einem Metalldraht bestehen, der auf einem Keramikkörper aufgewickelt ist. Die Oberfläche kann lackiert, glasiert oder zementiert sein. **Drahtwiderstände** [***wire wound resistors***] werden in der Regel für hohe Belastungen eingesetzt. Die Oberflächentemperatur kann bei glasierten Drahtwiderständen bis zu 450 °C betragen.

Aufgabe

1. Wandeln Sie die Größen in Ohm bzw. Siemens um: 200 mΩ; 1 kΩ; 4,7 MΩ; 100 µS; 25 mS; 8,3 S; 1 kS

- Die Eigenschaft der Behinderung des Stromflusses durch elektrische Leiter wird als Widerstand *R* bezeichnet.
- Mit dem elektrischen Leitwert *G* kennzeichnet man die Fähigkeit der Stromleitung von elektrischen Leitern.
- Widerstand und Leitwert stehen in einem umgekehrten Verhältnis zueinander (umgekehrt proportional).

4: Drahtwiderstände

Bei **Kohleschicht-Widerständen** [*carbon film resistors*] (Abb. 5) befindet sich auf einem Keramikkörper eine Kohleschicht von 0,001 µm bis 10 µm Dicke. Durch Einschleifen einer Wendel wird der gewünschte Bemessungswert (Baugrößen bis 10 MΩ) hergestellt. Die Kohleschicht ist mit einem Kunstharz überzogen. Der Widerstand von Kohleschicht-Widerständen verringert sich mit zunehmender Temperatur. Kohleschicht-Widerstände können bis ca. 150 °C eingesetzt werden.

5: Kohleschicht-Widerstände

Bei **Metallschicht-Widerständen** [*metal film resistors*] werden auf einem Keramikkörper Metallschichten oder Metallpasten aufgetragen. Diese werden bei erhöhter Temperatur eingebrannt und dann mit einer Kunstharzschicht überzogen. Sie können bis zu einer Temperatur von etwa 250 °C eingesetzt werden. Im Gegensatz zum Kohleschicht-Widerstand vergrößert sich der Wert mit zunehmender Temperatur.

Neben Festwiderständen werden einstellbare Widerstände (**Potenziometer** [*potentiometer*]) verwendet (Abb. 6). Ein Schleifer bewegt sich z. B. über eine Drahtwicklung (Abb. 6a) oder über eine Kohleschicht (Abb. 6b). Die Einstellung kann über einen Knopf auf einer Achse oder mit Hilfe eines Schraubendrehers erfolgen (Trimmpotenziometer).

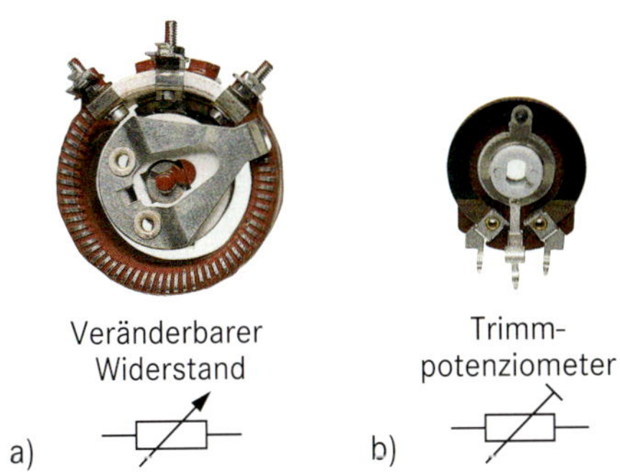

6: Einstellwiderstände

Wichtig für die Unterscheidung von Widerständen sind folgende **Kenngrößen** [*parameters*]:
Bemessungswert, Toleranz und Belastbarkeit.

Der **Bemessungswert** [*rated value*] kann angegeben werden durch

- direkt aufgedruckte Werte, z. B. 820 Ω,
- Zahlen und Buchstaben, z. B. 3R3 (= 3,3 kΩ); R33 (= 0,33 Ω), oder einen
- Farbcode (Farbringe), Abb. 7.

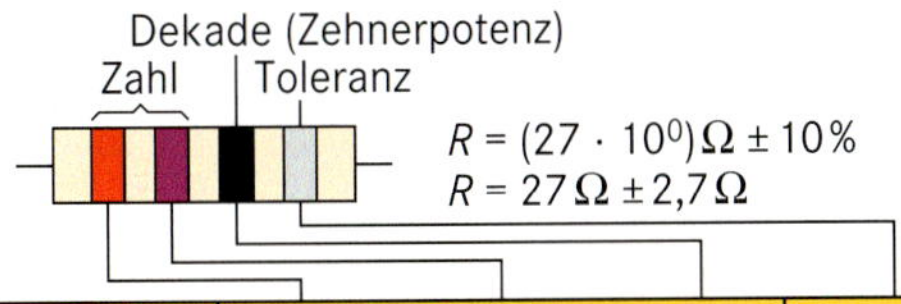

Kennfarbe	Widerstandswert in Ω 1. Kennziffer	2. Kennziffer	3. Kennziffer	Toleranz
keine	-	-	-	±20 %
silber	-	-	10^{-2}	±10 %
gold	-	-	10^{-1}	± 5 %
schwarz	-	0	$10^0 = 1$	-
braun	1	1	10^1	± 1 %
rot	2	2	10^2	± 2 %
orange	3	3	10^3	-
gelb	4	4	10^4	-
grün	5	5	10^5	±0,5 %
blau	6	6	10^6	-
violett	7	7	10^7	-
grau	8	8	10^8	-
weiß	9	9	10^9	-

7: Farbcode von Widerständen

Aus wirtschaftlichen Gründen ist es nicht sinnvoll für jeden Wert Widerstände herzustellen. Es werden deshalb Abstufungen entsprechend der **IEC-Normenreihe** (E6, E12, ..., Abb. 2, S. 22) vorgenommen. Eine Dekade umfasst Werte von 1 bis 10, 10 bis 100 usw.

- E6: 6 Teile = 6 Widerstände pro Dekade
- E12: 12 Teile = 12 Widerstände pro Dekade
- E24: 24 Teile = 24 Widerstände pro Dekade

Widerstand und Wärme

Die Entstehung der Wärme in einem Widerstand lässt sich erklären, wenn man den Leiteraufbau betrachtet. Zwischen den positiven Atomrümpfen können sich die quasifreien Elektronen bewegen. Legt man jetzt eine Spannung an, so führen die Elektronen eine zusätzliche gerichtete Bewegung zum Pluspol aus. Es fließt elektrischer Strom. Die Elektronen werden in ihrer Bewegung im Leiter durch Zusammenstöße mit den Atomrümpfen behindert (Widerstand). Sie geben einen Teil ihrer Bewegungsenergie an die Atomrümpfe ab, so dass diese in stärkere Schwingungen versetzt werden. Es entsteht Wärme.

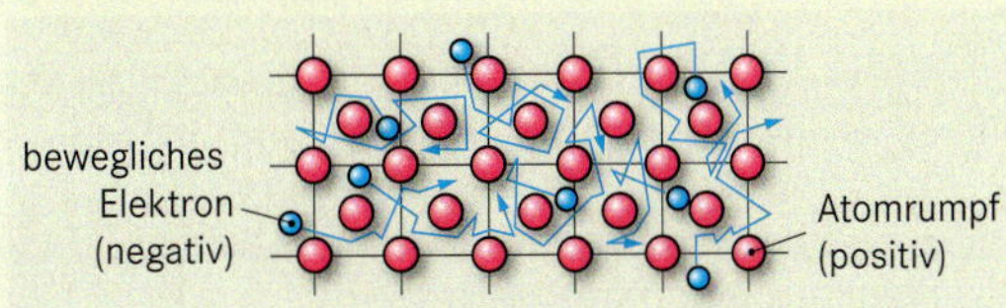

Die **Toleranzen** [*tolerances*] für die Werte in den Normreihen sind so ausgewählt worden, dass sich eine Überlappung benachbarter Werte ergibt (Toleranzfelder, Abb. 1).

Beispiele für Widerstände der E6-Reihe:

- Ein Bemessungswert von R = 1,0 Ω bedeutet: Der Wert kann zwischen 0,8 Ω und 1,2 Ω ① liegen.
- Ein Bemessungswert von R = 4,7 Ω bedeutet: Der Wert liegt zwischen 3,76 Ω und 5,64 Ω ②.

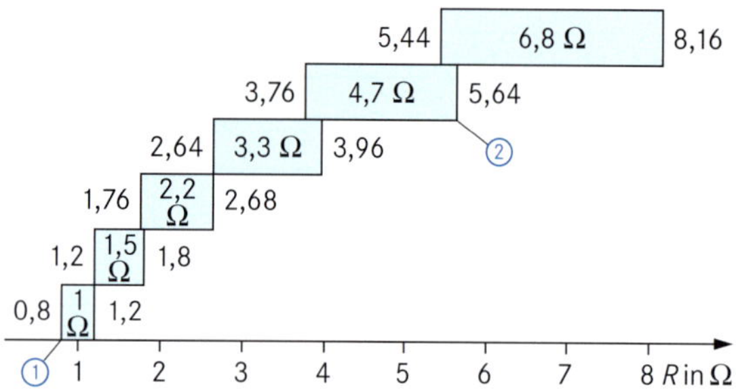

1: Toleranzfelder der E6-Reihen

IEC-Reihe							
E6 +/−20 %	**Beispiel**	**E12 +/−10 %**		**E24 +/−5 %**			
1,0	1,0 Ω	1,0	1,2	1,0	1,1	1,2	1,3
1,5	1,5 Ω	1,5	1,8	1,5	1,6	1,8	2,0
2,2	2,2 Ω	2,2	2,7	2,2	2,4	2,7	3,0
3,3	3,3 Ω	3,3	3,9	3,3	3,6	3,9	4,3
4,7	4,7 Ω	4,7	5,6	4,7	5,1	5,6	6,2
6,8	6,8 Ω	6,8	8,2	6,8	7,5	8,2	9,1

2: IEC-Reihen

Die **Belastbarkeit** [*power rating*] von Widerständen wird in Watt (s. Kap. 1.1.10) angegeben und hängt im Wesentlichen vom Aufbau ab (Beispiele: 0,1 W; 0,25 W; 1 W). Wird die Belastbarkeit überschritten, kann die Erwärmung zu einer Veränderung des Wertes führen. Das Bauteil kann auch zerstört werden.

Aufgaben

1. Welche Farbring-Reihenfolge trägt ein Schichtwiderstand von 68 Ω (E6, E12 und E24)?
2. Zwischen welchen Grenzwerten kann ein Widerstand mit folgender Farbkennzeichnung liegen:
   a) grau, rot, orange, silber
   b) gelb, violett, rot, braun
   c) rot, rot, schwarz

- Widerstände sind durch Bemessungswert, Toleranz und Belastbarkeit gekennzeichnet.
- Festwiderstände werden als Draht- oder Schichtwiderstände hergestellt.

1.1.8 Zusammenhang zwischen Spannung und Stromstärke

Bisher wurden Spannung und Stromstärke einzeln behandelt. In elektrischen Systemen stehen diese beiden Größen jedoch in einem Zusammenhang. Er soll jetzt mit Hilfe einer Versuchsbeschreibung hergestellt werden.

Damit gefahrlos experimentiert werden kann, wird als Spannungsquelle ein Netzteil (Abb. 4 ①) verwendet, das maximal 24 V abgeben kann. Anstelle eines elektrischen Gerätes wird ein einzeln steckbarer Widerstand (Bauteil) von 20 Ω ② verwendet.

Damit die messtechnischen Untersuchungen erfolgreich verlaufen, sollte in der Regel wie folgt vorgegangen werden (Abb. 3):

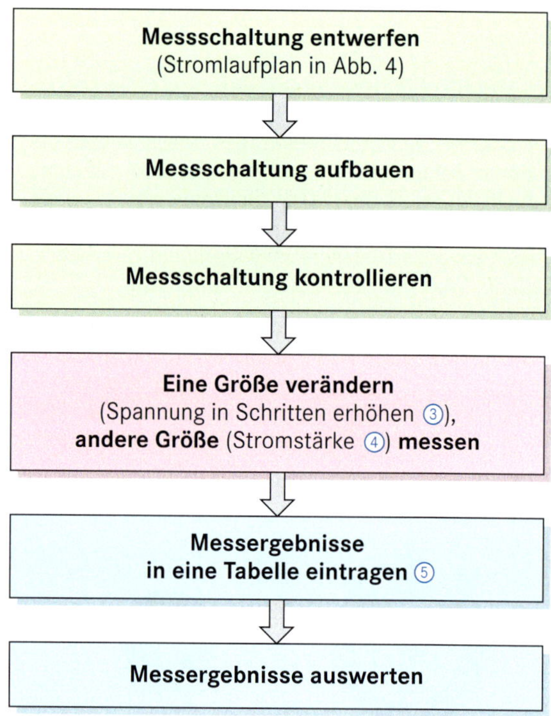

3: Reihenfolge einer experimentellen Untersuchung

Wie werden Messergebnisse ausgewertet?

Es gibt verschiedene Möglichkeiten, Messergebnisse auszuwerten:

- in Textform
- zeichnerisch (Diagramm)
- mathematisch (Formel)

Zunächst werden die vorliegenden Messwerte untersucht (Abb. 4 ⑤). Sie verdeutlichen bereits, dass mit zunehmender Spannung U und dem konstant bleibenden Widerstand R die Stromstärke I ansteigt. Weiter kann festgestellt werden, dass der Anstieg der Stromstärke gleichmäßig ist. Sie steigt immer um etwa 0,1 A an, wenn die Spannung um 2 V erhöht wird.

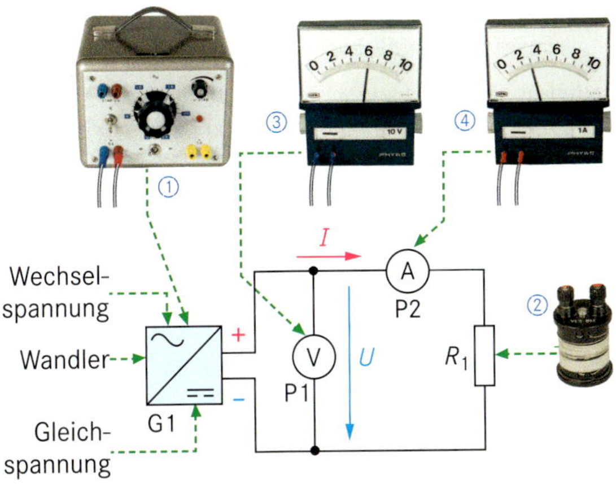

Messergebnisse bei **R = 20 Ω** ⑤

U in V	*I* in A	*U* in V	*I* in A
0	0	6	0,30
2	0,09	8	0,41
4	0,20	10	0,50

4: Messschaltung und Versuchsaufbau

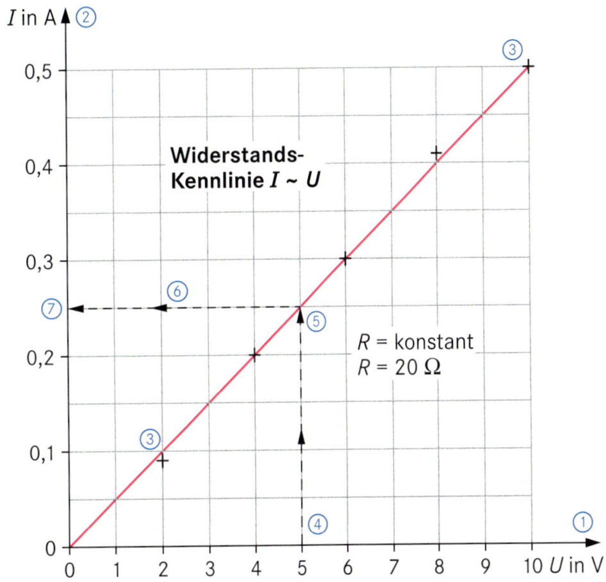

5: Stromstärke *I* in Abhängigkeit von der Spannung *U* bei konstantem Widerstand *R*

Neben dieser sprachlichen Beschreibung der Ergebnisse ist es sinnvoll, die Messwerte grafisch darzustellen (**Diagramm** [*diagram*], Abb. 5).

Wie wird ein Diagramm gezeichnet?

- Zuerst wird ein Achsenkreuz mit einem geeigneten Maßstab gezeichnet.
  Beispiel: Der Spannung von 1 V entspricht 1 cm; der Stromstärke von 0,1 A entspricht 2 cm.
- Die Spannung *U* wird an der waagerechten Achse aufgetragen ① (**Abszisse** [*abscissa*]).
- Danach wird die Stromstärke *I* als abhängige Größe an der senkrechten Achse (**Ordinate** [*ordinate*]) eingezeichnet ②.
- Zuletzt werden die eingestellten und gemessenen Werte eingetragen (sechs Kreuzungspunkte ③). Sie verdeutlichen den Anstieg der Stromstärke, wenn die Spannung erhöht wird.
- Die Kreuzungspunkte liegen nahezu auf einer Linie (zwei Abweichungen), so dass unter Berücksichtigung von Messfehlern eine Gerade als Versuchsergebnis eingezeichnet werden kann. Dadurch wird es möglich, auch Zwischenwerte abzulesen.

Auswertung der Messung

- Die Stromstärke *I* hängt von der eingestellten Spannung ab.
- Unter Berücksichtigung von Messfehlern ergibt sich als Kennlinie eine Gerade.
- Die Stromstärke *I* erhöht sich in gleichem Verhältnis wie die Spannung *U* (bei gleich bleibendem Widerstand *R*).

Wie werden Werte aus Kennlinien abgelesen?

Beispiel: Spannung *U* = 5 V

Vorgehensweise:

1. Zahlenwert auf der Spannungs-Achse markieren ④.
2. Senkrechte Linie bis zur Widerstandskennlinie ziehen ⑤.
3. Von diesem Schnittpunkt eine waagerechte Linie bis zur Achse der Stromstärke zeichnen ⑥.
4. Stromstärke von 0,25 A ablesen ⑦.

Ergebnis:

Liegt am Widerstand *R* = 20 Ω eine Spannung von *U* = 5 V, dann ergibt sich eine Stromstärke von *I* = 0,25 A.

Welches mathematische Ergebnis erhält man?

Aufgrund des einfachen Zusammenhangs lässt sich das Messergebnis auch mathematisch ausdrücken. Dazu wird für ausgewählte Punkt auf der Geraden das Verhältnis *U* durch *I* gebildet. Es ergeben sich immer gleich bleibende Werte.

$$\frac{U}{I} = \frac{2\ \text{V}}{0{,}1\ \text{A}} = \frac{4\ \text{V}}{0{,}2\ \text{A}} = \ldots \qquad \frac{U}{I} = 20\ \Omega$$

$$I \sim U \quad (I \text{ proportional } U)$$

Das Verhältnis *U*/*I* bezeichnet man als elektrischen Widerstand *R*. Das Verhältnis lässt sich dann durch folgende mathematische Gleichung ausdrücken:

$$\frac{U}{I} = \text{konstant} \qquad \boxed{R = \frac{U}{I}} \qquad 1\ \Omega = \frac{1\ \text{V}}{1\ \text{A}}$$

Wenn das Verhältnis zwischen *U* und *I* konstant ist, wird dies als Ohmsches Gesetz bezeichnet.

Umgang mit Widerstandskennlinien

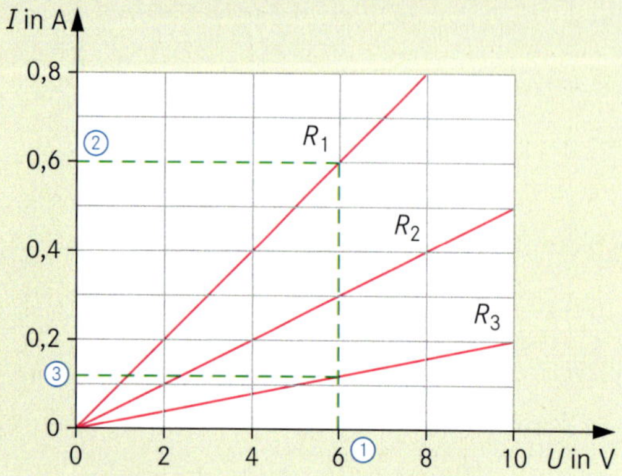

Welcher Widerstand hat den kleinsten und welcher hat den größten Wert?

Lösung:

1. Beliebige Spannungen annehmen (z. B. 6 V). ①
2. Stromstärke ablesen (z. B. bei R_1 ist I_1 = 0,6 A ② und bei R_3 ist I_3 = 0,12 A). ③
3. R_1 = 10 Ω; R_3 = 50 Ω

Ergebnis: R_1 ist kleiner als R_3.

Bei gleich bleibender Spannung fließt durch den größten Widerstand der kleinste und durch den kleinsten Widerstand der größte Strom.

Aufgaben

1. Ermitteln Sie aus dem oberen Kennlinienfeld:
   a) Größenwert von R_2
   b) Stromstärke durch R_1 bei 5 V
   c) Spannungen an R_1 bis R_3 bei I = 0,2 A
2. Wie groß sind die Stromstärken durch die Widerstände R_1, R_2 und R_3 bei einer Spannung von 8 V?

- Messwerte lassen sich in Textform, zeichnerisch und formelmäßig auswerten.
- In Diagrammen werden Abhängigkeiten zwischen Größen dargestellt.
- Die unabhängige Größe wird an der waagerechten Achse (Abszisse) und die abhängige Größe an der senkrechten Achse (Ordinate) aufgetragen.
- Die Messpunkte werden miteinander verbunden (Kennlinie). Dabei wird der wahrscheinlichste Kurvenverlauf eingezeichnet. Dadurch können Mess- und Ablesefehler in Grenzen korrigiert werden.
- Wenn in einem Stromkreis die Stromstärke im gleichen Verhältnis wie die Spannung steigt (proportional ist), bezeichnet man dieses Verhalten als Ohmsches Gesetz.

1.1.9 Zusammenhang zwischen Widerstand und Stromstärke

Im vorangegangenen Kapitel wurde der Zusammenhang zwischen Spannung und Stromstärke in einem elektrischen Stromkreis erarbeitet. Als nächstes soll nun geklärt werden, wie sich die Stromstärke verändert, wenn bei konstanter Spannung der Widerstand verändert wird.

Zur Problemlösung wird wieder in folgenden Schritten vorgegangen:
Zielsetzung, Planung, Durchführung und Auswertung

Zielsetzung

Der Zusammenhang zwischen Widerstand und Stromstärke bei konstanter Spannung soll geklärt werden.

Planung

Zur Untersuchung wird eine Laborschaltung verwendet (Messschaltung in Abb. 1). Am Netzteil wird eine konstant bleibende Spannung von U = 10 V eingestellt. Der Widerstand R_1 kann in Stufen verändert werden.

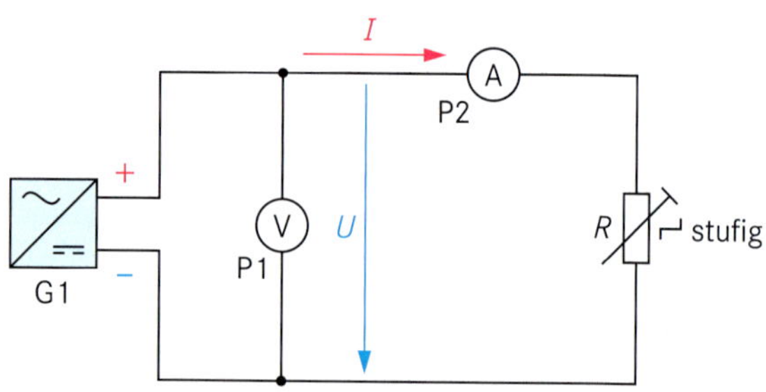

1: Messschaltung für die Stromstärke in Abhängigkeit vom Widerstand

Durchführung

1. Geeignetes Messgerät auswählen.
2. Die Messschaltung aufbauen und kontrollieren.
3. Bei konstanter Spannung (gewählt U = 10 V) den Widerstand von R = 10 Ω ① bis 40 Ω ② in vier Stufen verändern und die Stromstärke I messen ③.
4. Die Messergebnisse in eine Tabelle (Abb. 2) und in ein Diagramm eintragen (Abb. 3).

U = 10 V konstant	
R in Ω	**I in A** ③
10 ①	1,0
20	0,5
30	0,33
40 ②	0,25

2: Messergebnisse

Auswertung

Die Kurve im Diagramm (Abb. 3) zeigt den Verlauf einer **Hyperbel** [*hyperbola*]. Dies bedeutet:

- Je größer der Widerstand in einem Stromkreis mit konstanter Spannung ist, desto kleiner ist die Stromstärke (umgekehrtes Verhalten).

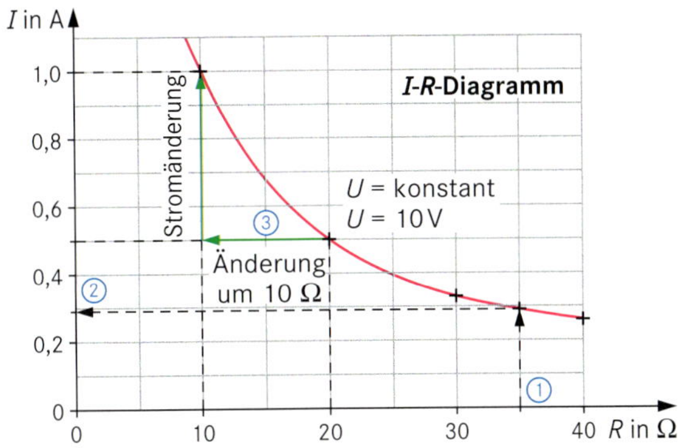

3: Stromstärke I in Abhängigkeit vom Widerstand R bei konstanter Spannung U

- Je kleiner der Widerstand in einem Stromkreis mit konstanter Spannung ist, desto größer ist die Stromstärke. Man sagt dann dazu, die Stromstärke und der Widerstand sind umgekehrt proportional (antiproportional).
- Mathematisch lässt sich das wie folgt ausdrücken:

$$I \sim \frac{1}{R} \qquad \boxed{I = \frac{U}{R}}$$

Obwohl nur vier Messungen durchgeführt wurden, können jetzt mit Hilfe der Formel andere Werte berechnet werden.

Ablesen von Größen aus einem Diagramm

Beispiel 1:

Es ist ein Widerstand von $R = 35\ \Omega$ eingestellt. Wie groß ist die Stromstärke?

1. Widerstand von $R = 35\ \Omega$ auf der Widerstandsachse (Abb. 3) suchen und markieren ①.
2. Senkrechte Linie bis zur Kennlinie ziehen.
3. Waagerechte Linie bis zur Achse der Stromstärke zeichnen ②.
4. Stromstärke von 0,29 A ablesen.

Ergebnis:
Liegt an einem Widerstand $R = 35\ \Omega$ eine Spannung von $U = 10$ V, dann ergibt sich eine Stromstärke von $I = 0{,}29$ A.

Beispiel 2:

Der Widerstand von $R = 20\ \Omega$ wird auf $R = 10\ \Omega$ verringert. Wie groß ist die Änderung der Stromstärke?

1. Widerstand von $R = 20\ \Omega$ auf der Widerstandsachse (Abb. 3) suchen und markieren.
2. Änderung des Widerstandes von $R = 10\ \Omega$ ③ eintragen.
3. Änderung der Stromstärke an der Achse der Stromstärke ablesen.

Ergebnis:
Wenn sich der Widerstand von $R = 20\ \Omega$ auf $R = 10\ \Omega$ verringert, vergrößert sich die Stromstärke von $I = 0{,}5$ A auf $I = 1{,}0$ A, also um 0,5 A.

Berechnungen zum Ohmschen Gesetz

1. An einer Kochplatte ($U = 230$ V) wird bei eingeschalteter Stufe 4 eine Stromstärke von 2,05 A gemessen.
   Wie groß ist der Widerstand R der Kochplatte?
   Geg.: $U = 230$ V; $I = 2{,}05$ A; Ges.: R

   $$R = \frac{U}{I} \qquad R = \frac{230\ \text{V}}{2{,}05\ \text{A}} \qquad \underline{\underline{R = 112\ \Omega}}$$

2. Ein Netzteil für die Energieversogung einer elektronischen Schaltung liefert eine Ausgangsspannung von 10 V. Der Widerstand der elektrischen Schaltung beträgt 250 Ω.
   Wie groß ist die Stromstärke I?
   Geg.: $U = 10$ V; $R = 250\ \Omega$; Ges.: I

   $$R = \frac{U}{I} \qquad R \cdot I = \frac{U \cdot I}{I} \qquad \frac{R \cdot I}{R} = \frac{U}{R}$$

   $$I = \frac{U}{R} \qquad I = \frac{10\ \text{V}}{250\ \Omega} \qquad I = 0{,}04\ \text{A} \qquad \underline{\underline{I = 40\ \text{mA}}}$$

3. In einer Hochspannungsanlage wird eine Stromstärke von 2 A ermittelt. Die Belastung der Anlage beträgt 0,5 kΩ.
   Für welche Spannung ist die Anlage ausgelegt?
   Geg.: $I = 2$ A; $R = 0{,}5$ kΩ; Ges.: U

   $$R = \frac{U}{I} \qquad \frac{U \cdot I}{I} = R \cdot I \qquad U = R \cdot I$$

   $$U = 2\ \text{A} \cdot 0{,}5\ \text{k}\Omega \qquad U = 1000\ \text{V}$$

   $$\underline{\underline{U = 1\ \text{kV}}}$$

Aufgaben

1. Wie groß sind die Stromstärken (Abb. 3) bei 15 Ω, 22 Ω und 31 Ω?
2. Wie groß ist die Änderung der Stromstärke (Abb. 3), wenn sich der Widerstand von 30 Ω auf 10 Ω verringert?

- Probleme lassen sich schrittweise wie folgt lösen: Zielsetzung, Planung, Durchführung und Auswertung.
- Wenn ein Widerstand in einer Schaltung bei konstant bleibender Spannung verkleinert wird, steigt die Stromstärke. Sie sinkt, wenn der Widerstand vergrößert wird.
- Bei konstanter Spannung in einem Stromkreis verhalten sich die Stromstärke und der Widerstand umgekehrt proportional.

1.1.10 Elektrische Leistung

Mit der **elektrischen Leistung** [*electric power*] lässt sich die Wirksamkeit von Anlagen, Geräten und Bauteilen kennzeichnen. Man findet sie in der Regel auf einem Schild, dem **Leistungsschild** [*rating plate*] (z. B. Motorleistungsschild in Abb. 1). Neben der Betriebsspannung ① und der Stromstärke ② befindet sich dort die Angabe der elektrischen Leistung ③.

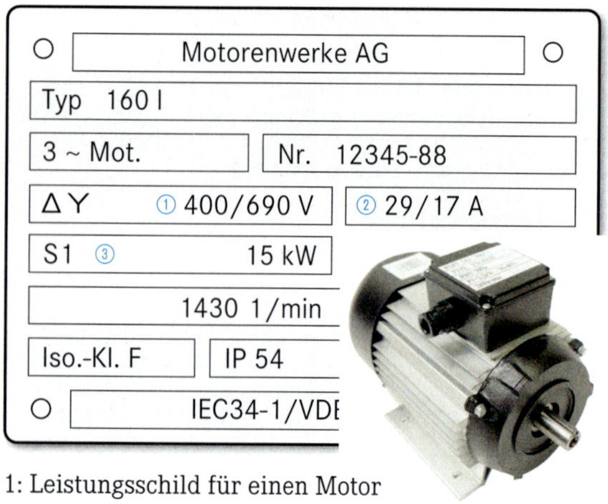

1: Leistungsschild für einen Motor

Die Leistung wird durch das Formelzeichen P abgekürzt. Als Einheitenzeichen wird der Buchstabe W für **Watt** [*watt*] verwendet (James Watt, engl. Universitätsmechaniker, 1736 - 1819). Das in Kap. 1.1.2 behandelte Solarmodul besaß z. B. eine maximale Leistung von 220 Watt.

Elektrische Leistung	Formelzeichen	Einheit
	P	W (Watt)

Von welchen Größen hängt die elektrische Leistung ab?

Zur Klärung der Zusammenhänge werden zwei kleine Glühlampen verwendet. Damit sie Licht abgeben können, muss bei der Bemessungsspannung ein bestimmter Strom fließen. Zunächst wird eine einzelne Glühlampe für 24 V mit einer Leistung von 40 W benutzt (Abb. 2). Sie wird an die erforderliche Spannungsquelle von 24 V angeschlossen. Die Stromstärke wird gemessen. Sie beträgt 1,67 A ①.

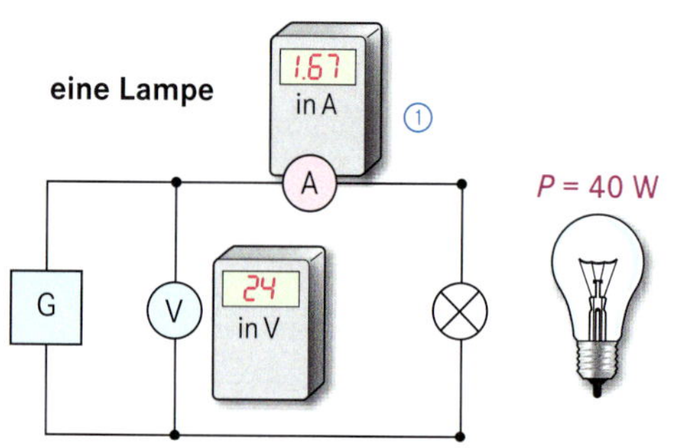

2: Stromstärke und Spannung bei einer Glühlampe

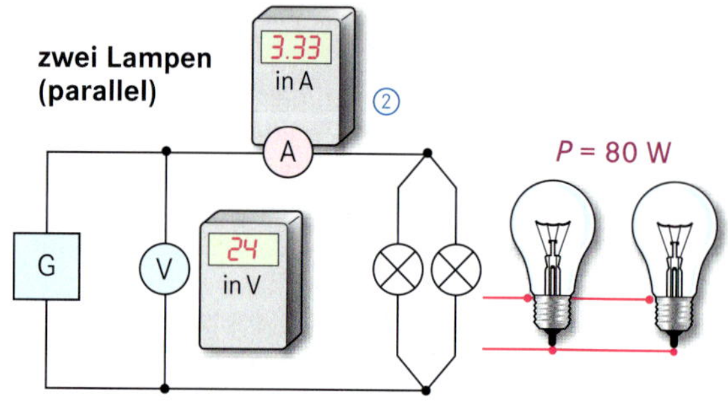

3: Parallelschaltung von Glühlampen

Wenn jetzt zwei Glühlampen wie in Abb. 3 mit gleicher Leistung nebeneinander (parallel) angeschlossen werden, wird insgesamt eine elektrische Leistung von 80 W umgesetzt. Das Netzgerät muss dementsprechend eine doppelt so große Stromstärke von 3,33 A ② liefern. Folgendes lässt sich deshalb festhalten:

- Wenn die Spannung gleich bleibt und eine doppelt so große Leistung gewünscht wird, muss die Stromstärke verdoppelt werden ($P \sim I$).

In einem nächsten Versuch werden jetzt die Lampen hintereinander (in Reihe) an die Spannungsquelle geschaltet (Abb. 4). Damit mit jeder Lampe eine elektrische Leistung von 40 W erzielt wird, muss ein Strom von 1,67 A ③ fließen. Dies erreicht man nur, wenn die Spannung auf 48 V verdoppelt wird. Folgendes kann deshalb festgehalten werden:

- Wenn die Stromstärke gleich bleibt und eine doppelt so große Leistung gewünscht wird, muss die Spannung verdoppelt werden ($P \sim U$).

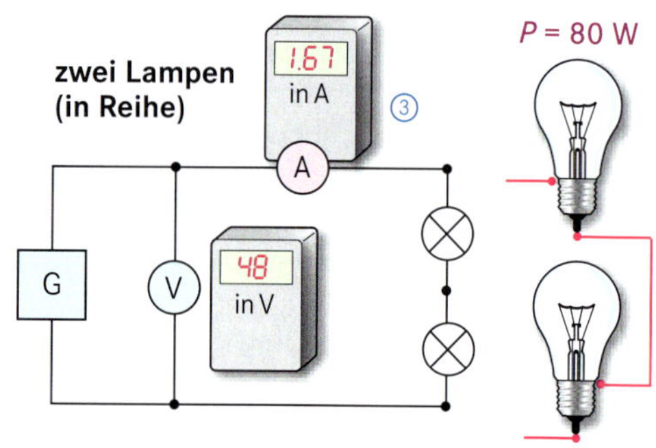

4: Reihenschaltung von Glühlampen

Diese Abhängigkeit der Leistung von Spannung und Stromstärke lässt sich durch folgende Gleichung darstellen:

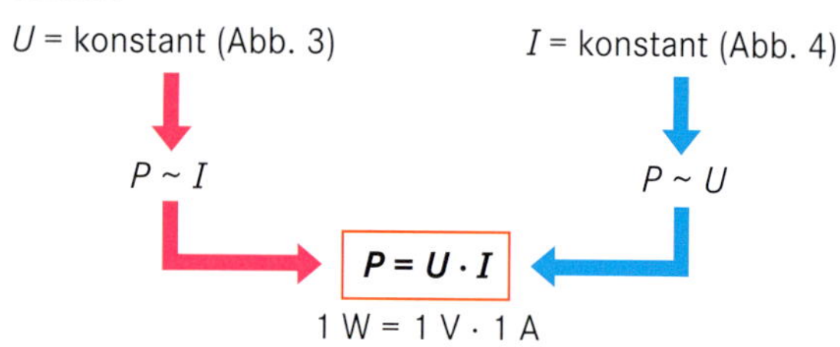

5: Leistungsformel

Leistungsmessung

Die Leistungsmessung kann indirekt erfolgen (**indirekte Leistungsmessung** [*indirect power measurement*]), indem man Stromstärke und Spannung misst (Abb. 6) und dann die Leistung als Produkt berechnet. Zwei Schaltungen sind möglich. In der Schaltung 6a liegt das Spannungsmessgerät parallel zum Messobjekt. In der Schaltung 6b wird der Strom direkt durch das Messobjekt gemessen. Da Messgeräte auch einen Widerstand besitzen, treten in beiden Fällen Fehler auf. Die Schaltung 6a nennt man **Stromfehlerschaltung** [*current error circuit*] und die Schaltung in Abb. 6b **Spannungsfehlerschaltung** [*voltage error circuit*]. Weshalb sie so bezeichnet werden, wird im Kap. 1.2.6 geklärt.

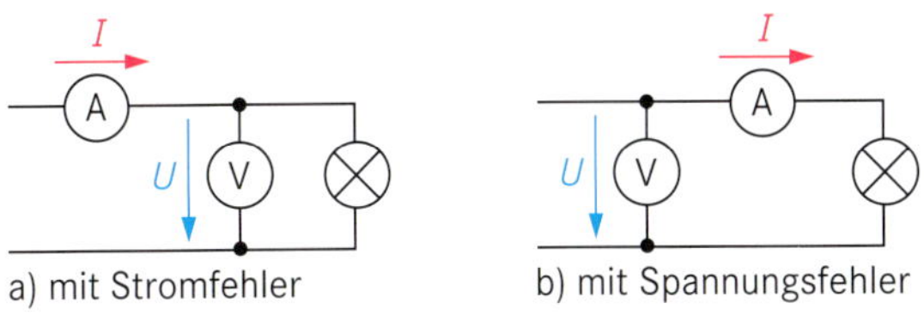

6: Indirekte Leistungsmessung

In Leistungsmessern wird im Gerät selbst das Produkt gebildet und die Leistung direkt in Watt angezeigt (**direkte Leistungsmessung**, Abb. 7). Auch hierbei werden Strom- und Spannungsfehlerschaltungen unterschieden.

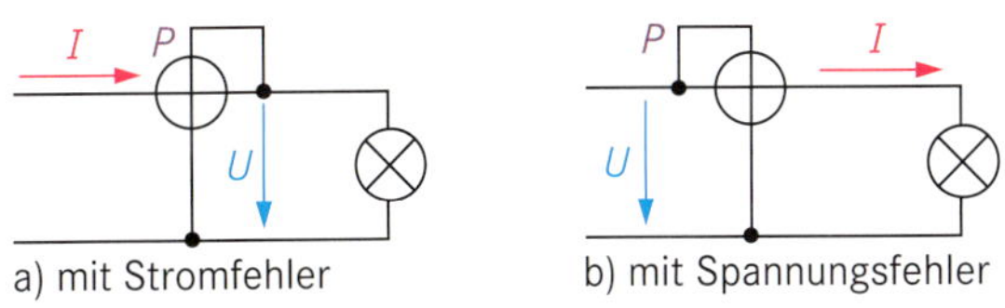

7: Direkte Leistungsmessung

Aufgaben

1. Die Werbung für einen Staubsauger lautet u.a.: Doppelt so große Leistung! Was lässt sich über Spannung und Stromstärke aussagen?
2. Berechnen Sie die Stromstärke einer 60 W-Lampe, die an einer Spannung von 230 V liegt.

- Mit der elektrischen Leistung kennzeichnet man die Wirksamkeit der elektrischen Energieumwandlung von Bauteilen, Geräten und Anlagen.
- Die elektrische Leistung P ist das Produkt aus Spannung U und Stromstärke I ($P = U \cdot I$).
- Die Leistung kann indirekt durch Messung von U und I und dessen Produktbildung ermittelt werden.
- Bei einem Leistungsmessgerät wird im Messgerät das Produkt aus U und I gebildet.

1.1.11 Elektrische Arbeit und Energie

Mit **elektrischer Energie** [*electrical energy*] und entsprechenden Geräten (Energiewandlern) erleichtern wir unser tägliches Leben (Abb. 8). Beispiele:

- Motoren helfen Lasten zu heben
- Heizgeräte erwärmen Wasser
- Glühlampen beleuchten unsere Wohnungen

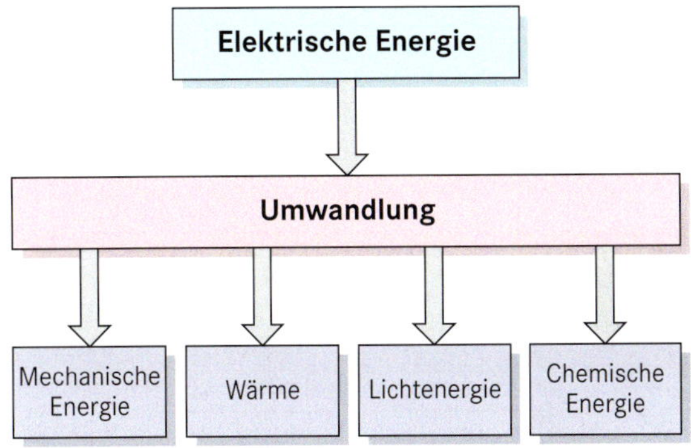

z.B. Bohrmaschine, Mixer, Stereoanlage (Schall), Aufzug	z.B. Tauchsieder, Heizofen, Kochplatte, Warmwasserbereiter	z.B. Glühlampe, Glimmlampe, Leuchtstofflampe	z.B. Elektrochemische Spannungsquelle, Akkumulator

8: Umwandlungsbeispiele für elektrische Energie

Die „Dienstleistungen" der elektrischen Energie gibt es nicht umsonst. In den Elektrizitätswerken wird **Arbeit** verrichtet, um Ladungen zu trennen. Das Ergebnis stellen sie uns als Energie über das Energieverteilungssystem (Leitungsnetz) zur Verfügung. Sie wird genutzt, indem mit der elektrischen Energie wieder Arbeit verrichtet wird. Gemessen wird sie in einem **„Elektrizitätszähler"** [*electricity meter*] (Abb. 9, s. auch Kap. 2.2.2). Er müsste eigentlich „Arbeits- oder Energiezähler" heißen, da mit ihm nicht „Elektrizität" gezählt wird.

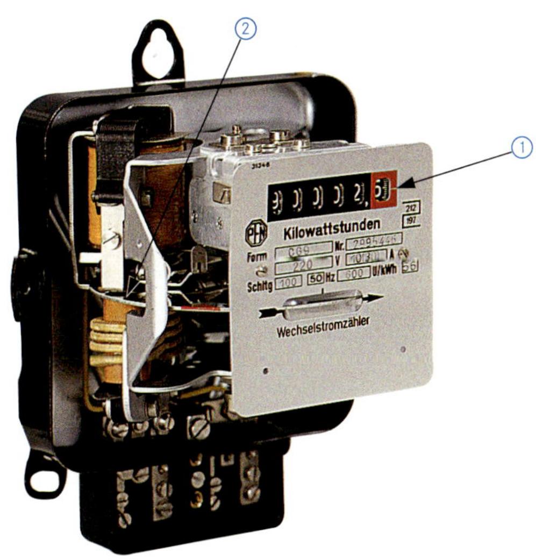

9: Elektrizitätszähler

Was misst der Elektrizitätszähler?

Der Elektrizitätszähler (verkürzt auch als Zähler bezeichnet) befindet sich in der Regel in einem Verteilerkasten und ist als Messgerät zwischen der Energiezuführung (Hausanschlusskasten) und der Energieverteilung (Leitungen für einzelne Stromkreise bzw. Geräte) im Haus fest eingebaut (s. Kap. 2.2.2). Das Messergebnis wird als Zahl mit der Einheit Kilowattstunde (Abb. 9, S. 27 ①, kWh) angezeigt. In dieser Angabe ist die Einheit der Leistung (Watt, W) und die Zeit (Stunde, h) enthalten. Der Zähler misst also die Leistung P der eingeschalteten Geräte und multipliziert diese mit der Einschaltdauer (Zeit t). Das Ergebnis ist dann die **elektrische Arbeit** [*electrical work*] (Formelzeichen W).

	Formelzeichen	Einheit
Elektrische Arbeit	W	Ws (Wattsekunde) kWh (Kilowattstunde)

$$W = P \cdot t \qquad W = U \cdot I \cdot t$$

Wattsekunde	1 Ws = 1 W · 1 s 1 Ws = 1 J (Joule)
Kilowattstunde	1 kWh = 1000 W · 3600 s 1 kWh = 3,6 · 10^6 Ws

In der Einheit kWh sind das Vielfache der Einheit Watt (kilo = 1000) und Stunde als Vielfaches der Sekunde (1 Stunde = 3600 Sekunden) enthalten. Der Zusammenhang ist in den oben aufgeführten Einheitengleichungen dargestellt.

Im Zähler wird die Leistung über die Stromstärke und die Spannung gemessen. In der häuslichen Energieversorgung beträgt die Spannung 230 V. Die Zeit wird über eine rotierende Scheibe (Abb. 9, S. 27 ②) gemessen und die Arbeit dann mit einer verbundenen Ziffernanzeige angezeigt. Es handelt sich also um eine **direkte Arbeitsmessung** [*direct work measurement*] (Abb. 1). Bei der indirekten Arbeitsmessung werden Spannung, Stromstärke und die Zeit separat gemessen und daraus das Produkt berechnet.

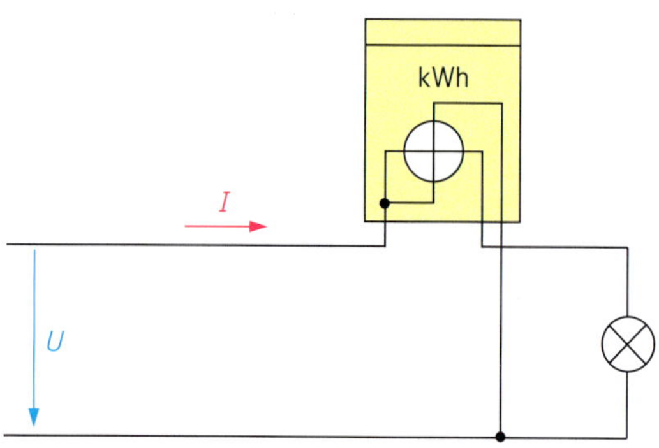

1: Direkte Arbeitsmessung mit dem Elektrizitätszähler

Wirkungsgrad

Die Wirksamkeit der Umwandlung der elektrischen Energie in gleichartigen Geräten kann unterschiedlich sein. Zur Kennzeichnung verwendet man den **Wirkungsgrad** [*efficiency*]. Als Formelzeichen wird η verwendet (griech. Buchstabe Eta). Zur Verdeutlichung ist in Abb. 2 ein Solarmodul dargestellt. Dem Modul wird Arbeit (W_{zu}) bzw. Leistung (P_{zu}) zugeführt. Durch Verluste (W_V bzw. P_V) sind die abgeführten Größen (W_{ab} bzw. P_{ab}) nicht so groß wie die Eingangsgrößen.

Setzt man die abgegebenen zu den aufgenommenen Größen ins Verhältnis, ergibt sich eine Zahl, die stets kleiner als 1 ist. Dieses ist der Wirkungsgrad. Multipliziert man die Zahl mit 100, erhält man den Wirkungsgrad in Prozent. Das in Kap. 1.1.2 aufgeführte Solarmodul hat z. B. einen Wirkungsgrad von 11,7 %.

$$\eta = \frac{W_{ab}}{W_{zu}} \qquad W_V = W_{zu} - W_{ab}$$

$$\eta = \frac{P_{ab}}{P_{zu}} \qquad P_V = P_{zu} - P_{ab}$$

	Formelzeichen	Einheit
Wirkungsgrad	η	1 (Eins), %

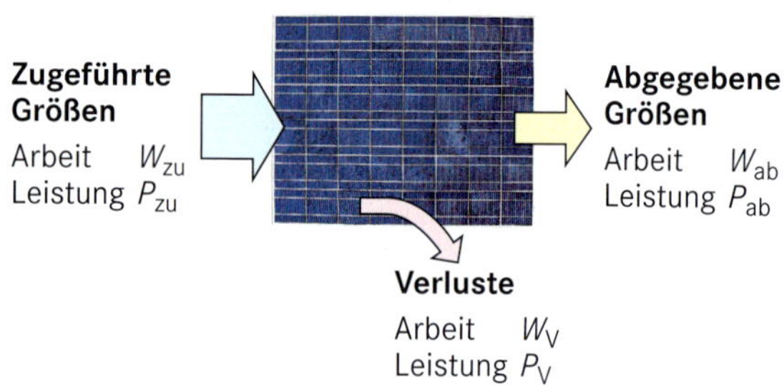

2: Wirkungsgrad

Aufgaben

1. Erklären Sie den Unterschied zwischen elektrischer Arbeit und Leistung.
2. Ermitteln Sie die technischen Angaben auf dem Elektrizitätszähler für Ihre Wohnung und schreiben Sie diese auf.

- Mit elektrischer Energie wird Arbeit verrichtet.
- Die elektrische Arbeit W ist das Produkt aus Leistung P und Zeit t.
- Mit dem Elektrizitätszähler wird die verrichtete Arbeit in Kilowattstunden (kWh) gemessen.
- Die abgegebene Arbeit (Energie, Leistung) ist stets kleiner als die zugeführte Arbeit (Energie, Leistung). Deshalb ist der Wirkungsgrad jeder Maschine stets kleiner als 1 bzw. kleiner als 100 %.

1.2 Wärmequelle und Widerstände

1.2.1 Analyse einer elektrischen Wärmequelle

Die am Ende der Umwandlungskette der Photovoltaik-Anlage zur Verfügung stehende Energie kann genutzt werden, um z. B. Wärme zu erzeugen. Als einfaches Beispiel dient eine **Kochplatte** [*hot plate*] (Abb. 3). Es sollen die Funktion analysiert und mit einer Messschaltung Gesetzmäßigkeiten erarbeitet werden.

Die Wärmesteuerung der Kochplatte geschieht mit Hilfe eines Schalters, der in diesem Fall sieben Stellungen besitzt (7-Takt-Schalter, 0 bis 6). Im Innern befinden sich Heizdrähte (Widerstände), die die Bezeichnungen R_1, R_2 und R_3 besitzen. Betrachtet wird hier also die Eigenschaft der Heizdrähte und nicht das Bauteil selbst. Damit die Kochplatte unterschiedliche Wärmemengen abgeben kann, werden mit dem Schalter die Widerstände einzeln oder in Gruppen an die Netzwechselspannung von U = 230 V angeschlossen. Dadurch ändert sich die Stromstärke I und damit auch die elektrische Leistung P.

Aufgrund der bisherigen Erörterungen lassen sich bereits erste Aussagen über Zusammenhänge und Abhängigkeiten festhalten:

- Die Betriebsspannung bleibt für alle Messungen konstant und beträgt U = 230 V.
- Über die Schalterstellungen werden unterschiedliche Widerstände an die Spannung angeschlossen.
- Jeder Widerstand verursacht eine bestimmte Stromstärke I.
- Jede Schalterstellung entspricht einer bestimmten elektrischen Leistung P.

Diese Aufstellung führt nun zu folgender Frage: Welchen Einfluss haben die Widerstände auf Leistung und Stromstärke?

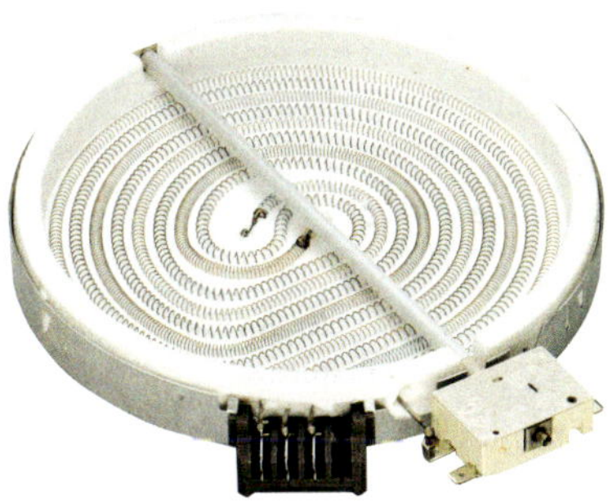

Kochplatte und Schalter mit 7 Stellungen

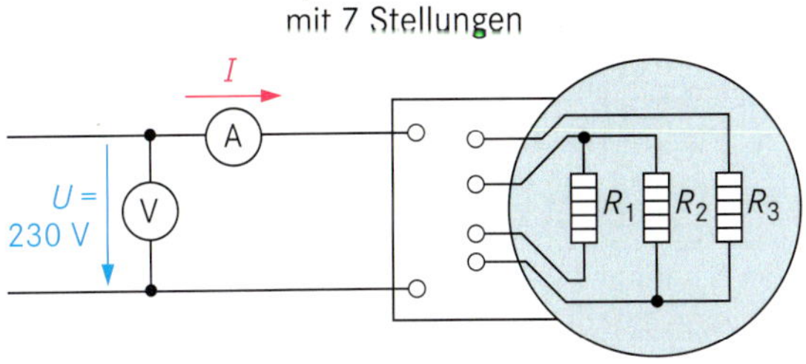

3: Messschaltung mit Kochplatte

Durchführung

Zur Klärung der Frage wird zunächst die Messschaltung in Abb. 3 betrachtet. Mit dem Schalter (s. Kap. 1.2.2, Abb. 2) werden die Schaltstufen 0 bis 6 eingestellt (Abb. 4 ①). Dadurch wird die Leistung der Kochplatte entsprechend der Herstellerangabe verändert ②. Die Stromstärken wurden gemessen ③ und dann alle Werte in eine Tabelle eingetragen.

Auswertung

Da die Größen der Widerstände nicht bekannt sind, werden sie mit der für alle Messungen gleich gebliebenen Spannung von 230 V und den jeweils gemessenen Stromstärken berechnet ④: $R = U/I$

Aus den Tabellenwerten (Abb. 4) lassen sich bereits folgende allgemeine Abhängigkeiten in Form von Wirkungsketten aufstellen:

$R\downarrow$ ④ $\Rightarrow I\uparrow$ ③ $\Rightarrow P\uparrow$ ② und $R\uparrow \Rightarrow I\downarrow \Rightarrow P\downarrow$

Beispiel:
Wenn die Schaltstufe von 2 nach 3 geändert wird, verringert sich der Widerstand von 173 Ω auf 118 Ω.

Daraus folgt:

- Die Stromstärke I steigt von 1,33 A auf 1,96 A.
- Die eingestellte Leistung P ist von 305 W auf 450 W gestiegen.

	U = 230 V	U = konstant	
Schalt-stufe ①	eingestellt	gemessen	berechnet
	P in W ②	I in A ③	R in Ω ④
0	0	0	∞
1	200	0,87	265
2	305	1,33	173
3	450	1,96	118
4	950	4,13	55,7
5	1400	6,09	37,8
6	2000	8,70	26,5

4: Einstellwerte in Spalte 1 u. 2, Messwerte in Spalte 3

Diagramm

Um die Werte der Tabelle aus Abb. 4 zu veranschaulichen, ist in Abb. 1 auf S. 30 die Leistung in Abhängigkeit vom Widerstand dargestellt. Die Kurve zeigt folgendes Verhalten:

- Je kleiner der Widerstand bei konstanter Spannung ist, desto größer ist die Leistung.
- Je größer der Widerstand bei konstanter Spannung ist, desto kleiner ist die Leistung.
- Leistung und Widerstand sind also umgekehrt proportional. Diese Kurve zeigt den Verlauf einer **Hyperbel** (s. Kap. 1.1.9).

$$P \sim \frac{1}{R}$$

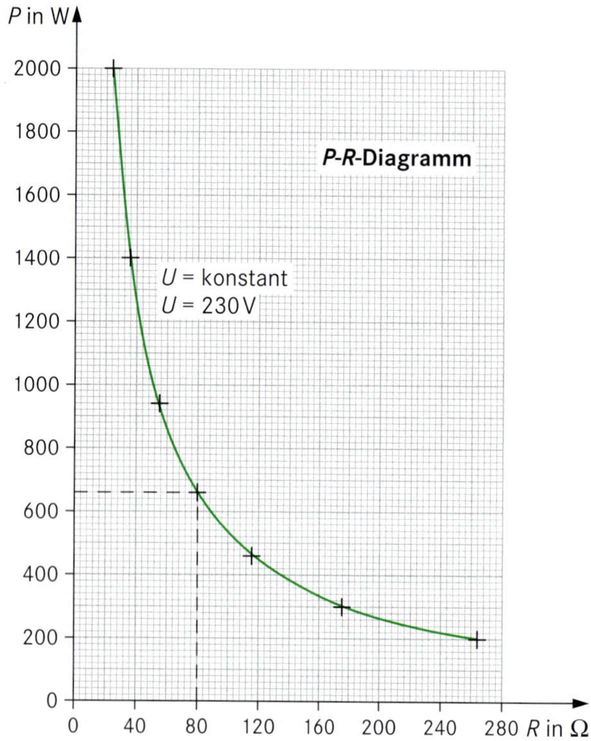

1: Leistung in Abhängigkeit vom Widerstand bei konstanter Spannung

Diese gewonnene umgekehrte proportionale Beziehung lässt sich in eine Gleichung umwandeln, wenn weitere Größen hinzugefügt werden. Es ist naheliegend, dass dies die Spannung oder die Stromstärke sein werden, da beide Größen für die Leistung bestimmend sind.

Der Zahlenwert und die Einheit für diese Größe lassen sich ermitteln, indem man die Beziehung wie eine Gleichung behandelt und das Produkt aus $P \cdot R$ bildet.

Für jeden Messpunkt ergibt sich dann ein konstanter Wert. Man erhält z. B. mit dem letzten Messwert:

$P \cdot R = 2000\ \text{W} \cdot 26{,}5\ \Omega$

$P \cdot R = 5300\ \text{W} \cdot \Omega$

Diese etwas ungewöhnliche Einheit W · Ω kann ersetzt werden, denn es gilt:

$1\ \text{W} = 1\ \text{V} \cdot \text{A}$ und $1\ \Omega = 1\ \text{V}/1\ \text{A}$

Durch Einsetzen und Kürzen bleibt das Quadrat der Spannung übrig:

$P \cdot R = 5300\ \text{W} \cdot \Omega$ $\quad P \cdot R = 5300\ \text{V} \cdot \text{A}\ (\text{V}/\text{A})$

$P \cdot R = 5300\ \text{V}^2$ oder $P \cdot R = (230\ \text{V})^2$

Für die Leistung ergibt sich dann die folgende Formel:

$$\boldsymbol{P = \frac{U^2}{R}}$$

Diese Formel macht deutlich, dass z. B. bei konstant bleibendem Widerstand und Verdopplung der Spannung die Leistung auf den vierfachen Wert ansteigt.

In der Gleichung kann aber auch die Spannung durch das Produkt aus Stromstärke und Widerstand wie folgt ersetzt werden:

$$P = \frac{(I \cdot R) \cdot (I \cdot R)}{R} \qquad P = \frac{I^2 \cdot R^2}{R}$$

Der Widerstand R lässt sich kürzen und damit ergibt sich:

$$\boldsymbol{P = I^2 \cdot R}$$

Diese letzte Beziehung macht deutlich, dass die Leistung vom Quadrat der Stromstärke abhängig ist. Eine Verdopplung der Stromstärke sorgt also für eine Vervierfachung der Leistung.

Leistungsberechnung

Der elektrische Widerstand eines Heizlüfters wird mit 100 Ω angegeben. Er ist an die Spannung von 230 V angeschlossen.

Wie groß sind Leistung und Stromstärke?

Geg.: $U = 230\ \text{V}$; $R = 100\ \Omega$; Ges.: P und I

$$P = \frac{U^2}{R} \qquad P = \frac{230\ \text{V} \cdot 230\ \text{V}}{100\ \Omega} \qquad P = \frac{52900\ \text{V}^2}{100\ \Omega}$$

$$\frac{1\ \text{V}^2}{\Omega} = \frac{1\ \text{V}^2}{(\text{V}/\text{A})} = 1\ \text{W} \qquad \underline{\underline{P = 529\ \text{W}}}$$

$$I = \frac{U}{R} \qquad I = \frac{230\ \text{V}}{100\ \Omega} \qquad \underline{\underline{I = 2{,}3\ \text{A}}}$$

Aufgaben

1. Ermitteln Sie aus dem Diagramm der Abb. 1 die Leistung bei $R = 200\ \Omega$ und den Widerstand bei $P = 1\ \text{kW}$.
2. Wie verändert sich die Leistung in einem Stromkreis mit konstanter Spannung, wenn der Widerstand verdoppelt bzw. auf die Hälfte verringert wird?
3. Wie groß ist die Leistung, wenn bei der Kochplatte ein Widerstand von 80 Ω eingeschaltet werden könnte (Diagramm in Abb. 1)?

- Wenn der Widerstand bei konstant bleibender Spannung in einem Stromkreis verringert wird, steigt die Leistung.
- Wenn der Widerstand bei konstant bleibender Spannung in einem Stromkreis vergrößert wird, sinkt die Leistung.
- Bei konstantem Widerstand hängt die Leistung vom Quadrat der Spannung bzw. vom Quadrat der Stromstärke ab.

1.2.2 Grundschaltungen mit Widerständen

Um bei der Kochplatte verschiedene Leistungen zu erzielen, sind die Widerstände unterschiedlich zusammen geschaltet worden (Abb. 2).

- In der Spalte 1 sind vier verschiedene Schaltereinstellungen mit den Leistungen aufgeführt.
- In der Spalte 2 befinden sich vereinfacht die Schalter mit den Widerstandsschaltungen. Die eingeschalteten Widerstände sind farblich gekennzeichnet.
- In der Spalte 3 ist der jeweilige Stromlaufplan für die Widerstandsschaltung zu sehen.

Die Stromlaufpläne zeigen folgendes:
Die Widerstände sind einzeln, hintereinander ① (in Reihe, in Serie) oder nebeneinander ② (parallel) geschaltet. Man nennt diese Schaltungen deshalb **Reihenschaltung** [*series connection*] (s. Kap. 1.2.4) bzw. **Parallelschaltung** [*parallel connection*] (s. Kap. 1.2.5).

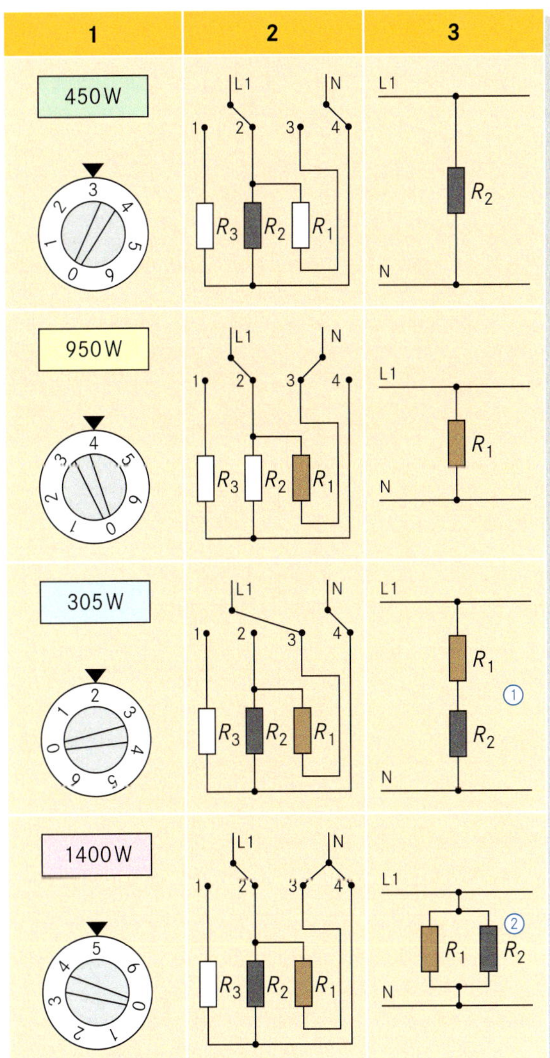

2: Widerstandsschaltungen in der Kochplatte

Welche Gesetzmäßigkeiten ergeben sich?

Mit Hilfe der auf S. 29 in Abb. 4 festgehaltenen Mess- und Einstellwerte sowie den Schaltungen aus Abb. 2 konnten bereits wichtige Kenntnisse über Grundschaltungen von Widerständen gewonnen werden. Vertiefende Kenntnisse erhält man, indem man die folgenden vier Fälle genauer untersucht:

450 W Der Widerstand R_2 ist eingeschaltet.

Am Widerstand liegt die Netzspannung von 230 V. Der Widerstand R_2 = 118 Ω hat eine Stromstärke von I_2 = 1,96 A zur Folge (s. S. 29, Abb. 4).

950 W Der Widerstand R_1 ist eingeschaltet.

Am Widerstand liegt die Netzspannung von 230 V. Der Widerstand R_1 = 55,7 Ω hat eine Stromstärke von I_1 = 4,13 A zur Folge (s. S. 29, Abb. 4).
Im Vergleich zu 450 W: $I_1 > I_2$, da $R_1 < R_2$

305 W Die Widerstände R_1 und R_2 sind in Reihe geschaltet (genaue Herleitung s. Kap. 1.2.4).

Die Netzspannung von 230 V ist die gesamte Spannung. Sie kann deshalb nicht vollständig für jeden Widerstand „wirksam" werden. Das „Hindernis" dieser in Reihe geschalteten Widerstände ist also größer, als wenn ein einzelner Widerstand an der Netzspannung liegen würde.

Folgendes kann vermutet werden:
Die Einzelwiderstände lassen sich zu einem Gesamtwiderstand addieren.

$R_1 + R_2 = 55{,}7\ \Omega + 118\ \Omega \qquad R_1 + R_2 = 173{,}7\ \Omega$

Der Gesamtwiderstand einer Reihenschaltung ist also immer größer als jeder einzelne Widerstand.

Dieser Sachverhalt drückt sich auch in der geringeren Stromstärke ($I_{1,2}$ = 1,33 A) und in der geringeren Gesamtleistung ($P_{1,2}$ = 305 W) aus (s. S. 29, Abb. 4).

1400 W Die Widerstände R_1 und R_2 sind parallel geschaltet.

An jedem Widerstand liegt wie bei den Schalterstellungen 450 W und 950 W die Netzspannung von 230 V. Die einzelnen Stromstärken können also zu einer Gesamtstromstärke und die Einzelleistungen zu einer Gesamtleistung addiert werden.

$I_1 + I_2 = 4{,}13\ \text{A} + 1{,}96\ \text{A} \qquad I_1 + I_2 = 6{,}09\ \text{A}$

$P_1 + P_2 = 950\ \text{W} + 450\ \text{W} \qquad P_1 + P_2 = 1400\ \text{W}$

Die einzelnen Widerstände dagegen dürfen nicht addiert werden (genaue Herleitung s. Kap. 1.2.3). Der Gesamtwiderstand kann aber auch über die anliegende Spannung von 230 V und der Stromstärke von 6,09 A wie folgt berechnet werden:

$$R_g = \frac{230\ \text{V}}{6{,}09\ \text{A}} \qquad R_g = 37{,}8\ \Omega$$

Der Gesamtwiderstand ist also kleiner als jeder Einzelwiderstand (55,7 Ω und 118 Ω).

1.2.3 Parallelschaltung von Widerständen

Alle Geräte, die über Steckdosen mit elektrischer Energie versorgt werden, liegen schaltungstechnisch nebeneinander (**parallel** [*parallel*]) und an der gleichen Spannung. Für die Herleitung der Gesetzmäßigkeiten sind dazu in Abb. 1 beispielsweise zwei Geräte durch Widerstände dargestellt worden.

Unabhängig von der Anzahl der parallel geschalteten Widerstände gibt es für diese Schaltung zwei Verbindungspunkte, in denen sich der Strom I_g aufteilt ① bzw. wieder vereinigt ② (**Stromverzweigung** [*current branching*]). Bei zwei Widerständen entstehen zwei Teilströme I_1 und I_2. Wenn weitere Widerstände (Geräte) hinzugeschaltet werden, ändert sich die Spannung nicht, aber durch den zusätzlichen Strom erhöht sich die Gesamtstromstärke. Wenn ein Widerstand (Gerät) entfernt wird, verringert sich die Gesamtstromstärke.

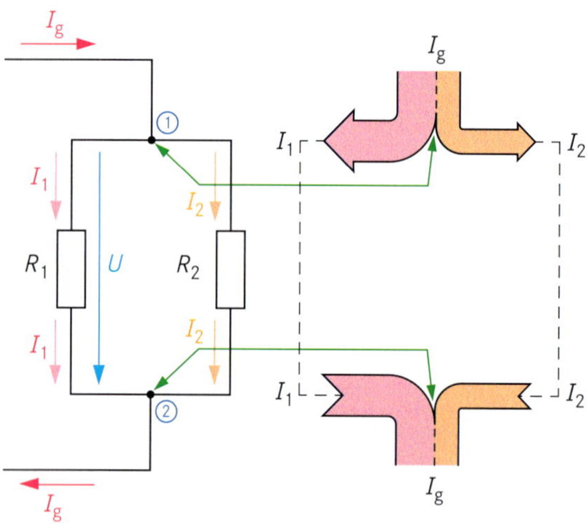

1: Stromverzweigung, $R_1 < R_2$

Verallgemeinert man die Parallelschaltung von zwei Widerständen auf beliebig viele Widerstände (Abb. 2), lassen sich die folgenden Formeln aufstellen.

Stromstärken

Ausgegangen wird von der Grundformel für die Stromverzweigung (**1. Kirchhoffsches Gesetz** [*1. Kirchhoff's law*]).

$$I_g = I_1 + I_2 + ... + I_n$$

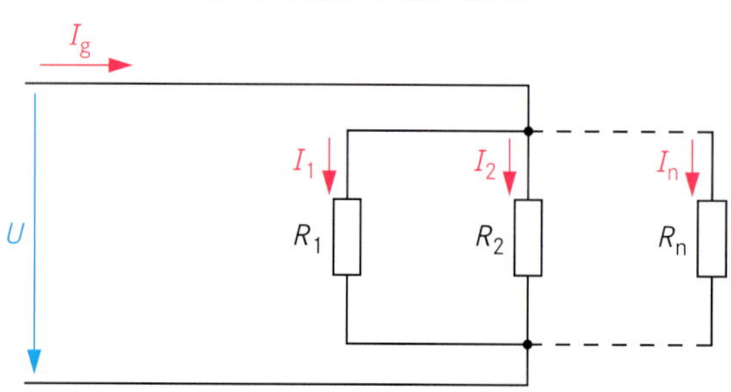

2: Parallelschaltung

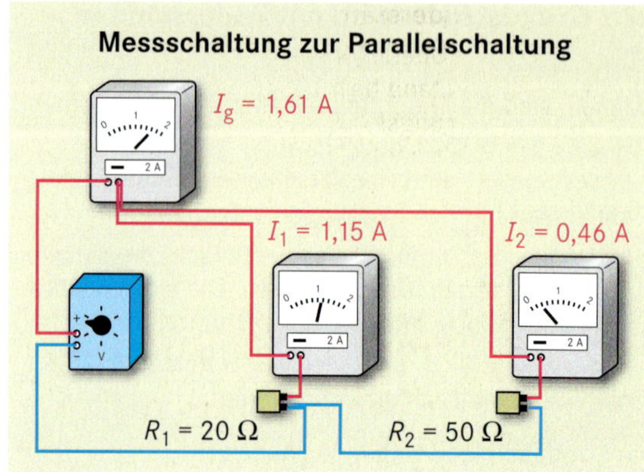

Jede Stromstärke lässt sich durch das Verhältnis von Spannung zu Stromstärke ausdrücken. Man erhält dann:

$$I_g = \frac{U}{R_g} \qquad I_1 = \frac{U}{R_1} \qquad I_2 = \frac{U}{R_2} \quad ... \quad I_n = \frac{U}{R_n}$$

Zwischen den Widerständen und den Stromstärken durch die Widerstände besteht eine Beziehung. Sie lässt sich aufstellen, wenn man die oben aufgeführten Gleichungen nach U umstellt:

$U = I_1 \cdot R_1 \qquad U = I_2 \cdot R_2 \qquad U = I_3 \cdot R_3$ ...

Da in der Parallelschaltung die Spannung an jedem Widerstand gleich ist, kann die Spannung durch das Produkt aus Stromstärke und Widerstand ersetzt werden. Man erhält dann Gleichungen, in denen nur die einzelnen Stromstärken und ihre Widerstände vorkommen:

$I_1 \cdot R_1 = I_2 \cdot R_2 \qquad I_1 \cdot R_1 = I_3 \cdot R_3$ ...

Stellt man die Gleichungen so um, dass sich die Stromstärken und die Widerstände auf einer Seite der Gleichung befinden, erhält man folgende Formeln:

$$\frac{I_1}{I_2} = \frac{R_2}{R_1} \qquad \frac{I_1}{I_3} = \frac{R_3}{R_1}$$

Die Formeln verdeutlichen, dass sich die Stromstärken umgekehrt wie die Widerstände verhalten. Anders ausgedrückt: Die Stromstärke durch den kleinsten Widerstand ist am größten und die Stromstärke durch den größten Widerstand ist am kleinsten.

- Bei der Parallelschaltung ist die Gesamtstromstärke I_g gleich der Summe der Einzelstromstärken.
- Die Einzelstromstärken lassen sich aus der anliegenden Spannung und dem jeweiligen Widerstand berechnen ($I = U/R$).
- Bei der Parallelschaltung fließt durch den größten Widerstand der kleinste und durch den kleinsten Widerstand der größte Strom.

Leitwerte und Widerstände

Ziel der folgenden Überlegungen ist es, eine Formel für den Gesamtwiderstand herzuleiten. Benutzt wird dazu die Stromverzweigungsformel, in die dann die Formeln für die einzelnen Stromstärken eingesetzt werden.

$$\frac{U}{R_g} = \frac{U}{R_1} + \frac{U}{R_2} + \ldots + \frac{U}{R_n}$$

Als gemeinsame Größe kommt die Spannung U vor. Sie kann ausgeklammert und dann gekürzt werden. Auf diese Weise erhält man eine Gleichung, in der nur Leitwerte vorkommen:

$$\mathbf{\frac{1}{R_g} = \frac{1}{R_1} + \frac{1}{R_2} + \ldots + \frac{1}{R_n} \qquad \frac{1}{R_g} = G_g}$$

$$\mathbf{G_g = G_1 + G_2 + \ldots + G_n}$$

Gesamtwiderstand von zwei parallel geschalteten Widerständen

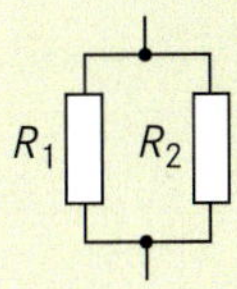

$$\frac{1}{R_g} = \frac{1}{R_1} + \frac{1}{R_2} \Rightarrow \frac{1}{R_g} = \frac{R_2}{R_1 \cdot R_2} + \frac{R_1}{R_1 \cdot R_2}$$

$$\frac{1}{R_g} = \frac{R_1 + R_2}{R_1 \cdot R_2} \Rightarrow \mathbf{R_g = \frac{R_1 \cdot R_2}{R_1 + R_2}}$$

Leistungen

Die Leistung ist das Produkt aus Spannung und Stromstärke ($P = U \cdot I$, s. Kap. 1.1.10). Da an jedem Widerstand Spannung liegt und ein entsprechender Strom fließt, ergeben sich folgende Einzelleistungen:

$P_1 = U \cdot I_1 \qquad P_2 = U \cdot I_2 \qquad \ldots$

Die Gesamtleistung P_g ergibt sich dann aus der Summe der Einzelleistungen:

$$\mathbf{P_g = P_1 + P_2 + \ldots + P_n}$$

Aufgaben

1. Zwei parallel geschaltete Widerstände liegen an einer Spannung. Ein Widerstand wird verkleinert. Welche Größen verändern sich in welcher Weise und welche ändern sich nicht?
2. Berechnen Sie den Wert des Gesamtwiderstandes aus dem Beispiel in der rechten Spalte mit Hilfe der Spannung und der Stromstärke.

- Den Gesamtleitwert einer Parallelschaltung erhält man, indem man die Einzelleitwerte addiert.
- Der Gesamtwiderstand der Parallelschaltung aus Widerständen ist kleiner als der kleinste Einzelwiderstand.
- Die Gesamtleistung bei der Parallelschaltung ist gleich der Summe der Einzelleistungen.

Parallelschaltung aus drei Widerständen

Die abgebildete Parallelschaltung aus drei Widerständen soll berechnet werden.

Gegeben:

$R_1 = 10\ \Omega$, $R_2 = 20\ \Omega$, $R_3 = 50\ \Omega$, $U = 16\ \text{V}$

Gesucht:

a) Die einzelnen Stromstärken I_1, I_2, I_3, I_g

b) Die einzelnen Leitwerte G_1, G_2, G_3 und G_g sowie der Gesamtwiderstand R_g

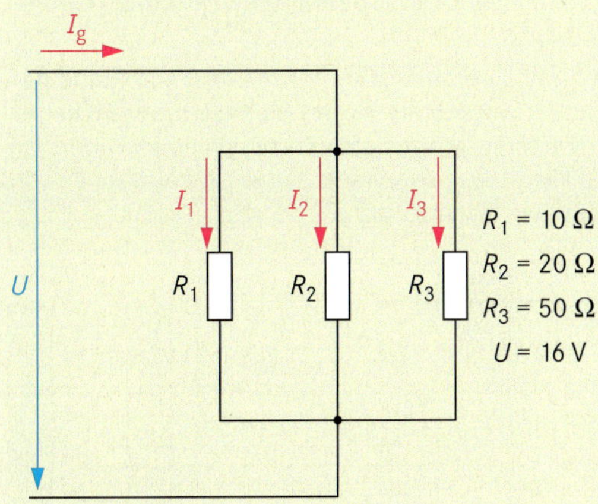

a) Stromstärken

$$I_1 = \frac{U}{R_1} \qquad I_1 = \frac{16\ \text{V}}{10\ \Omega} \qquad \underline{\underline{I_1 = 1{,}6\ \text{A}}}$$

$$I_2 = \frac{U}{R_2} \qquad I_2 = \frac{16\ \text{V}}{20\ \Omega} \qquad \underline{\underline{I_2 = 0{,}8\ \text{A}}}$$

$$I_3 = \frac{U}{R_3} \qquad I_3 = \frac{16\ \text{V}}{50\ \Omega} \qquad \underline{\underline{I_3 = 0{,}32\ \text{A}}}$$

$$I_g = 1{,}6\ \text{A} + 0{,}8\ \text{A} + 0{,}32\ \text{A} \qquad \underline{\underline{I_g = 2{,}72\ \text{A}}}$$

b) Leitwerte und Widerstände

$$G_1 = \frac{1}{R_1} \qquad G_1 = \frac{1\ \text{V}}{10\ \Omega} \qquad \underline{\underline{G_1 = 100\ \text{mS}}}$$

$$G_2 = \frac{1}{R_2} \qquad G_2 = \frac{1\ \text{V}}{20\ \Omega} \qquad \underline{\underline{G_2 = 50\ \text{mS}}}$$

$$G_3 = \frac{1}{R_3} \qquad G_3 = \frac{1\ \text{V}}{50\ \Omega} \qquad \underline{\underline{G_3 = 20\ \text{mS}}}$$

$$G_g = G_1 + G_2 + G_3$$

$$G_g = 100\ \text{mS} + 50\ \text{mS} + 20\ \text{mS}$$

$$\underline{\underline{G_g = 170\ \text{mS}}}$$

$$R_g = \frac{1}{G_g} \qquad R_g = \frac{1}{170\ \text{mS}} \qquad \underline{\underline{R_g = 5{,}9\ \Omega}}$$

1.2.4 Reihenschaltung von Widerständen

Bei der Analyse der Kochplatte in Kap. 1.2.2 wurde festgestellt, dass in der Schaltstufe 2 (305 W) die Widerstände R_1 und R_2 hintereinander (**in Reihe, in Serie** [*in series*]) liegen. Für diese Reihen- bzw. Serienschaltung sollen jetzt die Gesetzmäßigkeiten ermittelt werden.

Durch beide Widerstände fließt derselbe Strom. Die Stromstärke ist also überall gleich (Abb. 1). Die insgesamt zur Verfügung stehende Spannung U_g teilt sich auf die zwei Widerstände mit den Teilspannungen U_1 ① und U_2 ② auf (**Spannungsaufteilung** [*voltage sharing*]).

Wenn Widerstände (Geräte) zusätzlich in Reihe geschaltet werden, verringert sich die ursprüngliche Stromstärke. Wenn durch Entfernen eines Widerstandes (Gerätes) die Reihenschaltung unterbrochen wird, fließt kein Strom mehr.

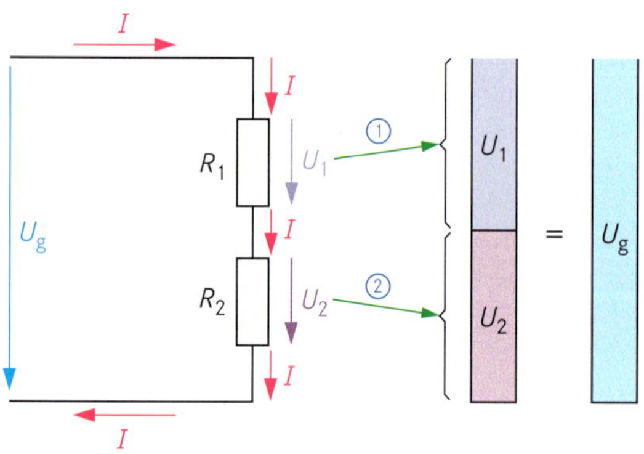

1: Spannungsaufteilung

Verallgemeinert man die Reihenschaltung von zwei Widerständen auf beliebig viele Widerstände (Abb. 2), lassen sich folgende Formeln aufstellen:

Spannungen

Bei der Reihenschaltung kommt es zu einer **Spannungsaufteilung** (2. Kirchhoffsches Gesetz).

$$U_g = U_1 + U_2 + ... + U_n$$

$$U_g = I \cdot R_g \quad U_1 = I \cdot R_1 \quad U_2 = I \cdot R_2 \quad ... \quad U_n = I \cdot R_n$$

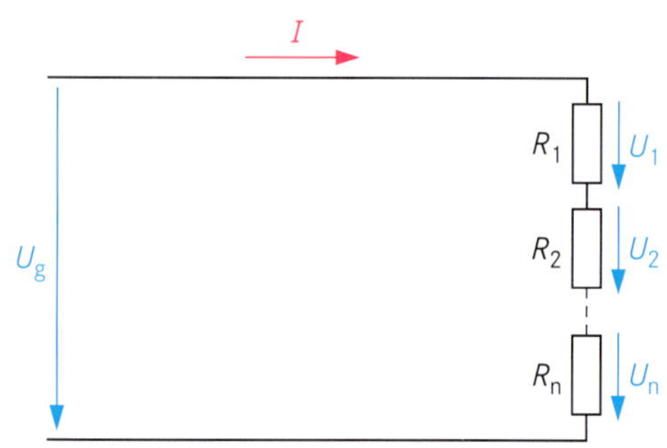

2: Reihenschaltung

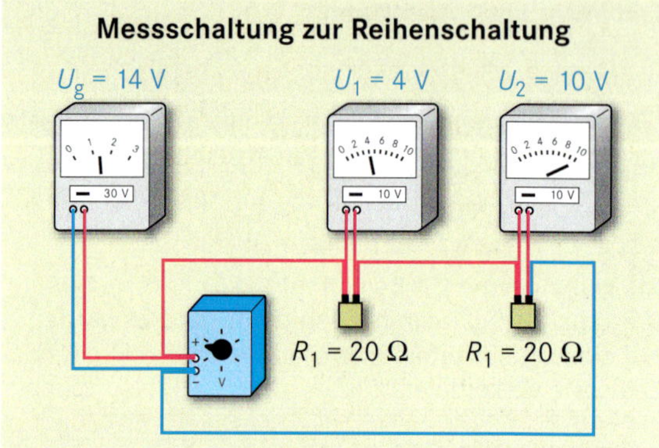

Widerstände

In der Formel für die Spannungsaufteilung lassen sich die Einzelspannungen durch $I \cdot R$ ausdrücken.

$$I \cdot R_g = I \cdot R_1 + I \cdot R_2 + ... + I \cdot R_n$$

Als gemeinsame Größe kommt die Stromstärke I vor. Sie lässt sich kürzen und man erhält dann eine Gleichung nur mit Widerständen:

$$R_g = R_1 + R_2 + ... + R_n$$

Leistungen

Die Leistung ist das Produkt aus Spannung und Stromstärke. Da an jedem Widerstand eine Spannung liegt und ein Strom fließt, ist die Gesamtleistung gleich der Summe der Einzelleistungen.

$$P_g = P_1 + P_2 + ... + P_n$$

Aufgaben

1. Eine Reihenschaltung aus zwei Widerständen ist an eine Spannungsquelle angeschlossen. Ein Widerstand wird vergrößert. Welche Größen verändern sich in welcher Weise und welche ändern sich nicht?
2. In einer Reihenschaltung von drei Widerständen wird ein Widerstand entfernt. Geben Sie an, welche Änderungen eintreten.

- Bei der Reihenschaltung ist die Gesamtspannung gleich der Summe der Einzelspannungen. Die Gesamtspannung teilt sich auf die einzelnen Widerstände auf.
- Die Einzelspannungen lassen sich aus der Stromstärke und dem jeweiligen Widerstand berechnen ($U = I \cdot R$).
- Am größten Widerstand liegt die größte und am kleinsten Widerstand die kleinste Spannung.
- Der Gesamtwiderstand ist gleich der Summe der Einzelwiderstände.
- Die Gesamtleistung ist gleich der Summe der Einzelleistungen.

1.2.5 Gruppenschaltungen von Widerständen

In Widerstandsnetzwerken können Parallel- und Reihenschaltungen gemeinsam vorkommen. Um den **Gesamtwiderstand** [*total resistance*] zu ermitteln, müssen in der Ausgangsschaltung schrittweise Vereinfachungen vorgenommen werden, bis am Ende ein einzelner Widerstand R_g übrig bleibt.

Beispiel 1: R_1 = 55,7 Ω; R_2 = 118 Ω; R_3 = 91,3 Ω

- Zum Widerstand R_1 liegt in Reihe die Parallelschaltung aus den zwei Widerständen R_2 und R_3.
- Die Schaltung muss so verändert werden, dass eine Grundschaltung entsteht.

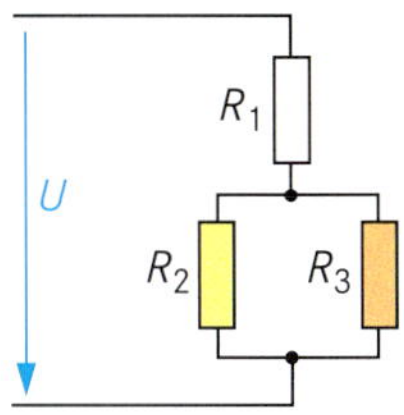

1. Lösungsschritt

- Die Parallelschaltung aus R_2 und R_3 kann zu einem Widerstand R_{23} (R_2 || R_3) zusammengefasst werden.
- $R_{23} = \frac{R_2 \cdot R_3}{R_2 + R_3}$

  R_{23} = 51,5 Ω
- Ergebnis:
  Es ist nur noch eine Reihenschaltung aus den zwei Widerständen R_1 und R_{23} vorhanden.

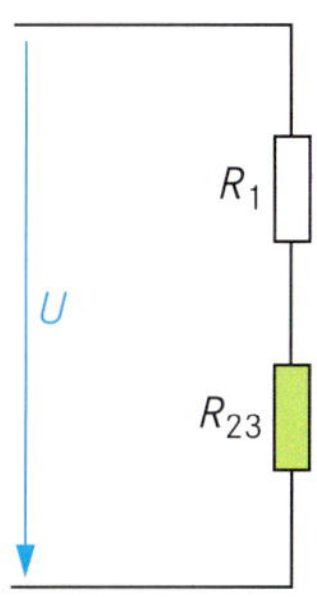

2. Lösungsschritt

- Der Gesamtwiderstand lässt sich jetzt durch Addition ermitteln.
- $R_g = R_1 + R_{23}$

  R_g = 55,7 Ω + 51,5 Ω

  R_g = 107,2 Ω

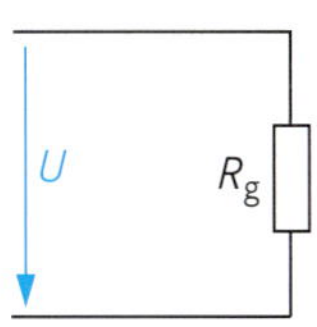

- Vorgehensweise bei der Ermittlung des Gesamtwiderstandes einer Gruppenschaltung:
  1. Eine Parallel- oder Reihenschaltung aus zwei oder mehreren Widerständen suchen und zu einem Widerstand zusammenfassen.
  2. Schaltplan der Gruppenschaltung mit dem zusammengefassten Widerstand zeichnen.
  3. Im Plan eine weitere neu entstandene Grundschaltung suchen, diese zu einem einzelnen Widerstand zusammenfassen usw., bis am Ende nur der Gesamtwiderstand vorhanden ist.

Beispiel 2: R_1 = 55,7 Ω; R_2 = 118 Ω; R_3 = 91,3 Ω

- Zum Widerstand R_1 liegt parallel die Reihenschaltung aus den zwei Widerständen R_2 und R_3.
- Die Schaltung muss so verändert werden, dass eine Grundschaltung entsteht.

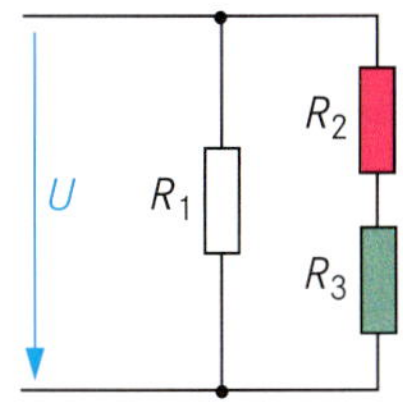

1. Lösungsschritt

- Die Reihenschaltung aus R_2 und R_3 kann zu einem Widerstand R_{23} zusammengefasst werden.
- $R_{23} = R_2 + R_3$

  R_{23} = 118 Ω + 91,3 Ω

  R_{23} = 209,3 Ω
- Ergebnis: Es ist nur noch eine Parallelschaltung aus den zwei Widerständen R_1 und R_{23} vorhanden.

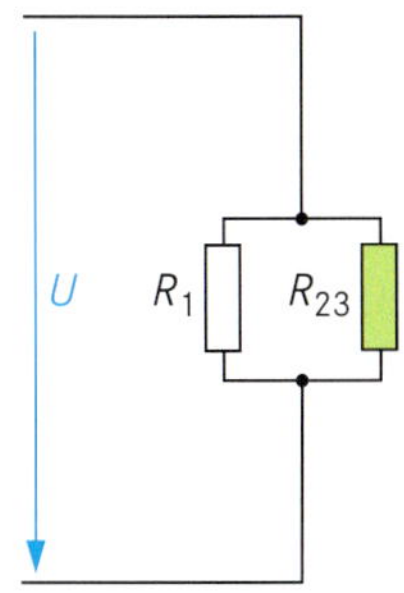

2. Lösungsschritt

- Der Gesamtwiderstand lässt sich jetzt ermitteln.
- $R_g = R_1$ || R_{23}

  $R_g = \frac{R_1 \cdot R_{23}}{R_1 + R_{23}}$

  R_g = 44 Ω

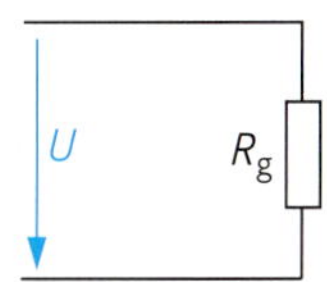

Aufgaben

1. Übernehmen Sie aus Beispiel 1 die Gruppenschaltung und kennzeichnen Sie durch Pfeile:
   - U (Gesamtspannung)
   - U_1 (Spannung an R_1)
   - U_{23} (Spannung an R_2 und R_3)
   - I_1 (Stromstärke durch R_1)
   - I_2 (Stromstärke durch R_2)
   - I_3 (Stromstärke durch R_3) und I_g

   Die Schaltung liegt an 230 V. Der Widerstand R_3 wird jetzt verkleinert. Wie wirkt sich diese Änderung auf folgende Größen aus (größer, kleiner oder konstant angeben)?

   a) R_{23}, R_g c) U_1, U_2, U_3
   b) I_1, I_2, I_3, I_g d) P_1, P_2, P_3, P_g
2. Übernehmen Sie aus dem Beispiel 2 die Gruppenschaltung und kennzeichnen Sie die Größen durch Strom- und Spannungspfeile. Die Schaltung liegt an 230 V. Der Widerstand R_3 wird jetzt vergrößert. Wie wirkt sich diese Änderung auf folgende Größen aus (größer, kleiner oder konstant angeben)?

   a) R_{23}, R_g c) U_2, U_3
   b) I_1, I_{23}, I_g d) P_1, P_2, P_3, P_g
3. Berechnen Sie für die Gruppenschaltungen der Beispiele 1 und 2 die folgenden Größen:
   a) Spannungen an den Widerständen
   b) Stromstärken durch die Widerstände
   c) Leistungen der einzelnen Widerstände

1.2.6 Anwendungen von Widerstandsschaltungen

1.2.6.1 Messschaltungen

In Kap. 1.1.10 wurden zur Leistungsermittlung Spannung und Stromstärke gemessen. Neben der Glühlampe befanden sich die zwei Messgeräte, die wie Widerstände wirken, in der Schaltung. Diese Gruppenschaltung aus drei Widerständen liefert fehlerbehaftete Messergebnisse. Welche Auswirkungen die einzelnen Messgeräte auf die Messergebnisse haben, soll nun am Beispiel der **Widerstandsmessung** [*resistance measurement*] erarbeitet werden (Abb. 1).

Verwendet werden neben dem unbekannten Widerstand R_x ein Spannungsmessgerät P1 und ein Stromstärkenmessgerät P2. In beiden Schaltungen werden die Spannung U und Stromstärke I gemessen und der Widerstand R_x berechnet. Die Ergebnisse sind unterschiedlich. Woran liegt das?

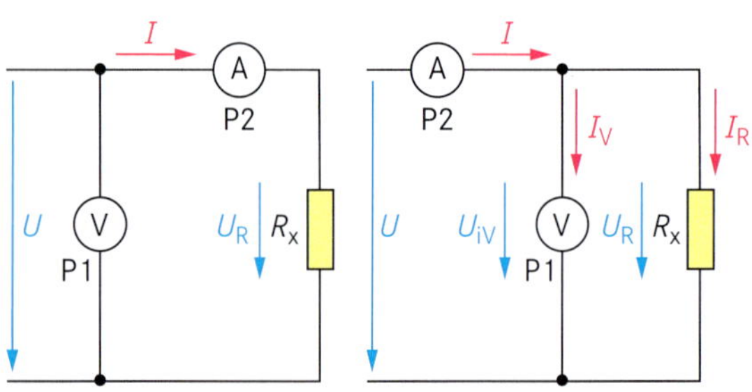

a)
$$R_x = \frac{U}{I} \qquad R_x = \frac{8{,}5\ \text{V}}{9{,}5\ \text{mA}} \qquad \underline{\underline{R_x = 895\ \Omega}}$$

b)
$$R_x = \frac{U_{iV}}{I} \qquad R_x = \frac{8{,}5\ \text{V}}{9{,}9\ \text{mA}} \qquad \underline{\underline{R_x = 859\ \Omega}}$$

1: Messschaltung zur Widerstandsbestimmung

Durch die Messgeräte fließen Ströme. Deshalb liegt auch an jedem Messgerät eine Spannung. Die Messgeräte wirken deshalb wie zusätzliche Widerstände in der Schaltung. Sie besitzen in diesem Beispiel folgenden Werte:
- Stromstärkenmessgerät $R_{iA} = 30\ \Omega$
- Spannungsmessgerät $R_{iV} = 100\ \text{k}\Omega$

Somit ergeben sich für die Messschaltungen aus Abb. 1 die Ersatzschaltungen in Abb. 2.

In beiden Schaltungen wird jeweils eine Größe falsch gemessen. In Abb. 2a wird nicht die am Widerstand R_x liegende Spannung U_R zur Berechnung verwendet, sondern die Gesamtspannung U. Sie ist größer als die Spannung am Widerstand. Diese Schaltung bezeichnet man deshalb als **Spannungsfehlerschaltung** [*voltage error circuit*].

Zur Berechnung mit den Werten aus Abb. 2b wird dagegen eine zu große Stromstärke verwendet, weil auch durch das Spannungsmessgerät ein Strom I_V fließt.

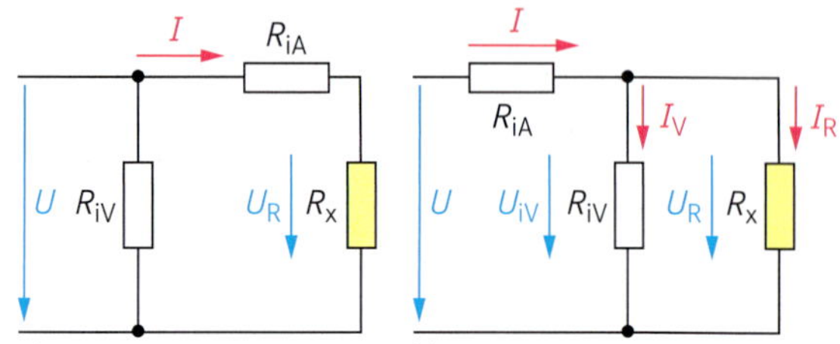

2: Ersatzschaltungen der Messschaltungen in Abb. 1

Die Schaltung wird deshalb als **Stromfehlerschaltung** [*current error circuit*] bezeichnet. Mit den Werten dieser Stromfehlerschaltung wird jetzt der „richtige" Wert für den Widerstand R_x wie folgt berechnet:

$$I_V = \frac{U_{iV}}{R_{iV}} \qquad I_V = \frac{8{,}5\ \text{V}}{100\ \text{k}\Omega} \qquad I_V = 0{,}085\ \text{mA}$$

$$I_R = I - I_V \qquad I_V = 9{,}9\ \text{mA} - 0{,}085\ \text{mA} \qquad I_R = 9{,}815\ \text{mA}$$

$$R_x = \frac{U_{iV}}{I_R} \qquad R_x = \frac{8{,}5\ \text{V}}{9{,}815\ \text{mA}} \qquad \underline{\underline{R_x = 866\ \Omega}}$$

Es kann auf eine Korrektur unter Umständen verzichtet werden, wenn folgendes beachtet wird:
- Stromfehlerschaltung für $R_x << R_{iV}$
- Spannungsfehlerschaltung für $R_x >> R_{iA}$

Messung nach dem Strommessprinzip

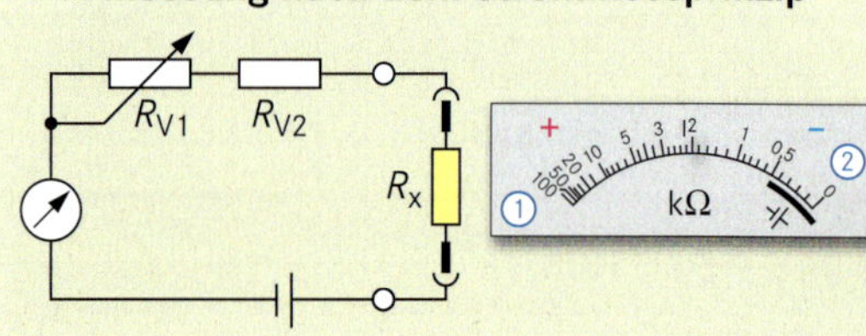

Die Stromstärke wird durch den Widerstand gemessen und der Wert in Ohm auf einer nichtlinearen Skala direkt abgelesen.

Aufgaben

1. Ermitteln Sie für die Spannungsfehlerschaltung (Abb. 1a) die Spannung am Strommessgerät und die Stromstärke durch das Spannungsmessgerät.
2. Wie groß ist in der Stromfehlerschaltung (Abb. 1b) die Spannung am Strommessgerät ($R_{iA} = 30\ \Omega$)?

- Bei der indirekten Bestimmung von Widerständen mit Strom- und Spannungsmessgeräten müssen die berechneten Werte ggf. korrigiert werden.
- Bei der Spannungsfehlerschaltung ist die angezeigte Spannung zu groß.
- Bei der Stromfehlerschaltung ist die angezeigte Stromstärke zu groß.

1.2.6.2 Brückenschaltung

Eine weitere Möglichkeit zum Messen von Widerständen ist die **Brückenschaltung** [*bridge circuit*]. Die Schaltung wird mit einer Spannungsquelle betrieben. Der grundsätzliche Aufbau ist in Abb. 3 zu sehen. Jeweils zwei in Reihe geschaltete Widerstände liegen parallel. Der Widerstand R_x ist der unbekannte Widerstand. Das Anzeigeinstrument befindet sich wie eine „Brücke" (Zweig C–D) zwischen den Widerständen. Wenn kein Strom durch das Instrument fließt (Nullstellung), steht der Zeiger in der Mitte der Skala. Dieser Zustand kann mit R_2 eingestellt werden.

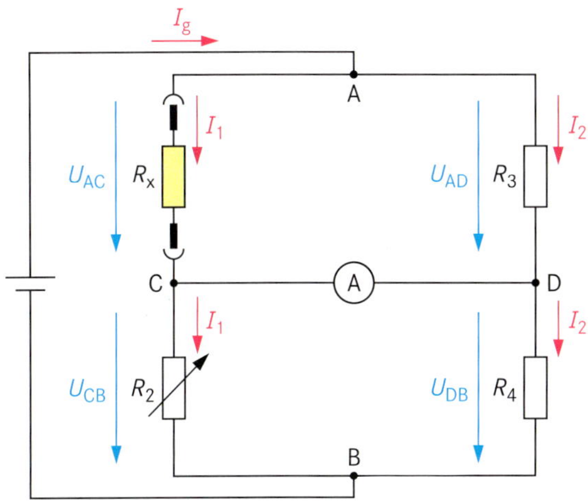

3: Messbrücke (abgeglichen)

Messvorgang

1. Den unbekannten Widerstand R_x anschließen. Der in der Mitte befindliche Zeiger des Strommessgerätes schlägt nach einer Seite aus.
2. Den einstellbaren Widerstand R_2 so lange verändern, bis sich der Zeiger wieder in der Nullstellung (Mittelstellung) befindet. Es fließt dann durch das Anzeigeinstrument kein Strom. Dieser Zustand wird als **„abgeglichene Brücke"** bezeichnet. Der Wert des unbekannten Widerstandes kann jetzt an einer Skala abgelesen werden.

Die hier beschriebene Brückenschaltung wird auch nach Sir Charles Wheatstone (engl. Physiker, 1802 - 1875) als **Wheatstone-Brücke** [*Wheatstone bridge*] (Abb. 4) bezeichnet.

4: Wheatstone-Messbrücke

Warum fließt im abgeglichenen Zustand kein Strom im Brückenzweig C - D?

Diese Frage lässt sich beantworten, wenn die Gesetzmäßigkeiten des elektrischen Stromkreises auf diese Schaltung angewendet werden.

- Die Spannungsquelle verursacht durch jede Reihenschaltung einen Strom.
- I_1 fließt durch R_x und R_2 (Einstellwiderstand).
- I_2 fließt durch R_3 und R_4 (Festwiderstände).
- Die Spannung teilt sich in jedem Zweig entsprechend den Widerständen auf.

Das Instrument liegt zwischen den Anschlüssen C und D (Brückenzweig). Da im abgeglichenen Zustand zwischen diesen Punkten kein Strom fließt, muss die Spannung U_{CD} Null Volt sein.

Brückenabgleich

Für die Spannungen an den vier Widerständen gilt:

$$U_{AC} = I_1 \cdot R_x \qquad U_{CB} = I_1 \cdot R_2$$
$$U_{AD} = I_2 \cdot R_3 \qquad U_{DB} = I_2 \cdot R_4$$

Die Bedingung $U_{CD} = 0$ V (**Abgleichbedingung**) wird erreicht, wenn die Spannungsaufteilung im linken Brückenzweig gleich der Spannungsaufteilung im rechten Brückenzweig ist.

Es gilt dann: $U_{AC} = U_{AD} \quad U_{CB} = U_{DB}$

Als Verhältnis ausgedrückt: $\frac{U_{AC}}{U_{AD}} = 1 \quad \frac{U_{CB}}{U_{DB}} = 1$

Diese beiden Gleichungen lassen sich zusammenfassen:

$$\frac{U_{AC}}{U_{AD}} = \frac{U_{CB}}{U_{DB}}$$

Die Spannungen können durch Ströme und Widerstände ausgedrückt werden:

$$\frac{I_1 \cdot R_x}{I_2 \cdot R_3} = \frac{I_1 \cdot R_2}{I_2 \cdot R_4} \qquad R_x = \frac{(I_1 \cdot R_2 \cdot I_2 \cdot R_3)}{I_2 \cdot R_4 \cdot I_1}$$

Die Stromstärken lassen sich kürzen.

$$\boldsymbol{R_x = \frac{R_2 \cdot R_3}{R_4}}$$

Da in dieser Gleichung R_3 und R_4 konstante Größen sind, hängt R_x vom einstellbaren Widerstand R_2 ab. Seine Größe wird dann im entsprechenden Verhältnis auf der Skala angezeigt.

- In der Brückenschaltung wird ein unbekannter Widerstand mit einem bekannten Widerstand verglichen (Vergleichsmessung).
- Bei der Widerstandsmessung mit Hilfe einer Brückenschaltung muss die Einstellung solange verändert werden, bis die Stromstärke im Brückenzweig Null geworden ist (Brückenabgleich).

1.2.6.3 Vorwiderstand, Spannungsteiler

In elektrotechnischen Schaltungen ist es mitunter erforderlich, Objekte wie z. B. Glühlampen oder Leuchtdioden (LEDs) an einer Spannung zu betreiben, die größer als die Bemessungsspannung der Objekte ist (Abb. 1). Das Herabsetzen der Gesamtspannung U_g erfolgt durch einen Widerstand, der vor das Objekt geschaltet wird (**Vorwiderstand** [*series resistor*]). Es entsteht so eine Reihenschaltung aus zwei Widerständen.

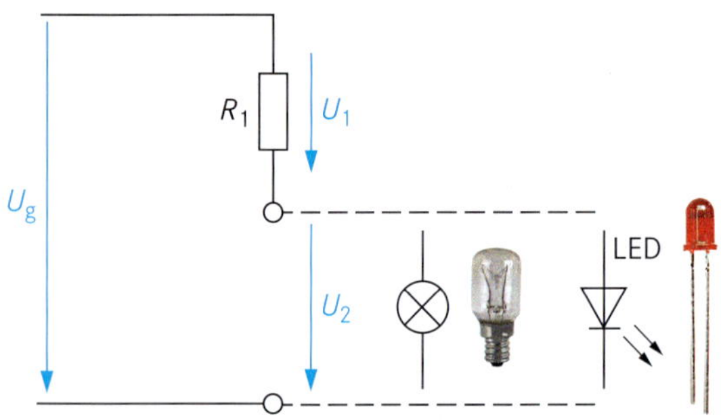

1: Objekte mit Vorwiderstand

Da mit dem Vorwiderstand die Gesamtspannung aufgeteilt wird, bezeichnet man diese Schaltung auch als **Spannungsteiler** [*voltage divider*]. Stellt man die angeschlossenen Objekte auch durch Widerstände dar, ergibt sich die allgemeine Form eines Spannungsteilers von Abb. 2. Zur Berechnung können die Formeln für die Reihenschaltung von Widerständen (s. Kap. 1.2.4) verwendet werden.

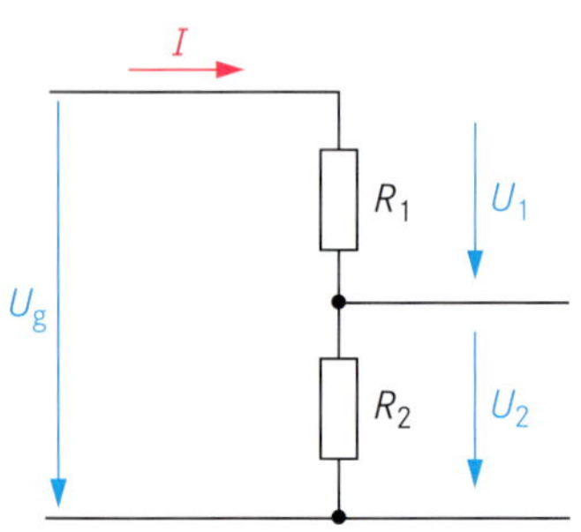

$$U_g = U_1 + U_2$$

$$R_g = R_1 + R_2$$

$$I = \frac{U_g}{R_g}$$

2: Spannungsteiler

Die Spannung U_2 erhält man, indem man die Stromstärke ($I = U_g/(R_1 + R_2)$ mit R_2 multipliziert. Man erkennt in der Formel, dass sich die Spannungen wie die Widerstände verhalten.

$$\frac{U_2}{U_g} = \frac{R_2}{R_1 + R_2} \qquad \boldsymbol{U_2 = U_g \cdot \frac{R_2}{R_1 + R_2}}$$

Der aus zwei Widerständen bestehende Spannungsteiler kann auch durch ein Potenziometer ersetzt werden (Abb. 3). Die gesamte Widerstandsbahn wird über den Schleifkontakt in die Widerstände R_1 und R_2 aufgeteilt. Je nach Schleiferstellung kann man die Spannung U_2 von 0 V bis U_g einstellen.

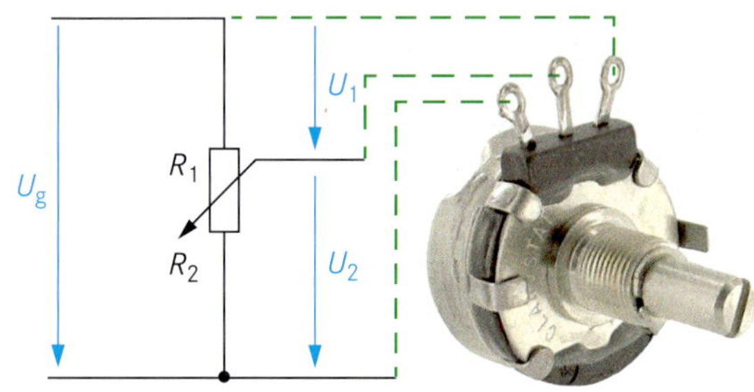

3: Potenziometer als unbelasteter Spannungsteiler

Der bisher behandelte Spannungsteiler wird als **unbelasteter Spannungsteiler** [*unloaded voltage divider*] bezeichnet, weil parallel zu R_2 kein weiterer Widerstand angeschlossen ist. Dieser Zustand wird als Leerlauf bezeichnet. Wenn wie in Abb. 4 ein Belastungswiderstand R_L angeschlossen wird, erhält man einen **belasteten Spannungsteiler** [*loaded voltage divider*]. Es fließt der Belastungsstrom I_L.

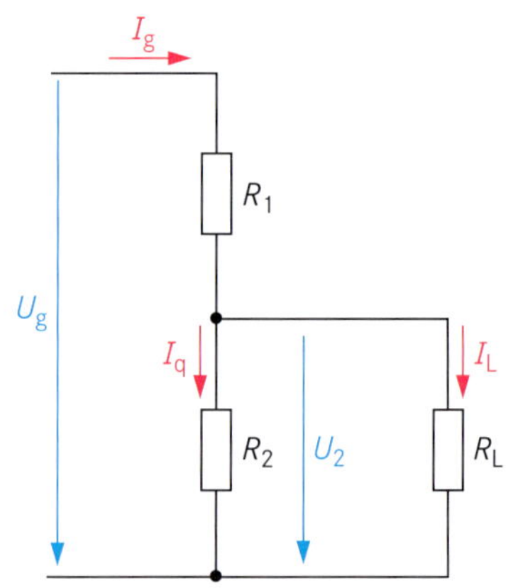

$$I_g = I_q + I_L$$

$$R_g = R_1 + \frac{R_2 \cdot R_L}{R_2 + R_L}$$

$$U_2 = I_q \cdot R_2$$

$$U_2 = I_L \cdot R_L$$

$$I_g = \frac{U_g}{R_1 + \frac{R_2 \cdot R_L}{R_2 + R_L}}$$

4: Belasteter Spannungsteiler

Leuchtdiode mit Vorwiderstand

Eine rot leuchtende LED soll mit einem Vorwiderstand an 6 V mit 14,7 mA betrieben werden. Die Betriebsspannung der LED beträgt 1,6 V.

Geg.: $U_g = 6$ V Ges.: R_V

$$R_V = \frac{U_g - U_{LED}}{I_F}$$

$$R_V = \frac{6\text{ V} - 1{,}6\text{ V}}{14{,}7\text{ mA}}$$

$$\underline{\underline{R_V = 299\ \Omega}}$$

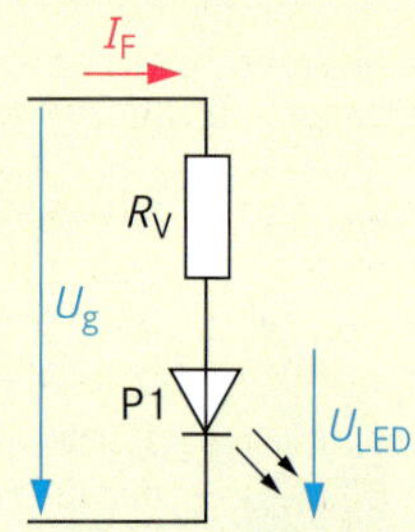

- Mit einem Vorwiderstand, Spannungsteiler oder Potenziometer lässt sich eine höhere Spannung auf eine kleinere Bemessungsspannung von Objekten verringern.

1.3 Verhalten von Spannungsquellen

1.3.1 Belastete Spannungsquelle

Die analysierte Photovoltaik-Anlage enthält zwei Arten von Spannungsquellen (Abb. 5), nämlich das Solarmodul und die Akkumulatoren. Die Umwandlung von Sonnenenergie in elektrische Energie erfolgt in den Solarzellen ①. Sie geben nur dann Spannung ab, wenn sie beleuchtet werden. Die elektrische Energie gelangt dann zur Speicherung über den Laderegler in die Akkumulatoren ②.

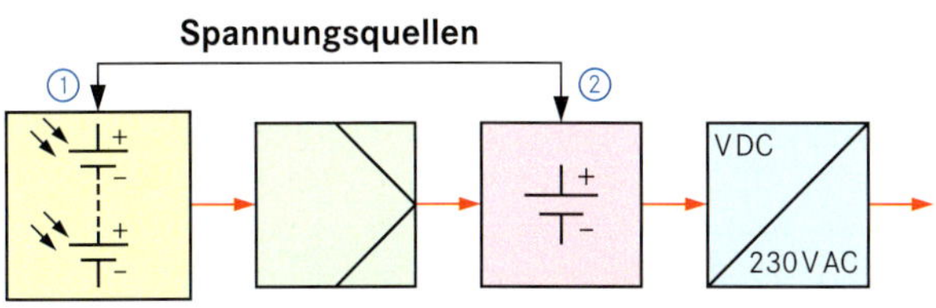

5: Spannungsquellen der Photovoltaik-Anlage

Das typische Verhalten von Spannungsquellen bei Belastung soll jetzt untersucht werden. Stellvertretend für Akkumulatoren wird eine kleine elektrochemische Spannungsquelle verwendet (Abb. 6).

Zur Untersuchung wird diese Spannungsquelle mit unterschiedlichen Widerständen belastet. Dabei wird die Stromstärke I in Abhängigkeit von der Spannung an den Klemmen der Quelle (**Klemmenspannung U_{Kl}** [*terminal voltage*]) gemessen.

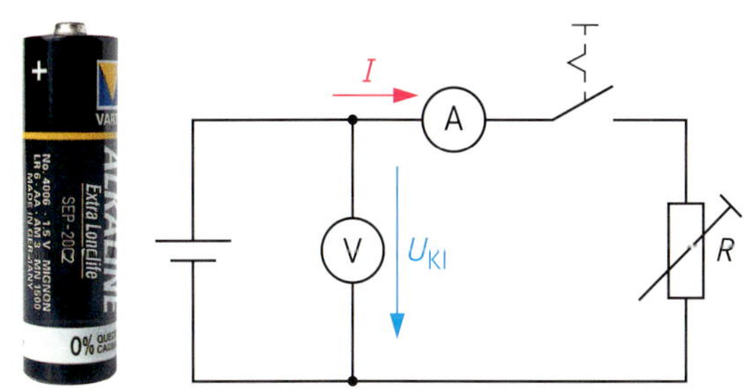

I in A	0	0,2	0,4	0,6	0,8	1,0	1,5	2,0
U_{Kl} in V	1,5	1,4	1,3	1,2	1,1	1,0	0,75	0,5

6: Messschaltung und Messergebnisse

Die Messwerte zeigen, dass bei steigender Stromstärke die an den Klemmen zur Verfügung stehende Spannung geringer wird. Den genauen Verlauf verdeutlicht das Diagramm in Abb. 7. Die Kennlinie zeigt im Rahmen der Messpunkte ein nahezu lineares Verhalten. Die Gerade lässt sich über den letzten Messpunkt hinaus bis zur Stromstärkenachse verlängern. Man erhält einen Punkt, bei dem die Klemmenspannung 0 V und die Stromstärke maximal wird. Die Spannungsquelle ist bei diesem Punkt kurzgeschlossen, weil der Belastungswiderstand Null geworden ist. Diese Stromstärke wird deshalb als **Kurzschlussstromstärke I_K** [*short circuit current intensity*] bezeichnet.

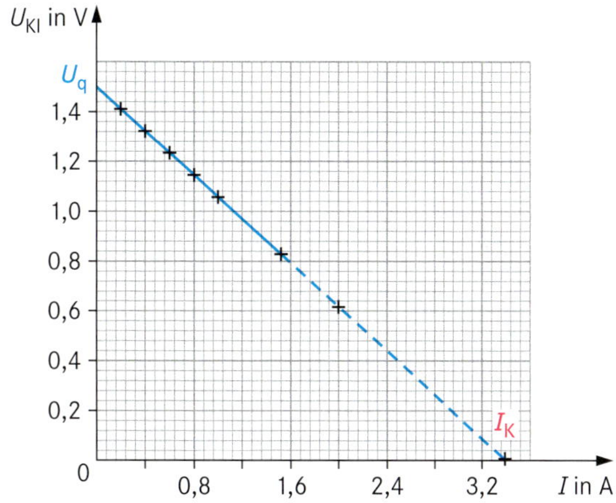

7: Klemmenspannung in Abhängigkeit von der Belastungsstromstärke

Wie lässt sich dieses Ergebnis erklären, denn es fließt ein Strom, ohne dass an den Klemmen eine Spannung vorhanden ist?

Da aber ohne Spannung kein Strom fließen kann, muss im Innern der Quelle noch die ursprüngliche Spannung (**Quellenspannung U_q** [*source voltage*]) existieren, denn dort werden auch weiterhin auf chemischem Wege Ladungen getrennt. Den „Spannungsverlust“ kann man sich nur als einen Spannungsfall an einem inneren Widerstand (**Innenwiderstand R_i** [*internal resistance*]) vorstellen.

Als Ergebnis dieser Überlegungen lässt sich ein Ersatzschaltbild der Spannungsquelle ① zeichnen (Abb. 8). Darin sind die Quellenspannung U_q ② und ein in Reihe liegender Innenwiderstand R_i ③ vorhanden.

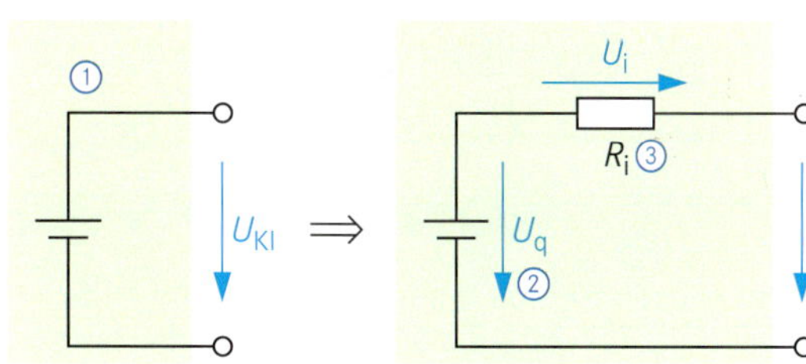

8: Ersatzschaltbild der Spannungsquelle

In einem letzten Schritt sollen diese Erkenntnisse durch Formeln festgehalten und somit verallgemeinert werden.

Bei einer belasteten Spannungsquelle liegen der Innenwiderstand der Quelle und der Belastungswiderstand in Reihe. Die Quellenspannung teilt sich also auf die beiden Widerstände auf:

$$U_q = U_i + U_{Kl}$$

Der Spannungsfall am Innenwiderstand lässt sich durch die Stromstärke und den Innenwiderstand ausdrücken:

$$U_i = I \cdot R_i$$

Somit ergibt sich für die Klemmenspannung folgende Formel:

$$U_{Kl} = U_q - I \cdot R_i$$

Dieses mathematische Ergebnis soll jetzt benutzt werden, um folgende Belastungsfälle zu untersuchen:

Leerlauf [*no-load operation*]

Es ist kein Belastungswiderstand R angeschlossen, die Klemmen sind offen und R ist somit unendlich groß. Die Stromstärke beträgt 0 A. Der zweite Teil des rechten Terms der Gleichung wird somit Null: $\Rightarrow U_{Kl} = U_q$

Mit einem Messgerät, dessen Innenwiderstand sehr groß gegenüber dem Innenwiderstand der Spannungsquelle sein muss, kann diese Quellenspannung direkt gemessen werden (s. Kap. 1.2.6.1).

Kurzschluss [*short circuit*]

Die Klemmen der Quelle werden kurzgeschlossen. Der Belastungswiderstand R ist jetzt 0 Ω. Die Stromstärke wird zur Kurzschlussstromstärke I_K bei einer Klemmenspannung U_{Kl} = 0 V. Durch Umstellen der Gleichung erhält man dann folgende Formel zur Berechnung des Innenwiderstandes:

$$0 = U_q - I_K \cdot R_i \qquad R_i = \frac{U_q}{I_K}$$

Wenn man den Innenwiderstand bestimmen will, sind somit die leicht messbare Leerlaufspannung U_q und die Kurzschlussstromstärke I_K erforderlich. Es ist aber nicht sinnvoll, I_K direkt zu messen, da dabei die gesamte Quellenenergie über den Innenwiderstand in Wärme umgesetzt wird. Dies kann zur Zerstörung der Quelle führen. Deshalb werden bei verschiedenen Belastungsfällen die Klemmenspannungen und die dazugehörigen Stromstärken gemessen und der Innenwiderstand über die Differenz wie folgt berechnet:

$$R_i = \frac{U_{Kl1} - U_{Kl2}}{I_2 - I_1} \qquad R_i = \frac{\Delta U_{Kl}}{\Delta I}$$

Aufgaben

1. Berechnen Sie den Innenwiderstand mit Hilfe der Kennlinie bzw. der Messwerte aus der Messschaltung (S. 39, Abb. 6 und 7).
2. Bei Belastung einer Spannungsquelle mit 1 Ω sinkt die Klemmenspannung auf die Hälfte. Wie groß ist der Innenwiderstand?

- Wenn eine Spannungsquelle belastet wird, verringert sich die Klemmenspannung.
- Eine reale Spannungsquelle besteht aus einer inneren idealen Spannungsquelle und einem Innenwiderstand.
- Wenn der Innenwiderstand der Spannungsquelle klein gegenüber Belastungswiderständen ist, bleibt die Klemmenspannung nahezu konstant.

1.3.2 Elektrochemische Spannungsquellen

Elektrochemische Spannungsquellen lassen sich in Primär- und Sekundärelemente einteilen. **Primärelemente** [*primary cells*] sind z. B. Zink-Braunstein-Elemente oder alkalische Elemente. Sie können nicht aufgeladen werden (Abb. 1).

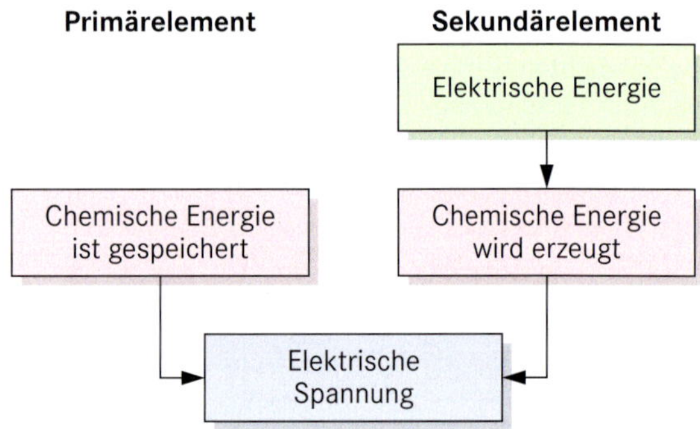

1: Primär- und Sekundärelemente

Batteriegrößen				
Internationale Bezeichnung	**Handelsübliche Bezeichnung**	**Technologische Bezeichnungen**		**Bemessungsspannung**
		für Alkaline	**für Zink-Kohle**	
AA	Mignon	LR 6	R 6	1,5 V
AAA	Micro	LR 03	R 03	1,5 V
C	Baby	LR 14	R 14	1,5 V
D	Mono	LR 20	R 20	1,5 V
9 V	E-Block	6 LR 61	6 F 22	6x1,5V=9,0V
4,5 V	Normal/ Flach	3 LR 12	3 R 12	3x1,5V=4,5V

2: Batteriegrößen

	NiCD 1)	**NiMH** 2)	**Li-Ion** 3)
Leerlaufspannung in V	1,28 ... 1,35	1,28 ... 1,35	3,7
Umweltverträglichkeit	nein (Giftstoffe)	ja	ja
Arbeitsbereich bis ... V	1,0	1,0	2,7
Energiedichte in Wh/kg in Wh/l	40 ... 60 105 ... 110	50 175	100 260

1) NiCD: Nickel-Cadmium 2) NiMH: Nickel-Metallhydrid
3) Li-Ion: Lithium-Ionen

3: Akkumulatoren

Akkumulatoren werden auch als **Sekundärelemente** [*secondary cells*] bezeichnet, weil ihnen zunächst elektrische Energie zugeführt werden muss (Abb. 1). Sie werden geladen. Dabei wird die elektrische Energie benutzt, um die Elektroden chemisch zu verändern.

Wenn nur eine Zelle bzw. ein Element (z. B. Monozelle) vorhanden ist, darf man eigentlich nicht von einer „Batterie" sprechen. Mit dem Begriff „Batterie" kennzeichnet man immer mehrere zusammen geschaltete Zellen. Im Handel und in der Technik wird diese Unterscheidung häufig nicht gemacht.

Elektrochemische Spannungsquellen unterscheiden sich im Aufbau und in der Form. In Abb. 2 und 3 sind einige aufgeführt. Als Kenngrößen werden u. a. auch die Entladespannung, Kapazität und Energiedichte verwendet.

Entladespannung

Die Kurven in Abb. 4 zeigen die Klemmenspannungen für verschiedene Zellen in Abhängigkeit von der Belastungszeit. Die gespeicherte Energie wird dabei in Arbeit umgesetzt, d. h. die Zelle wird „entladen".

Bei Silberoxid- und Luft-Zink-Zellen ① ist die Klemmenspannung über eine bestimmte Zeit nahezu konstant, fällt dann aber stark ab ②. Bei Alkaline-Zellen ③ tritt die Spannungsabsenkung schon früher auf.

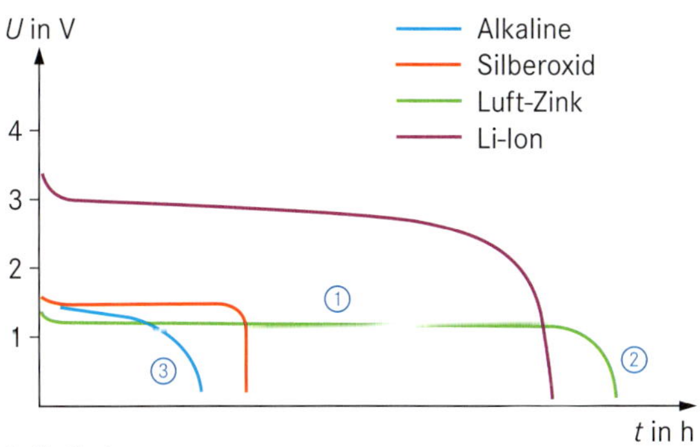

4: Entladespannungen

Kapazität

Die Fähigkeit, Energie zu speichern, drückt man durch die **Kapazität *C*** [*capacity C*] der Batterie aus. Sie wird in Amperestunden (Ah) bzw. Milliamperestunden (mAh) angegeben. Die Größe gibt an, welche Stromstärke in welcher Zeit möglich ist, bis ein bestimmter Entladezustand erreicht worden ist.

Beispiele: 100 mAh = 100 mA · 1 h

100 mAh = 10 mA · 10 h

Energiedichte

Batteriebetriebene Geräte werden immer kleiner, deshalb verringert sich auch der Platz für die Spannungsversorgung. Es werden also immer kleinere Batterien benötigt, die aber die gleiche Kapazität haben sollen. Die gespeicherte Energie bezogen auf das Volumen (oder die Masse) wird also immer größer. Dieses Verhältnis wird **Energiedichte** [*energy density*] genannt.

Beispiele:

LR14: 300 mWh/cm^3 MR14: 500 mWh/cm^3

Elektrochemische Spannungserzeugung

Eine elektrochemische Spannungsquelle besteht im Prinzip aus zwei unterschiedlichen Elektroden ① ②, die sich in einer elektrisch leitenden Flüssigkeit (**Elektrolyt** [*electrolyte*]) befinden. In einem Elektrolyten sind positiv und negativ geladene Atome (**Ionen** [*ions*]) vorhanden. Je nach Art der Elektroden, können diese an den Elektolyten Elektronen bzw. Ionen abgeben bzw. Ladungen aufnehmen. Sie laden sich dadurch positiv bzw. negativ auf. Somit ist eine Spannungsquelle entstanden. Verbindet man jetzt z. B. die beiden Elektroden mit einer Glühlampe, dann gleichen sich die Ladungen aus und die Lampe leuchtet.

Positive Ionen sind Atome, denen auf der Außenschale Elektronen fehlen. Da sie in den Elektrolyten wandern, löst sich eine Elektrode auf. Eine elektrochemische Spannungsquelle kann also nicht beliebig lange Spannung liefern.

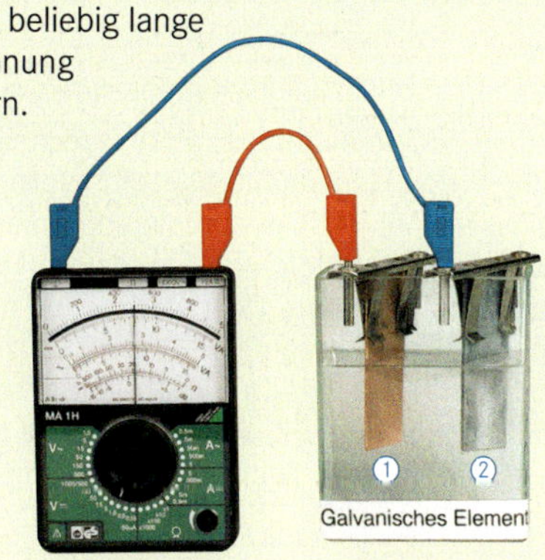

Experimentell hat man Elektroden aus verschiedenen Werkstoffen untersucht und eine elektrochemische Spannungsreihe der Elemente erstellt. Zwischen Zink und Kupfer ergibt sich beispielsweise die abgebildete Spannung von 1,1 V.

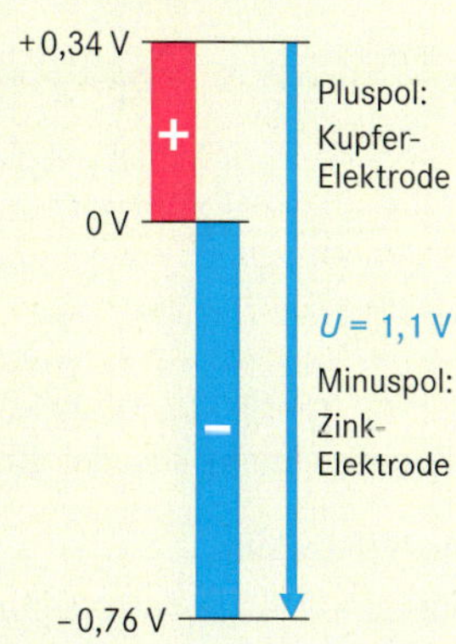

- Die gespeicherte Energie einer Batterie wird durch die Kapazität ausgedrückt.
- Die Energiedichte gibt die gespeicherte Energie pro Volumen oder Masse an.

Typbezeichnung

Die Typbezeichnung ist nach **IEC** [*International Electrotechnical Commission*] genormt. Beispiele:

1. Buchstabe: Elektrochemisches System
C: Lithium (z.B. CR2, CR123)
L: Alkaline (z.B. LR3)
S: Silberoxid Knopfzelle (z.B. SR60)
H: Ni-MH Akku (z.B. HR6)
P: Zink-Luft Knopfzelle

2. Buchstabe: Bauart
R: Rundzelle

Umgang mit Batterien

- Nicht kurzschließen!
  Die hohe Stromstärke kann die Batterie zerstören.
- Nicht zerlegen!
  Der Elektrolyt kann Verätzungen verursachen.
- Nicht ins Feuer werfen!
  Die Batterie kann explodieren.
- Kühl lagern!
  Hohe Temperaturen fördern die Selbstentladung.
- Batterien aus ungenutzten Geräten entfernen!
  Die Batterien können auslaufen oder sich selbst entladen.

Entsorgen

Schadstoffhaltige und gekennzeichnete Batterien mit Schwermetallen (Cadmium, Blei oder Quecksilber) dürfen nicht in den Hausmüll (gesetzlich verboten), sondern müssen vom Händler zurückgenommen bzw. an Sammelstellen der Städte und Gemeinden unentgeltlich abgegeben werden. Dort werden sie nach Inhaltsstoffen getrennt gesammelt und an konzessionierte Wiederaufbereitungs-Unternehmen geschickt (Batterieverordnung vom 27. März 1998). Die Kennzeichnung erfolgt mit dem Symbol einer durchgekreuzten Mülltonne (Abb. 1). Die chemischen Kurzzeichen befinden sich darunter.

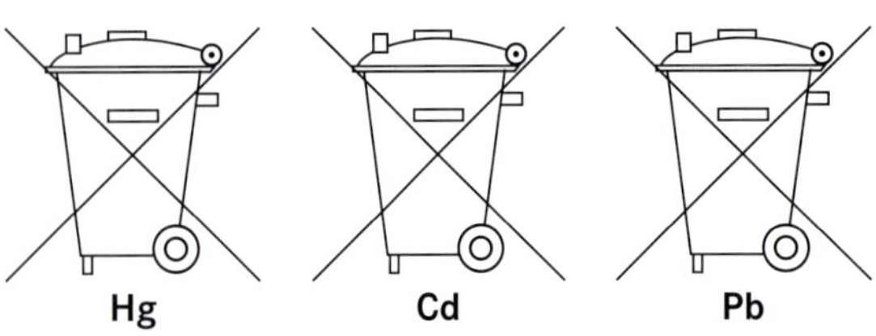

Hg: Quecksilber Cd: Cadmium Pb: Blei

1: Kennzeichnung schadstoffhaltiger Batterien

Einsatzbereiche

Damit die richtige Batterie für das betreffende Gerät verwendet wird, gibt es Anwendungssymbole. Sie sind häufig auf den Verpackungen der Batterien abgebildet.

- Elektrochemische Spannungsquellen müssen vom Händler bzw. von den Sammelstellen kostenlos zurückgenommen werden.

1.3.3 Schaltungen mit Spannungsquellen

Aufgrund der Besonderheiten chemischer bzw. physikalischer Prozesse können einzelne Zellen nur geringe Spannungen abgeben. Bei dem im Kapitel 1.1.2 beschriebenen Solarmodul (Abb. 2 ①) liefert eine Zelle z.B. nur eine Spannung von 0,5 V. Auch die Zellen der Akkumulatoren ② geben Spannungen von nur 2 V ab, so dass zur Erhöhung der Wirksamkeit die einzelnen Zellen in Reihe geschaltet werden. Diese an der Photovoltaik-Anlage vorgenommenen Betrachtungen sollen jetzt verallgemeinert werden.

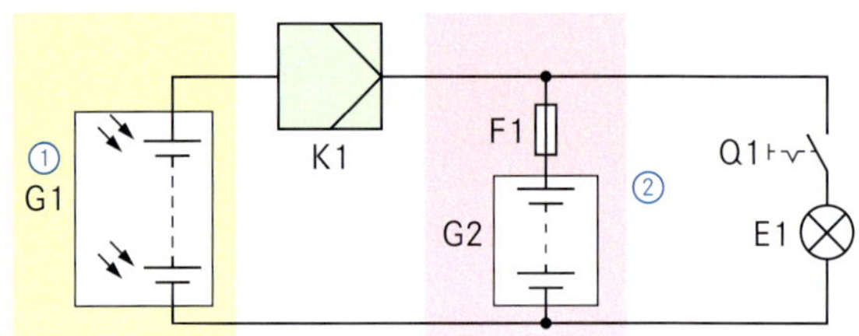

2: Reihenschaltungen in der Solaranlage

Die Untersuchungen an der elektrochemischen Spannungsquelle (s. Kap. 1.3.2) haben gezeigt, dass diese aus einer Spannungsquelle (innere Quellenspannung U_q) und einem Innenwiderstand R_i besteht. An Stelle des einen Schaltzeichens (kurzer und längerer Strich) müssten zwei Symbole verwendet werden. Es kann aber auch das Schaltzeichen für eine ideale Spannungsquelle (Abb. 3) verwendet werden. Der Strich durch den Kreis soll den Innenwiderstand von 0 Ω verdeutlichen.

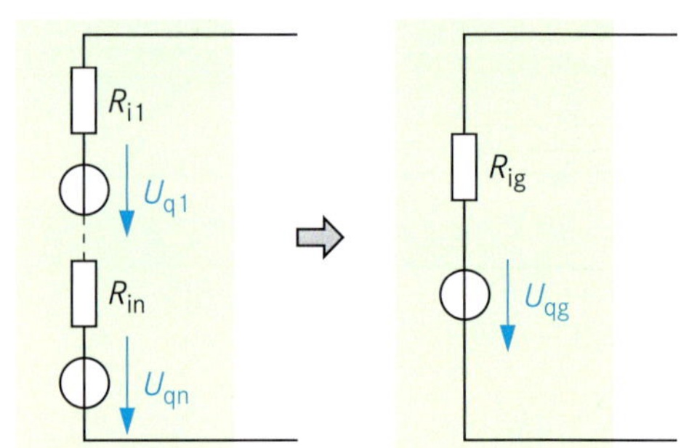

3: Reihenschaltung von Spannungsquellen

Aus der Abb. 3 wird deutlich, dass sich die einzelnen Quellenspannungen sowie die einzelnen Innenwiderstände addieren und der Strom durch alle Zellen und Widerstände fließt.

$$U_{qg} = U_{q1} + \ldots + U_{qn}$$

$$R_{ig} = R_{i1} + \ldots + R_{in}$$

- Zur Erhöhung der verfügbaren Spannung werden Spannungsquellen in Reihe geschaltet.
- Bei der Reihenschaltung von Spannungsquellen addieren sich die Quellenspannungen und die Innenwiderstände.

Parallelschaltung von Spannungsquellen

Wenn man die abzugebende Stromstärke erhöhen will, werden Spannungsquellen parallel geschaltet. Jede Quelle verursacht dann im Belastungswiderstand einen Strom. Die Klemmenspannung bleibt dabei nahezu unverändert.

Probleme können auftreten, wenn die Innenwiderstände unterschiedlich groß sind und die Quellenspannungen voneinander abweichen (Abb. 4). Es fließt dann wie im Beispiel ein Ausgleichsstrom von 21 A zwischen den Quellen, der zur Entladung der Quellen führt. Wie kommt dieser Ausgleichsstrom zustande?

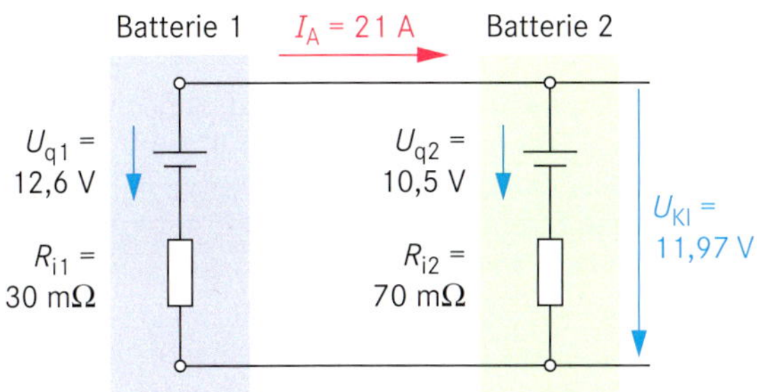

4: Ausgleichsstrom bei einer Parallelschaltung

Die beiden Quellenspannungen U_{q1} und U_{q2} sind zwar aus der „Sicht" der Klemmen parallel geschaltet, intern liegen sie aber in Reihe, so dass ein Stromkreis mit zwei gegeneinander geschalteten Spannungsquellen entstanden ist. In diesem Stromkreis ist die Differenz der Quellenspannung ΔU die wirksame Spannung für den Ausgleichsstrom. Der wirksame Widerstand ist die Summe der einzelnen Innenwiderstände. Somit ergibt sich folgende Stromstärke:

$$I_A = \frac{U_{q2} - U_{q1}}{R_{i1} + R_{i2}}$$

$$I_A = \frac{12{,}6\ \text{V} - 10{,}5\ \text{V}}{30\ \text{m}\Omega + 70\ \text{m}\Omega} \qquad I_A = \frac{2{,}1\ \text{V}}{100\ \text{m}\Omega} \qquad \underline{\underline{I_A = 21\ \text{A}}}$$

$$\boldsymbol{I_A = \frac{\Delta U}{R_{i1} + R_{i2}}} \qquad \boldsymbol{\Delta U = U_{q1} - U_{q2}}$$

Um den Ausgleichsstrom gering zu halten und die Batterien möglichst gleichmäßig zu belasten, sollten bei einer dauerhaften Parallelschaltung von Spannungsquellen folgende Bedingungen erfüllt sein:

- Batterien mit gleichgroßen Quellenspannungen (gleicher Ladezustand) einsetzen.
- Gleichen Batterietyp (Innenwiderstände gleich) verwenden.

Das Ersatzschaltbild für die Parallelschaltung ist in Abb. 5 zu sehen. Wenn beispielsweise U_{q1} größer als U_{q2} ist, muss der Spannungsfall an R_{i2} für die Ersatzquellenspannung U_q^* berücksichtigt werden. Der Ersatzinnenwiderstand R_i^* ergibt sich dann aus der Parallelschaltung der Innenwiderstände (s. Kap. 1.2.3).

$$\boldsymbol{\frac{1}{R_i^*} = \frac{1}{R_{i1}} + \frac{1}{R_{i2}}}$$

bei $U_{q1} > U_{q2}$ gilt: $\boldsymbol{U_q^* = U_{q2} + I_A \cdot R_{i2}}$

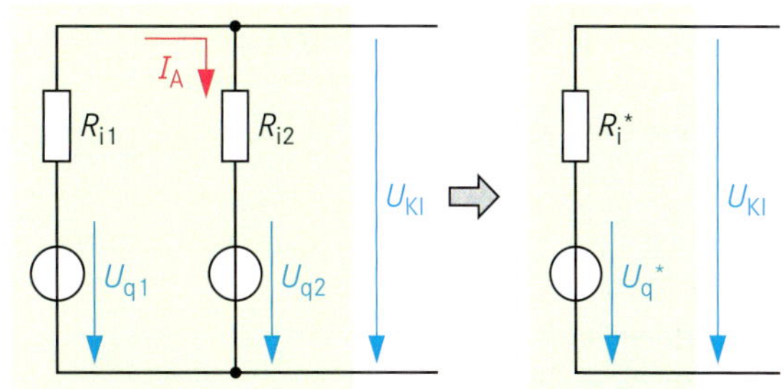

5: Parallelschaltung von Spannungsquellen

Starthilfe

Beim Starten eines Autos dreht sich der Anlasser nur kurzzeitig und langsam. Die Spannung der Batterie wird vor dem Starten mit 12 V gemessen. Beim Starten beträgt die Spannung nur 10,5 V und sinkt weiter ab.

Folgende Größen wurden bei der Parallelschaltung von zwei Starterbatterien festgestellt:

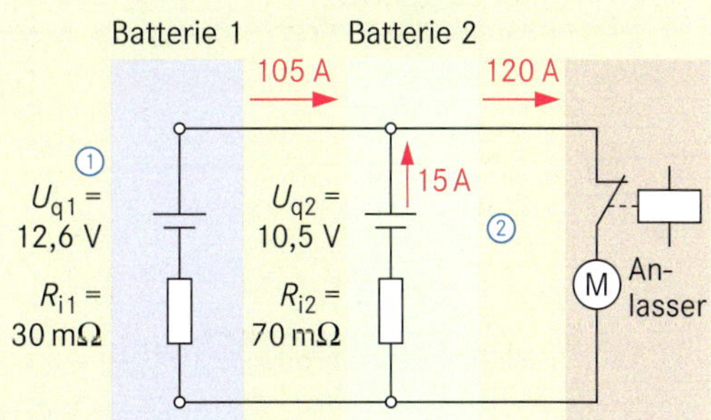

- Parallel zu schaltende Spannungsquellen sollten in ihren Kenndaten übereinstimmen.
- Durch die Parallelschaltung von Spannungsquellen erhöht sich die abgebbare Stromstärke und verringert sich der Innenwiderstand.

1.4 Netzteile

1.4.1 Netzteilauswahl

In einem Schulungsraum für die betriebsinterne Weiterbildung befinden sich zwei Videokameras (Abb. 2) und ein Aufzeichnungsgerät. Die Spannungsversorgung erfolgt über ein Netzteil mit einer Ausgangsspannung DC 24 V. Da das separate Netzteil ① für den Einsatz der anderen Geräte hinderlich ist, soll es jetzt durch ein in einem Schaltschrank untergebrachtes Netzteil mit genormten Abmessungen ersetzt werden. Es muss deshalb ein geeignetes Netzteil ausgewählt und bestellt werden.

Vorgehensweise

1. Leistung ermitteln

Aus den Betriebsdaten der angeschlossenen Geräte wird eine maximale Leistung von 200 W ermittelt. Das Netzteil muss somit folgende Stromstärke liefern:

$P = U \cdot I \quad I = P/U \quad I = 200\,\text{W}/24\,\text{V} \quad \boldsymbol{I = 8{,}33\,\text{A}}$

2. Geeignetes Netzteil auswählen

Verwendet wird der auf der CD (Abb. 1a) befindliche interaktive Katalog eines Herstellers. Über die Rubrik „Produkte“ gelangt man mit Hilfe der Baumstruktur zu den Netzteilen, die vom Hersteller hier als Stromversorgungen (Abb. 1b, ②) bezeichnet werden.

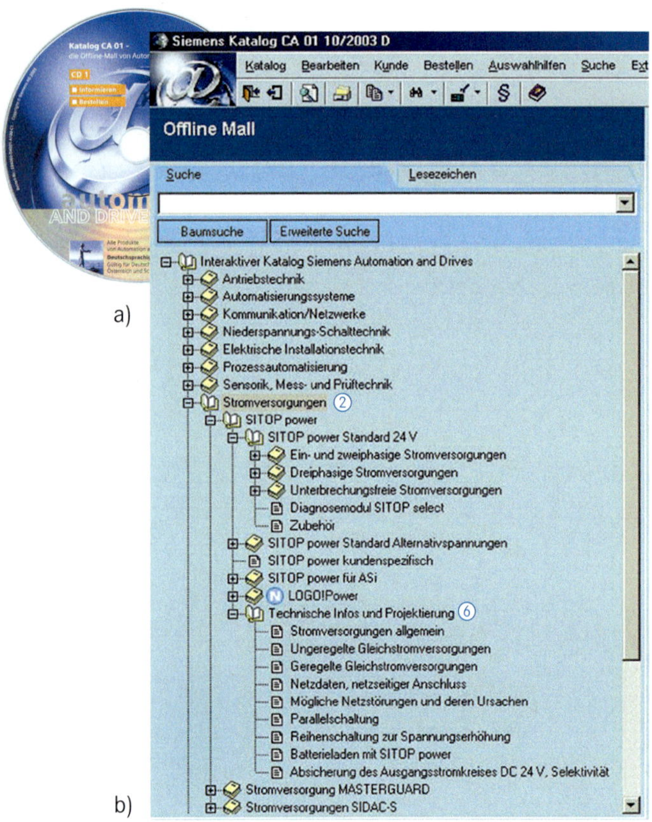

1: Informationsquellen [*sources of information*]

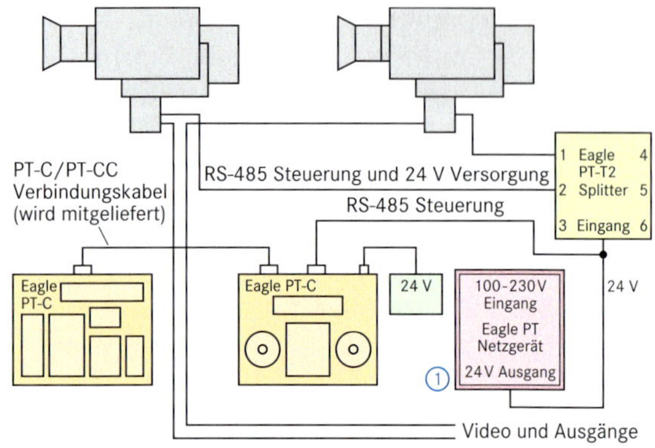

2: Netzteilaustausch in einem Studio

Da ein Netzteil für 24 V gesucht wird, öffnet man den Ordner „SITOP power Standard 24 V“ (Abb. 3, ③). In ihm sind ein- und zweiphasige Netzteile für verschiedene Stromstärken aufgeführt. Aufgrund der Berechnung wählt man das Netzteil mit 10 A.

Netzteile mit dieser Stromstärke gibt es in verschiedenen Ausführungen. Da keine besonderen Anforderungen (z. B. modulare bzw. flache Bauweise) bestehen, wird der Ordner „Die Bewährte“ ④ geöffnet. In ihm befinden sich vier „Karteikarten“. Man öffnet zunächst „Anwendungsbereich“ und stellt fest, dass dieses Netzteil für die Anforderung geeignet ist (Standardnetzteil, Abb. 4).

3. Bestellung [*order*]

Abschließend werden jetzt für die Bestellung die Karteikarte „Bestelldaten“ (Abb. 4 ⑤) geöffnet, die Daten in den **Warenkorb** [***shopping cart***] übertragen (Abb. 5) und die Bestellung abgeschickt.

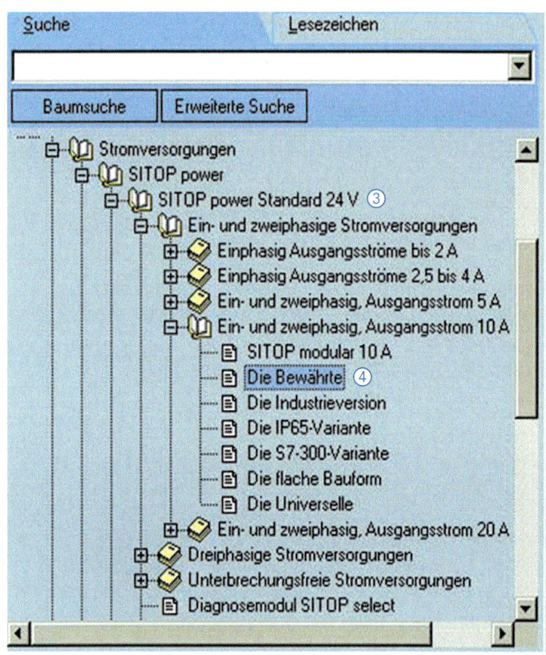

3: Netzteil SITOP power Standard 24 V

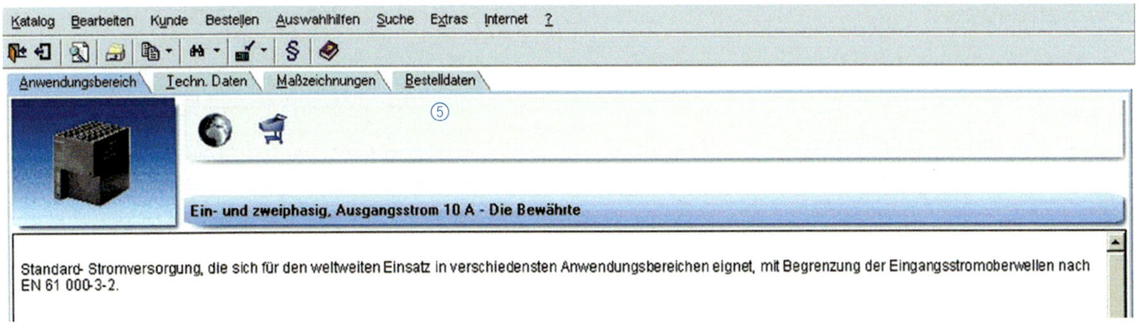

4: Anwendungsbereich SITOP power Standard 24 V

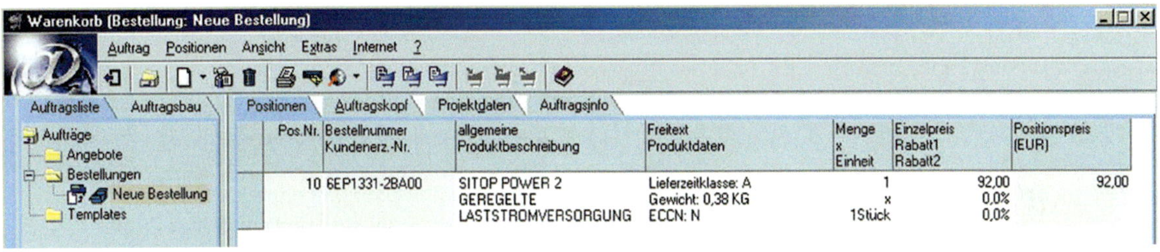

5: Warenkorb mit SITOP power Standard 24 V

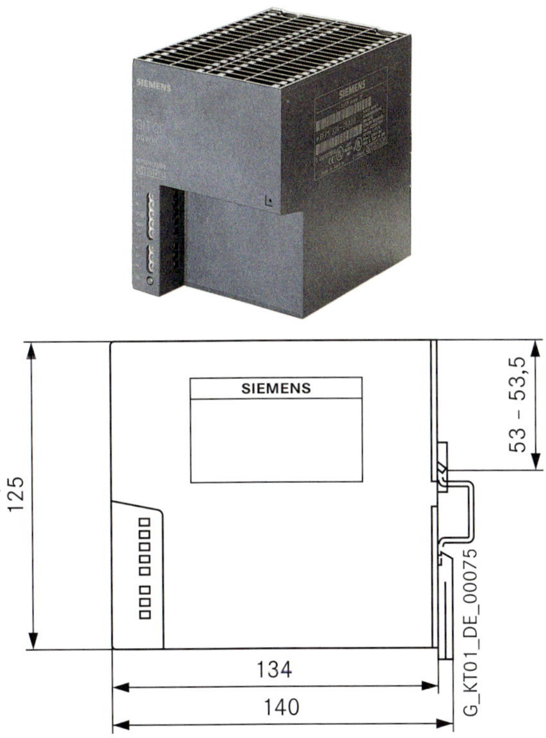

6: Ausgewähltes Netzteil

Über weitere Karteikarten (Abb. 4) können zusätzliche Informationen eingeholt werden:

- Maßzeichnungen (Abmessungen, Abb. 6)
- Technische Daten

In Abb. 7 sind ausgewählte technische Daten aufgeführt.

Bestell-Nr.	6EP1 434-1SH01
Eingang	Einphasig AC
Spannungsnennwerte U_{eNenn}	AC 120/230 V Einstellung durch Drahtbrücke
Spannungsbereich	AC 85 bis 132 V/ 187 bis 264 V
Ausgang	Geregelte, potenzialfreie Gleichspannung
Spannungsnennwerte U_{aNenn}	DC 24 V
Einstellbereich	22,8 bis 28,8 V
Wirkungsgrad bei Nennwerten	89 %
Elektronischer Kurzschlussschutz	Ja, selbsttätiger Wiederanlauf
Funkentstörgrad (EN 55011)	Klasse A
Schutzart (EN 60529, VDE 0470 T.1)	IP 20

7: Technische Daten

Aufgaben

1. In welchem Eingangsspannungsbereich liefert das ausgewählte Netzteil noch eine stabile Ausgangsspannung?
2. Ermitteln Sie die Bedeutung der Schutzart IP 20.

1.4.2 Netzteiltypen

Das in Kap. 1.4.1 ausgewählte Netzteil ist nach der Herstellerangabe ein geregeltes Netzteil. Was bedeutet dieses?

Die Hersteller-CD (S. 44) liefert dazu im Ordner „SITOP power" (S. 44, Abb. 1) folgende Informationen:

> ***Zur Technik***
>
> *Die Stromversorgungen der SITOP-Familie sind geregelt. Gegenüber einer einfachen ungeregelten Stromversorgung bietet die SITOP-Familie dadurch den entscheidenden Vorteil einer exakten Ausgangsspannung, auch bei starken Netzschwankungen. Zudem sind die Verbraucher vor Überspannungsspitzen geschützt.*
>
> *Die geregelte SITOP-Stromversorgung arbeitet nach folgendem Prinzip:*
>
> *Eine gleichgerichtete und gesiebte Netzspannung wird mit hoher Frequenz geschaltet. Anschließend wird die erzeugte Impulsfolge wieder gleichgerichtet und gesiebt. Der Schaltvorgang findet auf der Netzseite statt (Primärtaktung). Die Ausgangsspannung wird über das Tastverhältnis geregelt, die Schaltfrequenz ist konstant.*

In dem Informationstext wird zunächst zwischen

- einfachen, ungeregelten und
- geregelten

Stromversorgungen (Netzteilen) unterschieden. Die weiteren Beschreibungen machen jedoch deutlich, dass im Netzteil komplexe Umformungsprozesse stattfinden, die erst dann verstanden werden können, wenn weitere Grundlagen erarbeitet worden sind.

Zusätzliche allgemeine Informationen über Netzteile befinden sich im Ordner „Technische Informationen und Projektierung" (Abb. 1, S. 44 ⑥). Danach lassen sich Netzteile entsprechend Abb. 1 einteilen. Die farbig hervorgehobenen Netzteile werden anschließend behandelt.

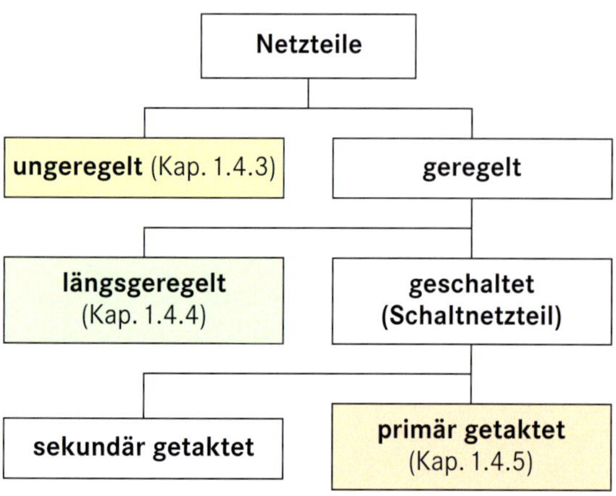

1: Netzteile

1.4.3 Ungeregelte Netzteile

Über ungeregelte Netzteile befinden sich auf der Hersteller-CD folgende Informationen:

> ***Ungeregelte Gleichstromversorgung***
>
> *Die Netzwechselspannung wird mittels 50 Hz/60 Hz Sicherheits-Transformatoren auf eine Schutzkleinspannung transformiert und mit anschließender Gleichrichtung und Kondensatorsiebung geglättet.*
>
> *Bei den ungeregelten Gleichstromversorgungen wird die Ausgangs-Gleichspannung nicht auf einen bestimmten Wert geregelt, sondern ändert in Abhängigkeit von der Schwankung der (Netz-) Eingangsspannung und der Belastung ihren Wert.*
>
> *Die Welligkeit liegt im Volt-Bereich und ist abhängig von der Belastung. Eine Wertangabe der Welligkeit erfolgt üblicherweise in Prozent, proportional zur Höhe der Ausgangs-Gleichspannung. Ungeregelte Gleichstromversorgungen zeichnen sich besonders durch ihren robusten, unkomplizierten, auf das Wesentliche beschränkten und auf Langlebigkeit ausgelegten Aufbau aus.*

Aus dem Informationstext und der grundsätzlichen Schaltung (Abb. 2) werden folgende wesentlichen Stufen deutlich:

- **Netztrennung**: Netzwechselspannung und Ausgangsspannung sind getrennt. Dieses geschieht durch einen **Transformator** [*transformer*], der gleichzeitig die hohe Eingangsspannung verringert (s. Kap. 1.4.3.1).
- **Gleichrichtung**: Aus der Wechselspannung wird mit Hilfe von **Gleichrichtern** [*rectifier*] eine Gleichspannung erzeugt (s. Kap. 1.4.3.2 und 1.4.3.3).
- **Glättung**: Die noch pulsierende Gleichspannung wird anschließend durch **Kondensatoren** [*capacitors*] geglättet (s. Kap. 1.4.3.4).

Um die Funktion von Netzteilen verstehen zu können, sind also Informationen über Transformatoren, Gleichrichter und Kondensatoren erforderlich. Sie werden deshalb nachfolgend behandelt.

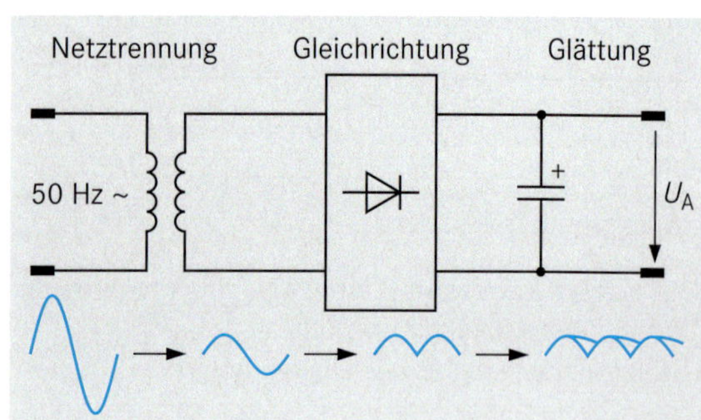

2: Ungeregelte Gleichstromversorgung (Herstellerunterlage)

1.4.3.1 Transformator

In Abb. 3a ist der grundsätzliche Aufbau eines Transformators dargestellt. Er besteht aus zwei Wicklungen (Primär- und Sekundärwicklung) die durch einen Eisenkern miteinander gekoppelt sind. Der Stromfluss in der **Primärwicklung** (Windungszahl N_1) *[primary winding]* erzeugt ein **Magnetfeld** *[magnetic field]* im Eisenkern, dass auch die **Sekundärwicklung** (N_2) *[secondary winding]* durchdringt. In der Abbildung ist dieses durch grüne und kreisförmige Linien (Feldlinien) dargestellt, die eine Richtung haben. Wir sprechen von einem **magnetischen Fluss** (Formelzeichen Φ) *[magnetic flux]*. Wenn sich wie bei Wechselstrom die Stromstärke ändert, ändert sich auch der magnetische Fluss in der Sekundärwicklung. Damit wird dort eine Spannung erzeugt (**Induktion** *[induction]*, siehe Einschub).

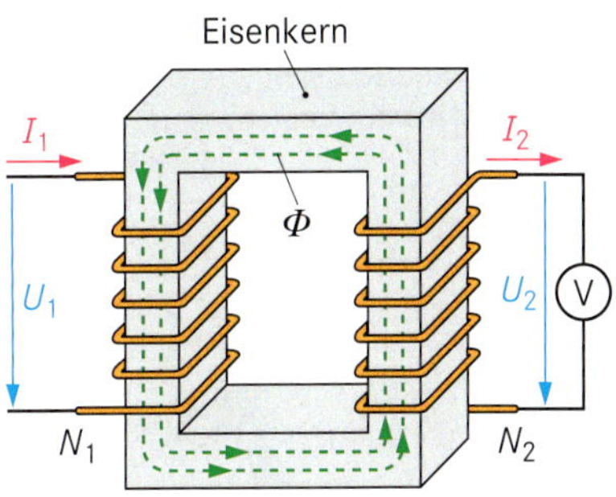

a) Prinzip

b) Klingeltransformator

3: Transformator

Was ist ein Magnetfeld?

Wenn Strom durch einen Leiter fließt, verändert sich der umgebende Raum. Es entsteht ein Magnetfeld, das durch Magnetnadeln oder Eisenfeilspäne nachgewiesen werden kann. Weil Kräfte auf sie einwirken, richten sie sich aus. Um einen Leiter herum ist die Ausrichtung kreisförmig. Die Kraftwirkung nimmt mit zunehmendem Abstand vom **stromdurchflossenen Leiter** *[current carrying conductor]* ab.

Das Feld wird durch gerichtete Linien dargestellt (Feldlinien *[field lines]*). Die Linien sind geschlossen.

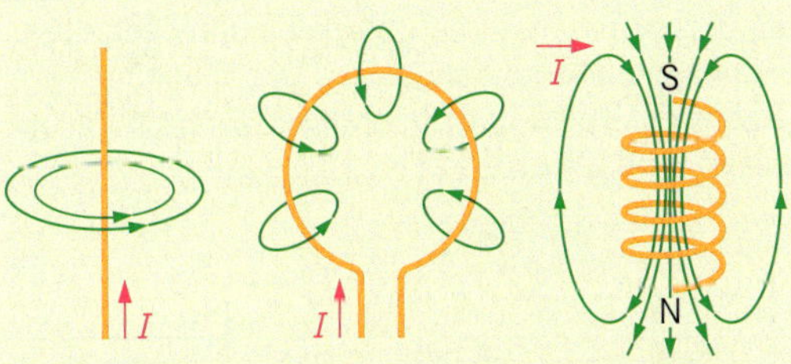

Wenn man den Leiter aufwickelt, entsteht eine **Spule** *[coil]*. Die Form des Magnetfeldes entspricht dann dem Feld eines Stabmagneten. Die Feldlinien treten definitionsgemäß am Nordpol aus und am Südpol wieder ein.

Spannung durch Induktion

Die Spannung auf der Sekundärseite des Transformators entsteht durch einen Induktionsvorgang. Was versteht man darunter?

Mit dem abgebildeten Experiment lässt sich der grundsätzliche Vorgang verdeutlichen.

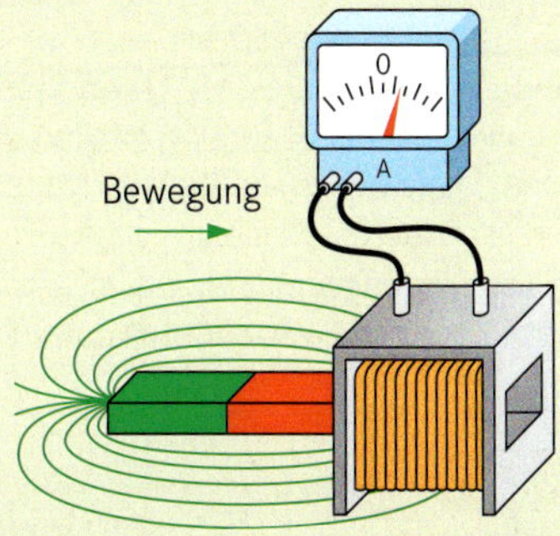

Ein Dauermagnet, der um sich herum ein magnetisches Feld besitzt, wird einer Spule genähert, an die ein Messgerät angeschlossen ist.

Ergebnis: Eine Spannung entsteht immer dann, wenn sich das Feld in der Spule ändert (Magnet wird bewegt).

Erklärung: Durch die Bewegung des Magneten ändert sich der magnetische Fluss in der Spule. Diese Änderung verursacht im Leiter eine Ladungstrennung, Spannung entsteht.

Ein sich ändernder magnetischer Fluss kann aber auch durch eine ruhende Spule wie beim Transformator erzeugt werden, indem die Stromstärke verändert wird.

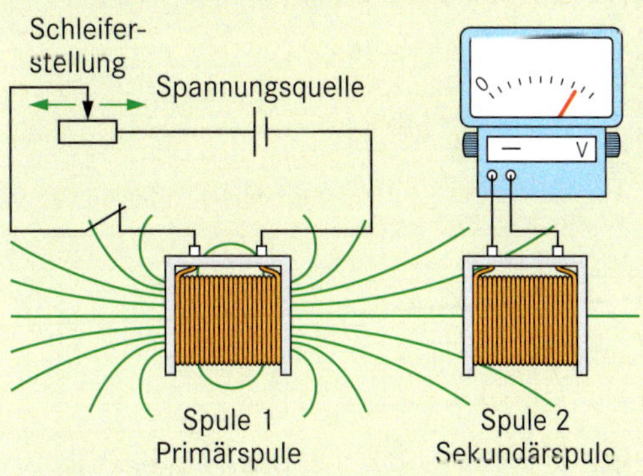

- Ein Transformator besitzt Primär- und Sekundärwicklungen, die durch einen Eisenkern magnetisch gekoppelt sind.
- Beim Transformator wird durch den Stromfluss auf der Primärseite ein sich ändernder magnetischer Fluss erzeugt. Der Fluss durchdringt auch die Sekundärwicklung und dort entsteht durch Induktion eine Spannung.

Übersetzungen beim Transformator

Beim Betrieb von Transformatoren kommen folgende Belastungsarten vor:

- **Leerlauf** [*no load operation*], Sekundärwicklung ist unbelastet, Spannung ist dort vorhanden, es fließt kein Strom.
- **Belastung** [*load*], sekundärseitig sind Spannung und Stromstärke vorhanden.
- **Kurzschluss** [*short circuit*], Sekundärwicklung ist kurzgeschlossen, Spannung ist Null, Stromstärke maximal (z.B. beim Schweißtransformator).

Leerlauf: Die Eingangsspannung wird verändert, die Ausgangsspannung wird jeweils gemessen.

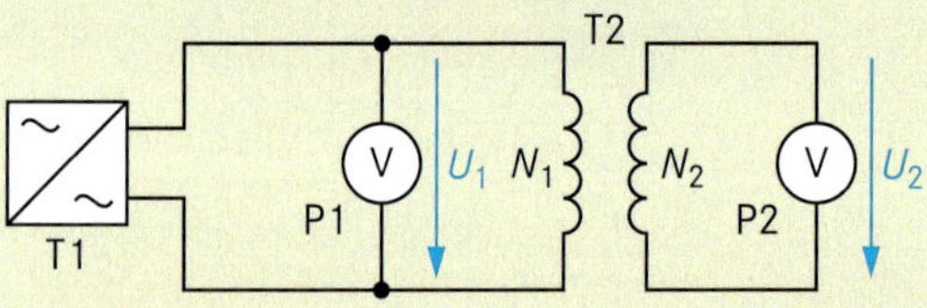

N_1	N_2	$\frac{N_1}{N_2}$	U_1 in V	U_2 in V	$\frac{U_1}{U_2}$
4100	262	15,6	50	3,2	15,6
4100	262	15,6	100	6,4	15,6
4100	262	15,6	230	14,7	15,6

Ergebnis: Die Spannungen verhalten sich verhältnisgleich wie die Windungszahlen N_1 und N_2. Das Verhältnis der Spannungen wird als **Übersetzungsverhältnis *ü*** [*transformation ratio*] bezeichnet.

$$\frac{U_1}{U_2} = \frac{N_1}{N_2} \qquad ü = \frac{U_1}{U_2} \qquad \frac{N_1}{N_2} = ü$$

Belastung: Der Lastwiderstand wird im Sekundärkreis verändert, Eingangs- und Ausgangsstromstärke werden gemessen.

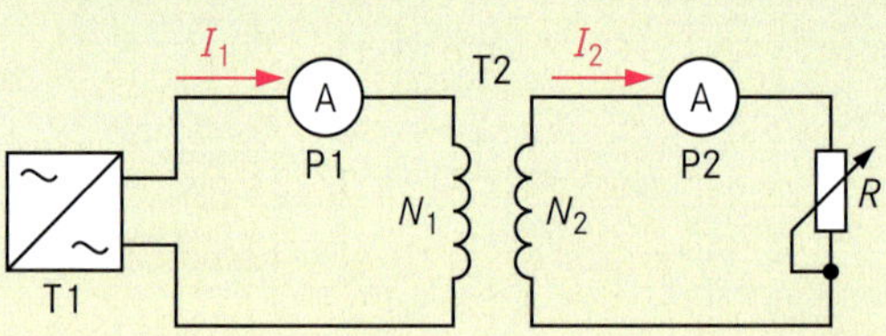

N_1	N_2	$\frac{N_1}{N_2}$	I_1 in A	I_2 in A	$\frac{I_2}{I_1}$
4100	262	15,6	0,016	0,25	15,6
4100	262	15,6	0,032	0,5	15,6
4100	262	15,6	0,064	1,0	15,6

Ergebnis: Die Stromstärken verhalten sich umgekehrt wie die Windungszahlen.

$$\frac{I_2}{I_1} = \frac{N_1}{N_2} \qquad \frac{I_2}{I_1} = ü$$

1.4.3.2 Gleichrichtung

Beim ungeregelten Netzteil folgt nach dem Transformator der **Gleichrichter** [*rectifier*]. Aus den Herstellerunterlagen auf S. 46, Abb. 2 wird deutlich, dass am Ausgang dieser Stufe nur noch positive Schwingungsteile vorhanden sind. Mit welchen Bauteilen kann dieses erreicht werden?

Im Prinzip müssen diese Bauteile wie Schalter arbeiten, die in diesem Fall von der anliegenden Wechselspannung die

- positiven Anteile durchlassen und
- negativen Anteile sperren.

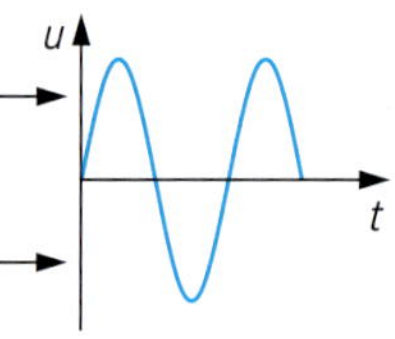

Die in Abb. 1 dargestellten Dioden erfüllen diese Aufgaben. Sie können Stromstärken von wenigen µA bis zu einigen kA gleichrichten und sind aus **Halbleitermaterialien** aufgebaut.

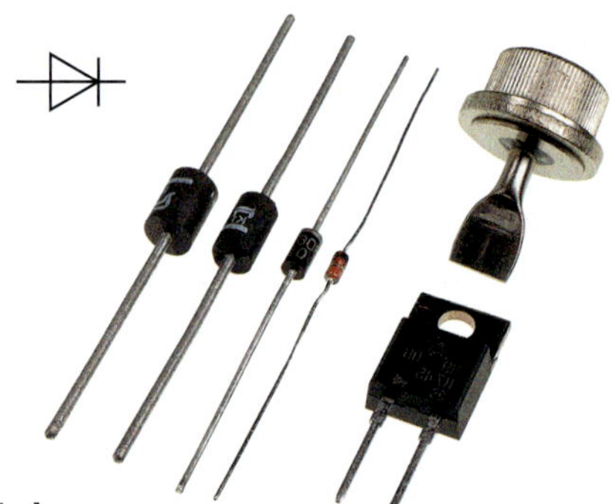

1: Dioden

Es sollen jetzt die Gleichrichterwirkung einer einzelnen Diode messtechnisch untersucht werden.

Zielsetzung

Bei einer Halbleiterdiode soll der Zusammenhang zwischen Spannung und Stromstärke ermittelt werden.

Planung

Da der Stromfluss durch eine Diode von der Polarität der angelegten Spannung abhängig ist, werden zwei Versuchsreihen mit unterschiedlich gepolten Spannungsquellen durchgeführt. Die Spannung wird in Schritten erhöht und die jeweilige Stromstärke gemessen (Abb. 2).

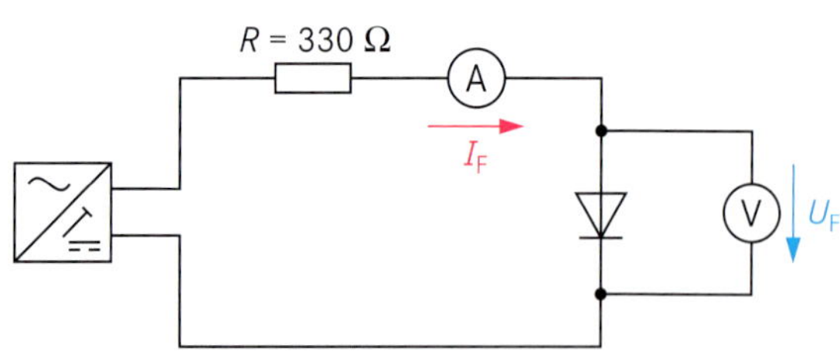

2: Messschaltung

Messergebnisse

Die Werte der Messungen sind in den folgenden Tabellen eingetragen.

1. Durchlasszustand
U_F: Durchlassspannung
I_F: Durchlassstromstärke
F: Forward (engl.), vorwärts

U_F in V	0	0,1	0,2	0,3	0,4	0,5	0,6	0,7	0,8	0,9
I_F in mA	0	0	0	0	0	1	2	8	33	64

2. Sperrzustand
U_R: Sperrspannung
I_R: Sperrstromstärke
R: Reverse (engl.), rückwärts

U_R in V	3	6	9	12	15	18	21	24	27	30
I_R in µA	0	0	0	0	1	2,1	2,7	3,5	4,2	5,0

Auswertung

Die Kennlinie für den **Durchlassbereich** [*on state region*] ist in Abb. 4 dargestellt.

- Der Verlauf der Kennlinie ist am Anfang flach. Es fließt kein Strom.
- Ab etwa 0,7 V steigt die Kennlinie steil an (**Schleusenspannung** [*forward voltage*]). Es fließt Strom. Die Diode „lässt durch".

Die Kennlinie für den **Sperrbereich** [*cut-off region*] wurde nicht gezeichnet. Durch die Messwerte lassen sich jedoch folgende Eigenschaften feststellen:

- In Sperrrichtung fließt auch bei einer höheren Spannung nur ein sehr geringer Strom (µA). Er ist etwa tausendfach kleiner als im Durchlassbereich und kann deshalb vernachlässigt werden. Die Diode sperrt.

Was sind Halbleiter?

Weil ihre Leitfähigkeit zwischen Metallen und Isolatoren liegt (Abb. 3), bezeichnet man sie als **Halbleiter** [*semiconductor*]. Die untersuchte Diode besteht z. B. aus dem Halbleitermaterial Silizium. Andere Halbleitermaterialien sind z. B. Germanium oder Galliumarsenid.

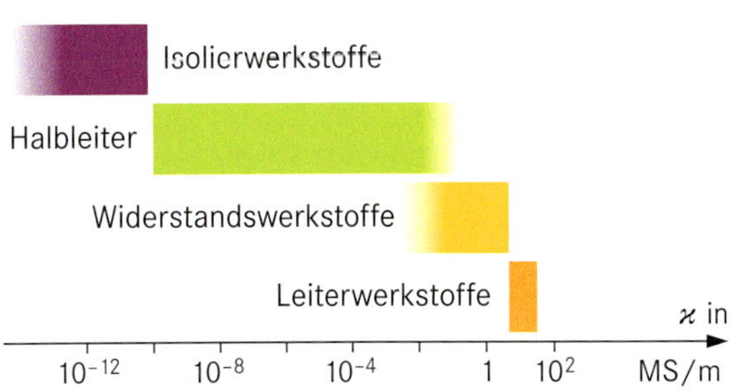

3: Leitfähigkeit von Werkstoffen

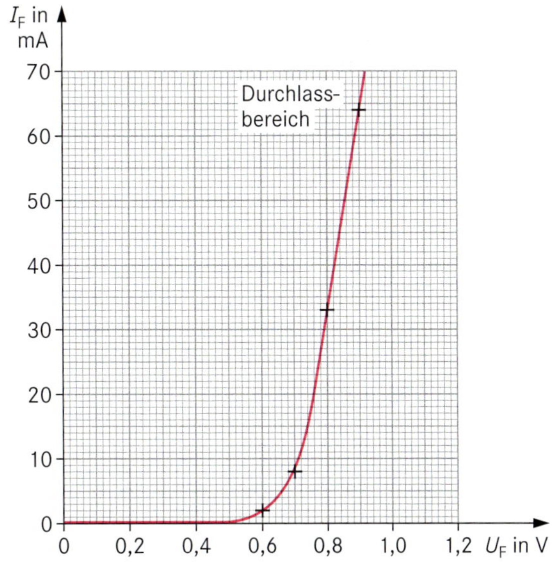

4: Durchlassbereich einer Silizium-Diode

Der Unterschied zwischen Halbleitern und Metallen besteht vor allem darin, dass Halbleiter auf der Außenschale vier Elektronen (Valenzelektronen) besitzen, die mit den anderen umgebenden Atomen Bindungen eingehen. Unter Normalbedingungen sind dadurch nur wenige freie Ladungsträger für einen Stromfluss vorhanden. Die Leitfähigkeit lässt sich erheblich verbessern, wenn in das Halbleitermaterial Atome anderer Stoffe gezielt eingebaut werden (**Dotierung** [*doping*]).

Für die Dotierung werden Elemente verwendet, die auf den Außenschalen drei bzw. fünf Elektronen besitzen. Fügt man diese dotierten Materialien zusammen, entsteht an der Berührungsstelle eine ladungsfreie Zone, die wie eine **Sperrschicht** [*reverse direction*] wirkt. Sie kann nur in eine Richtung von Ladungsträgern überwunden werden (Gleichrichtereffekt).

Aufgaben

1. Ermitteln Sie den Durchlasswiderstand der Diode (Abb. 4) bei 0,6 V und 0,8 V.
2. Wie groß ist der Widerstand der messtechnisch untersuchten Diode im Sperrbereich bei 30 V?
3. Neben Silizium-Dioden gibt es Dioden aus Germanium. Finden Sie heraus, ab welcher Spannung diese Dioden leitend werden.

- Dioden besitzen einen Durchlass- und einen Sperrbereich.
- Silizium-Dioden lassen den Strom ab einer geringen Spannung (etwa 0,7 V) nur in eine Richtung passieren. Sie können deshalb als Gleichrichter verwendet werden.

PN-Übergang

Die Gleichrichterwirkung der Sperrschicht von Halbleiterdioden lässt sich genauer erklären, wenn wir untersuchen, was sich auf atomarer Ebene bei der Dotierung abspielt.

Dotierung mit einem fünfwertigen Element

Arsenatome besitzen auf der Außenschale fünf Elektronen. Da für den Kristallaufbau des Halbleitermaterials nur vier Elektronen benötigt werden, können sich diese einzelnen Elektronen (negativ) im Kristallgitter frei bewegen. Das Material ist **N-leitend** [*N-conductive*]. Die beweglichen Elektronen hinterlassen im Kristall feste positive Ladungen. Insgesamt ist das Material immer noch elektrisch neutral.

Dotierung mit einem dreiwertigen Element

Indiumatome besitzen auf der Außenschale nur drei Elektronen. Diese „Fehlstelle" kann durch ein Elektron eines Nachbaratoms ausgefüllt werden. Das Indiumatom wird dadurch zu einer festen negativen Ladung. Da das Elektron aber von einem vorher neutralen Atom stammt, besitzt diese Fehlstelle (Störstelle) eine positive Ladung. Da diese durch andere Elektronen wieder ausgefüllt werden kann, wandert das „Loch" oder diese „Störstelle" als freie positive Ladung durch den Kristall. Das Material ist **P-leitend** [*P-conductive*].

Wenn jetzt P- und N-leitendes Material für den Aufbau einer Diode zusammengefügt werden (s. unten), wandern die beweglichen Ladungen (Diffusion) auch in die gegenüberliegende Schicht. Dort treffen negative Ladungen auf feste positive Ladungen und positive Ladungen auf feste negative Ladungen. Sie gleichen sich aus und es entsteht eine dünne Zone (**Grenzschicht** [*junction*]) ohne frei bewegliche Ladungen. Allerdings sind dort noch die festen positiven und negativen Ladungen vorhanden, so dass in der Grenzschicht eine geringe Spannung entsteht (**Diffusionsspannung** [*diffusion potential*]). Bei Silizium beträgt sie etwa 0,7 V.

Bedeutung der Symbole:

- feste positive Ladungen
- feste negative Ladungen
- bewegliche negative Ladungen
- bewegliche positive Ladungen

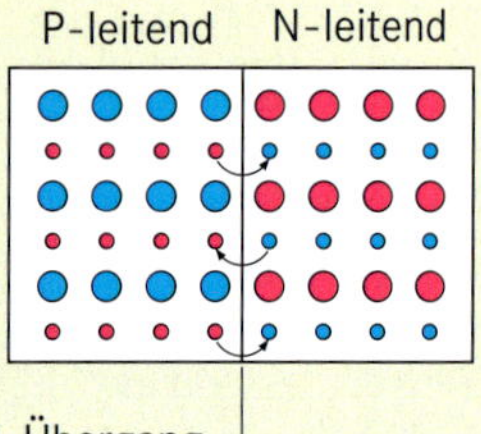

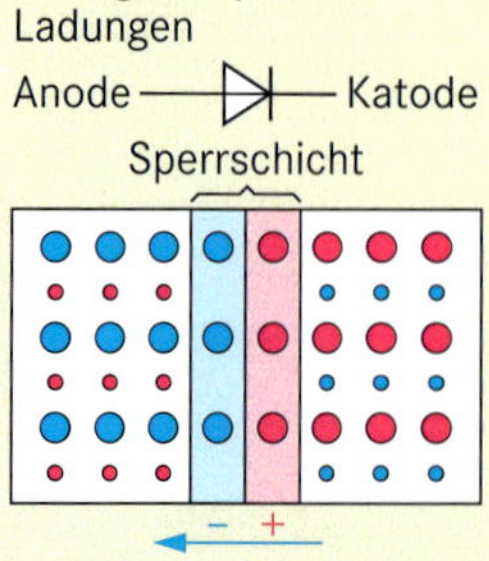

Wie verhält sich der PN-Übergang, wenn eine Spannung angelegt wird?

Wir betrachten die folgenden zwei Fälle.

- **Minuspol der Spannungsquelle an der P-leitenden Schicht, Pluspol der Spannungsquelle an der N-leitenden Schicht.**

  Die beweglichen Ladungen werden von der Quelle abgezogen. Die Sperrschicht verbreitert sich. Es fließt kein Strom. Die Diode befindet sich im **Sperrzustand**.

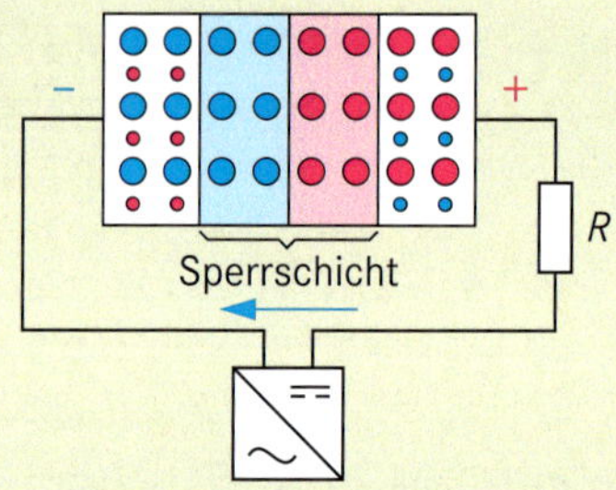

- **Pluspol der Quelle an der P-leitenden Schicht, Minuspol der Quelle an der N-leitenden Schicht.**

  Von der Quelle werden jetzt zusätzliche bewegliche Ladungen in die Sperrschicht gedrückt. Sie ist ab etwa 0,7 V abgebaut. Es fließt Strom. Die Diode befindet sich im leitenden Zustand (Durchlasszustand).

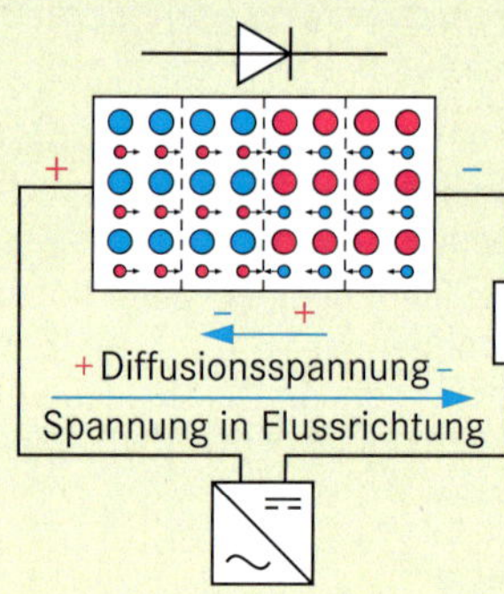

Zusammenfassend lässt sich festhalten:

- N-leitendes Halbleitermaterial enthält frei bewegliche negative Ladungen und feste positive Ladungen.
- P-leitendes Halbleitermaterial enthält frei bewegliche positive Ladungen und feste negative Ladungen.
- Wenn P- und N-leitendes Material zusammengefügt werden, entsteht in der Grenzschicht eine Diffusionsspannung (0,7 V bei Silizium).
- Wenn eine Diode in Sperrrichtung betrieben wird, verbreitert sich die Sperrschicht. Es fließt kein Strom.
- Im leitenden Zustand der Diode wird die Sperrschicht abgebaut. Es fließt Strom.

1.4.3.3 Gleichrichterschaltungen

In den Herstellerinformationen über eine Gleichrichterschaltung auf S. 46 in Abb. 2 sind die Spannungsverläufe am Ein- und Ausgang vereinfacht dargestellt. Der genaue Verlauf wurde deshalb mit einem Oszilloskop aufgenommen (Abb. 1). Es sind nur positive Anteile vorhanden. Es hat den Anschein, als wenn die negativen Anteile der Eingangswechselspannung nach oben „geklappt“ wurden. Wie kommt dieser Verlauf zustande?

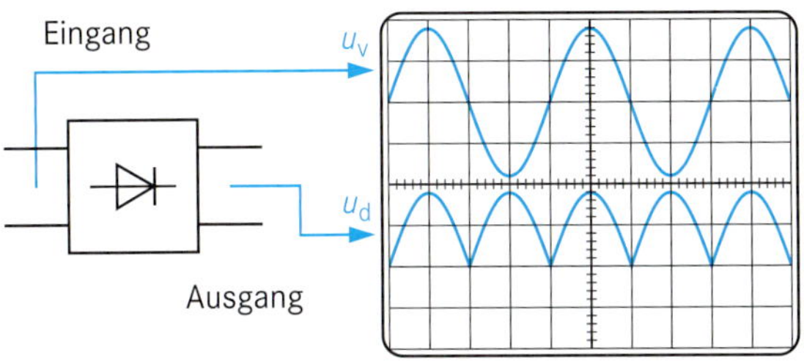

1: Untersuchung einer Gleichrichterschaltung

Zur Klärung dieser Frage geht man zunächst von einer Diode R1 aus, die entsprechend der Messschaltung von Abb. 2a in den Stromkreis einfügt wurde. Mit einem Zweikanal-Oszilloskop bildet man die Spannung „vor“ und „hinter“ der Diode ab (Y_I und Y_{II} Abb. 2b).

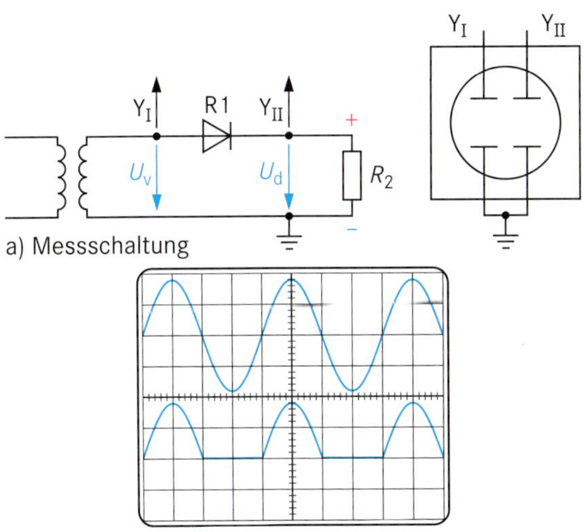

2: Untersuchung einer Gleichrichterschaltung

Ergebnis
Die Ausgangsspannung U_d am Widerstand R_2 zeigt einen pulsförmigen Verlauf. Es sind nur positive Halbschwingungen vorhanden. Der negative Anteil wird nicht durchgelassen. Er wird also gesperrt.

Durchlassverhalten der Diode
Sobald die Eingangsspannung U_v den positiven Wert von etwa 0,7 V überschritten hat (Schleusenspannung), wird die Diode leitend und es fließt ein Strom durch den Widerstand R_2.

Sperrverhalten der Diode
Wenn die Eingangsspannung U_v negativ wird, sperrt die Diode. Es fließt kein Strom und die Spannung U_d am Ausgang wird 0 V. Weil bei dieser Schaltung während einer Periode nur ein Impuls der Wechselspannung „durchgelassen“ wird, nennt man sie **Einpuls-Mittelpunktschaltung M1U**. Das Messergebnis entspricht jedoch nicht dem Spannungsverlauf in Abb. 1. Es ist nur eine Halbschwingung vorhanden. Mit der folgenden Schaltung lässt sich jedoch das gewünschte Ergebnis erzielen.

Schaltung mit vier Dioden
Die Gleichrichterschaltung (Abb. 3) enthält vier Dioden (R1 bis R4) zur Gleichrichtung der Wechselspannung. Sie sind in Form einer Brücke zusammen geschaltet. Die Schaltung wird als **Zweipuls-Brückenschaltung B2U** bezeichnet.

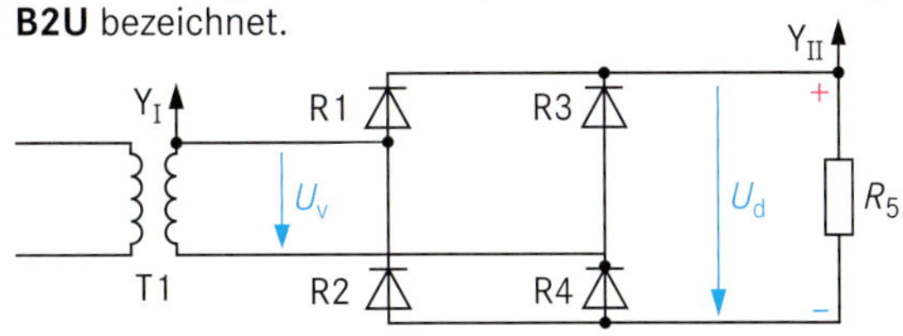

3: Zweipuls-Brückenschaltung

Wie entsteht die Spannung bei der Brückenschaltung?
Zur Erklärung wird die Abb. 4 benutzt, in der zwei Fälle dargestellt sind.

1. **Positive Halbschwingung**: R1 und R4 sind leitend. R2 und R3 sind gesperrt. Es fließt durch den Wider stand R_5 der Strom I_d mit der eingezeichneten Richtung.
2. **Negative Halbschwingung**: Nur R2 und R3 sind leitend. Durch diese Umlenkung fließt der Strom durch R_5 in die gleiche Richtung wie vorher. Das Ergebnis ist ein weiterer positiver Spannungspuls.

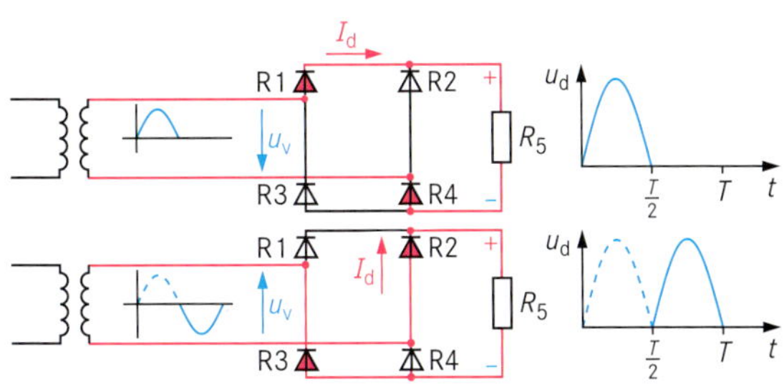

4: Ströme in der Zweipuls-Brückenschaltung

- Bei der Einpuls-Mittelpunktschaltung wird durch die Diode nur ein Anteil der Wechselspannung durchgelassen.
- Bei der Zweipuls-Brückenschaltung sind abwechselnd zwei Dioden in Durchlass- und zwei in Sperrrichtung geschaltet. Dadurch werden der positive und der negative Anteil der Wechselspannung genutzt.

1.4.3.4 Kondensatoren

Am Ausgang der Gleichrichterschaltung auf S. 46 in Abb. 2 befindet sich ein Kondensator. Es sorgt dafür, dass aus der noch pulsierenden Gleichspannung eine geglättete Spannung entsteht. Bevor diese Glättungsfunktion erklärt werden kann, müssen noch die grundlegenden Funktionen des Kondensators erarbeitet werden.

Wie arbeitet ein Kondensator [*capacitor*]**?**
Kondensatoren bestehen aus zwei voneinander isolierten Platten bzw. aufgewickelte Folien (Abb. 1). Das Schaltzeichen verdeutlicht, dass zwischen den Leitern keine elektrische Verbindung besteht.

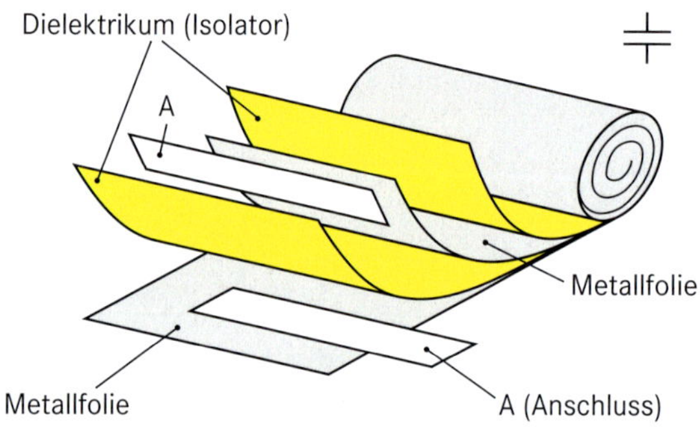

1: Aufbau eines Folienkondensators [*film capacitor*]

Zur Untersuchung der Arbeitsweise wird ein Kondensator über ein Netzteil an eine Gleichspannungsquelle angeschlossen (Abb. 2) und anschließend wieder getrennt.

Im Einzelnen unterscheidet man die folgenden Fälle:

Ungeladener Kondensator (Abb. 2a)
Auf jeder Platte sind gleich viele positive und negative Ladungen vorhanden. Die Platten sind neutral.

Aufladevorgang [*charging process*] (Abb. 2b)
Der Schalter wird geschlossen. Die Gleichspannung U liegt zwischen den Platten 1 und 2. Sie sorgt dafür, dass bewegliche negative Ladungen (Elektronen) von der Platte 1 abgezogen und gleichzeitig negative Ladungen von der Quelle zur Platte 2 transportiert werden. Es fließt kurzzeitig Strom. Die Spannung an den Platten steigt solange an, bis $U_C = U$ geworden ist.

Geladener Kondensator (Abb. 2c)
In den Zuleitungen zum Kondensator fließt kein Strom mehr. Die Platte 1 ist positiv und die Platte 2 negativ geladen. Zwischen beiden Platten besteht ein **elektrisches Feld** [*electric field*], das modellhaft durch Linien (Feldlinien) von positiven zu negativen Ladungen gekennzeichnet ist. Der Ladungsunterschied zwischen den Platten bleibt auch dann bestehen, wenn der Kondensator von der Spannungsquelle getrennt wird. Die Ladungen sind gespeichert. Der Kondensator kann deshalb als **Ladungsspeicher** [*charge storage*] verwendet werden (z. B. in Netzteilen).

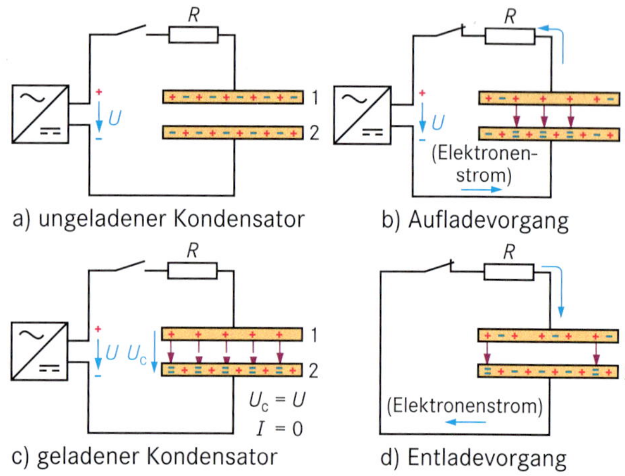

2: Auf- und Entladung beim Kondensator

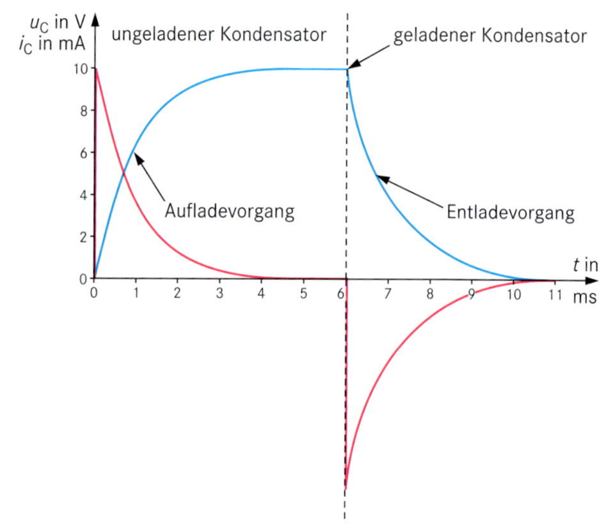

3: Strom- und Spannungsverlauf beim Kondensator

Die Speicherfähigkeit (Fassungsvermögen) des Kondensators von Ladungen drückt man durch die **Kapazität C** [*capacity*] aus. Als Einheit ist das **Farad F** [*farad*] festgelegt worden (benannt nach Michael Faraday). Da 1 Farad eine sehr große Kapazität ist, unterteilt man sie in folgende kleinere Bereiche:

Mikro: $1\ \mu F = 10^{-6}\ F$
Nano: $1\ nF = 10^{-9}\ F$
Piko: $1\ pF = 10^{-12}\ F$

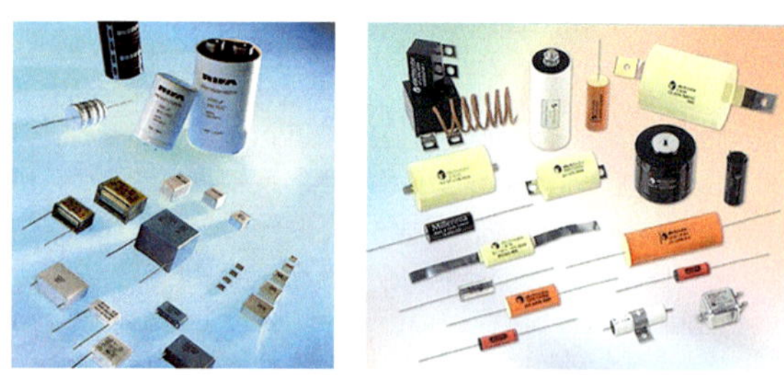

4: Kondensatoren

Welche Beziehung besteht zwischen Spannung, Ladung und Kapazität?

Durch die Spannung am Kondensator verändert man seine Ladung Q. Sie steigt also mit größer werdender Spannung U. Zwischen beiden Größen besteht ein proportionaler Zusammenhang:

$U\uparrow \Rightarrow Q\uparrow \quad Q \sim U$

Die Ladung lässt sich auch vergrößern, wenn ein Kondensator mit einer größeren Kapazität verwendet wird. Der proportionale Zusammenhang lautet:

$C\uparrow \Rightarrow Q\uparrow \quad Q \sim C$

Beide Proportionalitäten lassen sich zu einer Gleichung zusammenfassen:

$Q \sim U \qquad Q \sim C$

$Q = C \cdot U$

Stellt man die Gleichung nach der Kapazität um, erhält man die Definitionsgleichung für die Kapazität:

$$C = \frac{Q}{U} \qquad 1\,\text{F} = \frac{1\,\text{C}}{1\,\text{V}} \qquad 1\,\text{F} = \frac{1\,\text{As}}{1\,\text{V}}$$

Entladevorgang *[discharge operation]* (Abb. 2d)

Der Kondensator wird jetzt von der Spannungsquelle getrennt. Damit die Stromstärke nicht zu groß wird und der Vorgang langsamer abläuft, wird der Kondensator über einen Widerstand R entladen. Es kommt jetzt zu einem Ausgleich der Ladungen zwischen den Platten. Die frei beweglichen Ladungen (Elektronen) fließen solange von Platte 2 zur Platte 1, bis beide Platten wieder elektrisch neutral sind. Das elektrische Feld baut sich ab.

Der vollständige Spannungs- und Stromverlauf ist in Abb. 3 dargestellt.

Stromrichtung

Betrachtet wird zunächst die Platte 2. Beim Aufladen sind Elektronen auf die Platte geflossen, beim Entladen fließen sie wieder herunter. Entsprechendes gilt für die Platte 1. Die Stromrichtung kehrt sich um, die Kurve im Stromdiagramm der Abb. 3 verläuft also bei der Entladung im negativen Bereich.

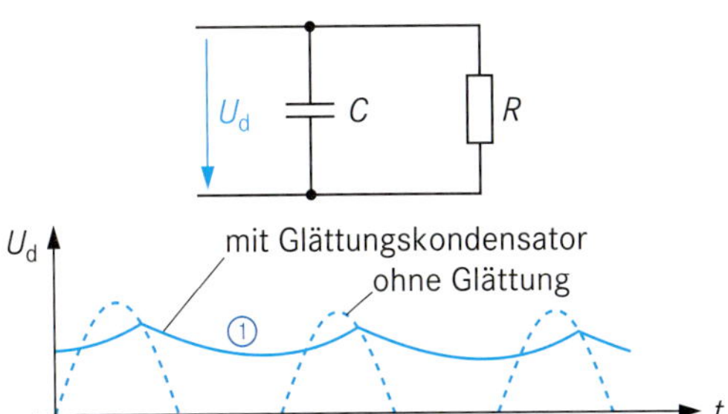

5: Glättung pulsierender Gleichspannung

Kapazität des Plattenkondensators *[plate capacitor]*

Die Kapazität eines Kondensators kann durch seine Baugrößen A, d und durch die Art des Isoliermaterials (Dielektrikums ε) verändert werden.

- **Fläche A** *[area]*
  Je größer die Plattenfläche, desto mehr Ladungen lassen sich unterbringen. Es gilt:
  $A\uparrow \Rightarrow C\uparrow \quad C \sim A$
- **Plattenabstand d** *[plate distance]*
  Wenn der Plattenabstand vergrößert wird, verringert sich die Wirkung auf die Ladungen. Beide Größen sind umgekehrt proportional.
  $d\uparrow \Rightarrow C\downarrow \quad C \sim \frac{1}{d}$
- **Dielektrikum** *[dielectric]*
  Die Kapazität von Kondensatoren lässt sich erheblich vergrößern, wenn an Stelle von Luft besondere Materialien zwischen die Platten eingefügt werden. Die Materialeigenschaften werden in der **Permittivität ε** *[permittivity]* zusammengefasst.
  $\varepsilon\uparrow \Rightarrow C\uparrow \quad C \sim \varepsilon$

Zusammenfassend ergeben sich die folgenden Formeln:

$$C = \frac{\varepsilon \cdot A}{d} \qquad \varepsilon = \varepsilon_0 \cdot \varepsilon_r$$

ε_0: Elektrische Feldkonstante
$\varepsilon_0 = 8{,}86 \cdot 10^{-12}$ As/Vm
ε_r: Permittivitätszahl

Beispiele für Permittivitätszahlen:
Tantaldioxid: 26; Keramik: 10 bis 50000

Wie lässt sich mit einem Kondensator die Ausgangsspannung einer Gleichrichterschaltung glätten?

Diese Frage lässt sich jetzt beantworten, denn der Kondensator ist ein Energiespeicher. Er kann Energie (Ladungen) aufnehmen und wieder abgeben. Der Kondensator wird parallel zum Belastungswiderstand R geschaltet (Abb. 5). Wenn der Strom durch die Diode fließt, lädt sich der Kondensator auf. In der Phase, in der die Diode gesperrt ist, gibt er seine Ladungen wieder ab. Die Spannung sinkt deshalb nicht auf Null ①.

- Ein Kondensator besteht aus zwei elektrischen Leitern (Folien, Platten), zwischen denen sich ein Isolator (Dielektrikum) befindet.
- Ein Kondensator ist ein Ladungsspeicher. Sein Fassungsvermögen wird als Kapazität C bezeichnet.
- Die Ladung eines Kondensators steigt mit der Spannung und der Kapazität.
- Beim Laden eines Kondensators steigt die Spannung an, beim Entladen sinkt sie bis auf Null.
- Beim Entladen des Kondensators ist die Richtung des Stromes im Vergleich zum Aufladen umgekehrt.

Schaltungen mit Kondensatoren

In Netzteilen werden Kondensatoren mitunter parallel geschaltet. Was soll dadurch erreicht werden?

Parallelschaltung

Bei parallel geschalteten Kondensatoren (Abb. 1) liegt an jedem Kondensator dieselbe Spannung (gemeinsame Größe). Die gesamte Fläche und damit die Ladung vergrößert sich entsprechend ($A\uparrow \Rightarrow C\uparrow$). Die Gesamtkapazität C_g setzt sich aus der Summe der Einzelkapazitäten zusammen.

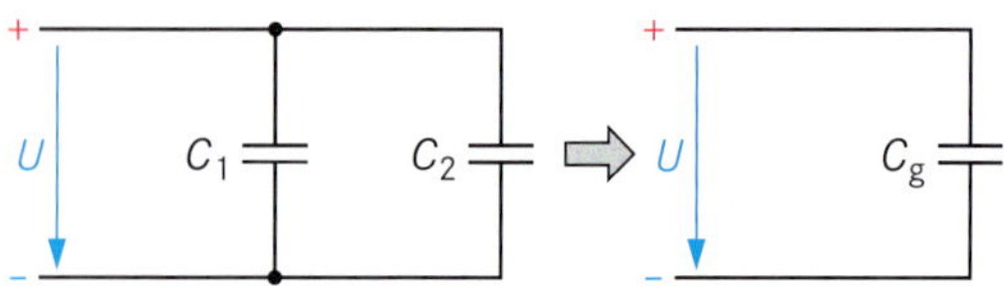

$$C_g = C_1 + C_2 + ... + C_n$$

1: Parallelschaltung von Kondensatoren

Reihenschaltung

In einer Reihenschaltung mit Kondensatoren fließt nur ein Strom (gemeinsame Größe). Trotz unterschiedlicher Baugrößen besitzt deshalb jeder Kondensator die gleiche Ladung. Die Spannung teilt sich auf (Abb. 2). Für die Gesamtkapazität vergrößert sich auch der gemeinsame „Plattenabstand". Die Gesamtkapazität ist deshalb immer kleiner als jede Einzelkapazität.

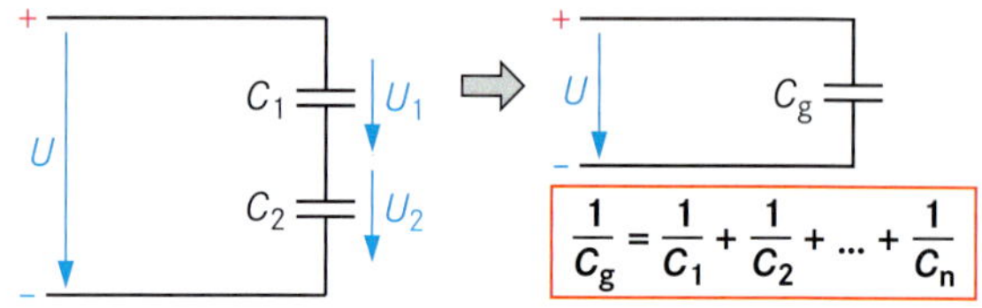

$$\frac{1}{C_g} = \frac{1}{C_1} + \frac{1}{C_2} + ... + \frac{1}{C_n}$$

2: Reihenschaltung von Kondensatoren

Aufgaben

1. Bei einem Plattenkondensator werden die Fläche und gleichzeitig der Plattenabstand verdoppelt. Wie verändert sich die Kapazität?
2. Berechnen Sie die Gesamtkapazität von drei Kondensatoren mit jeweils 4,7 µF, die a) parallel und b) in Reihe geschaltet sind.
3. Begründen Sie, warum ein aufgeladener Kondensator, der von der Spannungsquelle getrennt wurde, seine Ladung „verliert".

- Bei der Parallelschaltung von Kondensatoren ist die Gesamtkapazität gleich der Summe der Einzelkapazitäten.
- Bei der Reihenschaltung von Kondensatoren ist die Gesamtkapazität kleiner als die kleinste Einzelkapazität.

Leuchtdioden

Leuchtdioden (**LED** [*Light Emitting-Diode*]) werden häufig als Ersatz für kleine Glühlampen zur Anzeige von Signalzuständen eingesetzt. Es soll nun geklärt werden, was beim Einbau zu beachten ist.

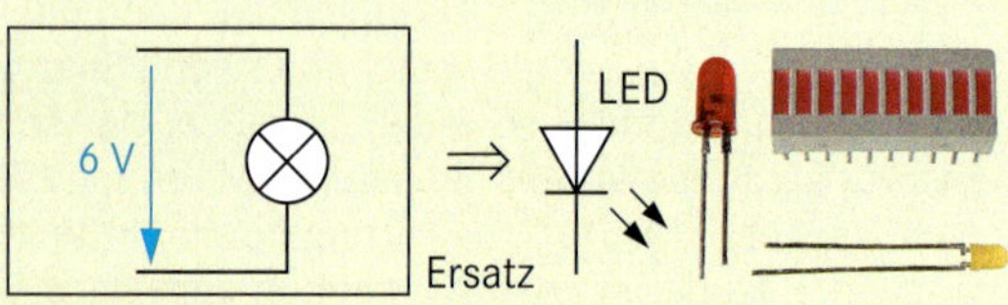

Eine Leuchtdiode ist im Prinzip wie eine Gleichrichterdiode aufgebaut. Sie besitzt einen Durchlass- und einen Sperrbereich. Wenn sie in Durchlassrichtung betrieben wird, sendet die Sperrschicht Licht aus. Je nach Aufbau der Diode hat das Licht eine bestimmte Farbe (Rot, Grün, Gelb, Blau, Weiß, Infrarot, Ultraviolett).

Die Kennlinie zeigt, dass ab etwa 1,5 V die „rote" Diode leitend wird. Dieses ist der Bereich, in dem die Diode leuchtet.

Auf Grund des steilen Anstiegs der Kennlinie, darf die LED nicht direkt an die Betriebsspannung angeschlossen werden. Der Strom würde zu groß werden. Durch einen Vorwiderstand R_V lässt sich die Stromstärke auf den gewünschten Wert begrenzen (s. rechte Spalte).

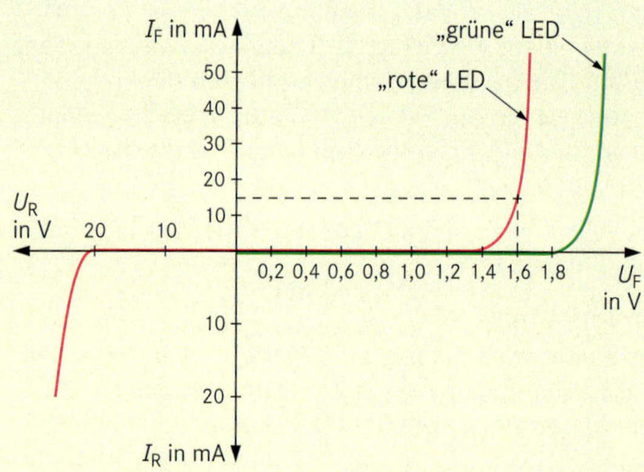

Vorwiderstand

Eine rot leuchtende LED soll mit einem Vorwiderstand an 6 V betrieben werden. Im Arbeitsbereich soll an der LED eine Spannung von 1,6 V liegen.

Geg.: $U_B = 6$ V Ges.: R_V

$$R_V = \frac{U_B - U_{LED}}{I_F} \qquad R_V = \frac{6\text{ V} - 1{,}6\text{ V}}{14{,}7\text{ mA}}$$

$\underline{\underline{R_V = 299\ \Omega}}$

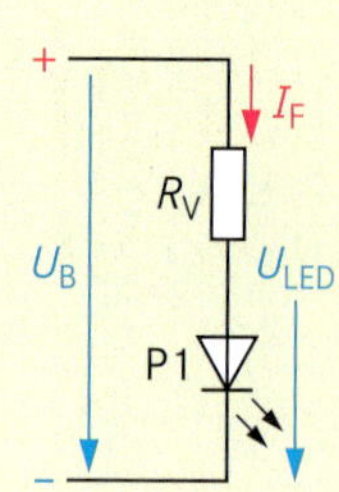

1.4.4 Längsgeregelte Netzteile

Wenn größere Anforderungen an die Stabilität der Ausgangsspannung gelegt werden, setzt man geregelte Netzteile ein. Regeln heißt (vgl. auch Kap. 3.1.1), dass die Ausgangsspannung ständig kontrolliert wird und bei Abweichungen eine Rückmeldung erfolgt. Diese Rückmeldung sorgt dafür, dass der Änderung am Ausgang entgegen gewirkt wird. Die Spannung bleibt deshalb in bestimmten Bereichen stabil.

Aus den Informationsunterlagen eines Herstellers (CD, oder S. 46, Abb. 1) kann folgende Grundschaltung (Abb. 3) eines längsgeregelten Netzteils sowie eine Kurzbeschreibung entnommen werden:

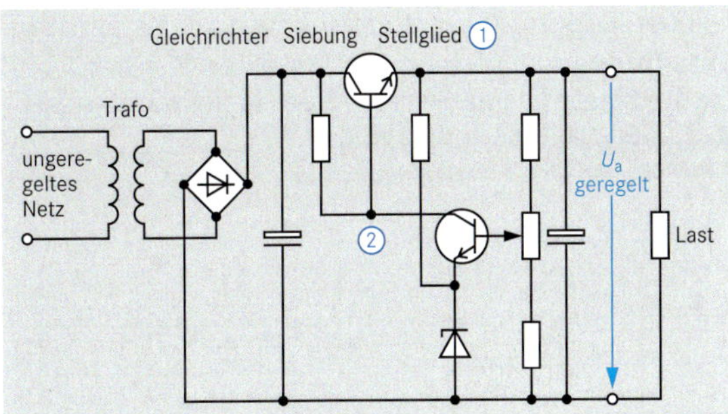

3: Prinzipschaltbild: Längsregelung (Herstellerunterlage)

Längsgeregelte Netzteile

Die Anpassung an die jeweilige Sekundärspannung geschieht über einen Transformator.

Die gleichgerichtete und gesiebte Sekundärspannung wird in einem Regelteil in eine geregelte Spannung am Ausgang umgeformt. Das Regelteil besteht aus einem Stellglied und dem Regelverstärker. Die Differenz zwischen geregelter Ausgangsspannung und ungeregelter Spannung am Ladekondensator wird im Stellglied in Verlustwärme umgesetzt. Das Stellglied wirkt dabei wie ein schnell veränderbarer Widerstand. Die entstehende Verlustwärme ist jeweils das Produkt aus Ausgangsstrom und Spannungsabfall über dem Stellglied.

Dieses System ist sehr anpassungsfähig. Es sind auch ohne weiteres mehrere Ausgangsspannungen möglich. In der Regel werden bei Mehrfachausgängen die einzelnen Sekundärkreise aus jeweils getrennten Sekundärwicklungen des Eingangstrafos generiert.

Allerdings ist der Wirkungsgrad schlecht, sowie Gewicht und Volumen sehr groß. Deshalb ist der Längsregler nur bei kleinen Leistungen eine preisliche Alternative.

Die Herstellerinformationen verdeutlichen, dass auch bei diesem Netzteil ein Transformator zur Spannungsanpassung, ein Gleichrichter (Brückenschaltung mit vier Dioden) und Kondensatoren zur Glättung der Spannung verwendet werden. Im Ausgangsbereich befinden sich jedoch Halbleiterbauteile (Transistoren und Z-Diode), die für die Spannungsüberwachung und Regelung zuständig sind. Fasst man die einzelnen Bauteile in Blöcken zusammen, ergibt sich das vereinfachte Blockschaltbild in Abb. 4.

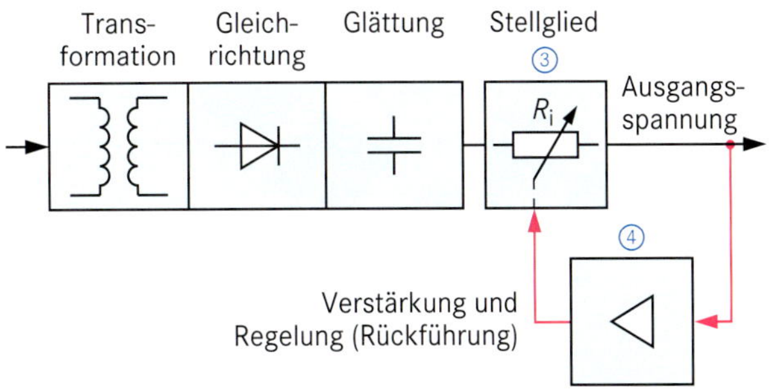

4: Blockschaltbild eines längsgeregelten Netzteils

In der technischen Beschreibung wird deutlich gemacht, dass der Transistor ③, der als Stellglied bezeichnet wird, wie ein Widerstand wirkt. Er liegt in Reihe mit dem Belastungswiderstand und wird durch einen Verstärker ④ (Transistor) in seinem Widerstandsverhalten beeinflusst.

Die Schaltung in der technischen Information besteht aus einzelnen Bauteilen. Die Schaltung gibt es aber auch als integrierte Schaltung. Sie wird dann häufig als **Festspannungsregler** [*constant voltage regulator*] bezeichnet (Abb. 5a). Nur noch wenige Bauteile müssen hinzugefügt werden, um ein vollständiges Netzteil zu erhalten. Abb. 5b zeigt modellhaft, wie durch die Ausgangsspannung U_2 der Widerstand R_i des Spannungsreglers geregelt wird. Er liegt mit dem Belastungswiderstand R in Reihe.

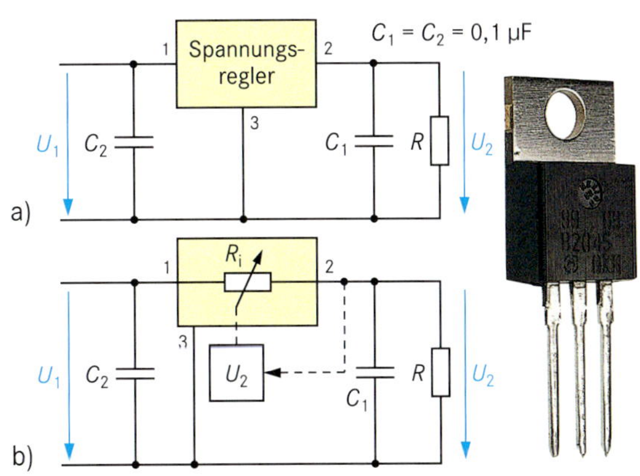

5: Netzteil mit Festspannungsregler

- Bei einem längsgeregelten Netzteil wird die Ausgangsspannung ständig kontrolliert und die Änderung benutzt, um die Ausgangsspannung zu stabilisieren (Regelung).

Arbeitsweise von Transistoren

In den technischen Informationen über längsgeregelte Netzteile wurden die Aufgaben der Transistoren (Stellen und Verstärken) angesprochen. Um diese Aufgaben besser verstehen zu können, wird jetzt die grundsätzliche Arbeitsweise von Transistoren behandelt.

1: Bauformen von Transistoren

Die Gehäuseformen von Transistoren sind sehr unterschiedlich (Abb. 1). Je nach Aufbau können Stromstärken von einigen μA bis kA verarbeitet werden. Weil für die Funktion der abgebildeten Transistoren zwei Arten von Ladungsträgern (Löcher und Elektronen) eine Rolle spielen, werden sie auch als **bipolare Transistoren** [*bipolar transistors*] bezeichnet. Allen gemeinsam sind drei Anschlüsse mit folgenden Bezeichnungen: **Basis** [*base*] (B), **Emitter** [*emitter*] (E) und **Kollektor** [*collector*] (C). Jeder dieser Anschlüsse führt an eine dotierte Halbleiterschicht. Je nach Zonenfolge werden NPN- (Abb. 2a) oder PNP-Transistoren (Abb. 2b) unterschieden.

Die Diodenstrecken des Transistors sind gegeneinander geschaltet ①, so dass auch bei angelegter Spannung zwischen Kollektor und Emitter kein Strom fließen kann. Dieses ändert sich erst dann, wenn zwischen Basis und Emitter (Diodenstrecke bei Silizium) eine Spannung von etwa 0,7 V angelegt wird (bei NPN-Transistoren: Basis positiv gegenüber dem Emitter).

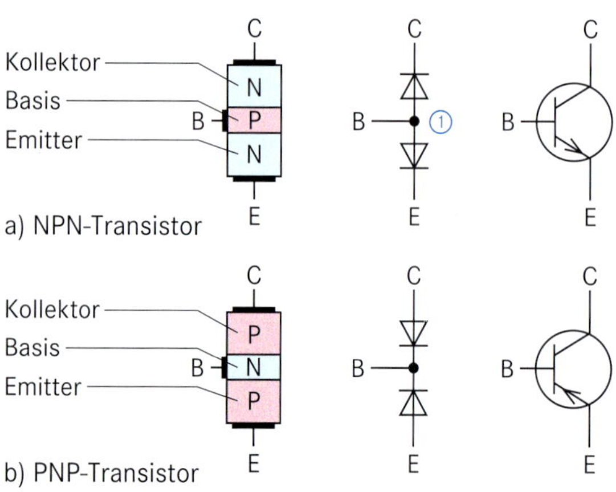

2: Bipolare Transistoren

Die bisher gesperrte Diodenstrecke zwischen Basis und Emitter wird jetzt abgebaut und die Ladungen werden von der größeren Spannung zwischen Kollektor und Emitter angezogen. Der große Kollektorstrom (z. B. I_C = 1 A) ist also durch die kleinen Eingangsgrößen der Basis (Basisstromstärke z. B. I_B = 1 mA und Basis-Emitter-Spannung U_{BE} = 0,7 V) schaltbar.

Wenn jetzt wie in Abb. 3 die Basis-Emitter-Spannung über einen Schalter angelegt wird, lässt sich die Lampe im Kollektorstromkreis schalten. Ein Transistor kann also wie ein **elektronischer Schalter** [*electronic switch*] eingesetzt werden.

In dieser Schaltung wird der Emitter als gemeinsamer Anschluss für den Ein- und Ausgangsstromkreis verwendet. Die Schaltung wird deshalb auch als **Emitterschaltung** [*common emitter*] bezeichnet. Die Basis ist die Eingangselektrode und der Kollektor wird als Ausgangselektrode verwendet.

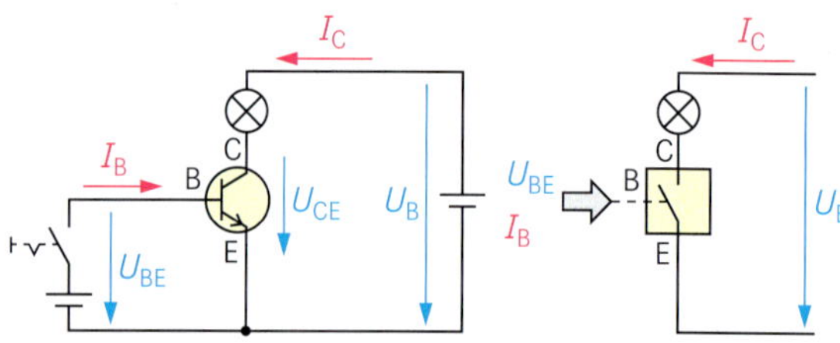

3: Bipolarer Transistor als elektronischer Schalter

Um die Verstärkungsfunktion verstehen zu können, muss man sich mit den **Transistorkennlinien** [*transistor characteristics*] befassen und dabei den Ein- und Ausgangsbereich unterscheiden.

Eingangsbereich [*input range*]

Die Basis-Emitter-Strecke verhält sich wie eine Diode, so dass sich als Kennlinie für I_B in Abhängigkeit von U_{BE} eine typische Diodenkennlinie ergibt (Abb. 4).

Ausgangsbereich [*output range*]

Im Ausgangsbereich wird die Kollektorstromstärke I_C in Abhängigkeit von der Kollektor-Emitter-Spannung U_{CE} dargestellt (Abb. 5). Da als weitere Einflussgröße die Basisstromstärke vorhanden ist, sind zwei Fälle eingezeichnet.

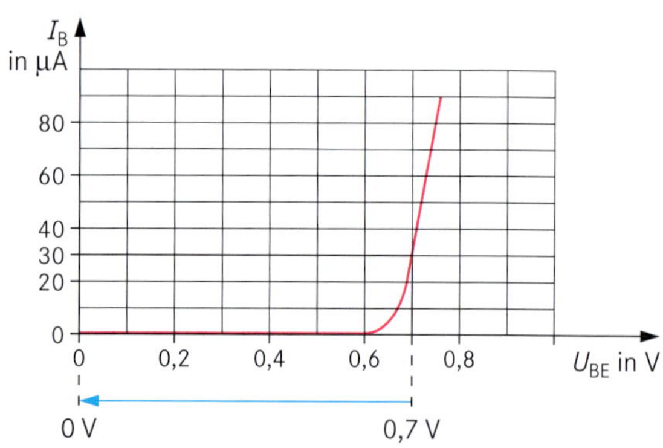

4: Eingangskennlinie eines bipolaren Transistors

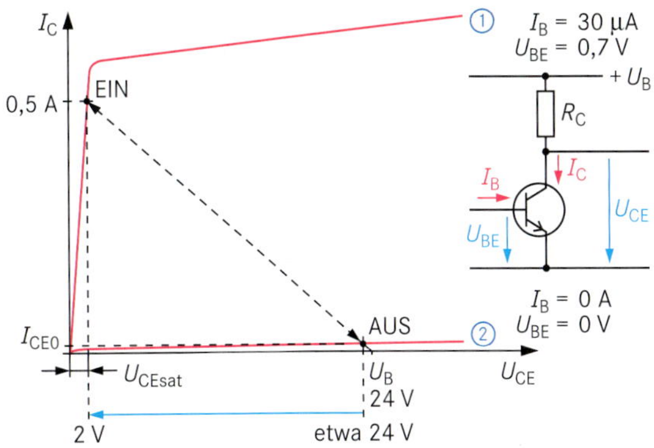

5: Ausgangskennlinie eines bipolaren Transistors

1. I_B maximal; U_{BE} etwa 0,7 V; Kennlinie ①

Dieses ist der Zustand EIN. I_C ist maximal und die Betriebsspannung von 24 V liegt fast vollständig an der Lampe. Nur eine kleine Spannung ist noch zwischen Kollektor und Emitter vorhanden. Sie wird als Sättigungsspannung (U_{CEsat}) bezeichnet.

⇒ „Schalter" ist geschlossen

2. I_B und U_{BE} sind Null; Kennlinie ②

Dieses ist der Zustand AUS. Die Betriebsspannung liegt fast vollständig zwischen Kollektor und Emitter.

⇒ „Schalter" ist offen

Es fließt jedoch noch ein kleiner Kollektorstrom (I_{CEO}). Dieses liegt daran, dass die beiden Dioden kein ideales Sperrverhalten zeigen.

Stromstärken und Spannungen

Die Aufteilung der Ströme in einem bipolaren Transistor zeigt Abb. 6. Die Basisstromstärke ist etwa 20 bis 300 mal kleiner als die Kollektorstromstärke.

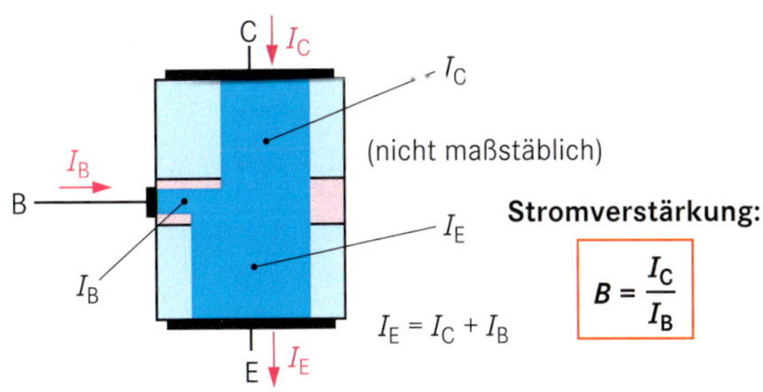

6: Ströme im bipolaren Transistor, nicht maßstäblich

Mit diesen grundlegenden Kenntnissen über die Arbeitsweise des Transistors kann die Verstärkungswirkung des Transistors in dem längsgeregelten Netzteil erklärt werden. Zunächst muss aber geklärt werden, was man grundsätzlich unter einer Verstärkung versteht?

Folgende **Gemeinsamkeiten** gibt es bei Verstärkern:

- Verstärker benötigen immer eine elektrische Energieversorgung (Abb. 7) ①.
- Verstärker haben Ein- und Ausgangsgrößen.
- Verstärker besitzen einen Eingangs- und einen Ausgangswiderstand ②.
- Die Ausgangsgrößen sind größer als die Eingangsgrößen.
- Folgende Größen können verstärkt werden: Spannung, Stromstärke und Leistung.
- Die Verstärkung (**Verstärkungsfaktor *v*** *[gain factor]*) ist das Verhältnis von Ausgangsgröße zu Eingangsgröße.
- Für den Verstärker kann ein allgemeines Schaltzeichen angegeben werden.

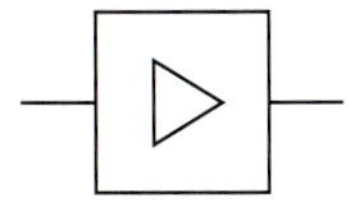

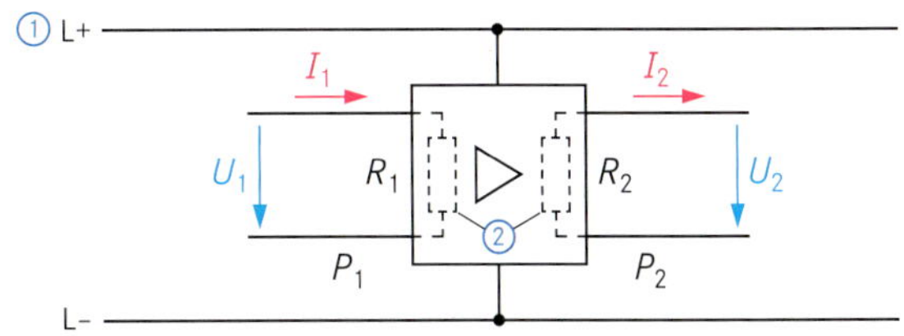

7: Verstärker mit Energieversorgung

Die hier herausgestellten Gemeinsamkeiten werden auf den Transistor übertragen.

- Eingangsgrößen sind I_B und U_{BE}.
- Ausgangsgrößen sind I_C und U_{CE}.
- Verstärkungswirkung: Mit kleinen Eingangsgrößen lassen sich die großen Ausgangsgrößen steuern.

Vereinfacht kann deshalb eine Transistorschaltung wie eine Reihenschaltung aus zwei Widerständen aufgefasst werden, wobei der eine Widerstand durch die Eingangsgrößen in seinem Wert verändert wird (Abb. 8). Da die Betriebsspannung konstant ist, ändert sich in Abhängigkeit von den Eingangsgrößen die Spannungsaufteilung.

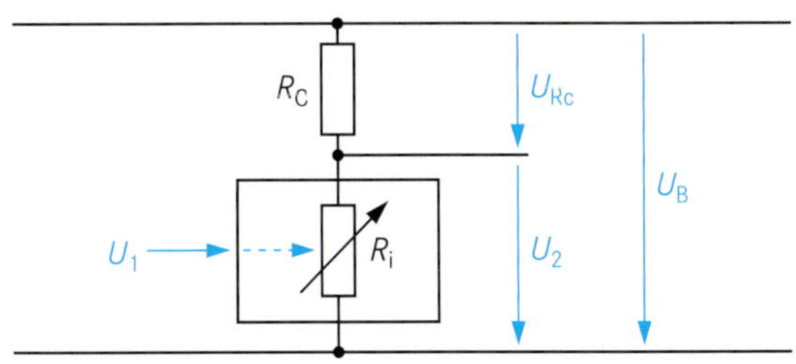

8: Verstärkungsprinzip beim Transistor

- Bei bipolaren Transistoren werden die Basis-Emitter-Diode in Durchlass- und die Kollektor-Basis-Diode in Sperrrichtung betrieben.
- Die Kollektorstromstärke eines bipolaren Transistors lässt sich durch die Eingangsgrößen I_B und U_{BE} schalten.
- Ein bipolarer Transistor ist kein idealer Schalter. Im „offenen" Zustand fließt noch ein kleiner Strom (I_C) und im „geschlossenen" Zustand liegt eine kleine Spannung ($U_{CE} = U_{CEsat}$) an.
- Kollektor- und Basisstrom ergeben zusammen den Emitterstrom des bipolaren Transistors.

1.4.5 Primär getaktetes Schaltnetzteil

Zu Beginn dieses Kapitels „Netzteile" wurde für den Auftrag (s. Kap. 1.4.1) ein primär getaktetes Schaltnetzteil ausgewählt. Aus den Informationsunterlagen des Herstellers ist folgendes zu entnehmen:

Primär getaktetes Schaltnetzteil

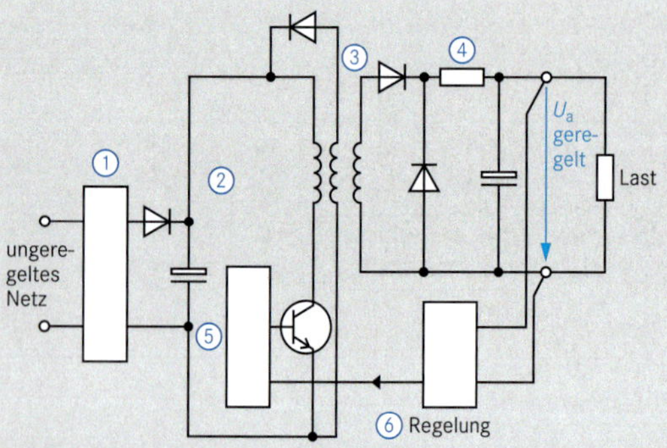

Prinzipschaltbild

Die ungeregelte Netzspannung wird zunächst gleichgerichtet und gesiebt. Die Kapazität des Kondensators am Zwischenkreis bestimmt die Speicherzeit des Netzteiles bei Ausfall der Eingangsspannung. Die Spannung am Zwischenkreis beträgt bei einem 230 V-Netz ca. 320 V DC. Aus dieser Gleichspannung wird nun ein Eintaktwandler versorgt, der mit Hilfe eines Impulsweiten-Reglers und bei hoher Schaltfrequenz die Primärenergie über einen Transformator auf die Sekundärseite überträgt. Der Schalttransistor hat in seiner Funktion als Schalter geringe Verlustleistung, so dass die Leistungsbilanz je nach Ausgangsspannung und Strom bei einem Wirkungsgrad zwischen > 70 % und ca. 90 % liegt.

Das Trafovolumen ist wegen der hohen Schaltfrequenz im Verhältnis zu einem 50 Hz-Trafo klein, weil die Trafogröße im Verhältnis zur höheren Schaltfrequenz geringer wird. Mit modernen Halbleitern lassen sich ohne weiteres Taktfrequenzen von 100 kHz und mehr erreichen. Allerdings steigen bei zu hohen Taktfrequenzen auch die Schaltverluste, so dass man im Einzelfall einen Kompromiss wählen muss zwischen hohem Wirkungsgrad und größtmöglicher Taktfrequenz. In den überwiegenden Anwendungen liegen die Taktfrequenzen bei ca. 20 kHz ... 250 kHz je nach Ausgangsleistung.

Die Spannung der Sekundärwicklung wird gleichgerichtet, gefiltert und gesiebt. Die Regelabweichung am Ausgang wird über Optokoppler auf den Primärkreis zurückgemeldet. Über die Steuerung der Impulsbreite wird die benötigte Energie auf die Sekundärseite übertragen und die Ausgangsspannung geregelt. Es wird immer nur so viel Energie übertragen, wie am Ausgang entnommen wird.

Primärgetaktete Netzteile haben sich in den letzten Jahren gegenüber den anderen Schaltungsprinzipien mehr und mehr durchgesetzt. Vor allem wegen der geringen Baugröße, dem geringen Gewicht, dem hohen Wirkungsgrad und dem guten Preis-/Leistungsverhältnis.

Mit den bisher erarbeiteten Grundlagen kann man einige Teile dieser Beschreibung verstehen, andere sind jedoch noch unklar. Was ist ein

- Zwischenkreis,
- Eintaktwandler mit Impulsweiten-Regelung,
- Optokoppler und wie kann
- über die Impulsbreite die Energie geregelt werden?

Die Zusammenhänge werden jetzt mit Hilfe des vereinfachten Blockschaltbildes in Abb. 1 erklärt.

Im Eingangsbereich erfolgt die Gleichrichtung der 50 Hz Netzwechselspannung mit nachfolgender Glättung ①. Der Kondensator und die Spule des Transformators bilden zusammen einen Energiespeicher. Beide werden als **Zwischenkreis** [*d.c. link*] bezeichnet.

Diese Gleichspannung wird mit Hilfe eines Transistors ②, der wie ein elektronischer Schalter arbeitet, in **Rechteckimpulse** [*rectangular pulse*] (z.B. 50 kHz) umgeformt. Er wird als **Eintaktwandler** [*single ended forward converter*] ⑤ bezeichnet.

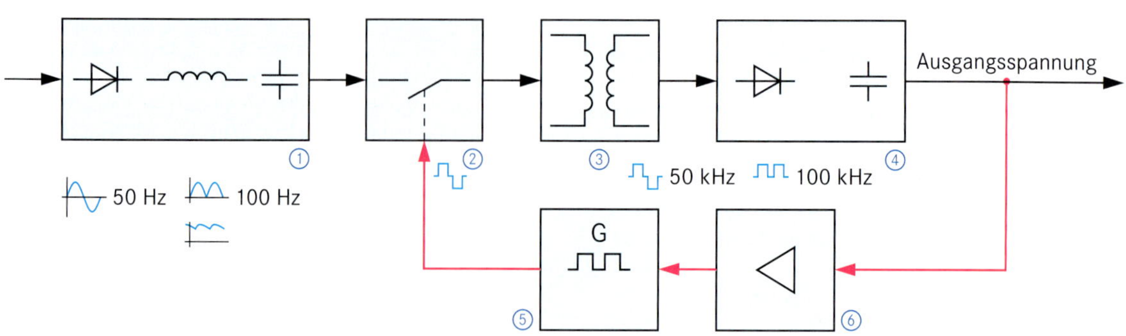

1: Blockschaltbild eines primär getakteten Schaltnetzteiles

2: Schaltnetzteil eines PCs

Der Eintaktwandler wird geregelt ⑥, d.h., er erhält vom Ausgang Informationen über die zu liefernde Energie und passt dementsprechend seine Impulsbreite an (**Pulsweiten-Regelung** [*pulse width control*]). Wie dieses möglich ist, zeigt Abb. 3.

In Abb. 3a sind die Impulse und die Pausen gleich breit. Eine daraus zu erzeugende Gleichspannung ist halb so groß wie der Spitzenwert der Impulse. Wenn wie in Abb. 3b die Impulse schmaler werden, lässt sich daraus nur eine kleinere Gleichspannung erzeugen (z.B. 1/4 des Spitzenwertes).

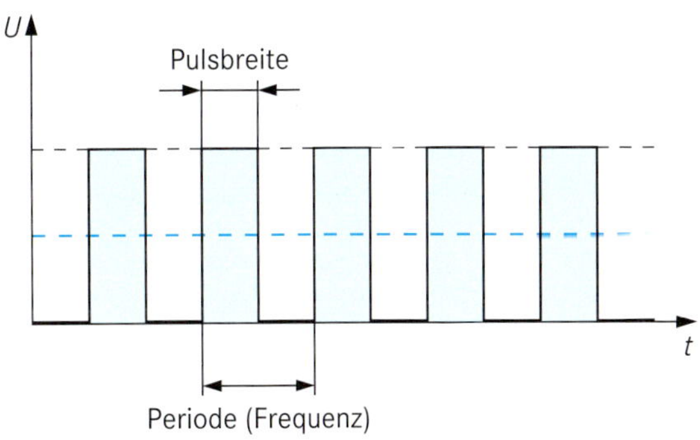

a) Pulsdauer (Pulsbreite) = Pausendauer

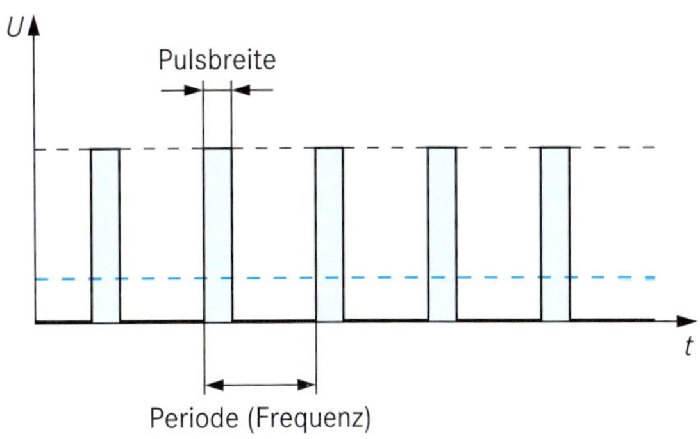

b) Pulsdauer = 1/3 Pausendauer

3: Beispiele für Impulsweiten-Regelung

Die Signalrückmeldung vom Ausgang zum Eintaktwandler erfolgt über einen **Optokoppler** [*optocoupler*]. Er besteht im Prinzip aus einem Lichtsender und einem Lichtempfänger. Die elektrischen Signale werden also in Lichtsignale umgewandelt. Auf diese Weise erreicht man, dass keine leitende Verbindung zwischen Ein- und Ausgang besteht (**galvanische Trennung** [*electrical isolation*]). Dadurch wird ein hohes Maß an Sicherheit erreicht.

Mit einem Transformator ③ werden jetzt die geregelten Rechteckimpulse übertragen, gleichgerichtet ④ und geglättet.

In Abb. 2 ist das Schaltnetzteil eines PCs geöffnet dargestellt. Erkennbar sind die zahlreichen elektronischen Bauteile, Kondensatoren, Widerstände, Spulen und Transformatoren. Da die Frequenz für die Übertragung im Vergleich zur Netzfrequenz (50 Hz ⇒ 100 kHz) groß ist, können kleine und leichte Eisenkerne für den Transformator und die Spulen verwendet werden (Gewichtsersparnis).

- Bei einem Schaltnetzteil wird die Netzwechselspannung gleichgerichtet und geglättet, mit einem Schalttransistor „zerhackt" (z.B. in Impulse von 50 kHz) und diese Wechselspannung heruntertransformiert. Anschließend wird diese Wechselspannung gleichgerichtet und geglättet.
- Schaltnetzteile sind im Vergleich zu längsgeregelten Netzteilen kleiner, haben ein geringeres Gewicht und einen höheren Wirkungsgrad.

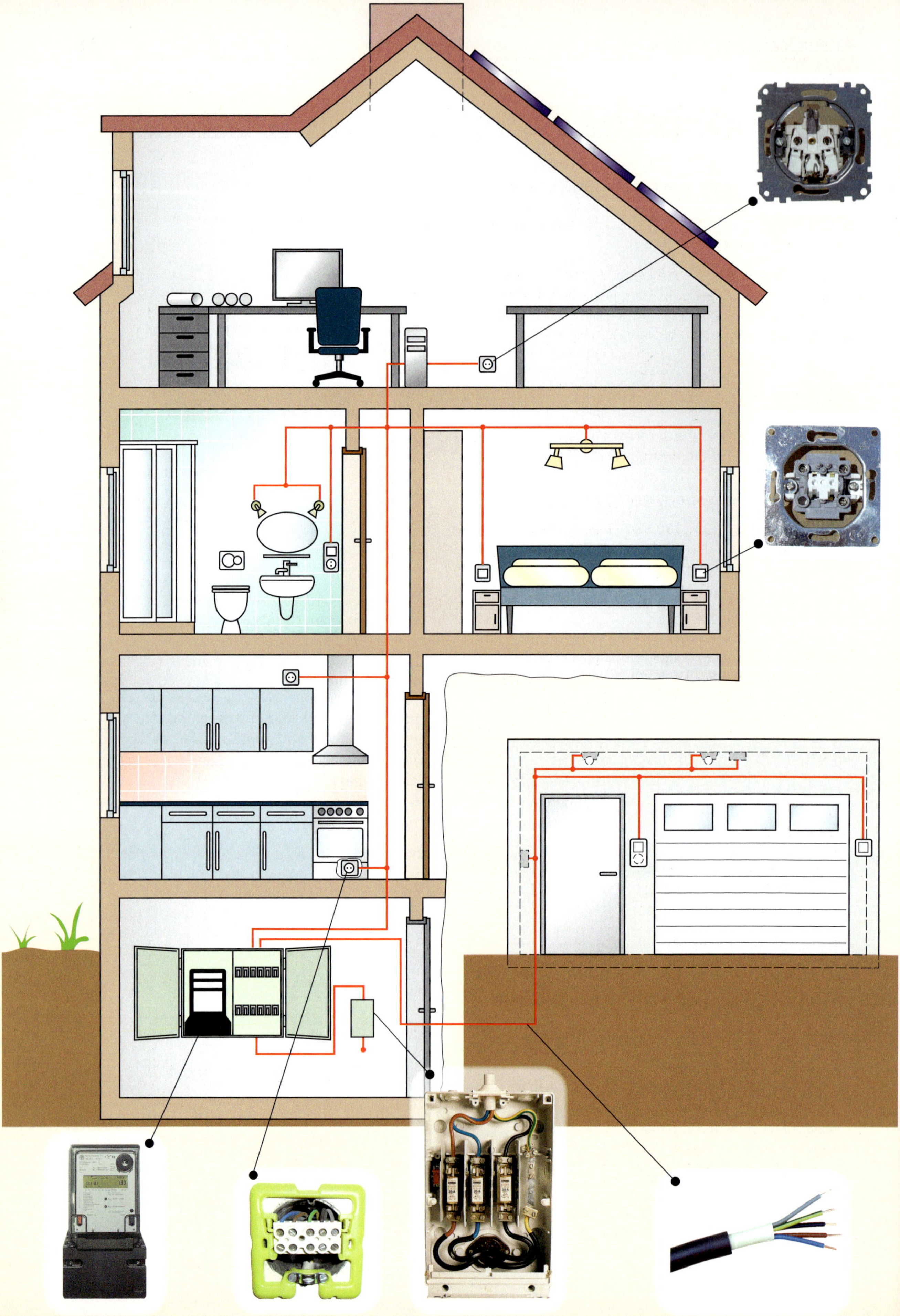

2 Elektrische Installationen planen

In diesem Kapitel werden wesentliche Überlegungen hinsichtlich Planung und Ausführung von elektrischen Hausinstallationen an dem Bauvorhaben **Installation einer Garage** dargestellt.

In Abb. 1 sind wichtige Schritte der Vorgehensweise aufgezeigt. In den folgenden Kapiteln werden zu dieser Grobstruktur die Einzelheiten erläutert, die in der Übersicht auf der nächsten Seite (Abb. 2) dargestellt sind.

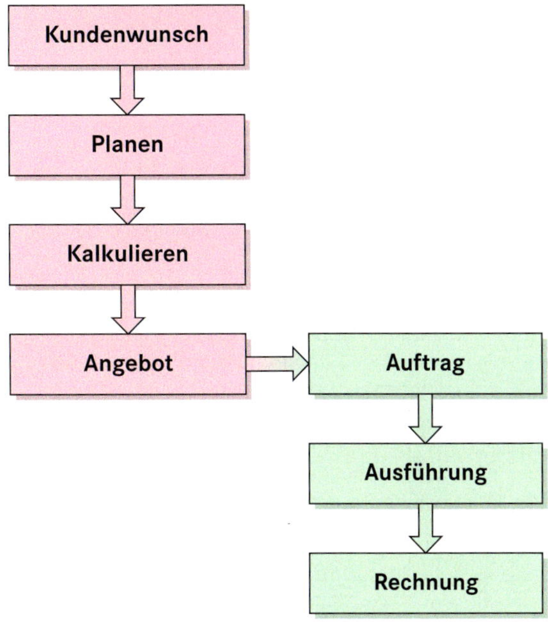

1: Abfolge eines Bauvorhabens

2.1 Kundenwunsch

Es gibt zwei Möglichkeiten, die Ausstattung von Gebäuden mit elektrischen Betriebsmitteln (Fachwort: **Objekte**) festzulegen.

- Entweder gibt der Auftraggeber seine Wünsche an
- oder es wird nach DIN 18015-2 (Elektrische Anlagen in Wohngebäuden) verfahren (s. Kap. 2.2.3)

Bei unserem Bauvorhaben ist der **Kundenwunsch** die Grundlage. Er gibt an, welche Objekte an welcher Stelle installiert werden sollen.

Das Ehepaar Carsten ist Eigentümer des Wohnhauses (s. linke Seite). Auf dem Grundstück befindet sich eine Garage, die jetzt mit elektrischer Energie versorgt werden soll. In der Garage ist auch ein Arbeitsplatz mit Werkbank vorgesehen. Es müssen Leuchten, Schalter, Steckdosen, Abzweigdosen u. a. installiert werden. Das Ehepaar Carsten wendet sich an die Firma **Elektrotechnik Steffen** und bittet um ein entsprechendes Angebot.

Der Inhaber der Firma, Herr Steffen, trifft sich mit den Kunden zu einer Ortsbesichtigung.

Er trägt dabei im Grundriss der Garage

- die gewünschten Objekte ein,
- nimmt die notwendigen Maße auf und
- notiert die Wünsche des Ehepaars Carsten. Es entsteht die in Abb. 2 dargestellte Niederschrift.

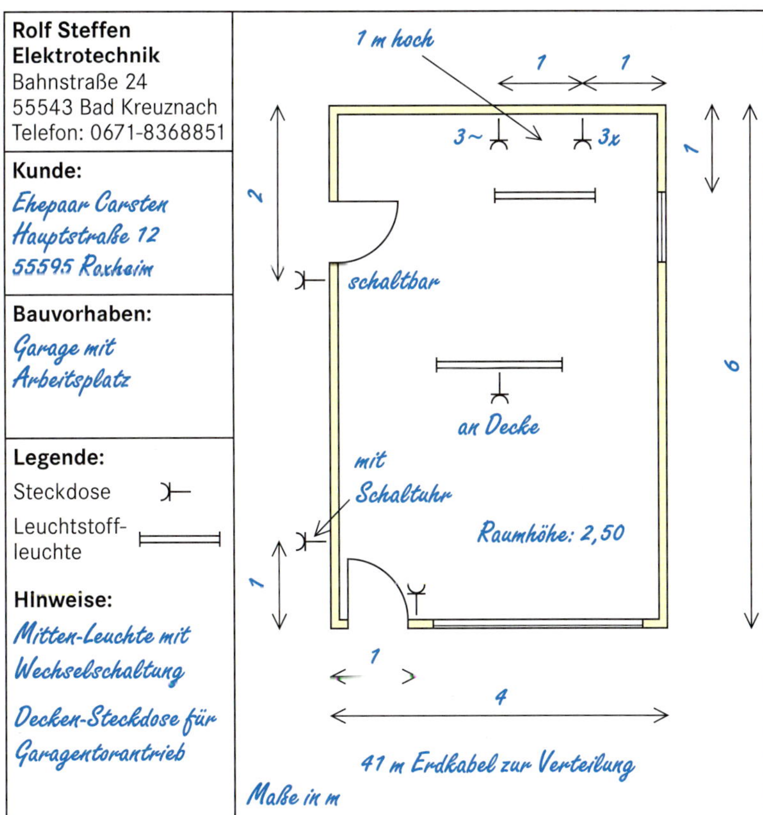

2: Niederschrift

2.1.1 Lastenheft

Alle Vorgaben des Kunden werden in einem **Lastenheft** festgehalten. Es besteht in diesem Fall aus dem Lageplan (Abb. 1) und der **Niederschrift** (Abb. 2, Seite vorher). Dort sind notiert:

- die gewünschten **Objekte** mit ihren Installationsorten,
- alle notwendigen **Maße** sowie
- zusätzliche Anforderungen des Kunden.

Man kann also sagen, ein Lastenheft enthält alle Wünsche des Kunden an die Installationsfirma. Bei großen Bauvorhaben werden die Lastenhefte in Form von Leistungsverzeichnissen erstellt.

Der Auftragnehmer setzt die Forderungen des Auftraggebers in technisch konkrete Lösungen um. Es wird z. B. aus dem Installationsplan der Übersichtsschaltplan mit Angabe der Adernzahlen (s. Kap. 2.3.3) erstellt. Damit die Firma Steffen alle Wünsche des Ehepaars Carsten erfüllen kann, sind weitere Informationen und Entscheidungen notwendig.

Dem Kunden werden die **Installationsarten** (z. B. Unterputz) und die **Installationsformen** (z. B. mit Verbindungsdosen) vorgestellt, damit er gemeinsam mit Herrn Steffen die geeigneten auswählen kann. Einige Leuchten sollen von verschiedenen Stellen aus geschaltet werden. Es müssen die betreffenden **Schaltungen** ausgewählt werden. Die notwendigen Informationen werden in den folgenden Kapiteln vorgestellt. Die Abb. 2 zeigt eine Übersicht der Struktur des Bauvorhabens.

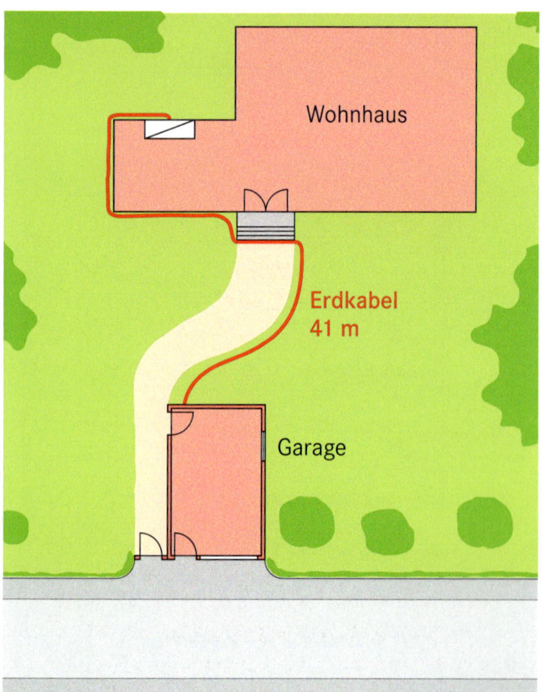

1: Lageplan des Grundstückes

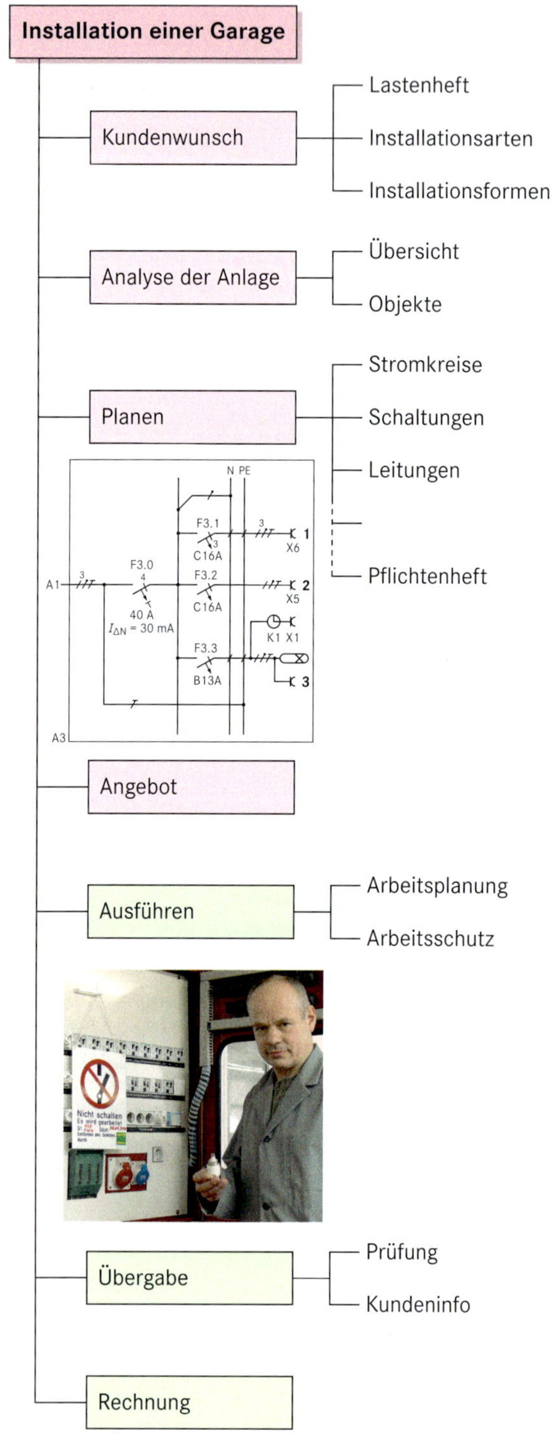

2: Übersicht zum Bauvorhaben

- Zur eindeutigen Festlegung der Auftraggeberanforderungen ist eine Niederschrift sinnvoll.
- Lastenhefte enthalten die Forderungen des Auftraggebers.

2.1.2 Installationsarten

Für das vorgestellte Bauvorhaben des Ehepaars Carsten muss jetzt die Installationsart festgelegt werden (Abb. 4). Herr Steffen erläutert daher dem Kunden die verschiedenen Möglichkeiten. Da die Garage verputzt werden soll, kommen in ersten Linie die Unterputz- oder die Imputz-Installation infrage.

Bei der **Unterputz-Installation** [*concealed wiring*] werden Schlitze in die Wände gefräst, in denen dann die Leitungen installiert werden. Dazu werden Mantelleitungen (z.B. NYM, H05VV-U) oder Stegleitung (NYIF) verwendet.

Die Adern der **Stegleitung** [*flat webbed cable*] liegen nebeneinander (Abb. 3). Die Leitung ist daher flach und kann auf dem Mauerwerk verlegt werden. Für die Befestigung werden besondere Nägel mit isoliertem Schaft bzw. isolierenden Unterlegscheiben ① benutzt. Sie kann auch geklebt oder mit Gipsbrücken befestigt werden. Wenn der Putz aufgebracht wurde, ist die Leitung von Putz umhüllt. Man spricht dann von **Imputz-Installation** [*semi-flush wiring*].

Bei der Verlegung der Stegleitung muss darauf geachtet werden, dass

- die Putzabdeckung mindesten 4 mm beträgt,
- die Leitung nicht auf Holz verlegt werden darf,
- kein Drahtgeflecht (Streckmetall) unter oder auf der Leitung verlegt wird und
- die Leitung stets im Bogen verlegt und nicht geknickt werden darf.

In Kellern und Werkstätten sowie in Garagen werden in den meisten Fällen die Leitungen auf den Wänden montiert. Diese Installationsart heißt **Aufputz-Installation** [*surface wiring*]. Hierbei werden Mantelleitungen (s. Kap.2.3.4) entweder direkt mit Schellen auf den Wänden befestigt oder in Rohre eingezogen, die ihrerseits mit Schellen an den Wänden montiert sind (Abb. 5). Damit ein gefälliges Bild entsteht, sollen die Leitungen waagerecht (horizontal) bzw. senkrecht dazu (vertikal) verlegt werden.

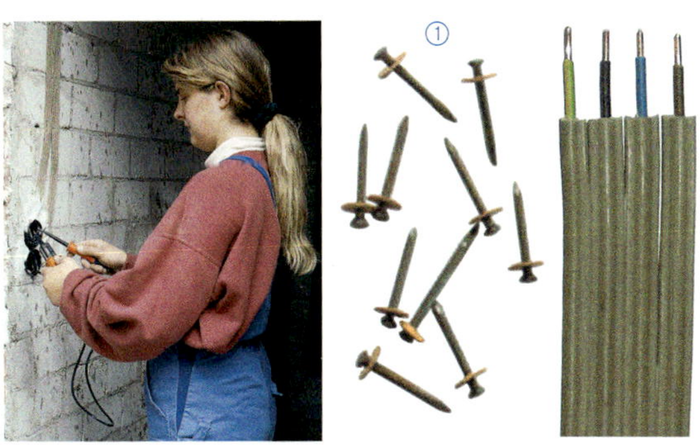

3: Unterputz-Installation

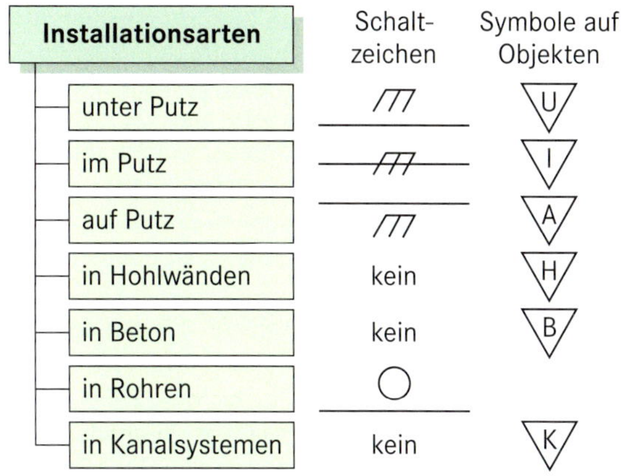

4: Installationsarten

Für die Aufputz-Installation werden folgende Maße empfohlen (Abb. 5):

- Abstand zwischen Objekt und Rohrende: 5 cm ③
- Abstand zwischen 1. Schelle und Rohrende: 10 cm ④
- Abstand zwischen den Schellen: 50 cm ⑤

An den Rohrenden ist ausreichender Platz vorzusehen, damit die Mantelleitungen in weiten Bögen ② geführt werden können.

Oft werden die Begriffe „Installationsart" und „Verlegeart" gleichsinnig verwendet. Sie bezeichnen aber nicht das Gleiche. Unter der **Installationsart** [*kind of installation*] werden die Begriffe Aufputz-, Unterputz-, Imputz-Installation usw. verstanden (Abb. 4), während die **Verlegearten** [*methods of wiring*] die Verlegung der Leitungen genauer festlegen, z.B. „Ein- oder mehradrige Kabel oder Mantelleitungen in Installationsrohren auf Wänden" (s. Kap.2.3.5.3). Die Bezeichnungen sind mit den entsprechenden Ausführungshinweisen nach DIN VDE 0100-520 (Tabelle 52H) genormt. Dort sind über 50 verschiedene Möglichkeiten genannt.

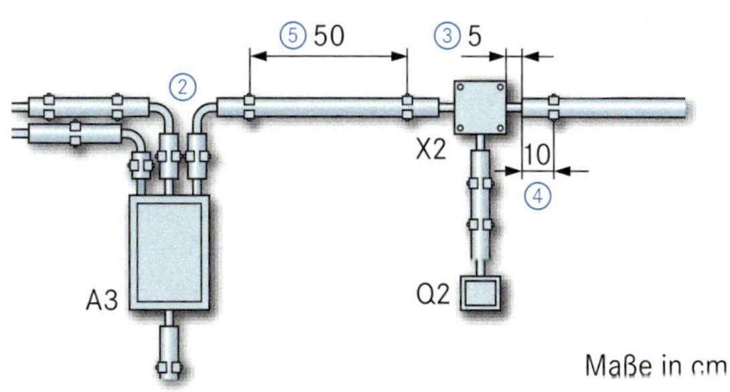

5: Maße einer Aufputz-Installation

- Eine Stegleitung darf nicht auf Holz oder Streckmetall installiert werden und muss mit mindestens 4 mm Putz bedeckt sein.
- Bei der Aufputz-Installation werden Mantelleitungen mit Schellen direkt auf die Wände installiert oder in Rohre eingezogen.

Bei der **Hohlwand-Installation** [*installation in hollow wall*], z. B. in einer Rahmenkonstruktion aus Holz oder Metall, die mit Gipskarton oder ähnlichem Material abgedeckt ist, dürfen nur Geräte- bzw. Verbindungsdosen nach DIN VDE 0606 verwendet werden (Abb. 1). Bei der Installation ist Folgendes zu beachten:

- Der Durchmesser des Dosenbohrers muss mit dem Durchmesser der Hohlwanddose exakt übereinstimmen.
- Zur Befestigung der Steckdosen und Schalter dürfen keine Krallen, sondern nur Schrauben verwendet werden.
- Die Leitungen müssen an den Dosen zugentlastet sein, d. h. die Leitungen werden an den Doseneinlässen festgeklemmt.
- Es dürfen keine Stegleitungen verlegt werden.

1: Hohlwanddosen

Bei der **Beton-Installation** [*concrete installation*] werden die Leitungen in Decken bzw. Wänden aus Beton verlegt. Dazu werden Rohre mit Zugdrähten in der Schalung verlegt, die anschließend mit Beton vergossen werden. Durch spezielle Gerätedosen und Verbindungselemente lassen sich Schalter, Steckdosen, Verteiler und Leitungsauslässe bereits vor dem Vergießen mit Beton in der Schalung installieren (Abb. 2). Diese Methode erfordert sehr exaktes Arbeiten, da die Lage der Dosen und Rohrverbindungen später nicht mehr korrigiert werden kann. Außerdem darf der Beton während des Gießens nicht durch undichte Stellen in die Gerätedosen eindringen. Als Rohrverbindungen in Stampf- oder Schüttbeton sind Elektroinstallationsrohre der Bauart „AS“ (für schwere Druckbeanspruchung) zu verwenden.

2: Installation in Beton (Schalungsquerschnitt)

Bei einer **Rohr-Installation** [*conduit installation*] werden zunächst Installationsrohre in gefräste Schlitze verlegt. Nach dem Verputzen werden dann einadrige bzw. mehradrige Leitungen (H07V-U) oder Mantelleitungen (NYM) eingezogen. Das Einziehen der Leitungen wird erleichtert, wenn die Rohre vorher mit Zugdrähten versehen werden und die Biegungen der Rohre weiträumig sind. Somit lassen sich nachträglich zusätzliche Leitungen einziehen. Diese Installationsart wird häufig bei Antennenleitungen (Abb. 3) oder Leitungen für die Telekommunikation angewendet.

3: Rohr-Installation

In Bürogebäuden hat sich die **Kanalsystem-Installation** [*installation in cable throughs*] sehr bewährt. Dabei wird das Kanalsystem (Abb. 4) direkt auf der Rohdecke befestigt. Später lassen sich durch die Kanäle die erforderlichen Leitungen ziehen. In den Bodendosen befinden sich die Betriebsmittel (z. B. Steckdosen usw.). Bei der Installation ist zu beachten, dass die Zug- und Bodendosen des Kanalsystems mit einem Nivellierinstrument in der Höhe so ausgerichtet werden, dass die Deckel mit dem späteren Fußboden abschließen.

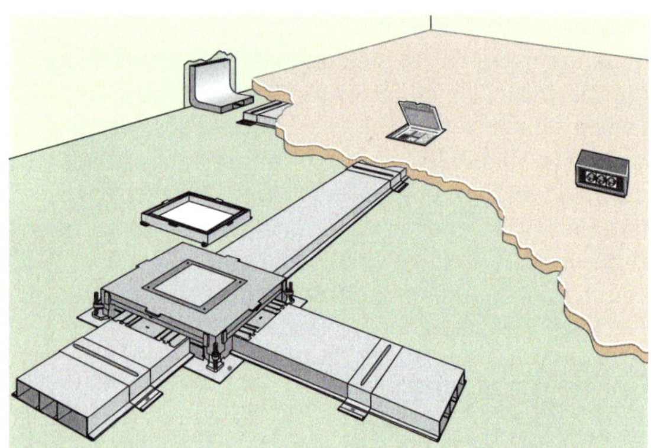

4: Kanalsystem im Fußboden

- Bei Installationen in Hohlwänden dürfen keine Stegleitungen verwendet werden. Die Leitungen müssen an den Dosen zugentlastet sein.
- Bei allen Installationsarten dürfen nur die dafür zugelassenen Dosen verwendet werden.

Bei Unterputz- und Imputz-Installationen sind die Leitungen nach dem Verputzen nicht mehr zu sehen. Damit die Leitungen beim späteren Befestigen von Bildern o.ä. nicht beschädigt werden, dürfen sie nur in bestimmten Bereichen verlegt werden. Diese **Installationszonen** [*installation zones*] (Abb. 5) verlaufen nach DIN 18015-3 an den Wänden horizontal oder vertikal zu den Objekten. An Decken und Fußböden sind keine Leitungsführungen vorgeschrieben. Auch hier ist es sinnvoll, die Leitungen rechtwinklig von den Wänden zu den Objekten zu installieren. Die genannten Zonen gelten in Wohn- und Geschäftsräumen.

In Küchen werden einige Steckdosen in 115 cm Höhe - also über den Arbeitsflächen - angebracht. Andere Steckdosen, z.B. für Kühlschrank, Mikrowellengerät, liegen hinter den betreffenden Objekten. Ihre Lage wird durch die Aufstellungspläne der Küchenmöbel festgelegt.

Hinweise zur Installation

- Die Maße in Abb. 5 gelten ab der Oberkante des fertigen Fußbodens (OKFF). Da in Rohbauten der Fußboden noch nicht fertig ist, wird als Anhaltspunkt der „Meterriss" verwendet. Er gibt die Höhe von 1 m über OKFF an.
- Schalterdosen müssen so gesetzt werden, dass die Krallen der später zu montierenden Steckdosen die Leitungen nicht beschädigen.
- An Schornsteinen sollten möglichst keine Leitungen verlegt werden, weil sie sonst einer erhöhten Umgebungstemperatur ausgesetzt sind und weil die Schlitze der Unterputz-Leitungen das Mauerwerk des Schornsteins verringern.

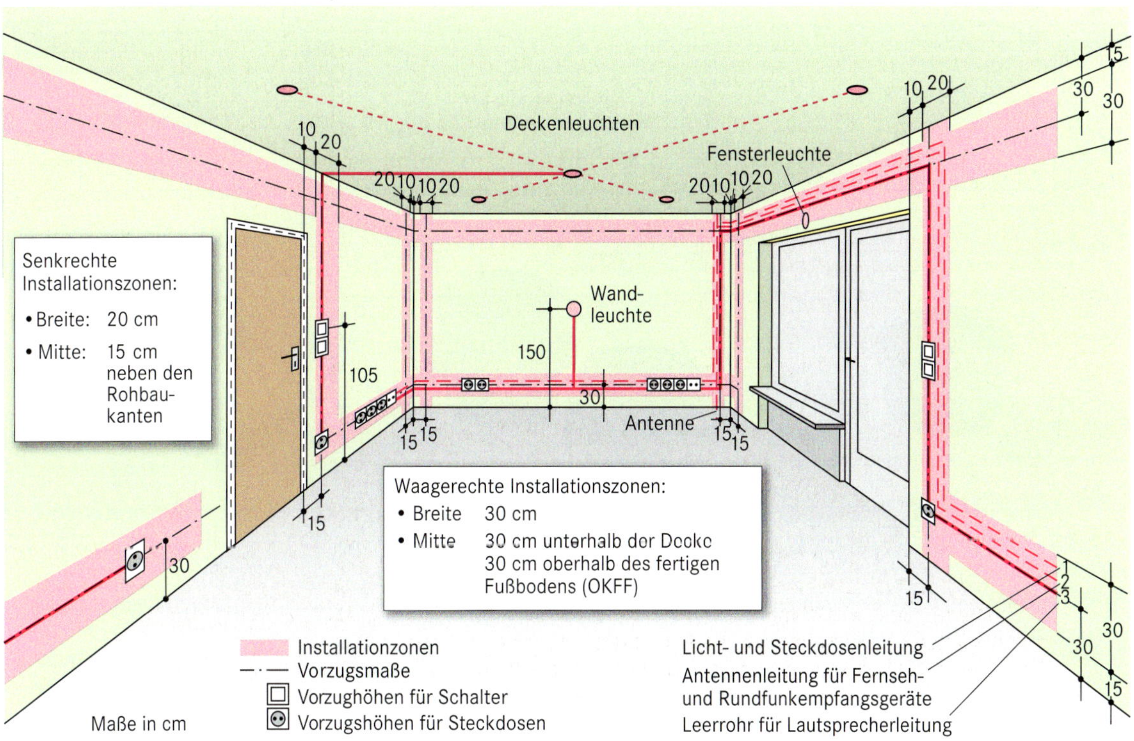

5: Installationszonen in Wohnräumen

- Schalter werden an der Türgriffseite in einer Höhe von 105 cm (Mitte oberer Schalter) installiert.
- Die Steckdosen sind in der unteren waagerechten Installationszone in 30 cm Höhe anzuordnen, außer in Küchen.
- Bei der Unterputz-Installation müssen die Installationszone eingehalten werden.

Aufgaben

1. Geben Sie die Vor- und Nachteile der Unterputz-Installation an.
2. Worauf müssen Sie beim Installieren von Stegleitungen achten? Nennen Sie vier Punkte. Begründen Sie Ihre Antwort.
3. Welchen Vorteil haben Verlegungen in Rohren und im Kanal?
4. Warum müssen Installationszonen eingehalten werden?

2.1.3 Installationsformen [*kinds of installations*]

Die Verbindungen zwischen den Objekten in der Garage des Ehepaars Carsten können auf unterschiedliche Arten hergestellt werden. Der Kunde und der Elektroniker müssen daher die Vor- und Nachteile erörtern und dann festlegen wie zu verfahren ist. Die Übersicht in Abb. 1 zeigt neben Beispielen aus der Wohnungsinstallation auch die Eigenarten der Installationsformen.

Herr Carsten entscheidet sich für die Installationsform mit Verbindungsdosen, und zwar mit folgenden Begründungen:

- Wenn später Veränderungen an den Schaltungen vorgenommen werden müssen, können die Deckel der Abzweigdosen ohne Probleme geöffnet werden.
- Bei der gewählten Installationsform mit Verbindungsdosen sind spätere Erweiterungen möglich, da die Abzweigdosen ausreichend Platz bieten.
- Das Verfahren mit einem Verteilerkasten wäre wegen der längeren Leitungen teurer als die beiden anderen Formen.

Installationsformen

mit Verbindungsdosen

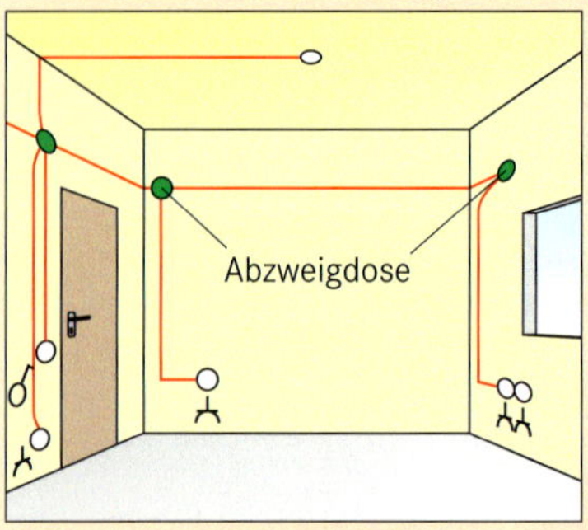

- Die **Abzweigdosen** (Verbindungsdosen) befinden sich in der oberen Installationsdose der Wände in den Kreuzungspunkten der Leitungen.
- Bei Wartungs- bzw. Prüfarbeiten muss häufig die Tapete beschädigt werden, um den Dosendeckel zu entfernen.
- Bei der Wohnungsinstallation wird meistens diese Installationsform verwendet.

mit Geräte-Verbindungsdosen

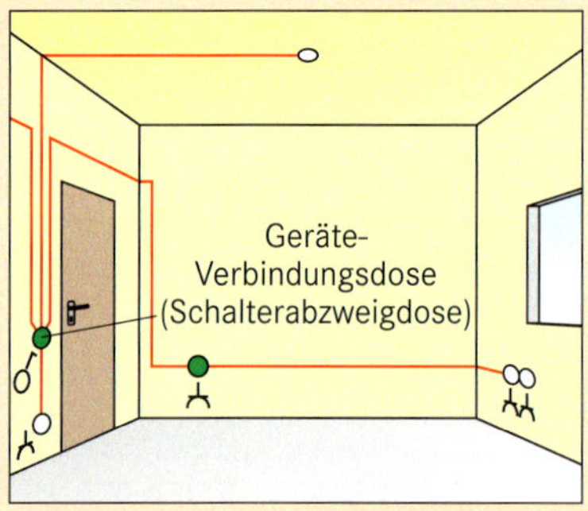

- Die Verbindung der Leitungen erfolgt in den **Geräte-Verbindungsdosen**. Diese Dosen besitzen zusätzlichen Platz für die Unterbringung der Verbindungsklemmen.
- Bei der Leitungseinführung in die Dose ist aus Platzgründen sorgfältig und platzsparend zu arbeiten.
- Bei späteren Wartungsarbeiten sind die Verbindungsklemmen durch Herausnehmen der Geräte leicht zugänglich. Tapeten werden nicht beschädigt.

mit zentralen Verteilerkästen

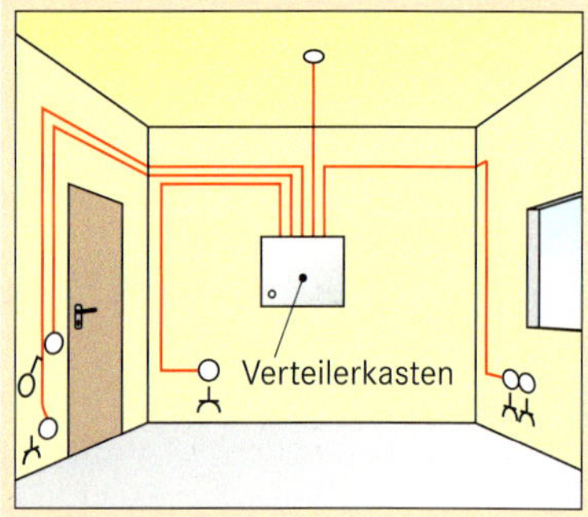

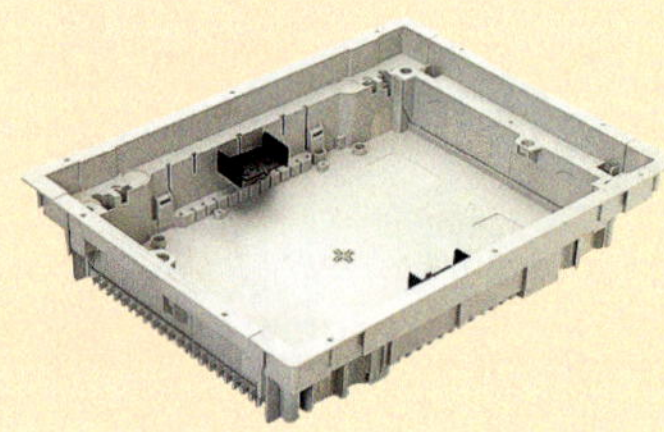

- Alle Leitungen werden sternförmig in einen zentralen Verteilerkasten verlegt.
- Durch Raumänderungen (z.B. Zwischenwände) sind Veränderungen in den Schaltungen problemlos möglich. Diese Installationsform bietet sich bei Verwaltungsgebäuden, Krankenhäusern und ähnlichen Gebäuden an.
- Nachteilig sind die längeren Leitungswege.

1: Installationsformen

- Es gibt Installationsformen mit Abzweigdosen, Geräte-Verbindungsdosen und Verteilerkasten.
- Bei Installation mit Verteilerkasten werden längere Leitungen benötigt.
- Bei der Verwendung von Abzweigdosen sind bei tapezierten Wänden Schaltungsänderungen problematisch.

2.2 Analyse der Hausverteilung

Bevor der Elektroniker sich mit der Planung der Installation beschäftigen kann, muss zuerst die vorhandene Anlage analysiert werden.

Die elektrische Anlage des Hauses ist ein System mit vielen Geräten, Leitungen, Schaltern u.ä. Die Hauptaufgabe ist, die gelieferte **Energie an verschiedenen Stellen zur Verfügung** zu stellen. Dabei ergeben sich Teilaufgaben. In Abb. 2 sind wesentliche Aufgaben aufgeführt. Hinzu kommen noch die Versorgungen mit Informations- und Kommunikationsmedien, z.B. TV, Telefon.

In Abb. 3 sind entsprechende Objekte aufgeführt, die bestimmte Teilaufgaben erfüllen.

In den folgenden Kapiteln werden diese Objekte besprochen und auf die betreffenden Vorschriften eingegangen.

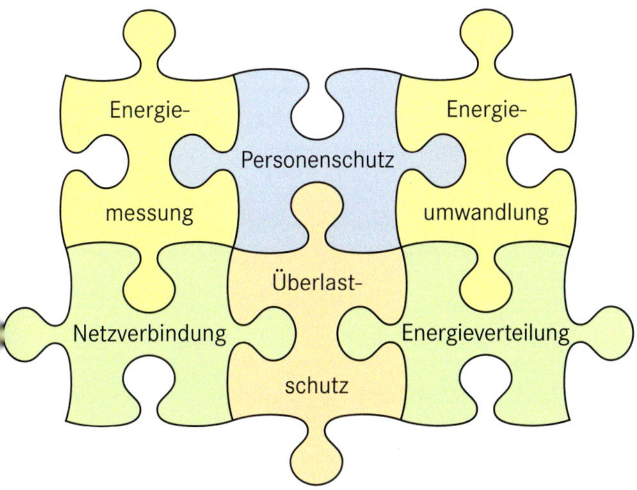

2: Hauptaufgaben einer Hausanlage

Aufgabe

1. Nennen Sie die zugehörigen Objekte für die Aufgaben folgender Systeme der Hausverteilung:
- Verteilen der Energie
- Messen der Energie
- Schutz gegen Überlast

- Die Hausverteilung hat die Aufgabe elektrische Energie sicher zu verteilen und die gelieferte Energie zu messen.
- Die einzelnen Objekte einer Hausverteilung übernehmen gleiche oder unterschiedliche Teilaufgaben.

2.2.1 Hausanschlusskasten

In diesem Kasten befindet sich der Übergabepunkt des **Verteilernetzbetreibers (VNB)** [***distribution system operator***] für die Anlage des Kunden. Deshalb muss eine Trennvorrichtung vorhanden sein. Damit das vorgeschaltete Netz nicht durch Fehler in der Kundenanlage beeinträchtigt wird, befinden sich dort auch Schutzorgane gegen zu hohe Stromstärken.

Diese Aufgaben werden durch Niederspannungs-Hochleistungs-(NH-) Sicherungen wahrgenommen (Abb. 1, nächste Seite). Diese Schutzorgane lösen bei Kurzschlüssen und bei Überlast selbsttätig aus.

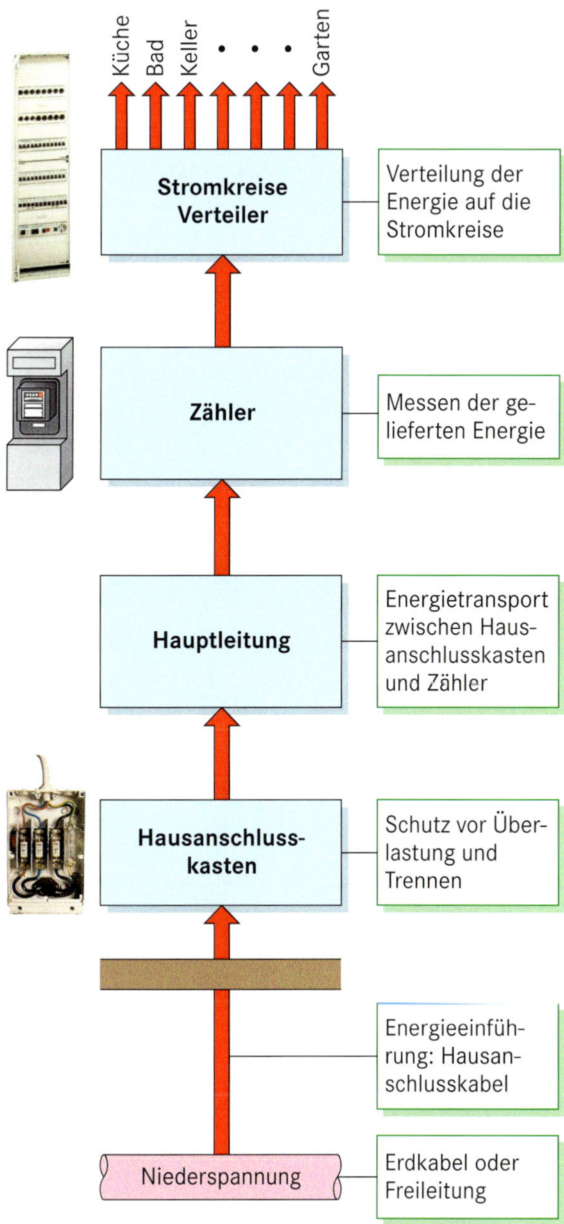

3: Gliederung einer Hausverteilung

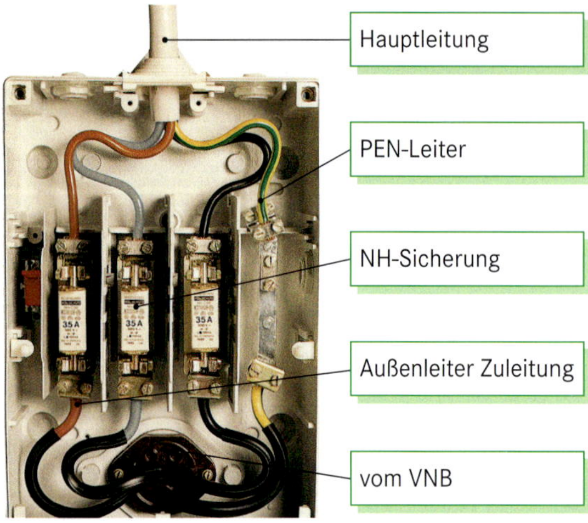

1: Hausanschlusskasten (HAK)

Eine manuelle Trennung muss auch vorgenommen werden können, wenn vom Netz Energie entnommen wird. Dieser Vorgang wird mit „Trennen unter Last“ bezeichnet. Durch große Stromstärken können schmelzende Metallteile als Funken versprühen. Außerdem besteht die Gefahr der Berührung spannungführender Teile. Aus diesem Grund darf das „Ziehen“ der NH-Sicherung nur mit der entsprechenden Schutzeinrichtung vorgenommen werden (Abb. 3).

Wegen einer möglichen Gefährdung durch Stromschlag und zur Verhinderung von „Stromdiebstahl“ haben nur berechtigte Personen (Mitarbeiter des Verteilungsnetzbetreibers und beim VNB zugelassener Betriebe) Zugang zu dem **H**aus**a**nschluss**k**asten (**HAK**). Sie sind deshalb verplombt. Eine Beschädigung der Plomben ist unverzüglich dem betreffenden VNB zu melden.

3: Ziehen einer NH-Sicherung

In Abb. 2 befindet sich der HAK im **Hausanschlussraum** [*service entrance room*], in dem alle zur Versorgung notwendigen Anschlüsse zentral untergebracht sind.

Ein solcher Raum ist bei Wohngebäuden mit mehr als zwei Wohnungen vorgeschrieben. Diese und andere rechtlich verbindliche Grundlagen für die VNB und die installierenden Betriebe finden sich in den **T**echnischen **A**nschluss**b**edingungen (**TAB**) der einzelnen Energieversorgungsunternehmen.

- Der Hausanschlusskasten stellt die Verbindungsstelle zwischen der VNB- und der Kundenanlage her.
- Die NH-Sicherungen im HAK schützen die VNB-Anlage gegen zu hohe Belastungen aus der Kundenanlage. Sie sind außerdem die Trennstelle zwischen den Anlagen.

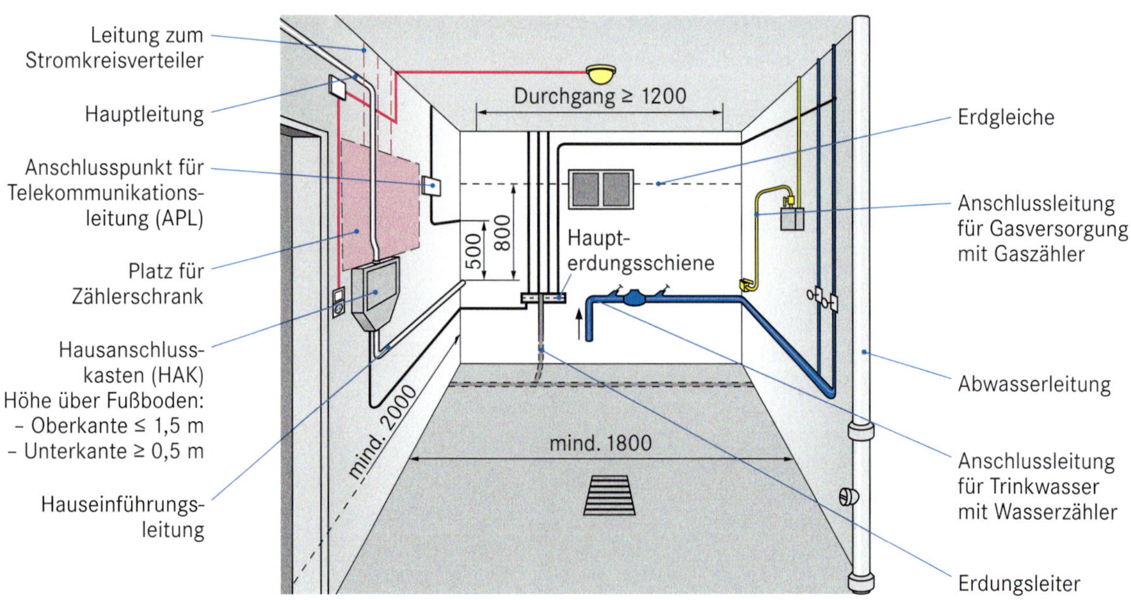

2: Hausanschlussraum

Spannungen am HAK

Die Einspeisung der Energie erfolgt üblicherweise über die vier Leiter des Drehstromnetzes. Es sind drei Spannung führende Leiter L 1, L2 und L3 (**Außenleiter**) [*phase conductor*] und der PEN-Leiter vorhanden. Der PEN-Leiter vereinigt zwei Funktionen, nämlich die des Schutzleiters **PE** [*Protective Earth conductor*] und des Neutralleiters **N** [*neutral conductor*]. Hierauf wird in Kapitel 2.3.7 eingegangen.

Es stehen zwei unterschiedliche Spannungen zur Verfügung.

- Spannung zwischen zwei Außenleitern (**Leiterspannung** $\boldsymbol{U_L}$ = 400 V), z. B. U_{12}.
- Spannung zwischen einem Außenleiter und dem Neutralleiter (**Strangspannung** $\boldsymbol{U_S}$ = 230 V), z. B. U_{1N}. Die Erklärung hierzu befindet sich auf der nächsten Seite.

Abb. 4 zeigt die Durchführung von Spannungsmessungen am HAK in einem Schaltplan und in einer gegenständlichen Darstellung.

Das Entstehen der unterschiedlichen Spannungen zeigt die Erläuterung auf der folgenden Seite. Die Unterschiede haben ihre Ursache in der Phasenverschiebung zwischen den Spannungen (s. nächste Seite).

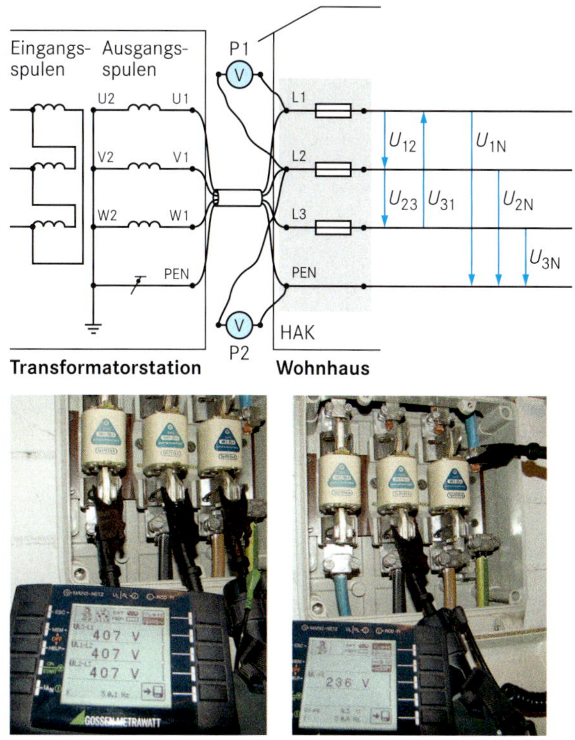

Leiterspannungen U_{12} U_{23} U_{31}

Strangspannung U_{2N}

4: Spannungsmessungen im HAK

Welcher Leiterquerschnitt zu verlegen ist, hängt von der Absicherung der Hauptleitung ab. Die betreffenden Mindestwerte sind nach DIN 18015-1 (Abb. 5) festgelegt.

Hauptleitung

Die **Hauptleitung** [main power cable] verbindet den Hausanschlusskasten mit der Zähleinrichtung.

Auf allen Leitungen entstehen Verluste, so dass am Leitungsende weniger Spannung vorhanden ist als am Anfang (s. Kap. 2.3.5.2). Dieser Unterschied (Fachwort: Spannungsfall) darf nach TAB der VNB für Hauptleitungen bei einem Anschlusswert bis 100 kVA maximal 0,5 % der Bemessungsspannung U_n sein. Für die Netze mit 400 V sind das 2 V.

Welche **Leitungsart** verlegt wird, hängt von der örtlichen Gegebenheiten und dem benötigten Querschnitt und damit von der maximalen Strombelastung ab.

Hauptleitungen dürfen in Schächten nicht mit anderen Versorgungsleitungen geführt werden.

Warmwasser	Einfamilienhaus	Zwei Wohnungen	Drei Wohnungen
mit	I_n = 63 A	I_n = 80 A	I_n = 100 A
	q_n = 16 mm^2	q_n = 25 mm^2	q_n = 35 mm^2
ohne	I_n = 63 A	I_n = 63 A	I_n = 63 A
	q_n = 16 mm^2	q_n = 25 mm^2	q_n = 35 mm^2

5: Absicherung und Querschnitte von Hauptleitungen

Aufgaben

1. Listen Sie die Funktionen des Hausanschlusskastens auf.
2. Welche Spannung wird zwischen L2 und L3 gemessen?
3. Welche Spannung wird zwischen L1 und N gemessen?

- Die Spannung zwischen zwei Außenleitern beträgt jeweils 400 V.
- Die Spannung zwischen einem Außenleiter und dem Neutralleiter beträgt jeweils 230 V.
- Die Hauptleitung verbindet den HAK mit der Zähleinrichtung.

Drei-Phasen-Wechselspannung

Die Energieversorgungsnetze sind üblicherweise als Drehstromnetze aufgebaut. Um einen europa- und weltweiten Austausch von Energie und Geräten zu ermöglichen, sind Spannungen, Frequenzen und deren Toleranzen genormt.

Die folgende Abbildung zeigt den prinzipiellen Aufbau eines **Drehstromgenerators** [*three phase generator*].

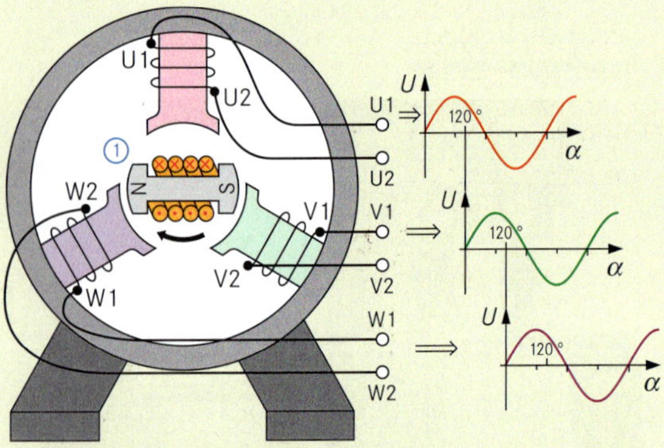

Im Generator sind die drei Wicklungen U, V, W um 120° versetzt angeordnet. Durch Stromfluss wird im Läufer ① ein Magnetfeld erzeugt. Wird der Läufer gedreht, werden drei sinusförmige Spannungen gleicher Größe und Frequenz erzeugt. Diese Spannungen entstehen nacheinander. Sie sind um 120° „phasenverschoben".

Verkettung

Diese sechs Spulenanschlüsse werden so verbunden, dass die Übertragung der Energie durch drei oder vier Leiter erfolgen kann. Die drei Spannungen sind miteinander **verkettet** [*interlinked*]. Die Abbildung zeigt die Verkettung auf vier Leitern, man spricht dann von einer **Sternschaltung** [*star connection*]. Die Spulenenden sind im Sternpunkt ② zusammengeschaltet und bilden den Neutralleiter (N-Leiter). Das ist ohne die Gefahr eines Kurzschlusses möglich, da die drei Spulen voneinander unabhängige Spannungsquellen sind. Zwischen den Anschlüssen U2 und V2 besteht keine Spannung, und somit kann auch kein Strom fließen. Dieses Vierleiternetz wird im HAK zur Verfügung gestellt.

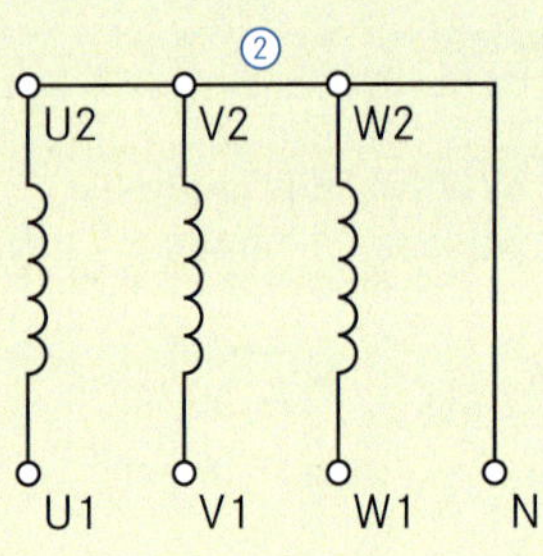

Durch die besondere Verschaltung stehen dem Anwender zwei Spannungen zur Verfügung:

- 230 V (die Spannung einer Spule) und
- 400 V (die Spannung zweier Spulen in Reihe)

Entstehung der Leiterspannung

Wie die Spannung 400 V aus der Reihenschaltung zweier 230 V-Spulen entsteht, lässt sich aus dem Liniendiagramm der Strangspannungen erklären: Bildet man die Differenzen der Augenblickswerte der Spannungen U_1 und U_2, so erhält man die Spannung U_{12}.Teilt man den Effektivwert der Leiterspannung U_{12} durch die Strangspannung U_{1N}, so erhält man den Verkettungsfaktor, der das Verhältnis von Leiterspannung zur Strangspannung bestimmt.

$$\frac{400\ \text{V}}{230\ \text{V}} = 1{,}74$$

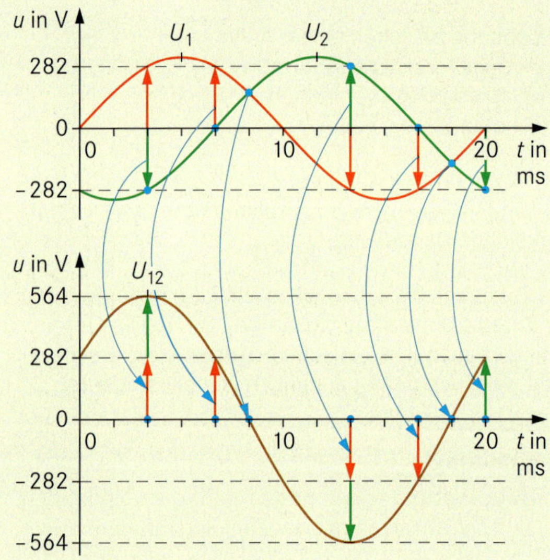

Eine andere Erklärung kann über das Zeigerdiagramm gefunden werden. So wie die Richtung bei der Addition und Subtraktion mechanischer Kräfte beachtet werden muss, ist das auch bei Spannungen unterschiedlichetr Phasenlage notwendig. Die unten stehende Abbildung stellt die Spannungen als Zeiger dar.

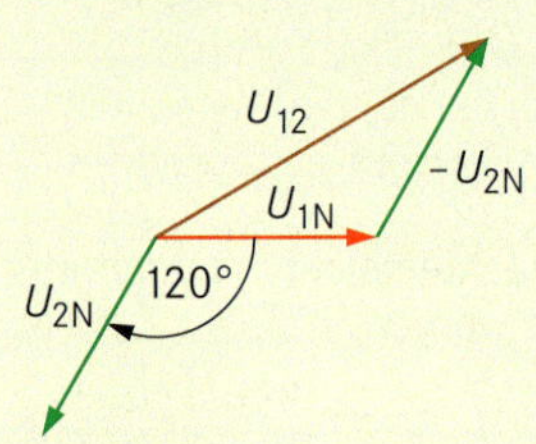

U_{1N} und U_{2N} sind die 230 V Strangspannungen. Die Spulen sind in Sternschaltung verkettet, die Länge der Zeiger entsprechen den Effektivwerten. U_{12} ist die Leiterspannung. Der Winkel zwischen U_{1N} und U_{2N} entspricht der Phasenverschiebung von 120°. Um die Spannungen zwischen zwei Außenleitern berechnen zu können, muss die Differenz der zugehörigen Strangspannungen gebildet werden.

$$U_{12} = U_{1N} - U_{2N}$$

Die Länge des Zeigers kann auch mit Hilfe der Winkelfunktionen bestimmt werden.

2.2.2 Zähler

Die von den VNB gelieferte elektrische Energie muss natürlich bezahlt werden. Die Erfassung dieser Energie erfolgt über ein Zählwerk, das über ein Sichtfenster abgelesen werden kann (Abb. 1).

1: Mechanischer Zähler

Prinzipielle Funktion
Zwei Spulen (Spannungs- und Stromspule) versetzen die Zählerscheibe ② in Drehung (s. Kap. 1.1.11). Sie ist Teil des sichtbaren Antriebs des Zählwerks. Die Drehzahl ist abhängig von der dem Netz entnommenen Energie. Je mehr Energie angefordert wird, desto schneller dreht sich die Zählerscheibe.

Das **Zählwerk** ① registriert die abgenommene Energie in kWh. Die **Fabriknummer** ③ ist eine Herstellerangabe. Sie wird zur Identifizierung des Zählers benötigt. Die **Bemessungsfrequenz** ④ gibt an, für welche Frequenz der Zähler hergestellt wurde. Mit der **Zählerkonstanten** ⑥ wird ausgedrückt, wie viel Mal sich die Scheibe dreht, wenn die Arbeit W = 1 kWh gemessen wird (s. Kap. 1.12).

$$c_z = \frac{n}{W}$$

n: Anzahl der Umdrehungen

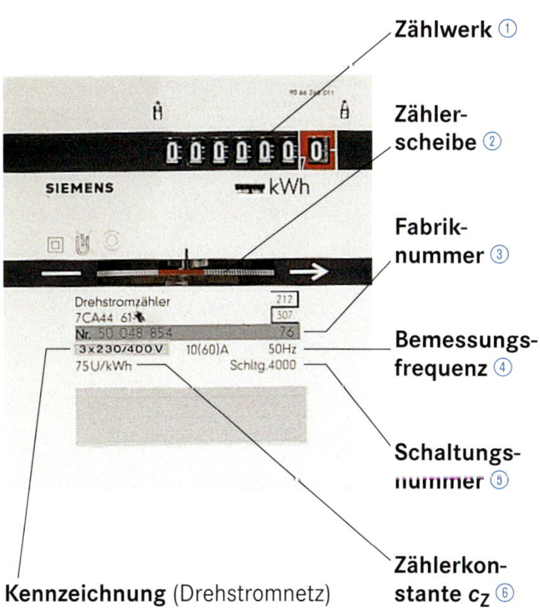

2: Sichtfenster eines Drehstromzählers

Da der Buchstabe W zweifach verwendet wird, ist Folgendes wichtig:

W (kursiv geschrieben): **Formelzeichen** für Arbeit.
W (gerade geschrieben): **Einheitenzeichen** für Watt.

Die Schaltungsnummer ⑤ gibt die Verwendung des Zählers an. Die Bedeutungen der Ziffern ist in Abb. 4 aufgeführt.

Neben den mechanischen Zählern werden auch elektronische Zähler (Abb. 3) eingesetzt. Bei diesen können auch weitere Größen gemessen werden, z. B. durchschnittlicher Verbrauch.

3: Elektronischer Zähler

4 1 0 1

Ziffer	Grundart	Zusatzeinrichtung	Anschluss	Schaltung der Zusatzeinrichtg.
0	–	keine	direkt	kein Anschluss
1	einphasig (L/N)	Zweitarif	Stromwandler	einpoliger innerer Anschluss (Klemme 13, 14)
2	zweiphasig (L1/L2)	Maximum	Strom- und Spannungswandler	äußerer Anschluss (Klemme 13, 15, oder 14, 16)
3	dreiphasig (L1/L2/L3)	Zweitarif u. Maximum	–	Maximalauslöser in Öffnerschaltung
4	dreiphasig (L1/L2/L3/N)	Maximum mit elektr. Rückstellung	–	Maximalauslöser in Schließerschaltung

4: Schaltungsnummern

Zusätzliche Zählerfunktionen

Viele VNB bieten zu bestimmten Zeiten günstige Tarife an. Um diese korrekt abzurechnen, sind besondere Zähler erforderlich. Ein elektromechanischer Zweitarifzähler besteht aus zwei Zählwerken zum Erfassen der beiden Tarife. Die Umschaltung kann auf zwei Arten erfolgen. Eine Möglichkeit ist das Setzen einer **Tarifschaltuhr** am Zähler, die An- und Abschaltung vornimmt.

Eine andere Möglichkeit ist einen **Rundsteuerempfänger** [*ripple control receiver*] einzusetzen. Hierbei wird die Umschaltung zentral vom VNB gesteuert. Dazu wird ein hochfrequentes Steuersignal in die Außenleiter eingespeist und der Rundsteuerempfänger nimmt dann die Tarifumschaltung vor.

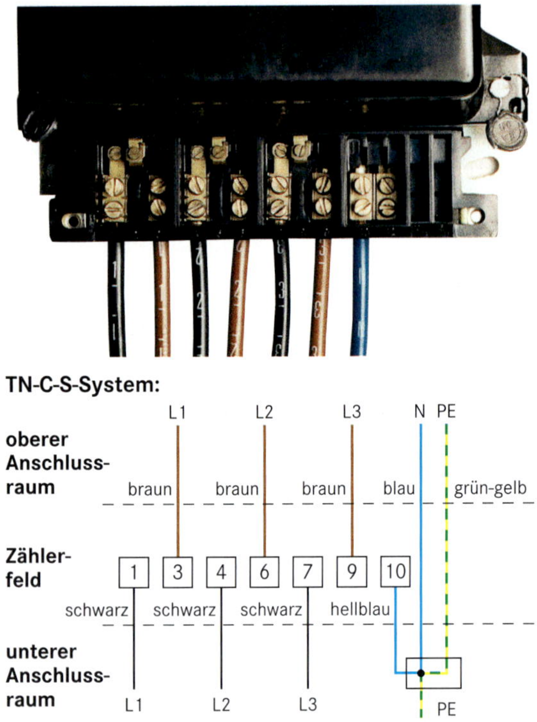

1: Verdrahtung eines Drehstromzählers

Aufgaben

1. Ein Zähler mit der Zählerkonstanten 180 1/kWh dreht sich in fünf Minuten 40 Mal. Berechnen Sie die Leistung der angeschlossenen Geräte.
2. Notieren Sie die Schaltungsnummer eines direkt angeschlossenen Wechselstromzählers ohne Zusatzeinrichtung.
3. Ein Zähler hat die Schaltungsnummer 4223. Geben Sie an, um welchen Zähler es sich handelt und welche Zusatzeinrichtung vorhanden ist.
4. Berechnen Sie für drei Anbieter (z. B. mit Hilfe des Internet) paarweise den jeweiligen Grenzverbrauch.

- Zähler registrieren die von dem VNB gelieferte elektrische Energie.
- Die Zählerkonstante gibt die Umdrehung der Zählerscheibe pro Kilowattstunde an.
- Aus der Schaltungsnummer kann der Aufbau und Anschluss eines Zählers abgeleitet werden.
- Mit Zweitarifzählern können unterschiedliche Tarife abgerechnet werden.

Stromtarife

Der Kunde kann für seine Bedürfnisse bei verschiedenen Anbietern elektrischer Energie den günstigsten Tarif wählen.

Grundsätzlich berechnen die Anbieter elektrischer Energie den

- **Grundpreis**
  als Kosten für die prinzipielle Bereitstellung und
- **Verbrauchspreis**
  als Kosten für die abgenommene Energie.

Bei Geschäftskunden werden auch Tarife angeboten, die einen geringen Verbrauch in Spitzenzeiten belohnen bzw. einen hohen Verbrauch besonders hoch berechnen.

Beispiel:
Ab welchem Energiebedarf pro Monat lohnt es sich, den Tarif mit der höheren Grundgebühr zu wählen?

	Arbeitspreis pro kWh	Grundpreis pro Monat
Anbieter 1	0,159 €	5,90 €
Anbieter 2	0,1719 €	4,59 €

Ansatz:
Der **Grenzverbrauch** (W_G) ist die elektrische Arbeit W, bei dem beide Tarife die gleichen Kosten verursachen. Ist der Verbrauch größer, so ist der Tarif mit der höheren Grundgebühr preiswerter.

Kosten: Grundpreis + Verbrauch · Arbeitspreis

Kosten 1: 5,90 € + Verbrauch · 0,1590 €/kWh
Kosten 2: 4,59 € + Verbrauch · 0,1719 €/kWh

Für den Grenzverbrauch gilt:
Kosten 1 = Kosten 2

5,90 € + Verbrauch · 0,1590 €/kWh =
4,59 € + Verbrauch · 0,1719 €/kWh

$$\text{Grenzverbrauch} = \frac{\text{Differenz der Grundpreise}}{\text{Differenz der Arbeitspreise}}$$

$$\text{Grenzverbrauch} = \frac{(5{,}90 - 4{,}59)\,€}{(0{,}1719 - 0{,}1590)\,€/\text{kWh}}$$

<u>Grenzverbrauch = 101,5 kWh</u>

Bei einer Energieabnahme von mehr als 101,5 kWh im Monat lohnt sich der Tarif mit der höheren Grundgebühr.

2.2.3 Verteilung

Im Wohnhaus oder in einer Wohnung werden die Stromkreise von einer Stelle aus verteilt. Dort befindet sich der **Stromkreisverteiler** [*sub-circuit distribution board*] (Abb. 2). Mit Hilfe entsprechender Leitungen wird die elektrische Energie zu den einzelnen Objekten transportiert. Liegen die zu versorgenden Bereiche weit auseinander oder sind sie funktionell voneinander getrennt, werden mehrere Stromkreisverteiler eingesetzt.

In den Verteilern sind auch die Schutzeinrichtungen untergebracht. Sie schützen die Anlage vor zu hoher Belastung und den Menschen gegen elektrischen Schlag. Die dazu erforderlichen Objekte werden in den Kapiteln 2.3.6 und 2.3.7 behandelt.

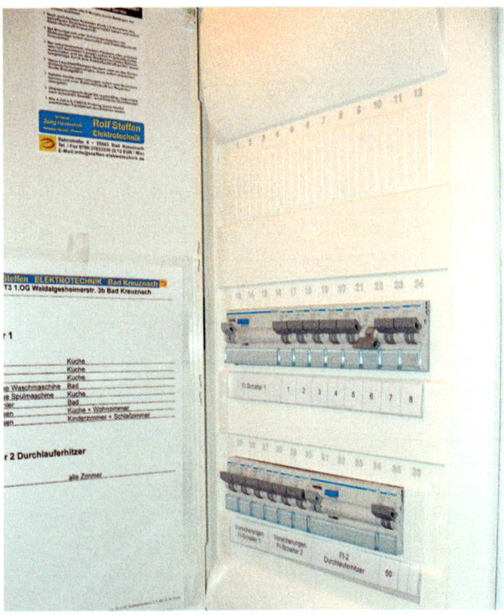

2: Stromkreisverteiler

Wichtigste Festlegung bei der Planung eines Stromkreisverteilers ist die Anzahl der zu installierenden Stromkreise. Eine ausreichende Anzahl erleichtert den Umgang mit der elektrischen Energie. So ist es z. B. vorteilhaft, wenn sich beim Ausfall eines Stromkreises die Versorgung der Lichtanschlüssen und Steckdosen über einen anderen Stromkreis durchführen lässt.

Die **Anzahl der Stromkreise** hängt ab von

- der Zahl der zu installierenden Objekte und deren Leistungen,
- der Größe der Wohneinheit und
- dem gewünschten Ausstattungswert.

Die Hauptberatungsstelle für Elektrizitätsanwendung (HEA) hat drei Ausstattungswerte definiert. Sie werden mit Sternen gekennzeichnet. In Abb. 3 sind die Anzahl der vorgeschlagenen Licht- und Steckdosenstromkreise in Abhängigkeit von der Wohnfläche aufgeführt.

Ausstattungswert	*	**	***
Wohnfläche in m²	Anzahl der Stromkreise		
bis 50	3	4	5
51 - 75	4	5	6
76 - 125	6	7	8
126 und mehr	7	8	9

3: Beleuchtungs- und Steckdosenstromkreise

Unabhängig von den Steckdosen- und Lichtstromkreisen sind nach TAB für Objekte mit Anschlussleistungen ab 2 kW (z. B. Wäschetrockner) eigene Stromkreise wegen separater Abschaltmöglichkeit notwendig. Für Geräte mit einer Anschlussleistung von mehr als 4,6 kW ist ein Drehstromanschluss erforderlich. Dadurch verringert sich die Bemessungsstromstärke.

Installieren von Stromkreisverteilern

Bei Einfamilienhäusern wird der Stromkreisverteiler häufig neben dem **Zählerschrank** [*meter cabinet*] installiert. Das spart Platz und Kosten. Bei Mehrfamilienhäusern muss jeder Wohnung ein Zähler und ein Stromkreisverteiler zugeordnet sein.

Damit die Überstromschutzorgane für die Bewohner gut erreichbar sind, wird der Stromkreisverteiler meist auf dem Flur installiert.

Aufbau und Ausrüstung

Die Größe des Stromkreisverteilers richtet sich nach Anzahl der

- Stromkreise und
- Art der verwendeten Geräte.

Um Erweiterungen zu ermöglichen sind Reserveplätze vorzusehen.

Verteiler sind in Reihen untergliedert. Jede Reihe hat üblicherweise Platz für zwölf Teilungseinheiten (TE) von je 17,5 mm. Die zu montierenden Objekte haben jeweils die Breite einer Teilungseinheit oder Vielfache davon.

- Stromkreisverteiler verteilen die elektrische Energie auf die einzelnen Stromkreise.
- Stromkreisverteiler enthalten auch Objekte zum Schutz gegen elektrischen Schlag und Überstromstärken.
- Die Anzahl der Stromkreise ist abhängig von der Größe und dem Ausstattungswert der Wohnung.
- Objekte mit einer Anschlussleistung von mehr als 2 kW besitzen einen eigenen Stromkreis.

In Abb. 1 ist der **Übersichtsschaltplan** der Verteilung eines Wohnhauses dargestellt. Diese Planart wird einpolig gezeichnet, d. h. jede Linie stellt eine Leitung mit mehreren Adern dar.

Einpoliger **LS-Schalter** als Leitungsschutz für den Leuchten-/Steckdosen-Stromkreis im Kinderzimmer 2. Die Charakteristik B ist für kleine Anlaufstromstärken ausreichend (s. Kap. 2.3.6).

Vierpolige **RCD** als Schutz gegen elektrischen Schlag für alle Wohnräume. RCD schalten allpolig (L1, L2, L3, N) ab (s. Kap. 2.3.7).

Dreipoliger **LS-Schalter** als Leitungsschutz für den Drehstromkreis des Elektroherdes. Die Charakteristik B ist für die Anlaufstromstärken des Herdes ausreichend (s. Kap. 2.3.6).

Leiter werden durch **Schrägstriche** dargestellt. Hier sind drei Außenleiter L1, L2, L3, der Neutralleiter N (/) und der Schutzleiter PE (/) angegeben.

Stromkreisverteiler A2 befindet sich im Flur des Erdgeschosses.

Einpoliger **LS-Schalter** als Leitungsschutz für den Steckdosenstromkreis im Hobbyraum. Die Charakteristik C wurde wegen eventueller hoher Anlaufstromstärken elektrischer Maschinen gewählt (s. Kap. 2.3.6).

Drei **Schmelzsicherungen** als Leitungsschutz für die gesamte Hausinstallation (s. Kap. 2.3.6).

Ein **Drehstromzähler** ist direkt angeschlossen und hat Zusatzgeräte. Im Zählerschrank ist für spätere Nachrüstungen ein Zähler-Leerfeld vorgesehen (s. Kap. 2.2.1).

Drei **SH-Schalter** (selektive Hauptleitungsschutzschalter) als zentraler Überlastschutz und als Trennstelle für die gesamte Kundenanlage. SH-Schalter sind sperr- und plombierbar.

Stromkreisverteiler A1 befindet sich im Hausanschlussraum (s. Kap. 2.2.1).

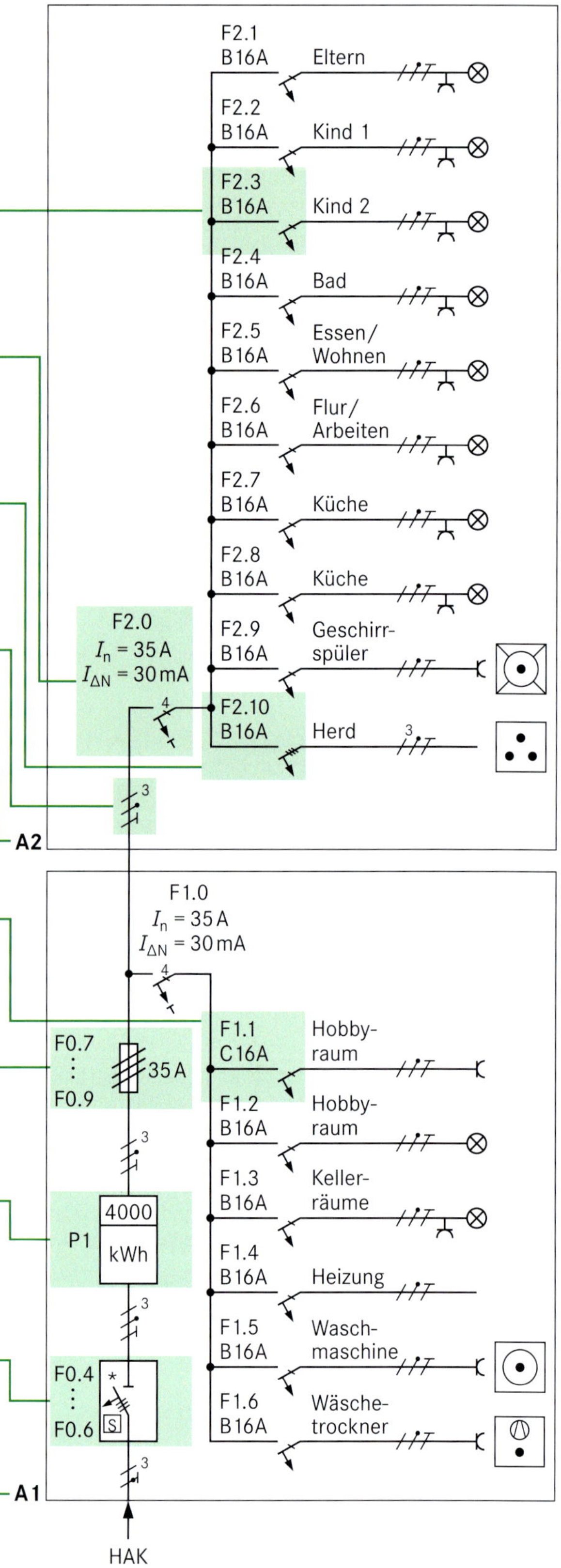

1: Übersichtsschaltplan der Hausverteilung

Aus dem **Übersichtsschaltplan** [*single line diagram*] (Abb. 1) lässt sich der Weg des Stromes nicht deutlich erkennen. Beispielhaft zeigt die Abb. 2 den vollständigen Stromweg für eine Leuchte im Elternschlafzimmer. Es sind alle Leiter dargestellt (**allpolige Darstellung**) [*all-pole representation*]. Somit wird das Verfolgen des Stromweges von der Umspannstation als Spannungsquelle bis zur Leuchte möglich.

- Die **Umspannstation** ① bildet mit dem Transformator die Spannungsquelle des Versorgungsstromkreises.
- Das **Niederspannungsnetz** ② versorgt die Haushalte mit elektrischer Energie.
- Die **NH-Sicherung** ③ im HAK sorgt für die Zuführung und Übergabe der elektrischen Energie.
- Der **Zähler** ④ misst die elektrische Energie. Die Schaltung ist nur für einen Außenleiter dargestellt.
- Die **Vorsicherungen** ⑤ schützen den Zähler vor Überlast und Kurzschluss.
- Die **RCD** (**R**esident **C**urrent protecive **D**evice) ⑥ ist ein **Schutz gegen elektrischen Schlag** (s. Kap. 2.3.7)
- Die **Verteilung** ⑦ sorgt für die Energieverteilung auf einzelne Räume und/oder Objekte.
- Der **Leitungsschutz-Schalter** ⑧ ist eine Schutzmaßnahme gegen Überlast und Kurzschluss.
- Die **Leuchte** ⑨ bildet den Abschluss der Energieversorgung.

Aufgaben

1. Stellen Sie fest, welche Eigenschaften den Ausstattungswerten zugeordnet werden und listen Sie diese auf.
2. Beantworten Sie folgende Fragen zum Übersichtsschaltplan der Verteilung (Abb. 1) und begründen Sie Ihre Antworten.
   a) Welche Leiter werden von F2.0 geschaltet?
   b) Welche Leiter werden von F2.10 geschaltet?
   c) Werden F0.4 ... F0.6 gemeinsam oder einzeln geschaltet?
3. Beschreiben Sie den Stromweg der Schaltung in Abb. 2 für die eingeschaltete Leuchte. Verwenden Sie dazu folgende Form:
   L1 → F0.1 → ... → N → PEN
4. Skizzieren Sie den Stromlaufplan für eine Steckdose im Keller, wobei F1.3 an L3 angeschlossen ist.

- Übersichtsschaltpläne werden einpolig dargestellt.
- Stromlaufpläne werden allpolig dargestellt.

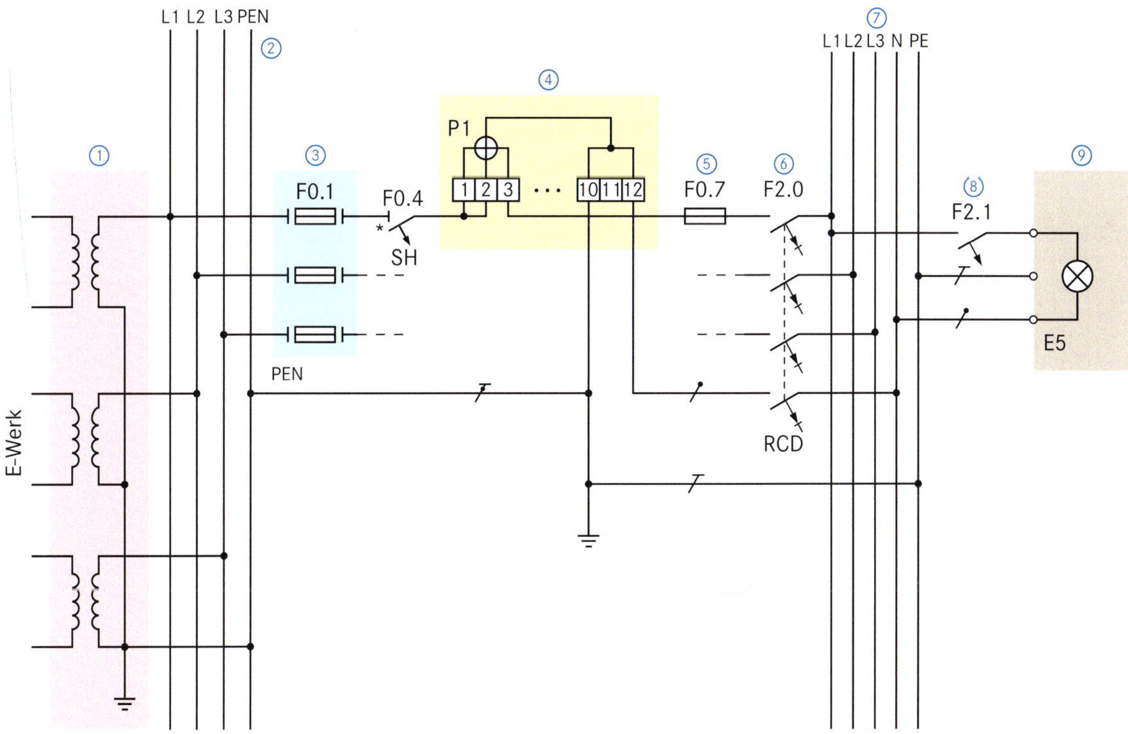

2: Stromlaufplan

Elektrische Installationen planen

2.3 Planung

Der Inhaber der Elektrofirma, Herr Steffen, hat jetzt aufgrund der Wünsche des Kunden und der Analyse der vorhandenen Hausanlage alle notwendigen Informationen zusammengetragen. Somit kann er mit der eigentlichen Planungsphase beginnen.

Zuerst ergänzt er den **Installationsplan** aus Kap. 2.1 um folgende elektrischen Objekte (Abb. 1a):

- Verteilerkasten A3
- Abzweigdosen X7, X8, X9
- Wechselschalter Q1 und Q2 sowie Ausschalter Q3, Q4

Alle Objekte erhalten Kennbuchstaben und laufende Nummern, um eine eindeutige Zuordnungen zu ermöglichen.

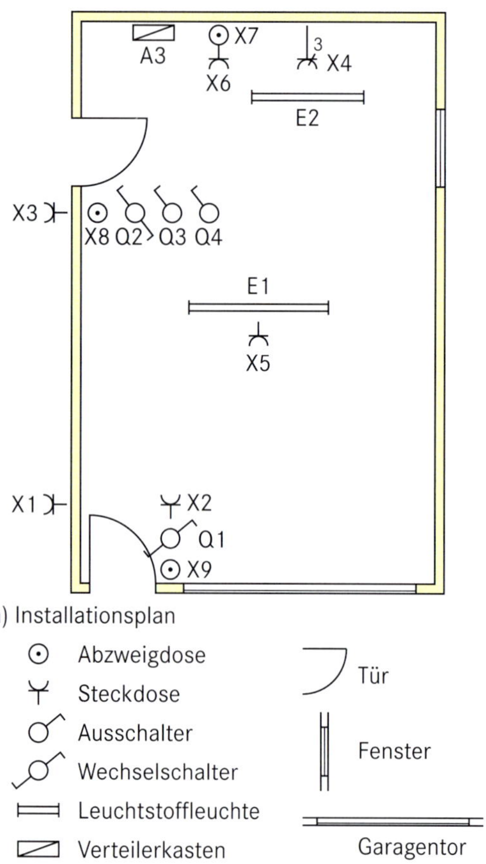

a) Installationsplan

b) Legende

1: Garage mit Arbeitsplatz

Aufgabe

1. Geben Sie die unterschiedlichen Bedeutungen der Ziffer 3 (Abb. 1a) bei den Steckdosen X4 und X6 an.

2.3.1 Stromkreise

Jetzt liegen alle notwendigen elektrischen Objekte und deren Abhängigkeiten von einander fest.

Der Planer geht dann in folgenden Schritten vor:

1. Er legt zuerst die notwendigen Stromkreise fest, indem er die zusammengehörenden Betriebsmittel bündelt.
2. Dann ermittelt er die erforderlichen Leitungen.
3. Er bestimmt die Schutzorgane gegen Überlastungen der Leitungen.
4. Er legt abschließend die Schutzeinrichtungen gegen elektrischen Schlag fest (s. Kap. 2.3.7).

Es sind folgende drei Stromkreise vorgesehen.

Stromkreis 1:

Drehstrom-Steckdose X6 für Maschinen

Stromkreis 2:

Steckdose X 5 für den Garagentor-Antrieb

Stromkreis 3:

Licht und die übrigen Steckdosen

Hierfür wird der **Übersichtsschaltplan** erstellt (Abb. 2). Er zeigt die Gliederung im Verteiler A3, ohne dass Einzelheiten der Verbindung angegeben werden. Der Verteiler ist mit einem Erdkabel (s. Kap. 2.1.1) an die Verteilung A1 (Abb. 2 ①) angeschlossen.

Die eingetragenen Schutzorgane werden in den Kapiteln 2.3.6 behandelt. Dort wird auch auf die Auslösestromstärken und die Charakteristiken eingegangen.

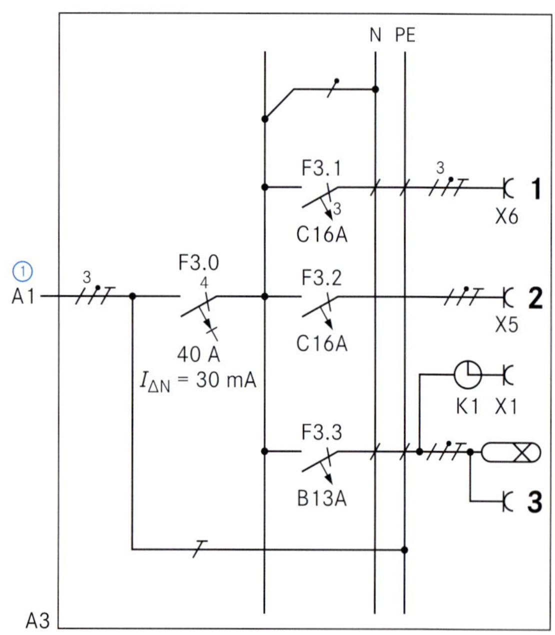

2: Übersichtsschaltplan der Unterverteilung A3

2.3.2 Installations-Schaltungen

Herr Carsten wünscht in der Garage die Installation mehrerer Leuchten. Am Arbeitsplatz soll über der Werkbank die Leuchtstoffleuchte E2 installiert werden, die von dem Schalter Q3 neben der Eingangstür geschaltet wird. Die entsprechende Schaltung wird **Ausschaltung** [*on-off circuit*] (Abb. 3) genannt.

Als Raumbeleuchtung sind zwei parallel geschaltete Leuchten vorgesehen, die von zwei unterschiedlichen Stellen aus geschaltet werden sollen. Die dafür notwendige Installationsschaltung heißt **Wechselschaltung** [*two-way circuit*] (Abb. 4), weil die Schalter im Wechsel benutzt werden können.

Bevor die Schaltungen besprochen werden, wird hier noch einmal auf die Besonderheiten **elektrischer Pläne** (s. Anhang) eingegangen. In der Elektrotechnik werden stets Symbole (**Schaltzeichen**) verwendet und keine Abbildungen der Gegenstände. Diese Symbole stehen für Funktionen und geben keine Auskunft über die technische Ausführung.

Die Schaltzeichen werden mit **Kennbuchstaben** [*code letters*] versehen. Diese geben an, welche Aufgabe das betreffende Betriebsmittel in der Schaltung hat. Da oft mehrere gleiche Symbole und Kennbuchstaben vorkommen, werden sie nummeriert.

Ausschaltung

Zur Erläuterung wird die Schaltung der Arbeitsplatzleuchte E2 benutzt (Abb. 3). E2 wird vom **Installationsschalter** [*installation switch*] Q3 geschaltet. Dazu wird der Außenleiter L1 durch die Abzweigdose X8 an den Schalter geführt und von dort geht ein **Schaltleiter** (umgangssprachlich: Schaltdraht) an E2. Damit der Stromkreis geschlossen ist, wird der Neutralleiter N durch die Abzweigdose X8 an E2 geführt. Der Schalter muss immer den Außenleiter schalten, damit im ausgeschalteten Zustand keine Spannung am Gerät liegt. So kann z. B. eine Glühlampe gefahrlos ausgewechselt werden, wenn der Schalter ausgeschaltet ist.

Der Schutzleiter **PE** [*Protective Earth*] ist durch die Abzweigdose X8 geführt und am Gehäuse der Leuchte E2 angeschlossen. PE ist ein Teil der Schutzmaßnahmen zur Vermeidung eines elektrischen Schlages. Einzelheiten werden in Kap. 2.3.7 erklärt.

Wechselschaltung

Die Leuchte an der Decke der Garage wird von zwei Wechselschaltern (Q1 und Q2, Abb. 4) geschaltet. Sie schalten den spannungsführenden Leiter abwechselnd. Mit beiden Schaltern kann die Leuchte ein- und auch ausgeschaltet werden.

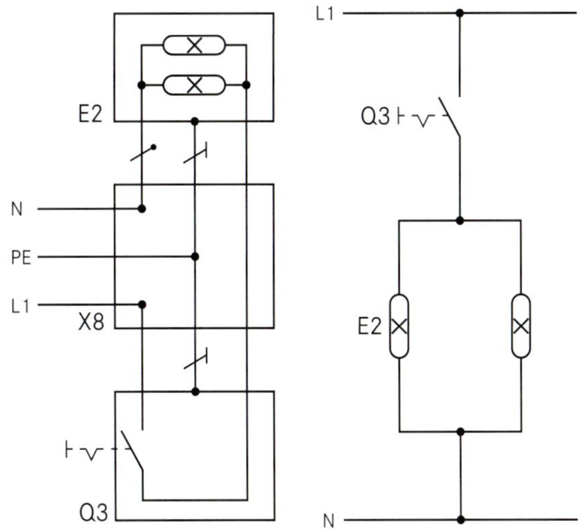

Stromlaufplan in zusammenhängender Darstellung | Stromlaufplan in aufgelöster Darstellung

3: Ausschaltung

Zur Erklärung wird der **Stromlaufplan in aufgelöster Darstellung** [*circuit diagram in detached representation*] benutzt. Der **Außenleiter L1** ist mit Klemme 1 von Q1 (Schreibweise: **Q1:1**) verbunden. Die Spannung wird von Q1:2 über den **Korrespondierenden** ① an Q2:2 weitergegeben.

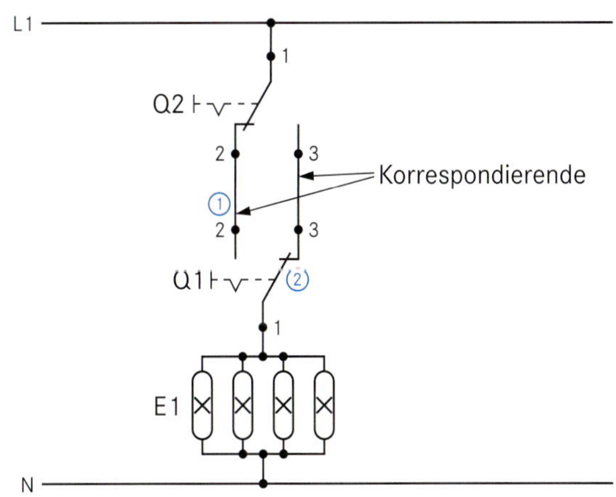

4: Wechselschaltung

E1 ist an den **Neutralleiter N** angeschlossen. Der zweite Anschluss der Leuchte ist über den Schaltleiter ② an Q2:1 angeschlossen. E1 ist damit über Q2:3 und den Korrespondierenden mit Q1:3 verbunden.

Um E1 einzuschalten ist es also gleichgültig, ob Q1 oder Q2 betätigt wird. Bei Betätigung von Q2 wird über Q2:2 der spannungsführende Korrespondierende mit der Leuchte verbunden. Bei Q1 wird die Spannung (Q1:3) über den anderen Korrespondierenden an die Leuchte gelegt. Das Ausschalten kann über Q1 oder Q2 erfolgen.

<table>
<tr><th colspan="4">Schaltungen mit Installationsschaltern</th></tr>
<tr><th></th><th>Stromlaufplan in zusammenhängender Darstellung</th><th>Erläuterungen</th><th>Übersichtsschaltplan</th></tr>
<tr><td rowspan="2">Schalten von einer Stelle</td><td>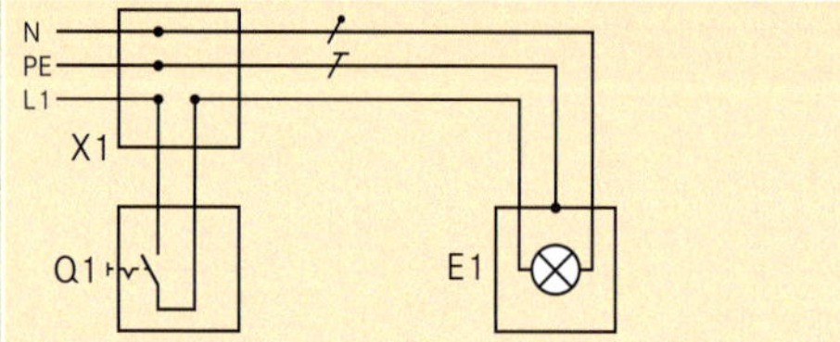
</td><td>Ausschaltung
[on-off circuit]
Q1 schaltet den Außenleiter L1 und damit E1.</td><td>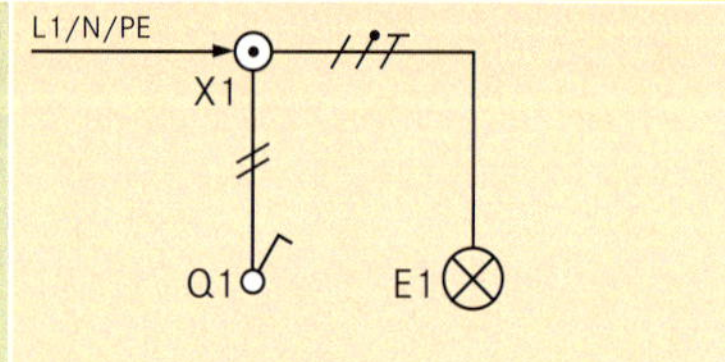
</td></tr>
<tr><td>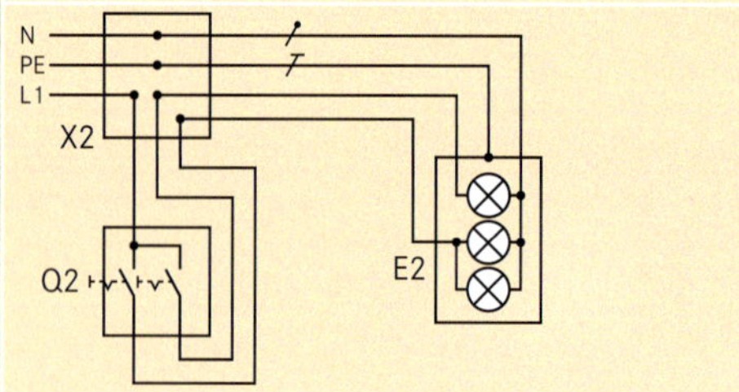
</td><td>Serienschaltung
[two circuit single interruption circuit]
Q2 besteht aus zwei Ausschaltern, die je weils einen Stromkreis von E2 schalten.</td><td>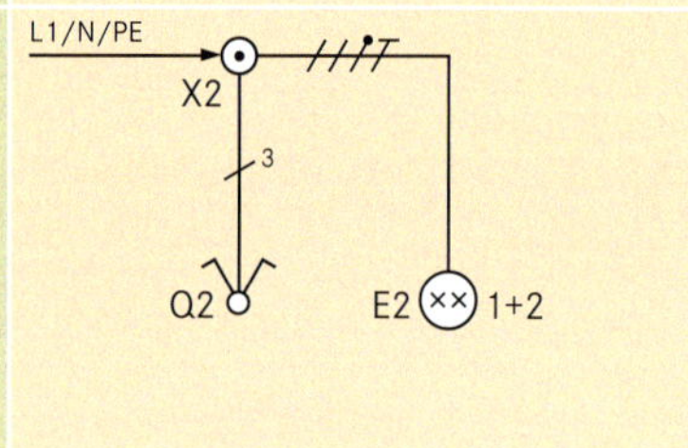
</td></tr>
<tr><td rowspan="2">Schalten von zwei Stellen</td><td>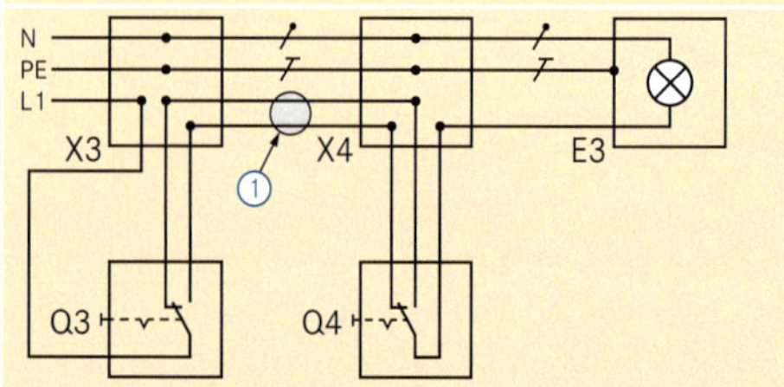
</td><td>Wechselschaltung
[two-way circuit]
Q3 und Q4 wechseln den Spannungszustand über die Korrespondierenden ① und schalten damit E3.</td><td>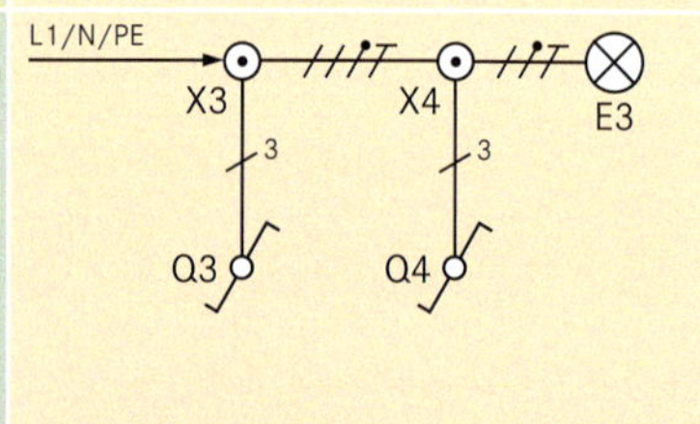
</td></tr>
<tr><td>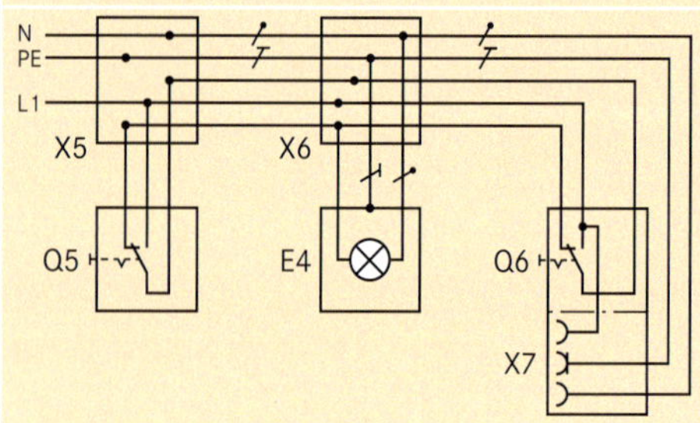
</td><td>Spar-Wechselschaltung mit Steckdose
[economic two-way circuit with socket-outlet]
L1 wird bis zur Steckdose X7 durchgeführt und an jeden Wechselschalter angeschlossen. Arbeitsweise wie Wechselschaltung.</td><td>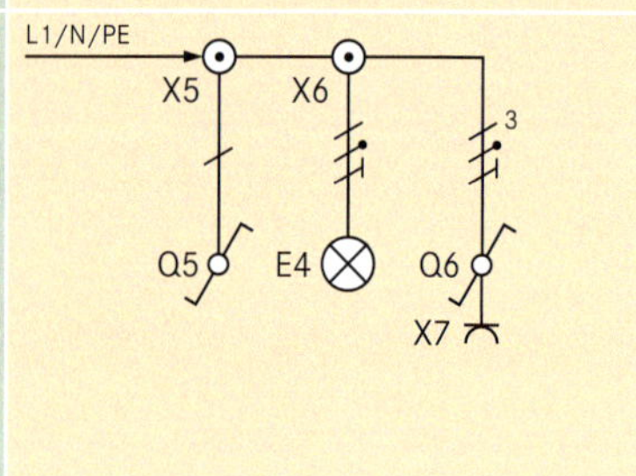
</td></tr>
<tr><td rowspan="2">Schalten von mehr als zwei Stellen</td><td>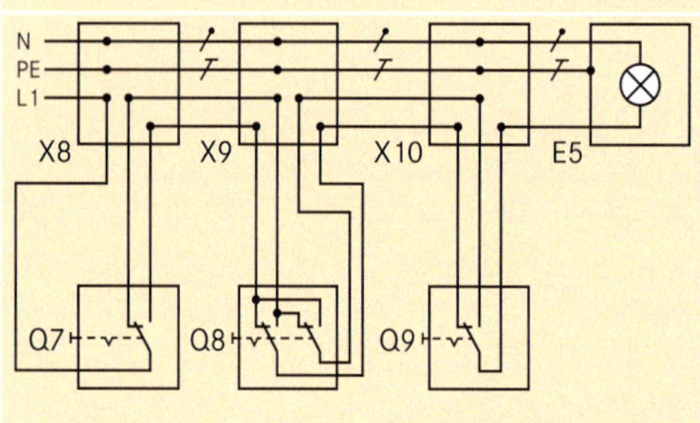
</td><td>Kreuzschaltung
[intermediate switch circuit]
Q7 und Q9 sind Wechselschalter. Q8 ist ein Kreuzschalter. Die Schalter wechseln jeweils den Spannungszustand der Korrespondierenden und schalten damit E5.</td><td>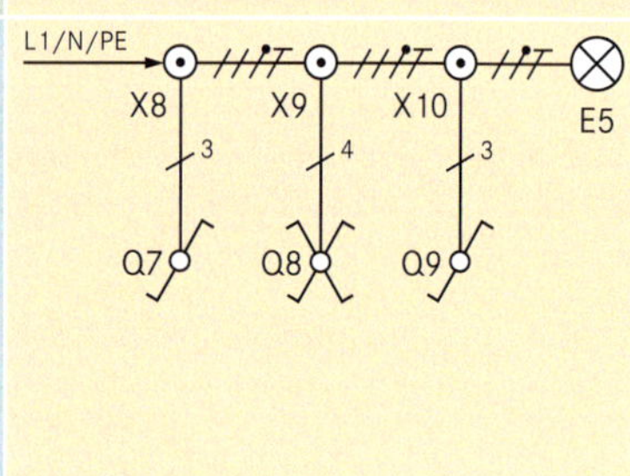
</td></tr>
<tr><td>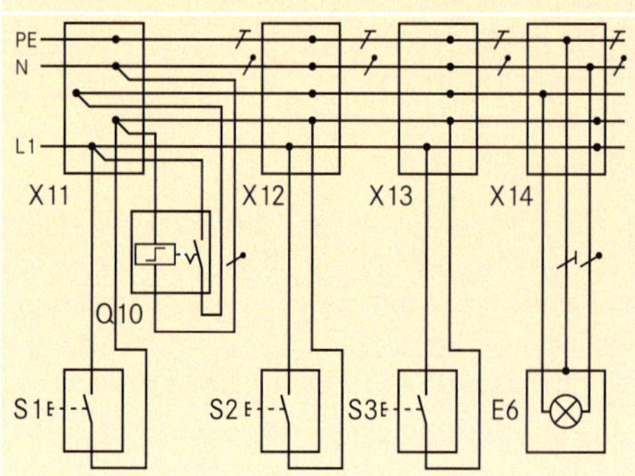
</td><td>Stromstoßschaltung
[remote control circuit]
S1, S2 oder S3 legen kurzzeitig Spannung an die Spule von Q10. Q10 rastet ein und schaltet E6 ein. Beim nächsten Tasten wird Q10 entrastet und E6 ist ausgeschaltet.</td><td>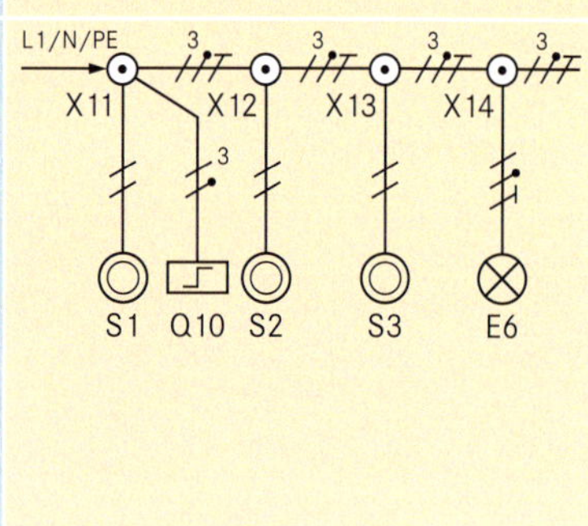
</td></tr>
</table>

2.3.3 Leiterzahl und Leitungslänge

Um die richtigen Leitungen ermitteln zu können, werden die in Abb. 1 aufgeführten Angaben benötigt.

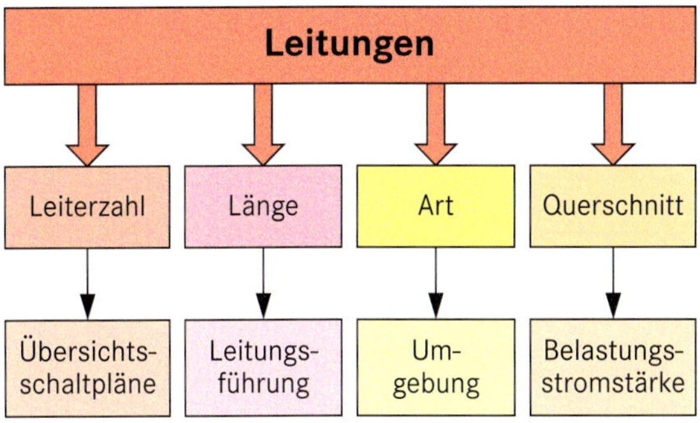

1: Leitungsauswahl

Die Anzahl der Leiter ergibt sich aus dem Übersichtsschaltplan. Da für das vorgestellte Bauvorhaben drei Stromkreise vorgesehen sind, wären auch drei Pläne nötig.

Stromkreis 1 besteht aus der Zuleitung zur Drehstromsteckdose X6. Hierfür ist kein Übersichtsschaltplan notwendig. Die Leitung wird vom Verteiler A3 bis zur Steckdose X6 gelegt. Sie muss fünf Adern enthalten, nämlich die drei Außenleiter (L1, L2, L3), den Neutralleiter N und den Schutzleiter PE.

Auch für den **Stromkreis 2** ist kein Übersichtsschaltplan erforderlich, da es sich hier nur um die Zuleitung zu der Steckdose X5 handelt. Diese ist dreiadrig auszuführen (L1, N, PE).

Der **Stromkreis 3** ist umfangreicher, deshalb ist dafür ein Übersichtsschaltplan (Abb. 3) sinnvoll. Um diesen zu erstellen, ist es zweckmäßig zuerst einen mehrpoligen Stromlaufplan (Abb. 2) zu zeichnen. Solch ein Plan zeigt die Objekt-Symbole zusammenhängend und in der richtigen Lage zueinander. Er wird als Stromlaufplan in **zusammenhängender Darstellung** [***circuit diagram in assembled representation***] bezeichnet.

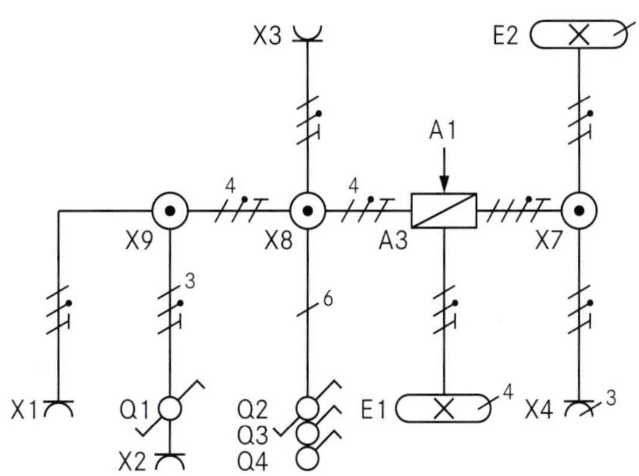

3: Übersichtsschaltplan zu Stromkreis 3

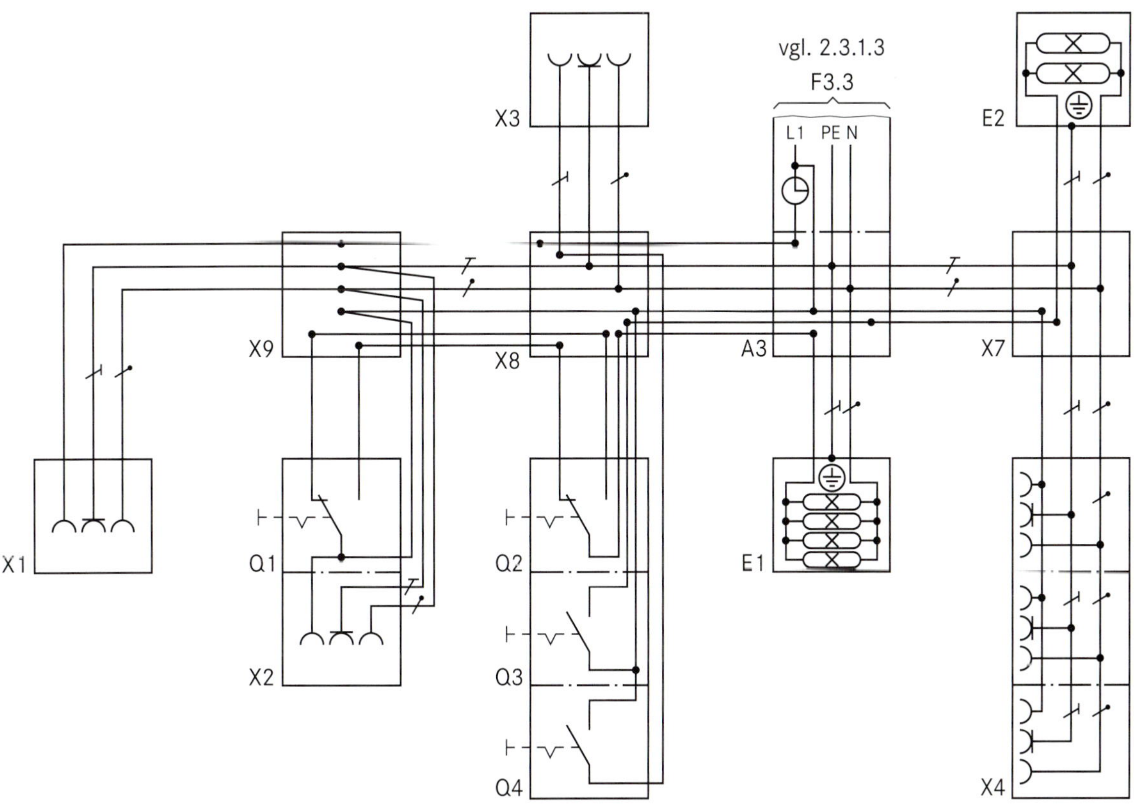

2: Stromlaufplan in zusammenhängender Darstellung zu Stromkreis 3

Aus dem Übersichtsschaltplan (Abb. 3, vorhergehende Seite) ergeben sich die notwendigen Leiterzahlen der Leitungen zwischen den einzelnen Objekten. Sie sind in der Abb. 1 aufgelistet. Bei vier Leitungen wurde eine höhere Leiterzahl gewählt, weil die gewählte Leitung gängiger und damit kostengünstiger ist als eine mit der tatsächlich notwendigen Leiterzahl.

Objekte	Leiterzahl	
	notwendig	gewählt
X9 - X1	3	3
X9 - Q1/X2	5	5
X9 - X8	6	7
X8 - X3	3	3
X8 - Q2/Q3/Q4	6	7
X8 - A3	6	7
A3 - E1	3	3
A3 - X7	4	5
X7 - X4	3	3
X7 - E2	3	3

1: Leiterzahlen für Stromkreis 3

Wie die **Länge** einer Leitung zu bestimmen ist, wird an dem Beispiel der Leitungslänge von der Abzweigdose X9 bis zur außen liegenden Steckdose X1 verdeutlicht.

In Abb. 2 ist der Weg der Leitung eingezeichnet. Er besteht aus vier Abschnitten.

- **Abzweigdose bis zur Ecke** ①
  Der Schalter Q1 befindet sich in der Installationszone neben der Eingangstür. Die Abzweigdose X9 liegt genau darüber. Das Maß setzt sich also zusammen aus 15 cm (Mitte Installationszone) und 100 cm (lt. Aufmaß, Seite 61), also **115 cm**.
- **Ecke bis zum senkrechten Teil** ②
  lt. Aufmaß: **100 cm**
- **Senkrechtes Teil bis zur Durchführung** ③
  Raumhöhe 250 cm abzüglich obere (30 cm) und untere (30 cm) Installationszone: **190 cm**
- **Mauerdurchführung bis zur Steckdose** ④
  Mauerdicke: **30 cm**

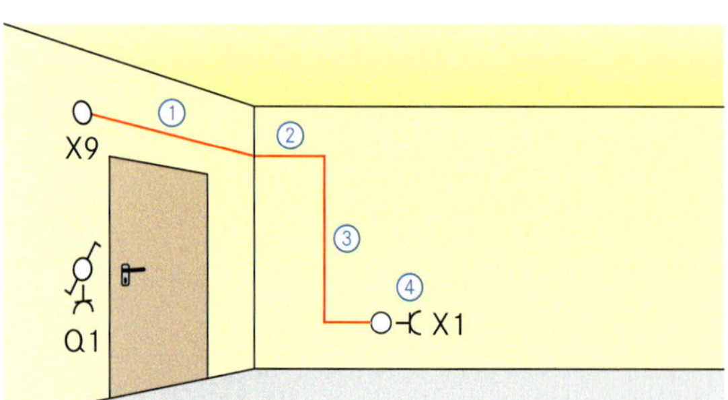

2: Leitungsführung zu X1

Insgesamt ergibt sich eine Länge von 435 cm. Hinzu kommen noch etwa 10 % Verschnitt, so dass eine Gesamtlänge von **4,80 m** notwendig ist.

Die Leitungslängen zwischen den anderen Objekten werden entsprechend bestimmt (Abb. 3).

Objekte	3 Leiter	5 Leiter	7 Leiter
X9 - X1	4,80 m		
X9 - Q1/X2		1,30 m	
X9 - X8			5,70 m
X8 - X3	2,50 m		
X8 - Q2/Q3/Q4			1,30 m
X8 - A3			4,10 m
A3 - E1	5,50 m		
A3 - X7		1,90 m	
X7 - X4	4,00 m		
X7 - E2	2,60 m		
Summe	**19,40 m**	**3,20 m**	**11,10 m**

3: Leitungslängen für Stromkreis 3

Aufgaben

1. a) Zeichnen Sie die Spar-Wechselschaltung als „normale" Wechselschaltung.
b) Vergleichen Sie die Schaltung nach Aufgabe a) mit der Spar-Wechselschaltung und geben Sie an, an welcher Stelle ein Leiter eingespart wird.

2. Die Taster der Stromstoßschaltung sind mit dem Kennbuchstaben S bezeichnet und die der Schalter mit Q.
a) Stellen Sie fest, welche Objekte jeweils geschaltet werden.
b) Begründen Sie die unterschiedliche Kennzeichnung der Schaltgeräte.

3. Zeichnen Sie die Wechselschaltung nach der Vorlage auf Seite 78.
a) Ergänzen Sie eine Steckdose unter dem Schalter Q3.
b) Ergänzen Sie eine zweite Leuchte, die parallel zu E3 geschaltet wird. Sie soll von der Abzweigdose X3 versorgt werden.

- Leuchten können unter Verwendung von Wechselschaltern von zwei Stellen aus geschaltet werden.
- Leuchten können mit Hilfe von Kreuz- oder Tasterschaltungen von drei und mehr Stellen aus geschaltet werden.
- Serienschalter bestehen aus zwei Ausschaltern, die sich in einem Gehäuse befinden.
- Die Leiterzahl einer Leitung kann aus dem Stromlaufplan entnommen werden.

2.3.4 Leitungsarten

Um die richtige **Leitungsart** *[type of cable]* auszusuchen, sind Kenntnisse über Aufbau der Leitungen, die Materialien der Isolierung sowie die Bezeichnungen der Leitungen notwendig. Leiter sind einzeln mit Isolation umhüllt. Sie heißen dann **Ader** *[core]*. Eine oder mehrere Adern in einer Umhüllung (Mantel) werden als Leitung bezeichnet. Leitungen mit besonderem Schutz werden **Kabel** *[cable]* genannt, z. B. Erdkabel.

Kennzeichnung der Adern

Zur Herstellung der richtigen Verbindungen müssen die Adern gekennzeichnet sein (Abb. 4). Dies ist besonders wichtig für die Adern, die einer Schutzfunktion zugeordnet sind. Die Farbkennzeichnung **grün-gelb** darf nach DIN VDE 0100-510 nur für den **Schutzleiter** (PE) oder Neutralleiter mit Schutzfunktion (PEN) verwendet werden.

Der **Neutralleiter** muss **blau** gekennzeichnet sein. Blaue Leiter dürfen aber auch für andere Funktionen (z. B. als Schaltdraht) verwendet werden, wenn Irrtümer ausgeschlossen sind.

Alle anderen Farben sind zwar bestimmten Leiterarten zugeordnet, dürfen aber auch für andere Funktionen benutzt werden.

Leiter	Farbe
L1, L2, L3	grau schwarz *) braun
N	blau
PE	grün - gelb
PEN	grün - gelb

*) ZVEH empfiehlt:
L1: braun; L2: schwarz: L3: grau

4: Aderfarben

Die Adern der Leitungen (Abb. 5) müssen nach DIN VDE 0293-308 gekennzeichnet werden. Da noch ältere Anlagen vorhanden existieren, sind auch die früheren Kennzeichnungen aufgeführt.

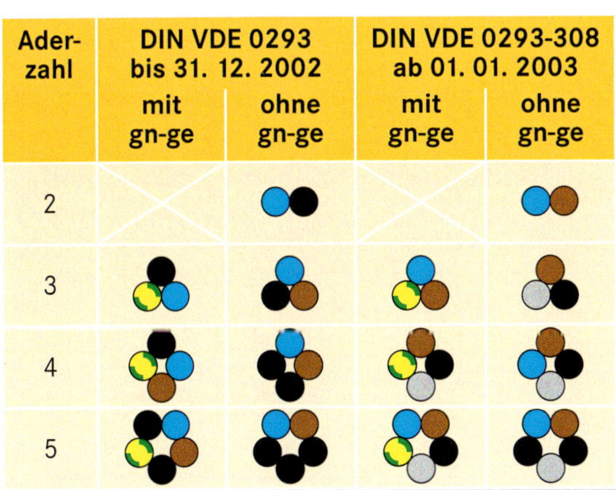

5: Aderkennzeichnung in Leitungen

Kennzeichnung von Leitungen

Innerhalb der EU sind die Leitungsbezeichnungen genormt und mit harmonisierten Kurzzeichen versehen. Abb. 6 zeigt als Beispiel die Aufschrift einer Leitungsverpackung.

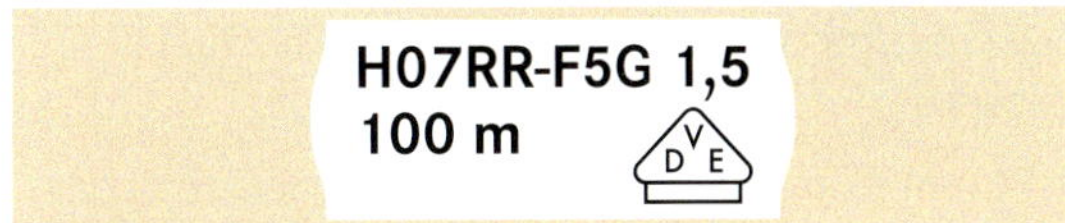

6: Aufschrift einer Leitungsverpackung

Die Buchstaben und Ziffern der Leitungskennzeichnung geben Bauart, Isolierung und Leiterart der betreffenden Leitung an (Abb. 7). In einzelnen Ländern gibt es auch nationale Bezeichnungen. In Deutschland sind es z. B. NYM (Mantelleitung), NYIF (Stegleitung).

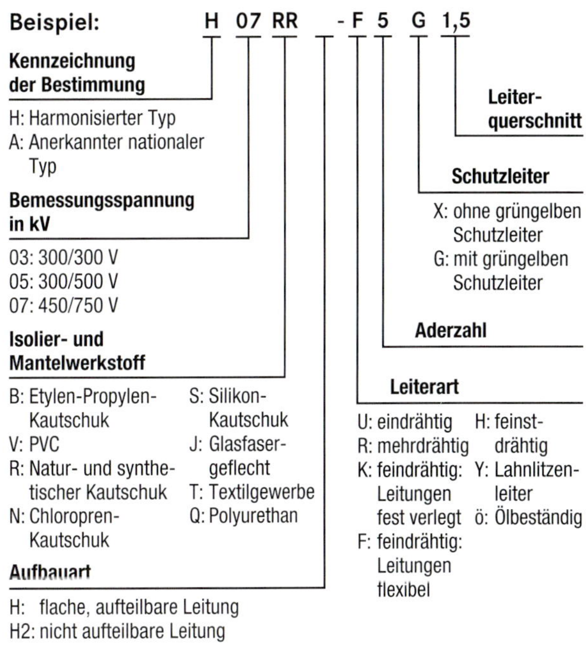

7: Kurzzeichen von harmonisierten Leitungen

Aufgabe

1. Für eine Aufputz-Installation wurde Ihnen statt NYM die Leitung H07RR-F3G 1,5 gegeben. Darf diese Leitung für Aufputz-Installation verwendet werden? Begründen Sie Ihre Antwort.

- Leiter mit Isolierung werden Adern genannt.
- Adern mit einem Isoliermantel sind Leitungen.
- Leitungen mit besonderem Schutz heißen Kabel.
- Besondere Adern müssen folgendermaßen gekennzeichnet sein: Schutzleiter grün-gelb und Neutralleiter blau.

Leiterarten

Bei den **Leiterarten** [*type of conductors*] werden flexible und massive Leiter unterschieden. **Flexible Leiter** [*flexible conductors*] bestehen aus miteinander verflochtenen blanken Kupferdrähten. Sie eignen sich besonders für den Anschluss von beweglichen Objekten, z. B. Stehlampe, Waschmaschine und Bohrmaschine.

In Stromkreisverteilern werden zur Verdrahtung der Objekte Adern des Typs H07V-K verwendet. Auch Verlängerungsleitungen und Leitungen auf Kabeltrommeln sind mit flexiblen Leitern ausgestattet. Für die Querschnitte sind **Mindestwerte** [*minimum values*] (Abb. 1) genormt.

Mindestleiterquerschnitt von Kupferleitern	
Anwendung	**q in mm^2**
fest, geschützte Verlegung	1,5
Leitungen in Schaltanlagen und Verteilern	
- bis 2,5 A	0,5
- über 2,5 A bis 16 A	0,75
- über 16 A	1,0
Bewegliche Anschlussleitungen	
- leichte Handgeräte bis I_n = 1 A und l = 2 m	0,1
- Geräte bis I_n = 2,5 A und l = 2 m	0,5
- Geräte bis I_n = 10 A	0,75
- Geräte über I_n = 10 A	1,0

1: Mindestquerschnitte von Leitern

Für die feste Verlegung von Leitungen sind **massive Leiter** [*solid conductors*] vorgeschrieben. Die Leitungen werden dadurch stabiler. Die Leiter sind heute fast ausschließlich aus Kupfer.

Bis zu einem Querschnitt von 16 mm^2 besteht der Leiter aus einem Draht, darüber hinaus sind es mehrere Drähte, die miteinander verdrillt sind. Sie sind entweder kreisförmig oder sektorförmig angeordnet (Abb. 2).

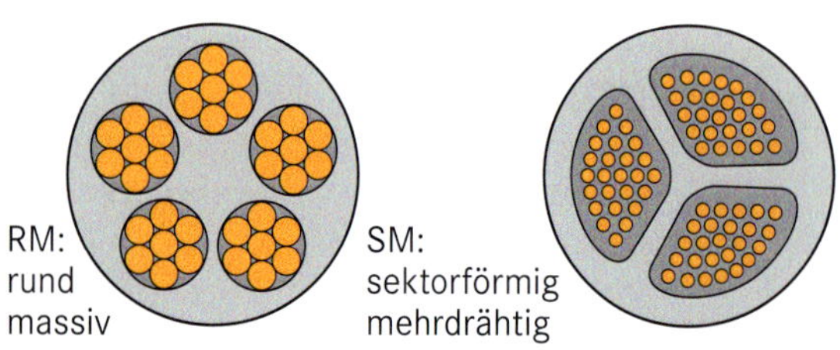

2: Leiterformen

Isoliermaterial [*insulating material*]

Es wird unterschieden zwischen der Isolierung der Leiter (Aderisolierung) und der Leitung (Mantelwerkstoff). Isoliermaterialien unterliegen vielfältigen Einflüssen und müssen deshalb einer Reihe von Anforderungen gewachsen sein. Es treten

- thermische,
- mechanische,
- chemische und
- hygroskopische (Feuchtigkeit) Einflüsse auf.

Die wesentlichste Einflussgröße ist die Temperatur. Sie hängt ab von der

- Stromstärke im Leiter,
- Umgebungstemperatur und
- Leitungsverlegung (s. Kap. 2.3.5.3).

Die Isolierwerkstoffe behalten ihre mechanischen Eigenschaften nur bis zu einer bestimmten Temperatur. Damit diese Grenztemperatur nicht erreicht wird, sind für die Leiter nach DIN VDE 0298-4: 2003-8 **höchstzulässige Betriebstemperaturen** [*maximum permissible operating temperatures*] vorgeschrieben (Abb. 3).

Leitung	**Kurzzeichen**	**Betriebstemperatur**
PVC-Aderleitung	H07V-U	70 °C
Stegleitung	NYIF	70 °C
PVC-Installationsleitung	NYM	70 °C
Bleimantelleitung	NYBUY	70 °C
Wärmebeständige PVC-Aderleitung	H07V2-U	90 °C
Wärmebeständige Gummi-Verdrahtungsleitung	H07G-4	110 °C

3: Höchstzulässige Betriebstemperaturen

Besonderen mechanischen Beanspruchungen sind Leitungen ausgesetzt, die z. B. Aufzüge mit festen Anschlüssen verbinden. In Tankstellen und Kfz-Werkstätten werden Leitungen durch Benzin und Öl (chemisch) beansprucht. Die Feuchtigkeit beeinträchtigt insbesondere Leitungen und Kabel (Erdkabel bei unserem Bauvorhaben), die Witterung ausgesetzt oder in der Erde verlegt sind. Heute werden in erster Linie Kunststoffe zur Isolierung (und zum besonderen Schutz) verwendet. In einigen Fällen besteht das Isoliermaterial auch aus Textilien oder Kautschuk.

- Für die feste Verlegung müssen massive Leiter verwendet werden.
- Für Leitungen sind höchstzulässige Betriebstemperaturen vorgeschrieben.

Bei dem vorgestellten Bauvorhaben "Installation einer Garage" wird auch ein Erdkabel verlegt. Die ausführende Firma muss sich deshalb über Kabelarten informieren und dann ein entsprechendes Kabel aussuchen. Außerdem sind Informationen über die Vorschriften für die Auslegung notwendig.

Kennzeichnung von Kabeln

Die genormten Kabel werden mit **N** gekennzeichnet. Die darauf folgenden Kurzzeichen bestehen aus den Bestandteilen:

- Leitermaterial (Kupferleiter werden nicht gekennzeichnet. Bei Aluminium wird **A** angegeben.)
- Leiterisolierungsmaterial
- Wird das Kabel mit einem Schirm und/oder mit einer Bewehrung versehen, so werden entsprechende Buchstaben hinzugesetzt.
- Mantelmaterial
- Aderzahl
- Querschnitt der Leiter
- Form der Leiter
- Bemessungsspannung U_0/U

Beispiel:

N A 2X S 2Y 1 x 150 RM 12/20kV

Leitermaterial — A
Leiterisolierung — 2X
Kupfer-Schirm — S
Mantelmaterial — 2Y
Aderzahl — 1
Leiterquerschnitt — 150
Leiterform (Abb. 2) — RM
Bemessungsspannung — 12/20kV

Leiter-isolierung		Mantel-isolierung		Kupfer-schirm		Bewehrung	
Buch-stabe	Erklä-rung	Buch-stabe	Erklä-rung	Buch-stabe	Erklä-rung	Buch-stabe	Erklä-rung
Y	PVC	Y	PVC	S	unter Mantel	G	Stahl
2X	VPE	2Y	PE	SE	auf Ader	B	dop-pelt

4: Buchstaben für Kabelkennzeichnung

Kurz-zeichen	Erläuterungen	Einsatzbereiche
NYY	Cu-Leiter, PVC-Isolierung von Leiter und Mantel	Erde, direkt und in Kanal, Luft, Wasser, Beton
NAYY	Al-Leiter, PVC-Isolierung von Leiter und Mantel	
NA2XY	Al-Leiter, VPE-Leiter-Isolierung, Mantel aus PVC	

5: Niederspannungskabel

Als Erdkabel für das Bauvorhaben wird das gängige NYY 5x6 mm^2 gewählt.

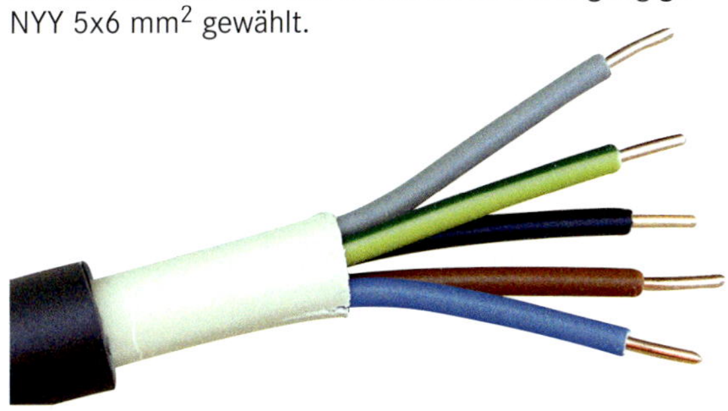

6: NYY 0,6/1 kV

Auslegen von Erdkabeln [*laying of underground cable*]

Damit das Kabel nicht beschädigt wird, sind nach DIN VDE 0271 und DIN VDE 0100 T540 bestimmte Vorschriften beim Auslegen zu beachten.

1. Den Graben 60 cm tief ausheben (Abb. 7 ①). Unter Straßen müssen es mindestens 80 cm sein.
2. Die Grabensohle muss fest, glatt und ohne Steine sein.
3. Darauf wird 10 cm Sand ② geschüttet.
4. Das Kabel wird eingelegt ③. Es soll nicht gezogen werden, sondern von einer Rolle abgerollt oder von Hand ausgelegt werden. Die Temperatur darf nicht unter – 5 °C sein.
5. Beim Verlegen ist ein innerer Biegeradius von 12 x Kabeldurchmesser einzuhalten.
6. Anschließend wird noch einmal 10 cm Sand aufgeschüttet.
7. Zum Schutz werden darauf Kunststoffplatten oder Ziegelsteine längs verlegt ④.
8. Dann wird der Graben leicht mit etwas Aushub verfüllt.
9. Zur Kennzeichnung wird ein gelbes Kunststoffband (Warnband) mit der Aufschrift „Erdkabel" eingelegt ⑤. Hierfür kann auch ersatzweise ein rot-weißes Absperrband benutzt werden.
10. Anschließend wird der Graben vollständig verfüllt und befestigt.

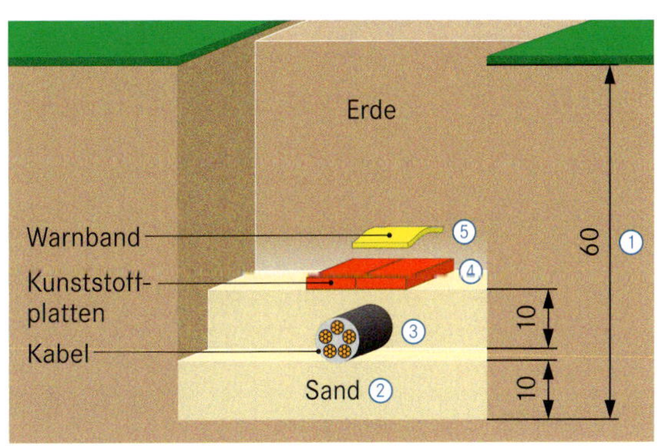

7: Anordnung in einem Erdkabelgraben

2.3.5 Leiterquerschnitt

Damit sich die Isolierwerkstoffe nicht unzulässig erwärmen und damit unter Umständen Kurzschlüsse hervorrufen, dürfen Leiter nur bestimmte Betriebstemperaturen haben. Daraus ergibt sich, dass der durchfließende Strom in seiner Größe begrenzt werden muss. Es gibt weitere Faktoren, die die **Temperatur der Leitung** beeinflussen. Sie werden im Kap. 2.3.5.3 näher erläutert.

2.3.5.1 Leiterwiderstand

Die erzeugte Wärme ist aber nicht nur abhängig von der Stromstärke, sondern auch vom **Leiterwiderstand R_L**, wie folgende Ableitung zeigt.

$W = U \cdot I \cdot t$ (s. Kap. 1.1.11) $\quad U = I \cdot R_L$

$W = I \cdot R_L \cdot I \cdot t \quad W = R_L \cdot I^2 \cdot t$

Um den Einfluss des Leiterwiderstands einschätzen zu können, muss man seine Abhängigkeiten kennen. Hierzu bietet sich eine experimentelle Untersuchung an. Es wird zuerst eine Annahme (Hypothese) aufgestellt, die dann überprüft wird.

Annahme

Der Leiterwiderstand hängt von seinen Abmessungen und vom Material ab.

Durchführung

Für unterschiedliche Leiter wird der Widerstand mit Hilfe von Stromstärke- und Spannungsmessungen ermittelt (Abb. 1). Es ergeben sich die Werte in der Tabelle.

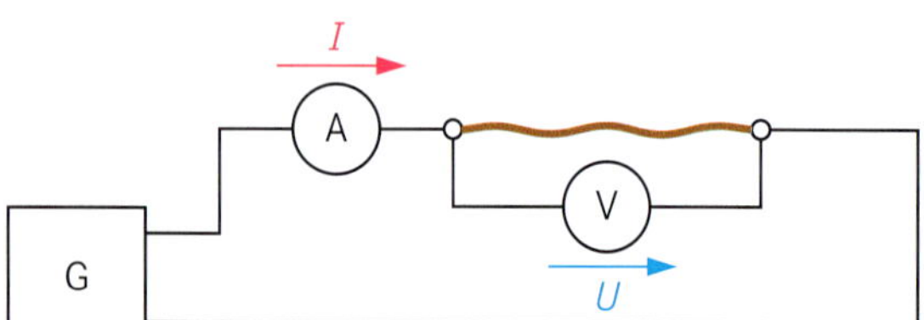

a) Messschaltung

Nr.	l in mm	q in mm²	Material	U in V	I in A	R_L in Ω
1	50	1,5	Kupfer	9,1	15,2	0,60
2	100	1,5	Kupfer	17,4	14,6	1,20
3	100	2,5	Kupfer	10,8	15,1	0,72
4	50	2,5	Aluminium	8,5	15,3	0,56
5	100	2,5	Aluminium	17,7	14,6	1,12

b) Messwerte

1: Versuch zur Widerstandsbestimmung

Auswertung

Um eindeutige Aussagen machen zu können wird immer nur die Veränderung einer Größe und deren Auswirkung betrachtet. Die übrigen Größen sind dann konstant.

- **Leiterlänge l**

  Der Widerstand steigt mit zunehmender **Leiterlänge** [*conductor length*]. Wenn die Länge verdoppelt wird (Nr. 1 und 2), kommt es zu einer Verdopplung von R_L. Daraus kann geschlossen werden, dass der Leiterwiderstand proportional zur Leiterlänge ist.

  $$R_L \sim l$$

  Deuten lässt sich dies mit Hilfe der Elektronen im Leiter: Je länger der Leiter, desto öfter werden die Elektronen auf ihrem Weg durch den Leiter behindert.

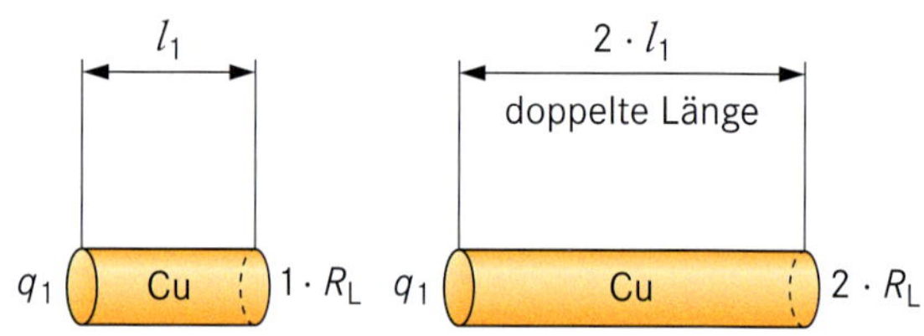

2: Längenvergleich

- **Leiterquerschnitt q**

  Die Messwerte mit den Nummern 2 und 3 zeigen, dass mit zunehmendem Querschnitt der Leiterwiderstand geringer wird. Es ergibt sich eine umgekehrte Proportionalität zwischen Leiterwiderstand und Querschnitt.

  $$R_L \sim \frac{1}{q}$$

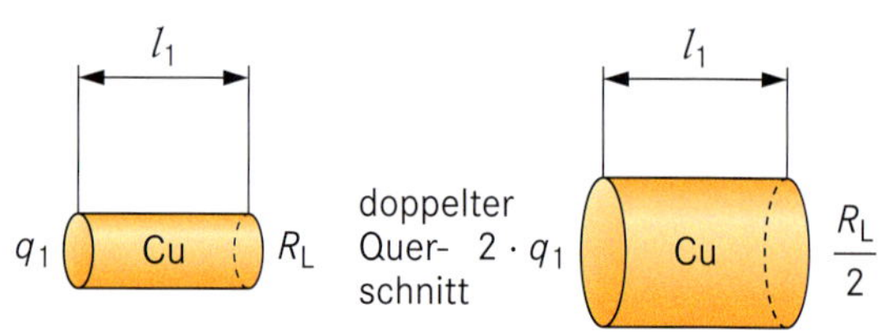

3: Querschnittsvergleich

  Auch dieses Verhalten lässt sich mit Hilfe der Elektronen erklären: Je kleiner der Querschnitt, desto größer ist die Behinderung der durchfließenden Elektronen.

- **Material ϱ bzw. $\varkappa$**

  Wenn der Kupferleiter mit dem Aluminiumleiter gleicher Länge und gleichem Querschnitt verglichen wird (Nr. 3 und 5), werden unterschiedliche Widerstände festgestellt. Der Kupferleiter hat einen geringeren Widerstand. Die Materialeigenschaft wird durch den **spezifischen elektrischen Widerstand ϱ** (Rho) ausgedrückt.

Der **spezifische elektrische Widerstand** ϱ ist der Widerstand eines Leiters von 1 m Länge und 1 mm^2 Querschnitt. Je größer der spezifische Widerstand desto größer ist der Leiterwiderstand. In Abb. 4 sind wichtige Werte aufgeführt.

$$R_L \sim \varrho$$

Sehr oft wird auch der Kehrwert des spezifischen Widerstandes benutzt. Er wird als **elektrische Leitfähigkeit** $\varkappa$ (Kappa) [*electric conductivity*] bezeichnet. Fasst man alle Abhängigkeiten zusammen, ergeben sich die folgenden Gleichungen.

$$R_L = \frac{\varrho \cdot l}{q} \qquad R_L = \frac{l}{\varkappa \cdot q}$$

Einheiten für ϱ und $\varkappa$

Für den praktischen Umgang mit Leitungen ist es sinnvoll, wenn die Leiterlängen in Metern und die Querschnitte in mm^2 angegeben werden. Für den spezifischen elektrischen Widerstand ϱ ergibt sich die folgende Einheit:

$$R_L = \frac{\varrho \cdot l}{q}$$

Umstellung: $\varrho = \frac{R_L \cdot q}{l}$ $\quad [\varrho] = \frac{\Omega \cdot mm^2}{m}$

Entsprechend gilt für die Einheit der elektrischen Leitfähigkeit $\varkappa$:

$$R_L = \frac{l}{\varkappa \cdot q}$$

Umstellung: $\varkappa = \frac{l}{R_L \cdot q}$ $\quad [\varkappa] = \frac{m}{\Omega \cdot mm^2}$

Umrechnung von Einheiten

In den Einheiten für den spezifischen elektrischen Widerstand und die elektrische Leitfähigkeit kommen im Zähler und Nenner Einheiten wie m und mm^2 vor. Diese können wie folgt gekürzt werden:

Grundformel: $1\ mm^2 = (1 \cdot 10^{-3}\ m)^2$

↓

eingesetzt: $1\ \frac{\Omega \cdot mm^2}{m} = 1\ \frac{\Omega \cdot (1 \cdot 10^{-3}\ m)^2}{m}$

↓

gekürzt: $1\ \frac{\Omega \cdot mm^2}{m} = 1 \cdot 10^{-6} \cdot \Omega \cdot m$

↓

Ergebnis: $1\ \frac{\Omega \cdot mm^2}{m} = 1\ \mu\Omega \cdot m$

↓

Verwendet man diese neue Beziehung für die elektrische Leitfähigkeit, so erhält man:

Grundformeln: $\varkappa = \frac{1}{\varrho}$ $\quad [\varkappa] = \frac{1}{[\varrho]}$ $\quad \frac{1}{\Omega} = 1\ S$

eingesetzt und gekürzt: $[\varkappa] = \frac{1}{1 \cdot 10^{-6} \cdot \Omega \cdot m}$ $\quad [\varkappa] = \frac{1\ MS}{m}$

Spezifische elektrische Widerstände und elektrische Leitfähigkeiten von Werkstoffen bei 20 °C

Werkstoffe	ϱ in $\mu\Omega \cdot m$ bzw. $\frac{\Omega \cdot mm^2}{m}$	$\varkappa$ in $\frac{MS}{m}$ bzw. $\frac{m}{\Omega \cdot mm^2}$
Silber	0,016	62,5
Kupfer	0,018	56
Aluminium	0,028	36
Messing	0,07	14,3
Eisen	0,1	10
Blei	0,0208	4,8
Kohle	66,667	0,015

4: Spezifische elektrische Widerstände

Aufgaben

1. Berechnen Sie den Leiterwiderstand eines Kupferdrahtes einer Freileitung von 53 m Länge. Der Leiterquerschnitt beträgt 25 mm^2.
2. Zur Herstellung von Widerständen soll Eisendraht mit einem Durchmesser von 0,2 mm verwendet werden. Die Widerstände sollen 120 Ω und 330 Ω haben.
   a) Berechnen Sie den Drahtquerschnitt.
   b) Berechnen Sie die jeweils notwendigen Drahtlängen.
3. a) Berechnen Sie den Durchmesser eines Kupferdrahtes von 20 m Länge, wenn er einen Widerstand von 238 mΩ hat.
   b) Wie lang müsste ein Aluminiumdraht sein, wenn er den gleichen Querschnitt und den gleichen Widerstand wie der Draht der Aufgabe a) haben soll?

- Der Leiterwiderstand hängt ab von der Leiterlänge, dem Leiterquerschnitt und vom Leitermaterial.
- Der spezifische elektrische Widerstand ϱ ist der Widerstand eines Drahtes von 1 m Länge und einem Querschnitt von 1 mm^2.
- Der Leiterwiderstand R_L ist umso größer
  - je größer die Leiterlänge l
  - je kleiner der Querschnitt q und
  - je größer der spezifische elektrische Widerstand ϱ bzw.
  - je kleiner die elektrische Leitfähigkeit $\varkappa$ ist.

2.3.5.2 Spannungsfall

Die Erfahrung zeigt, dass bei Belastung am Ende einer Verlängerungsleitung weniger Spannung vorhanden ist als am Anfang. Auf der Leitung geht also Spannung „verloren“. Der Unterschied zwischen der Spannung am Anfang und der Spannung am Ende wird **Spannungsfall U_v** *[voltage drop]* bezeichnet. Als Formelzeichen hierfür wird auch ΔU verwendet.

Bei dem vorgestellten Bauvorhaben des Ehepaars Carsten wird ein Erdkabel mit einer Länge l = 41 m verlegt. Der Leiterquerschnitt ist 6 mm². Es ist zu prüfen, ob ein unzulässiger Spannungsfall auftritt. Als Stromstärke wird die höchstzulässige Stromstärke von 43 A zugrunde gelegt. Es wird zuerst der Leiterwiderstand berechnet.

$$R_L = \frac{l}{\varkappa \cdot q}$$

$$R_L = \frac{41\ \text{m}}{56\ \text{MS/m} \cdot 6\ \text{mm}^2} \qquad R_L = 0{,}122\ \Omega$$

Bei der Berechnung wurde als Länge die Leitungslänge verwendet. Damit wurde nur eine Ader berücksichtigt. Der Spannungsfall errechnet sich aber aus Hin- und Rückleiter. Es muss deshalb mit $2 \cdot l$ gerechnet werden. Bei Drehstrom wird wegen der Verkettung (s. Kap. 2.2.1) mit $\sqrt{3}$ multipliziert. Der Spannungsfall errechnet sich wie folgt.

$$U_v = R_L \cdot \sqrt{3} \cdot l$$

$$U_v = 0{,}122\ \Omega \cdot \sqrt{3} \cdot 43\ \text{A}$$

$$\underline{\underline{U_v = 9{,}09\ \text{V}}}$$

Elektrische Objekte funktionieren nur einwandfrei, wenn nahezu die Bemessungsspannung anliegt (s. Kap. 1.1.3). Für Leitungen sind deshalb Höchstwerte für den Spannungsfall vorgeschrieben (DIN 18015-1 bzw. TAB der VNB). Für Hauptleitungen mit Anlagen bis 100 kVA Leistung ist $u_{v\%zul}$ = 0,5 % (der Bemessungsspannung U_n) festgelegt. Bei höheren Anlagenleistungen sind größere Spannungsfälle zulässig. Zwischen Zähler und Verbraucher darf der Spannungsfall 3 % betragen. Vom HAK bis zum letzten Betriebsmittel dürfen es maximal 4 % sein.

Für das Erdkabel wird der **zulässige Spannungsfall U_v** *[maximum permissable voltage drop]* berechnet.

$$U_v = \frac{U_{v\%zul}}{U_n \cdot 100\,\%}$$

$$U_v = \frac{3\,\% \cdot 400\ \text{V}}{100\,\%} \qquad \underline{\underline{U_v = 12\ \text{V}}}$$

Der errechnete Wert von 9,09 V liegt unter dem zulässigen Wert von 12 V. Das Erdkabel darf also mit einem Leiterquerschnitt von 6 mm² verlegt werden.

Spannungsfall auf Leitungen

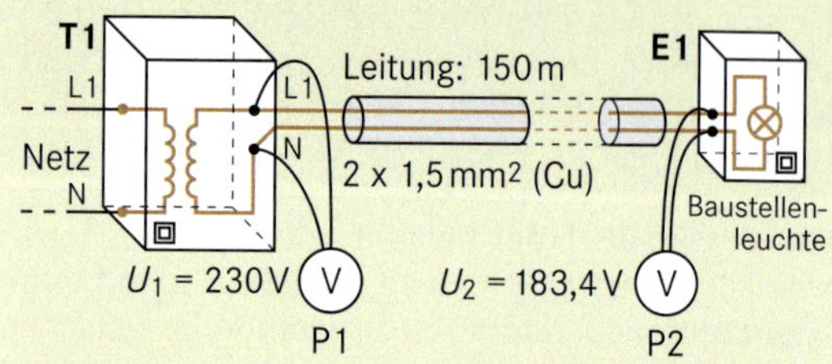

Am Beispiel einer Baustellen-Beleuchtung sollen die Zusammenhänge für den Spannungsfall erläutert werden. Es wird dazu ein Ersatzschaltbild der obigen Anlage gezeichnet, wobei die Widerstände der Hin- und Rückleitung zum **Leitungswiderstand R_L** zusammengefasst werden.

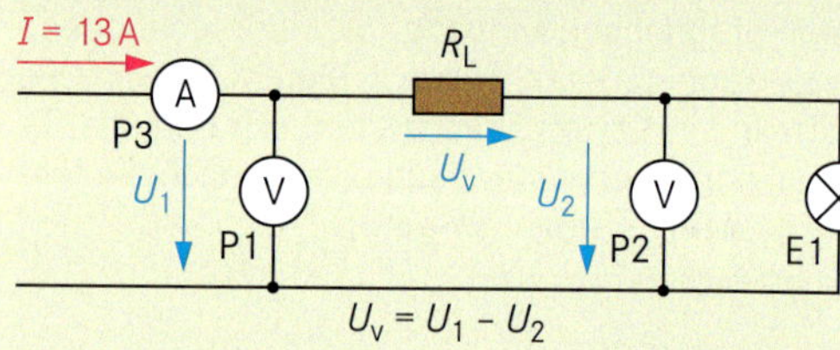

Aus der Reihenschaltung von Widerständen ist aus Kap. 1.2.4 bekannt, dass der durchfließende Strom an jedem Widerstand eine Spannung verursacht. Das bedeutet, dass an dem Leitungswiderstand R_L die Spannung U_L liegt.

$$U_v = I \cdot R_L \qquad U_v = \frac{I \cdot 2 \cdot l}{\varkappa \cdot q}$$

Die Spannung am Ende der Leitung U_2 ist also um U_v kleiner als U_1.

$$\mathbf{U_2 = U_1 - U_v}$$

Aufgabe

1. Die Hauptleitung eines Hochhauses ist 27 m lang. Sie ist mit 63 A abgesichert.
   a) Ermitteln Sie den notwendigen Querschnitt aus Tabelle A aus DIN VDE 0298-4.
   b) Ist der Querschnitt ausreichend unter Berücksichtigung des zulässigen Spannungsfalls?

- Der zulässige Spannungsfall der Leitungen vom HAK bis zum Betriebsmittel darf maximal 4 % der Bemessungsspannung betragen.
- Der zulässige Spannungsfall vom Zähler bis zum Betriebsmittel darf maximal 3 % betragen.
- Der zulässige Spannungsfall der Hauptleitung darf bei Anlagen bis 10 kVA nur 0,5 % betragen.

2.3.5.3 Temperaturabhängigkeit

Zu Beginn dieses Kapitels wurde bereits darauf hingewiesen, dass die zu verlegenden Leiterquerschnitte wesentlich von der zu erwartenden Leitertemperatur abhängen. Diese wiederum wird nicht nur von der Stromstärke bestimmt, sondern auch von anderen Faktoren. In Abb. 1 sind die drei Einflussgrößen für die Leitungstemperatur damit auch für den Isolationswerkstoff dargestellt.

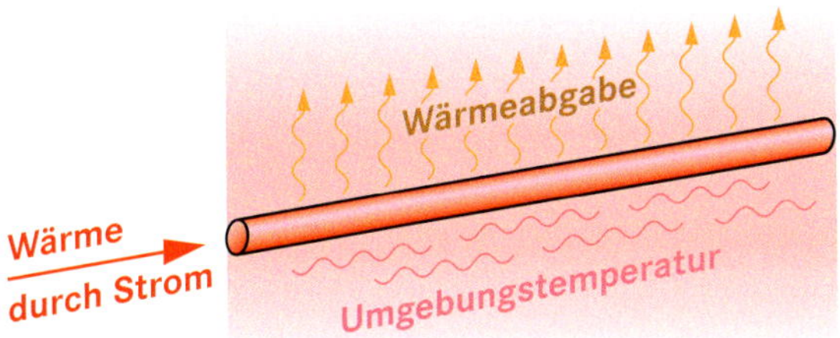

1: Einflussgrößen der Leitungstemperatur

- Die **Temperatur der Umgebung** beeinflusst die Temperatur der Leitung.
- Hinzu kommt dann die **Wärme**, die durch den Stromfluss im Leiter erzeugt wird.
- Da die erzeugte Wärme abgegeben werden muss, ist es wichtig, wie gut bzw. wie schlecht die **Wärmeisolation** um die Leitung ist.

Die Temperatur der Leitungsisolation hängt demzufolge ab von

- der Stromstärke im Leiter $\Rightarrow I_b$
- dem Widerstand des Leiters $\Rightarrow q, l, \varkappa$
- der Umgebungstemperatur $\Rightarrow \vartheta$
- der Wärmeabgabemöglichkeit $\Rightarrow$ Verlegeart

Um die Leitungstemperatur in den vorgeschriebenen Grenzen zu halten (s. Kap. 2.3.4), wird versucht, die Einflussfaktoren entsprechend zu beeinflussen.

Welche Einflussfaktoren lassen sich ändern?

Die Leistungen der installierten Objekte ergeben die **Betriebsstromstärke I_b** [*operating current intensity*]. Sie hat den größten Einfluss auf die erzeugte Wärme. Je höher die erzeugte Wärme ist, desto größer ist auch die Temperatur. Aus der folgenden Ableitung ist zu ersehen, dass die Arbeit W (hier: Wärme) quadratisch von der Stromstärke I abhängt.

$$W = P \cdot t \qquad P = I^2 \cdot R \qquad W = I^2 \cdot R \cdot t$$

$$W \sim I^2$$

An der Betriebsstromstärke I_b kann nichts geändert werden, weil die Stromstärke durch die angeschlossenen Objekte bestimmt wird.

Durch die Nutzung der Räume, durch die die Leitung verlegt werden soll, ist auch die **Umgebungstemperatur** vorgegeben. Sie kann nicht geändert werden.

Von den örtlichen Gegebenheiten hängt die Leitungsverlegung (**Verlegeart**) ab. Sie beeinflusst wesentlich die Wärmeabgabe. Nur in Ausnahmefällen kann aber eine günstigere Verlegeart gewählt werden, wenn z. B. NYM nicht in Elektro-Installationsrohr sondern direkt auf die Wand verlegt wird.

Bei den meisten Installationen – besonders in Wohngebäuden – werden Leitungen mit 1,5 mm^2 Querschnitt verwendet. Wenn hingegen Gewerbebauten zu installieren sind oder ein Elektroherd mit größerer Bemessungsleistung anzuschließen ist, muss der Querschnitt unter Beachtung mehrerer Bedingungen bestimmt werden.

Die Wärmewirkung kann nur verringert werden, wenn der **Leiterquerschnitt** [*conductor cross-section*] vergrößert wird. Um den richtigen Querschnitt zu ermitteln, geht man an Hand des Flussdiagramms auf der nächsten Seite vor. Dort wird gezeigt, von welchen Bedingungen der Leiterquerschnitt abhängt und wie er demnach verändert werden kann. Außerdem sind die notwendigen Quellen und Tabellen zur Ermittlung des Leiterquerschnittes q_n angegeben.

Aufgaben

1. a) Von welchen Faktoren hängt die Temperatur einer Leitung ab?
   b) Nennen Sie Möglichkeiten diese zu verringern.
2. Zwei Leitungen NYM 3x1,5 werden mit Schellen verlegt. Sie sind unterschiedlich lang.
   a) Haben die Leitungen unterschiedliche Temperaturen?
   b) Begründen Sie Ihre Antwort.
3. Eine Leitung mit einem Widerstand von 2 Ω wird 15 Minuten von Strom durchflossen. Stellen Sie in einem Diagramm die Abhängigkeit der (Wärme-)Arbeit von der Stromstärke dar, und zwar für den Bereich von 0 A bis 5 A.

- Die Leitungstemperatur hängt quadratisch von der Stromstärke ab.
- Die Leitungstemperatur hängt auch von der Umgebungstemperatur und der Verlegeart der Leitung ab.

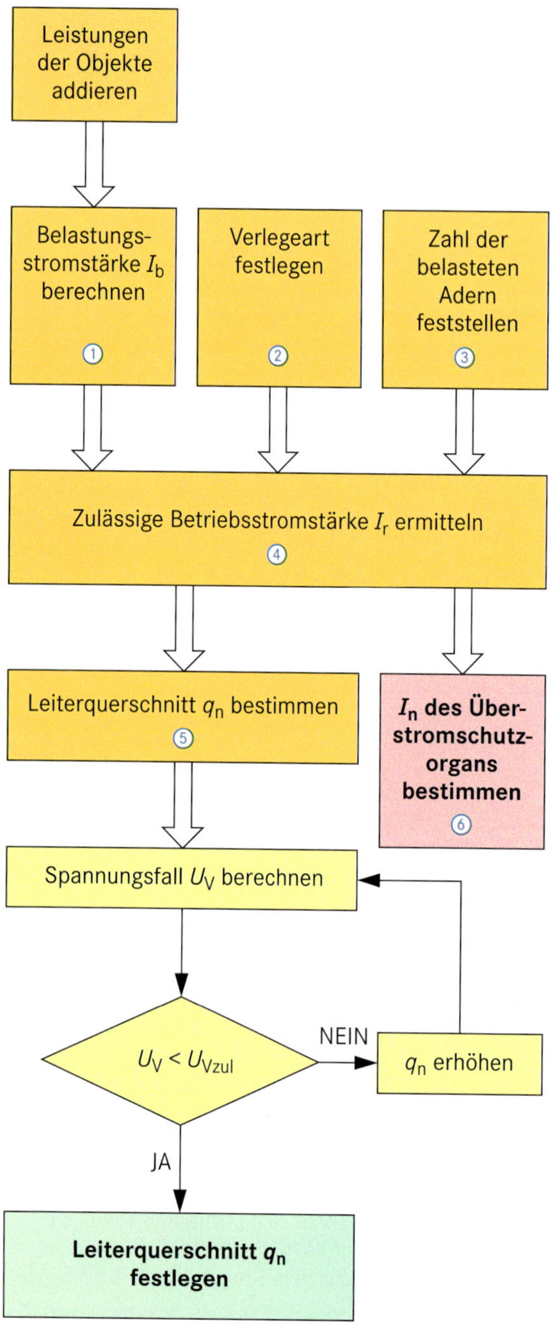

1: Bestimmen des Leiterquerschnittes

Mit Hilfe des Flussdiagramms (Abb. 1) kann der notwendige Leiterquerschnitt der zu verlegenden Leitung bestimmt werden. Diese Abfolge gilt nur für sogenannte „Normale Bedingungen". Bei anderen Verhältnissen (z. B. $\delta_u > 25\,°C$) müssen zusätzliche Faktoren (s. DIN VDE 0298-4) berücksichtigt werden. Als notwendige Unterlage ist die Tabelle **„Belastbarkeit von Kabeln und Leitungen"** aus DIN VDE (Abb. 2, nächste Seite) erforderlich. Die einzelnen Schritte sind im Folgenden erläutert.

- Aus den Leistungen der Objekte des betreffenden Stromkreises wird die maximal mögliche **Belastungsstromstärke I_b** ① berechnet.
- Die gewünschte **Verlegeart** [*wiring method*] ② der Leitung wird nach dem Wunsch des Bauherrn durch den Elektrofachmann festgelegt. Bei unserem Bauvorhaben ist es „unter Putz", d. h. Verlegeart C (Abb. 1, nächste Seite).
- Wenn in einer Leitung drei Leiter (Drehstromkreis) Strom führen, ist die Erwärmung höher als bei zwei **belasteten Adern** (Wechselstromkreis) ③. Damit die festgelegte Betriebstemperatur der Leitung (z. B. 70 °C bei PVC) auch dann nicht erreicht wird, muss die Stromstärke bei Drehstrom (drei belastete Adern) geringer sein.
- Jetzt wird die zulässige **Betriebsstromstärke I_r** ④ eines Überstromschutzorganes gesucht, die größer als die Belastungsstromstärke I_b sein muss.
- Davon ausgehend wird die **Bemessungsstromstärke I_n** [*rated current itensity*] des Überstromschutzorgans ⑥ ermittelt. Diese muss größer oder gleich I_b sein.

$$I_n \geq I_b$$

- Jetzt kann der notwendige **Querschnitt q_n** ermittelt werden ⑤ (Abb. 2, nächste Seite). Üblicherweise wird dabei mit einer Umgebungstemperatur von 25 °C gerechnet.

  Hinweis:
  Ist in besonderen Fällen mit einer höheren Umgebungstemperatur (z. B. in Bäckereien, bei Sonneneinstrahlung im Freien) zu rechnen, muss die zulässige Belastungsstromstärke I_r verringert werden.
- Bei Installationen mit großen Leitungslängen (z. B. Gewerbebauten) muss überprüft werden, ob der Spannungsfall U_V zulässig ist. Er muss kleiner sein als der zulässige Spannungsfall U_{Vzul} (s. Kap. 2.3.5.2).

- Zur Ermittlung des Leiterquerschnittes werden berücksichtigt:
  - zulässige Betriebstemperatur des Isoliermaterials der Leitung,
  - Umgebungstemperatur,
  - Betriebsstromstärke,
  - Verlegeart und
  - Spannungsfall.

Das Arbeiten mit der Tabelle in Abb. 2 wird mit folgendem Beispiel aus dem Bauvorhaben erläutert.

Garage mit Arbeitsplatz

- Stromkreis 1: Drehstrom-Steckdose, I_b = 14,5 A
- Normale Umgebung
- NYM
- Verlegung unter Putz

Festlegung der Bedingungen:

Umgebungstemperatur: 25 °C ①

Zulässige Betriebstemperatur: 70 °C ②

Verlegeart C ③ aus Abb. 1

Drehstromkreis ⇒ 3 belastete Adern ④

Belastungsstromstärke I_b = 14,5 A

Stromstärke I_b liegt unter I_r = 18,5 A ⑤

Auswertung:

Ausgehend von I_r = 18,5 A wird in der ersten Spalte der Normquerschnitt q_n = 1,5 mm² abgelesen.

Aus der Spalte I_n kann die Bemessungsstromstärke I_n = 16 A ⑥ des zugehörigen Überstromschutzorgans entnommen werden.

Aufgaben

1. Wie groß muss der Leiterquerschnitt eines Wechselstromkreises mit I = 19 A bei Verlegung von NYM unter Putz sein?
2. Ein Teilstück der Leitung von Aufgabe 1 soll durch eine wärmegedämmte Wand geführt werden. Muss dann ein anderer Querschnitt gewählt werden? Bestimmen Sie die Bemessungsstromstärke der Sicherung.
   Begründen Sie Ihre Antwort.
3. Ermitteln Sie für den Stromkreis 2 (Kap. 2.3.3) des Bauvorhabens „Garage mit Arbeitsplatz" den Querschnitt der Leiter und die Bemessungsstromstärke des Schutzorgans. Der Wechselstrom-Motor des Garagentorantriebes (Steckdose X5) hat 3 kW.
4. a) Addieren Sie alle möglichen Belastungen des Stromkreises 3 des Bauvorhabens „Garage mit Arbeitsplatz".
   b) Ist hierfür eine Leitungsverlegung mit NYM 3x1,5 richtig?

Belastbarkeit von Kabeln und Leitungen mit Isolierwerkstoff PVC für feste Verlegung in Gebäuden (zulässige Betriebstemperatur 70 °C ②) und Zuordnung von Überstrom-Schutzorganen für Dauerbetrieb bei der Umgebungstemperatur von 25 °C ① (Auszug)

Leitungsbeisp.	H07V-U/-R/-K, H07V3-U/-R/-K	NYM, NYY, N05VV-U/-R	H07V-U/-R/-K, H07V3-U/-R/-K	NYM, NYY, N05VV-U/-R	NYM, NYIF, NYY, N05VV-U/-R	NYYblanke Leiter
Referenz Verlegeart	**A1** in wärmegedämmten Wänden im Elektro-Installationsrohr: Aderleitungen	**A2** in wärmegedämmten Wänden im Elektro-Installationsrohr: Mehradrige Kabel und Mantelleitung	**B1** im Elektro-Installationsrohr auf Wand: Aderleitungen	**B2** im Elektro-Installationsrohr auf Wand: Mehradrige Kabel und Mantelleitung	**C** Verlegung auf und in Wand Kabel und Mantelleitung Abstand zur Wand: ≤ 0,3 · d	**G** Einadrige Kabel und Mantelleitung Abstand zur Wand: ≥ 1 · d
Verlegung						

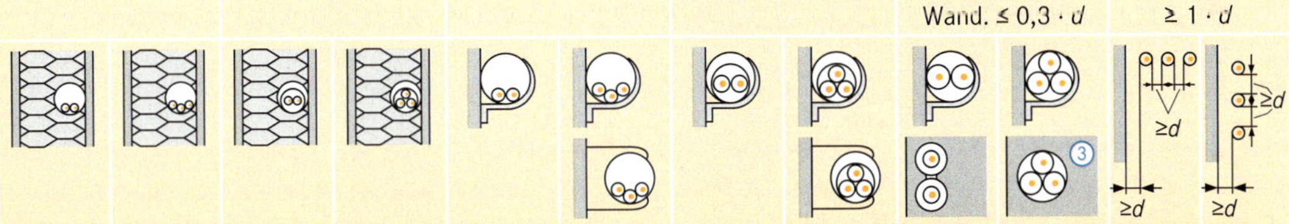

Zulässige Strombelastbarkeit I_r der Leitung und Bemessungsstromstärke I_n der zugehörigen Überstrom-Schutzorgane in A

q_n in mm² (Cu)	A1 Aderzahl 2 I_r	A1 2 I_n	A1 3 I_r	A1 3 I_n	A2 Aderzahl 2 I_r	A2 2 I_n	A2 3 I_r	A2 3 I_n	B1 Aderzahl 2 I_r	B1 2 I_n	B1 3 I_r	B1 3 I_n	B2 Aderzahl 2 I_r	B2 2 I_n	B2 3 I_r	B2 3 I_n	C Aderzahl 2 I_r	C 2 I_n	C 3 ④ I_r	C 3 ④ I_n	G Aderzahl 3 I_r	G 3 I_n	G 3 I_r	G 3 I_n
1,5	16,5	16	14,5	13	16,5	16	14,0	13	18,5	16	16,5	16	17,5	16	16	16	21	20 ⑤	18,5	16 ⑥	-	-	-	-
2,5	21	20	19,0	16	19,5	16	18,5	16	25	25	22	20	24	20	21	20	29	25	25	25	-	-	-	-
4	28	25	25	25	27	25	24	20	34	32	30	25	32	32	29	25	38	32	34	32	-	-	-	-
6	36	35	33	32	34	32	31	25	43	40	38	35	40	40	36	35	49	40	43	40	-	-	-	-
10	49	40	45	40	46	40	41	40	60	50	53	50	55	50	49	40	67	63	60	50	-	-	-	-
16	65	63	59	50	60	50	55	50	81	80	72	63	73	63	66	63	90	80	81	80	-	-	-	-
25	85	80	77	63	80	80	72	63	107	100	94	80	95	80	85	80	119	100	102	100	155	125	138	125
35	105	100	94	80	98	80	88	80	133	125	117	100	118	100	105	100	146	125	126	125	192	160	172	160
50	126	125	114	100	117	100	105	100	160	160	142	125	141	125	125	125	178	160	153	125	232	200	209	200
70	160	160	144	125	147	125	133	125	204	200	181	160	178	160	158	125	226	200	195	160	298	250	269	250

2: Belastbarkeit von Leitungen (Auszug der Tab. A aus DIN VDE 0298-4)

2.3.6 Leitungsschutz

Im Kapitel 2.2.3 wurden bereits **Überstrom-Schutzorgane** [*overcurrent protective devices*] erwähnt, ohne jedoch auf Einzelheiten einzugehen.

Diese Schutzeinrichtungen haben die Aufgabe Leitungen gegen Überlastung zu schützen. Das kann durch zu hohe Verbraucherleistungen oder durch einen **Kurzschluss** [*short circuit*] hervorgerufen werden. Überstrom-Schutzorgane müssen also die zu schützende Leitung beim Auftreten von zu hohen Stromstärken innerhalb vorgeschriebenen Zeiten abschalten.

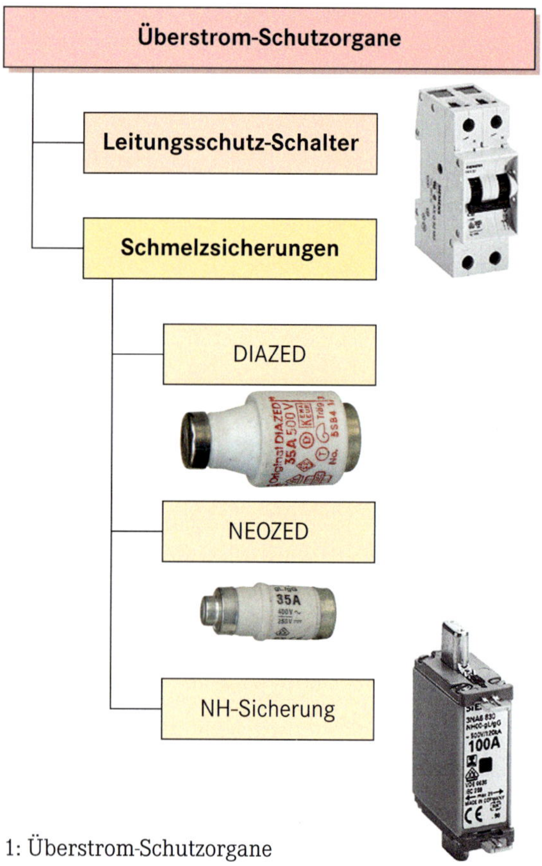

1: Überstrom-Schutzorgane

Schmelzsicherungen [*fuses*]

Diese Sicherungen sind mit ihrem Schmelzdraht bzw. -streifen in den Stromkreis eingebunden. Fließt ein zu hoher Strom schmilzt der Draht in der Sicherung und unterbricht dadurch den Stromkreis.

Die **Diazed-Sicherungen** (**dia**metral abgestufter **z**weiteiliger **Ed**ison-Schraubstöpsel) bestehen aus einem Porzellan-Hohlkörper, in dem sich der Schmelzdraht befindet. Schmilzt er, wird auch der Haltedraht (Abb. 2, ①) unterbrochen. Dadurch drückt eine Feder das farbige Meldeplättchen ② (**Kennmelder** [*indicator*]) heraus. Das ist das Zeichen, dass die Sicherung ausgelöst hat.

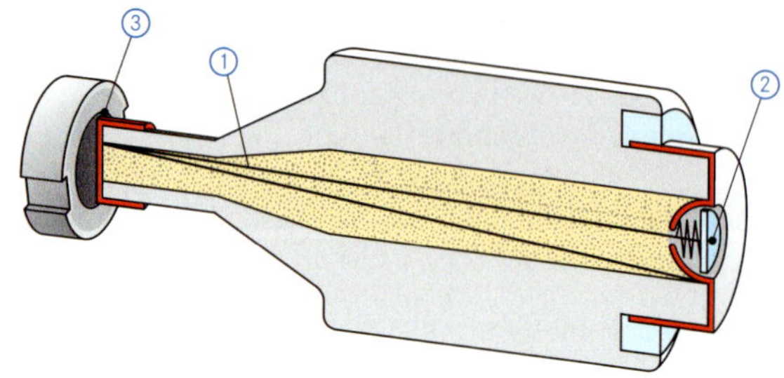

2: DIAZED-Sicherung

Die **Neozed-Sicherung** (neos = neu, griech.) ist im Prinzip genauso aufgebaut wie die Diazed-Sicherung. Nur ist ihre Bauform kleiner und damit platzsparender.

Beide Sicherungsarten bestehen aus folgenden Teilen:

- **Sicherungssockel** (Abb. 3 ④) mit **Passring** (Abb. 2 ③)
- **Sicherungseinsatz** [*fuse link*] (Abb. 3 ⑤) und
- **Schraubkappe** mit Sichtfenster (Abb. 3 ⑥).

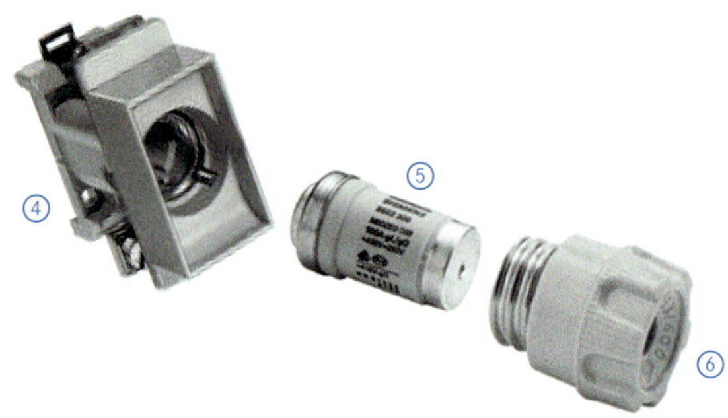

3: Teile einer Schmelzsicherung

Die Fußkontakte der Sicherungseinsätze haben je nach Bemessungsstromstärke unterschiedlich große Durchmesser. Je größer die Bemessungsstromstärke ist um so größer ist der Durchmesser. Dadurch passen in die Passringe nur die richtigen oder kleinere Schmelzeinsätze. Der betreffende Stromkreis kann also nicht höher abgesichert werden. Die Kennmelder-Farben sind den Bemessungsstromstärken der Schmelzsicherung zugeordnet. In Abb. 4 sind wesentliche Farben aufgelistet.

I_n in A	Farbe	I_n in A	Farbe
2	rosa	20	blau
4	braun	25	gelb
6	grün	35	schwarz
10	rot	50	weiß
16	grau	63	kupfer

4: Kennmelder-Farben

Schmelzsicherungen werden für verschiedene Anwendungsgebiete hergestellt. Bei **NEOZED-Sicherungen** werden **Betriebsklassen** *[utilization categories]* unterschieden. Diese werden unterteilt in Funktionsklassen und Einsatzbereiche. Die betreffenden Kennzeichen bestehen daher aus zwei Buchstaben.

Beispiel: **g G**

Funktionsklasse — **Einsatzbereich**

g: Ganzbereichsschutz
a: Teilbereichsschutz

G: Kabel und Leitungen
Tr: Transformatoren
R: Halbleiter
M: Motoren

5: Betriebsklassen-Kennbuchstaben

Die Sicherungseinsätze der Funktionsklasse g sind für den Schutz gegen Überlast und Kurzschluss geeignet. Solche der Funktionsklasse a schützen nur gegen Kurzschluss.

NEOZED-Sicherungen der Betriebsklasse gG findet man im allgemeinen im Wohnbereich.

Bei welcher Stromstärke löst eine Sicherung aus?

Bei Erreichen ihrer Bemessungsstromstärke schalten die Überstrom-Schutzorgane noch nicht ab. Sie müssen diese Stromstärke andauernd aushalten. Dieses Verhalten kann auch aus der Auslösekennlinie (Abb. 6) geschlossen werden. So gehen im oberen Zeitbereich (t_V ~ 104 s) die Kurven nahezu in die Senkrechte über. Das bedeutet z. B. für eine 16 A-Sicherung, dass die Bemessungsstromstärke ① nicht erreicht wird.

Wann und bei welcher Stromstärke die Sicherungen auslösen, ist in dem Diagramm in Abb. 2 dargestellt. Dort ist die **Auslösezeit t_V** *[tripping time]* in Abhängigkeit von der **Auslösestromstärke I_p** *[tripping current intensity]* aufgetragen. Für jede Bemessungsstromstärke ist ein Toleranzband angegeben, innerhalb dessen die Schmelzsicherung auslösen muss.

Im Folgenden wird der Umgang mit diesen Kennlinien als Beispiel für die Schmelzsicherung mit einer Bemessungsstromstärke von 16 A erläutert.

An der senkrechten Achse ist t_V in s aufgetragen. Die waagerechte Achse zeigt I_p. Die Sicherung soll spätestens nach 5 s (s. Kap. 2.3.7) auslösen. Von dieser Zeit ausgehend (Abb. 2 ②) wird eine Linie zum Auslöseband der 16 A-Sicherung gezogen. Sie trifft auf die Begrenzungen. Von hier aus gehen zwei Linien zur waagerechten Achse. Es ergeben sich zwei Stromstärken. Sie haben für die 16 A-Sicherung folgende Bedeutungen:

- Bei 40 A ③ löst die Schmelzsicherung frühestens aus.
- Bei 70 A ④ muss sie spätestens auslösen.

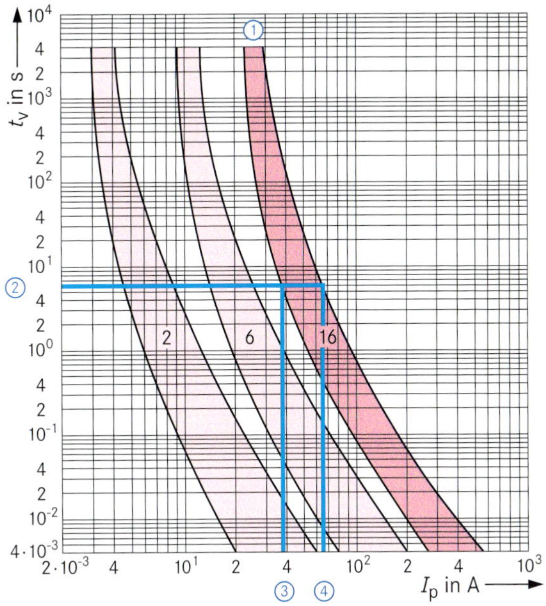

6: Auslösekennlinien

Aufgaben

1. Begründen Sie, warum in einen ordnungsgemäß installierten Sicherungssockel kein Sicherungseinsatz mit höherer Bemessungsstromstärke eingesetzt werden kann?
2. a) Woran erkennt man normalerweise, dass eine Schmelzsicherung ausgelöst hat?
   b) Erläutern Sie eine mögliche Ausnahme zu a).
3. Innerhalb welchen Zeitbereichs muss eine 16 A-Schmelzsicherung bei einer Fehlerstromstärke von 200 A auslösen?
4. Eine Leitung NYM 3x1,5 ist mit einer Schmelzsicherung mit der Bemessungsstromstärke 6 A abgesichert. Durch einen Fehler ist eine Stromstärke von 20 A vorhanden.
   Stellen Sie fest, nach welcher Zeit die Schmelzsicherung sicher abschaltet. Begründen Sie Ihre Antwort.

- Schmelzsicherungen bestehen aus dem Sockel mit Passring, dem Schmelzeinsatz und der Schraubkappe mit Sichtfenster.
- Die Passringe verhindern, dass Schmelzeinsätze mit größeren Bemessungsstromstarken eingesetzt werden können.
- Das Toleranzband der Zeit-Strom-Diagramme gibt an, innerhalb welcher Stromstärke-Grenzen die Schmelzsicherung auslösen muss.

Eine andere Art der Schmelzsicherungen sind die **Niederspannungs-Hochleistungs-Sicherungen** (NH-Sicherungen). Sie werden in den Hausanschlusskästen eingesetzt.

Im Sicherungseinsatz befindet sich wegen der großen Stromstärken kein Draht, sondern ein Schmelzband. Der Einsatz wird mit den Messerkontakten in das Sicherungsunterteil (Abb. 1) eingesteckt. Sie gibt es in sechs Baugrößen bis zu einer Bemessungsstromstärke von 1,25 kA.

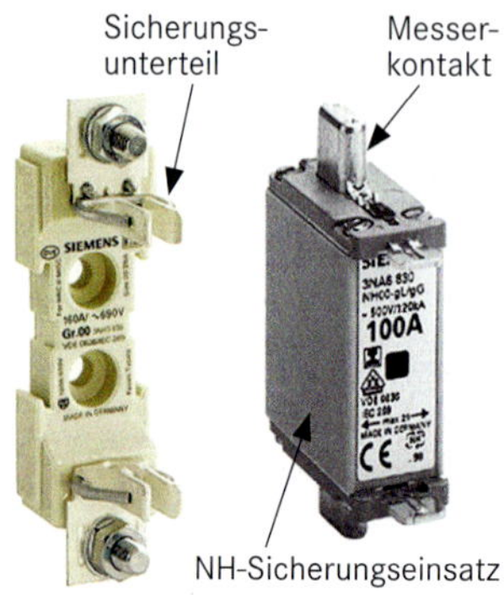

1: Sicherungseinsatz und -unterteil

Leitungsschutz-Schalter

LS-Schalter schützen wie Schmelzsicherungen gegen Überlast und Kurzschluss. Sie können von Hand aus- und wieder eingeschaltet werden. Sie müssen nicht wie Schmelzsicherungen nach jedem Auslösen ausgetauscht werden.

Die Auslöseeinrichtung besteht aus zwei Komponenten, die unterschiedliche Funktionen haben. Bei Überlast spricht der thermische Auslöser (Abb. 2 ①) an und bei Kurzschluss der elektromagnetische Auslöser ②. Die jeweiligen Öffnerkontakte liegen in Reihe mit der zu schützenden Leitung.

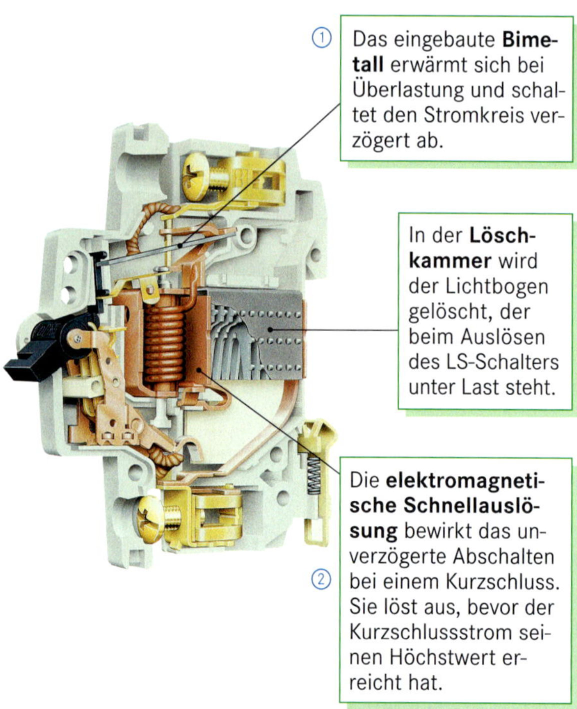

2: Aufbau eines Leitungsschutz-Schalters

Die Objekte der angeschlossenen Stromkreise (z. B. Glühlampen, Motoren) haben unterschiedliche Einschaltstromstärken, daher gibt es bei den LS-Schaltern auch verschiedene **Auslösecharakteristiken** [***tripping characteristics***].

Das Verhalten bei Überlast (thermische Auslösung, Abb. 3 ③) ist bei allen LS-Schaltern gleich. Sie unterscheiden sich im Kurzschlussbereich ④. Während Schalter mit der Auslösecharakteristik B bereits bei der 3- (bis 5-) fachen Betriebsstromstärke ⑤ abschaltet, hält der mit der Charakteristik C die 5- (bis 10-) fache Stromstärke aus. LS-Schalter mit dieser Charakteristik werden für den Schutz von Leitungen mit kleinen Motoren eingesetzt.

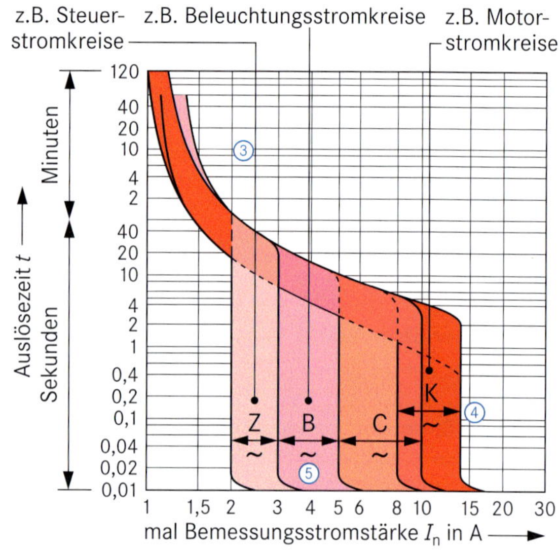

3: Auslösekennlinien

Aufgaben

1. Welche Vorteile haben Leitungsschutz-Schalter gegenüber Schmelzsicherungen?
2. Welche Unterschiede bestehen zwischen dem Verhalten von LS-Schaltern mit B-Charakteristik und mit C-Charakteristik?
3. Sie sollen eine Leitung (16 A) für ein Schleifgerät mit 8-facher Anlaufstromstärke mit einem LS-Schalter schützen. Welche Charakteristik wählen Sie? Begründung Sie Ihre Entscheidung.

- Leitungsschutz-Schalter (LS-Schalter) schützen gegen Überlast durch den thermischen Auslöser (Bimetall) und gegen Kurzschluss durch den elektromagnetischen Auslöser (Spule).
- LS-Schaltern mit der Auslösecharakteristik B werden für Beleuchtung und Auslösecharakteristik C für Geräte mit hohem Einschaltstrom eingesetzt.

2.3.7 Schutzmaßnahmen gegen elektrischen Schlag

Von einer elektrischen Anlage darf keine Gefahr für Mensch und Tier ausgehen. Hierzu sind in DIN VDE 0100-410 Grundregeln aufgestellt worden.

Am Beispiel der geplanten Garageninstallation werden die wichtigsten Schutzmaßnahmen (Abb. 1) gegen einen **elektrischen Schlag** [*electric shock*] beschrieben.

Weitere **Schutzmaßnahmen** [*protective measures for safety*] werden im Lernfeld 5 erläutert.

Um einen wirksamen Schutz gegen elektrischen Schlag zu gewährleisten, muss eine Kombination von zwei unabhängigen Schutzvorkehrungen angewendet werden. Bei der Garageninstallation ist dies der **Basis- und** der **Fehlerschutz** [*basic and fault protection*].

Schutzmaßnahmen

Basisschutz
Schutz gegen direktes Berühren

Gefährliche, unter Spannung stehende Teile (aktive Teile) dürfen nicht berührbar sein.

Beispiel:
Leiter müssen isoliert werden, so dass eine Berührung dieser Leitung keine Gefahr darstellt.

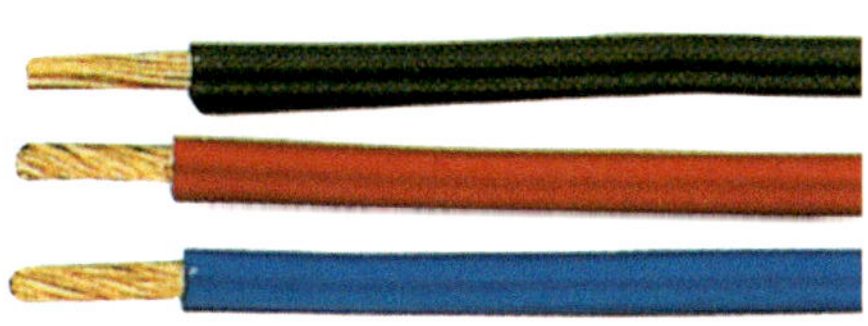

Fehlerschutz
Schutz bei indirektem Berühren

Berührbare leitfähige Teile dürfen auch nicht im Fehlerfall zu gefährlichen aktiven Teilen werden.

Beispiel:
Metallene Gehäuse, z.B. die der Garagenleuchten, werden mit dem Schutzleiter verbunden.

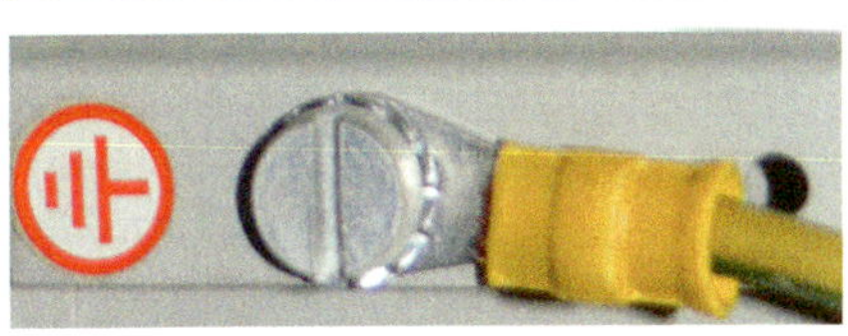

4: Basis- und Fehlerschutz

2.3.7.1 Gefahren des elektrischen Stromes

Der menschliche Körper wird vom Gehirn mit elektrischen Signalen gesteuert. Soll beispielsweise die Hand bewegt werden, sendet das Gehirn elektrische Signale an die Muskulatur der Hand. Fließt bei einem Stromunfall ein hoher Fremdstrom durch die Hand, kommt es zwangsläufig zu Funktionsablaufstörungen wie Muskelverkrampfungen. Die Hand kann den spannungsführenden Gegenstand nicht mehr loslassen.

Das menschliche Herz erhält ca. 70 Stromimpulse je Minute (entspricht 1,16 Hz). Wird es von einem 50 Hz Wechselstrom durchflossen, versucht das Herz diesen aufgeprägten schnellen Wechselstromimpulsen zu folgen. Das Herz ist dazu nicht in der Lage. Es kommt zum Kammerflimmern und somit zum Kreislaufstillstand. Innerhalb kürzester Zeit tritt der Tod ein. Nur ein erneuter, von außen erzeugter Impuls z.B. eines Defibrillators, kann das Herz wieder im normalen Rhythmus arbeiten lassen.

Die Abb. 2 zeigt nach VDE V 0140-479-1 die physiologische Wirkung eines 50 Hz-Wechselstromes **in Abhängigkeit von der Zeit** bei einem Durchströmungsweg von der linken Hand über das Herz zu den Füßen.

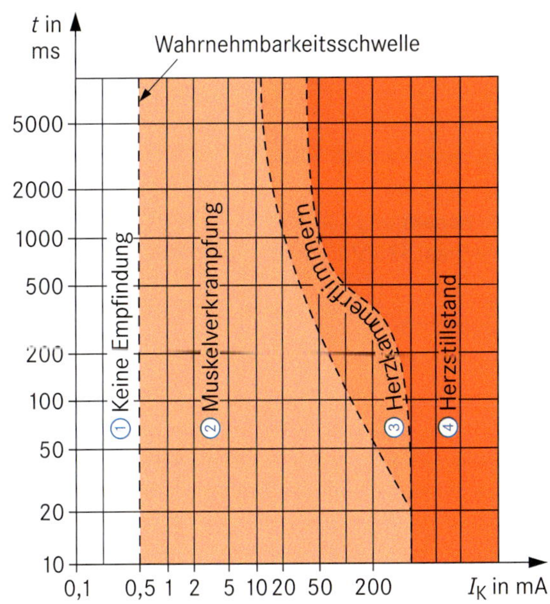

5: Auswirkungen des Stromes auf den Menschen

Erläuterungen zum Diagramm:

- **Stromstärken < 0,5 mA** ① verursachen keine Empfindung bis leichtes Kribbeln.
- **Stromstärken > 0,5 mA** ② sorgen für Kribbeln bis gefährliche Muskelverkrampfungen.
- **Stromstärken ab etwa 30 mA** bei einer Einwirkdauer von **über 500 ms** können zu Herzkammerflimmern ③ und anschließend zum Herzstillstand ④ führen (vgl. Kap. 2.3.7.3).

Weitere Gefahren bei Stromunfällen:

- Längere Stromeinwirkungen führen zu inneren Verbrennungen und zur Zersetzung der Zellflüssigkeit (→ Vergiftung des Körpers).
- Kurzschlüsse können einen 3.000 - 20.000 °C heißen Lichtbogen erzeugen. Diese Lichtbögen verursachen äußere Verbrennungen und können die Augen schädigen.

Höchstzulässige Berührungsspannungen U_L

Um die höchstzulässige Berührungsspannung zu ermitteln, werden folgende Annahmen gemacht:

- Ein Strom fließt ca. 1 s durch den menschlichen Körper.
- Die Stromstärke beträgt 50 mA. Dieser Stromfluss ist sehr gefährlich, aber noch nicht tödlich.
- Der Körperinnenwiderstand hat 1000 Ω. Ist die Haut trocken und unverletzt, beträgt der Körperwiderstand mehrere kΩ.

Die Höhe der angelegten Spannung errechnet sich wie folgt:

$U = I_K \cdot R_{Ki}$ $\quad U = 50\ \text{mA} \cdot 1000\ \Omega$ $\quad U = 50\ \text{V}$

U: Wechselspannung

I_K: Strom durch den menschlichen Körper

R_{Ki}: Körperinnenwiderstand

Hiervon ausgehend hat VDE höchstzulässige Berührungsspannungen U_L (L: Limit, Grenze) festgelegt:

- **Wechselspannung** (AC):
  Menschen: **50 V** Nutztiere: **25 V**
- **Gleichspannung** (DC):
  Menschen: **120 V** Nutztiere: **60 V**

Die Gleichspannungswerte sind höher, weil es nicht zum lebensbedrohlichen Herzkammerflimmern wie bei der Wechselspannung kommen kann.

Ein Basisschutz ist für Bemessungsspannungen bis 25 V AC bzw. 60 V DC nicht erforderlich. Daher dürfen spannungsführende Teile z. B. bei Spielzeugeisenbahnen oder Schienensystemen für Niedervolt-Halogenleuchten frei zugänglich sein.

Aufgaben

1. Warum spielen die Schutzmaßnahmen in der Elektroinstallation eine wichtige Rolle?
2. Erklären Sie die Aufgaben des
   a) Basisschutzes und des
   b) Fehlerschutzes.
3. Welche Auswirkung hat ein Strom durch den menschlichen Körper mit: $I_K = 30\ \text{mA}$, $t = 0{,}4\ \text{s}$
4. Nennen Sie die höchstzulässigen Berührungsspannungen (AC und DC) für Menschen und Tiere.

Weitere Fachbegriffe

Strommarken [*electric marks*]: Sie sind die Stellen in der Haut, an denen der Strom ein- bzw. austrat.

Sekundäre Stromunfälle [*secondary electrical accidents*]: Ein Stromschlag löst eine Schreckreaktion aus und verursacht z. B. einen Sturz von der Leiter.

Fehlerspannung [*fault voltage*] U_F: Eine schadhafte Isolierung setzt den Körper eines Betriebsmittels unter Spannung (Abb. 1). Die Spannung zwischen dem Fehler und dem nächsten Erdungspunkt wird als Fehlerspannung ① bezeichnet.

Berührungsspannungen [*touch voltages*] U_B: Hierbei handelt es sich um die Spannung ②, die im Fehlerfall zwischen gleichzeitig berührbaren Teilen auftreten kann. Die höchstzulässige Berührungsspannung darf nicht überschritten werden.

Gehäuse: Es ist nach DIN EN 60204-1 als ein Teil definiert, dass in allen Richtungen Schutz gegen direktes Berühren bietet und die Ausrüstung/Anlage gegen bestimmte äußere Einflüsse schützt. Ein Gehäuse kann ein Kasten, Schrank oder auch ein Einbauraum sein.

Körper: Der Körper eines elektrischen Betriebsmittels ist ein berührbares leitfähiges Teil, das unter normalen Betriebsbedingungen nicht unter Spannung steht.

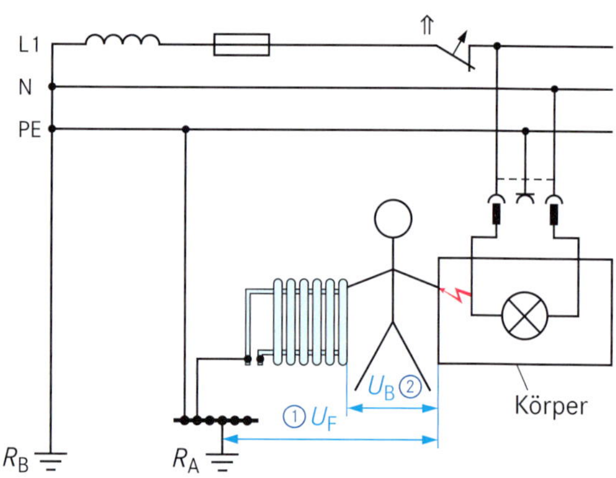

1: Spannungen im Fehlerfall

- Die Schutzmaßnahmen werden in der DIN VDE 0100-410 beschrieben.
- Der Basisschutz stellt einen Schutz gegen direktes Berühren von aktiven Teilen dar.
- Der Fehlerschutz soll im Fehlerfall vor einem elektrischen Schlag schützen.
- Bereits Stromstärken < 0,5 mA verursachen Muskelverkrampfungen; Stromstärken von 50 mA gelten als lebensbedrohlich.
- Die höchstzulässigen Berührungsspannungen betragen für den Menschen 50 V AC und 120 V DC.

Fehlerarten [*fault types*] und Definitionen

In der Praxis sind unterschiedliche elektrische Fehler möglich. Abbildung 2 zeigt Fehler in einer elektrischen Anlage.

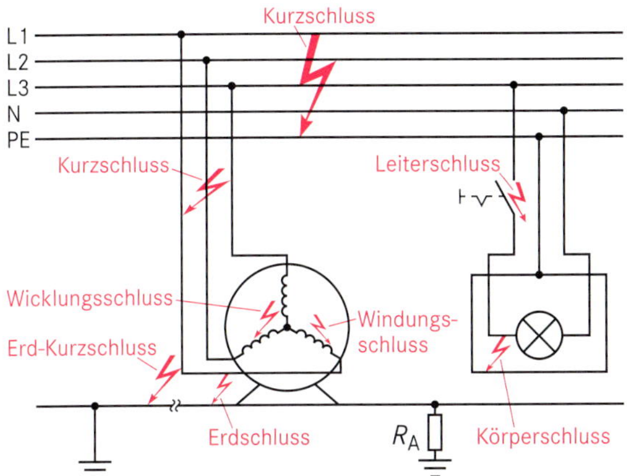

2: Fehlerarten (Beispiele)

- **Aktive Leiter [*live conductors*] bzw. Teile**: Aktive Leiter stehen im ungestörten Betrieb unter Spannung. Dazu zählen die Außenleiter und der Neutralleiter(!). Der PEN-Leiter gehört laut DIN VDE nicht dazu.
- **Potenzial**: Eine Spannung, die auf einen bestimmten Punkt (meistens 0 V bzw. „Masse") bezogen ist, heißt Potenzial. Eine Spannung kann deshalb auch als Potenzialdifferenz bezeichnet werden.
- **Kurzschluss**: Ein Kurzschluss stellt eine Verbindung zwischen elektrisch leitfähigen Teilen dar, wodurch eine zuvor bestehende Potenzialdifferenz aufgehoben wird.
- **Erdschluss [*earth fault*]**: Ein Erdschluss ist eine leitende Verbindung zwischen einem aktiven Leiter mit Erde (R_A sehr groß $\rightarrow I$ sehr klein).
- **Erd-Kurzschluss**: Ist ein Erdschluss mit einer niederohmigen Erdverbindung ($R_A \downarrow \rightarrow I \uparrow$).
- **Körperschluss [*short circuit to exposed conductive part*]**: Ein Körperschluss ist eine leitende Verbindung von einem Körper eines elektrischen Betriebsmittels mit einem aktiven Teil.
- **Leiterschluss**: Ein Leiterschluss ist eine leitende Verbindung zweier Leiter, die gegeneinander unter Spannung stehen. In diesem fehlerhaften Stromkreis liegt ein Nutzwiderstand. In Abb. 2 leuchtet die Leuchte dann dauerhaft.
- **Wicklungsschluss [*interwinding fault*]**: Mindestens zwei unterschiedliche (Motoren-) Wicklungsstränge sind elektrisch leitend miteinander verbunden.
- **Windungsschluss**: Ein Windungsschluss ist eine leitende Verbindung innerhalb eines Stranges.

Besitzt im Fehlerfall die leitende Verbindung einen Übergangswiderstand, entsteht ein unvollkommener Schluss. Die besondere Gefahr dabei ist, dass er nicht schnell genug erkannt wird. Der Stromfluss kann zu einer unzulässig hohen Erwärmung und schließlich zu einem Brand führen.

2.3.7.2 Fehlerschutz

Um die Wirkungsweise des Fehlerschutzes zu verstehen, muss bei dem vorgestellten Bauvorhaben das Netzsystem erläutert werden. Es handelt sich nach DIN VDE 0100-300 um ein **TN-C-S-System** (Abb. 3 und 4).

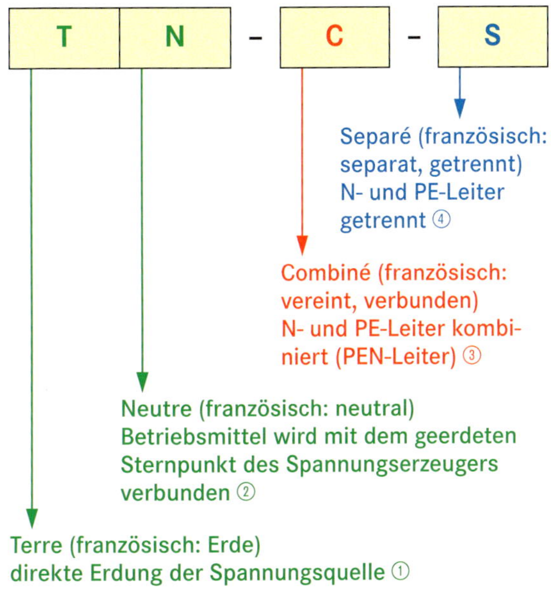

3: Erläuterungen der Kurzbezeichnungen

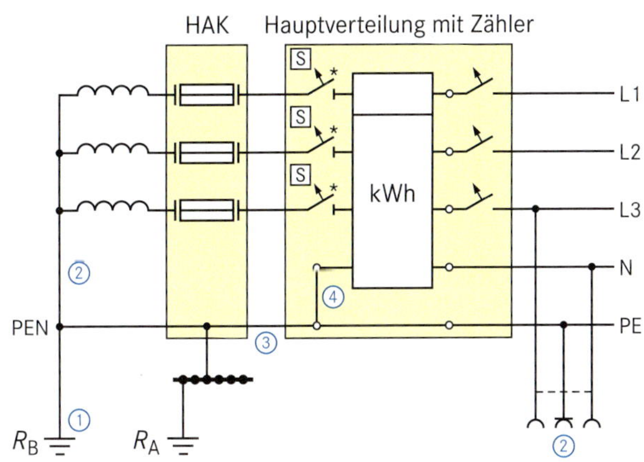

4: TN-C-S-System

Metallene Körper von elektrischen Betriebsmitteln werden mit dem Schutzleiter verbunden. Tritt ein Körperschluss auf, muss die zugehörige Überstromschutzeinrichtung innerhalb einer bestimmten Zeit automatisch auslösen. Damit soll verhindert werden, dass der Körper nicht permanent unter Spannung steht und dadurch ein Lebewesen zu Schaden kommen kann.

Körperschlüsse in Betriebsmitteln werden beispielsweise durch

- einen fehlerhaften Basisschutz oder
- Berührung eines spannungsführenden Leiters mit dem elektrisch leitfähigen Körper verursacht.

Wie in jedem Stromkreis, kann auch hier nur im Fehlerfall ein Strom fließen, wenn der Stromkreis geschlossen ist. Abb. 1 zeigt den Weg des Stromes in der so genannten Fehlerschleife.

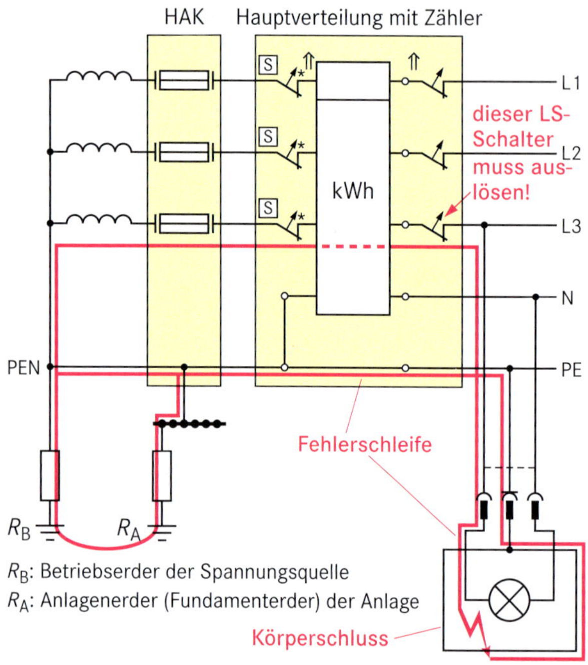

1: Fehlerschleife

Um eine schnelle Auslösung der Überstromschutzeinrichtung zu erzielen, muss der Leiterwiderstand der Fehlerschleife möglichst gering sein.

$R_{\text{Leiter}} \downarrow \rightarrow I_{\text{Kurzschluss}} \uparrow \rightarrow t_{\text{Abschaltung}} \downarrow$

Dies wird u.a. dadurch erreicht, dass der PEN-Leiter mehrmals geerdet wird (Abb. 1). Der Widerstand des **Betriebserders** [*functional earth*] R_B und der Widerstand des **Anlagenerders** [*installation earth*] R_A sind parallel geschaltet. Da in einer Parallelschaltung von Widerständen der Gesamtwiderstand kleiner ist als der kleinste Einzelwiderstand, bedeutet dies, dass diese Erdungsmaßnahme für einen geringen Erdungswiderstand sorgt. Auf die Schaltzeichen für R_B und R_A wird im Weiteren verzichtet.

Der Fehlerstrom fließt über den PEN-Leiter und über das Erdreich zum Spannungserzeuger zurück, wobei grundsätzlich der PEN-Leiter niederohmiger ist. Bei einer fehlerhaften Unterbrechung des PEN-Leiters bleibt die Spannungsversorgung gewährleistet, da der Stromkreis über das Erdreich geschlossen bleibt.

Neben dem Aspekt der schnellen Abschaltung, spielt ein weiterer Aspekt eine wichtige Rolle:
Im Fehlerfall – noch bevor die Überstromschutzeinrichtung auslöst - darf die von DIN VDE vorgeschriebene maximale Berührungsspannung in Höhe von 50 V AC am geerdeten Körper des fehlerhaften 230 V-Betriebsmittels nicht überschritten werden (Abb. 2).

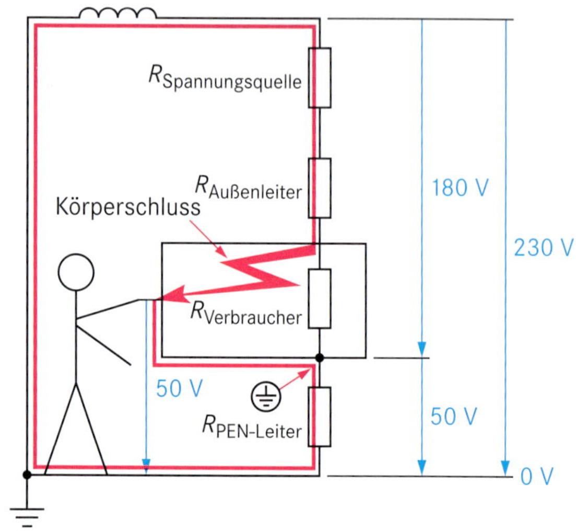

2: Spannungsaufteilung beim Körperschluss (Beispiel)

Ein geringer Widerstand des geerdeten PEN-Leiters sorgt somit auch für einen nur geringeren Spannungsfall auf diesen Leiter. Der Körper des Betriebsmittels nimmt in etwa dieses Potenzial an.

Weitere Übergangswiderstände, z.B. durch Anschlussklemmen in der Hauptverteilung, werden bei dieser Betrachtung vernachlässigt.

Idealfall:

$R_{\text{PEN-Leiter}} \approx 0\,\Omega \rightarrow \Delta U_{\text{PEN-Leiter}} \approx 0\,\text{V} \rightarrow U_{\text{Körper}} \approx 0\,\text{V}$

In Tabelle 3 sind die maximal zulässigen Abschaltzeiten gemäß DIN VDE 0100-410 aufgeführt.

Maximale Abschaltzeiten im TN-System		
Stromkreis	**U_0, Bemessungs-wechselspannung (Außenleiter gegen Erde)**	**Abschalt-zeiten**
Endstrom-kreise bis 32 A	50 V < U_0 ≤ 120 V 120 V < U_0 ≤ 230 V 230 V < U_0 ≤ 400 V U_0 > 400 V	0,8 s 0,4 s 0,2 s 0,1 s
Verteilungs-stromkreise	für alle Spannungen	5,0 s

3: Abschaltzeiten im TN-System

- Die Fehlerschleife stellt einen geschlossenen Stromkreis dar.
- Parallele Erder sorgen für einen geringen Erdungswiderstand und damit für eine schnelle Auslösung der Überstromschutzeinrichtung.
- In einem TN-C-System (230 V) beträgt die maximale Abschaltzeit in Endstromkreisen 0,4 s.

2.3.7.3 Fehlerstrom-Schutzeinrichtung RCD

Bei dem vorgestellten Bauvorhaben werden zusätzlich zu den Überstrom-Schutzeinrichtungen auch **Fehlerstrom-Schutzeinrichtungen**, kurz: **RCD** [***Residual Current protective Devices***], eingebaut. Die deutsche Abkürzung **FI-Schutzschalter** ist ebenso im Sprachgebrauch üblich (Abb. 4).

Dieser zusätzliche Fehlerschutz ist nach DIN VDE 0100-410 vorgeschrieben für

- Steckdosen mit einem Bemessungsstrom ≤ 20 A und
- Außenbereichssteckdosen mit einem Bemessungsstrom ≤ 32 A.

Eine frühere Regelung, wonach bei der Haus- bzw. Wohnungsinstallation eine RCD nur für Steckdosen im Badezimmer und im Außenbereich vorgeschrieben wurde, ist nicht mehr gültig.

4: RCD ohne Gehäuse

Der besondere Vorteil der RCDs gegenüber den Überstrom-Schutzeinrichtungen besteht darin, dass diese, z. B. auch bei einem unvollkommenen Körperschluss, bereits kleine Fehlerströme (im mA-Bereich) erfassen können, so dass mögliche Berührungsspannungen sehr klein bleiben. Der fehlerbehaftete Stromkreis muss laut RCD-Gerätenorm innerhalb von 200 ms abgeschaltet werden.

Es sind RCDs mit unterschiedlichen **Bemessungsdifferenzstromstärken** [***rated differential current intensities***] ($I_{\Delta N}$) erhältlich.

- $I_{\Delta N} \leq 30$ mA: Personenschutz und Brandschutz
  Der Einsatz von RCDs mit einer Bemessungsdifferenzstromstärke in Höhe von 30 mA ist beispielsweise im Wohnungsbau, auf Baustellen, in Schwimmbädern und in Laboreinrichtungen üblich.
- $I_{\Delta N} \leq 300$ mA: Brandschutz
- Mit integriertem LS-Schalter für den Leitungsschutz.

Funktionsweise

RCDs vergleichen die zum Betriebsmittel hinfließenden und zurückfließenden Stromstärken (Abb. 5, I_1 und I_2 ①).

Im **fehlerfreien Betrieb** haben beide Ströme exakt den gleichen Wert.

Jeder dieser Ströme fließt im RCD durch Spulen mit wenigen Windungen ②. Die Spulen sind um einen Ringkern, den so genannten Summenstromwandler ③, gewickelt.

Die entstehenden Magnetfelder sind entgegengesetzt gerichtet und heben sich somit auf. In der Auslösespule ④ wird keine Spannung induziert. Der Auslöser spricht nicht an.

Fließt dagegen im **Fehlerfall** ein Fehlerstrom I_Δ ⑤ **über Erde oder wie im Bild über den PE** ab, ist die Summe der Ströme nicht gleich Null.

$I_1 = I_2 + I_\Delta \rightarrow I_1 > I_2$

Dadurch wird in der Auslösespule eine Spannung induziert, die wiederum eine weitere Spule (Auslöser) ⑥ mit Spannung versorgt. Diese Spule erzeugt ein Magnetfeld und zieht dadurch einen Anker ⑦ an, der über eine mechanische Verbindung das Schaltschloss betätigt ⑧. Das Schaltschloss öffnet die Kontakte der RCD und der Stromkreis wird allpolig unterbrochen ⑨.

Durch Betätigung der Test-Taste wird ein Fehlerstrom verursacht, der zur Auslösung der RCD führen muss.

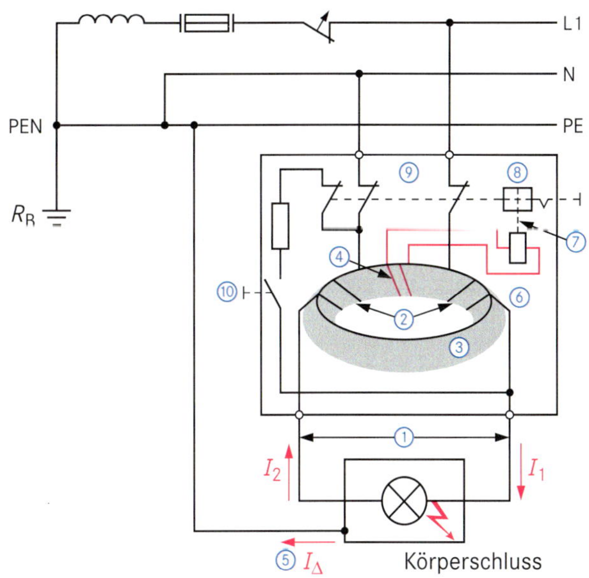

5: Prinzip einer 2-poligen RCD

RCDs schalten nur Fehlerströme ab. Einen Kurzschluss zwischen dem Außenleiter und dem Neutralleiter können sie nicht erkennen. Es fließt zwar ein hoher Strom, jedoch ist die Summe der Ströme Null. Auf eine Überstrom-Schutzeinrichtung kann also nicht verzichtet werden.

Die häufig eingesetzten RCDs mit einer Bemessungsdifferenzstromstärke von 30 mA müssen spätestens bei diesem Wert auslösen. Damit wird zwar die lebensbedrohliche Stromstärke von 50 mA deutlich unterschritten, aber es kann bereits zu Muskelverkrampfungen kommen (vgl. Kap. 2.3.7.1).

Soll eine RCD die komplette Anlage absichern?

Eine RCD-Installation z. B. in der Hauptleitung ist nicht sinnvoll, weil dadurch im Fehlerfall sämtliche Stromkreise abgeschaltet werden. Daher bietet sich eine Aufteilung in mehrere RCD-Stromkreise an. Diese Maßnahme erhöht die Versorgungssicherheit der elektrischen Anlage.

Fehlersuche [*fault locating*]

Spricht eine RCD an, muss das fehlerhafte Anlagenteil erst einmal gefunden werden. Wichtig hierbei ist eine systematische Fehlersuche, die folgendermaßen ablaufen kann:

- Kunden nach besonderen Ereignissen fragen und dann Rückschlüsse ziehen. Fehler trat z. B. nach dem „gründlichen" Aufwischen in der Nähe einer auf dem Boden liegenden Steckdosenleiste auf.
- Elektrische Geräte entfernen, wie z. B. Toaster, Waschmaschine, Fernseher.
- Im Stromkreisverteiler die einzelnen Stromkreis-Zuleitungen, die über der auslösenden RCD abgesichert sind, entfernen.
- Führen die oben genannten Maßnahmen nicht zum gewünschten Erfolg, ist ein Defekt der RCD nicht auszuschließen.

Reihenschaltung von RCDs

In ausgedehnten Anlagen wie beispielsweise in einem elektrotechnischen Labor soll eine RCD in der Hauptstromverteilung die Anlage vor Bränden schützen. Eine weitere RCD wird zusätzlich als Personenschutz für einen Steckdosenstromkreis verwendet. Beide Betriebsmittel sind folglich in Reihe geschaltet (Abb. 1). Kommt es im Steckdosenstromkreis zum Fehlerfall, dann lösen in der Regel beide RCDs aus. Um dies zu verhindern, muss die im Hauptstromkreis vorgeschaltete RCD verzögert auslösen (t_a < 1s). Der Fachbegriff hierfür ist **Selektivität**. Diese spezielle RCD ist an diesem Symbol zu erkennen: S

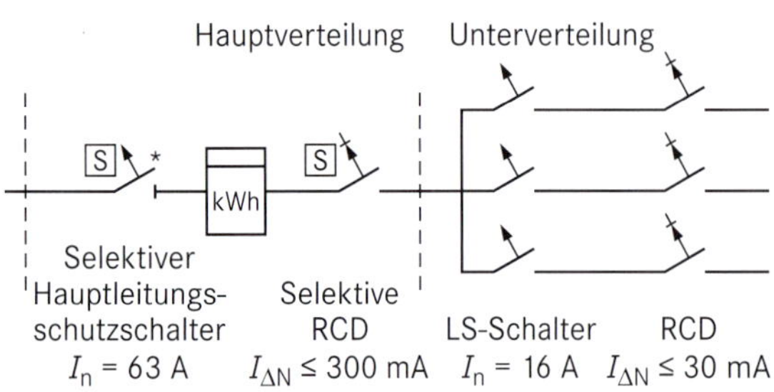

1: Anordnung der RCDs (Beispiel)

RCD-Typen [*RCD, types*]

Die Typenbezeichnungen der RCD dürfen nicht mit den Auslösecharakteristiken der LS-Schalter verwechselt werden (Abb. 2).

Typ A

Diese RCD erfassen rein sinusförmige Wechselströme und pulsierende Gleichfehlerströme. Eine Betriebsspannung ist nicht erforderlich (Abb. 2).

Typ B

Der so genannte allstromsensitive Fehlerstromschutzschalter erfasst zusätzlich glatte Gleichströme, wie sie z. B. beim Einsatz von Frequenzumrichtern auftreten können.

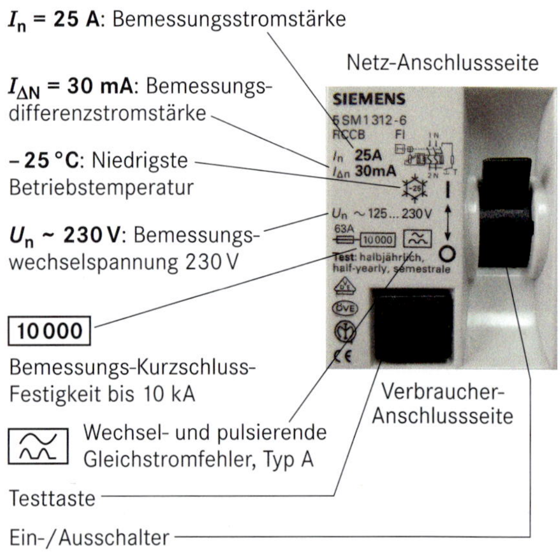

2: Bezeichnungen eines RCD-Schutzschalters

Aufgaben

1. Erklären Sie den Vorteil einer RCD z. B. bei einem Körperschluss gegenüber einer Überstrom-Schutzeinrichtung.
2. Erläutern Sie den Aufbau und die Funktionsweise der RCD.
3. Eine RCD löst aus. Beschreiben Sie die Schritte einer systematischen Fehlersuche.

- RCDs mit einer Bemessungsdifferenzstromstärke $I_{\Delta N} \leq$ 30 mA dienen dem Personen- und Brandschutz.
- RCDs sind in der Wohnungsinstallation für Steckdosenstromkreise Vorschrift.
- Eine RCD darf nur in Kombination mit einer Überstrom-Schutzeinrichtung betrieben werden.

2.4 Angebot

Für das vorgestellte Bauvorhaben "Installation einer Garage" sind die Wünsche des Ehepaars Carsten in die Planung der Anlage (vgl. Kap. 2.3) übernommen worden. Die Elektrofirma Steffen hat die entsprechenden Aufmaße erstellt und alle benötigten elektrischen Objekte ermittelt. Da die Kunden den Preis für die Installation wissen möchten, wird ein Angebot erstellt.

Wie im Handwerk üblich, sind die Materialien und der dazugehörende Arbeitsaufwand zu einer Position (Abb. 3 ①) zusammengefasst. Im vorliegenden Angebot sind Objektgruppen ② gebildet worden, um dem Kunden die Übersicht zu erleichtern. Weitere Hinweise zur Kalkulation und Erstellen eines Angebotes sind im Anhang (s. Seite 250) zu finden.

im Hause
Ising Haustechnik
Heizung · Sanitär · Lüftung · Fliesen

Rolf Steffen
Elektrotechnik

Ehepaar Carsten
Hauptstraße 12
55595 Roxheim

ANG.-Nr.: **018/09/09-A**
Datum: 07.08.2010
Kundennummer: 00013

Angebot

Sehr geehrtes Ehepaar Carsten,
aufgrund Ihrer Wünsche biete ich Ihnen hiermit folgende Lieferungen und Leistungen an:

Position	Menge/Einheit	Beschreibung	Einzelpreis	Gesamtpreis
1		**Leitungen**		
1.1	19,40 lfm	Mantelleitung NYM 3x1,5 mm² UP mit Befestigungsmaterial inkl. Erstellen des Mauerschlitzes, liefern und verlegen. ①	4,33 €	84,00 €

Position	Menge/Einheit	Beschreibung	Einzelpreis	Gesamtpreis
4		**Schaltgeräte**		
4.1	6 St	Schukosteckdose in vorhandener Schalterdose, liefern und montieren. Hersteller: JUNG Typ: CD 520 WW Programm: CD 500 Farbe: alpinweiss	7,79 €	46,74 €

Zusammenstellung

1 Leitungen		463,47 €
2 Dosen		65,11 €
3 Unterverteiler ②		383,50 €
4 Schaltgeräte		193,17 €
5 Leuchten		186,25 €
Nettosumme		**1.291,50 €**
Mehrwertsteuer 19 %		**245,39 €**
Bruttosumme	**Angebotspreis**	**1.536,89 €**

Wir hoffen, dass Ihnen unser Angebot in technischer und in preislicher Hinsicht zusagt.
Wir würden uns daher freuen, den Auftrag zur Durchführung der Elektroinstallation Ihrer Garage zu erhalten.
Für weitere Fragen stehen wir Ihnen selbstverständlich jederzeit zur Verfügung.

Mit freundlichen Grüßen

Rolf Steffen

3: Auszüge aus dem Angebot der Firma Rolf Steffen

2.5 Elektroinstallation einer Garage

Das Ehepaar Carsten hat dem Betrieb Elektrotechnik Steffen den Auftrag zur Elektroinstallation der Garage erteilt. Um sicherzustellen, dass die Installation wirtschaftlich optimal und termingerecht durchgeführt werden kann, wird eine ausführliche Arbeitsplanung erstellt.

2.5.1 Arbeitsplanung

Die folgenden Punkte sind bei einer Arbeitsplanung zu berücksichtigen:

- Arbeitsschritte zur Realisierung des Kundenauftrages in der notwendigen Reihenfolge festlegen (Zielplanung)
- Anzahl/Qualifikation des Personals einplanen
- Zeitplan erstellen
- Material (Stückliste) und Werkzeug auswählen und gegebenenfalls beschaffen
- Hilfs- und Prüfmittel auswählen und beschaffen
- Dokumentationen (Pläne, Steuerungsprogramme, Betriebsanleitungen usw.) erstellen
- Arbeitsschutz und Unfallverhütungsvorschriften berücksichtigen (s. Kap. 2.5.2)
- Qualitätsanforderungen beachten

Die Arbeitsplanung erfolgt zum Einen auf der Grundlage des erstellten Angebots und zum Anderen spielt die praktische Erfahrung bei der Realisierung von Elektroinstallationen eine wichtige Rolle. Die Arbeitsplanung wird im Arbeitsplan (Abb. 1) schriftlich festgehalten. Zur Arbeitserleichterung verwendet der Elektrobetrieb für die Arbeitsplanungen seiner Bauvorhaben vorbereitete Formulare. Diese werden von Herrn Steffen handschriftlich ergänzt.

Aufgaben

1. Warum ist eine Arbeitsplanung notwendig?
2. Welche Aspekte beinhaltet die Arbeitsplanung?
3. Erläutern Sie, warum praktische Erfahrungen bei der Arbeitsplanung eine Rolle spielen?

- Zur Arbeitsplanung zählen Ziel-, Personal-, Zeit-, Material- und Werkzeugplanung sowie wichtige Aspekte des Arbeitsschutzes.
- Die **Zielplanung** [*target planning*] enthält die Arbeitsschritte in der notwendigen Reihenfolge.

Arbeitsplan	Datum: 18.08.2010
Auftragsnummer:	217-2010
Bauvorhaben:	Elektroinstallation einer Garage für Ehepaar Carsten
Auftrag vom:	10.08.2010
Ziel:	Arbeitsschritte beim Kunden: Lage der Objekte und Leitungen anzeichnen → Stemmarbeiten → Schalterdosen fixieren → Leitungen verlegen → Objekte einbauen → Leitungen anschließen → Prüfen und Inbetriebnahme der Anlage → Kundenübergabe
Personal:	1 Facharbeiter, 1 Auszubildender
Zeit:	Durchführung in der 39. KW (27.09 - 29.09.2010) in Absprache mit Ehepaar Carsten 1 Facharbeiter = 24 Std. (3 Arbeitstage), 1 Auszubildender = 16 Std. (2 Arbeitstage) Arbeitszeit insgesamt: 40 Std. (inkl. An- und Abfahrten)
Werkzeug: (inkl. Hilfs- und Prüfmittel)	2 vollständige Werkzeugkisten und Leitern im Fahrzeug, 2 Schlagbohrmaschinen im Koffer komplett, gegebenfalls NH-Sicherungsgriff, Messgerät für die Erstprüfung
Dokumentationen:	Installationsplan (vgl. Kap. 2.3), Prüfbericht zur Erstprüfung (s. Kap. 2.5.3)
Arbeitsschutz: (s. Kap. 2.5.2)	Persönliche Schutzausrüstung, Gummimatten mit Befestigungsklemmen, Erste-Hilfe-Koffer im Fahrzeug

1: Arbeitsplan

2.5.2 Arbeitsschutz [*occupational safety*]

2.5.2.1 Vorschriften

Im Berufsleben ist der Arbeitsschutz besonders wichtig. Deshalb hat der Elektrobetrieb Steffen ihn bereits in der Phase der Arbeitsplanung berücksichtigt. Der Arbeitsschutz soll es ermöglichen, dass Beschäftigte sicher, gesund und unter humanen Bedingungen arbeiten können.

Die Maßnahmen zum Arbeitsschutz werden in drei Bereiche unterteilt (Abb. 2):

Bereich	Beispiele
Sichere Arbeitsbedingungen	Tragepflicht von Helmen und Sicherheitsschuhen auf Baustellen, Gerätesicherheit
Gesundheitsschutz	Umgang mit Gefahrstoffen, Maßnahmen gegen Lärm oder psychische Belastungen
Personenbezogener Schutz	Arbeitszeitregelungen, Jugendarbeitsschutz

2: Bereiche des Arbeitsschutzes

Um einen effektiven Arbeitsschutz zu gewährleisten, sind zahlreiche Gesetze und Verordnungen erlassen worden, z. B. das **Arbeitsschutzgesetz** [*occupational health and safety act*]. Auf diesen Grundlagen sollen Sicherheit und Gesundheitsschutz der Beschäftigten bei der Arbeit gesichert und verbessert werden.

Für den Elektrobetrieb Steffen spielt auch die **Baustellenverordnung** [*construction site regulation*] eine wichtige Rolle. Die Beschäftigten auf Baustellen sind im Vergleich zu anderen Wirtschaftszweigen einem hohen Unfall- und Gesundheitsrisiko ausgesetzt. Die Verordnung enthält organisatorische Mindestanforderungen bezüglich der Sicherheit und dem Gesundheitsschutz (z. B. das Anbringen von Gebotszeichen, Abb. 3). Die Unternehmer sind verpflichtet, die Arbeitsschutzvorschriften einzuhalten, um die Gefährdung ihrer Mitarbeiter weitestgehend ausschließen zu können.

3: Gebotszeichen auf Baustellen und in der Produktion

Für die Garageninstallation werden u. a. Werkzeuge, Bohrmaschinen und Leitern benötigt. Diese Geräte müssen dem **Geräte- und Produktsicherheitsgesetz** [*equipment and product safety act*] entsprechen.

Jedes Produkt muss eindeutig seinem Hersteller zuzuordnen sein und der Benutzer muss über die sichere Anwendung hinreichend durch eine Gebrauchsanweisung aufgeklärt werden.

EU-Produkte müssen den Sicherheitsanforderungen nach EU-Richtlinien entsprechen und erhalten die **CE**-Kennzeichnung (Abb. 4). Die **GS**-Kennzeichnung (Abb. 5) steht für **Geprüfte Sicherheit** [*certified safety*] und ist eine spezielle nationale Regelung, die es den Herstellern ermöglicht, freiwillig ihre Produkte bei anerkannten Prüfstellen (z. B. beim VDE) auf Sicherheit prüfen zu lassen.

CE

4: CE-Kennzeichen

DVE GS geprüfte Sicherheit

5: GS-Kennzeichen

Die allgemeinen Vorgaben des Arbeitsschutzes werden von den **Berufsgenossenschaften** (BG) mit konkreten **Unfallverhütungsvorschriften** (UVV) für die einzelnen Berufsgruppen umgesetzt. Die BG sind die Träger der gesetzlichen Unfallversicherungen.

Für den Bereich Elektrotechnik ist seit dem Jahr 2009 die BG „Energie Textil Elektro" zuständig (www.bgete.de).

In Abb. 6 sind wichtige Vorschriften aufgeführt. Die vorrangigen Pflichten des Unternehmers sind in der BGV A1 formuliert. Er soll Maßnahmen zur Verhütung von Arbeitsunfällen, Berufskrankheiten, arbeitsbedingten Gesundheitsgefahren sowie für eine wirksame Erste Hilfe treffen.

Die Arbeitnehmer müssen sich aktiv an den Arbeitsschutzmaßnahmen beteiligen und z.B. eine **P**ersönliche **S**chutz**a**usrüstung (**PSA**) [*personal protective equipment*] tragen.

BG-Vorschrift	Inhalt
BGV A1	**Grundsätze der Prävention** - Pflichten des Unternehmers - Pflichten des Versicherten - Erste Hilfe ...
BGV A3	**Elektrische Anlagen und Betriebsmittel** - Prüfungen - Arbeiten an aktiven Teilen

6: BG-Vorschriften (Auswahl)

- Maßnahmen zum Arbeitsschutz und Unfallverhütung sollen Beschäftigte vor Arbeitsunfällen und Berufskrankheiten schützen.
- Für den elektrotechnischen Bereich ist die Berufsgenossenschaft „Energie Textil Elektro" zuständig.
- Arbeitnehmer müssen sich aktiv an Arbeitsschutzmaßnahmen beteiligen.

2.5.2.2 Persönliche Schutzausrüstung (PSA)

Die Beschäftigten sollen vorrangig durch technische oder organisatorische Maßnahmen vor Gefährdungen geschützt werden. Dazu zählen z.B. das Arbeiten im spannungsfreien Zustand oder eine gut gesicherte und beleuchtete Baustelle. Kann eine Gefährdung grundsätzlich nicht ausgeschlossen werden, muss der Arbeitgeber entsprechend der Gefährdungsart eine **Persönliche Schutzausrüstung** zur Verfügung stellen.

Die Mitarbeiter des Elektrobetriebes Steffen benötigen neben der Arbeitsbekleidung auch eine Persönliche Schutzausrüstung, da sie auf der Baustelle mit einer Mauerschlitzfräse mit Staubabsaugung arbeiten und unter Spannung stehende NH-Sicherungseinsätze entfernen müssen.

- **Sicherheitsschuhe** mit Stahlkappen (Fußschutz) schützen Füße vor herabfallenden Gegenstände und vor Durchtreten von z.B. Nägeln usw.
- **Gehörschutzstöpsel** (Schallschutz) sind notwendig bei Arbeiten mit lauten Mauerschlitzfräsen usw.
- **Partikelfiltermaske** (Atemschutz, Abb. 1) ist bei Arbeiten mit Mauerschlitzfräsen vorgeschrieben, selbst wenn eine Staubabsaugung vorhanden ist.

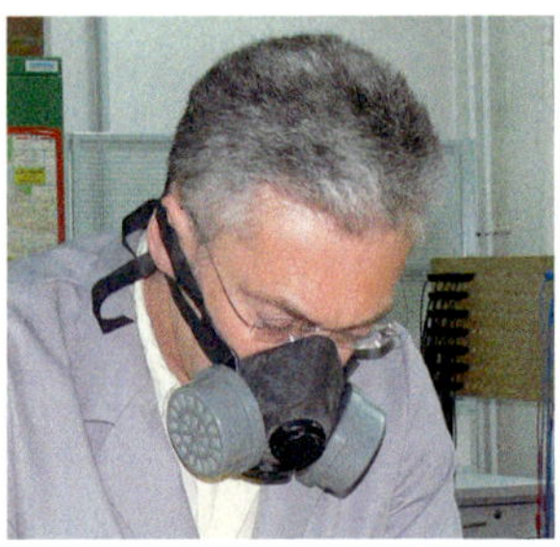

1: Partikelfiltermaske

- **Schutzhelm mit Visier** (Kopf- und Gesichtsschutz)
  Der Helm schützt den Kopf und ist auf Baustellen Vorschrift! Das Visier schützt das Gesicht (inkl. Augen) vor einem eventuell auftretenden Lichtbogen, der beim Einsetzen bzw. Herausnehmen von NH-Sicherungen nicht ausgeschlossen werden kann.
- **NH-Sicherungsaufsteckgriff mit Armstulpe** (Werkzeug mit Hand- und Unterarmschutz, vgl. Kap. 2.2.1) werden zum Einsetzen und Herausnehmen von NH-Sicherungen benötigt. Die Armstulpe schützt vor Verbrennungen beim Auftreten eines Lichtbogens. Die Gefahr einer Lichtbogenbildung wird allerdings als gering eingestuft, daher kann auf eine schwer entflammbare Schutzbekleidung verzichtet werden.
- **Gummimatten** (Schutz gegen elektrischen Schlag) dienen als Standortisolierung für den Beschäftigten bei Arbeiten unter Spannung.

> ■ Beim Einsetzen bzw. Herausnehmen eines NH-Sicherungseinsatzes werden ein Helm mit Visier, ein NH-Sicherungsaufsteckgriff mit Armstulpe und eine Gummimatte zur Standortisolierung benötigt.

2.5.2.3 Benutzung von Leitern

In vielen Bereichen der Elektrotechnik wird mit **Leitern** [*ladders*] gearbeitet. Es dürfen nur einwandfreie Leitern benutzt werden. Die Instandsetzung erfolgt ausschließlich durch einen Fachmann! Leitern müssen mit einer Betriebsanleitung versehen sein, damit der Benutzer schnell und eindeutig die wichtigsten Verhaltensregeln sieht. Die Abb. 2 zeigt eine Auswahl von wichtigen Verhaltensregeln.

Für **Stehleitern** gilt:

a) ganz ausklappen

b) nicht als Anlegeleiter nutzen

c) nicht die obersten Sprossen nutzen

d) auf feste Justierung achten

Für **Anlegeleitern** gilt:

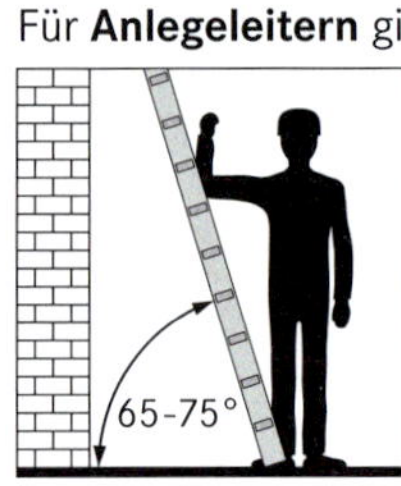

e) Anlegewinkel beachten

f) auf rutschfesten Untergrund achten

g) beide Holme müssen fest anliegen

h) 1 m Überstand beachten

2: Verhaltensregeln beim Umgang mit Leitern

> ■ Es dürfen nur einwandfreie Leitern benutzt werden.
>
> ■ Es sind unbedingt die Bedienungsanleitungen für Steh- und Anlegeleitern zu beachten.

2.5.2.4 Fünf Sicherheitsregeln

Um typische Handlungsfehler zu erkennen und diese zukünftig auszuschließen, wurden Stromunfälle über Jahrzehnte statistisch erfasst und ausgewertet. Das Ergebnis dieser Auswertung sind die **Fünf Sicherheitsregeln** [*five safety rules*].

Die Mitarbeiter des Elektrobetriebes Steffen sind erfahrene Fachleute und führen ihre Elektroinstallationsarbeiten im spannungsfreien Zustand aus.

Nur beim Herausziehen der NH-Sicherungseinsätze wird unter Spannung gearbeitet. Dazu sind besondere Arbeitsschutzmaßnahmen erforderlich vgl. Kap. 2.5.2.2).

Diese Fünf Sicherheitsregeln müssen in der festgelegten Reihenfolge eingehalten werden!

Regel 1: Freischalten [*safety isolation*]

- Stecker ziehen
- Leitungsschutzschalter ausschalten bzw. Schmelzsicherung(en) entfernen

Grundsätzlich darf nur an elektrischen Anlagen und Betriebsmitteln im spannungsfreien Zustand gearbeitet werden!
Nur in Ausnahmefällen darf davon abgewichen werden.

Regel 2: Gegen Wiedereinschalten sichern

- Auf LS-Schalter Klebeetikett über Einschalthebel anbringen
- Haupt- bzw. Leistungsschalter mit Schloss sichern
- Bei Schmelzsicherungen die Schraubkappen und Sicherungseinsätze mitnehmen
- Verbotsschild „Nicht schalten“ gut sichtbar anbringen

Regel 3: Spannungsfreiheit [*absence of voltage*] **feststellen**

- Mit zweipoligem Spannungsprüfer direkt am Arbeitsort (!) messen
- Einpolige Spannungsprüfer sind nicht zulässig, weil sie irrtümliche Spannungsfreiheit angeben können.
- Vielfach-Messinstrumente sind verboten. Es besteht die Gefahr, dass versehentlich der niederohmige Strommessbereich eingestellt ist. Die Folge wäre ein Kurzschluss.

Regel 4: Erden und Kurzschließen

- Die Leiter müssen zuerst geerdet und dann kurzgeschlossen werden. Diese Maßnahme ist Schutz gegen Folgen bei irrtümlichem Wiedereinschalten. Die Erdung erfolgt zuerst, damit gegebenenfalls Ströme sicher zur Erde (ab) fließen können.
- In Niederspannungsanlagen (bis 1000 V) darf vom Erden und Kurzschließen abgesehen werden, wenn sichergestellt ist, dass z. B. die Anlage nicht durch eine Notstromversorgung eingespeist werden kann.

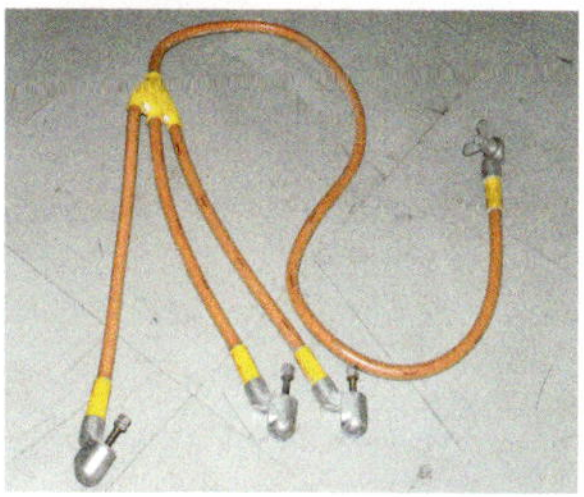

Regel 5: Benachbarte unter Spannung stehende Teile abdecken oder abschranken

- Zur Abdeckung werden zertifizierte Kunststoffmatten mit Klammern benutzt. Diese haben einen hohen Isolationswiderstand und weisen eine ausreichende mechanische Festigkeit auf.
- Ist ein ausreichend großer Abstand zu benachbarten Anlageteilen vorhanden, reichen Abschrankungen aus. Hohe Leitern oder andere Gegenstände dürfen nicht in diesen gesperrten Bereich gelangen.

Sind die Arbeiten abgeschlossen, werden die Maßnahmen dieser fünf Regeln in umgekehrter Reihenfolge durch die verantwortliche Elektrofachkraft wieder aufgehoben.

2.5.2.5 Erste Hilfe [*first aid*]

Auszubildende und auch erfahrene Facharbeiter können bei ihren Installationsarbeiten einen Arbeitsunfall erleiden oder auch durch spontane Gesundheitsstörungen beeinträchtigt werden, obwohl sie verantwortungsbewusst leben und arbeiten.

Häufig können durch schnelle Erste Hilfe die Gesamtsituation verbessert und die Folgen bei den Betroffenen vermindert werden. Die Reihenfolge der Erste Hilfe-Maßnahmen ist in Abb. 1 dargestellt.

Ziele der Ersten Hilfe sind

- menschliches Leben retten,
- bedrohende Gefahren abwenden und
- Gesundheitsstörungen mildern.

Wenn Sie die den Notruf **112** gewählt haben, sind Sie mit der Leitstelle der örtlich zuständigen Berufsfeuerwehr verbunden. Beantworten Sie dann am Telefon die folgenden **W**-Fragen kurz und präzise:

Wo geschah es?

Was geschah?

Wie viele Verletzte?

Welche Art von Verletzung bzw. Erkrankung?

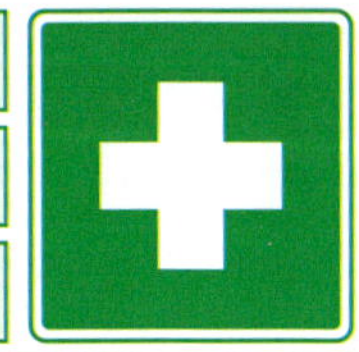

Auf Rückfragen warten und nicht selbst das Gespräch beenden!

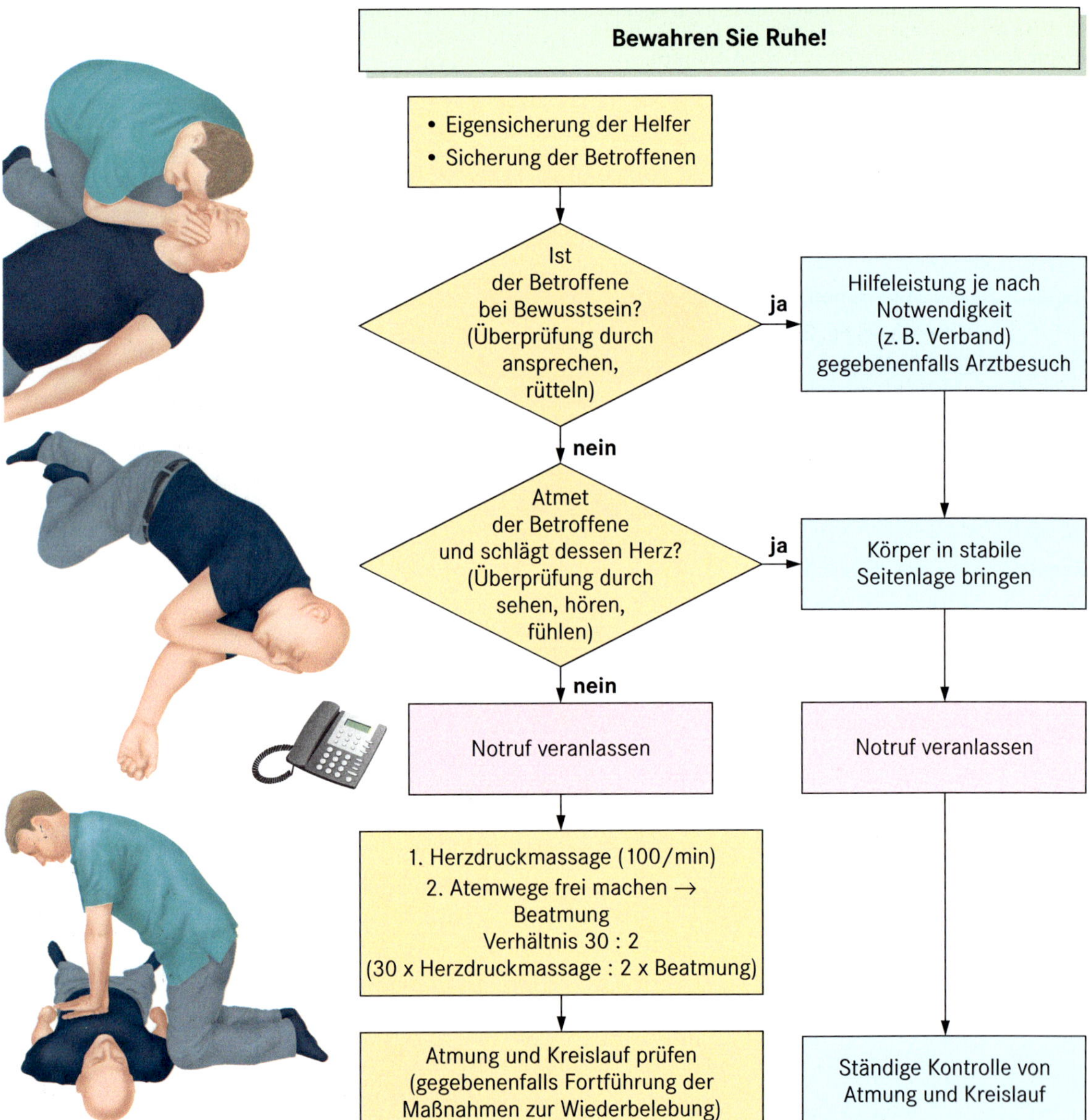

1: Erste Hilfe-Maßnahmen

Die Vorgehensweise für Erste-Hilfe-Maßnahmen bei Stromunfällen ist von der Spannung abhängig. Generell gilt: Ist die Spannung nicht bekannt, muss von einem Hochspannungsnetz ausgegangen werden.

Unfälle im Niederspannungsnetz (230 V bis 1000 V)

- Eigenschutz der Retter hat absoluten Vorrang
- Den Verletzten vom Stromkreis trennen, durch:
  - Ausschalten
  - Ziehen des Steckers
  - Herausnahme der Sicherung
- Ist eine Unterbrechung des Stromkreises nicht möglich, muss der Verletzte mit nicht leitenden Gegenständen von der Spannungsquelle getrennt und aus dem Gefahrenbereich gerettet werden.

Unfälle im Hochspannungsnetz (> 1000 V)

- Wegen der Eigengefährdung dürfen keine Rettungsversuche unternommen werden.
- Es muss ein Sicherheitsabstand von mindestens fünf Metern eingehalten werden.
- Es ist grundsätzlich sofort der Notruf zu veranlassen und Fachpersonal herbei zu rufen. Dieses muss den betreffenden Anlagenteil freischalten und eine Freigabe bestätigen. Erst dann kann Hilfe geleistet werden.

Das Warnkennzeichen (Abb. 2) ist in Hochspannungsanlagen vorgeschrieben. Häufig erfolgt auch eine Angabe über die Spannungshöhe (Abb. 3).

2: Warnung vor elektrischer Spannung

3: Warnkennzeichen mit Zusatzinformationen

Aufgaben

1. Nennen Sie drei Gründe für Erste Hilfe-Maßnahmen.
2. An welche besonderen Sicherheitsmaßnahmen muss ein Retter denken, wenn ein Unfall in der 400 V-Spannungsebene erfolgt?

- Erste Hilfe soll Menschenleben retten, Gefahren abwenden und Gesundheitsstörungen mildern.
- Bei Stromunfällen im Hochspannungsnetz muss sofort der Notruf veranlasst werden, damit durch autorisiertes Fachpersonal das Anlagenteil entsprechend freigeschaltet werden kann.

2.5.2.6 Arbeitsplatzgrenzwert

Der Elektrobetrieb Steffen benutzt bei Unterputzverlegungen eine Mauerschlitzfräse mit Staubabsaugung. Es treten dennoch hohe Konzentrationen von quarzhaltigem Staub und Zementstaub in der Atemluft auf, so dass der Einsatz von Atemschutzmasken erforderlich ist.

In welcher Höhe die maximal zulässigen Konzentrationen eines Stoffes als Gas, Dampf oder Schwebstoff in der Atemluft liegen dürfen, wird in der Gefahrstoffverordnung angegeben. Die Werte der **m**aximalen **A**rbeitsplatz-**K**onzentrationen (**MAK**-Werte) [*maximum workplace concentrations*] sind so bemessen, dass sie keine gesundheitlichen Beeinträchtigungen erwarten lassen (Abb. 4). Sie beziehen sich auf

- einen 8-Stunden Arbeitstag,
- eine 40-Stunden Arbeitswoche und
- gesunde Personen im erwerbsfähigen Alter.

Je niedriger der Grenzwert eines Stoffes, desto schädlicher ist dieser. Rechtlich bindend sind die Technischen Regeln für Gefahrstoffe (TRGS 900, **Arbeitsplatzgrenzwerte** [*occupational exposure limit values*]).

Maximale Arbeitsplatz-Konzentration (Beispiele)

Schadstoff	Quecksilber	Quarzstaub	Zementstaub	Trichlorethen
MAK-Wert (mg/m³)	0,1	0,15	5	270

4: Maximale Arbeitsplatz-Konzentrationen

Beim Mauerschlitzfräsen kommen Einweghalbmasken nach Richtlinie DIN EN 149 zum Einsatz. Diese umschließen Mund, Nase und Kinn und sind nur zum einmaligen Gebrauch geeignet. Die Angabe **FFP 2** [*filtering facepiece*] informiert darüber, dass eine 10-fache Überschreitung der MAK-Werte beim Tragen der Maske zulässig ist.

Maximale Immissions-Konzentration

Für dauernde Luftverunreinigungen im Freien außerhalb der Emissionsquellen (Emission = Ausstoß von Gasen, Ruß oder Staubteilchen) wird die **m**aximale **I**mmissions-**K**onzentration (**MIK**, Immission = Einwirkung von Gasen, Ruß oder Staubteilchen) definiert. Diese Werte gelten als gesundheitlich unbedenklich und betragen meistens 1/20 des MAK-Wertes.

Die Gefahrstoffverordnung aus dem Jahr 2008 definiert **gesundheitsbasierte** Arbeitsplatzgrenzwerte (AGW) und biologische Grenzwerte (BGW). Die alte **krankheitsbasierte** Bezeichnung maximale Arbeitsplatz-Konzentration kann bis zur vollständigen Umsetzung der Verordnungen weiterhin verwendet werden.

Neben den MAK-Werten gibt es auch TRK-Werte (Technische Richtkonzentrationen), diese Maximalwerte gelten in Bezug auf krebserregende Stoffe.

2.5.3 Prüfung elektrischer Anlagen

Der Errichter darf dem Kunden nur eine einwandfreie Anlage übergeben. Diese muss die Anforderungen nach DIN VDE 0100 erfüllen.

Deshalb wird nun die elektrische Anlage der Garage geprüft, bevor sie dem Ehepaar Carsten übergeben wird.

Die **Prüfung elektrischer Anlagen** [*inspection and test of electrical installations*] erfolgt nach DIN VDE 0100-600 (Errichten von Niederspannungsanlagen - Teil 6: Prüfungen) und besteht aus Besichtigen, Erproben und Messen sowie dem Erstellen des Prüfberichts (Abb. 1).

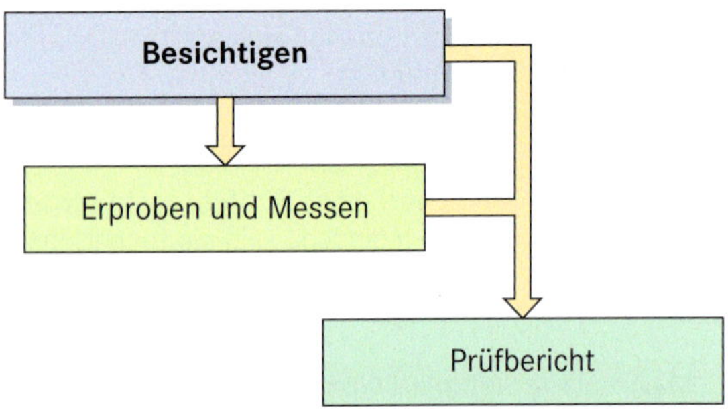

1: Prüfungsschritte

2.5.3.1 Besichtigen

Die **Besichtigung** [*visual inspection*] findet bereits während der Installation statt und erfolgt vor dem Erproben und Messen und der anschließenden Inbetriebnahme. Der geübte Fachmann kann oftmals Fehler bereits durch das „Hinschauen" erkennen (Abb. 2).

Die Firma Steffen benutzt für den Prüfungsteil Besichtigung einen selbst entwickelten Vordruck, der universell einsetzbar ist und auf der Baustelle ergänzt wird. Der ausgefüllte Vordruck (Abb. 3) muss später dem Prüfbericht beigelegt werden.

2: Besichtigung einer Anlage

Erstprüfung nach DIN VDE 0100-600 Checkliste für den Prüfungsteil: Besichtigung		Garage von Ehepaar Carsten	
Pos.	**Zu kontrollieren sind:**		**OK**
1	**Schaltungsunterlagen komplett**		✔
2	**Betriebsmittel**	richtige Auswahl	✔
3		keine Schäden	✔
4		Betriebsmittelkennzeichnung	✔
5	**Leitungs-anschlüsse**	Isolierung	✔
6		Absetzen	✔
7		Anschluss	✔
8		Zugentlastung	✔
9	**Leitungswahl & Verlegung**	Leitungstyp	✔
10		Querschnitt	✔
11		Farben	✔
12		ordnungsgemäße Verlegung	✔
13	**PE-Leiter & N-Leiter**	Auswahl	✔
14		Anschluss	✔
15		Verlegung	✔
16		Kennzeichnung	✔
17	**Basisschutz**	Abdeckungen	✔
18		Fingersicherheit	✔
19	**Überstrom-schutz**	Auswahl	✔
20		Einstellungen	–
Zum Zeitpunkt der Prüfung keine erkennbaren Mängel			✔
Datum/Unterschrift: 29.09.2010 R. Steffen			

3: Checkliste für den Prüfungsteil Besichtigung

Hinweise zur Checkliste:

Pos. 2, 4, 9, 10, 13, 16, 19 sowie 20:
Der Prüfer vergleicht die genannten Positionen mit den vorhandenen Planungsunterlagen (Stücklisten, Stromlaufplänen). Eine Dimensionierung z. B. der Überstromschutzorgane und Leiterquerschnitte erfolgte bereits in der Planungsphase, so dass der Prüfer hier keine Berechnungen vornehmen muss.

Pos. 11:
Die **Leiterfarben** [*conductor colours*] für Kabel und Leitungen werden in DIN VDE 0293-308 festgelegt und in Kapitel 2.3.4 erläutert. Für Aderleitungen werden in DIN EN 60204-1 Farben empfohlen.

Pos. 18:
Die Fingersicherheit ist ein Schutz gegen Berühren berührungsgefährlicher Teile mit einem Finger. Diesen Nachweis muss der Hersteller von elektrischen Betriebsmitteln erbringen. Die Fingersicherheit reicht in Bereichen aus, wo ein vollständiger Schutz gegen direktes Berühren nicht gefordert wird (z. B. Schütze in einem Schaltschrank, dazu ist mindestens die Schutzart IP2X erforderlich). Der Prüfer von Anlagen kontrolliert, ob die Fingersicherheit gegeben ist, indem er Abdeckungen usw. auf festen Halt prüft.

2.5.3.2 Erproben und Messen

Die Prüfungsteile **Erproben** und **Messen** sind in der Praxis als zusammenhängende Tätigkeiten anzusehen, da sie nicht getrennt voneinander realisiert werden können. Zur besseren Übersicht erfolgt hier eine getrennte Betrachtung.

Die ersten drei Nennungen beziehen sich auf das Bauvorhaben „Garage von Ehepaar Carsten". Je nach Anlage (z. B. Gefahrenmeldeanlage) wären weitere Erprobungsschritte notwendig.

Erproben

- RCD-Schutzeinrichtung
  Die Erprobung erfolgt durch Betätigung der Test-Taste.
- Funktion der elektrischen Anlage
  Sämtliche elektrische Betriebsmittel der Anlage sind auf richtige Funktionen zu überprüfen. Bei größeren/komplexen Anlagen (z. B. für Fertigungsprozesse) erfolgt eine Funktionsprüfung gemäß der Funktionsbeschreibung.
- Phasenfolge von Drehstromsteckdosen
  Das nach DIN VDE 0100 geforderte Rechtsdrehfeld für Drehstromsteckdosen ist mit einem Drehfeldrichtungsanzeiger zu überprüfen. Nicht festgelegt ist der Drehsinn bei Hausanschlusskästen oder Stromkreisverteilern. Hierbei können betriebsinterne Regelungen getroffen werden.

Je nach Anlage sind weitere Erprobungen notwendig.

- Drehrichtung von Motoren
  Die Erprobung erfolgt mit einem Drehfeldrichtungsanzeiger am Motorklemmbrett sowie gegebenenfalls einer Sichtkontrolle der Motorwelle bzw. des Antriebs.
- NOT-AUS- und Sicherheitsgrenztaster-Funktion
  Die Erprobung erfolgt durch Betätigung der NOT-AUS-Taster/Schalter.
- Signalgeber von Gefahrenmeldeanlage
  Die Erprobung erfolgt durch Überprüfung der Sensoren, z.B. Glasbruchsensor, Rauchmelder.
- Notstromversorgung
  Die Erprobung erfolgt indem ein Spannungsausfall simuliert wird. Je nach Anlage müssen z. B. Notbeleuchtungen und Brandschutzklappen funktionsfähig bleiben.

Aufgaben

1. Warum muss eine elektrische Anlage geprüft werden, bevor sie dem Kunden übergeben wird?
2. Nennen Sie je fünf Maßnahmen zu den Prüfungsteilen Besichtigen und Erproben.

Messen [*measuring*]

Zum **Messen** in elektrischen Anlagen bieten die Gerätehersteller komfortable Multifunktions-Messgeräte an (Abb. 4). Die notwendigen Messungen erfolgen mit einem einzigen Gerät. Die Messwerte können gespeichert und vom PC ausgelesen werden. Der Prüfbericht mit den gemessenen Werten wird von einer entsprechenden Software erstellt. Die Messgeräte müssen der Norm DIN EN 61557 (DIN VDE 0413) entsprechen.

4: Spannungsmessung

Das vorgestellte Bauvorhaben wird an ein TN-C-S-System angeschlossen. Die Messungen werden entsprechend Abb. 5 durchgeführt. Vorzugsweise wird mit den ersten beiden Messungen begonnen, weil diese im spannungsfreien Zustand durchgeführt werden.

Messungen bei der Garageninstallation

- Durchgängigkeit der Leiter
- Isolationswiderstandsmessung
- Schleifenimpedanzmessung
- RCD-Messungen
- Spannungspolarität
- Spannungshöhe

5: Messungen nach DIN VDE 0100-600

- Der Errichter darf dem Kunden nur eine einwandfreie elektrische Anlage übergeben.
- Die Prüfungsschritte bestehen aus Besichtigen, Erproben und Messen der elektrischen Anlage sowie dem Erstellen eines Prüfberichts.
- Die Messungen „Durchgängigkeit der Leiter" und „Isolationswiderstand der elektrischen Anlage" werden im spannungsfreien Zustand durchgeführt.

Messgerät zur Erst- und Folgeprüfung von elektrischen Anlagen

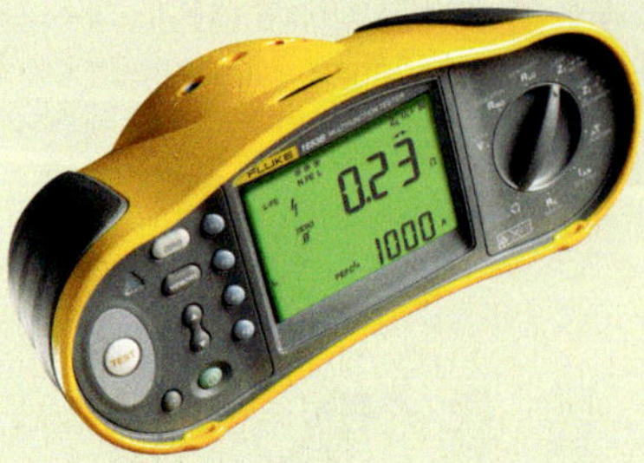

Für E-Check*-Messungen geeignet

EN 61557 COMPLIANT

500V CAT III

Deutschland: DIN VDE 0100/0413
Österreich: ÖVE/ÖNORM E 8001
Schweiz: NIN/SN SEV 1000 und NIV

*E-Check ist ein geschütztes Zeichen der ArGe Medien im ZVEH

Spezifikationen

(nähere Informationen finden Sie auf der Fluke Website)

Wechselspannungsmessung

Messbereich	Auflösung	Ungenauigkeit 50 Hz - 60 Hz	Eingangsimpedanz	Überlastschutz
500 V	0,1 V	± (0,8 % + 3 digits)	3,3 MΩ	660 Vrms

Durchgangstest

Messbereich (Bereichsautomatik)	Auflösung	Prüfstrom	Leerlaufspannung	Ungenauigkeit
20 Ω	0,01 Ω	> 200 mA	> 4 V	± (1,5 % + 3 digits)
200 Ω	0,1 Ω			
2000 Ω	1 Ω			

Isolationswiderstandsmessung

Modell	Prüfspannung	Messbereiche	Auflösung	Prüfstrom	Ungenauigkeit
1653B	50 V	10 kΩ bis 50 MΩ	0,01 MΩ	1 mA @ 50 kΩ	± (3 % + 3 digits)
	100 V	20 MΩ 100 MΩ	0,01 MΩ 0,1 MΩ	1 mA @ 100 kΩ	± (3 % + 3 digits)
	250 V	20 MΩ	0,01 MΩ	1 mA @ 250 kΩ	± (1,5 % + 3 digits)
	500 V	20 MΩ	0,01 MΩ	1 mA @ 500 kΩ	± (1,5 % + 3 digits) +10 %
	1000 V	–	0,1 MΩ	1 mA @ 1 MΩ	± (1,5 % + 3 digits) +10 %

Schleifenimpedanzmessung

Bereich	Auflösung	Ungenauigkeit
20 Ω	0,01 Ω	Modus ohne Auslösung: ± (3 % + 6 digits) Modus mit hohem Prüfstrom: ± (2 % + 4 digits)
200 Ω	0,1 Ω	
2000 Ω	1 Ω	

Test des unbeeinflussten Kurzschlussstroms (PFC, PSC)

Messbereich	**1000 A/10 kA (50 kA)**
Auflösung und Einheiten	1 A für I_K < 1000 A, 100 A für I_K > 100 A
Ungenauigkeit	Bestimmt durch die Ungenauigkeit der Schleifenwiderstands- und Netzspannungsmessungen

Berechnung
Erdschlussstrom (I_K, PEFC) oder Kurzschlussstrom (I_K, PSC), bestimmt durch Division der gemessenen Netzspannung durch die gemessene Schleifenimpedanz (L-PE) bzw. die Netzimpedanz (L-N)

FI-Schalter-Prüfung

RCD-Typ		1653B
AC[1]	G[2]	•
AC	S[3]	•
A[4]	G	•
A	S	•

[1]AC – Reagiert auf Wechselstrom [2]G – Allgemein, keine Verzögerung [3]S – Zeitverzögerung [4]A – Reagiert auf Impulssignal

Auslösezeittest (ΔT)

Stromeinstellungen	Multiplikator	Stromgenauigkeit	Auslösezeit-Fehlergrenze
10, 30, 100, 300, 500, 1000 mA, VAR	x 1/2	+0 % – 10 %	± (1 % v. Mw. + 1 digit)
10, 30, 100 mA	x 5	+10 % – 10 %	± (1 % v. Mw. + 1 digit)

Auslösestrom (Rampentest)

Strombereich	Stufengröße	Wartezeit		Ungenauigkeit des Auslösestroms
		Typ G	Typ S	
50 % bis 110 % vom Nennstrom des RCD	10 % von $I_{\Delta N}$	300 ms/Stufe	500 ms/Stufe	± 5 %

Erdwiderstandstest (RE)

Messbereich	Auflösung	Ungenauigkeit
200 Ω	0,1 Ω	± (2 % + 5 digits)
2000 Ω	1 Ω	± (3,5 % + 10 digits)

2.5.3.3 Durchgängigkeit der Leiter

Die **Durchgängigkeitsmessung der Leiter** [*continuity measuring of conductors*] ist eine Widerstandsmessung (umgangssprachlich: Niederohmmessung oder Durchgangstest). Damit soll eine gute elektrisch leitende Verbindungen bei Schutzleitern, einschließlich der Schutzpotenzialausgleichsleiter über die Haupterdungsschiene (gegebenenfalls auch des zusätzlichen Schutzpotenzialausgleichs) nachgewiesen werden.

Ein kleiner Widerstand ist notwendig, damit im Fehlerfall (z. B. Außenleiter an geerdeter Metallkonstruktion) ein hoher Strom fließen kann und somit die Überstromschutzeinrichtung in der vorgeschriebenen Zeit sicher auslöst (vgl. Schleifenimpedanzmessung, Kap. 2.5.3.5).

Gemessen wird bei der Garageninstallation zwischen der Haupterdungsschiene (Abb. 1) und

- metallenen Gebäudekonstruktionen (z. B. Rahmen des Garagentores),
- metallenen Rohren (für Wasser, Heizung) sowie
- dem Schutzleiteranschluss in der Hauptverteilung. Von diesem Anschluss aus werden auch noch die Schutzleiter der abgehenden
  - Steckdosen und
  - Leuchten überprüft.

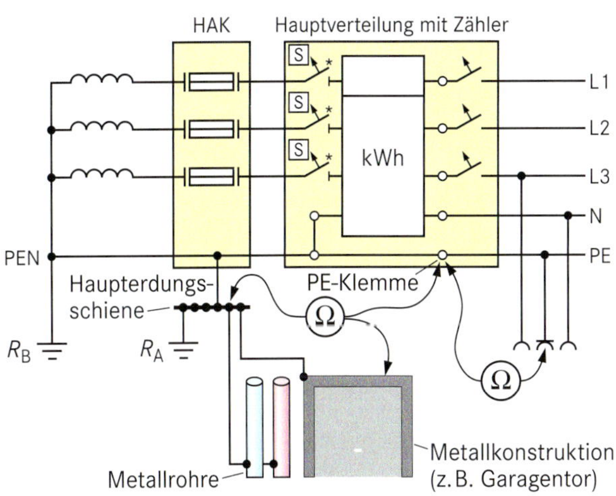

1: Durchgängigkeitsmessungen von Leitern

Die **Messspannung** [*measuring circuit voltage*] des Messgerätes muss zwischen 4 V und 24 V liegen, die Messstromstärke zwischen 200 mA und 10 A betragen. Aufgrund des vorgegebenen Mindest-Messstromes (> 200 mA) ist diese Widerstandsmessung mit einem „normalen" Vielfach-Messinstrument nicht zulässig.

Vor der Messung ist es notwendig, den Widerstand der Messleitungen zu ermitteln, damit dieser vom Messwert abgezogen werden kann und nicht den Messwert verfälscht.

Dazu werden die Messspitzen aneinander gehalten und der Messvorgang wird gestartet (Abb. 2).

Moderne Messgeräte ziehen dann nach dieser Nullabgleichsmessung den Widerstand der Messleitungen automatisch vom Messwert ab (hier: 1,61 Ω), so dass der gemessene Leiterwiderstand der Anlage gleich korrekt angezeigt wird. Die Messleitungen sind bei dieser Messung bis zu 20 m lang.

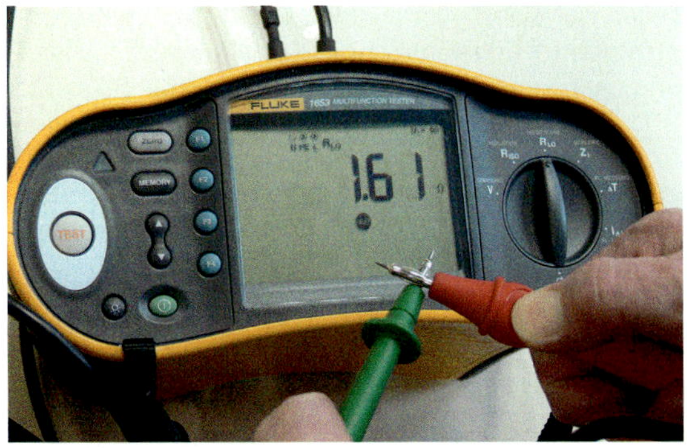

2: Nullabgleichsmessung

Die DIN VDE Norm gibt keine konkreten Grenzwerte vor; die Werte der Tabelle in Abb. 3 dienen zur Orientierung. Übergangswiderstände an den Anschlussstellen sorgen für einen höheren Wert.

Erfahrungswerte:
$R < 1{,}0\ \Omega$ beim **Schutzleitersystem** [protective earth conductor system]
$R < 0{,}1\ \Omega$ beim **Schutzpotenzialausgleichsleiter** [*protective earth conductor*]

q in mm²	R' in mΩ/m	q in mm²	R' in mΩ/m
1,5	12,5755	**6**	3,1491
2,5	7,5661	**10**	1,8811
4	4,7392	**16**	1,1858

3: Widerstandswerte pro Meter (R') für Kupferleitungen bei 30 °C

Aufgaben

1. Erläutern Sie die Folgen, wenn der Schutzleiterwiderstand einen hohen Wert, z. B. 100 Ω, aufweist.
2. Warum darf die Widerstandsmessung nicht mit einem Vielfach-Messgerät durchgeführt werden?
3. Wozu dient die Nullabgleichsmessung?

- Bei der Messung „Durchgängigkeit der Leiter" muss die Messstromstärke > 200 mA betragen.
- Vor der Messung muss der Widerstand der Messleitungen bestimmt werden, damit dieser vom Messergebnis abgezogen werden kann.

2.5.3.4 Isolationswiderstandsmessung

Bei der **Isolationswiderstandsmessung** [*insulation resistance measurement*] in einer elektrischen Anlage wird geprüft, ob die aktiven Leiter und der mit der Erde verbundene Schutzleiter einen ausreichend hohen Widerstand zueinander aufweisen. Bei dieser Messung sollen Isolationsfehler erkannt werden, die zu **Kriechströmen** [*residual currents*] mit Lichtbogenbildungen und dann zu Bränden führen können, ohne dass eine Überstromschutzeinrichtung anspricht. Solche Fehler treten häufig auf, wenn Leitungen beispielsweise unachtsam um scharfkantige Gegenstände (Ständerwerk beim Trockenbau, Kabelwannen usw.) gezogen werden.

Gemäß DIN VDE 0100-600 reicht eine **vereinfachte Messung** aus. Dazu wird zwischen den aktiven Leitern eine Brücke eingelegt und gegen den geerdeten Schutzleiter gemessen. Eine Außenleiter-Einzelüberprüfung (z. B. L1 gegen PE) ist nur bei Unterschreitung des Mindestisolationswertes notwendig, um so die Fehlerquelle einzugrenzen und zu beseitigen.

Zur Durchführung dieser Messung müssen folgende Punkte berücksichtigt werden (Abb. 1):

- Anlage vom Netz trennen (Vorsicherungen entfernen bzw. ausschalten) ①
- Aktive Leiter werden z. B. an einer Reihenklemme gebrückt ②
- LS-Schalter einschalten ③
- PEN-Leiter auftrennen (Brücke zwischen PE und N entfernen) ④
- Schalter schließen, um sämtliche Leitungen in die Messung einbeziehen zu können ⑤
- Elektrische Verbrauchsmittel können angeschlossen bleiben, da die aktiven Leiter am Einspeisepunkt gebrückt sind ⑥
- Messung erfolgt am Einspeisepunkt ⑦

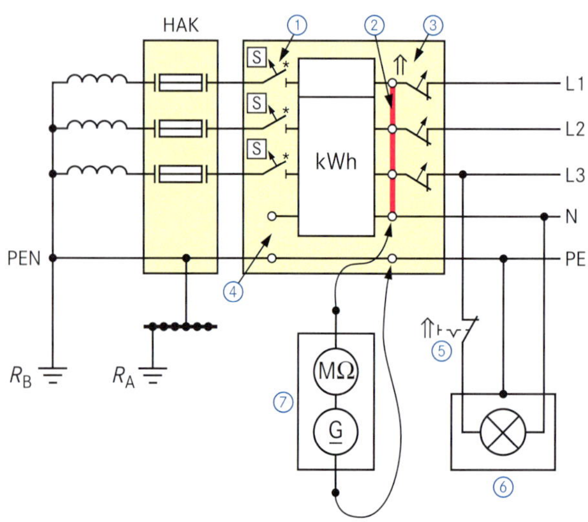

1: Vereinfachte Isolationswiderstandsmessung

Mögliche Isolationsfehler zwischen den aktiven Leitern können hierbei messtechnisch nicht erfasst werden. Dies ist auch nicht zwingend notwendig, da ein Isolationsfehler (also eine elektrisch leitende Verbindung) zwischen z. B. einem Außenleiter und dem Neutralleiter zu einem Kurzschluss und somit zur Auslösung der Überstromschutzeinrichtung führt.

Vor der Messung wird das Messgerät (inkl. Messleitungen) auf einwandfreie Funktion überprüft, indem die beiden Messspitzen aneinander gehalten werden. Der angezeigte Messwert muss **0,00 MΩ** betragen. Der vorgegebene MΩ-Messbereich ist korrekt, da bei einwandfreien Isolationswiderstandsmessungen sehr hohe Widerstandswerte erwartet werden (Abb. 2).

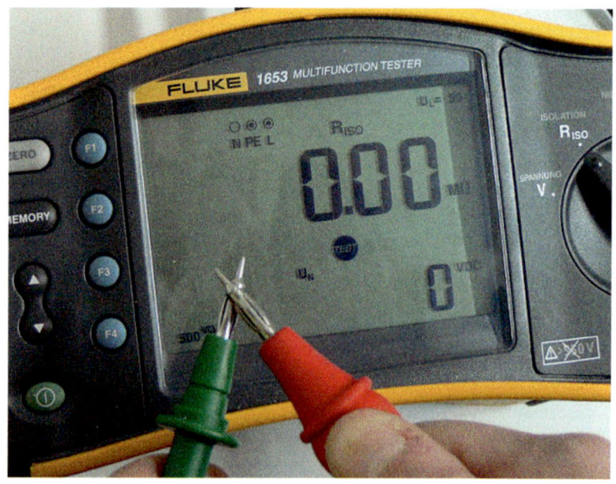

2: Funktionstest

Vollständige Isolationswiderstandsmessung

Bei dieser Messung werden die einzelnen aktiven Leiter in die Messung einbezogen, um mögliche Isolationsfehler untereinander zu erkennen. Daher dürfen die aktiven Leiter nicht gebrückt sein und elektrische Verbrauchsmittel müssen entfernt werden. Ansonsten wird der Innenwiderstand, z. B. einer Glühlampe zwischen L3 und N, gemessen. Zusätzlich besteht die Gefahr, dass die hohe Prüfspannung (s. nächste Seite) zu Zerstörungen führt.

- **10 Messungen**:
  - 3 Außenleiter untereinander
  - 3 Außenleiter gegen Neutralleiter
  - 3 Außenleiter gegen Schutzleiter
  - Neutralleiter gegen Schutzleiter

In der Praxis sind auch noch weitere Messvarianten zulässig und üblich.

- **7 Messungen**:
  - 3 Außenleiter gegen Neutralleiter
  - 3 Außenleiter gegen Schutzleiter
  - Neutralleiter gegen Schutzleiter
- **4 Messungen**:
  - 3 Außenleiter gegen Schutzleiter
  - Neutralleiter gegen Schutzleiter

Für die Garageninstallation mit einer Bemessungswechselspannung bis 400 V wird für die Isolationswiderstandsmessung eine **Messgleichspannung** von 500 V (mit I_{Mess} = 1 mA) benötigt.

Die hohe Spannung ist wichtig, damit es bei einer schadhaften Isolierung mit Übergangswiderständen auch tatsächlich zu einem Stromfluss, d. h. zu einem Überschlag mit Lichtbogenbildung, kommt.

Eine Gleichspannung ist vorgeschrieben, um Messfehler möglichst auszuschließen, da längere Leitungen kapazitives Verhalten zeigen (s. rechts).

Der Isolationswiderstand muss bei dieser Anlage nach DIN VDE 0100-600 ≥ 1,0 MΩ sein. Dieser vorgegebene Mindestwiderstand sollte deutlich höher ausfallen, da Messtoleranzen und die Abnahme des Isolationswiderstandes durch Alterungsprozesse berücksichtigt werden müssen. Für neu installierte Anlagen ist es üblich, dass der Messbereichsendwert des Messgerätes, z. B. > 500 MΩ, angezeigt wird.

Die Mitarbeiter des Elektrobetriebes Steffen führen direkt nach der Installation der elektrischen Anlage, d. h. noch bevor die elektrischen Verbrauchsmittel angeschlossen sind, eine vollständige Messung durch. Diese 10 Messungen sind innerhalb von 5 Minuten erledigt.

Aufgaben

1. Wozu dient allgemein die Isolationswiderstandsmessung?
2. Warum reicht eine vereinfachte Isolationswiderstandsmessung aus?
3. Nennen Sie fünf Punkte, die Sie bei der vereinfachten Isolationswiderstandsmessung berücksichtigen müssen.
4. Nennen Sie für die Bemessungsspannung 230 V die notwendige Prüfspannung und den Mindestisolationswiderstandswert.

- Die Isolationswiderstandsmessung soll helfen Brände zu verhindern.
- Es gibt verschiedene Messmethoden zur Messung des Isolationswiderstandes.
- Bei einer Bemessungswechselspannung bis 500 V beträgt
  - die Prüfspannung 500 V DC und
  - der Isolationswiderstand mindestens ≥ 1,0 MΩ.
- Bei Neuanlagen soll der Isolationswiderstandswert deutlich über 1,0 MΩ liegen, üblich ist der Messbereichsendwert des Gerätes.

Kapazitives Verhalten von langen Leitungen

Wird ein Kondensator an Gleichspannung angeschlossen, laden sich die Kondensatorplatten auf. Ist dieser Aufladevorgang abgeschlossen, wirkt der Kondensator wie ein unendlich hoher Widerstand. Die Wirkungsweise des Kondensators an Gleichspannung wird in Kap. 1.4.3.4 näher erläutert.

Liegt eine **Wechselspannung** am Kondensator an, wirkt dieser in Abhängigkeit von der Frequenz wie ein niederohmiger Widerstand, bei hohen Frequenzen sogar wie eine Kurzschlussbrücke.

Lange Leitungen wirken wie Kondensatoren, sie haben ein kapazitives Verhalten (Fachbegriff: Leitungskapazität).

Zur Verdeutlichung dient folgende Abbildung.

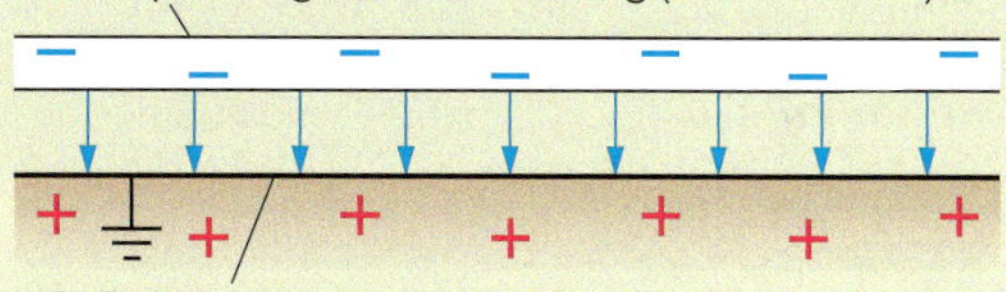

Daher findet die Isolationswiderstandsmessung mit einer hohen Gleichspannung statt. Bei einer Wechselspannung würde auch im fehlerfreien Zustand ein Strom fließen, den dann das Messgerät als Isolationsfehler wertet.

Zwischen den Kondensatorplatten bzw. zwischen dem Leiter und dem Erdreich ist ein elektrisches Feld vorhanden (s. Pfeile). Hochspannungskabel erhalten deshalb auf der Innenseite des Mantels einen Metallschirm, der störende Einflüsse des starken elektrischen Feldes nach außen verhindern soll.

Impedanzen [*impedances*]

Im normalen Betrieb einer elektrischen Anlage liegt eine Wechselspannung an. Daher kommt der oben genannte Sachverhalt bei Kabeln und Leitungen zum Tragen.

Das Ersatzschaltbild dieser Betriebsmittel besteht folglich nicht nur aus ohmschen Widerständen, sondern zusätzlich aus Kapazitäten.

Kapazitäten, Induktivitäten und Ohmsche Widerstände werden im Wechselstromkreis als **Wechselstromwiderstände** bzw. Impedanzen bezeichnet. Die Abbildung zeigt ein vereinfachtes Ersatzschaltbild einer langen Leitung.

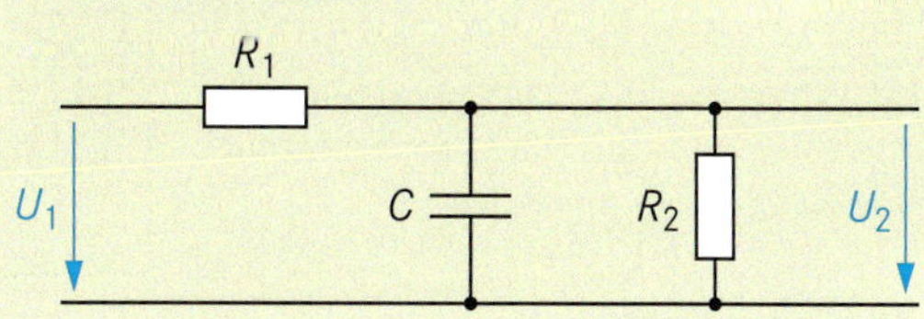

Elektrische Installationen planen

2.5.3.5 Schleifenimpedanzmessung [*loop impedance measurement*]

Der Fachbegriff **Impedanz** bedeutet **Wechselstromwiderstand** (s. Kasten auf der vorherigen Seite). Bei dieser Messung wird die Impedanz Z_S der Fehlerschleife ermittelt (Abb. 1). Ist die Impedanz bekannt, wird die zu erwartende Kurzschlussstromstärke berechnet. Danach kann mit Hilfe der Strom-Zeit-Kennlinien der Überstromschutzeinrichtungen die Auslösezeit bestimmt werden.

1: Schleifenimpedanzmessung eines Steckdosenstromkreises

Der Steckdosenadapter des Messgerätes wird in eine Steckdose gesteckt, die von der Unterverteilung möglichst weit entfernt sein soll. Dadurch führt der lange Leitungsweg zu einem hohen Schleifenimpedanzwert. Denn je höher die Schleifenimpedanz ist, desto geringer ist die Kurzschlussstromstärke und umso länger benötigt die Überstromschutzeinrichtung zum Auslösen (Abb. 2).

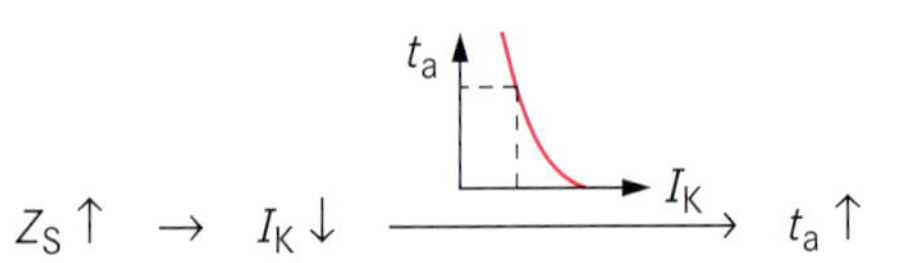

2: Von der Schleifenimpedanz zur Ansprechzeit

Überschreitet diese ermittelte Abschaltzeit nicht die DIN VDE Vorgabe, ist davon auszugehen, dass kürzere Leitungswege ebenfalls in der zulässigen Zeit abschalten.

Das Messgerät führt bei dieser Messung intern mehrere Schritte nacheinander aus. Abb. 3 verdeutlicht diese Vorgänge.

- Messung der Leerlaufspannung U_0 an der Steckdose. Der sehr hohe Innenwiderstand des Spannungsmessgerätes sorgt dafür, dass in der Fehlerschleife nur ein vernachlässigbar geringer Strom fließt. Darum fällt auf den Leitungen keine Spannung ab. An der Steckdose wird U_0 gemessen.
- Mit Hilfe eines Lastwiderstandes wird die Lastspannung U_M und die dazugehörige Laststromstärke I_M gemessen (Index M: Messwerte). Die Zuschaltung des Widerstandes sowie des Strommessgerätes erfolgt automatisch.
- Der Wert der Schleifenimpedanz Z_S sowie die Kurzschlussstromstärke I_K werden aus den gemessenen Werten errechnet. Das Messgeräte-Display zeigt dann die Werte von Z_S und I_K an.
- Mit Hilfe der Strom-Zeit-Kennlinie lässt sich die Abschaltzeit beispielsweise einer 16 A Schmelzsicherung (gG) bestimmen (Abb. 4). Vgl. Berechnungsbeispiel auf der nächsten Seite.

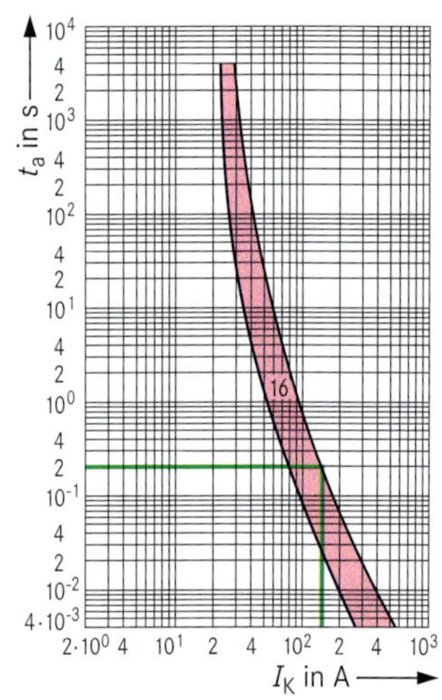

4: *I-t*-Kennlinie

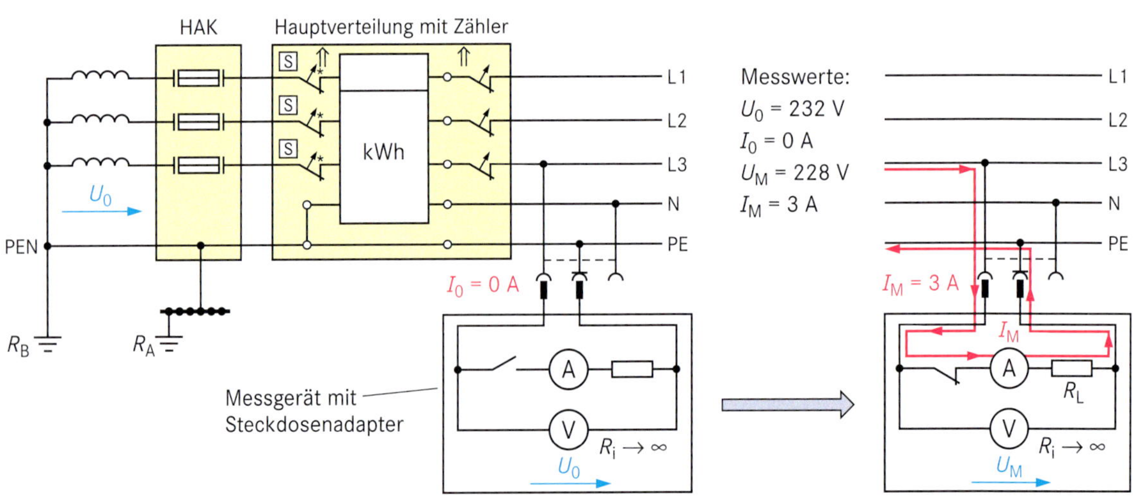

3: Zwei Messungen .... zuerst im Leerlauf .... dann bei Belastung

Schleifenimpedanz-Beispielberechnung

Folgende Berechnungen führt ein Messgerät intern durch:

$$Z_S = \frac{\Delta U}{\Delta I} = \frac{U_0 - U_M}{I_0 - I_M}$$

$$Z_S = \frac{232\,V - 228\,V}{0\,A - 3\,A}$$

$$Z_S = 1{,}33\,\Omega$$

Z_S: Schleifenimpedanz der Fehlerschleife
ΔU: Spannungsdifferenz
U_0: Leerlaufspannung
U_M: Spannung bei Belastung
ΔI: Stromdifferenz
I_0: Strom bei Leerlauf → 0 A
I_M: Strom bei Belastung

Es wird ein (positiver) Widerstand von 1,33 Ω angezeigt.

$$I_K = \frac{U_0}{Z_S}$$

I_K: Kurzschlussstromstärke

$$I_K = \frac{232\,V}{1{,}33\,\Omega}$$

$$I_K = 174{,}44\,A$$

Zusätzlich wird auch die errechnete Kurzschlussstromstärke in Höhe von 174,44 A angezeigt.

Schmelzsicherung:

Mit diesem Wert des Kurzschlussstromes ergibt sich aus der Strom-Zeit-Kennlinie (siehe vorherige Seite) für eine 16 A Schmelzsicherung (gG) eine Abschaltzeit von ca. t_a = 0,2 s. Damit wird die von DIN VDE angegebene maximale Abschaltzeit von 0,4 s unterschritten.

LS-Schalter:

Bei einem 16 A LS-Schalter (Typ B) muss eine Abschaltstromstärke I_a von 80 A vorhanden sein, damit die elektromagnetische Schnellauslösung anspricht (vgl. Kap. 2.3.6).

$$I_a = 5 \cdot I_n$$

$$I_a = 5 \cdot 16\,A$$

$$I_a = 80\,A$$

I_a: Abschaltstrom
I_n: Bemessungsstromstärke des Überstromschutzorgans
5: Faktor für LS-Schalter, Typ B

Die Abschaltung erfolgt innerhalb von 0,01 s. Auch bei diesem Beispiel würde die zugelassene Abschaltzeit deutlich unterschritten werden.

Damit tatsächlich in der vorgeschriebenen Zeit der fehlerhafte Stromkreis unterbrochen wird, muss die Kurzschlussstromstärke I_K größer bzw. gleich der notwendigen Abschaltstromstärke I_a der Schutzeinrichtung sein:

$$I_K \geq I_a \rightarrow I_a \leq \frac{U_0}{Z_S}$$

$$\boxed{Z_S \leq \frac{U_0}{I_a}}$$

Z_S: Schleifenimpedanz der Fehlerschleife
U_0: Leerlaufspannung
I_a: Abschaltstromstärke
I_K: Kurzschlussstromstärke

Bei einem realen Kurzschluss findet eine Erwärmung der Leitungen statt, wodurch sich die **Schleifenimpedanz** [*loop impedance*] erhöht. Deshalb muss beim **gemessenen** Wert der Schleifenimpedanz $Z_{S(m)}$ gemäß DIN VDE 0100-600 folgende Bedingung erfüllt sein:

$$Z_{S(m)} = \frac{2}{3} \cdot \frac{U_0}{I_a}$$

Das bedeutet, der gemessene Wert muss um 1/3 kleiner sein als der maximal zulässige (errechnete) Schleifenimpedanzwert.

Die Mitarbeiter des Elektrobetriebes Steffen besitzen eine Vorlage (aus DIN VDE 0100-600, Tabellen für die Beurteilung von Schutzmaßnahmen), mit deren Hilfe sie bereits auf der Baustelle die angezeigten Messwerte der Schleifenimpedanz und des Kurzschlussstromes richtig beurteilen, wobei die oben genannten Bedingungen gelten (Abb. 5).

Beispiel mit einer 16 A-Schmelzsicherung (gG) ①:

- Vorgegeben: max. Abschaltzeit 0,4 s ②
- Strom-Zeit-Kennlinie → $I_a \approx$ 107 A ③
- Z_S berechnen: $Z_S = \frac{U_0}{I_a} = \frac{230\,V}{107\,A} = 2{,}15\,\Omega$ ④
- Der gemessene Wert $Z_{S(m)}$ darf max. $\frac{2}{3} \cdot Z_S$ betragen → 1,43 Ω

Somit würde innerhalb der vorgeschriebenen 0,4 s der fehlerhafte Stromkreis abgeschaltet werden.

U_0 = 230 V	Schmelzsicherungen (gG) ①		LS-Schalter (Schnellabschaltung $t \leq 0{,}01$ s)	
I_n A	I_a ② (0,4 s) A	Z_S (0,4 s) Ω	$I_a = 5 \cdot I_n$ (Typ B) B	Z_S Ω
10	82	2,80	50	4,60
16	107 ③	2,15 ④	80	2,88
20	145	1,59	100	2,30
25	180	1,28	125	1,84

5: Beurteilung der Schleifenimpedanz

Eine direkte Impedanzmessung mit einem Widerstandsmessgerät bzw. Multimeter kann nicht erfolgen, weil die Anlage unter Spannung steht (wird die Anlage spannungsfrei geschaltet, ist die Fehlerschleife unterbrochen).

Eine Schleifenimpedanzmessung kann in Stromkreisen **mit RCD** entfallen (s. nächste Seite).

Von der Schaltung zum Ersatzschaltbild

Die bisher verwendete Schaltung besteht aus einem Stromkreis mit vielen einzelnen Objekten, die zusammengefasst werden können. Es entsteht dann ein einfacher Stromkreis mit Spannungsquelle, Innenwiderstand der Quelle (Netzimpedanz) und dem Verbraucher (Lampe).

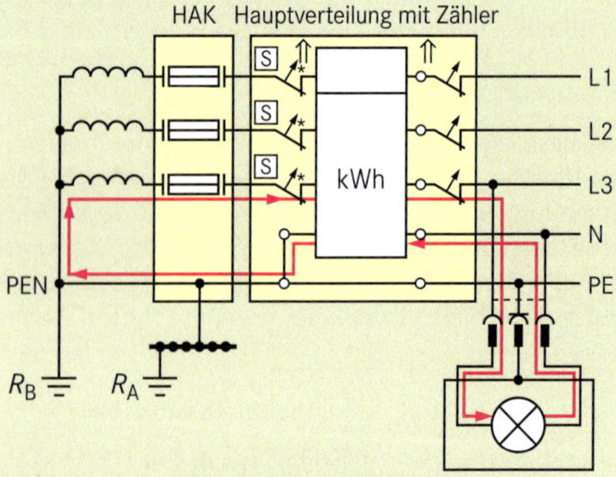

Im Innenwiderstand (Netzimpedanz) der Quelle sind zusammengefasst: Widerstände der Transformatorwicklung, Sicherungen, Leitungsschutzschalter, Zähler, RCD und Leitungen. Er lässt sich berechnen, indem man die Spannungsänderung durch die Stromänderung dividiert (s. Kap. 1.3.1).

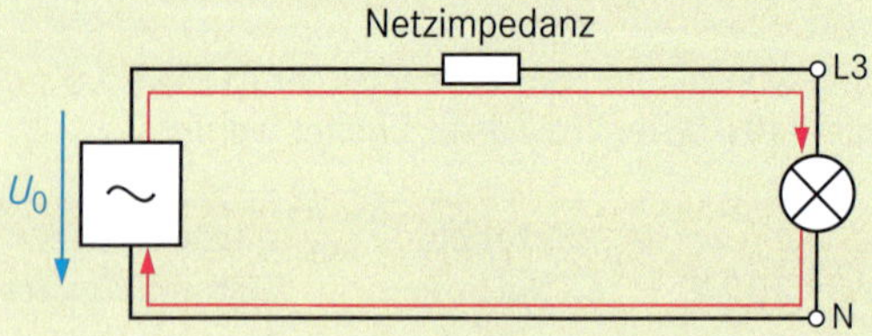

Aufgabe

1. Berechnen Sie die Schleifenimpedanz.
   a) Folgende Messwerte liegen vor:
      $U_0 = 234$ V
      $U_M = 218$ V
      $I_M = 4$ A
   b) Der Stromkreis ist mit einer 10 A Schmelzsicherung (gG) abgesichert. Bestimmen Sie, ob die Sicherung innerhalb der vorgeschriebenen 0,4 s auslöst.

- DIN VDE 0100-600 gibt für die Schleifenimpedanzmessung einen Korrekturfaktor vor, weil ein realer Kurzschlussstrom Wärme verursacht, die die Impedanz erhöht.
- Durch eine Netzinnenimpedanzmessung lässt sich der Spannungsfall auf Leitungen ermitteln.

2.5.3.6 RCD-Messungen

In Stromkreisen mit einer Fehlerstrom-Schutzeinrichtung werden folgende Werte ermittelt:

- **Fehlerstromstärke I_Δ**
  Eine Auslösung muss spätestens beim Erreichen der Bemessungsdifferenzstromstärke $I_{\Delta N}$ erfolgen.
- **Berührungsspannung U_L**
  50 V AC dürfen nicht überschritten werden.
- **Erdungswiderstand R_A**
  Dieser Wert wird im Messgerät errechnet.
- **Abschaltzeit t_a**
  In RCD-Stromkreisen werden Abschaltzeiten von < 40 ms erreicht.

Sämtliche Steckdosen, die mit einer RCD abgesichert sind, müssen überprüft werden (Abb. 1). Dazu werden am Messgerät die Nenndaten der zu überprüfenden RCDs eingegeben, wie z. B. die Bemessungsdifferenzstromstärke und der RCD-Typ.

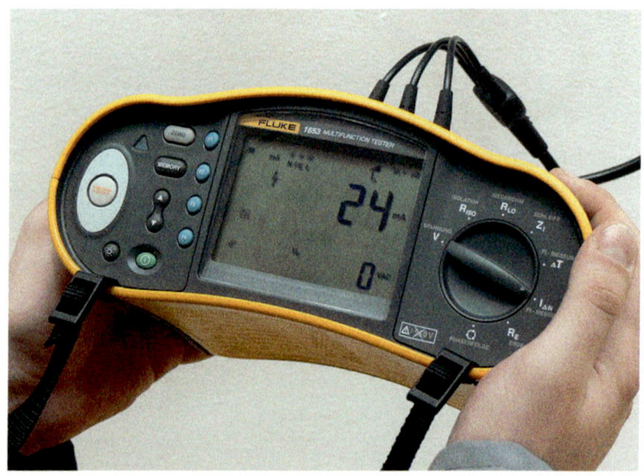

1: RCD-Messung eines Steckdosenstromkreises

Messvorgang

Nachdem der Messvorgang gestartet wurde, führt das Gerät automatisch folgende Messungen und Berechnungen durch:

- **Messung der Leerlaufspannung U_0**
  Dieser Messvorgang ist mit der Schleifenimpedanzmessung identisch. Es wird die Leerlaufspannung U_0 gemessen und gespeichert (Abb. 2).
- **Messung der Fehlerstromstärke I_Δ sowie der Spannung bei Belastung U_M**
  Der interne Schalter des Messgerätes schließt sich automatisch und der Widerstand des Potenziometers wird (ebenfalls automatisch) verringert, so dass sich der dadurch künstlich erzeugte Fehlerstrom kontinuierlich erhöht. Bei einer RCD mit einer Fehlerstromstärke von 30 mA muss diese zwischen 15 mA und 30 mA auslösen. Wird diese Bedingung erfüllt, ist die Wirksamkeit dieser Schutzmaßnahme laut DIN VDE nachgewiesen. Das heißt: weitere RCD-Messwerte werden nicht zwingend verlangt.

Zum Zeitpunkt der Auslösung werden die Messwerte von I_Δ und U_M gespeichert.

Messwerte-Beispiel:
Der Auslöse-Fehlerstrom beträgt $I_\Delta = I_{\Delta N}$ = 30 mA und stellt somit die gerade noch zulässige Fehlerstromstärke dar. Dieser Auslöse-Fehlerstrom fließt durch den Messwiderstand R. Der daraus resultierende Spannungsfall U_M beträgt 182 V.

- **Berechnung der Berührungsspannung U_B und des Erdungswiderstandes** *[earthing resistance]* **R_A**
  Die unter Belastung ($I_{\Delta N}$ = 30 mA) gemessene Spannung U_M ist um 50 V geringer als die Leerlaufspannung U_0. Diese Differenz entsteht durch den Spannungsfall des Erdungswiderstandes R_A. R_A ist die Summe der Widerstände des Erders und des Schutzleiters der Körper.

  $U_B = U_0 - U_M$ — U_B: Berührungsspannung
  U_B = 232 V - 182 V — U_0: Bemessungsspannung
  U_B = 50 V — U_M: Spannung bei Belastung

  In dem Beispiel nimmt der Schutzkontakt der Steckdose im Fehlerfall die maximal zulässige Berührungsspannung $U_L = U_B$ von 50 V gegen Erde an. Berührt im Fehlerfall ein Mensch ein an der Steckdose angeschlossenes Metallgehäuse sowie z. B. ein geerdetes Heizungsrohr, ist er einer Potenzialdifferenz in Höhe von 50 V ausgesetzt.

  Zusätzlich kann der Erdungswiderstand R_A errechnet werden.

  $$R_A = \frac{U_B}{I_\Delta}$$
  $$R_A = \frac{50\ \text{V}}{30\ \text{mA}}$$
  $$\mathbf{R_A = 1666{,}67\ \Omega}$$

  R_A: Erdungswiderstand
  U_B: Leerlaufspannung
  I_Δ: Auslöse-Fehlerstromstärke (entspricht hier $I_{\Delta N}$)

Dieses Ergebnis gibt den höchstzulässigen Erdungswiderstand bei der maximalen Berührungsspannung von 50 V an. In der Praxis werden diese Werte deutlich unterschritten, somit stellt die Schutzmaßnahme mit RCD einen wirksamen Fehlerschutz dar, selbst wenn die Schleifenimpedanzmessung einen unzulässig hohen Wert für Z_S ergeben haben sollte (vgl. Kap. 2.5.3.5). Die Tabelle in Abb. 3 gibt maximal zulässige Werte von Erdungswiderständen bezogen auf eine Berührungsspannung von 50 V an.

$I_{\Delta N}$ in mA	10	30	100	300	500
R_A in Ω	5000	**1666**	500	166	100

3: Maximal zulässige Erdungswiderstände

Das Messgerät zeigt die errechneten Werte der Berührungsspannung (oftmals U_B = 0 V) und den Erdungswiderstand auf dem Display an.

- **Messung der Abschaltzeit t_a**
  Des Weiteren wird die Auslösezeit der RCDs bestimmt. Für die Erstprüfung von Anlagen im TN-System ist die DIN VDE 0100-600 maßgebend. Dort wird für Endstromkreise mit einer Nennstromstärke ≤ 32 A eine maximale Abschaltzeit (für U_0 = 230 V) von 0,4 s gefordert.

  Entsprechend der Baunorm VDE 0664 müssen RCDs als separate Betriebsmittel kürzere Abschaltzeiten aufweisen.

  In der Praxis sind Auslösezeiten von 20 bis 40 ms zu erwarten.

Mit modernen Messgeräten können RCD-Messungen durchgeführt werden, ohne dass die Schutzeinrichtungen auslösen.

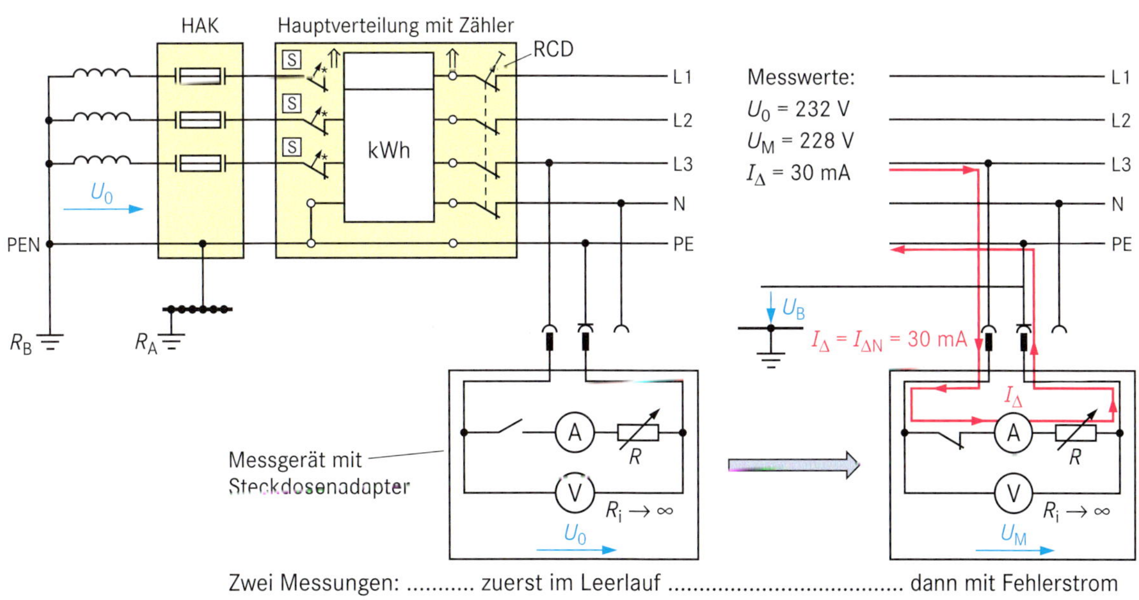

2: RCD-Messung

2.5.3.7 Weitere Überprüfungen

Die Mitarbeiter des Elektrobetriebes Steffen führen noch weitere Überprüfungen durch.

- **Spannungspolarität**: Einpolige Schalter müssen stets den Außenleiter unterbrechen. Nur mehrpolige Schalter können zusätzlich auch den Neutralleiter schalten. Der Schutzleiter bzw. der PEN-Leiter dürfen niemals geschaltet werden.
- **Spannungen**: Es wird die Netzspannung gemessen (400/230 V). Je nach Anlage kommen beispielsweise Messungen der Steuerspannung oder der Notstromversorgung hinzu.

Sollte beim Erproben und Messen ein Fehler festgestellt und beseitigt worden sein, müssen diese Prüfung und gegebenenfalls vorhergehende Prüfungen wiederholt werden.

Erweiterte und geänderte elektrische Anlagen

Die Garageninstallation für das Ehepaar Carsten ist eine Neuanlage. Die Zuleitung wird in die vorhandene Altanlage eingebunden.

In der Elektroinstallation werden oftmals vorhandene Installationen erweitert.

Bezüglich der Erstprüfung ergeben sich folgende Regeln:

- Elektrische Anlagen, die neu errichtet, erweitert oder geändert werden, unterliegen einer elektrischen Sicherheits- und Funktionsprüfung.
- Es muss nur der neu hinzu gekommene Anlagenteil geprüft werden.
- Es darf keine Sicherheitsbeeinträchtigung der bestehenden Anlage geben.
- Der Prüfbericht der bereits vorhandenen funktionsfähigen „Altanlage“ muss vorliegen, sonst ist eine komplette Überprüfung notwendig.

Prüfberechtigte Personen [*certified tester*]

Die Erstprüfung von elektrischen Anlagen werden ausschließlich von Elektrofachkräften vorgenommen (Abb. 1). Sie haben die notwendigen Fachkenntnisse, um die Messwerte richtig zu interpretieren. Es muss beispielsweise berücksichtigt werden, ob normale Alterungsprozesse der Leitungsisolierungen den Isolationswiderstand verschlechtern oder ob ein Fehler vorliegt. Ebenso müssen bei der Beurteilung von Messwerten mögliche Betriebsmessabweichungen mit einbezogen werden. Die Norm lässt Abweichungen bis zu ± 30 % zu.

Die Vorgaben von DIN VDE verlangen nur ein Mindestniveau an Sicherheit. Eine zuverlässige und sichere Anlage hat bessere Kennwerte, als es die Normen fordern.

1: Facharbeiter bei der Erstprüfung

Wiederkehrende Prüfungen

Damit der ordnungsgemäße Zustand von elektrischen Anlagen und Betriebsmitteln erhalten bleibt, werden für den gewerblichen Bereich und öffentliche Gebäude wiederkehrende Prüfungen nach festen **Prüffristen** [*inspection and test periods*] vorgeschrieben. Diese Prüffristen sind in der BGV A3 festgelegt (Abb. 2).

Anlagen	Prüffrist	Prüfung
Elektrische Anlagen und ortsfeste Beitriebsmittel	4 Jahre	Ordnungsgemäßer Zustand (VDE 0105-100)
Betriebsstätten, Räume und Anlagen besonderer Art	1 Jahr	
Schutzmaßnahmen mit RCD in vorübergehend stationären Anlagen (z. B. Baustellen)	1 Monat	Wirksamkeit (s. RCD-Messung)
Fehlerstrom- und Differenzstrom-Schutzschalter • in stationären Anlagen • in vorübergehend stationären Anlagen	6 Monate arbeitstäglich	Funktionstest durch Betätigung der Prüftaste durch den Benutzer

2: Prüffristen für wiederkehrende Prüfungen

Aufgaben

1. Welche Größen können mit einer RCD-Messung erfasst werden?
2. In welchem Fehlerstrombereich müssen RCDs ($I_{\Delta N}$ = 30 mA) auslösen?
3. Erläutern Sie die Vorgehensweise bei der Überprüfung der Spannungspolarität.
4. Warum dürfen nur Elektrofachkräfte an elektrischen Anlagen Erstprüfungen vornehmen?

Prüfungen von elektrischen Geräten [*inspection and test of electrical equipment*]

Eine elektrische Sicherheitsüberprüfung nach DIN VDE 0701-0702 für elektrische Geräte ist in folgenden Fällen notwendig.

- Nach einer **Instandsetzung**: Wartung, Reparatur
- Nach einer **Änderung**: Zulässiger Eingriff in das Gerät gemäß Herstellerangaben
- Bei einer **wiederkehrenden Prüfung**: In bestimmten Zeitabständen

Die folgenden Prüfungsschritte müssen in der vorgegebenen Reihenfolge eingehalten werden.

Prüfungsschritte
- Sichtprüfung
- Messungen
- Funktionstest
- Dokumentation

- **Sichtprüfung**
  Sind Mängel erkennbar, wie z. B. ein defektes Gehäuse oder ein Isolationsschaden an der Zuleitung, dann wird dieses Gerät erst einmal instandgesetzt.
- **Messungen**
  Die Tabelle (unten) enthält die notwendigen Messungen mit den dazugehörigen Grenzwerten.

Von elektrischen Geräten darf keine Gefahr ausgehen. Entsprechend ihrer Konstruktion werden sie in **Schutzklassen** [*classes of protection*] unterteilt.

Schutzklasse I: Schutzmaßnahme mit Schutzleiter
Schutzklasse II: Doppelte/verstärkte Isolierung
Schutzklasse III: Kleinspannung (bis zu 50 V AC)

- **Funktionstest**
  Ein Funktionstest ist nur nach einer Reparatur notwendig. Es empfiehlt sich jedoch auch bei einer Routineprüfung das Gerät kurz zu testen. Sowohl bei den entsprechenden Messungen als auch beim Funktionstest sollte die Gerätezuleitung bewegt werden, um gegebenenfalls einen Drahtbruch zu erkennen.
- **Dokumentation**
  Die Ergebnisse der Sichtprüfung, der Messungen, gegebenenfalls der Berechnungen und des Funktionstests sowie deren Bewertung müssen dokumentiert werden. Hierfür gibt es vorgefertigte Prüfberichte. Über die Landesinnungsverbände des Elektrohandwerks können Prüfplaketten mit dem „E-CHECK"-Logo bezogen werden. Diese Plakette wird an das überprüfte Gerät geklebt. Sie lassen erkennen, dass das Gerät überprüft wurde und erinnern an den nächsten Prüfungstermin.

Die Abbildung zeigt einen Gerätetester.

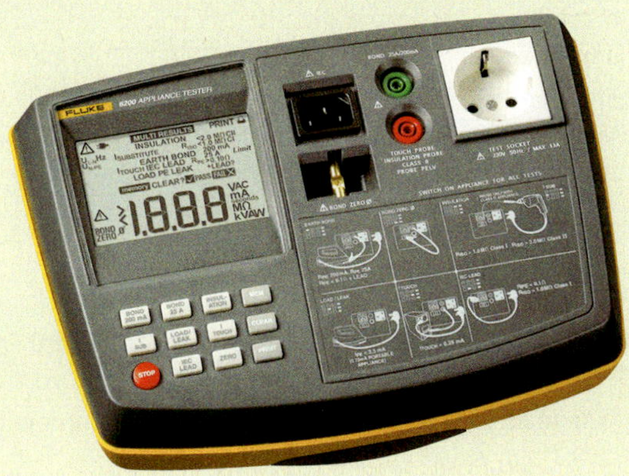

Messungen	Schutzklasse	Grenzwerte
Schutzleiterwiderstand	I	≤ 0,3 Ω bis 5 m + 0,1 Ω je weitere 7,5 m bis maximal 1 Ω
Isolationswiderstand	I I II III	≥ 0,3 MΩ mit Heizelementen ≥ 1,0 MΩ ohne Heizelemente ≥ 2,0 MΩ ≥ 0,25 MΩ
Schutzleiterstromstärke	I	≤ 3,5 mA sowie ≤ 1 mA/kW bei Geräten mit Heizelementen ≥ 3,5 kW
Berührungsstromstärke	I II	≤ 0,5 mA (nur bei Geräten, deren berührbare leitfähige Teile nicht mit dem Schutzleiter verbunden sind) ≤ 0,5 mA (nur bei Geräten, bei denen berührbare leitfähige Teile vorhanden sind)
Ersatzableitstromstärke		Alternatives Messverfahren zur Messung des Schutzleiter- und Berührungsstromes

2.5.3.8 Prüfbericht [*inspection report*]

Die Ergebnisse der Prüfungen werden in einem Prüfbericht dokumentiert.

- Der Kunde erhält einen Nachweis über den ordnungsgemäßen Zustand der Anlage.
- Der Elektrobetrieb kann im Schadensfall den Nachweis erbringen, dass sich die Anlage zum Übergabezeitpunkt in einem sicherheitstechnisch einwandfreien Zustand befand.

Folgende Punkte müssen aus einem Prüfbericht ersichtlich werden:

- Name und Anschrift des Auftraggebers und des Auftragnehmers ①.
- Genaue Beschreibung des geprüften Anlagenumfangs mit Angaben der Stromkreise sowie der dazugehörenden Schutzeinrichtungen ②.
- Nennung der Person(en), die für die Sicherheit, Errichtung und Prüfung der Anlage zuständig waren ③.
- Auflistung (Checkliste) des Prüfungteils **Besichtigung** (vgl. Kap.2.5.3.1) ④.
- Ergebnisse der Prüfungsteile **Erproben** und **Messen** ⑤.
- Informationen, die durch das Besichtigen, Erproben und Messen gewonnen wurden, sind zu bewerten (einzelne Messwerte ohne besondere Abweichungen müssen nicht bewertet werden) ⑥.
- Neuanlagen müssen dem Kunden immer einwandfrei übergeben werden ⑦.
- Verwendetes Mess- und Prüfgerät ⑧.

Der Prüfbericht ist dem Auftraggeber auszuhändigen, der diesen dann aufbewahrt.

Für kleine Bauvorhaben verwendet der Elektrobetrieb Steffen einen selbst erstellten Prüfbericht (Abb. 1). Für größere Projekte (s. Lernfeld 5) werden entsprechende Vordrucke gekauft.

Diese Vordrucke können beispielsweise über den **Z**entral**v**erband des Deutschen **E**lektro**h**andwerks (**ZVEH**) [*Central Association of the German Electrical and Information Technology Industry*] bestellt werden. Messgerätehersteller bieten oftmals zusätzlich eine Bearbeitungssoftware an. Diese ermöglicht eine komfortable Bearbeitung der im Messgerät gespeicherten Daten, einen Ausdruck sowie eine Archivierung.

Aufgaben

1. Weshalb haben Auftraggeber und Auftragnehmer gemeinsam an einem fachlich korrekt erstellten Prüfbericht Interesse?
2. Nennen Sie fünf Aspekte, die in einem Prüfbericht angegeben sein müssen.
3. Wer bewahrt den erstellten Prüfbericht auf?

Rolf Steffen
ELEKTROTECHNIK
Bahnstraße 24

55543 Bad Kreuznach

Prüfbericht für Kleinanlagen

Nr. 217/2010

Auftraggeber
Name: Knut Carsten ①

Anschrift: Hauptstraße 12
55595 Roxheim

geprüftesObjekt: Garageninstallation mit Zuleitung ②

Prüfer: Rolf Steffen ③

Verwendetes Messgerät: Fluke 1653 ⑧

☒ Erstprüfung gemäß DIN VDE 0100-600
☐ Wiederholungsprüfung gemäß DIN VDE 0105-100

☒ TN-C-S-System ☐ anderes Netzsystem: ____

Anlagenumfang/Stromkreise (SK): F3.1 bis F3.3 ②

Besichtigung ④
☒ Checkliste beigefügt ☒ alles in Ordnung

Erproben ⑤
☒ Schutzeinrichtungen in Ordnung
☒ Funktion der elektrischen Anlage in Ordnung
☒ Phasenfolge der Drehstromsteckdosen in Ordnung
☐ Sonstiges:

Messen ⑤
☒ Durchgängigkeit der Schutzleiter ($R < 1{,}0\ \Omega$)
☒ sowie der Schutzpotenzialausgleichsleiter ($R < 0{,}1\ \Omega$)

☒ Isolationswiderstand in Ordnung
Aktive Leiter gegen geerdeten PE: >500 MΩ

Überstromschutzeinrichtung
☒ LS-Schalter, 16 A, Typ B → für SK: F3.1 bis F3.3 ②
☐ Schmelzsicherung (gG), 16 A → für SK: ——

☒ Schleifenimpedanz in Ordnung ⑥

SK: F3.1	SK: F3.2	SK: F3.3
Z_S: 1,55 Ω I_K: 148 A	Z_S: 1,55 Ω I_K: 148 A	Z_S: 1,55 Ω I_K: 148 A

☒ RCD ($I_{\Delta N}$ = 30 mA) in Ordnung ⑥

SK: F3.1	SK: F3.2	SK: F3.3
I_Δ: 18 mA U_L: 0 V	I_Δ: 23 mA U_L: 1 V	I_Δ: 19 mA U_L: 1 V

☒ Spannungshöhen in Ordnung → Werte: 400 V/230 V

Prüfergebnis
☒ Erstprüfung (immer mängelfrei) ⑦

Wiederholungsprüfung
☐ mängelfrei ☐ Mängel beseitigen: ____

29.09.2010 R. Steffen — Prüfer
29.09.2010 R. Steffen — Verantwortlicher Unternehmer

1: Prüfbericht für die Garageninstallation

2.6 Übergabe an den Kunden

Nach Abschluss aller Arbeiten ist dem Kunden die Anlage zu übergeben. Dabei wird sie vorgestellt und deren Handhabung erläutert. Dies geschieht durch fachkompetente Beratung, die ohne „Fachjargon" auskommen sollte.

Bei dem vorgestellten Bauvorhaben "Installation einer Garage" werden

- die Beleuchtung und
- das Einstellen der **Schaltuhr K1** vorgeführt
- sowie auf den monatlichen Test der RCD F3.0 und auch F1.0 und F2.0 im Wohnhaus aufmerksam gemacht.

Die Sicherheit der Anlage wird an Hand des Prüfprotokolls (vgl. Kap. 2.5.3.7) erläutert. Hierzu werden alle Prüf- und Messprotokolle übergeben. Sie dienen der rechtlichen Absicherung des Unternehmens und der Dokumentation der Sicherheit der installierten Anlage. Der Auftraggeber bescheinigt deshalb die Übernahme der genannten Unterlagen. Außerdem werden folgende Schaltpläne übergeben:

- Installationsplan (vgl. Kap. 2.3)
- Verteilungsplan (Abb. 2)

Für den Betrieb ergibt sich dabei eine gute Möglichkeit für sich zu werben und eventuelle Anschlussaufträge zu initiieren. Aus diesem Grund sollte der Elektroniker ausreichend Zeit für die Übergabe einplanen. Natürlich bietet der Fachmann jederzeit auch eine Beratung an. Damit der Kunde gleich den richtigen Mitarbeiter erreicht, sollte eine Visitenkarte mit Telefon- und Handynummer übergeben werden. Sinnvoll ist es, eine entsprechende Karte im Verteiler zu hinterlegen.

Durch die Übergabe an den Kunden ist der technische Teil des Bauvorhabens abgeschlossen. Es folgt der kaufmännische Teil. Im Unternehmen wird u. U. eine Nachkalkulation durchgeführt, die die Fakten des Angebotes überprüft. Diese Überprüfung soll Fehler bei späteren Angeboten minimieren. Auf dieser Grundlage wird die Rechnung erstellt, die sich im günstigen Fall mit dem Angebot deckt. Sollte das nicht so sein, müssen die Änderungen begründet werden. Die Rechnung wird dem Kunden zugestellt, wobei ein Zahlungsziel von üblicherweise 14 Tagen genannt wird.

- **Die Übergabe soll kundenorientiert erfolgen.**
- **Bei der Übergabe einer Anlage an den Auftraggeber werden alle Prüf- und Messprotokolle gegen Empfangsbescheinigung ausgehändigt.**

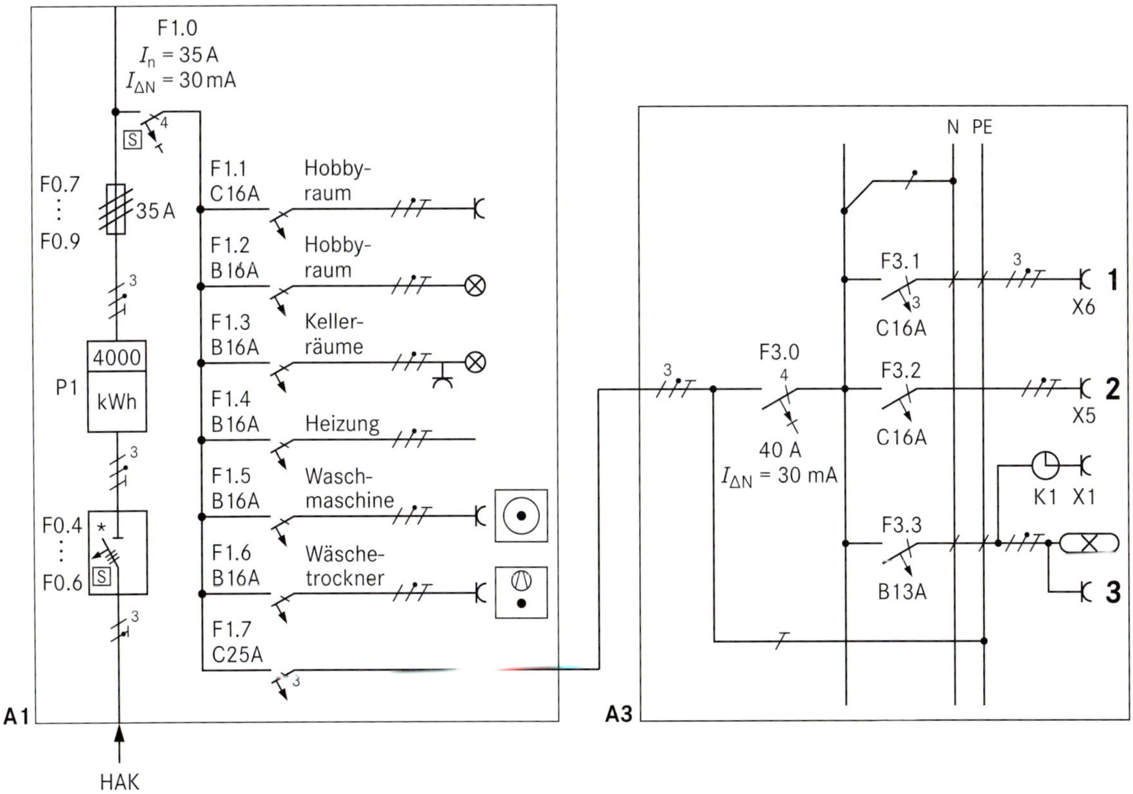

2: Verteilungsplan

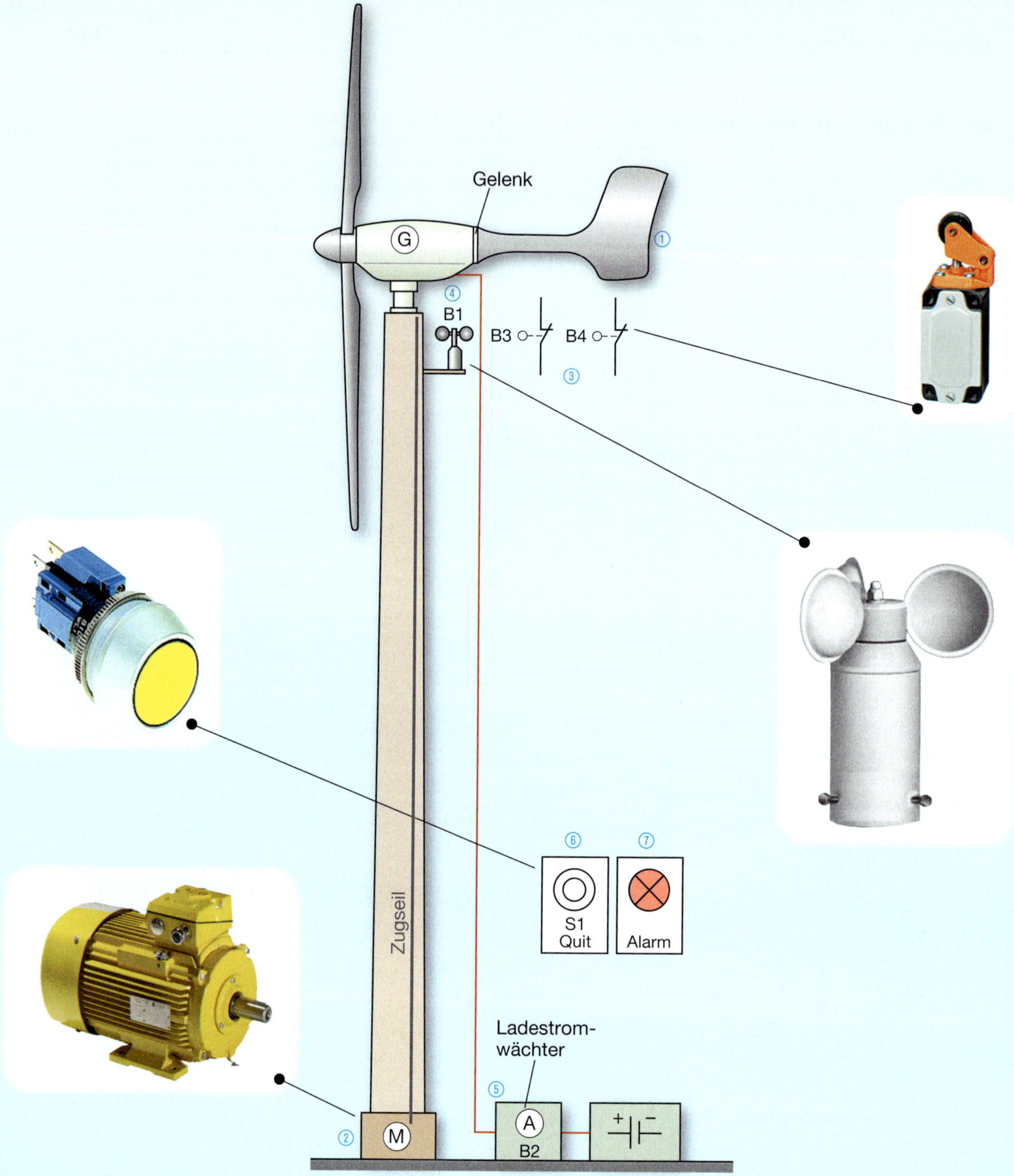
Gelenk
G
1
4
B1
B3
B4
3
6
7
S1
Quit
Alarm
Zugseil
Ladestrom-
wächter
5
A
B2
2
M

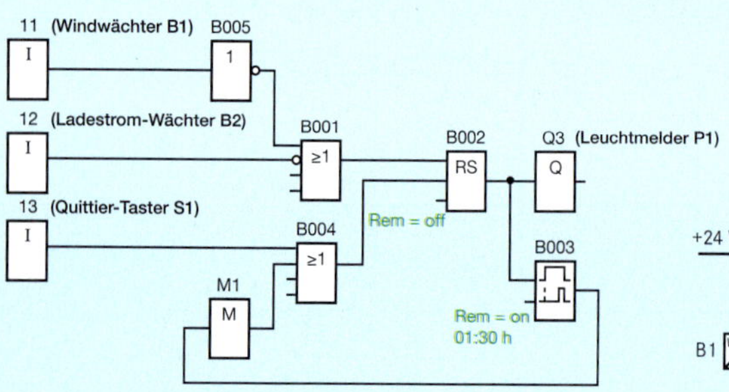
11 (Windwächter B1)
B005
12 (Ladestrom-Wächter B2)
B001
B002
RS
Q3 (Leuchtmelder P1)
Q
13 (Quittier-Taster S1)
B004
Rem = off
B003
M1
M
Rem = on
01:30 h

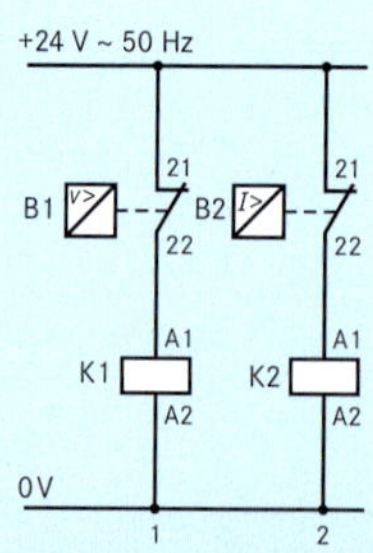
+24 V ~ 50 Hz
B1
B2
K1
K2
0V
1
2

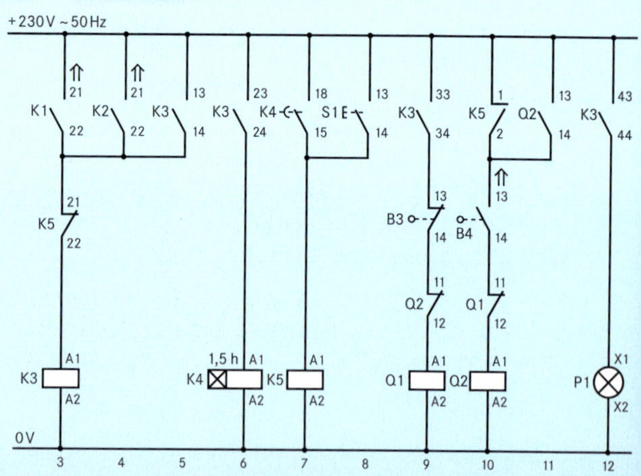
+230V ~ 50Hz
K1
K2
K3
K4
S1
K5
Q2
B3
B4
Q1
1,5 h
P1
0V
3
4
5
6
7
8
9
10
11
12

3 Steuerungen analysieren

3.1 Windenergieanlage

Eine Windenergieanlage wandelt Windenergie in elektrische Energie um. Dabei treibt der Wind über Rotoren einen Generator an, dessen elektrische Energie dann entweder in Akkumulatoren gespeichert (s. Kap. 1.1.13), oder in das öffentliche Versorgungsnetz eingespeist werden kann.

Herr Bölsing hat ein Haus gekauft, für das mit Hilfe einer Windenergieanlage elektrische Energie selbst „hergestellt" wird. Da die bestehende Steuerung veraltet ist und gelegentlich ausfällt, soll diese nach und nach modernisiert werden. Er beauftragt daher die Firma Emtech eine Lösung zu entwickeln, die die Anlage bei Sturm sichert.

Herr Bölsing erklärt das Verhalten der Anlage, welches auch in dem Diagramm Abb. 1 verdeutlicht wird:

- Der Rotor wird so im Wind gehalten, dass er nur bei Sturm (> 20 m/s) für 1,5 Stunden (t_S) aus dem Wind gedreht wird.
- Eine Meldeleuchte signalisiert, dass der Sturmschutz aktiv ist.
- Nach Ablauf der Zeit t_s oder durch Betätigung einer Quittiertaste S1 kann der Rotor wieder in den Wind zurück gedreht werden.

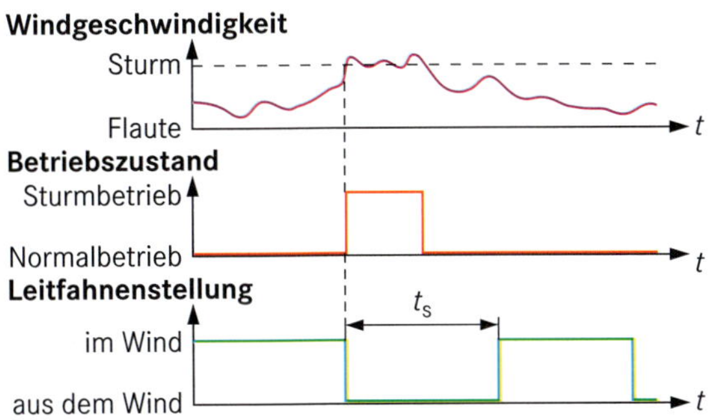

1: Verhalten der Windenergieanlage

Damit für die Windenergieanlage eine **Steuerung** [*control system*] entwickelt werden kann, muss zunächst die Funktion des Systems Windenergieanlage analysiert werden.

Im **Technologieschema** [*technological scheme*] auf der linken Seite ist zu erkennen, dass der Rotor mit Hilfe einer Windleitfahne ① im Wind gehalten wird. Mit einem Zugseilmotor ② kann die Windleitfahne über ein Seil so um 90° gedreht werden, dass der Rotor in den Wind oder parallel zum Wind gedreht ist.

Bei Rechtslauf des Motors wird die Windenergieanlage in den Wind gedreht, bei Linkslauf aus dem Wind. Die Position der Windleitfahne („aus dem Wind" = ADW (B3), „in dem Wind" = IDW (B4)) wird mit Endlagentastern ③ erfasst. Die Windstärke wird über einen Windwächter B1 ④ und zur Sicherheit auch über die Höhe des Ladestroms B2 ⑤ ermittelt, da ein starker Wind einen höheren Ladestrom zur Folge hat. In der Steuerungsanlage ist ein Quittier-Taster S1 ⑥ zum vorzeitigen Verlassen des Sturmschutzes und ein Leuchtmelder P1 ⑦ zur Anzeige des Sturmschutzes vorhanden.

3.1.1 Systemdarstellung

Die Windenergieanlage als ein in sich abgeschlossenes System lässt sich weiter analysieren, indem man den

- Energiefluss und den
- Informationsfluss

betrachtet.

Energiefluss

Die Windenergie wirkt auf die Rotorblätter (Abb. 2). Da diese mit einer Welle verbunden sind, wird die Windenergie in Rotationsenergie umgewandelt. Diese mechanische Energie wird mit Hilfe des Generators in elektrische Energie umgewandelt.

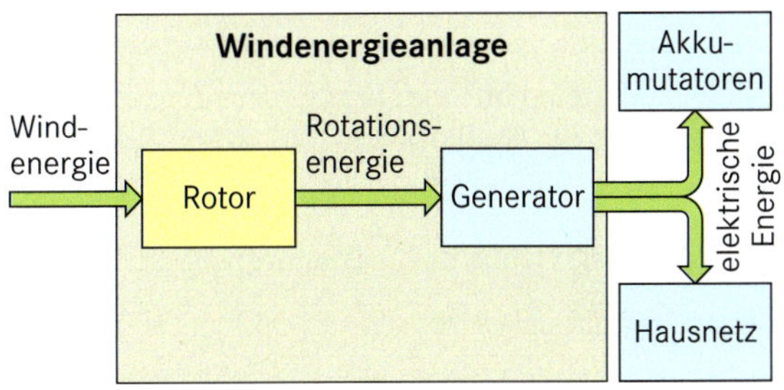

2: Systemdarstellung des Energieflusses

Informationsfluss

Die Abb. 3 stellt den Informationsfluss in der Windenergieanlage dar. Die Eingangsinformationen werden dabei verknüpft und das Ergebnis dem jeweiligen Objekt (Motor – Rechts-/Linkslauf und **Leuchtmelder** [*indicator light*]) mitgeteilt. Jede Informationsquelle (z. B. Windwächter B1 und Quittier-Taster S1) und jeder Aktor (z. B. Leuchtmelder, Ansteuerung des Motors) stellt ein eigenständiges Objekt innerhalb des Systems dar.

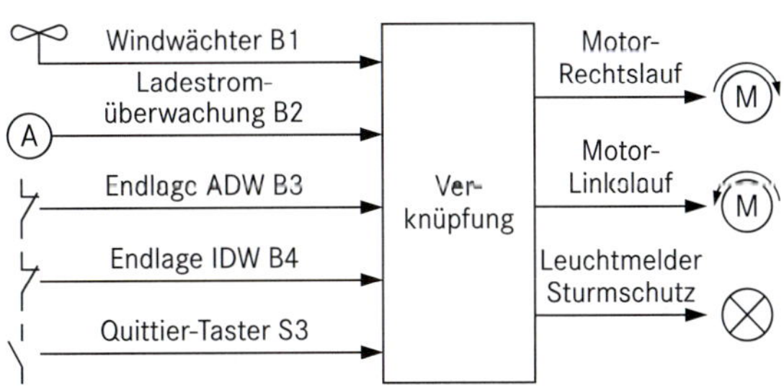

3: Informationsfluss

Zur vollständigen Analyse müssen die Betrachtungen des Energie- und Informationsflusses zusammengeführt werden.

- Der Windwächter soll überwachen, ob sich durch den Wind der Rotor zu schnell dreht. Dies kann zu einem Abreißen der Rotoren oder zu einer mechanischen Zerstörung des Generators führen.
- Die Ladestromüberwachung ermittelt den elektrischen Energiefluss vom Generator zum Akkumulator. Damit wird verhindert, dass durch Überlastung der Generator, die Akkumulatoren oder die elektrischen Installationen Schaden nehmen.

3.1.2 Steuerungselemente

Was wird gesteuert?

Die allgemeine Definition für eine Steuerung lautet: Steuern ist ein Vorgang in einem System, bei dem eine oder mehrere Eingangsgrößen Ausgangsgrößen beeinflussen. Diese Aussage soll nun anhand des Blockschaltbildes der Sturmschutz-Steuerung (Abb. 1) untersucht werden.

Durch Überschreiten einer maximalen Windgeschwindigkeit (Eingangsgröße) wird der Sturmschutz ausgelöst (Fachwort: „geführt"). Das dabei erzeugte Eingangssignal (Steuersignal) wird daher **Führungsgröße** ***w*** ① genannt.

Bei der Sturmschutz-Steuerung wird elektrische Energie über ein **Stellglied** ② [*actuator*] dem Zugseilmotor entsprechend der **Stellgröße** ***y*** ③ (Ausgangssignal der Verarbeitung) zugeführt. Die Stellgröße ist das Ausgangssignal der Verarbeitung. Die resultierende Stellung der Windleitfahne ist die **Steuergröße** ***x***.

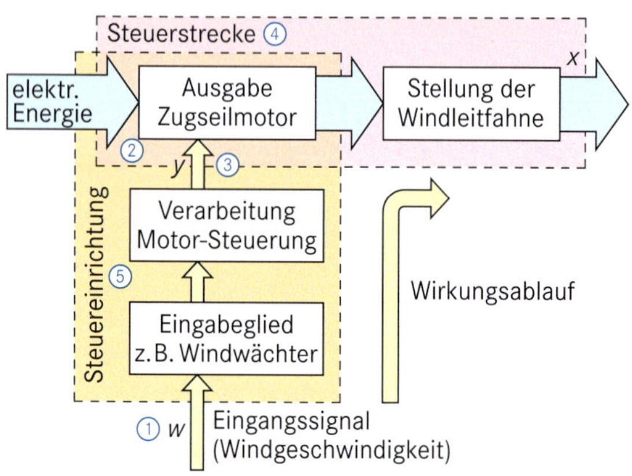

1: Prinzip einer Steuerung

Der Zugseilmotor wird also gesteuert und wird daher als **Steuerstrecke** ④ [*controlled system*] bezeichnet. Da nur die Zustände EIN und AUS für den Zugseilmotor möglich sind, können elektromechanische Schalter (Schütze, Relais) oder elektronische Schalter zur Ansteuerung verwendet werden. Alle Bestandteile von der Signaleingabe bis zur Ausgabe werden als Steuereinrichtung ⑤ bezeichnet.

EVA-Prinzip

Jede Steuerung arbeitet nach dem EVA-Prinzip. Die Abkürzung steht für:

- **E**ingabe [*input*]
- **V**erarbeitung [*process*]
- **A**usgabe [*output*]

Dem Informationsfluss (vorherige Seite, Abb. 3) lassen sich diese drei Ebenen zuordnen (Abb. 2):

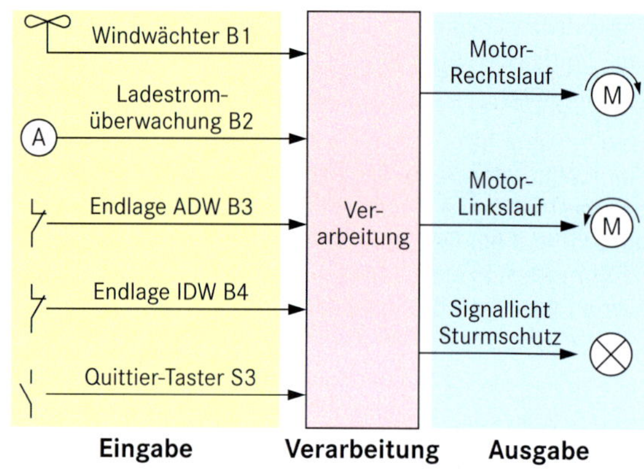

2: EVA-Prinzip

Eingabe

Die Informationen über den Prozesszustand und Eingaben der Bedienelemente werden durch Sensoren (hier: Windwächter, Ladestromüberwachung und Taster; s. Kap. 3.2) übermittelt. In der Eingabeebene werden sie gegebenenfalls für die Verarbeitungsebene so angepasst (Signalpegel, Signalform u.a., s. Kap. 3.2.1), dass sie verarbeitet werden können.

Verarbeitung

Die Informationen werden entsprechend vorgegebener Bedingungen verarbeitet. Zum Einsatz kommen dabei logische Verknüpfungen, Speicherschaltungen usw. (s. Kap. 3.3). Dabei wird hier z.B. der Vergleich zwischen der aktuell gemessenen Windgeschwindigkeit und der vorgegebenen Schwelle durchgeführt und die Stellgröße ausgegeben.

Ausgabe

Die Verarbeitungsergebnisse werden so aufbereitet, dass sie an die zu steuernde Anlage ausgegeben werden können.

- Anlagen und Prozesse lassen sich durch die Systembetrachtungen des Energie- und Informationsflusses analysieren.
- Eine getrennte Analyse des Energie- und Informations- bzw. Materialflusses vereinfacht die Betrachtung des Steuerungssystems.
- Die Führungsgröße *w* wird in einem Steuergerät verarbeitet.
- Die am Steuergerät vorhandene Stellgröße *y* beeinflusst das Stellglied (Ausgang des Steuergerätes).

Regeln/Steuern

Anhand einer Ladestromregelung soll der Unterschied zwischen Regeln und Steuern erklärt werden.

Bei einer Steuerung ist der Wirkungsablauf offen. Die Verarbeitung reagiert also lediglich auf die Signaleingabe mit den vorgegebenen Eigenschaften.

Damit die Akkumulatoren nicht ständig mit elektrischer Energie versorgt und somit überladen werden, muss der Ladezustand kontinuierlich überwacht und der Ladestrom entsprechend reguliert werden. Dazu muss der Ladezustand anhand der Spannung (IST-Zustand) der Akkumulatoren ständig mit einem SOLL-Zustand (Akkumulatoren sind vollständig geladen) verglichen werden. Je größer der Differenzbetrag zwischen SOLL- und IST-Zustand ist, desto größer ist der Ladestrom der Akkumulatoren. Ist der SOLL-Zustand erreicht (Akkumulatoren sind voll), darf kein Ladestrom mehr fließen.

Da der IST-Wert einen kontinuierlichen Einfluss auf den Ladestrom hat, spricht man von einer Rückwirkung der Ausgangsgröße auf die Eingangsgröße. Somit schließt sich der Kreis. Man nennt ihn **Regelkreis**.

In Regelungen werden Eingangsgrößen also rückwirkend beeinflusst.

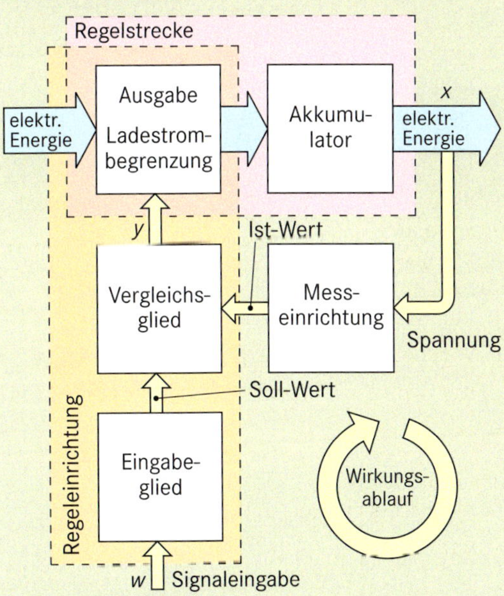

Prinzip einer Regelung

- Für die Wirkungsweise, Wartung, Instandhaltung der Anlage sowie der Fehlersuche ist die Klarheit und Ausführlichkeit einer Dokumentation besonders wichtig.

3.1.3 Dokumentation

Dokumentationen werden erstellt, um z. B. bei Instandhaltung, Wartung, Störungssuche usw. einen schnellen Einblick in die Zusammenhänge einer Anlage zu bekommen (Abb. 3).

Die **Funktionsbeschreibung** [*function description*] soll die Arbeitsweise des gesamten Systems und seiner Objekte im Zusammenspiel verständlich machen. Eine Gliederung der Beschreibung ist sinnvoll. Zum Beispiel kann bei der Windenergieanlage zwischen „Normalbetrieb" und „Sturmbetrieb" unterschieden werden.

Um eine Verbindung zu den technischen Unterlagen und den Bezeichnungen in der Anlage zu schaffen, sollen in der Funktionsbeschreibung auch die normgerechten Objektkennzeichnungen verwendet werden. Im Gegensatz zur Funktionsbeschreibung für die Fachkraft, ist eine Bedienungsanleitung für den Laien/Bediener gedacht. Diese ist lediglich eine Beschreibung der notwendigen (sichtbaren) Funktionen.

Ein **Technologieschema** dient der optischen Unterstützung der Funktionsbeschreibung (ein Bild sagt mehr als tausend Worte!).

Für diese Darstellungsform gibt es keine Normung - allgemein gilt jedoch, dass weniger Realitätstreue und mehr Vereinfachung besser ist. Damit das Technologieschema und die Funktionsbeschreibung eine Einheit bilden, sollten in dem Schema auch die Objektkennzeichen und genormten Symbole verwendet werden. Die Anordnung der Objekte soll in der Darstellung lagerichtig sein.

Pläne sind wesentliche Teile in Dokumentationen. Sie zeigen übersichtlich das Zusammenwirken der Objekte und sind mehr oder minder konkret.

Typische Darstellungen sind z. B. Stromlaufpläne in zusammenhängender und aufgelöster Darstellung, Block- und Logikpläne sowie Signal-Zeit-Diagramme.

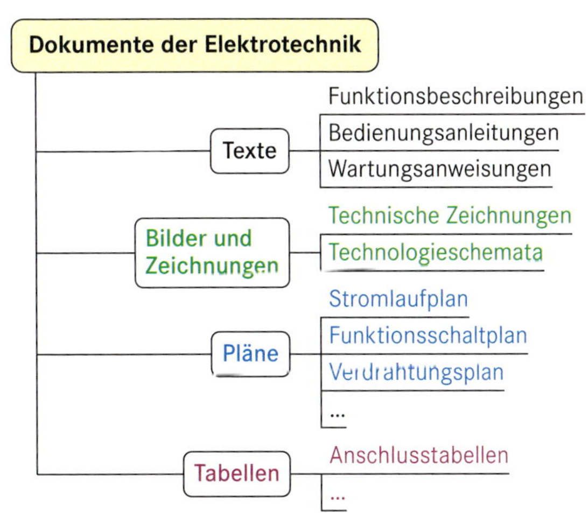

3: Bestandteile der Dokumentation

3.2 Eingabeobjekte

3.2.1 Signale

Nach dem EVA-Prinzip wird eine Steuerung in die drei Ebenen Eingabe, Verarbeitung und Ausgabe eingeteilt (s. Kap. 3.1.2). Diesem Prinzip folgend sollen zunächst die Informationsquellen (**Sensoren** [*sensors*] und **Bedienelemente** [*operating devices*]) sowie die Objekte betrachtet werden, die die Verarbeitungsergebnisse im System umsetzen (**Aktoren** [*actuators*]).

Bei der stark vereinfachten Systemdarstellung (Abb. 1) wird deutlich, dass die Signale der Eingabeebene in der Verarbeitungsebene ausgewertet werden, bzw. die Verarbeitungsergebnisse an die Aktoren (Ausgabe) übermittelt werden.

Die Ausgangsinformationen des vorangehenden Objektes stellen die Eingangsinformationen des folgenden Objektes dar ①. Diese Übergabepunkte werden **Schnittstellen** [*interfaces*] genannt. Schnittstellen sind normiert, da in der Steuerungstechnik oftmals Produkte unterschiedlicher Hersteller Verwendung finden und daher zueinander kompatibel sein müssen.

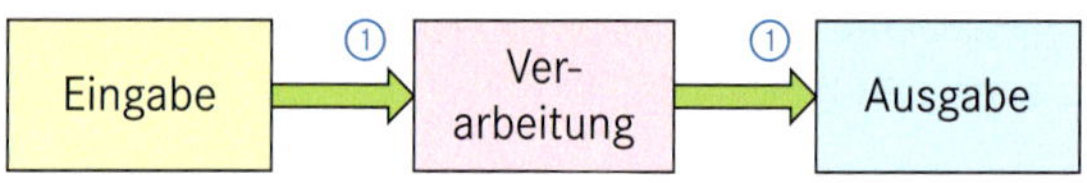

1: Zusammenwirken der Objekte

Binärsignale

Bei Binärsignalen sind nur zwei Zustände möglich (bi: lat. zwei). Diese können sehr einfach ausgewertet werden und lassen sich durch Pegel darstellen (Abb. 2).

Hoher Pegel	Niedriger Pegel
An	Aus
High	Low
H	L
0	1

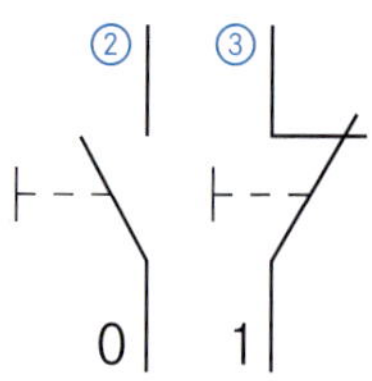

2: Pegel

Beispiel:

- Ein unbetätigter Schließer (Kontakt, der im unbetätigten Zustand geöffnet ist, ②) ist „0", „Aus" oder „Low" (kurz „L").
- Ein betätigter Schließer ③ ist „1", „An"oder „High" (kurz „H").

Während der Pegel den Zustand bzw. das Signalniveau beschreibt, verbirgt sich hinter dieser sehr allgemeinen Angabe ein von der eingesetzten Steuerung abhängiger Spannungsbereich. Die in der Steuerungstechnik gängigsten Bereiche sind 0 V... 12 V, 0 V... 24 V und 0 V... 230 V.

Dabei wird ein niedriger Spannungsbereich als „0"-Signal und ein hoher als „1"-Signal festgelegt. Dazwischen liegt der „verbotene Bereich" ④, ⑤ als eindeutige Trennung zwischen den Pegeln (Abb. 3). In dieser Zone kann ein Signal keinem Pegel korrekt zugeordnet werden.

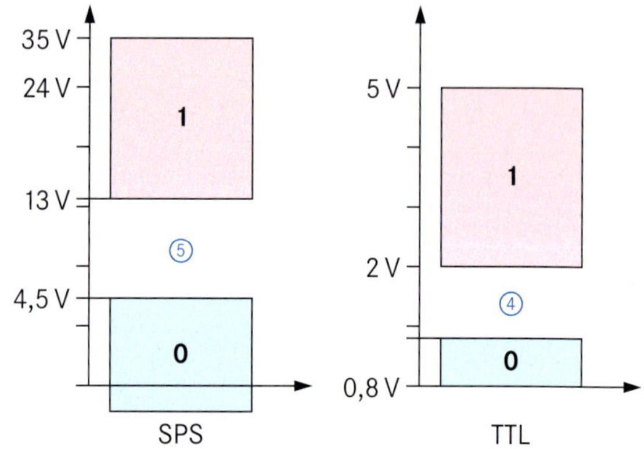

3: Spannungsbereiche der 0/1-Signale bei unterschiedlichen Pegeln

Analoge Signale

Der Windsensor der Windenergieanlage liefert ein analoges Signal. Dieses kann in einem begrenzten Bereich jeden beliebigen Wert annehmen. So entspricht eine Ausgangsspannung von z. B. 4,5 V einer bestimmten Windstärke.

Viele Sensoren verwenden folgende genormten Schnittstellenwerte für Analogsignale:

- 0 V bis 10 V
- 4 mA bis 20 mA
- 0 mA bis 20 mA

Aufgaben

1. Beschreiben Sie, welche Bedeutung die Abkürzungen des EVA-Prinzips haben.
2. Nennen Sie Situationen, in denen eine Dokumentation für eine Anlage hilfreich ist.
3. Warum sollten in einer Funktionsbeschreibung die genormten Objektkennzeichen verwendet werden.
4. Für wen werden die Funktionsbeschreibung bzw. die Bedienungsanleitung geschrieben?
5. Wie werden Binärsignale dargestellt?
6. Welche genormten Analogsignale werden in der Automatisierungstechnik verwendet?

- Damit die Objekte einer Steuerung zusammenarbeiten können, müssen ihre Schnittstellen angepasst sein.
- Binärsignale werden bestimmten Pegeln zugeordnet. Dabei ist das 1-Signal der höhere Pegel und das 0-Signal der niedrigere Pegel.
- Analogsignale werden im Bereich der Automatisierungstechnik meist in den Größen 0 V bis 10 V, 4 mA bis 20 mA oder 0 mA bis 20 mA dargestellt.

3.2.2 Bedienelemente

Bedienelemente können Taster oder Schalter sein. Da sie zur Befehlseingabe von Hand eingesetzt werden, stellen sie die Verbindung zwischen Mensch und Steuerung her. Im Folgenden werden die Bedienelemente und Sensoren der Windenergieanlage mit ihren Alternativen vorgestellt.

Drucktaster, Schalter und Touch-Panel werden zur Befehlseingabe von Hand verwendet, wenn z.B. zwischen Hand- und Automatikbetrieb gewählt wird. In der Sturmschutz-Steuerung kommen sie zum Einsatz, wenn ein Zeitglied vorzeitig zurückgesetzt (quittiert) werden soll, um den Rotor vorzeitig wieder in den Wind zu fahren.

Drucktaster und Schalter

Ist ein Taster (Abb. 4) sowohl mit Schließer- als auch Öffner-Kontakten ausgestattet, muss beachtet werden, dass bei einer Betätigung immer zunächst der Öffnerkontakt ① öffnet, bevor der Schließerkontakt ② schließt (Sicherheitsgründe, s. Kap. 3.3.1 → Tasterverriegelung). Dieser Zusammenhang ist in dem Signal-Betätigungsweg-Diagramm der Abb. 4 verdeutlicht.

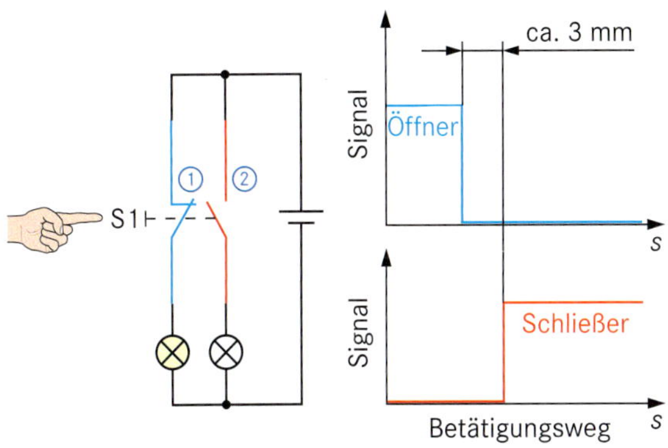

4: Verhalten der Taster-Kontakte bei Betätigung

Die Farbe des Tasters (Abb. 5) weist auf die Funktion hin. Entsprechend der Abb. 6 werden den unterschiedlichen Bedeutungen und Anwendungen bestimmte Farben zugeordnet. Die Farbe Gelb wird zur Beseitigung einer anormalen Bedingung oder unerwünschten Änderung verwendet. Bei der Windenergieanlage wird Gelb daher für die Quittierung der Sturmschutz-Zeit verwendet. Weitere festgelegte Farbkennzeichnungen gelten

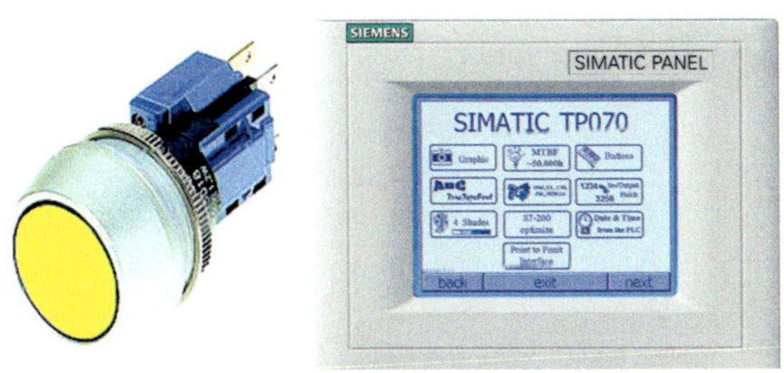

a) Drucktaster b) Touchpanel

5: Bedienelemente

Drucktaster		Farbe	Leuchtmelder	
Bedeutung	Anwendung		Bedeutung	Anwendung
Notfall	NOT-AUS		Notfall	Gefahrenbringender Zustand
Anormal	Beseitigung anormaler oder unerwünschter Zustände		Anormal	Kontrolle, ob die physikalische Größe den normalen Bereich überschritten hat
Normal	Vorbereiten, Bestätigen, Start/Ein erlaubt, Stopp verboten		Normal	Handlung erforderlich
Zwingend	Rückstellfunktion		Zwingend	Handlung erforderlich
	START/EIN STOPP/AUS		Neutral	Kontrollieren, ob Umschaltung erforderlich

6: Farbkennzeichen für Drucktaster, Leuchtmelder und Leuchtdrucktaster

in ähnlicher Form auch für Leuchtmelder und **Leuchtdrucktaster** [***illuminated pushbuttons***], in denen ein Leuchtmelder integriert ist.

Touch-Panel

Alternativ zu den klassischen Bedienelementen Taster und Schalter werden zunehmend Touch-Panel eingesetzt (häufig als **H**uman-**M**achine-Interface, **HMI** bezeichnet). Dabei handelt es sich um berührungssensitive Bildschirme, auf denen Schaltflächen, Leuchtmelder, Ein-Ausgabe-Felder, frei skalierbare Festtexte, Grafiken und dynamische Balken zur Darstellung von Prozessgrößen angezeigt werden können. Durch Antippen der berührungssensitiven Bildschirmoberfläche können die Bedienfunktionen aktiviert werden. Die Informationen von und zum Panel werden direkt über eine Busleitung oder eine Parallelverdrahtung mit der Steuerung ausgetauscht. Die Anzeige kann mit einer Software beliebig konfiguriert werden.

- Taster, Schalter und Touch-Panel werden als Bedienelemente bezeichnet.
- Taster und andere mechanische Schaltelemente, die mit Öffner- und Schließerkontakten ausgestattet sind, betätigen immer den Öffner-Kontakt bevor der Schließer schließt.
- Taster, Schalter und Leuchtelemente werden entsprechend ihrer Aufgabe farblich gekennzeichnet.
- Anzeigeinstrumente wie Leuchtmelder oder Touch-Panel zeigen den aktuellen Zustand der Steuerung an.

3.2.3 Sensoren der Windenergieanlage

Sensoren [*sensors*] wandeln eine beliebige physikalische Größe in eine elektrisch verarbeitbare Größe um und werden daher auch Wandler genannt (Abb. 1). Der Begriff Sensor bedeutet etwa „Nachweis- und Kontrollgerät“ oder „Fühler der Umwelt“. Sensoren dienen der Erfassung des Betriebszustandes eines Systems.

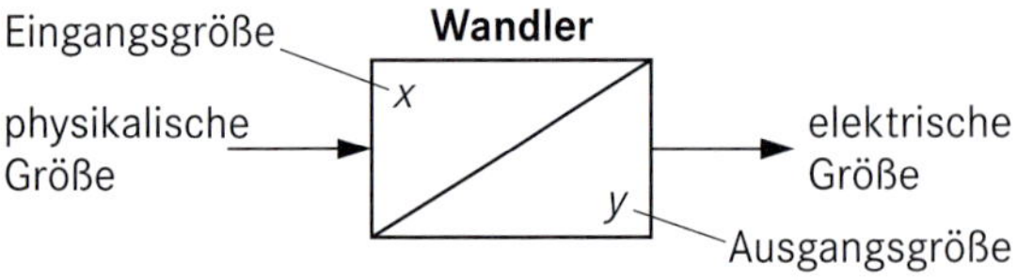

1: Allgemeines Symbol eines Wandlers

Bestimmung der Windgeschwindigkeit

In der Windenergieanlage wird z. B. die Windgeschwindigkeit mit Hilfe eines Sensors erfasst. Das Symbol verdeutlicht die Umwandlung des Signals durch eine schräge Linie, die die Formelzeichen des Eingangs- und Ausgangssignals trennt.

Um den Anforderungen der Schnittstellen gerecht zu werden, muss das Ausgangssignal angepasst werden. D. h. es muss z. B. verstärkt werden. In Abb. 2 ist dies beispielhaft an der Windgeschwindigkeitsmessung dargestellt.

Die Windgeschwindigkeit *v* wird in eine Spannung *U* umgewandelt, verstärkt und direkt analog angezeigt. Sie kann aber auch in ein Schaltsignal umgewandelt werden.

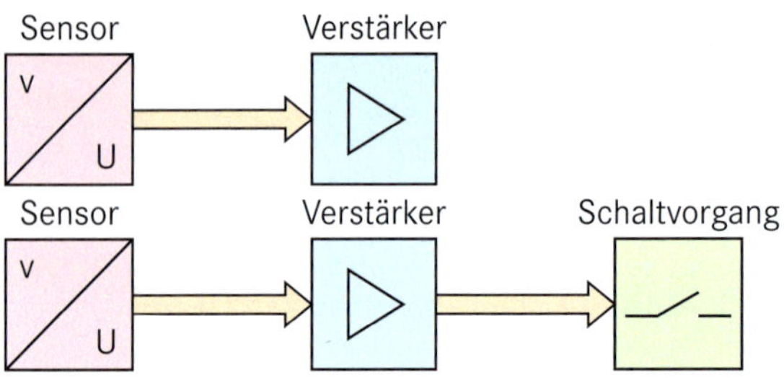

2: Messkette

Der analoge Windsensor (Abb. 3) erfasst die Windgeschwindigkeit über einen Gleichspannungsgenerator. Dessen kleine Spannung wird im gleichen Gehäuse verstärkt und so umgeformt, dass die in den Herstellerangaben (Abb. 4) dargestellten Ausgangswerte erreicht werden. Die Versorgungsspannung ist für die Verstärker- und Umformerelektronik bestimmt und kann als Gleich- oder Wechselspannung (DC/AC) ausgelegt sein.

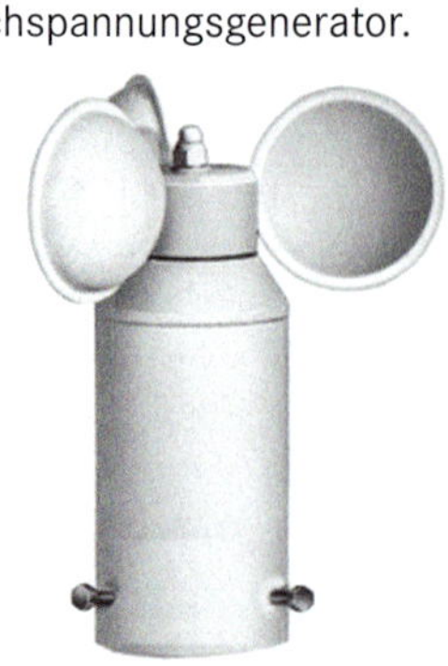

3: Windsensor

Messbereich	0...35 m/s
Anlaufgeschwindigkeit	1,0 m/s
Maximale Belastung	50 m/s
Ausgang	0...10 V; 4...20 mA; 0...20 mA
Versorgungsspannung	24 V DC oder 24 V AC

4: Auszug aus den Herstellerangaben des Windsensors

Positionsbestimmung

Bei der Windenergieanlage wird die Windleitfahne in (IDW) oder aus dem Wind (ADW) gefahren, so dass der Rotor bei Sturm keinen Schaden nimmt. Diese beiden Endlagen (rot = geschaltet, blau = nicht geschaltet) müssen in der Steuerung erfasst werden, damit die Zugseilwinde abgeschaltet wird (Abb. 5).

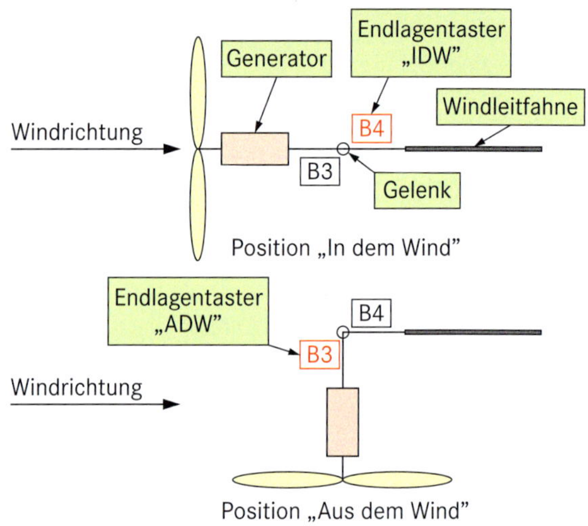

5: Positionserfassung mit Sensoren (Blickrichtung von oben)

Es soll nun untersucht werden, mit welchen Sensoren die Position der Windleitfahne erfasst werden kann.

Endlagentaster (Grenztaster)

Endlagentaster [*limit switches*] sind Taster, die nicht von einer Person, sondern durch ein Werkstück oder einen Anlagenbestandteil (z. B. Windfahne) betätigt werden. Die Rolle am Betätigungshebel in Abb. 6 soll z. B. das Verkanten verhindern. In dem Schaltzeichen (Abb. 6) wird dies durch einen kleinen Kreis ① verdeutlicht. Durch die verschleißende Mechanik ist ihre Lebensdauer begrenzt (~ $5 \cdot 10^6$ Schaltspiele).

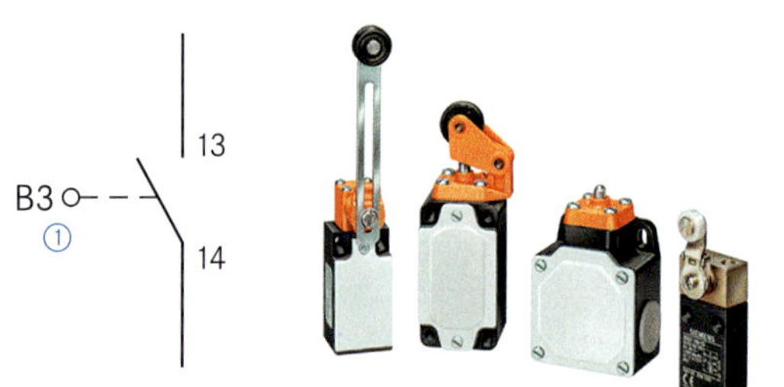

6: Rollenbetätigter Grenztaster

3.2.4 Näherungssensoren

Alternativ zu den in der Windenergieanlage eingesetzten mechanischen Grenztastern, können auch **Näherungssensoren** [*proximity sensors*] verwendet werden.

Während Endschalter durch mechanische Betätigung aktiviert werden, arbeiten Näherungssensoren berührungslos. Dadurch sind sie verschleißarm und auch in ungünstigen Umgebungen einsetzbar. Liefern die Sensoren am Ausgang lediglich binäre Signale, spricht man auch von Näherungsschaltern. Entsprechend ihrer Funktion können sie auch zur Materialerkennung bzw. -unterscheidung eingesetzt werden.

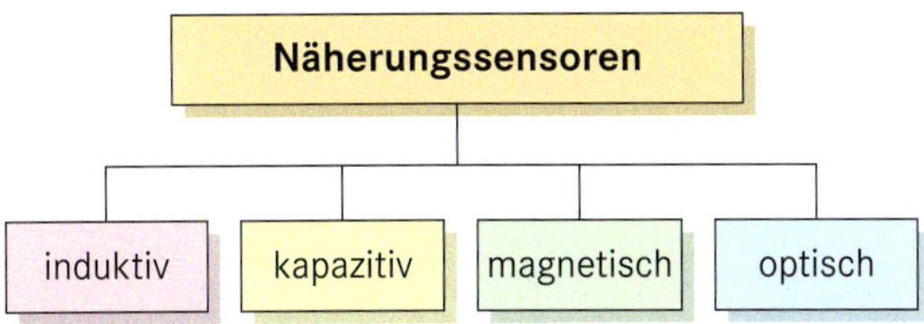

7: Näherungssensoren

Induktiver Näherungssensor

In einem **induktiven Näherungssensor** [*inductive proximity sensor*] wird ein elektromagnetisches Wechselfeld erzeugt. Wird nun ein elektrisch leitfähiger Stoff vor diesen Sensor gebracht, so wird ihm Energie entzogen. Diese Änderung wird in dem Sensor ausgewertet und in ein Signal verwandelt.

Ab welchem Abstand zum Sensor ein leitfähiges Werkstück erkannt wird (Schaltabstand), ist vom Sensortyp und dem zu erkennenden Material abhängig. Ein ferromagnetisches Material wird besser erkannt als andere leitfähige Werkstoffe wie Kupfer, Aluminium oder Messing.

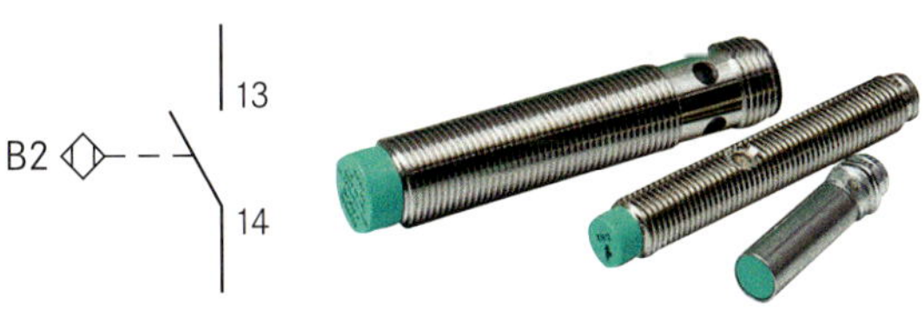

8: Induktiver Näherungssensor

Kapazitiver Näherungssensor

Sein Funktionsprinzip ähnelt dem des induktiven Näherungssensors, wenngleich sie sich im inneren Aufbau grundlegend unterscheiden. Der **kapazitive Sensor** [*capacitive proximity sensor*] erfasst nicht leitende und leitende Gegenstände. Letztere jedoch etwas schlechter. Der Schaltabstand ist stark material- und abmessungsabhängig. So führt ein dickes Material zu einem größeren Schaltabstand als ein dünnes. In der Regel ist daher ein Einstellpotenziometer zur Kalibrierung vorhanden. Erkannt werden neben Metallen und Wasser (sehr gut) auch Karton, Glas, Kunststoff (mittelmäßig) und Öl (schwach). Bei Holz ist die Erkennbarkeit von der Holzfeuchtigkeit abhängig. Der Sensor reagiert empfindlich auf Luftfeuchtigkeit. Ein möglicher Einsatz liegt in der Füllstandserfassung durch die Verpackung hindurch, z. B. Karton oder Kunststoffbeutel. Sie werden zur Erfassung nicht metallischer Stoffe verwendet. Induktive und kapazitive Näherungssensoren benötigen eine Versorgungsspannung.

Magnetischer Näherungssensor/Reedkontakt

In **magnetischen Näherungssensoren** [*magnetic proximity sensors*] befindet sich meist ein Reedkontakt. Dabei handelt es sich um zwei ferromagnetische Kontaktzungen in einem Glasröhrchen. Wenn sich ein Dauermagnet oder eine stromdurchflossene Spule in deren Nähe befindet, ziehen sich die Zungen wie zwei Dauermagnete gegenseitig an. Dadurch wird der Stromkreis geschlossen.

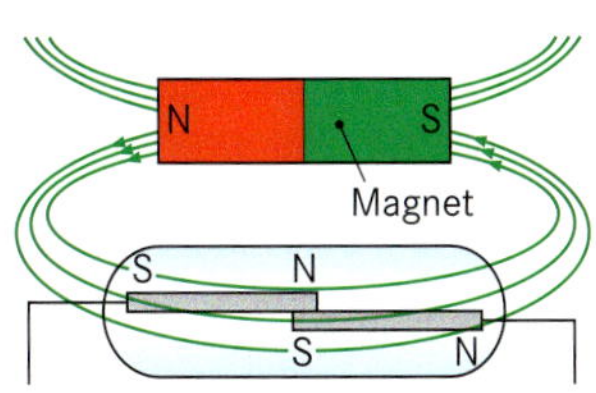

9: Reed-Kontakt

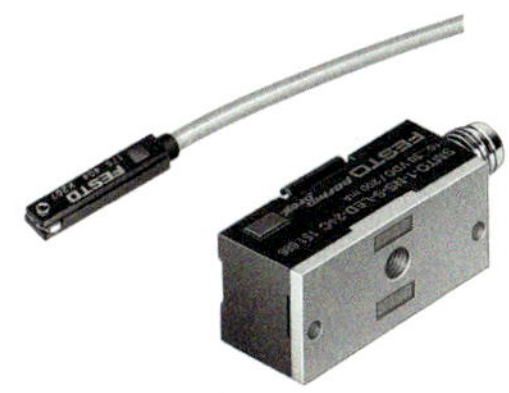

10: Magnetischer Näherungsschalter

Da auch bei Reedkontakten das Schaltsignal mechanisch erzeugt wird, ist auch ihre Lebensdauer nicht unbegrenzt (ca. 10^7 Schaltspiele). Mit nahezu unbegrenzter Lebensdauer (ca. 10^{10} Schaltspiele) arbeiten dagegen **magnetoresistive Näherungsschalter**. Nähert sich ihnen ein Magnet, ändert ein Halbleitermaterial in dem Sensor seinen Widerstand. Diese Widerstandsänderung wird in ein Schaltsignal umgewandelt. Der Sensor benötigt eine Spannungsversorgung.

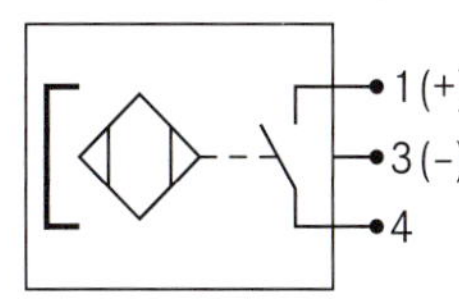

11: Magnetoresistiver Näherungsschalter

Aufgaben

1. Was bedeutet der Begriff „Wandler“?
2. Welche Werkstoffe können mit einem induktiven, kapazitiven und magnetischen Näherungssensor erfasst werden?

- Sensoren sind Wandler, die eine physikalische Größe in eine andere (Spannung, Widerstand usw.) umwandeln.
- Näherungssensoren arbeiten berührungslos.
- Näherungssensoren, die am Ausgang ein Binärsignal liefern, nennt man Näherungsschalter.
- Der Abstand, ab dem ein Material von einem Sensor erkannt wird, nennt man Schaltabstand.

3.3 Verarbeitung

Herr Bölsing hat in den alten Unterlagen seines Hauses Teile einer alten Dokumentation der Windenergieanlage gefunden und an die Firma Emtech übergeben, die die Anlage modernisiert.

Abb. 1 stellt den Stromlaufplan der Handsteuerung der Winde der Windenergieanlage dar, mit der die Windleitfahne in und aus den Wind gedreht werden kann. Diese Schaltung soll nun näher untersucht werden. Dazu werden zunächst die Objekte besprochen, deren einzelne Funktion erläutert und anschließend die Funktion der gesamten Schaltung erklärt.

3.3.1 Schützschaltungen

Aufbau des Schaltplans

Elektromagnetische Schaltgeräte werden als **Schütze** [*contactors*] bezeichnet. Pläne für Schützschaltungen werden meist in **aufgelöster Darstellung** gezeichnet (Abb. 1a und b). Dies bedeutet, dass die Schaltung mit allen Einzelheiten in Strompfade gegliedert dargestellt wird. Dabei wird auf die räumliche Lage und den mechanischen Zusammenhang der einzelnen Antriebsglieder keine Rücksicht genommen. Folgende Merkmale kennzeichnen die zeichnerische Darstellung in aufgelöster Form:

- **Hauptstromkreis** (Abb. 1a) und Steuerstromkreis (Abb. 1b) werden getrennt dargestellt. Dadurch wird erreicht, dass möglichst wenig Objekte von großen Stromstärken durchflossen werden. Dieser Bereich stellt den Hauptstromkreis dar.
- Alle Informationsverknüpfungen finden im **Steuerstromkreis** statt. Die Verbindung zwischen beiden Stromkreisen sind die Schütze Q1 und Q2. Dabei besteht keine elektrische, sondern nur eine mechanische Verbindung.
- Stromlaufpläne zeigen immer den stromlosen und mechanisch unbetätigten Zustand der Schaltung. Ist der Zustand nicht eindeutig darstellbar, ist eine ergänzende Erklärung erforderlich.
- Strompfade verlaufen geradlinig senkrecht vom oberen Netzpol zum unteren Netzpol. Querverbindungen oder Abzweige verlaufen waagerecht, möglichst ohne Kreuzungen.
- Strompfade werden mit Ziffern von links nach rechts nummeriert. Diese dienen der Orientierung bei Funktionsbeschreibungen.
- Alle Schaltzeichen werden möglichst senkrecht angeordnet.
- Alle Objekte (Betriebsmittel) werden gemäß der aktuellen Norm gekennzeichnet.
- Objektkennzeichen (Betriebsmittelkennzeichen) stehen normalerweise links neben dem Schaltzeichen ①. Klemmenbezeichnungen stehen rechts neben der Klemme ②.
- Die Einzelteile eines Gerätes (z. B. Spule, Öffner, Schließer) werden durch gleiche Objektkennzeichen gekennzeichnet ③ ④.
- Unter jeder Schützspule zeigt das vollständige Schaltzeichen (Fachbegriff: **Kontaktspiegel**) mit welchen Schaltgliedern das Schütz bestückt ist und welchen Strompfad die Schaltglieder schalten ⑤.

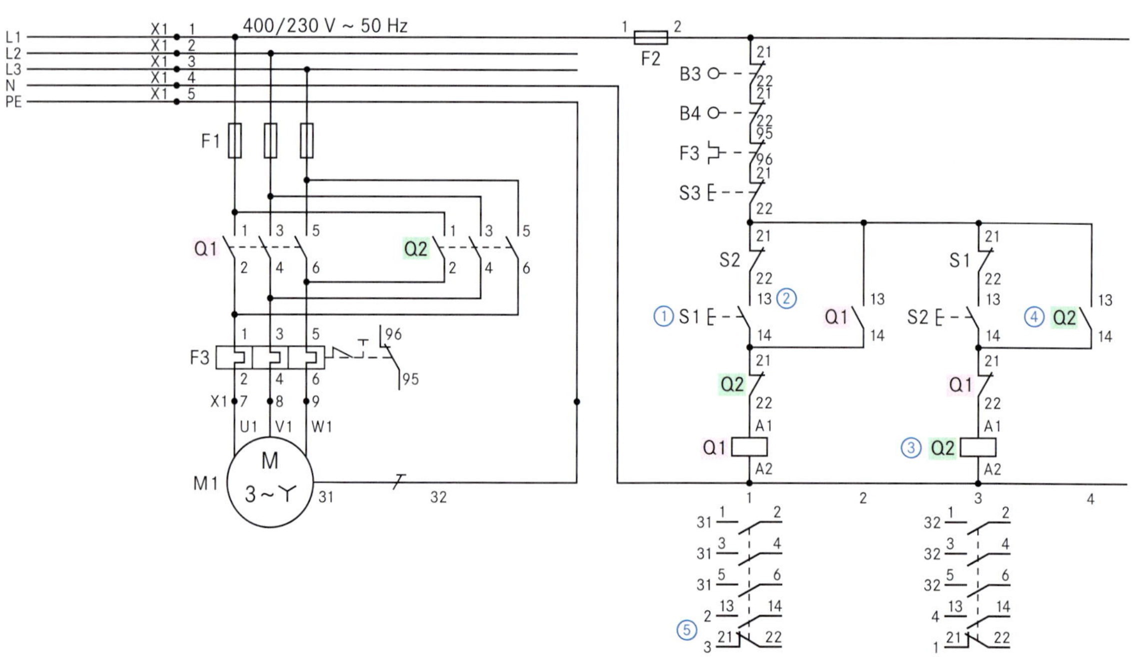

a) Hauptstromkreis

b) Steuerstromkreis

1: Handbedienung der Winde für die Windleitfahnenposition

Objekte der Schaltung

Entsprechend ihrer Aufgabe unterscheidet man zwischen **Leistungsschützen** [*main contactors*] und **Hilfsschützen** [*control relays*].

- Bei einem Leistungsschütz (⑥ Abb. 1) soll mit Hilfe eines kleinen Steuerstroms ein hoher Laststrom, z. B. für einen Elektromotor, geschaltet werden (Stellglied).
- Ein Hilfsschütz dient der Verknüpfung von Informationen. Mit Ihnen werden nur kleine Ströme geschaltet, z. B. andere Schütze oder Leuchtmelder.

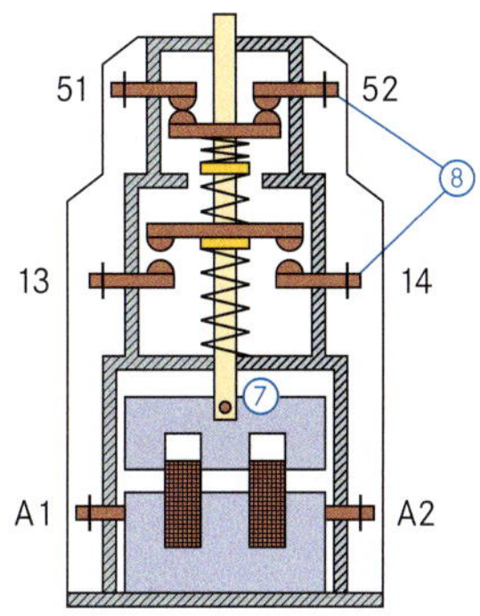

2: Schnittdarstellung

Im Steuerstromkreis (Abb. 1b) wird mit Hilfe eines kleinen Steuerstromes eine Spule magnetisiert. Diese zieht den Anker (Abb. 2 ⑦) mit den beweglichen, in Etagen angeordneten, Schaltstücken ⑧ an. Diese Schaltstücke schließen Kontakte (Schließer) oder öffnen (Öffner) bestehende Verbindungen. Durch das Schließen der Schließerkontakte wird in Abb. 1a der Hauptstromkreis geschlossen. Somit fließt ein Strom durch den Motor.

Mit der Trennung in Haupt- und Steuerstromkreis wird also erreicht, dass lediglich die Leistungsschütze große Ströme z. B. für Motoren (Abb. 1a) schalten müssen. Alle Verknüpfungen, die die Schaltinformationen verarbeiten, können mit kleinen Strömen arbeiten (Abb. 1b). Dafür werden meist Hilfsschütze verwendet. Ihre Schaltkontakte sind für kleine Stromstärken von 2 A bis 20 A ausgelegt. Im Schaltplan werden sie mit „K" gekennzeichnet.

Leistungsschütze verfügen über Hauptschaltglieder, die für große Stromstärken ausgelegt sind, und auch Hilfsschaltglieder, um Informationen im Steuerstromkreis

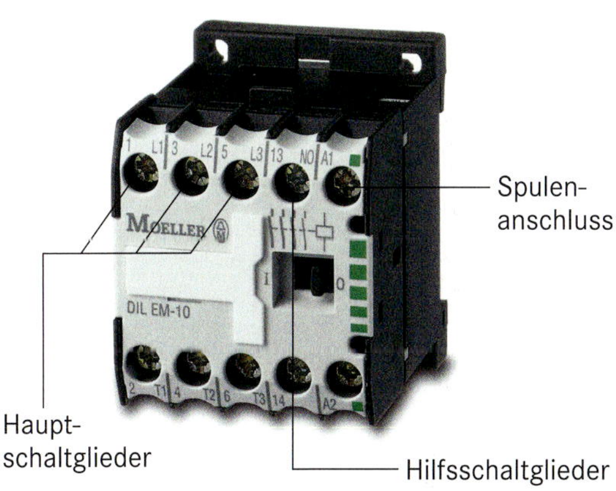

3: Leistungsschütz mit drei Hauptschaltgliedern und einem Hilfsschaltglied (Schließer)

zu verarbeiten (Abb. 1b ④). In Schaltplänen wird das Leistungsschütz mit „Q" gekennzeichnet, weil seine Hauptaufgabe im Schalten von Energieflüssen liegt.

Im dargestellten Plan (Abb. 1) sind die Schütze Q1 und Q2 als Leistungsschütze gezeichnet, weil sie den Windenmotor ansteuern.

Kennzeichnung der Kontakte

Die einzelnen Kontakte werden eindeutig gekennzeichnet, so dass die Funktion des Schaltkontaktes deutlich wird.

- **Hauptschaltglieder** [*main contacts*] werden einziffrig gekennzeichnet. Die ungeraden Zahlen (1, 3, 5) stellen die Netzanschlüsse dar und die geraden Ziffern (2, 4, 6) die Verbraucheranschlüsse.
- **Hilfsschaltglieder** [*auxiliary contacts*] haben eine zweiziffrige Kennzeichnung:
  1. Ziffer: Ordnungsziffer
  2. Ziffer: Funktionsziffer

Die **Ordnungsziffer** gibt die Klemmenreihenfolge auf dem Schütz von links nach rechts an.

Die **Funktionsziffer** unterscheidet:

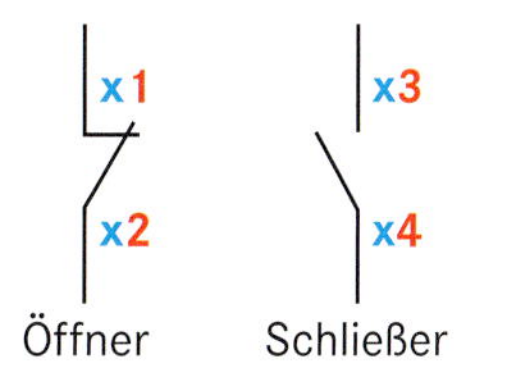

4: Kennzeichnung von Hilfsschaltgliedern

1/2: Öffner
3/4: Schließer
5/6: Öffner mit besonderer Funktion
7/8: Schließer mit besonderer Funktion

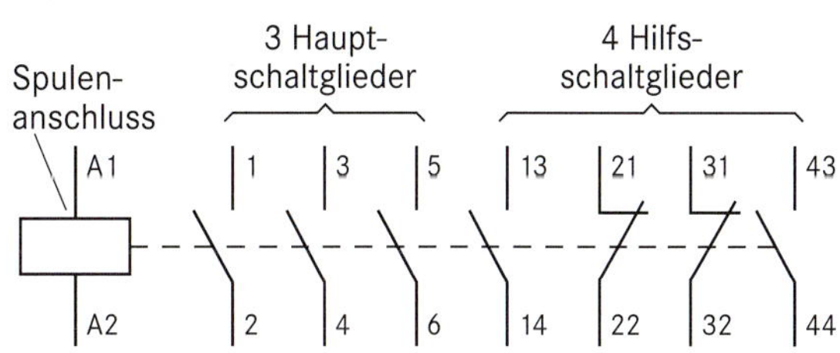

5: Beispiel für Schaltglieder eines Leistungsschützes

Abb. 5 stellt ein Beispiel für ein Leistungsschütz mit vier Hilfsschaltglieder dar (2 Schließer, 2 Öffner). Die Zahl und Anordnung der Hilfsschaltglieder ist typenabhängig.

Motorschutzrelais [*motor protection relay*] sind Bimetallschalter, die die Motorwicklungen vor unzulässig hoher Stromstärke und somit indirekt vor thermischer Zerstörung schützen. Das Motorschutzrelais ist daher im Hauptstromkreis montiert (Abb. 1 ③).

Die Schaltkontakte des Motorschutzrelais befinden sich nur im Steuerstromkreis (Abb. 1, Öffner F3:95/96, Strompfad 1 ④). Bei Erwärmen der Bimetallstreifen werden über einen Auslösemechanismus die Hilfskontakte 95/96 und 97/98 (Abb. 1) betätigt.

Die Erwärmung kann durch Überlast des Motors oder durch Ausfall eines Außenleiters erfolgen. Durch das Auslösen ist das Relais verriegelt und kann nur mit der Entsperrungstaste wieder in Grundstellung gebracht werden.

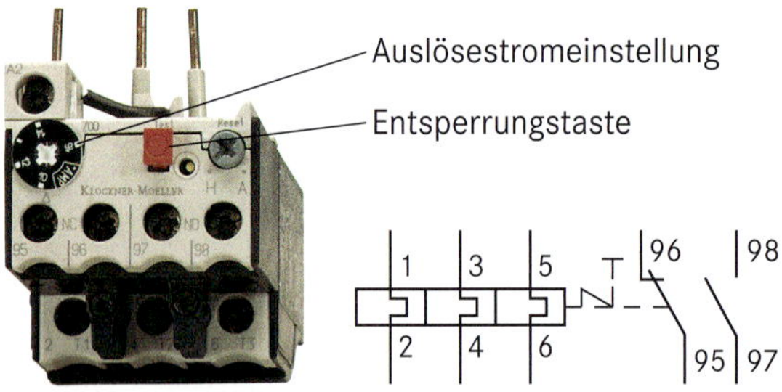

1: Motorschutzrelais

Funktionsanalyse
Die **Drehrichtungsumkehr** *[reversing]* beim Motor erfolgt durch das Vertauschen zweier Außenleiter. Es muss daher verhindert werden, dass der Windenmotor zugleich für beide Drehrichtungen geschaltet wird (Q1 und Q2 zugleich geschaltet), weil dies einen Kurzschluss zwischen den Außenleitern L1 und L3 im Strompfad 31 (Abb. 1a, S. 128) zur Folge hätte. Die Schaltung, die Herr Bölsing gefunden hat, verfügt über zwei **Verriegelungen** *[interlocks]*, welche die Schaltung doppelt vor Fehlbedienung absichern soll.

In der vorliegenden Schaltung erfolgt die Verriegelung durch eine

- **Tasterverriegelung** *[pushbutton interlock]* und eine
- **Schützverriegelung** *[contactor interlock]*.

Diese werden nun getrennt betrachtet.

Tasterverriegelung
Zur Bedienung werden Drucktaster (S1 und S2, ① Abb. 2) mit je einem Schließer (13/14) und einem Öffner (21/22) verwendet.

Funktionsanalyse
Q1 einschalten (Rotor in den Wind fahren):

- S1:13/14 schließt Strompfad 1 und schaltet damit die Selbsthaltung Q1:13/14 (Strompfad 2) ein. Dadurch bleibt auch dann das Schütz Q1 geschaltet, wenn der Taster S1:13/14 nicht mehr betätigt wird.
- Die Hauptkontakte von Q1 (Strompfad 31, Abb. 1, S. 128) schalten den Motor M1 ein.

Q2 einschalten (Rotor aus dem Wind fahren):

- S2:21/22 öffnet Strompfad 1 und hebt damit die Selbsthaltung von Q1 auf. Damit öffnet Q1 auch die Hauptkontakte und der Motor M1 stoppt (Strompfad 31).
- S2:13/14 schließt Strompfad 3 und schaltet damit die Selbsthaltung Q2:13/14 (Strompfad 4) ein.
- Q2 (Strompfad 32) schaltet somit den Motor M1 mit entgegengesetzter Drehrichtung ein.

Q1/Q2 ausschalten:
Einer der Endlagensensoren der Windleitfahne (B3 bzw. B4) oder das Motorschutzrelais F3:95/96 unterbrechen bei Betätigung den Strompfad 1 und schalten dadurch Q1 bzw. Q2 aus. Somit stoppt der Windenmotor.

Die Verriegelung wird also erreicht, weil der Öffnerkontakt eines Tasters öffnet, bevor der Schließerkontakt schließt. Dadurch wird der jeweilig andere Strompfad unterbrochen, bevor der andere geschlossen wird ②.

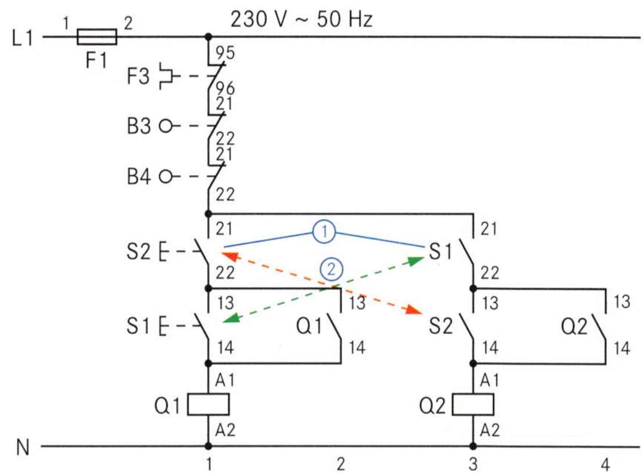

2: Tasterverriegelung

Schützverriegelung
Bei der Schützverriegelung wird der Schutz vor zeitgleichem Einschalten über Öffner-Hilfskontakte der Leistungsschütze erreicht (Abb. 3).

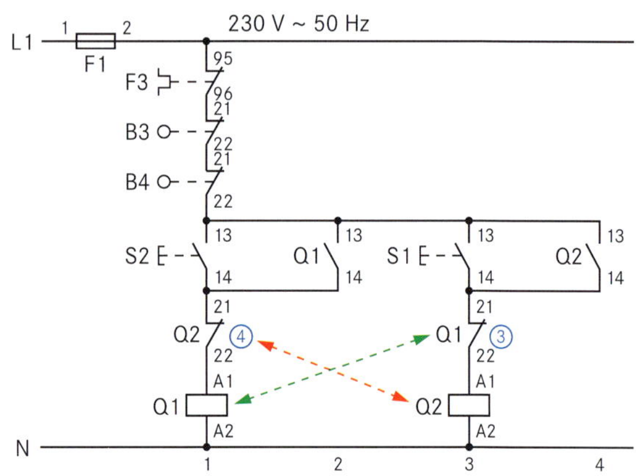

3: Schützverriegelung

Funktionsbeschreibung
Q1 einschalten (Rotor in den Wind fahren):

- S2:13/14 schließt Strompfad 1 und öffnet damit zuerst die Verriegelung Q1:21/22 im Strompfad 3 ③, so dass Q2 nicht schalten kann, so lange Q1 geschaltet ist.
- Anschließend wird die Selbsthaltung Q1:13/14 im Strompfad 2 geschlossen.

Q2 einschalten (Rotor aus dem Wind fahren):

- S3:21/22 öffnet den Strompfad 1. Q1 schaltet ab und bereitet durch Schließen der Verriegelung Q1:21/22 (Strompfad 3) das Einschalten von Q2 vor.
- S1:13/14 schließt Strompfad 3. Damit wird zuerst die Verriegelung Q2:21/22 (Strompfad 1) ④ geöffnet und anschließend die Selbsthaltung Q2:13/14 (Strompfad 4) geschlossen.

Das Abschalten erfolgt genau wie bei der Tasterverriegelung.

Aus den von Herrn Bölsing zur Verfügung gestellten Unterlagen geht hervor, dass sie lediglich eine Schaltung zur Handbedienung der Windenergieanlage darstellen. Sie kann die geforderten Funktionen zum automatisierten Sturmschutz nicht leisten.

Aufgaben

1. Wie werden Schützschaltungen unterteilt?
2. Wozu werden die Ziffern unter den Strompfaden in den Schaltplänen in aufgelöster Darstellung verwendet?
3. Beschreiben Sie, welche Alternative zu den Strompfadnummern noch gebräuchlich ist.
4. Überprüfen Sie bei der folgenden Darstellung die Richtigkeit der Klemmenbezeichnungen und korrigieren Sie diese gegebenenfalls.

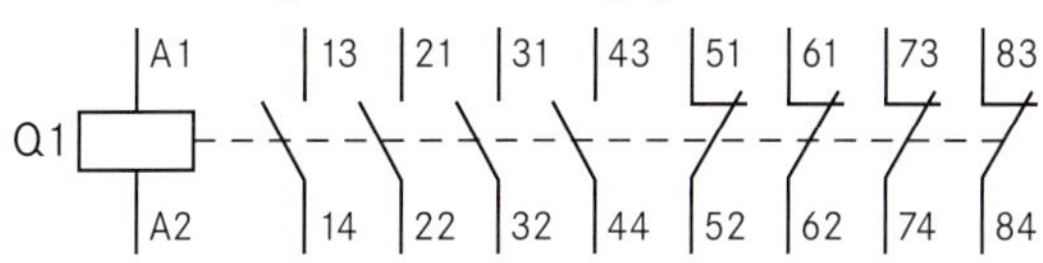

5. Begründen Sie, warum bei einer Drehrichtungsumkehrschaltung verhindert werden muss, dass beide Leistungsschütze zugleich schalten.
6. Wieso kann bei einer Tasterverriegelung bei gleichzeitiger Betätigung beider Eintaster (S1 und S2, Abb. 2, S. 130) ein Schalten beider Leistungsschütze verhindert werden?

- Verriegelungen sind Schaltungsverknüpfungen, die unerwünschte Schaltzustände verhindern.
- Eine Schaltungsverriegelung mit Hilfe von Tastern heißt Tasterverriegelung.
- Bei Tasterverriegelungen schalten die Öffnerkontakte eines Tasters den konkurrierenden Strompfad ab.
- Eine Schaltungsverriegelung mit Hilfe von Schützen heißt Schützverriegelung.
- Aus Sicherheitsgründen werden Taster- und Schützverriegelungen meist kombiniert.
- Mit Selbsthaltung bezeichnet man eine Schaltung bei der ein Schütz nach einmaliger Betätigung eines Eintasters geschaltet bleibt, bis der Strompfad unterbrochen wird.

3.3.2 Sturmschutz mit Schützschaltung

Nach der Analyse der Eingangsgrößen der Windenergieanlage wird nun die Steuerung analysiert. In dem Auftrag von Herrn Bölsing werden folgende Funktionen beschrieben (vgl. Technologieschema und Funktionsbeschreibung am Kapitelanfang):

- Zum Schutz einer Windenergieanlage soll bei Sturm der Rotor aus dem Wind gefahren werden. Für diesen Fall soll der Windwächter B1 ein 0-Signal abgeben, wenn die Windgeschwindigkeit > 20 m/s ist.
- Der Sturmschutz soll ebenfalls ausgelöst werden, wenn der Ladestrom überschritten wird. Deshalb wird über einen Widerstand eine dem Ladestrom proportionale Spannung abgegriffen, die von einem Messverstärker so aufbereitet wird, dass bei einer Ladestromüberschreitung von $I > 25$ A ein 0-Signal (B2, Abb. 4) vorliegt. Unter 25 A ist ein 1-Signal vorhanden.
- Durch den Quittier-Taster S3 soll die Anlage auch vor Ablauf der Sturmschutzzeit (1,5 h nach Ende des Sturms) wieder in den Wind gedreht werden können.

Während der Schutzzeit meldet der Leuchtmelder P1, dass der Sturmschutz aktiv ist.

Im Folgenden soll nun dargestellt werden, wie die Eingangsinformationen (Sensoren, Grenztaster, usw.) mit Hilfe von Schützen oder einem Schaltrelais (hier: Siemens LOGO!) verarbeitet werden können. Auf die zuvor beschriebene Handbedienung soll verzichtet werden.

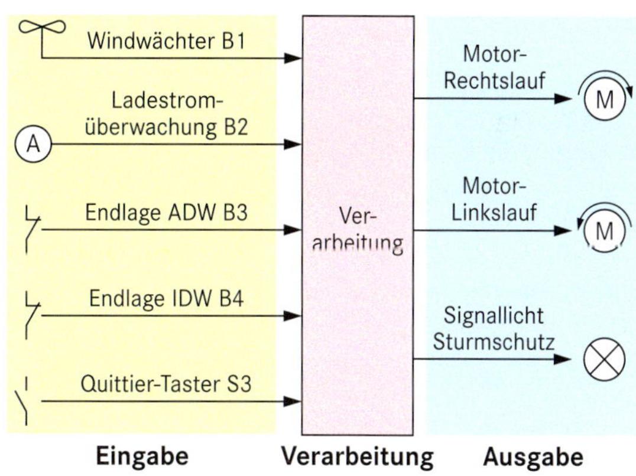

4: Sturmschutzschaltung nach dem EVA-Prinzip

In der Blockform entsprechend des EVA-Prinzips (Abb. 4) wird deutlich, dass die Sensoren B1 (Windwächter), der Ladestromwächter B2, die Endlagensensoren der Windleitfahne (in dem Wind B3 und aus dem Wind B4) sowie der Quittiertaster S1 die Eingangsgrößen darstellen. Die Leistungsschütze zur Ansteuerung des Windenmotors mit der jeweiligen Drehrichtung (Q1 und Q2) sowie der Leuchtmelder P1 stellen die Ausgangsgrößen dar.

Abb. 1 auf der nächsten Seite zeigt den zugehörigen Schaltplan der Steuerung mit Schützen. Der Hauptstromkreis entspricht dem in Kapitel 3.3.1 mit der dargestellten Drehrichtungsumkehr.

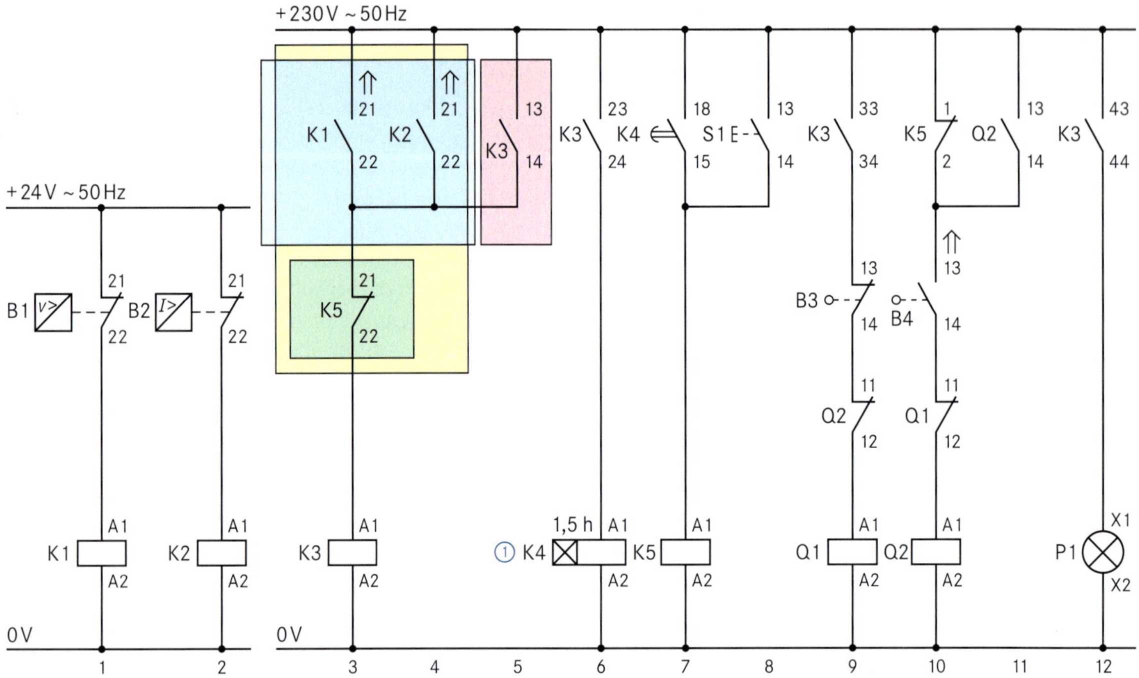

1: Sturmschutz-Schaltung mit Schützen

Verbindungsprogrammierte Steuerung

Die Verknüpfung der Informationen geschieht in einer Schützschaltung durch die Verdrahtung (Verbindungen) der Schalter, Taster, Sensoren, Schütze und Relais. Man spricht daher auch von einer verbindungsprogrammierten Steuerung (**VPS**) [***wired program controller***].

Bevor nun die Funktion analysiert wird, werden zunächst die unbekannten Symbole und Objekte beschrieben.

Einschaltverzögertes Zeitrelais

Bei der Windenergieanlage soll der Sturmschutz für 1,5 h erhalten bleiben. Dafür wird in der Schaltung ein **einschaltverzögertes Zeitrelais** K4 (Abb. 1 ①) [***closing delay relay***] verwendet. Dieses schaltet seine Schaltkontakte erst, wenn nach der Erregung der Spule die eingestellte Zeit abgelaufen ist (Verweilzeit *t*, Abb. 2). Der Kontakt 15/18 bleibt so lange geschlossen, wie die Spule A1/A2 erregt ist.

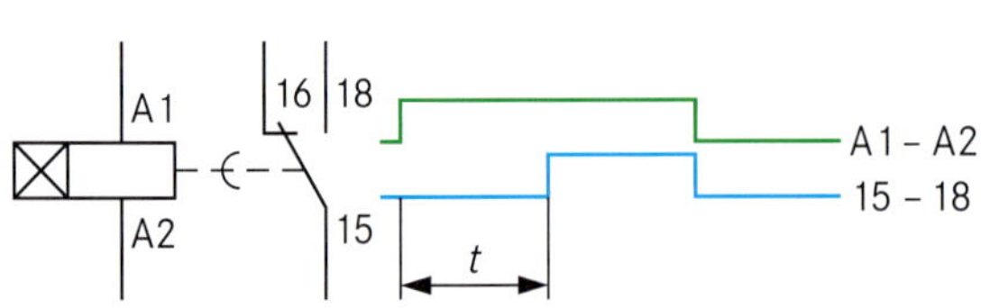

2: Einschaltverzögerung (Herstellerunterlagen)

Zeitverzögerte Hilfsschaltglieder werden durch die Funktionsziffern

x5/**x6** für Öffner und

x7/**x8** für Schließer gekennzeichnet.

Bei Verwendung von Wechsler-Kontakten entfällt der Kontakt x7. Die „Verzögerungsrichtung" ist durch einen Halbkreis (Abb. 2), („Fallschirm") gekennzeichnet.

Was bedeuten die Doppelpfeile neben den Kontaktsymbolen von K1:21/22 und K2:21/22?

In den Strompfaden 3 und 4 liegt eine besondere Form der Darstellung der Öffner-Kontakte von K1 und K2 vor, die nun beschrieben wird.

Aus Gründen der Betriebssicherheit (Drahtbruch, siehe Kap. 3.4.4) besitzen die Sensoren B1 und B2 nur bei Sturm bzw. zu hohem Ladestrom einen 0-Zustand – im Normalzustand haben sie den 1-Zustand.

Da die Sensoren mit 24 V und die Steuerung mit 230 V-Schützen arbeiten, muss eine Signalanpassung mit Hilfsschützen durchgeführt werden (Abb. 3).

Durch die Verwendung eines Öffners wird das Signal umgekehrt. Aus dem 0-Zustand wird ein 1-Zustand und umgekehrt. Wenn B1 = 1 (kein Strom) wird das Schütz K1 also geschaltet, sodass der Kontakt K1:21/22 öffnet. Der Leuchtmelder P1 leuchtet nicht. Man spricht daher von einer **Negation**.

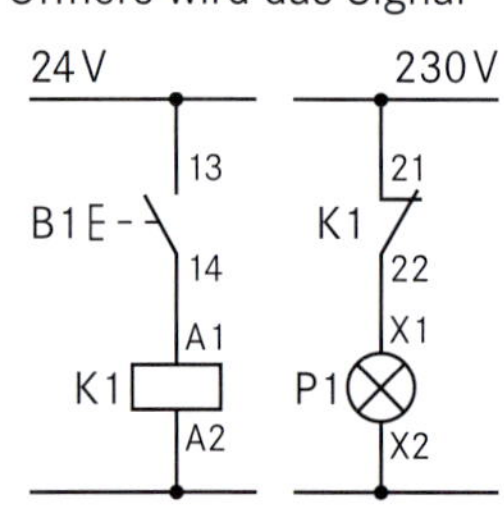

3: Negation

Schaltglieder werden immer in stromloser Ruhestellung dargestellt (Schließer offen, Öffner geschlossen). In der vorliegenden Darstellung (Abb. 3 vorherige Seite) ist aber der geschaltete Zustand der Schütze K1 und K2 der Normalzustand. Im Schaltplan ist daher ein Doppelpfeil neben den Kontakten der Schütze gezeichnet. Ein Schließer-Symbol mit Doppelpfeil verweist dabei auf einen betätigten Öffner. Wenngleich diese Darstellung nicht mehr normgerecht ist, ist sie in der Praxis noch immer häufig zu finden.

Dies ist auch an den Funktionsziffern zu erkennen, denn x1/x2 stehen definitionsgemäß für einen Öffnerkontakt.

Verarbeitung der Signale

Die Signale der Windenergieanlage werden logisch miteinander verknüpft. Am Beispiel der ersten Strompfade sollen nun die Verknüpfungen verdeutlicht werden (Abb. 1).

Der Kontakt K1:21/22 **oder** der Kontakt K2:21/22 schalten die Schutzfunktion für den Rotor ein. Die Kontakte liegen parallel. Dies hat zur Folge, dass das Hilfsschütz K3 schaltet, wenn K1 **oder** K2 durch B1 oder B2 betätigt wird. Man spricht daher von einer **ODER-Verknüpfung** (siehe Kap. 3.3.4).

Nun wird der Öffnerkontakt K5 (grün hinterlegt) mit in die Analyse einbezogen:
Ein Schalten des Schützes K3 erfolgt nur, wenn K1 **oder** K2 betätigt **und** K5 **nicht** betätigt ist. Werden zwei oder mehr Kontakte mit Schließerfunktion in Reihe geschaltet, bezeichnet man diese Schaltung als **UND-Verknüpfung** (siehe Kap. 3.3.4).

Da K5 ein Öffnerkontakt ist, schaltet Q1 nur, wenn K5 **nicht** betätigt ist. Das Signal ist **negiert**. Durch die Verwendung des Öffners muss K5 unbetätigt sein, damit der Kontakt leitend ist (1-Signal führt).

Selbsthaltung

Parallel zu der ODER-Verknüpfung von K1 und K2 liegt der Schließerkontakt des Hilfschützes K3:13/14. Hat das Schütz durch Abschalten von K1 oder K2 einmal geschaltet, bleibt es auch dann noch geschaltet, wenn die Schütze K1 und K2 kein 1-Signal mehr liefern. In diesem Fall fließt der Strom über den Schließer K3:13/14 und den Öffner K5:21/22 zum Schütz. Die Abschaltung erfolgt durch Betätigung von K5. Eine derartige Schaltung wird als **Selbsthaltung** [*latching*] (oder Speicherung) bezeichnet.

Analyse der gesamten Schaltung

Ruhezustand

Die Rotoren befinden sich im Wind. Der Endlagensensor B4 ist geschaltet.

Normalbetrieb

- Die Sensoren B1 oder B2 (Strompfad 1 und 2) sind nicht betätigt, so dass die Schütze K1 und K2 geschaltet sind.
- Die Öffnerkontakte K1:21/22 bzw. K2:21/22 (Strompfad 3 und 4) sind geschaltet (hier geöffnet dargestellt). K3 ist daher stromlos.

Da der Endlagensensor B4 in Strompfad 10 betätigt ist, wird das Leistungsschütz Q2, welches die Windleitfahne durch den Windenmotor in den Wind drehen würde, nicht geschaltet.

Sturmbetrieb

- Signalgeber B1 und/oder B2 werden betätigt, Schütz K1 oder K2 wird stromlos (Strompfad 1 und 2).
- Öffnerkontakte K1:21/22 bzw. K2:21/22 (Strompfad 3 und 4) schließen wieder und schalten Schütz K3.
- K3:13/14 (Strompfad 5) schließt die Selbsthaltung.
- K3:23/24 (Strompfad 6) schließt und das Zeitrelais K4 wird aktiviert.
- K3:33/34 (Strompfad 9) schließt und schaltet Q1, wenn Q2 nicht geschaltet ist (Sicherheitsverriegelung gegen gleichzeitiges Schalten). Dadurch wird der Windenmotor geschaltet (Strompfad 31, siehe Kap 3.3.1) und der Rotor aus dem Wind gefahren. K3:43/44 (Strompfad 12) schaltet den Leuchtmelder P1.
- Nach Ablauf der Verzögerungszeit von K4 schließt K4:15/18 (Strompfad 7) und aktiviert somit K5.
- K5:21/22 öffnet und unterbricht somit die Selbsthaltung von K3.
  K5:11/12 (Strompfad 10) schließt, schaltet Q2, wenn Q1:11/12 nicht geschaltet ist (Sicherheitsverriegelung) und geht in Selbsthaltung. Q2 schaltet den Windenmotor (Strompfad 32, Abb. 1, S. 128) in entgegengesetzter Drehrichtung und dreht den Rotor wieder in den Wind. Q2 schaltet bei Erreichen der Endlage (B4) ab.

Quittieren

- Das Schütz K5 kann jederzeit durch Betätigung des Quittier-Tasters S1 (Strompfad 0) eingeschaltet werden. Dadurch wird die Steuerung wieder in den Grundzustand zurückgesetzt.

- Eine Parallelschaltung von Schließerkontakten wird ODER-Verknüpfung genannt.
- Eine Reihenschaltung von Schließerkontakten wird UND-Verknüpfung genannt.
- Öffner negieren ein Signal.
- Selbsthaltungen dienen der Speicherung von Signalen.
- Schaltglieder werden in Ruhestellung (stromloser Zustand) dargestellt.
- Werden Informationen durch die Verdrahtung von Schaltern, Tastern, Sensoren und Schützen usw. verarbeitet, spricht man von einer verbindungsprogrammierten Steuerung (VPS).
- Ein Kontaktsymbol mit einem Doppelpfeil bedeutet, dass der Kontakt in betätigter Form dargestellt ist (nicht normgerecht).

Impulsschaltung (Tippbetrieb)

Beim Bohren von Stahl muss gegebenenfalls mit Kühlflüssigkeit gekühlt werden. Um unterschiedliche Kühlmittelmengen zuführen zu können, wird eine Pumpe mit zwei unterschiedlichen Pumpleistungen verwendet.

Da die Anlagen bedienerfreundlich sein sollen, wird oft auf viele Bedienelemente verzichtet. Am Beispiel einer Kühlmittelpumpe für eine Standbohrmaschine soll eine Schaltung analysiert werden, die mit einem einzelnen Taster auskommt, um zwischen unterschiedlichen Betriebszuständen zu wechseln. Derartige Schaltungen, mit denen man mit einem Taster ein-, um- und ausschaltet, bezeichnet man als Impulsschaltungen.

Funktionsbeschreibung

Die Standbohrmaschine wird mit dem Hauptschalter S1 betriebsbereit geschaltet. Bei Betätigung des Tasters S2, pumpt die Pumpe G1 (hier nicht eingezeichnet) durch Ansteuerung des Schützes Q1 eine geringe Menge Kühlmittel. Wird S2 erneut betätigt, wird Q1 abgeschaltet und Q2 geschaltet. Dadurch wird eine größere Menge Kühlmittel gepumpt. Eine weitere Betätigung von S2 schaltet die Pumpe wieder ab.

Schaltungsanalyse

Geringe Pumpleistung

- S2 wird erstmals betätigt.
- K1 (Strompfad 1) schaltet und geht in Selbsthaltung (K1:13/14, Strompfad 2). K1:23/24 (Strompfad 7) schaltet Q1 und damit die Pumpe M1.
- K1 öffnet K1:31/32 in Strompfad 3.
- Q1 geht in Selbsthaltung über Q1:23/24 (Strompfad 8)
- Q1:31/32 öffnet in Strompfad 1 und schließt Q1:13/14 in Strompfad 3.

Wird S2 nicht mehr betätigt, bleibt Q1 aufgrund der Selbsthaltung geschaltet. K1 schaltet ab, die Kontakte in Strompfad 3 und 7 gehen in Grundstellung zurück.

Hohe Pumpleistung

- S2 wird zum zweiten Mal betätigt.
- Da der Öffner Q1:31/32 geöffnet ist, kann K1 nicht schalten.
- Da Q1:13/14 in Strompfad 3 geschlossen ist, schaltet nun K2 und geht über K2:13/14 in Selbsthaltung so lange S2 betätigt ist.
- K2 öffnet K2:51/52 und schaltet dadurch Q1 in Strompfad 7 ab, bevor durch das Schließen von K2:23/24 (Strompfad 10) das Schütz Q2 schaltet.
- K2:31/32 öffnet Strompfad 5.
- Q2 geht in Selbsthaltung.
- Q2 öffnet den Kontakt Q2:31/32 und verhindert dadurch ein erneutes Schalten von K1.
- Q2:13/14 bereitet das Schalten von K3 vor.

Wird S2 nicht mehr betätigt, schaltet K2 ab und die Kontakte gehen in Ruhestellung zurück.

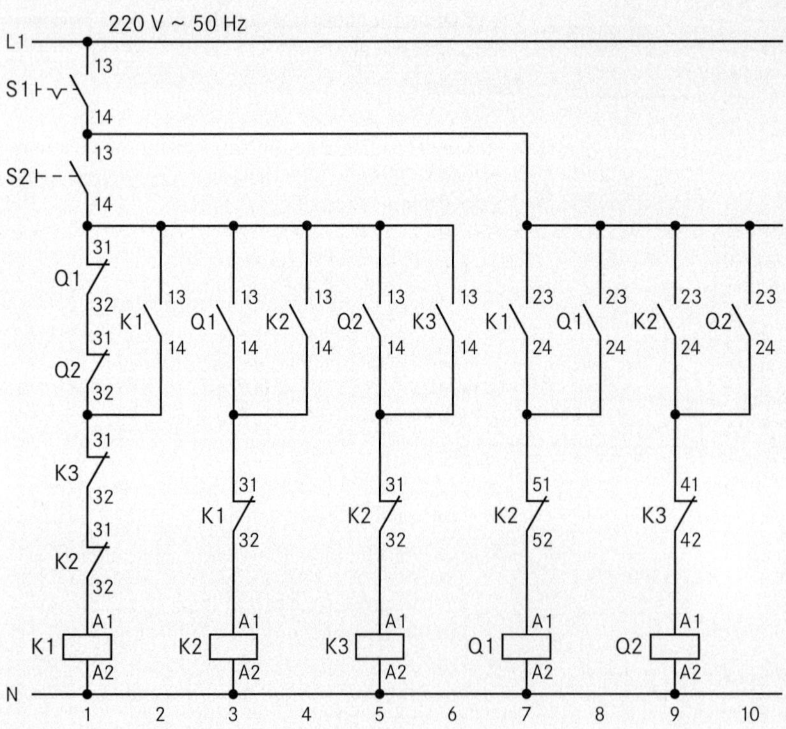

Abschalten der Pumpe

- S2 wird zum dritten Mal betätigt.
- K3 schaltet im Strompfad 5 und geht in Selbsthaltung, solange S2 betätigt ist. Da Q2 noch geschaltet ist, können K1 (Strompfad 1) und K2 (Strompfad 3) nicht schalten.
- K3:41/42 unterbricht Strompfad 9 und löst dadurch die Selbsthaltung von Q2.
- K3:31/32 (Strompfad 1) öffnet und verhindert dadurch das Schalten von K1.

Wird S2 nicht mehr betätigt, geht die Schaltung in die Grundstellung zurück.

Mit S1 kann die Steuerung jederzeit vollständig abgeschaltet werden.

3.3.3 Sturmschutz mit Steuerrelais

Steuerrelais (Kleinststeuerungen oder Logikmodule) werden zunehmend für einfache Steuerungsaufgaben in Hausinstallationen und kleineren Maschinensteuerungen eingesetzt. Anhand der Realisierung der Sturmschutz-Steuerung wird nun der Aufbau einer Steuerung mit Steuerrelais dargestellt. Dabei wird zur Vereinfachung zunächst nur auf die Ansteuerung des Leuchtmelders eingegangen.

Analyse des Anschlussplans

Das Steuerrelais LOGO! verfügt über acht Eingänge (I) und vier Ausgänge (Q, Abb. 1). Entsprechend des EVA-Prinzips werden die Signalgeber (Eingabe) an den Eingängen des Steuerrelais angeschlossen.

- Wird nun z.B. der Quittiertaster S1 betätigt, liegt am zugehörigen Eingang I5 ein 1-Signal.
- Der Leuchtmelder P1 ist an dem Ausgang Q3 angeschlossen. Wird dieser angesteuert, so wird der Stromkreis für P1 geschlossen.

Das Steuerrelais benötigt eine Versorgungsspannung. Da die Ausgänge bei diesem Gerät mit Relais-Kontakten versehen sind, muss jeweils ein Kontakt eines Ausgangs mit einer Versorgungsspannung verbunden sein. Durch die Ausführung mit Relaisschaltkontakten kann so eine galvanische Trennung der Ausgangsobjekte vorgenommen werden und jedes Objekt mit einer eigenen von der Modulversorgungsspannung unabhängigen Spannung versehen werden.

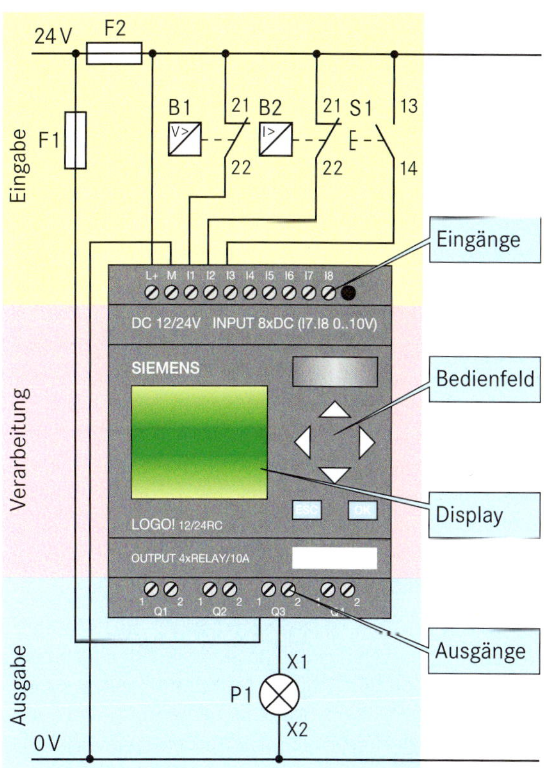

1: Anschlussplan

An Relaisausgängen können Gleich- und Wechselspannungen angeschlossen werden und mit maximal 2 A (induktive Last, z.B. Motoren), bzw. 10 A (ohmsche Last, z.B. Leuchten) belastet werden.

Alternativ werden Steuerrelais auch mit Transistorausgängen versehen. Bei diesen wird der Stromfluss mit elektronischen Schaltern (Transistoren) gesteuert. Diese können nur kleine Gleichströme bis 0,5 A schalten. Sie zeichnen sich jedoch durch eine hohe Kurzschlussfestigkeit und geringeren Verdrahtungsaufwand aus.

Die Montage des Steuerrelais ist in einem Stromkreisverteiler auf Hutschienen vorgesehen und passt sich durch seine Bauform in die Verteilerabdeckung ein. Bei der Installation ist zu beachten, dass alle Zuleitungen der Signalgeber und Aktoren in diesem Punkt zusammengeführt werden müssen.

Wie werden Informationen verarbeitet?

Die Verarbeitung der Informationen erfolgt in dem Steuerrelais mit einem veränderbaren Programm. Mit seiner Hilfe lassen sich

- **logische Verknüpfungen**,
- **Zeitsteuerungen**,
- **Zählfunktionen**

und vieles mehr realisieren.

Steuerrelais arbeiten intern mit den Anschlussbezeichnungen der Ein- und Ausgänge. Diese werden als absolute oder Hardware-Adressen bezeichnet.

Adressen

Die Eingänge werden mit dem Buchstaben I (Input ≙ Eingang), Ausgänge mit Q (Quit ≙ Ausgang). Beide Anschlussreihen sind von links nach rechts durchnummeriert.

Zur Übersicht wird eine **Zuordnungsliste** [*assignment list*] angelegt (Abb. 2). In ihr wird festgelegt, welches Objekt welcher Adresse zugeordnet ist. Sie ist durch ihre Tabellenform übersichtlicher als der Anschlussplan, dem die gleichen Informationen (Objekt, Anschlussklemme/Adresse, Kommentar und Schaltfunktion) entnommen werden können.

Damit die Programmierung möglichst übersichtlich ist, lassen sich in der Programmiersoftware die Informationen der Zuordnungsliste ebenfalls eingeben und anzeigen.

Zuordnungsliste			
Objekt	**Adresse**	**Kommentar**	**Funktion**
B1	I1	Windwächter	Öffner
B2	I2	Ladestromwächter	Öffner
S3	I3	Quittiertaster	Schließer
P1	Q3	Leuchtmelder	

2: Zuordnungsliste

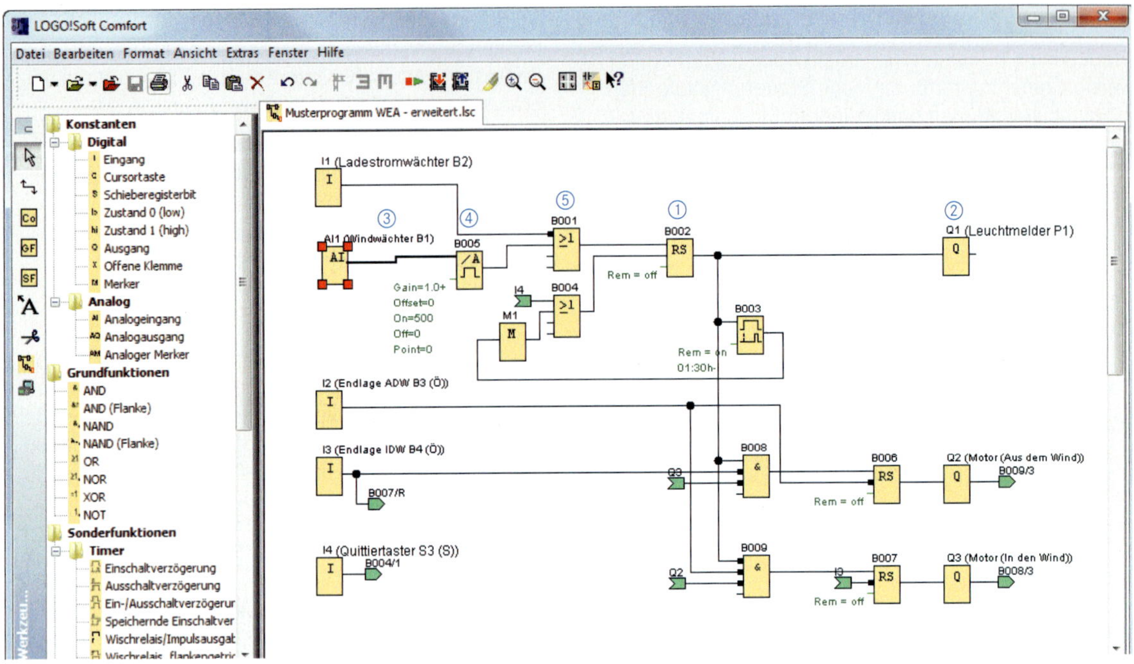

1: Logikplan für die Ansteuerung des Leuchtmelders

Programmierung

Die Programmierung eines Logikmoduls kann auf zwei Wegen geschehen:

- Über das eingebaute Sechstasten-Bedienfeld und das Display oder
- mit Hilfe einer Software am PC (Abb. 1).

Die Handprogrammierung am Gerät ist sehr aufwändig und unübersichtlich. Die Programmentwicklung am PC bietet dagegen folgende Vorteile:

- Die Entwicklung kann ortsunabhängig, z. B. im Betrieb erfolgen und muss nicht langwierig am Gerät direkt durchgeführt werden.
- Das Programm kann mit Hilfe der Software simuliert werden.
- Mit dem Programm wird automatisch auch ein Teil der Dokumentation erstellt und kann einfach ausgedruckt werden.
- Das Programm kann über ein Verbindungskabel an beliebig viele Schaltrelais, z. B. bei der Serienprogrammierung, übertragen werden.

Aus diesen Gründen wird hier die Programmierung des Logikplans mit der Software LOGO!SoftComfort dargestellt und stellenweise Hinweise auf Unterschiede zur Handprogrammierung gegeben.

Analyse des Logikplans

Die Software vergibt Blocknummern (B001 - B005 ①) in der Reihenfolge der Programmierung der Verknüpfungen. Mit ihrer Hilfe ist eine Orientierung und Beschreibung einfach.

Bei der Analyse der Schaltung wird entsprechend des EVA-Prinzips vorgegangen und zunächst die bereits bekannten Blöcke des Logikplans (Abb. 1) untersucht.

I1, I2 und I3:

Sie stellen die **Eingänge** der LOGO! dar. Da in der Software die Anschlussnamen entsprechend der Zuordnungstabelle eingegeben wurden, werden diese nun in dem Plan in Klammern angezeigt. Diese Vereinfachung wird auch als **symbolische Adresse** bezeichnet.

Q3:

Mit Q3 ist der **Ausgang** der LOGO! bezeichnet, an dem der Leuchtmelder P1 ② angeschlossen ist (vgl. Anschlussplan, Abb. 1, vorherige Seite). Der Ausgang besitzt dabei solange 1-Zustand, wie die zuführende Verbindung im 1-Zustand ist.

Verarbeitung

Da sowohl ein Signal am Windwächter B1 ③ als auch am Ladestromwächter B2 den Sturmschutz auslösen soll, werden die Eingangssignale von I1 und I2 im **Block B001** miteinander **ODER-verknüpft** (vgl. S. 147). Beide Sensoren besitzen Öffner- Funktion (Ruhezustand = 1). Ein ODER-Glied besitzt am Ausgang 1-Zustand, wenn mindestens einer der Eingänge 1-Zustand besitzt. Da die Sensoren im Schaltfall 0-Zustand besitzen, müssen ihre Signale umgekehrt (negiert) werden.

Der **Block B005** ④ stellt ein **NOT-Glied** (NICHT-Glied, Negation) dar, welches das anliegende Eingangssignal umkehrt: Wenn der Eingang 1-Zustand besitzt, dann liegt am Ausgang ein 0-Signal und umgekehrt. In Logikplänen werden Negationen häufig vereinfacht als Kreis dargestellt, wie dies am zweiten Eingang des ODER-Gliedes B001 ⑤ geschehen ist.

Wie wird das Sensor-Signal gespeichert?

Wenn einer der Sensoren „Sturm“ erkennt, soll der Ausgang Q3 1-Zustand besitzen, bis der Quittier-Taster S3 betätigt wurde oder die Sturmschutz-Zeit (1,5 Stunden) abgelaufen ist. Ein solches Speicherverhalten besitzt das **RS-Glied Block B002** ①. In der Digitaltechnik wird es häufig als bistabiles Kippglied oder Flipflop bezeichnet, in der LOGO!-Software als **Selbsthalterelais** [*latching relay*]. Die Eingänge werden mit **R** und **S** gekennzeichnet.

Die Eingänge haben folgende Bedeutung:

- Ein 1-Signal am Setz-Eingang **S setzt** [*set*] den Ausgang dauerhaft in den 1-Zustand. Das RS-Glied ist dadurch **gesetzt**.
- Ein 1-Signal am Rücksetzeingang **R** setzt den Ausgang dauerhaft in den 0-Zustand. Das RS-Glied ist dadurch **zurückgesetzt** [*reset*].
- Liegt an beiden Eingängen zugleich ein 0-Signal, bleibt der jeweils vorhandene Zustand (gesetzt/zurückgesetzt) erhalten (gespeichert).
- Liegt an beiden Eingängen ein 1-Signal, besitzt das Rücksetzsignal Vorrangigkeit und das Kippglied wird zurückgesetzt.

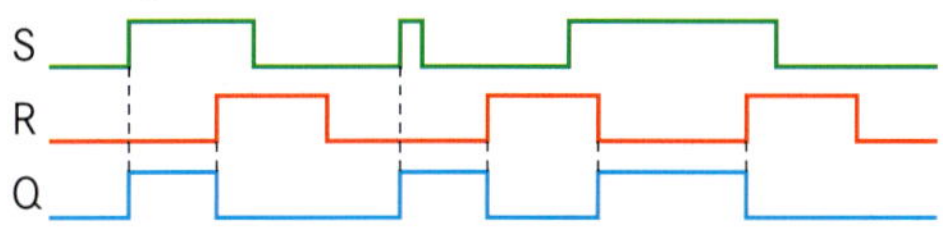

S	R	Q	Bemerkung
0	0	-	Zustand bleibt gleich
0	1	0	Rücksetzen
1	0	1	Setzen
1	1	0	Rücksetzen

2: RS-Kippglied (Selbsthalterelais)

Bei dem vorliegenden Logikplan (Abb. 1) wird das Selbsthalterelais durch die Sensoren B1 oder B2 gesetzt. Das Rücksetzen erfolgt durch ein 1-Signal vom Quittiertaster S3 (I3) oder dem Block M1 ⑥.

Wie wird das Selbsthalterelais zeitabhängig zurückgesetzt?

Der **Block B003** stellt eine **Einschaltverzögerung** [*closing delay*] dar. Wenn diese am Trg-Eingang (Trigger = Auslöser) einen Zustandswechsel von 0- Signal zu 1-Signal (positive Flanke) erhält, startet die Zeit, nach deren Ablauf der Ausgang Q ein 1-Signal führt. Der Ausgang wird gegenüber dem Eingang verzögert geschaltet.

Fällt das Signal am Eingang vor Ablauf der eingestellten Zeit auf 0-Signal zurück, geht der Ausgang nicht in den 1-Zustand und die Zeit wird wieder zurückgesetzt (Abb. 3). Dies tritt ein, wenn das Selbsthalteglied durch den Quittier-Taster zurückgesetzt wurde.

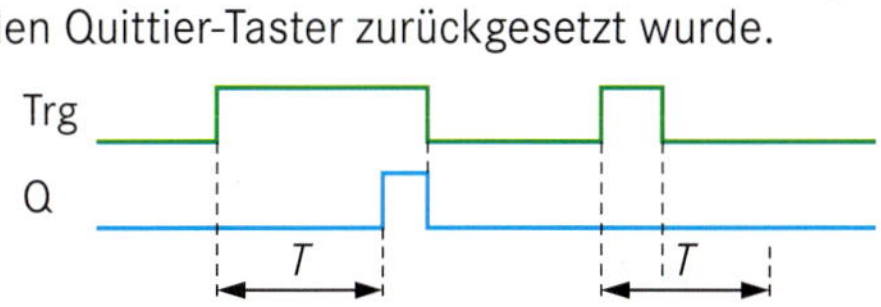

3: Einschaltverzögerung: Signal

Wozu wird der Merker M1 benötigt?

In dem Logikplan Abb. 1 soll das Ausgangssignal des Selbsthalterelais B002 über die Einschaltverzögerung B003 und das ODER-Glied B004 wieder einem Eingang des Selbsthalterelais zugeführt werden. Derartige „Informationskreise“, bei denen der Ausgang eines Blocks wieder mit seinem Eingang verbunden ist, werden **Rekursionen** [*recursion*] genannt.

In der LOGO! dürfen Rekursionen nur programmiert werden, wenn sie über einen Ausgang oder einen **Merker** [*flag*] ⑥ geführt werden. Merker führen am Ausgang immer das gleiche Signal, das auch am Eingang anliegt und stellen virtuelle Ausgänge dar. Sie verhalten sich also wie Ausgänge ohne Anschlussklemme. Das Ausgangssignal wird aber um einen Verarbeitungszyklus verzögert ausgegeben.

Gesamtanalyse des Logikplans

Die negierten Eingangssignale von I1 (Windwächter B1) und I2 (Ladestrom-Wachter B2) werden im Block B001 ODER-verknüpft. Führt Block B001 1-Signal, wird das Selbsthalterelais B002 gesetzt. Dadurch besitzt der Ausgang Q1 (Leuchtmelder P1) 1-Signal und die Einschaltverzögerung B003 startet die eingestellte Verzögerungszeit.

Nach Ablauf der Verzögerung (1:30 h) nimmt der Ausgang von B003 den 1-Zustand an. Dieses Signal wird über den Merker M1 dem ODER-Glied B004 zugeführt, das mit dem Rücksetzeingang des Selbsthalterelais B001 verknüpft ist (Rekursion).

Das Selbsthalterelais wird zurückgesetzt, wenn der Eingang I3 (Quittiertaster S3) oder die Einschaltverzögerung B003 über den Merker M1 1-Signal führen. Dadurch wird der Leuchtmelder am Ausgang Q1 abgeschaltet.

Aufgaben

1. Beschreiben Sie den Zweck von Zuordnungslisten.
2. Nennen Sie Vorteile für die Programmentwicklung für eine Kleinsteuerung am PC.
3. In welcher Reihenfolge werden die Blocknummern in der Software vergeben?

- Bei Logikmodulen werden die Sensoren und Bedienelemente einzeln an den Eingängen, die Aktoren und Signalgeber einzeln an den Ausgängen angeschlossen.
- Die Eingänge werden fortlaufend mit I1, I2, I3 ..., Ausgänge mit Q1, Q2, Q3 ... adressiert.
- Zuordnungstabellen dienen der übersichtlichen Darstellung der Zugehörigkeit eines Objektes zu einem bestimmten Ein- oder Ausgang.
- Rekursionen können nur über einen Merker oder einen Ausgang programmiert werden.

3.3.4 Logische Verknüpfungen

Anhand der verbindungsprogrammierten Steuerung für die Windenergieanlage ist gezeigt worden, dass die Informationen der Sensoren und Bedienelemente durch die Verdrahtung miteinander logisch verknüpft werden. Am Beispiel der ODER-Verknüpfung sollen nun einige unterschiedliche in der Technik gebräuchliche Darstellungsarten vorgestellt werden.

ODER-Verknüpfung

Stromlaufplan

Wie auf Seite 133 bereits gezeigt, wird die ODER-Verknüpfung durch die Verdrahtung der Informationsquellen mit einem Schütz hergestellt. Die Funktion kann durch die Betätigung der einzelnen Taster analysiert werden:

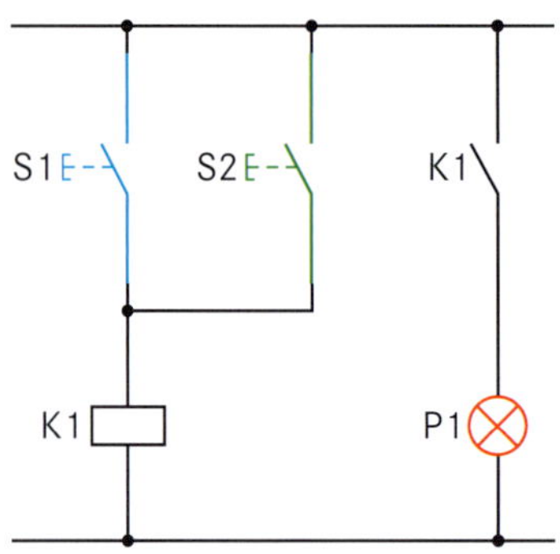

1: Stromlaufplan

Wird der Taster S1 ODER der Taster S2 betätigt, schaltet das Schütz K1. Dadurch schließt sich der Schließerkontakt von K1 und die Meldeleuchte P1 leuchtet.

Logiksymbol

Das Schaltzeichen stellt die ODER-Verknüpfung dar. Das Zeichen „≥1" (sprich: größer gleich eins) kann dabei wie folgt gedeutet werden: Am Ausgang P1 entsteht ein 1-Signal, wenn ein oder mehrere Eingänge (S1 oder S2) ein 1-Signal führen.

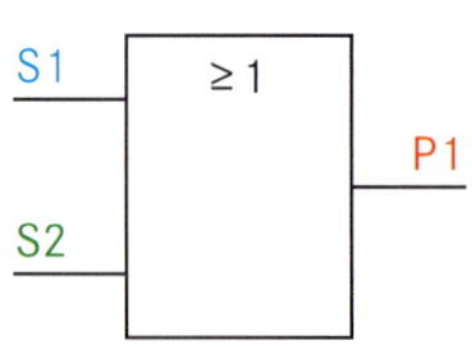

2: Logiksymbol

Pneumatischer Schaltplan

In pneumatischen Schaltungen werden ODER-Verknüpfungen mit Hilfe von Wechselventilen (1V1) aufgebaut. Wird das 3/2-Wegeventil 1S1 oder das 3/2-Wegeventil 1S2 betätigt, wird die Druckluft durch das Wechselventil 1V1 an den einfachwirkenden Zylinder 1A weitergeleitet. Der jeweils drucklose Eingang wird dabei gesperrt. Der Kreis symbolisiert eine Kugel im Inneren des Ventils.

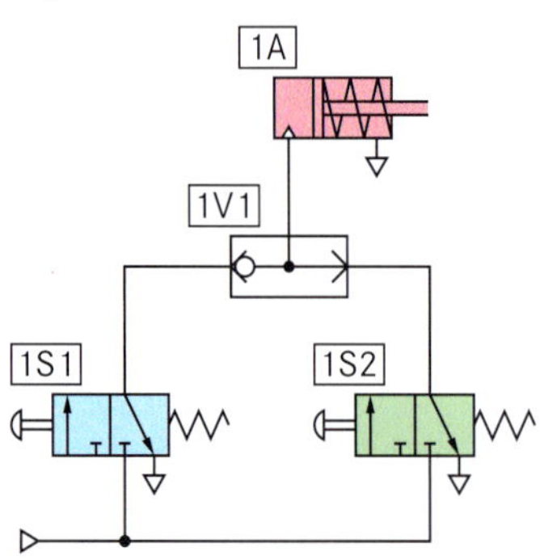

3: Pneumatikplan

Signal-Zeitdiagramm

In einem Signal-Zeitdiagramm werden die Informationsquellen in ihrem zeitlichen Verlauf dargestellt. Da die Informationen (hier Taster S1 und S2) und das Verknüpfungsergebnis (hier Leuchtmelder P1) übereinander angeordnet sind, wird die gegenseitige Abhängigkeit deutlich. Vereinfacht wird dies durch die Einteilung in Zeitabschnitte.

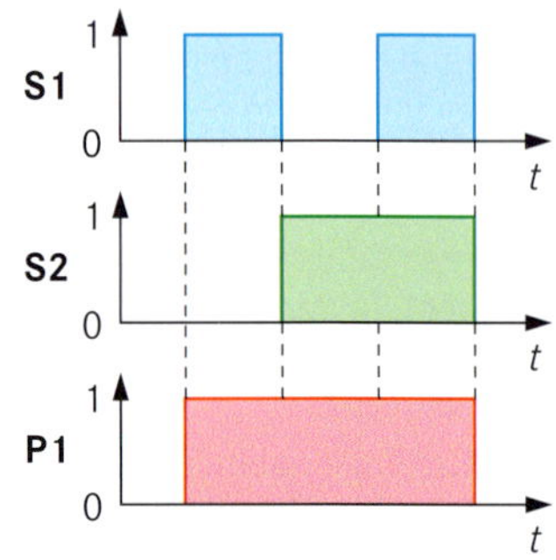

4: Signalzeitdiagramm

Wertetabelle

Die Wertetabelle (Wahrheitstabelle) verdeutlicht die Zusammenhänge in Pegelform:

1 = betätigt

0 = unbetätigt

S1	S2	P1
0	0	0
1	0	1
0	1	1
1	1	1

5: Wertetabelle

Daraus ergibt sich folgende Lesart der Tabelle:

1. Zeile: S1 und S2 unbetätigt ⇒ P1 leuchtet nicht (S1 = 0, S2 = 0, P1 = 0)
2. Zeile: S1 betätigt, S2 unbetätigt ⇒ P1 leuchtet (S1 = 1, S2 = 0, P1 = 1)
3. Zeile: S1 unbetätigt, S2 betätigt ⇒ P1 leuchtet (S1 = 0, S2 = 1, P1 = 1)
4. Zeile: S1 und S2 betätigt ⇒ P1 leuchtet (S1 = 1, S2 = 1, P1 = 1)

In einer Wertetabelle werden alle möglichen Kombinationen der Eingangssignale dargestellt. Dabei ergeben sich für zwei Eingänge $2^2 = 4$ Kombinationen, für 3 Eingänge $2^3 = 8$ Kombinationen, für 4 Eingänge $2^4 = 16$ Kombinationen, usw.

Wird eine derartige Tabelle erstellt, werden als Eingangsgrößen häufig Kleinbuchstaben verwendet. Dabei stehen die ersten Buchstaben des Alphabets meist für die Eingänge, die letzten für die Ausgänge einer Verknüpfung.

Gleichung

Eine logische Verknüpfung kann neben den bereits dargestellten Formen auch als Gleichung dargestellt werden. Dabei werden die beiden Eingangsgrößen mit dem logischen ODER-Zeichen „v" miteinander verknüpft. In der Literatur wird stellenweise anstelle des „v" ein „+" (nicht mit der herkömmlichen Addition verwechseln!) verwendet. Gelesen wird die Gleichung: P1 ist gleich S1 oder S2.

$$P1 = S1 \vee S2$$

UND-Glied (AND)

Eine UND-Verknüpfung hat nur dann am Ausgang 1-Zustand, wenn alle Eingänge 1-Zustand besitzen.

Stromlaufplan

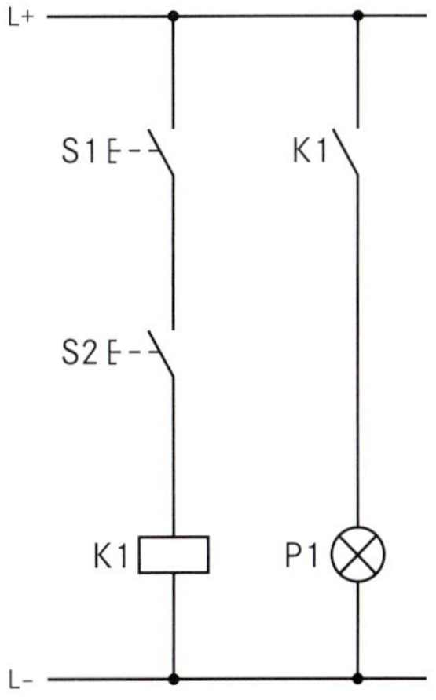

Wertetabelle

S1	S2	P1
0	0	0
0	1	0
1	0	0
1	1	1

Symbol

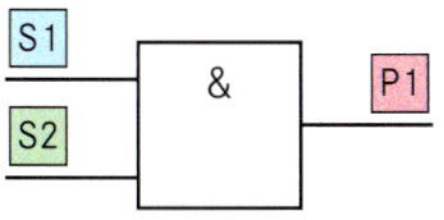

Gleichung $P1 = S1 \wedge S2$

6: UND-Verknüpfung

Hinweis: Das logische Verknüpfungssymbol lässt sich einfach merken: Das &-Symbol ist das „kaufmännische UND“.

Die Verknüpfungsgleichung wird folgendermaßen gelesen: P1 ist gleich S1 und S2.

NICHT-Glied (NOT)

Wenn am Eingang eines NICHT-Gliedes 1-Zustand anliegt, befindet sich der Ausgang im 0-Zustand und umgekehrt. Der Eingangszustand wird negiert.

Der Signalzustand wird durch die Nicht-Verknüpfung umgekehrt, man spricht daher auch von einer **Negation**. Im Logikplan wird die Nichtverknüpfung durch einen Kreis am Ausgang gekennzeichnet (Abb. 7). In der logischen Verknüpfungsgleichung wird das Umkehrverhalten durch einen Strich über der Eingangsgröße gekennzeichnet.

Die Verknüpfungsgleichung liest man: „P1 ist gleich nicht S1“ oder „P1 ist gleich S1 negiert“ (eine Normung gibt es nicht).

Stromlaufplan

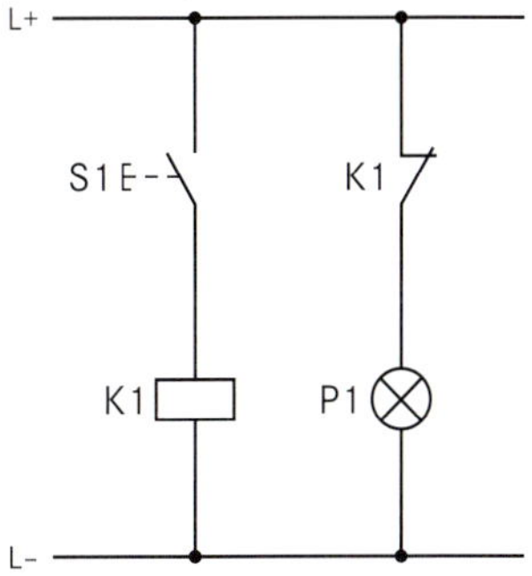

Wertetabelle

S1	P1
0	1
1	0

Symbol

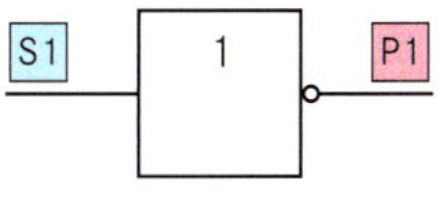

Gleichung $P1 = \overline{S1}$

7: NICHT-Verknüpfung

UND-NICHT-Glied (NAND)

Der Ausgang eines NAND-Gliedes besitzt nur dann 0-Zustand, wenn alle Eingange 1-Zustand besitzen.

Stromlaufplan

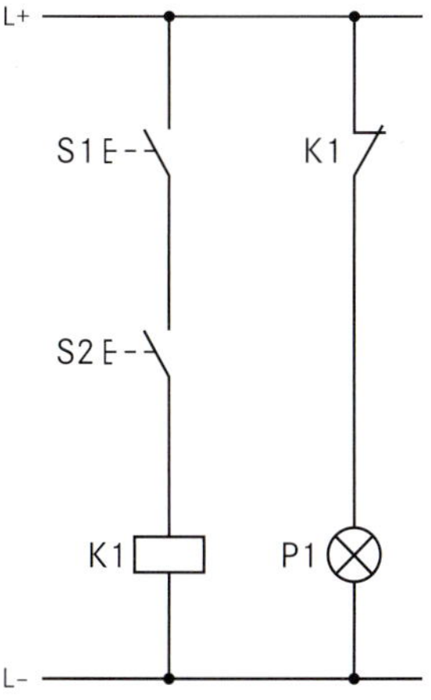

Wertetabelle

S1	S2	P1
0	0	1
0	1	1
1	0	1
1	1	0

Symbol

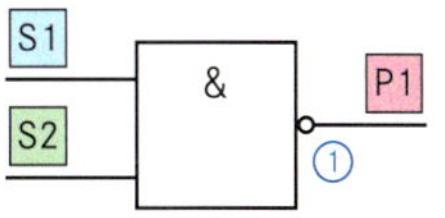

Gleichung $P1 = \overline{S1 \wedge S2}$

8: NAND-Verknüpfung

Diese Verknüpfung lässt sich durch die Verbindung von zwei bekannten Verknüpfungen umsetzen. Beim Vergleich der Wertetabelle des UND-Gliedes mit der Tabelle dieser Schaltung wird deutlich, dass die Ausgangsinformationen dieser Tabelle gegenüber der UND-Verknüpfung negiert sind. Daraus lässt sich ableiten, dass das NAND-Glied aus einem AND-Glied mit einem NOT-Glied am Ausgang besteht (Abb. 10).

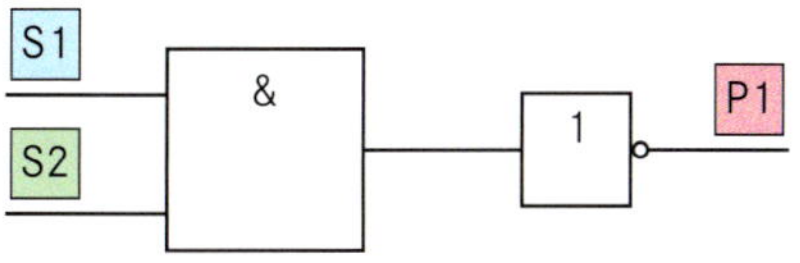

9: NAND aus UND und NICHT Verknüpfung

Da eine derartige Verknüpfung sehr häufig verwendet wird, hat man sich auf ein vereinfachtes Symbol geeinigt: Die Ausgangsnegation wird lediglich durch einen Kreis verdeutlicht (Abb. 8 ①).

Die Verknüpfungsgleichung wird gelesen: „P1 ist gleich S1 und S2, vollständig negiert“.

ODER-NICHT-Glied (NOR)

In gleicher Weise, wie das NAND-Glied aus einem UND- sowie einem NICHT-Glied zusammengesetzt wird, ist auch das NOR-Glied eine Verknüpfung von einem ODER-Glied sowie einem NICHT-Glied (Abb. 1, nächste Seite).

Das vereinfachte Symbol lässt sich ebenso wie bei dem NAND-Glied auf die Grundverknüpfung ODER sowie einen Negationskreis am Ausgang vereinfachen. Genau wie bei der NAND-Verknüpfung verhält sich auch die Gleichung (Abb. 1, nächste Seite). Sie wird gelesen: „P1 ist gleich S1 oder S2, vollständig negiert“.

Ein NOR-Glied besitzt am Ausgang 1-Zustand, wenn alle Eingänge 0-Zustand besitzen.

Stromlaufplan

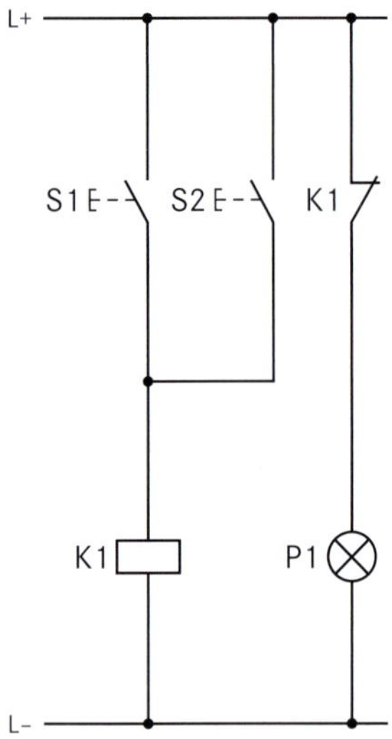

1: NOR-Verknüpfung

Wertetabelle

S1	S2	P1
0	0	1
0	1	0
1	0	0
1	1	0

Symbol

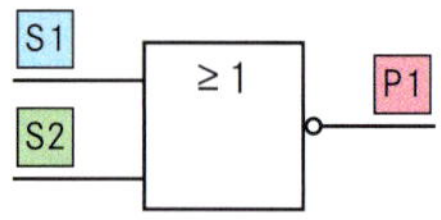

Gleichung $P1 = \overline{S1 \vee S2}$

Aufgabe

1. Erstellen Sie die Signal-Zeitdiagramme für die UND-, NICHT-, NAND- und NOR-Verknüpfung.

- Der Ausgang eines UND-Gliedes ist immer dann im 1-Zustand, wenn alle Eingänge im 1-Zustand sind.
- Am Ausgang eines NICHT-Gliedes herrscht immer der entgegengesetzte Zustand des Eingangs.
- Negationen werden in Gleichungen durch einen Strich über der Größe gekennzeichnet.
- Am Ausgang eines NAND-Gliedes liegt nur dann ein 0-Signal, wenn alle Eingänge im 1-Zustand sind.
- Am Ausgang eines NOR-Gliedes liegt nur dann ein 1-Signal, wenn an allen Eingängen ein 0-Signal liegt.
- Wird das Ausgangssignal einer Verknüpfung negiert, wird dies durch einen Kreis am Ausgang der Verknüpfung gekennzeichnet.

Symbole logischer Verknüpfungen

In Schaltplänen und Büchern sind manchmal andere Symbole für logische Verknüpfungen anzutreffen, als die in diesem Buch vorgestellten. In der nachfolgenden Tabelle sind die Symbole der wichtigsten logischen Schaltelemente zusammengestellt.

	DIN	ASA (Typ B)	ASA (Typ A)	ISO
UND (AND)			A	&
ODER (OR)			OR	≥1
NICHT (NOT)				1
Negation am Eingang		x		
Negation am Ausgang		y		
NICHT-UND (NAND)			A	&
NICHT-ODER (NOR)			OR	≥1
Antivalenz (XOR)	+		x	=1
Äquivalenz (XNOR oder NOXOR)	+		x	a, b, =, x

Schaltnetze

Durch Kombination der Grundverknüpfungen lassen sich eine Vielzahl von Steuerungsaufgaben lösen. Diese Schaltungen werden als Schaltnetze bezeichnet.

Beispiel: Wechselschaltung

Aus der Installationstechnik ist die Wechselschaltung als Möglichkeit bekannt, von zwei unterschiedlichen Punkten aus z. B. eine Lampe zu schalten. Bei dieser Schaltung werden Wechsler verwendet (s. Kap 2). Im Folgenden wird nun eine Schaltung entwickelt, mit der die Funktion mit logischen Verknüpfungen realisiert werden kann. Dabei kommen Schließer als Bedienelemente zum Einsatz.

Zunächst ist es sinnvoll, die schaltungstechnische Aufgabe mit Worten zu beschreiben:

- Sind S1 und S2 nicht betätigt, ist auch das Licht nicht geschaltet.
- Wird der Schalter S1 oder S2 betätigt, leuchtet E1.
- Sind beide Schalter betätigt, leuchtet E1 nicht.

Aus der Funktionsbeschreibung wird die Wertetabelle erstellt (Abb. 1).

S1	S2	E1
0	0	0
0	1	1
1	0	1
1	1	0

$E1_1 = \overline{S1} \wedge S2$

$E1_2 = S1 \wedge \overline{S2}$

2: Wertetabelle der Wechselschaltung

Von der Wertetabelle zur Gleichung

In den beiden mittleren Zeilen ist der Ausgangswert jeweils 1. Diese werden nun genauer betrachtet:

In der oberen markierten Zeile gilt, dass E1 1-Signal hat, wenn S1 1 Signal und S2 0-Signal haben. In der Zeile darunter ist E1 = 1, wenn S1 = 0 und S2 = 1 sind.

Die einzelnen Eingangssignale einer Zeile werden also mit UND verknüpft. Eingangssignale, die dabei 0-Signal führen, werden in der Gleichung negiert. Da die Lampe leuchtet, wenn entweder die eine Eingangssignalkombination oder die andere eintritt, werden die Teilgleichungen mit ODER zu einer Gesamtgleichung verknüpft.

$E1 = E1_1 \vee E1_2$

$E1 = (\overline{S1} \wedge S2) \vee (S1 \wedge \overline{S2})$

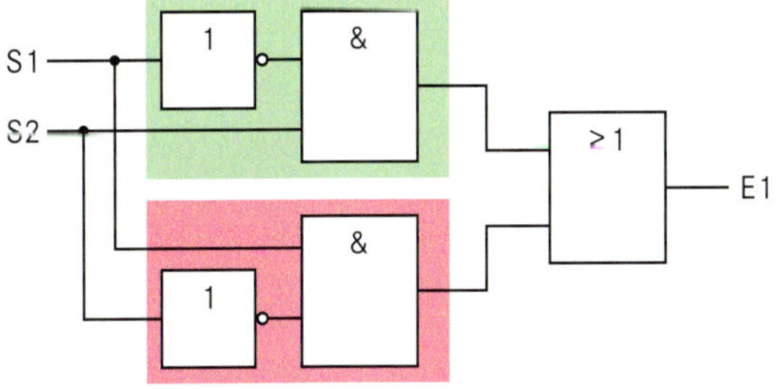

3: Wechselschaltung

Aus der Gleichung lässt sich das Schaltnetz erstellen (Abb. 3). Dazu werden die Teilverknüpfungen der einzelnen Zeilen (UND-Glieder) mit einem ODER-Glied zur Gesamtverknüpfung verbunden. Die hier mit einem NICHT-Glied gezeichnete Negation des Eingangs wird häufig auf den Negationskreis reduziert (Abb. 4).

Wird nun noch einmal die Funktion der Schaltung betrachtet, so wird deutlich, dass der Ausgang 1-Zustand führt, wenn beide Eingänge der Schaltung ein ungleiches Signal führen. Man spricht bei dieser Verknüpfung von einem **Exklusiv-Oder-Glied** (**XOR**) ***[exclusive OR element]***, das auch als **Antivalenz-Glied** (Antivalenz = Ungleichwertigkeit) ***[non-equivalence element]*** bezeichnet wird (Abb. 5).

Wird dem Antivalenzglied eine Negation nachgeschaltet, besitzt der Ausgang nur dann 1-Zustand, wenn beide Eingänge gleichwertig sind. Man spricht daher von einem **Äquivalenz-Glied** (Aquivalenz = Gleichwertigkeit) ***[equivalence element]*** oder **XNOR**. Abb. 6 zeigt das vereinfachte Symbol.

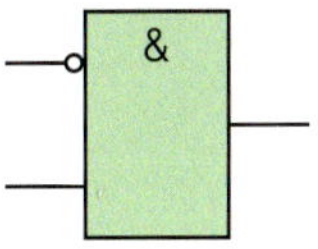

4: Eingangsnegation

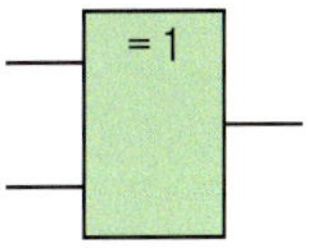

5: XOR-Glied (Antivalenz)

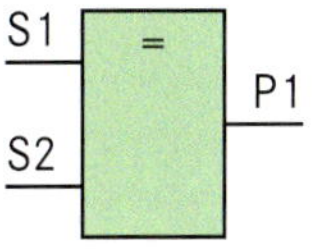

6: XNOR-Glied (Äquivalenz)

Aufgabe

1. Erstellen Sie für folgende Gleichungen die Wertetabellen und entwickeln Sie Funktionspläne.

   a) $P1 = \overline{S1} \vee S2$

   b) $P2 = \overline{S1} \vee S2 \vee \overline{S3}$

- Zur Erstellung einer logischen Gleichung eines Schaltnetzes sind die folgenden Schritte notwendig:
  1. In jeder Zeile einer Wertetabelle, die als Ausgangsergebnis den Wert 1 führt, werden die Variablen durch UND verknüpft.
  2. Variablen, die in einer Zeile den Zustand 0 besitzen, werden in der Gleichung negiert, Variablen mit dem Zustand 1 werden nicht negiert.
  3. Die Teilgleichungen werden miteinander mit ODER verknüpft.
- Invertierungen (Negationen) werden am Ausgang oder am Eingang einer Verknüpfung mit einem Kreis gekennzeichnet.
- Ein Exklusiv-Oder-Glied mit zwei Eingängen führt am Ausgang ein 1-Signal, wenn die Eingänge unterschiedliche Zustände aufweisen.

Logik-Schaltungen mit nur einem Bausteintyp

In der Digitaltechnik werden logische Verknüpfungen vorwiegend in integrierter Form (IC) als elektronische Schaltungen hergestellt und verwendet. Unten ist z. B. ein IC vom Typ 7401 zu sehen, das vier UND-Glieder beinhaltet. Der Baustein wird mit 5 V betrieben und stellt somit auch am Ausgang etwa 5 V bei 1-Signal bereit.

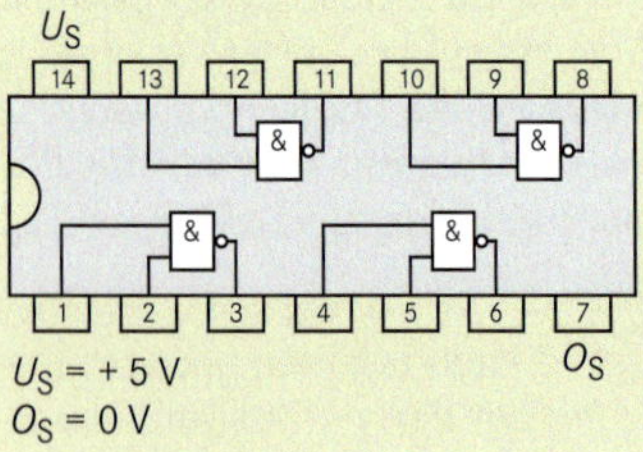

Integrierte Schaltungen wurden und werden vorwiegend für die Serienproduktion verwendet. Das Ziel ist dabei, die Anzahl der verwendeten ICs gering zu halten und möglichst wenig unterschiedliche ICs zu verwenden, um die Kosten je Schaltung zu minimieren (hohe Stückzahl ⟶ geringer Stück-Preis).

Besonders häufig werden daher beliebige Verknüpfungen aus z. B. nur NAND-Gliedern erstellt. Um solche Schaltungen analysieren zu können, werden nun exemplarisch die Grundverknüpfungen aus NAND untersucht.

NICHT aus NAND

NAND-Glieder besitzen zwei oder mehr Eingänge. Wenn diese parallel geschaltet sind, entsteht ein Baustein mit nur einem wirksamen Eingang. Das Eingangssignal erscheint somit am Ausgang negiert.

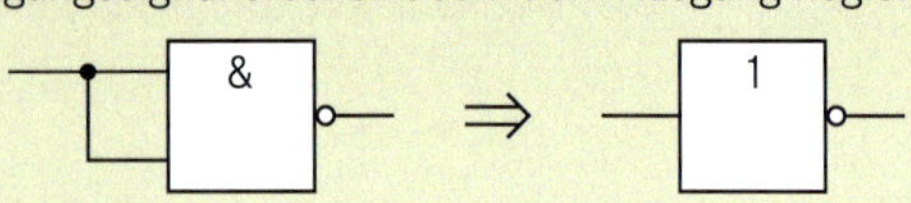

Freie Eingänge

Ein nicht benötigter Eingang eines UND-Gliedes wird mit der Versorgungsspannung verbunden und führt so dauerhaft 1-Signal. Ein freier Eingang eines ODER-Gliedes wird mit 0-Signal verbunden.

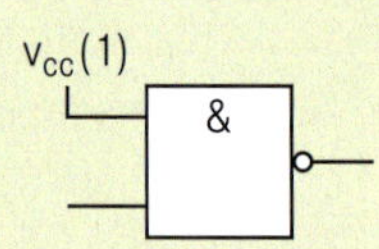

UND aus NAND

Wird das Ausgangssignal eines NAND-Gliedes negiert, hebt dieses die Ausgangsnegation des NAND-Gliedes wieder auf. Eine doppelte Negation bedeutet also eine Aufhebung der einzelnen Negationen.

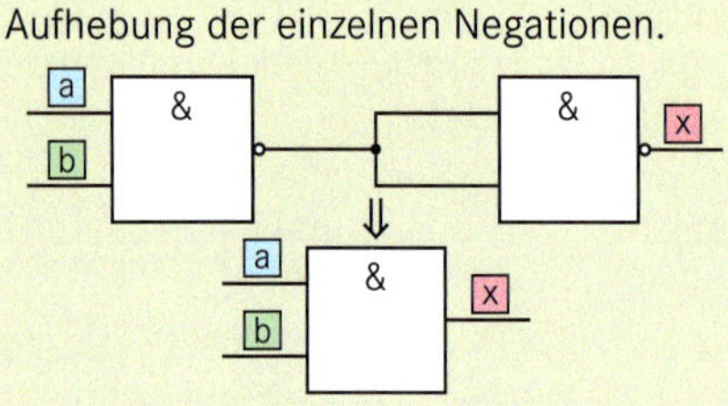

$x = \overline{\overline{a \wedge b}} = a \wedge b$

ODER aus NAND

Ein aus NAND aufgebautes ODER zu erkennen, ist etwas verwirrend. Daher werden zunächst die beiden Wertetabellen von ODER und NAND verglichen.

a	b	x
0	0	0
0	1	1
1	0	1
1	1	1

ODER

a	b	x
0	0	1
0	1	1
1	0	1
1	1	0

NAND

Die Ähnlichkeit ist gering. Das ODER-Glied lässt sich jedoch herstellen, wenn man die Eingangssignale des NAND-Gliedes negiert und diese als Eingang für ein NAND verwendet. Dies kann ebenfalls mit NAND-Gliedern geschehen.

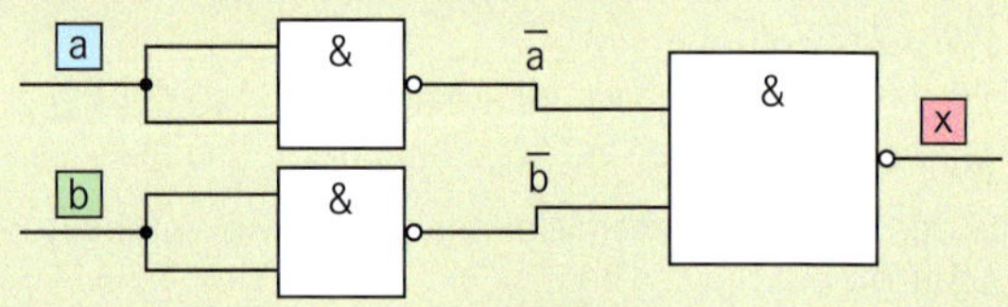

$x = \overline{\bar{a} \wedge \bar{b}}$

$x = a \vee b$

a	b	$\bar{a}$	$\bar{b}$	$\bar{a} \wedge \bar{b}$	$\overline{\bar{a} \wedge \bar{b}}$
0	0	1	1	1	0
0	1	1	0	0	1
1	0	0	1	0	1
1	1	0	0	0	1

Auch mit NOR-Gliedern lassen sich alle Grundschaltungen entwickeln. Hilfreich ist dabei, die Gesetzmäßigkeit zu erkennen, mit der das ODER aus NAND bzw. ein AND aus NOR aufgebaut wird.

De Morgansches Gesetz

$a \vee b = \overline{\bar{a} \wedge \bar{b}}$

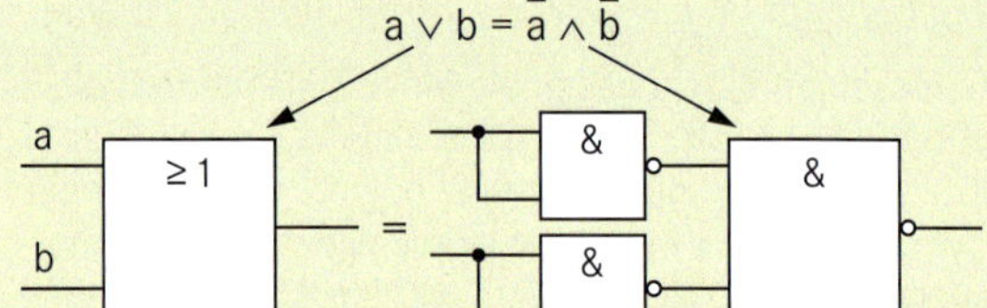

Das De Morgansche Gesetz dient der Umformung der Grundverknüpfungen wie z. B. bei ODER aus NAND. Es lässt sich wie folgt umsetzen:

1. Alle Ein- und Ausgänge negieren.
2. Das Verknüpfungszeichen wird „getauscht":

Aus UND wird ODER, aus ODER wird UND.

Mit NAND- und NOR-Gliedern können dadurch alle drei logischen Grundschaltungen (UND, ODER, NICHT) aufgebaut werden.

Notwendig war diese Umformung, weil früher einzelne unterschiedliche ICs teurer waren als, als eine große Zahl des gleichen Typs. Daher wurden für Schaltung fast ausschließlich z. B. NAND-ICs verwendet.

3.3.5 Vom Auftrag zur Steuerung

Steuerrelais beherrschen mehr als nur die logischen Grundfunktionen. Durch ihre flexible Programmierbarkeit und ihren günstigen Preis verdrängen sie zunehmend die klassische Schützschaltung.

Da sich die Programmierumgebungen und der Produktumfang der verschiedenen Steuerrelais ähneln, soll der Umgang mit derartigen Geräten nur am Beispiel der LOGO! aufgezeigt werden.

Die Handhabung der Software soll am Beispiel der Sturmschutz-Steuerung aufgezeigt werden. Anders als bei der Vorstellung der Steuerung am Anfang des Kapitels wird hier der analoge Windmesser direkt an die LOGO! angeschlossen, um auch die Verarbeitung von **Analogwerten** [*analog values*] zu erarbeiten.

Die Aufgabenbeschreibung von Kap. 3.3.3 wird nun um folgende Funktion erweitert:

- Mit Auslösen des Sturmschutzes soll der Rotor aus dem Wind gefahren werden (Endlagensensor B3 „Aus dem Wind").
- Nach Ende des Sturmschutzes oder dem Betätigen des Quittiertasters soll der Rotor wieder in den Wind gedreht werden (Endlagensensor B4 = 0 „In dem Wind").

Wie kommt man von der Aufgabe zur Steuerung?

Im Folgenden sollen die Schritte vom oben beschriebenen Kundenwunsch zur fertig programmierten Steuerung und der Inbetriebnahme dargestellt werden (Abb. 1). Die Funktion der Online-Beobachtung wird diesen Abschnitt abschließen.

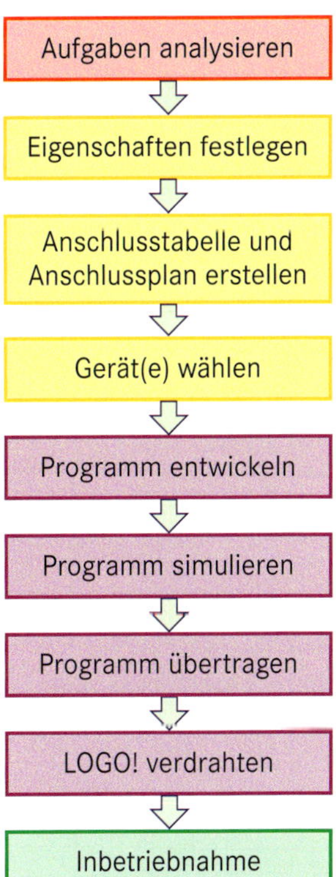

1: Schritte der Programmentwicklung

Aufgabenanalyse

Entsprechend des EVA-Prinzips ist es sinnvoll, zunächst die Zuordnungstabelle (s. Kap. 3.4.3) zu erstellen, da so eine Übersicht der benötigten Ein- und Ausgänge entsteht.

Sollte die Steuerungsaufgabe von einem Kunden laienhaft beschrieben worden sein, ist zusätzlich eine detaillierte Funktionsbeschreibung und ein Technologieschema zu erstellen. Diese sind mit dem Kunden abzustimmen, um Verständnisfehler auszuschließen.

Programmvorbereitung

Da das Programm später als Ausdruck Bestandteil der Dokumentation ist, sollen zunächst die **Programmeigenschaften** ausgefüllt werden. Diese Projektinformationen werden beim Ausdruck automatisch in das Schriftfeld des Funktionsplans eingetragen. Die Eintragungen sollen dabei so umfassend sein, dass eine eindeutige Identifikation des Programms möglich ist.

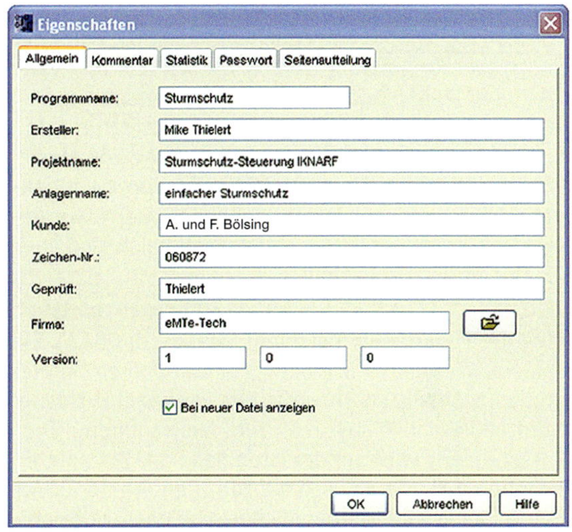

2: Programmeigenschaften

Für die Programm-Dokumentation ist es unerlässlich dass die **Zuordnungs**- oder **Anschlusstabelle** mit dem Anschlussplan übereinstimmen, da daraus die Zuordnung der Objekte zu den Ein- und Ausgängen der LOGO! hervorgehen. Diese Tabelle kann in der LOGO!-Software erstellt werden („Bearbeiten" → „Anschlussnamen"), da die Ein- und Ausgänge im Programm automatisch mit diesen Einträgen beschriftet werden (Abb. 3 und Abb. 1 auf der nächsten Seite). Dies erleichtert die Bedienung und Orientierung erheblich. Ein Hinweis auf das Schaltverhalten (Schließer S/Öffner Ö) ist bei der Programmierung und Simulation hilfreich.

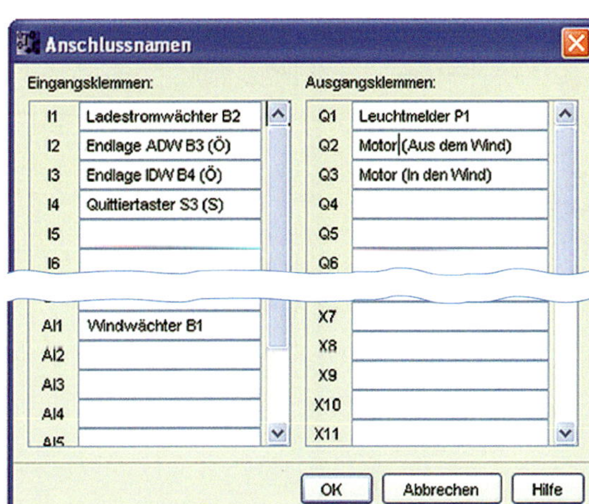

3: Anschlusstabelle

Geräteauswahl

Steuerrelais (z. B. 0BA6) beherrschen eine Vielzahl von Verknüpfungen, Zeitgliedern und Zählfunktionen. Auch Analogwerte können einfach verarbeitet werden und Textinformationen auf dem eigenen oder einem externen Display dargestellt werden. Im Folgenden wird sich hier auf die Entwicklungsstufe 0BA6 unter Verwendung der Software LOGO!Soft-Comfort 6.0.x bezogen.

Für die Programmierung unbedeutend ist die Form der Energieversorgung der Geräte. Sie werden für 12 V, 24 V und 110 V bis 230 V hergestellt. Entscheidend ist aber, welche Bedienelemente oder Sensoren zum Einsatz kommen. Werden, wie im Auftrag von Herrn Bölsings Windenergieanlage, 24 V-Sensoren verwendet, sollte auch ein entsprechendes Steuerrelais verwendet werden. Im Hausinstallationsbereich sind eher 230 V-Geräte anzutreffen.

Durch die Wahl der Entwicklungsstufe wird der Umfang der Funktionen festgelegt (Standard: 0BA6). Ein späterer Wechsel ist in Richtung eines neueren Gerätes problemlos möglich. Über die Menüauswahl Extras → Geräteauswahl gelangt man zum Auswahlmenü. Die Entscheidung wird auf der Grundlage der Anzahl der benötigten Ein- und Ausgänge getroffen. Ab der 0BA3-Entwicklungsstufe werden digitale und analoge **Erweiterungsmodule** (DM8, DM16, AM4 und AQ) unterstützt.

Softwarebedienung

Vor der eigentlichen Programmierarbeit wird nun zunächst die Bedienoberfläche (Abb. 1) erklärt. Außer der typischen Menüleiste ①, die bei allen Programmen recht ähnlich ist, weisen die Standard- ② und Werkzeug-Leisten ③ einige spezifische Symbole auf, von denen hier die wichtigsten erklärt werden:

Standardleiste	
	Übertragen des Programms vom PC in die LOGO! über die Schnittstelle
	Einlesen des Programms aus der LOGO! in den PC
1 2 / 3 4	Blattaufteilung zur Veränderung der Arbeitsblattgröße
	Konvertierung von Funktionsplan nach Kontaktplan und umgekehrt

Werkzeugleiste	
	Selektion: ein Block oder eine Verbindung kann ausgewählt und/oder verschoben werden
	Verbinder: stellt Verbindungen zwischen Ein- und Ausgängen von Blöcken her
Co	Auswahlfenster für Konstanten und Klemmen
GF	Auswahlfenster für Grundfunktionen
SF	Auswahlfenster für Sonderfunktionen
	Katalogfenster ④ minimieren/maximieren
A	Textfenster für Kommentare
	Verbindungen auftrennen dient der Übersichtlichkeit: Verbindungsenden werden durch grüne Pfeile kenntlich gemacht ⑤
	Simulationsmodus einschalten
	Onlinebeobachtung einschalten

2: Standard- und Werkzeugleiste

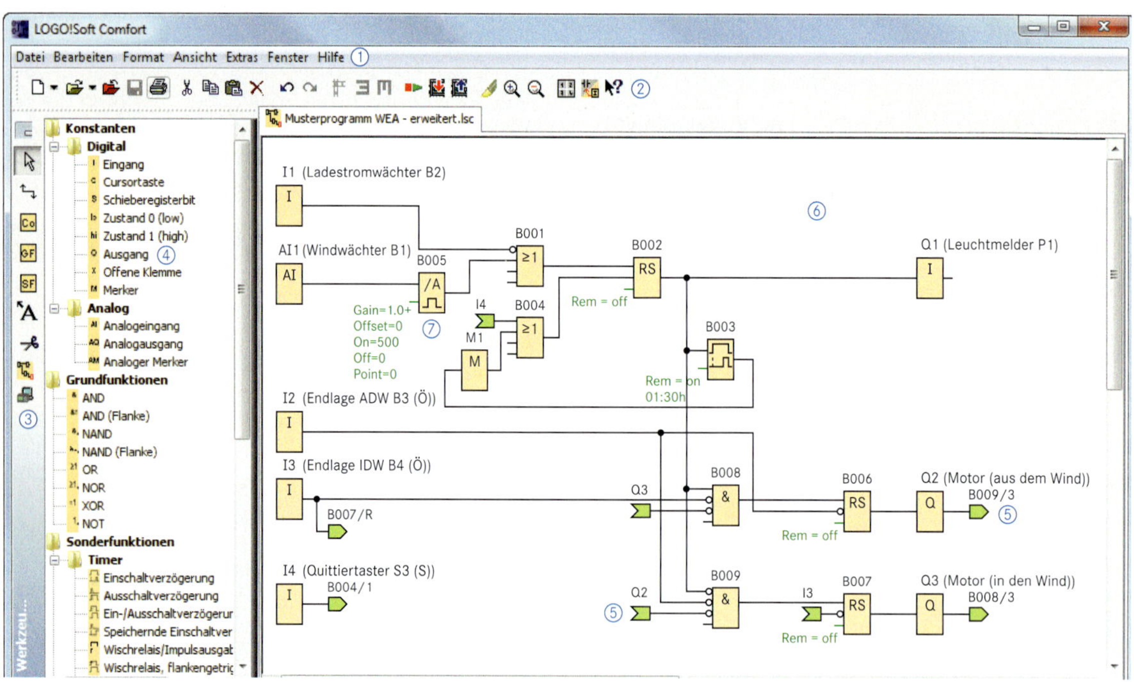

1: Sturmschutz-Steuerung mit LOGO!Soft-Comfort

Programmentwicklung

Um bei der Programmierung den Überblick zu behalten, werden zunächst die Eingänge am linken Rand und die Ausgänge am rechten Rand der Programmieroberfläche ⑥ (Abb. 1) platziert.

Anschließend werden nacheinander die notwendigen Verknüpfungen im Katalog ausgewählt und mit einem Klick auf der Programmieroberfläche positioniert. Nach dem Auswählen des Verbindungswerkzeugs können die Verbindungen zwischen den Blöcken hergestellt werden. Da das Programm später als Ausdruck Bestandteil der Dokumentation für den Kunden ist, sollte stets auf Übersichtlichkeit Wert gelegt werden.

- Verbindungen sollen
  - möglichst geradlinig verlaufen,
  - möglichst wenig Kreuzungen aufweisen und
  - nicht durch Blöcke verlaufen.
- Die Blöcke sollen so programmiert werden, dass sie übersichtlich und entsprechend ihrer Funktion zusammengehörig (in „Sinnzusammenhängen“) angeordnet werden.
- Blöcke, die einen Sinnzusammenhang bilden, sollen kommentiert werden. Z. B. „Aus dem Wind fahren“.

Hinweis: Mit dem Selektionswerkzeug können die Verbindungen nachträglich korrigiert werden.

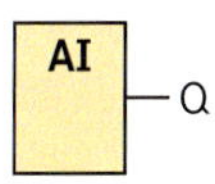

2: Analog-Eingang

Die in dem Beispiel geforderten Funktionen sind in dem Funktionsplan (Abb. 1) umgesetzt worden. Neu ist der Eingang AI 1 (Abb. 2) und der Block B005 ⑦. An Klemme I7 der LOGO! wird der analoge Windsensor angeschlossen und das Signal mit dem **Analogeingang** AI 1 im Programm abgefragt (s. Kasten, Kap. 3.6.2).

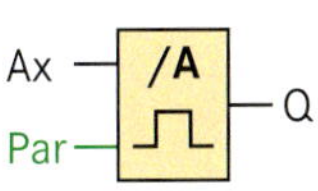

3: Schwellwertschalter

Der Block B005 stellt einen **analogen Schwellwertschalter** [*analog threshold trigger*] dar (Abb. 3), dessen Funktion in der rechten Spalte näher beschrieben wird. In der LOGO! muss das verwendete Signal festgelegt werden. Zur Auswahl stehen die genormten Analogsignale 0 ... 10 V, 0 ... 20 mA und 4 ... 20 mA. Das Parametrieren (Einstellen von blockspezifischen Eigenschaften wie Zeiten, Ein- bzw. Ausschaltwerten, Schutz, Remanenz, usw.) erfolgt mit einem Doppelklick auf den betreffenden Block in den *Blockeigenschaften*.

Schutz und Remanenz

Die Parametereinstellungen der Sonderfunktionen können verändert werden, ohne das Programm in der LOGO! zu stoppen. „Neugierige und verspielte“ Kunden könnten dadurch die Anlage durch veränderte Werte unter Umständen zerstören. Blöcke, die in den Blockeigenschaften die Auswahl veränderbare Parameter beinhalten, besitzen daher in den Blockeigenschaften die Auswahl ☑ Schutz aktiv . Ist sie aktiviert, können die gewählten Parameter nicht im laufenden Betrieb geändert werden. Damit diese Werte oder das gesamte Programm nicht vom Kunden verändert werden, kann ein Passwort verwendet werden (*Datei → Eigenschaften, Passwort*).

Der Eintrag **Remanenz** bewirkt, dass nach einem Ausfall der Versorgungsspannung der Block den gleichen Zustand annimmt, wie er ihn vor dem Ausfall hatte.

Schwellwertschalter (Schmitt-Trigger)

Ein Schwellwertschalter formt analoge Signale ab einem bestimmten Wert (Schwelle) in Rechteck- bzw. Binärsignale um. An zwei Fällen soll dieses erklärt werden.

- Die Windgeschwindigkeit nimmt stetig zu und übersteigt den maximal zulässigen Wert. Der analoge Windsensor liefert daher eine ansteigende Spannung. Sie ist die Eingangsspannung U_e des Schwellwertschalters. Wenn die in den Parametern festgelegte obere Schwelle U_1 überschritten wird ⑧, stellt er am Ausgang ein 1-Signal bereit. Dieser Wert bleibt solange bestehen und konstant, bis bei Abklingen des Windes die Sensorspannung die untere Schwellenspannung U_2 unterschreitet ⑨. Die Differenz dieser beiden Schwellwerte wird als Hysterese bezeichnet.
- Danach bleibt die Windgeschwindigkeit stets kleiner als die obere Schaltschwelle. In diesem Fall ist die Sensorspannung stets kleiner als die obere Schwellenspannung U_1, so dass am Ausgang des Schwellwertschalters immer ein 0-Signal liegt.

Ein Schwellwertschalter besitzt am Ausgang nur dann ein 1-Signal, wenn das Eingangssignal die obere Schaltschwelle überschreitet. Am Ausgang steht erst dann wieder ein 0-Signal zur Verfügung, wenn die untere Schaltschwelle unterschritten wird.

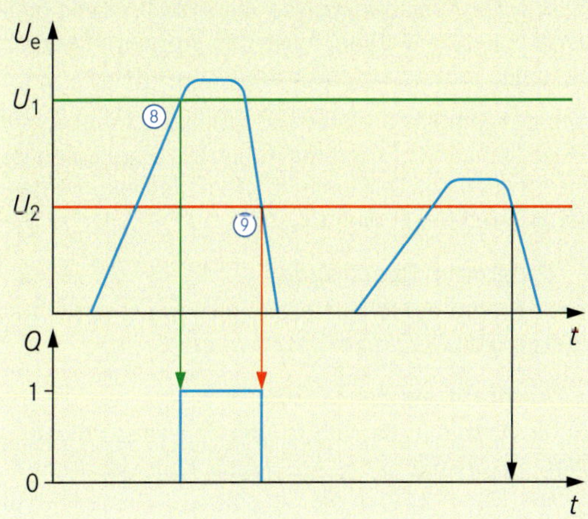

Simulation

Fehlbedienung, Schaltungsfehler und falsche Parameter führen in Anlagen häufig zu Schäden. Daher sollte vor der Inbetriebnahme ein Test des Programms durch eine Simulation am PC erfolgen. Dabei können alle Eingangssignale erzeugt werden und das daraus folgende Verhalten des Programms beobachtet werden.

Die fehlerfreie Simulation stellt somit den Abschluss der Programmentwicklung dar und soll äußerst sorgfältig erfolgen.

Da in der Simulation der reale Prozessablauf nachgebildet wird, ist es hilfreich, zuvor ein Signal-Zeit-Diagramm der geforderten Eingangssignale und der erwarteten Ausgangssignale zu erstellen.

Zur Simulation wird die Simulations-Symbolleiste geöffnet. Dadurch werden die vorhanden Eingänge als Taster ① (Abb. 1) und die Ausgänge als Lampen ② eingeblendet. Da in der Steuerung ein Analogeingang verwendet wird, ist dieser mit seinem einstellbaren Wert eingeblendet ③.

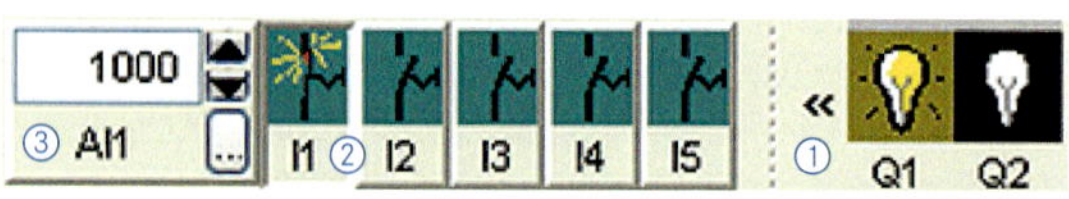

1: Simulations-Symbolleiste

Zur Simulation können in den Blockeigenschaften der Eingänge, die „Simulationseigenschaften", eingestellt werden.

Zur Auswahl stehen:
- Schalter
- Taster (Schließer),
- Taster (Öffner) und
- Frequenz (für schnell taktende Eingangssignale).

Durch Anklicken der Schalter-/Taster-Symbole in der Symbolleiste oder des Eingangs im Funktionsplan können diese betätigt werden.

Sollte bei der Simulation eine Fehlfunktion auftreten, muss zunächst überprüft werden, ob ein Verständnisfehler in der Aufgabenanalyse vorherrscht. Kann dies ausgeschlossen werden, muss das Programm entsprechend der Fehlerdiagnose korrigiert werden.

Nach der Simulation folgt prinzipiell die Inbetriebnahme, wenn das Programm fehlerfrei abgelaufen ist. Dies ist auch der Zeitpunkt, an dem die Dokumentation vervollständigt werden sollte.

Programm übertragen

Ist das Programm fehlerfrei, kann es mit einem Datenkabel an die LOGO! übertragen werden.

Verdrahtung der LOGO!

Um die Anlage in Betrieb zu nehmen, muss diese zuvor entsprechend des Anschlussplanes verdrahtet werden. Dabei werden die Sensoren, Bedienelemente und Aktoren mit der LOGO! verbunden.

Inbetriebnahme

Bei der ersten Inbetriebnahme muss daher mit erhöhter Aufmerksamkeit die Anlage beobachtet und gegebenenfalls der Prozess abgebrochen werden.

Nach dem Abschluss der Verdrahtung kann bei der Inbetriebnahme eine Onlinebobachtung bei der Fehlersuche behilflich sein. Dazu muss der PC mit der LOGO! über das Datenkabel verbunden sein. Die LOGO! übermittelt dann alle Eingangs- und Ausgangswerte an den PC, der die Aktualwerte wie im Simulationsmodus anzeigt. Eine Fernbedienung, bzw. das Eingreifen in das Programm vom PC aus, ist außer dem Stoppen der LOGO!, nicht möglich.

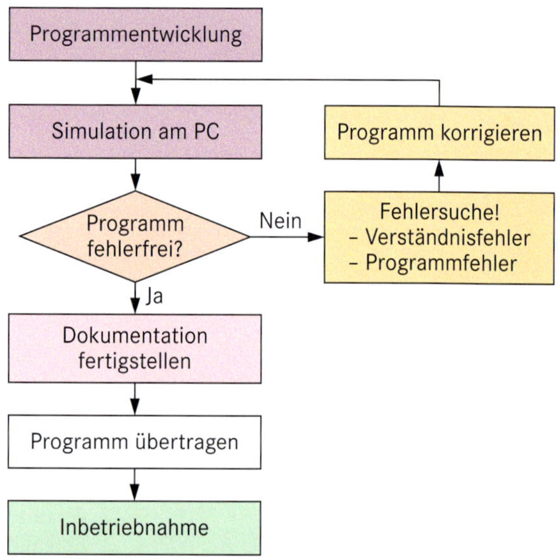

2: Abschluss der Entwicklung

Aufgaben

1. Erläutern Sie, warum ein Programm so übersichtlich wie möglich erstellt werden sollte.
2. Was bedeuten die Begriffe „Schutz" und „Remanenz"?
3. Beschreiben Sie, wie die Simulation vorzubereiten ist.
4. Wozu dient die Onlinebeobachtung?

- Bei der Entwicklung einer Steuerung mit einem Steuerrelais werden zunächst die Programmeigenschaften und die Anschlussnamen (Zuordnungs- oder Anschlusstabelle) festgelegt.
- Programme sollen übersichtlich entwickelt werden.
- Die Simulation bildet den realen Prozessablauf gefahrlos ab.
- Bei der Inbetriebnahme muss der Prozessablauf genau beobachtet und notfalls abgebrochen werden.

Symbol | **Signal-Zeit-Diagramm** | **Erläuterungen**

Zeitbausteine (Timer)

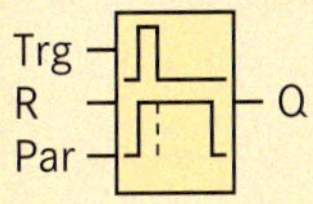

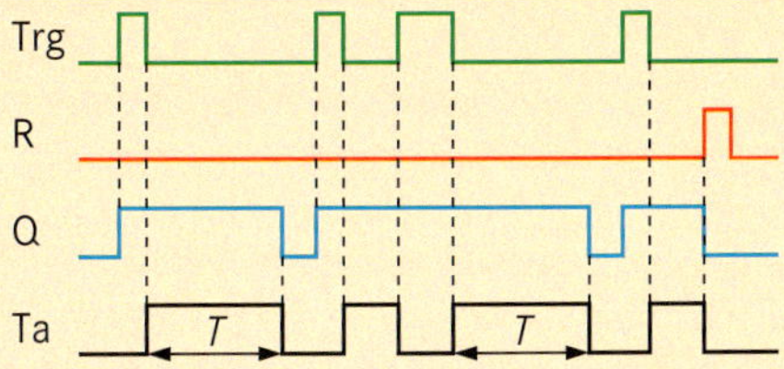

Ausschaltverzögerung *[off-delay]*
Der Ausgang Q nimmt den 1-Zustand an, sobald der Eingang Trg 1-Signal hat. Fällt das Eingangssignal ab, führt der Ausgang für eine parametrierte Zeit (*T*) weiterhin 1-Signal.

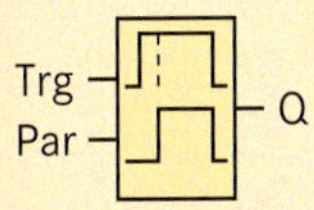

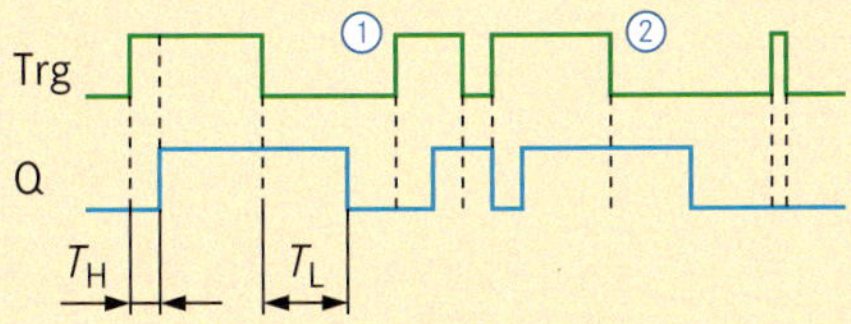

Ein-/Ausschaltverzögerung
[on-/off-delay]
Das Eingangssignal Trg wird nach der positiven Flanke (Signalwechsel vom 0- zum 1-Zustand ①) verzögert um T_H an den Ausgang Q weitergegeben und nach der negativen Flanke (Signalwechsel vom 1- zum 0-Zustand ②) am Ausgang um die parametrierte Zeit T_L verlängert.

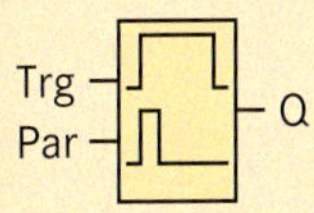

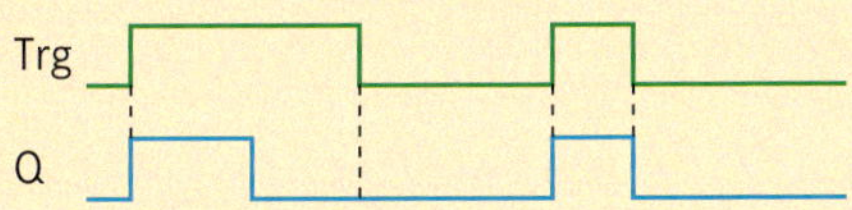

Wischrelais (Impulsausgabe)
[wiping relay]
Wischrelais liefern am Ausgang Q ein Signal von definierter Länge. Wenn der Eingang Trg den Zustand 1 annimmt, dann geht der Ausgang für eine parametrierte Zeit auf 1-Signal und danach wieder auf 0-Zustand zurück.

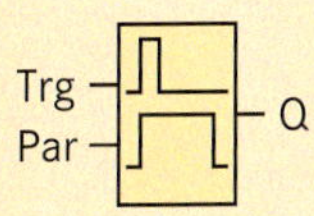

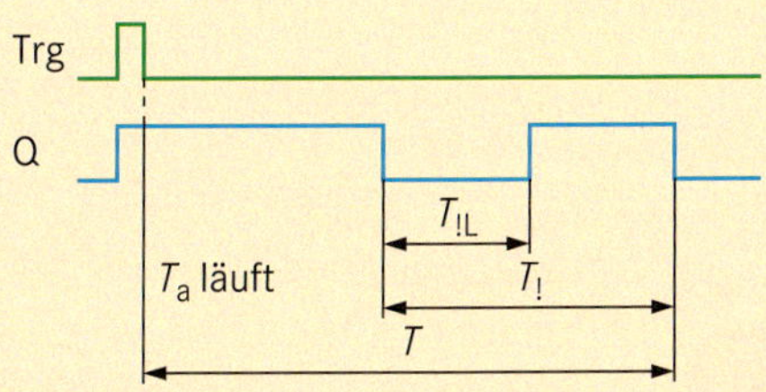

Treppenlichtschalter
[stairway lighting switch]
Mit einer positiven Flanke am Eingang Trg wird der Ausgang Q für eine parametrierte Zeit auf 1-Zustand gesetzt. Mit der negativen Eingangsflanke wird die Haltezeit T_a gestartet. Wird während der Ausschaltverzögerung erneut eingetastet, wird die Verweilzeit zurückgesetzt (Nach- oder Retriggern).

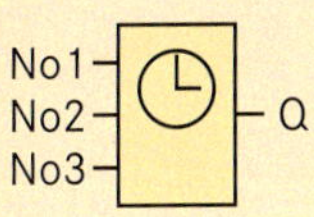

Wochenzeitschaltuhr *[weekly timer]*
Sie wird für wochentag- und tageszeitgenaues Ein- und Abschalten verwendet.

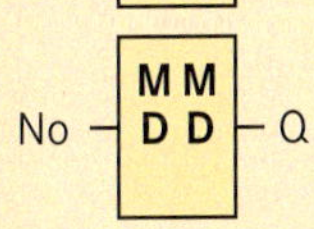

Jahresschaltuhr *[yearly timer]*
Sie schaltet nur auf den Tag genau.

Zähler

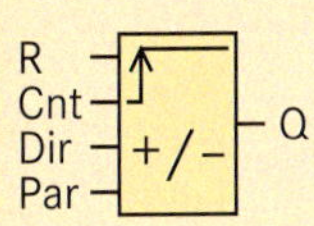

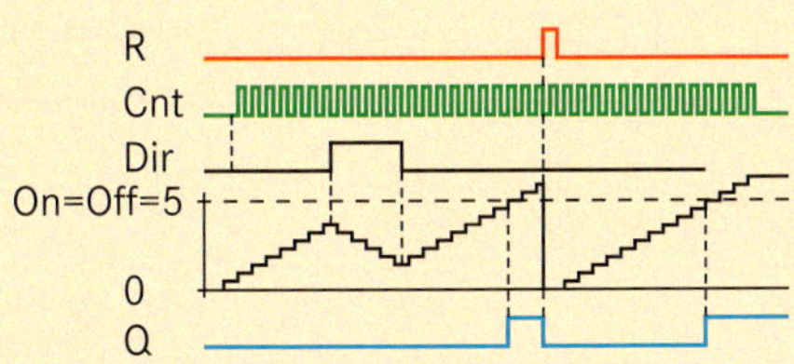

Vor-/Rückwärtszähler *[up-/down-counter]*
Er zählt die positiven Eingangsflanken am Cnt-Eingang in Abhängigkeit des Dir-Eingangs (Dir = 0 → Zähler zählt vorwärts). Die Ein- und die Ausschaltschwelle kann parametriert werden, der Ausgang Q besitzt entsprechend 1- oder 0-Signal.

Sonstige

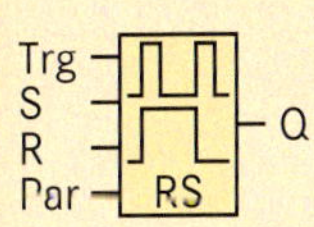

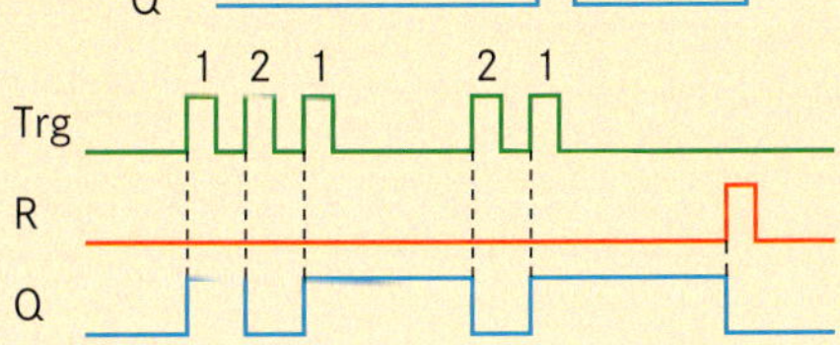

Stromstoßrelais *[pulse relay]*
Mit der ersten Flanke am Trg-Eingang wird das Relais gesetzt, mit der zweiten zurückgesetzt. Über die S- und R-Eingänge kann es zustandsunabhängig gesetzt/zurückgesetzt werden.

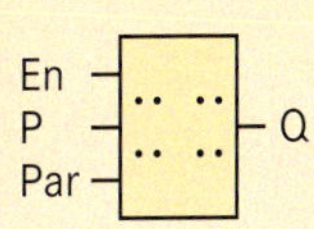

Meldetext *[message text]*
Er dient der Mitteilung von z. B. Betriebsarten oder Aktualwerten.
Hinweis: Dem Meldetext muss ein Ausgang (Q), Merker (M) oder x-Connector (x) folgen.

3: Sonderfunktionen der LOGO!

3.4 Folgeschaltung in einem Getreidelager

Auftrag

Ein Getreidelager (Abb. 1) soll modernisiert werden. Dabei soll die vorhandene Steuerung durch das Steuerrelais LOGO! ersetzt werden. Das Konzept mit dem Bedienpult (Abb. 2) soll bestehen bleiben, damit die Mitarbeiter nicht neu geschult werden müssen. Die neue Steuerung soll auf Basis der vorhandenen Stromlaufpläne (Abb. 3) geplant werden. Die kostengünstigste Variante ist zu suchen.

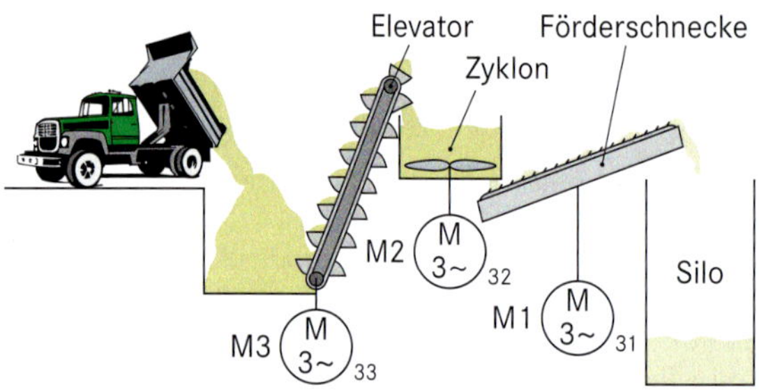

1: Technologieschema

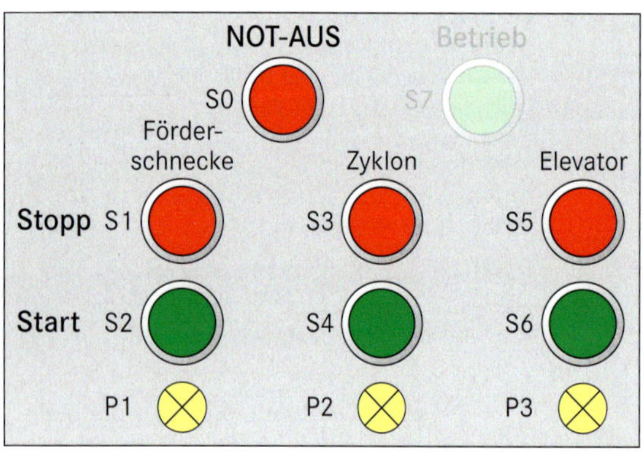

2: Bedienpult

Funktion

- In einem Getreidelager wird das Getreide in eine Grube geschüttet.
- Von dort wird es mit einem Elevator (Förderband mit Schaufeln) in einen Zyklon gefördert, der mit einem Gebläse die Spreu vom Korn trennt. Die leichtere Spreu wird weggeblasen.
- Das Korn fällt nach unten und wird mit einer Förderschnecke in ein Silo transportiert.

Damit weder der Zyklon noch die Förderschnecke überladen werden, muss das System wie folgt eingeschaltet werden:

Förderschnecke → Zyklon → Elevator

Das Ausschalten muss in umgekehrter Reihenfolge geschehen. Eine Schaltung, die eine derartige Reihenfolge umsetzt, nennt man **Folgeschaltung** *[sequence control]*.

3.4.1 Schaltungsanalyse

Schaltung (Abb. 3)

- Der Motor M1 der Förderschnecke (Strompfad 31) wird vom Leistungsschütz Q1 geschaltet.
- Der Motor M2 des Zyklons (Strompfad 32) wird vom Leistungsschütz Q2 (Strompfad 3) geschaltet.
- Der Motor M3 des Elevators (Strompfad 33) wird vom Leistungsschütz Q3 (Strompfad 5) geschaltet.

Funktionsanalyse

Jedes Schütz überbrückt den zugehörigen Ein-Taster (S2, S4, S6) nach dem Schalten mit einer Selbsthaltung und schaltet die zugehörigen Leuchtmelder P1 bis P3. Dies wird in der weiteren Analyse vorausgesetzt.

1. Förderschnecke einschalten

S2:13/14 schließt Strompfad 1. Q1 schaltet M1. Q1:33/34 (Strompfad 3) bereitet die Einschaltung von Q2 vor ①. Q1:43/44 im Strompfad 7 schließt, P1 leuchtet.

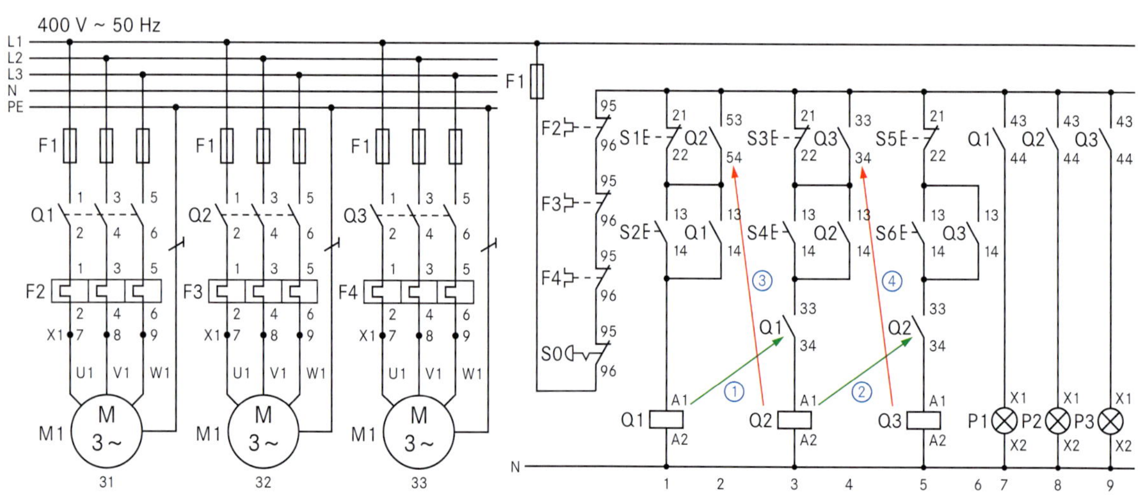

3: Bestehende Schaltung für das Getreidelager

2. Zyklon einschalten

S4:13/14 schließt Strompfad 3. Q2 schaltet M2 und P2. Q2:33/34 (Strompfad 5) bereitet die Einschaltung von Q3 vor ②.

3. Elevator einschalten

S6:13/14 schließt den Strompfad 5. Q3 schaltet M3 und P3.

Anlage abschalten

- Die Tasterkontakte S1:21/22 (Strompfad 1) und S3:21/22 sind durch die Schließer von Q2 bzw. Q3 überbrückt. Daher kann die Anlage nur durch S5 (Strompfad 5) abgeschaltet werden.
- S5:21/22 öffnet Strompfad 5. Q3 wird stromlos. Q3:33/34 (Strompfad 4) öffnet und bereitet das Ausschalten von Q2 vor ③. P3 schaltet ab (Strompfad 9).
- Durch die Ausschaltvorbereitung durch Q3 wird mit Betätigen von S3:21/22 Q2 stromlos und öffnet den Schließer Q2:53/54 (Strompfad 2) und bereitet damit das Abschalten von Q1 vor ④. P2 schaltet ab (Strompfad 8).
- Durch die Abschaltvorbereitung durch Q2 wird mit Betätigen von S1:21/22 Q1 stromlos. P1 schaltet ab (Strompfad 7).

Im Fehlerfall kann die gesamte Anlage durch Betätigen des NOT-AUS-Schalters S0 abgeschaltet werden. Bei Überhitzung eines Motors schaltet das entsprechende Motorschutzrelais (F2 ... F4) die Anlage ab.

3.4.2 Sicherheitsaspekte

Steuerungen müssen in jedem Fall die Sicherheit von Personen und Anlagen gewährleisten. Die entsprechenden Vorgaben für die Sicherheit von Maschinen sind in der DIN EN 60204-1 festgelegt.

Die wichtigsten sind:

- Eine **NOT-AUS- und NOT-HALT-Einrichtung** ist vorzusehen.
- Die Anlage muss sicher gestoppt werden können.
- Die Anlage muss drahtbruchsicher sein (s. Kap. 3.4.3).

NOT-AUS und NOT-HALT in Steuerungen

Wenn die Sicherheit einer Person oder einer Anlage gefährdet ist, muss eine Anlage in einen sicheren Zustand versetzt werden. Man unterscheidet dabei:

- **NOT-AUS** [*emergency switch-off*]:
  Abschaltung der elektrischen Energie mit dem Ziel die Gefahr eines elektrischen Schlags zu unterbinden.
- **NOT-HALT** [*emergency stop*]:
  Anhalten eines laufenden Prozesses bei z. B. unzulässiger Erwärmung oder gefährlichen Bewegungen, wie dem sich drehenden Rotor des Zyklons.

Hinweis: Oft wird unkorrekterweise noch immer in Herstellerunterlagen und Literatur der Begriff NOT-AUS für beide Bereiche verwendet.

Für NOT-Maßnahmen gelten dabei folgende Anforderungen:

- Die NOT-Maßnahme muss Vorrang gegenüber allen anderen Betätigungen und Funktionen haben.
- Der Gefahr bringende Zustand muss ohne Hilfsenergie so schnell wie möglich gestoppt werden.
- Das Zurücksetzen der NOT-Maßnahme darf nicht das Wiedereinschalten der Anlage zur Folge haben.
- Das Abschalten der Energie muss mit elektromechanischen Geräten oder mit Halbleitern erfolgen.
- Die NOT-Schaltung erfolgt grundsätzlich mit einem Öffner.

NOT-HALT in Schützsteuerungen

Bei der bestehenden Getreidelager-Steuerung sollen hier nur die Strompfade 1 und 2 betrachtet werden, da die Abschaltung auf die weiteren Strompfade übertragen werden kann.

In der Schützsteuerung ist der NOT-HALT-Bedingung entsprochen und eine vollständige Abschaltung gewählt worden. Dies wird nun untersucht.

Analyse des Steuerstromkreises

Stromkreis 1 besteht aus

- der Sicherung F1,
- dem NOT-AUS-Schalter S0,
- den Motorschutzrelais F2, F3 und F4,
- den Tastern S1 und S2 mit der Selbsthaltung und
- dem Leistungsschütz Q1.

Die Gefahr bringenden Bewegungen müssen im Notfall sofort abgeschaltet werden. Da der NOT-AUS-Schalter S0 in einer Reihenschaltung mit der Selbsthaltung Q1:13/14 liegt, wird im NOT-HALT-Fall die Steuerung vollständig stromlos gemacht.

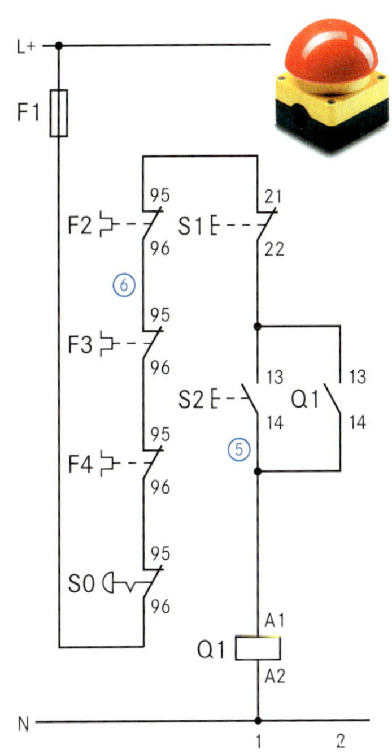

4: Getreidelager-Steuerung (Ausschnitt)

Dadurch werden alle Motoren und Leuchtmelder sofort abgeschaltet. Es handelt sich also sowohl um ein NOT-AUS- als auch NOT-HALT-System.

3.4.3 Auswahl des Steuergerätes

Da die Anlage künftig mit einem Steuerrelais (LOGO!) arbeiten soll, muss nun ermittelt werden, welcher Gerätetyp verwendet werden kann.

Anzahl der Ein- und Ausgänge

Entsprechend des EVA-Prinzips werden zunächst alle Eingangs- und Ausgangsgrößen ermittelt und analysiert.

Eingänge

Die bestehende Anlage verfügt über drei Eintaster und drei Austaster, sowie einen NOT-AUS-Schalter. Alle sieben Taster werden in der derzeitigen Ausführung an 230 V Wechselspannung betrieben.

Ausgänge

Die drei Motoren M1, M2 und M3 werden über die Leistungsschütze Q1 bis Q3 angesteuert. Darüber hinaus signalisieren die drei Leuchtmelder P1 bis P3 den Betriebszustand der Anlagenteile. Während die Signalleuchten in der bestehenden Schaltung über die Leistungsschütze geschaltet werden, sollen sie bei der Verwendung eines Steuerrelais separat angesteuert werden. Daher müssen für diese eigene Ausgänge verwendet werden.

Alle sechs Ausgangsobjekte wurden in der bestehenden Anlage an 230 V Wechselspannung betrieben.

Handhabung und Programmierung

Eine Bedieneinheit auf dem Steuerrelais (Display und Tasten) wird für diese Anlage nicht benötigt, da ein Einbau der Steuerung im Schaltschrank vorgesehen ist. Der Schaltschrank ist nur vom Fachpersonal zu öffnen. Es kann also ein Gerätetyp gewählt werden, der keine Bedienelemente und ein Display hat. Dies gilt für Geräte mit der Endung „o“.

Kosten

Die Wahl der LOGO! entscheidet über Hardware- und Installationskosten. Bei der Wahl einer LOGO! 230RCo kann auf ein Netzteil zur Spannungsversorgung verzichtet werden. Der Gerätetyp ohne Display ist ca. 10 % günstiger.

Die Verdrahtung des Schaltschranks kann teilweise bestehen bleiben und die Ein- und Ausgabeobjekte können direkt an die Steuerung angeschlossen werden. Es fallen also nur geringe Umverdrahtungskosten an.

Fazit der Hardwareauswahl

Es wurde eine LOGO!230RCo (Abb. 1) mit 8 Ein- und 4 Ausgängen gewählt. Zusätzlich wird das Erweiterungsmodul DM8 230R verwendet, um die Anzahl der Ein- und Ausgänge um je vier zu erweitern.

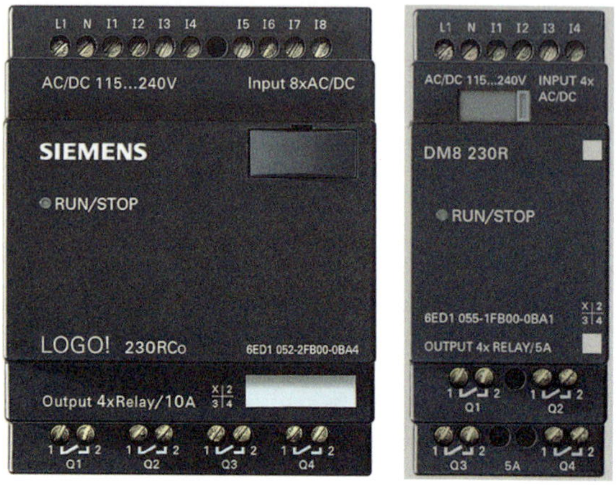

1: LOGO! 230 RCo und DM8 230R

3.4.4 Anschlussplan des Steuerrelais

In Abb. 2 ist der Anschlussplan für die modernisierte Getreidelager-Steuerung dargestellt. Die gesamte Steuerung wird nun mit vier Steuerstromkreisen gespeist:

- **Stromkreis 1** speist über F1 das Steuerrelais und die Bedienelemente, sowie den Schließer K1:13/14.
- **Stromkreis 2** speist über F5 die Signallampen P1...P3 an den LOGO!-Ausgängen Q5...Q7.
- **Stromkreis 3** speist über F6 und den Schließer K1:23/24 die Leistungsschütze Q1...Q3 an den LOGO!-Ausgängen Q1...Q3.
- **Stromkreis 4** speist über F7, den NOT-AUS-Schalter S0, die Motorschutzrelais F2, F3 und F4 sowie den Eintaster S7 die Selbsthaltung mit dem Hilfsschütz K1.

Da mit dem Eintaster S7 die Betriebsbereitschaft hergestellt und nach einer Notabschaltung quittiert wird, muss dieser auf dem Bedienfeld ergänzt werden.

Durch die Gliederung der Steuerung in mehrere Stromkreise wird erreicht, dass bei **Erdschluss** nur das jeweils vorgeschaltete Schutzorgan auslöst. Dadurch wird der **Erdschlusssicherheit** genüge getan. Sollte ein Erdschluss im sicherheitsrelevanten Stromkreis 4 auftreten, löst F7 aus und die Selbsthaltung von K1 schaltet ab, so dass die Anlage abgeschaltet wird.

Mit dem Ein-Taster S7 wird die Anlage betriebsbereit geschaltet, so dass das Hilfsschütz K1 schaltet und die Selbsthaltung schließt. Zugleich gibt der Schließer K1:23/24 den Stromkreis 3 für die Leistungsschütze Q1, Q2 und Q3 frei (Anlage betriebsbereit).

- Die verwendeten Sensoren, Bedienelemente und Aktoren beeinflussen die Auswahl des Steuerrelais.

Steuerungen analysieren

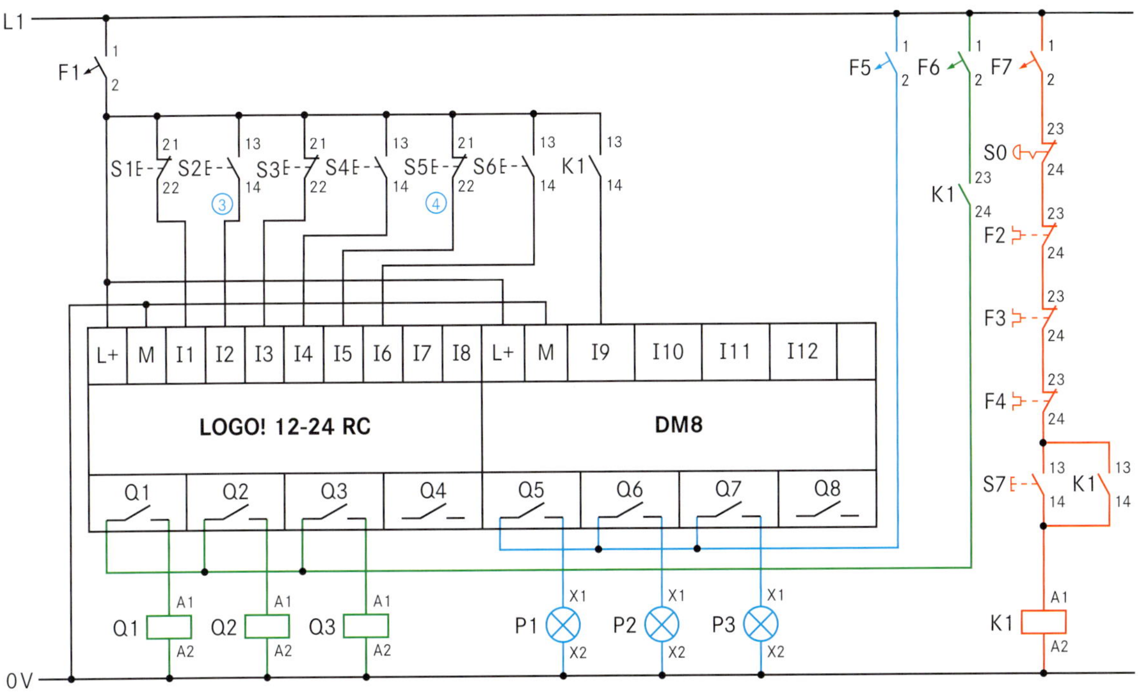

2: Getreidelager-Steuerung mit LOGO! 230RCo mit Erweiterungsmodul DM8 230R

Bei Auslösen eines Motorschutzrelais (F2, F3, F4) oder des NOT-HALT-Schalters S0 schaltet die Selbsthaltung von K1 ab und der Stromkreis 3 wird über K1:23/24 unterbrochen, so dass die Leistungsschütze stromlos werden und die Motoren abschalten. Die Auslöseinformation der Sicherheitskette S0/B1/B2/B3 wird über den Kontakt K1:13/14 in dem Steuerrelais so verarbeitet, dass bei der Wiederinbetriebnahme (S7) die Anlage nicht automatisch durch das Schalten von K1 anläuft.

Drahtbruchsicherheit

Drahtbruchsicherheit bezeichnet Maßnahmen, die verhindern, dass eine Anlage bei Unterbrechung eines Leiters sich nicht von selbst einschalten kann und sicher abgeschaltet wird.

In beiden Steuerungen (Abb. 2 und Abb. 4, S. 149) wird bei Betätigung des Schließers S2 die Anlage gestartet. Ein Drahtbruch an ③ (Abb. 2) bzw. ⑤ (Abb. 4, S. 149) hätte zur Folge, dass ein Einschalten nicht möglich ist.

- Bei der Schützschaltung (Abb. 2) würde Q1 nicht schalten.
- Bei der Schaltrelaissteuerung (Abb. 2) würde ein Drahtbruch bewirken, dass kein 1-Signal am Eingang der LOGO! entstehen kann, welches als Start-information ausgewertet werden könnte.

Ein Drahtbruch an ④ (Abb. 2) bzw. ⑥ (Abb. 4, S. 149) würde die Anlage sofort abschalten.

- Bei der LOGO! bewirkt ein Drahtbruch eine Unterbrechung der Sicherheitskette. Dadurch schaltet die Selbsthaltung von K1 ab und der Öffnerkontakt K1:13/14 am Eingang I9 der LOGO! öffnet sich. Im Programm führt dies zur sofortigen softwareseitigen Abschaltung der Anlage.

  Eine Unterbrechung am Stopptaster S5 (Öffner) ④ hätte ein 0-Signal am Eingang I5 zur Folge.

  Das Steuerrelais interpretiert dies als Betätigung des Tasters S5, da dieser im Betätigungsfall auch ein 0-Signal führt.
- Bei der Schützschaltung (Abb. 4, S. 149) würde der Strompfad unterbrochen werden und die gesamte Anlage (inkl. Selbsthaltungen) stromlos. Ein automatischer Wiederanlauf ist durch die abgeschalteten Selbsthaltungen nicht möglich.

Das **Einschalten** von Anlagen geschieht daher immer mit Schließern, das **Ausschalten** mit Öffnern.

- Wird in einer Anlage eine Ein- und/oder Ausschaltreihenfolge von Anlagenteilen benötigt, wird eine Folgeschaltung verwendet.
- Anlagen müssen sicher für Mensch und Anlage konstruiert werden.
- NOT-AUS schaltet elektrische Anlagenteile ab, NOT-Halt stoppt eine Anlage.
- NOT-AUS-Schalter werden immer als Öffner geschaltet.
- Drahtbruchsicherheit fordert, dass Einschaltbefehle durch Schließer und Ausschaltbefehle durch Öffner erfolgen.

3.4.5 Analyse und Planung der Software

Bei der Programmentwicklung wird das Gesamtsystem zunächst in Objekte zergliedert (Abb. 1), um es übersichtlicher zu machen. Danach werden dann die kleinstmöglichsten Einheiten programmiert und simuliert. Anschließend setzt man die Objekte zu einem Gesamtsystem zusammen und testet dieses mittels Simulation.

Das Getreidelager lässt sich in folgende Objekte aufgliedern:

- Objekt 1: Förderschnecke
- Objekt 2: Zyklon
- Objekt 3: Elevator
- Objekt 4: Einschaltverriegelung
- Objekt 5: Ausschaltverriegelung
- Objekt 6: Leuchtmelder

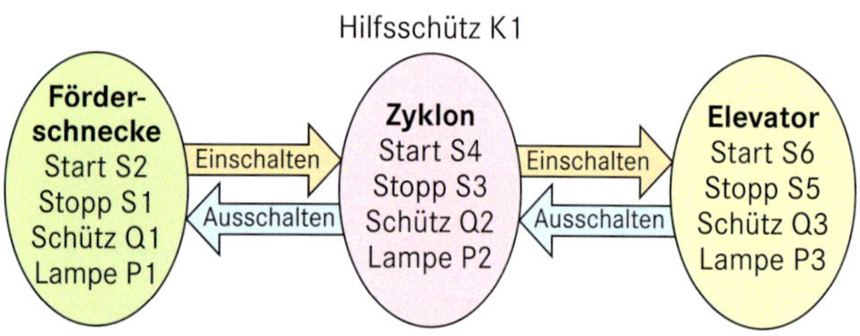

1: Systemanalyse

Zum Ablauf lassen sich folgende Aussagen treffen:

- Objekt 1 ist eine Selbsthalteschaltung mit vorgeschaltetem Hilfsschütz K1 (Objekt 1.1).
- Objekte 1, 2, 3 sind funktionsgleich.
- Förderschnecke und Zyklon sind gegeneinander ein- und ausschaltverriegelt.
- Elevator und Zyklon sind gegeneinander ein- und ausschaltverriegelt.
- Hilfsschütz K1 muss auf 0-Signal abgefragt werden.
- Die Stopp-Taster S1, S3, S5 müssen auf 0-Signal abgefragt werden.
- Die Start-Tasten S2, S4, S6 müssen auf 1-Signal abgefragt werden.
- Die Ausgänge der Signallampen Q5, Q6, Q7 sollen in Abhängigkeit vom jeweiligen Ausgang Q1, Q2, Q3 geschaltet werden.

Softwareentwicklung

Zuerst wird die Anschlussnamensliste erstellt. Eine sorgfältig geführte Anschlussnamensliste hilft Fehler zu vermeiden und erleichtert die Pflege und Wartung der Anlagensteuerung.

Die einzelnen Objekte werden nun programmiert und simuliert (Abb. 2 und 3). Danach folgt die schrittweise Zusammensetzung der einzelnen Objekte zu einem Gesamtsystem (s. Kap 3.4.6). Bevor die Software an der Maschine in Betrieb genommen wird, sollte das Gesamtsystem noch einmal getestet werden. Dazu wird in der Simulation das Programm entsprechend der möglichen Bedienung getestet. Auch Fehlbedienungen werden dabei simuliert.

Es ist sicherzustellen, dass die Software ausreichend dokumentiert ist. Das erleichtert den Service und die Wartung der Maschine.

Schritte	Funktionsplan
Objekt 1: Förderschnecke Grundschaltung „Selbsthaltung". Eine Selbsthaltung wird über das Selbsthalterelais RS B001 realisiert.	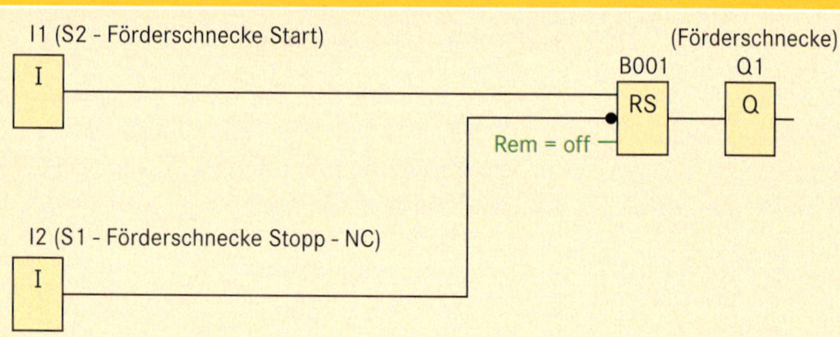
Objekt 1.1: Schnecke, NOT-HALT Die Grundschaltung „Selbsthaltung" wird um den NOT-HALT-Eingang I9 ergänzt.	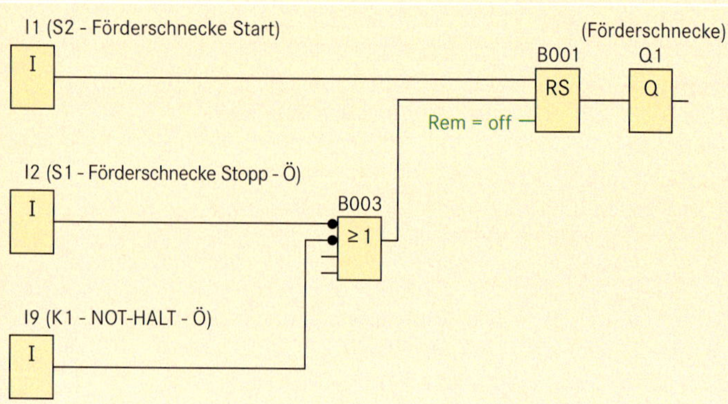

2: Grundschaltung für Objekt 1 Förderschnecke

Schritte	Funktionsplan

Objekt 2: Zyklon
Das Objekt 1 ist funktionsgleich mit dem Objekt 2 und kann somit kopiert und umverdrahtet werden (Änderung der Ein- und Ausgangsnummer).

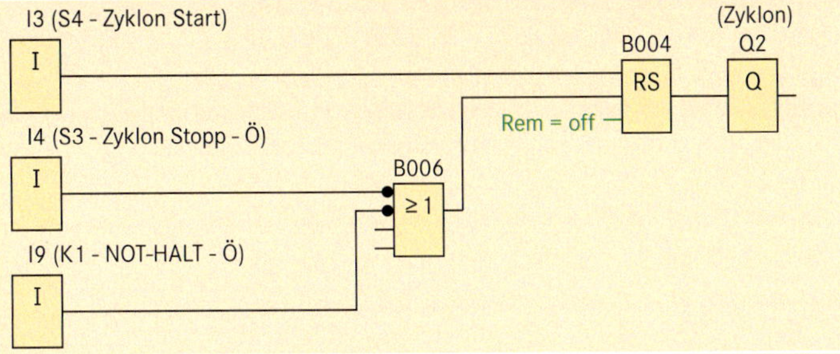

Objekt 3: Elevator
Das Objekt 1 ist funktionsgleich mit dem Objekt 3 und kann somit kopiert und umverdrahtet werden.

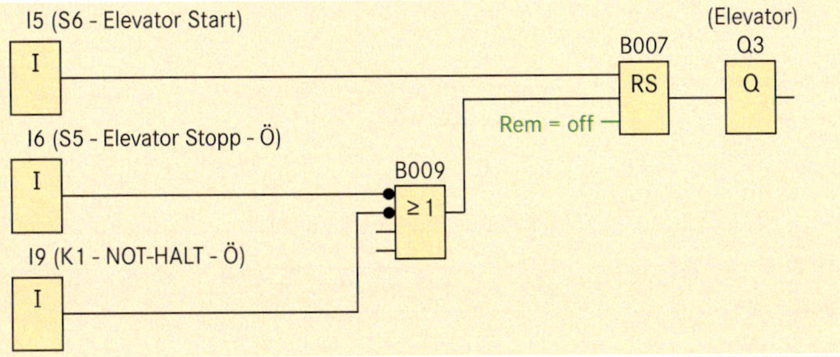

Objekt 4: Einschaltverriegelung
Q2 kann erst eingeschaltet werden, wenn bereits Q1 eingeschaltet ist. Q3 lässt sich nicht vor Q2 einschalten.

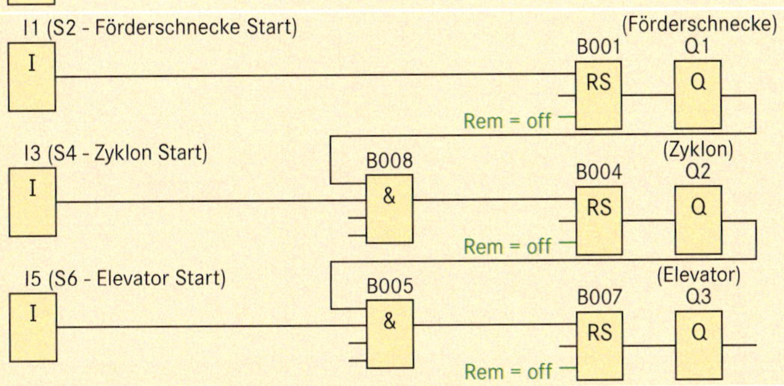

Objekt 5: Ausschaltverriegelung
Q2 kann erst ausgeschaltet werden, wenn Q3 bereits ausgeschaltet ist. Q1 lässt sich nicht vor Q2 ausschalten.

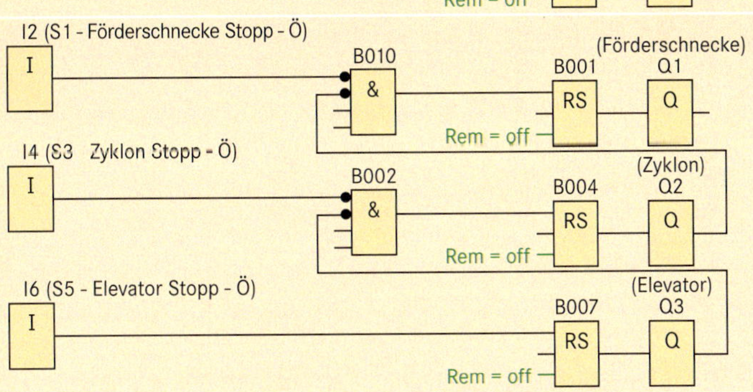

Objekt 6: Signallampen
Die Ausgänge der Signallampen Q4, Q5, Q6 sollen in Abhängigkeit vom jeweiligen Ausgang Q1, Q2, Q3 geschaltet werden.

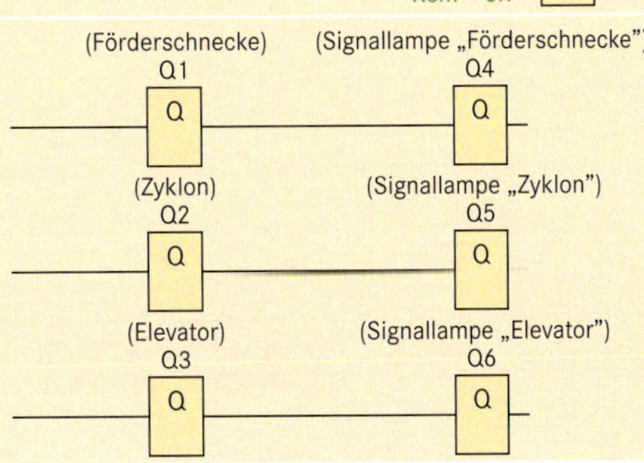

3: Grundschaltungen für die Objekte 2 bis 6

3.4.6 Gesamtdarstellung der Getreidelagersteuerung

Bei der Zusammenführung der einzelnen Objekte ist darauf zu achten, dass die Dokumentation das Programm verständlich macht. In Abb. 1 ist mit dem Beschriftungswerkzeug ① dafür Text eingefügt worden ②. Die einzelnen Objekte sind in Sinnzusammenhängen strukturiert, d.h., dass alle Objekte, die z.B. zur Förderschnecke gehören, im oberen Teil angeordnet sind ③.

Zu sehen ist der Simulationsmodus in der Grundstellung der Anlage: Die Stopp-Taster sind als Öffner konfiguriert und führen daher 1-Signal (rote Linien ④).

Aufgaben

1. Verändern Sie den Funktionsplan (Abb. 1) so, dass die Anlage künftig bei Betätigung eines Stopp-Tasters zeitgleich abschaltet.
2. Erweitern Sie den Plan in Abb. 1 um zwei weitere Stufen für zwei nachfolgende Förderbänder zu anderen Silos.

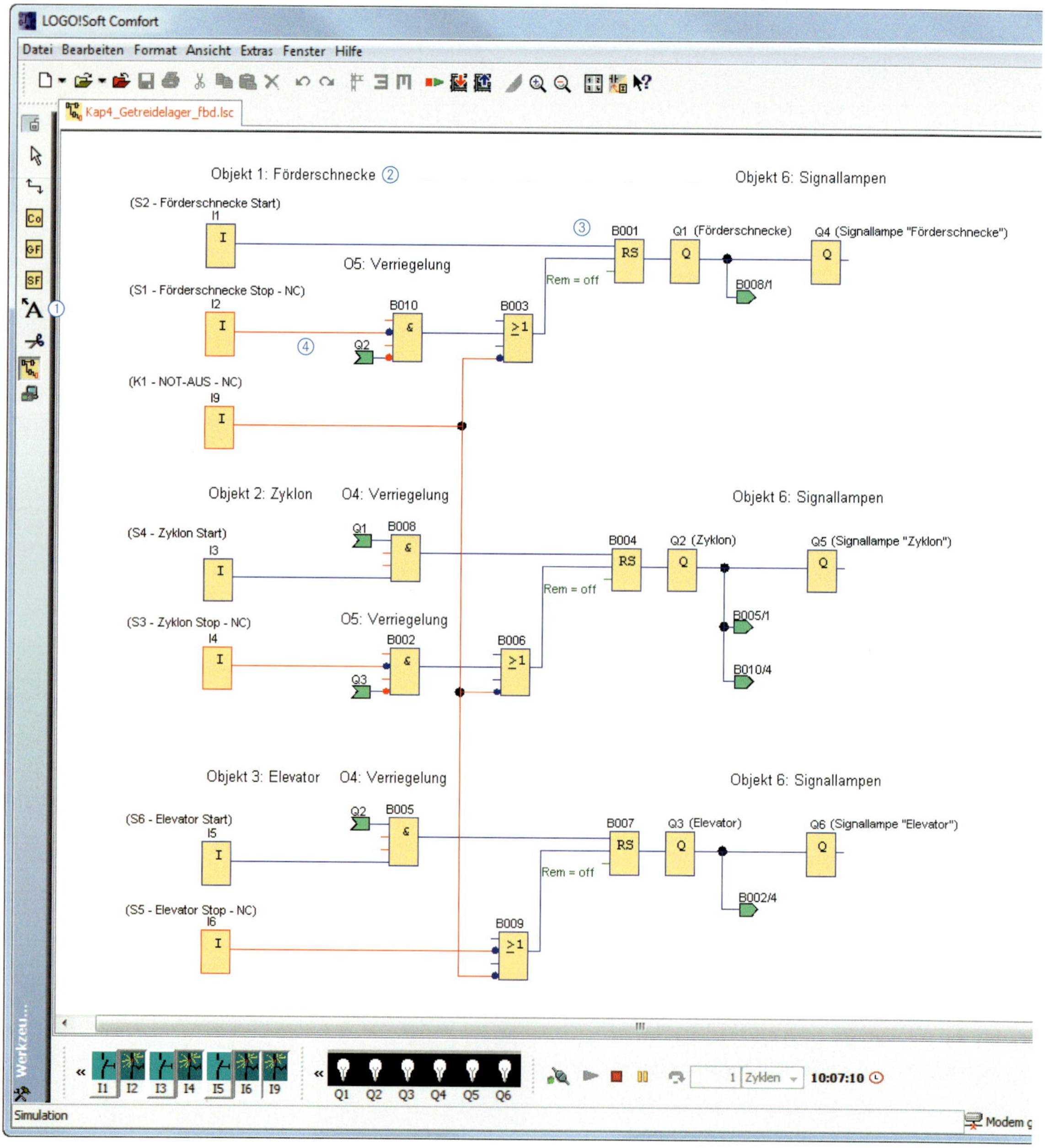

1: Getreidelagersteuerung als Funktionsplan

3.5 Temperaturüberwachung in einem Biogasreaktor

Der Kläranlage in der Stadt Celle ist eine Biogasanlage angegliedert, in der aus den Klärschlämmen Energie gewonnen wird. Dabei werden die organischen Bestandteile in Reaktoren (auch Faultürme genannt, Abb. 2) mit Hilfe von Mikroorganismen in nutzbares Methangas zersetzt und dann in einem Blockheizkraftwerk in elektrische Energie umgewandelt.

Da die Mikroorganismen in dem Reaktor empfindlich sind, darf die Temperatur im Reaktor 37 °C nicht überschreiten. Bei höheren Temperaturen würden die Organismen abgetötet. Die Temperatur wird mit zwei Sensoren in Stabform (B4 und B5, Abb. 3) an zwei unterschiedlichen Stellen ermittelt. Eine Steuerung beeinflusst die Ventile des Einlasses, Auslasses, das Heiz- und Kühlsystem und den Mischermotor M1 zur Durchmengung des Schlamms.

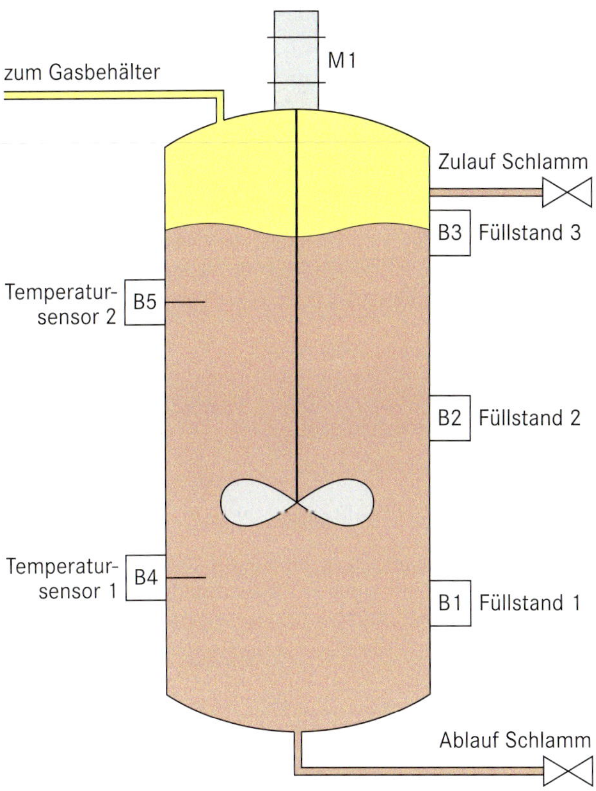

2: Technologieschema eines Biogasreaktors

Auftrag:
Der Temperatursensor B4 ist defekt und muss ausgetauscht werden. Der Typenaufkleber ist witterungsbedingt bei beiden Sensoren nicht mehr lesbar.

Es soll ein geeigneter Ersatztyp ausgewählt werden, der im Bereich von 20 °C bis 55 °C eine möglichst große Linearität aufweist.

3.5.1 Teilauftrag Temperatursensor

Um einen geeigneten Sensor auszuwählen wird zunächst eine Sichtprüfung vorgenommen. Dabei wird ermittelt, ob der äußere Aufbau Aufschluss über den verwendeten Sensor gibt. Anschließend werden die gängigen Temperatursensoren dargestellt, bevor eine Auswahl erfolgt.

Sichtprüfung
Eine Sichtprüfung des Temperatursensors gibt keinen Aufschluss über die Art des Sensors, da die mechanisch empfindlichen **Temperatursensoren** [*temperature sensors*] unabhängig ihres Typs häufig in einem Schutzrohr verbaut sind. Der dargestellte Sensor besitzt eine Verschraubung ①, mit der er in das zu überwachende Medium eingelassen wird. Da auf das verwendete Messprinzip kein Rückschluss gezogen werden kann, werden die gängigen Messverfahren vorgestellt. Anschließend wird ein geeigneter Messfühler ausgewählt. Zur Auswahl kommen Messfühler, die die Temperatur in Widerstandswerte oder Spannungen umwandeln (Abb. 4).

3: Temperatursensor

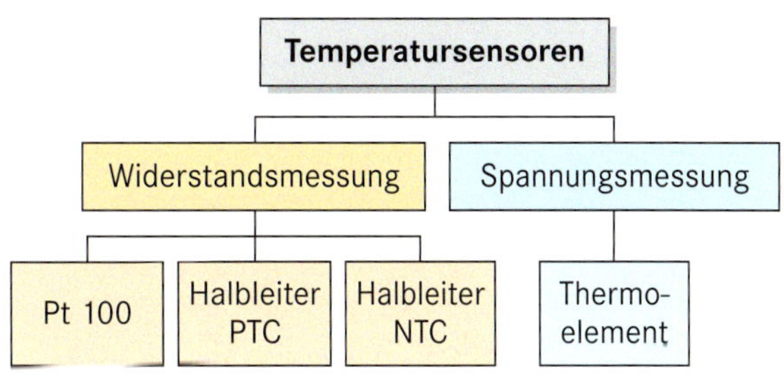

4: Beispiele für Temperaturmessfühler

Temperaturmessfühler mit Widerstandsänderung
Bei **Widerstandsmessfühlern** wird ausgenutzt, dass sich der Widerstand z. B. eines Metalls in Abhängigkeit von der Temperatur verändert.

Dabei gilt für den Widerstand R_T eines metallischen Leiters bei einer bestimmten Temperatur folgende Formel:

$$R_T = R_{20} \cdot (1 + \alpha \cdot \Delta T)$$

R_{20}: Widerstand des Leiters bei 20 °C.

α: Temperaturkoeffizient (Platin: $\alpha = 0{,}004\ 1/K$) Ist der Temperaturkoeffizient größer als Null, spricht man von einem positiven, ist er kleiner als Null, von einem negativen Temperaturkoeffizienten.

ΔT: Temperaturänderung in K (Bezugsgröße: 20 °C).

Für Widerstandsmessfühler wird vor allem **Platin** eingesetzt, da es über eine nahezu lineare Kennlinie verfügt. Auch bei häufiger Erwärmung und Abkühlung behält es seinen ursprünglichen Widerstandswert fast bei. Der **Bemessungswiderstand** ist bei 0 °C definiert. Für Widerstandsmessfühler ist er genormt und beträgt 100 Ω, 500 Ω oder 1000 Ω. Daraus lässt sich z. B. auch die Bezeichnung **Pt 100** (Platin-Messfühler mit 100 Ω Bemessungswiderstand) ableiten.

Die Kennlinie ist im Bereich von - 100 °C bis 400 °C nahezu linear (Abb. 1).

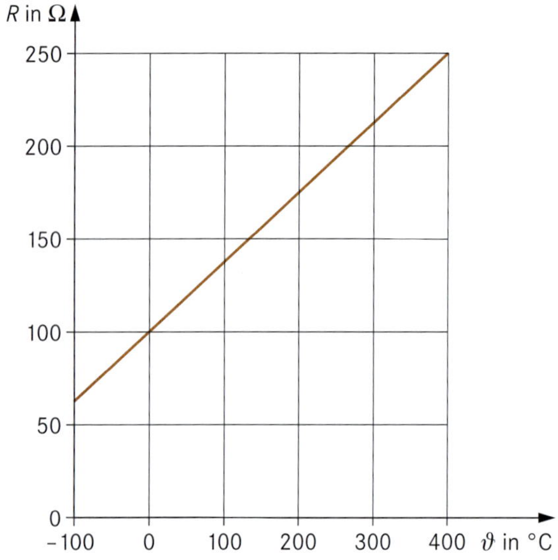

1: Kennlinie eines Pt 100

Das Widerstandsmaterial wird bei diesem Messfühler auf ein Trägermaterial gewickelt. Bei Miniaturausführungen wird das Platin auf eine Keramikfläche aufgedampft. Aufgrund der geringen Abmessungen reagieren diese Sensoren sehr schnell auf Temperaturänderungen. Dies ist z. B. bei Temperaturmessungen in chemischen Prozessen sehr wichtig. Der Messbereich von Pt 100-Sensoren wird meist mit - 100 °C bis 400 °C angegeben.

Halbleitermaterialien sind stark temperaturabhängig. Die Widerstandsänderung bei Temperaturänderung ist daher deutlich größer als z. B. bei einem Pt 100. Dadurch sind Temperaturdifferenzen auch kleinschrittig erfassbar. Ihre Kennlinien verlaufen jedoch nur über einen kleinen Bereich linear. Dies ist jedoch Voraussetzung, um sie auswerten zu können. Daher ist ihr Einsatzbereich begrenzt. Durch ihre hohen Fertigungstoleranzen sind diese Fühler nicht ohne Neuabgleich der Schaltung austauschbar.

Man unterscheidet temperaturabhängige Materialien nach ihren Temperaturkoeffizienten in

- **PTC** (**p**ositiver **T**emperatur**k**oeffizient) und
- **NTC** (**n**egativer **T**emperatur**k**oeffizient).

Temperaturskalen

Wärme stellen wir uns modellhaft als das Hin- und Herschwingen von Molekülen vor. Es gibt einen Punkt, an dem diese Schwingungen zur Ruhe kommen. Dieser **absolute Nullpunkt** ist der Ausgangspunkt für die **Kelvin-Skala**. Diese Skala besitzt nur positive Werte.

Formelzeichen: T

Einheit: K (Kelvin)

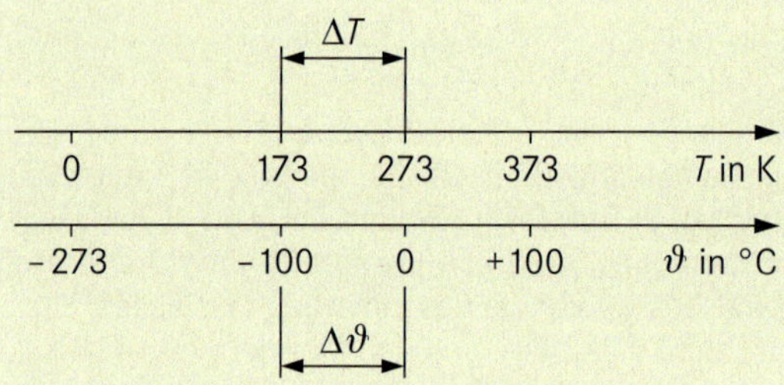

Für die **Celsius-Skala** ist der Schmelzpunkt von Eis als Nullpunkt festgelegt worden. Die Skala verfügt daher sowohl über positive, als auch negative Werte.

Formelzeichen: ϑ

Einheit: °C (Grad Celsius)

Die Teilungen der Skalen ist identisch, wie folgender Zusammenhang verdeutlicht:

Die Änderung der Temperatur um 100 K entspricht der Änderung um 100 °C. Deshalb können beide Einheiten gegeneinander gekürzt werden.

$$\Delta T = \Delta \vartheta$$

Temperaturänderungen werden im technischen Bereich meist in Kelvin angegeben.

Aufgabe

1. Ermitteln Sie mit Hilfe der Kennlinie (Abb. 1) den Widerstand eines Pt 100-Sensors bei 0 °C, 100 °C und bei 200 °C.

- Widerstandsmessfühler sollten im gewünschten Messbereich einen linearen Kennlinienverlauf haben.
- Das Widerstandsverhalten von temperaturabhängigen Widerständen wird durch die Formel $R_T = R_{20} \cdot (1 + \alpha \cdot \Delta T)$ beschrieben.
- Der Temperaturkoeffizient α kann positiv oder negativ sein. Die Temperaturabhängigkeit von Widerstandsmaterialien wird daher in PTCs und NTCs unterschieden.
- Die Widerstands-Temperatur-Kennlinie von Platin ist nahezu linear.

PTC (Kaltleiter) [*PTC-thermistor*]

Kaltleiter besitzen in einem kleinen Temperaturbereich einen sehr hohen positiven **Temperaturkoeffizienten**.

Im aufgeheizten Zustand, z. B. ϑ_1 = 180 °C, kann für den Kaltleiter ein Wert von R_{PTC} = 10 kΩ abgelesen werden ① (Abb. 2).

Im kalten Zustand, z. B. ϑ_2 = 20 °C, beträgt der Widerstand des Kaltleiters nur noch R_{PTC} = 80 Ω ②.

Ein Messstrom wäre somit im heißen Zustand deutlich kleiner als im kalten, da bei konstanter Spannung gilt:

$$\vartheta\uparrow \Rightarrow R_{NTC}\downarrow \Rightarrow I\uparrow$$

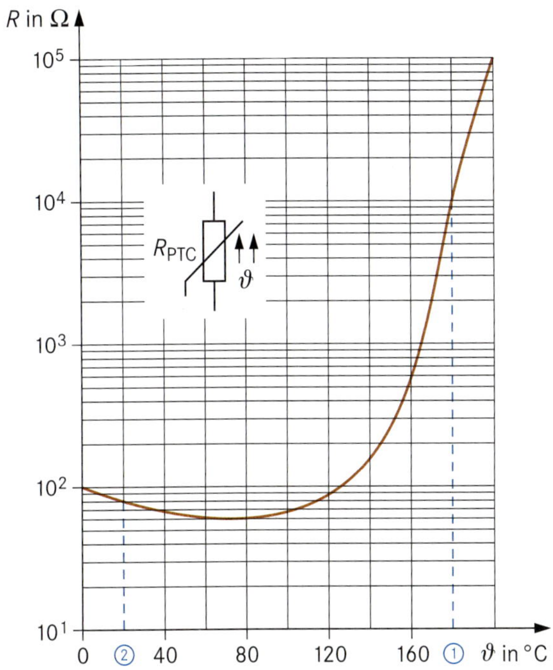

2: PTC-Kennlinie und Symbol

Das Symbol spiegelt diesen Zusammenhang wider. Die steigende Temperatur (linker Pfeil) hat einen Anstieg des Widerstandes zur Folge (rechter Pfeil).

NTC (Heißleiter) [*NTC-thermistor*]

Die Kennlinie (Abb. 3) zeigt, dass sich der Widerstand kontinuierlich mit zunehmender Temperatur verringert. Die Änderung erfolgt über mehrere Zehnerpotenzen. Im Gegensatz zum Kaltleiter ist der Kennlinienverlauf jedoch deutlich flacher und gleichmäßiger im Verlauf. Als Bemessungswert wird der Widerstand bei 25 °C angegeben. Da bei tiefen Temperaturen R_{NTC} groß ist, wäre ein Messstrom sehr klein. Bei hohen Temperaturen wird R_{NTC} sehr klein, wodurch I groß wird.

Allgemein gilt daher für Heißleiter bei konstanter Spannung:

$$\vartheta\uparrow \Rightarrow R_{NTC}\downarrow \Rightarrow I\uparrow$$

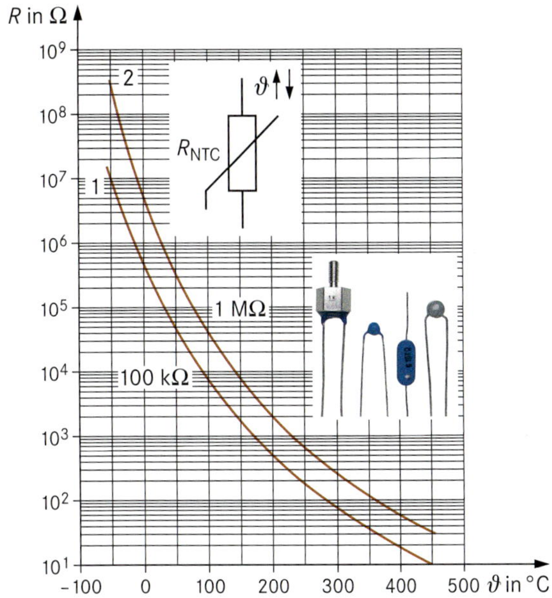

3: NTC-Kennlinie

Logarithmische Teilung

Die Strecke ist in gleiche Abschnitte geteilt.
Jeder Abschnitt entspricht einer Zehnerpotenz (z. B. Abschnitte zwischen den Punkten 1 und 10, 10 und 100 sind gleich lang).
Die Achse beginnt z. B. mit $10^0 = 1$, $10^1 = 10$ usw.

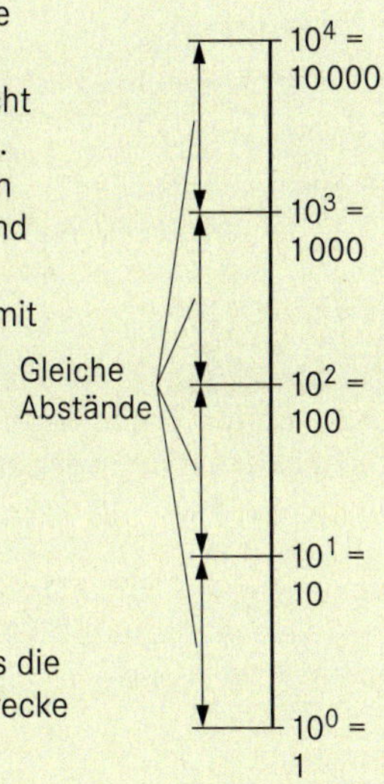

Berechnung von Zwischenwerten:
Beispiel: Zahl 2
- Zahl 2 eingeben,
- Taste „lg" drücken,
- Wert 0,301 ablesen.

Der Wert bedeutet, dass die Zahl 2 bei 30,1 % der Strecke von 1 bis 10 liegt.

Näherungswerte:

Zahl	1	2	3	4	5	6	7	8	9	10
Strecke in %	0	30	48	60	70	78	85	90	95	100

- Bei PTCs wird der Widerstand mit steigender Temperatur größer.
- Der Widerstand eines NTCs wird bei der Erwärmung kleiner.
- Die Widerstandsänderung kann mehrere Zehnerpotenzen betragen.
- Die Widerstands-Temperatur-Kennlinie von PTC und NTC ist nicht linear.

Thermoelemente

Thermoelemente bestehen aus zwei unterschiedlichen Metallen, die verlötet oder verschweißt sind (Abb. 1a). Wird die Verbindungsstelle erwärmt, lässt sich eine temperaturabhängige Spannung zwischen den Leitern messen.

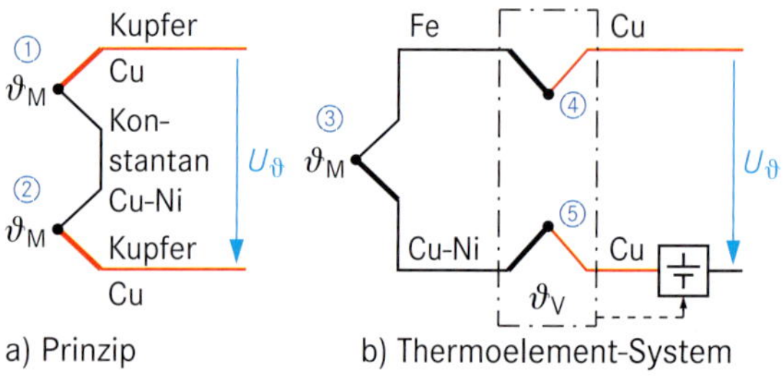

1: Temperaturmessung mit Thermoelement

Messprinzip

Es sind zwei Verbindungsstellen notwendig. Eine wird bei einer konstanten Temperatur als **Vergleichsstelle** ① belassen, die zweite dient als **Messstelle** ②. Die Thermospannung ist dabei von der Temperaturdifferenz der beiden Verbindungsstellen abhängig. Daher muss die Temperatur der Referenzstelle konstant gehalten werden.

Die Thermospannungen liegen je nach Thermoelement bei 7 µV/°C und 75 µV/°C.

Real ergeben sich eine Messstelle ③ und durch die Anschlussklemmen zwei Vergleichsstellen (④ ⑤ Abb. 1b). Typische Thermopaare sind z. B. Fe-Konstantan, NiCr-Ni, Fe-CuNi.

Da zwischen Messstelle und Vergleichsstelle häufig größere Entfernungen liegen, müssen Ausgleichsleitungen verwendet werden, die aus dem gleichen Material bestehen wie das Thermoelement. Bei Verwendung anderer Materialien entstehen an den Verbindungspunkten unter Umständen weitere Thermopaare, die das Messergebnis verfälschen.

Thermokoppler

Thermokoppler setzen die Signale von Fe-CuNi- und NiCr-Ni-Thermoelementen in die genormten Analogsignale um. Der Koppler stellt somit ein Bindeglied zwischen Thermoelement und Steuerung dar. Als kompensierte Vergleichsstelle dienen dabei die Klemmen. Die Temperaturbereiche lassen sich z. B. auf 0 °C ... 400 °C, 0 °C ... 800 °C, 0 °C ... 1000 °C und 0 °C ... 1200 °C einstellen.

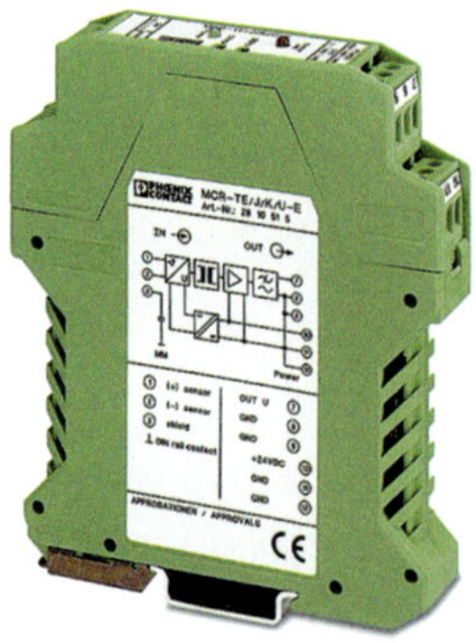

2: Thermokoppler

3.5.2 Abwägung der Verfahren

In dem Auftrag auf S. 155 ist dargestellt, dass die zu messende Temperatur bei 37 °C liegt. Da die Biomasse empfindlich ist, muss der Messwert möglichst exakt ermittelt werden.

Widerstandsmessfühler

Der Einsatz eines Pt 100-Messfühlers ist für die Erfüllung des Auftrags gut geeignet. Die Kennlinie ist über den gesamten Temperaturbereich äußerst linear.

Hinzu kommt, dass viele speicherprogrammierbare Steuerungen und Schaltrelais wie die LOGO! bereits über vorkonfigurierte Eingänge für Pt 100-Sensoren verfügen. Die Anbindung an eine Steuerung ist somit einfach möglich.

Halbleitermessfühler

PTCs und NTCs verfügen in dem geforderten Bereich nicht über die gewünschte Linearität. Wenngleich die starke Widerstandsänderung zu einer guten Auflösung des Temperaturbereiches führt, ist gerade die Nichtlinearität im unteren Kennlinienbereich störend.

Diese Sensortypen sind in diesem Fall nicht geeignet. Durch die Steilheit ihrer Kennlinien eignen sie sich zum direkten Schalten, z. B. eines Relais bei bestimmten Temperaturen.

Thermoelement

Thermoelemente sind für große Temperaturbereiche ideal einsetzbar. Da die Thermospannung im Idealfall bei wenigen Millivolt liegt, muss ein Signalverstärker nachgeschaltet werden, um ein verarbeitbares Signal zu erzeugen. Auch bei Verwendung eines Thermokopplers ist bei kleinster Auflösung (0 °C ... 400 °C) kein sinnvolles Ausgangssignal zu erwarten. Das Thermoelement ist somit für die Anwendung am Biogasreaktor nicht geeignet.

Eine Prüfung, ob der bisher verwendete Sensor ein Pt 100-Sensor oder ein PTC oder NTC ist, lässt sich über eine Widerstandsmessung bei einer bekannten Temperatur durchführen. Der ermittelte Widerstandswert wird dazu mit den bekannten Kennlinienwerten verglichen.

- Thermoelemente bestehen aus der Verbindung von zwei unterschiedlichen Metallen. An diesen Verbindungsstellen entsteht eine temperaturabhängige Thermospannung.
- Thermoelemente benötigen eine Messstelle und eine Vergleichsstelle. Die Vergleichsstelle sollte eine möglichst konstante Temperatur haben.

Vom Messfühler zum „intelligenten" Sensor

Die Sensorenentwicklung ist in den vergangenen Jahren schnell vorangeschritten.

Anfangs wurde jeder Messfühler, wie sie zunächst genannt wurden, mit Hilfe von Bauelementen, wie z. B. LDR (lichtabhängiger Widerstand), PTC (temperaturabhängiger Widerstand) und druckabhängigen Widerstanden usw. diskret aufgebaut. Eine Schaltung wertete die Veränderungen dieser „Sensorelemente" aus. Probleme dieser Zeit waren die veränderlichen Eigenschaften der Sensorelemente:

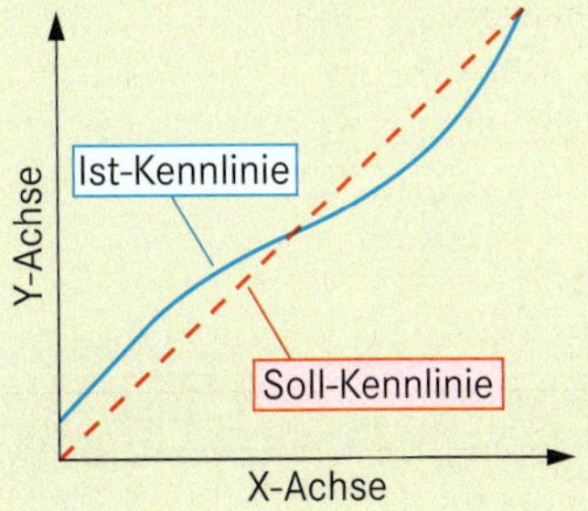

Nullpunktverschiebungen der Kennlinie, Kennlinienkrümmungen, Linearitätsfehler und vieles andere. Dies hatte zur Folge, dass bei dem Wechsel eines Sensorelements unter Umständen die gesamte Schaltung neu abgeglichen werden musste. Definierte Ausgangsgrößen dieser Auswertungsschaltungen gab es nicht.

Im Zuge der Miniaturisierung der Schaltungen wurden Messfühler und auswertende Schaltung zu einer Einheit zusammengefasst. Mit Hilfe von Mikrocontrollern wurden die Nichtlinearitäten ausgeglichen.

Durch Einigung auf genormte Schnittstellen zwischen Sensoren und Steuerungen, konnte dem „Wildwuchs der Ausgangsgrößen" entgegen gewirkt werden, was zu höheren Produktionsmengen führte. Erreicht wurden diese normierten Ausgangsgrößen durch Erweiterung der auswertenden Schaltungen mit Messverstärkern, die eine Anpassung ermöglichten.

Seit einigen Jahren hat sich in der Automatisierungstechnik ein neuer Trend durchgesetzt. Früher wurden die Informationen von und zur Steuerung zentral an den Klemmen des Steuergerätes übergeben. Dies führte häufig zu sehr langen Zuleitungen der Sensoren und Aktoren. Dieser Übergabepunkt wird nun zunehmend dezentralisiert. Über eine Busleitung werden Eingabe- und Ausgabeeinheiten mit der verarbeitenden Steuerung verbunden.

Über die Busleitung, dies kann eine verdrillte Leitung o. a. sein, kommunizieren die Teilnehmer nach einem fest vorgegebenen Protokoll (vgl. Kap. 4.7.3). Damit die versendeten Informationen beim „richtigen" Empfänger ankommen, besitzen alle Teilnehmer eine eigene Adresse.

Moderne Sensoren, die direkt mit einer derartigen Busleitung gekoppelt werden, müssen daher mit einem Mikrocontroller (µC) zur Digitalisierung der analogen Messwerte und einem Buskoppler versehen sein, der die Kommunikation ermöglicht. In gleicher Weise können auch Aktoren an den Bus angeschlossen werden.

Gegenwärtige Sensoren zeichnen sich darüber hinaus durch zunehmende „Intelligenz" aus: Sie übermitteln Steuerungseinheiten auf Anfrage ihre Einstellungswerte und lernen von der Steuerung „auf Befehl" neue Konfigurationen. So kann bei einem Chargenwechsel, z. B. bei Ultraschallsensoren mit unterschiedlichen Abständen, gearbeitet werden, oder sie lernen die Einstellungen von anderen Sensoren.

Intelligente Sensoren melden darüber hinaus Drahtbruch, Dejustage, Kurzschluss oder Sensorausfall und geben Hilfestellung bei der mechanischen Ausrichtung. Bei optischen Sensoren wird die schleichende Verschmutzung erkannt und gemeldet, bevor es zu einem Ausfall kommt.

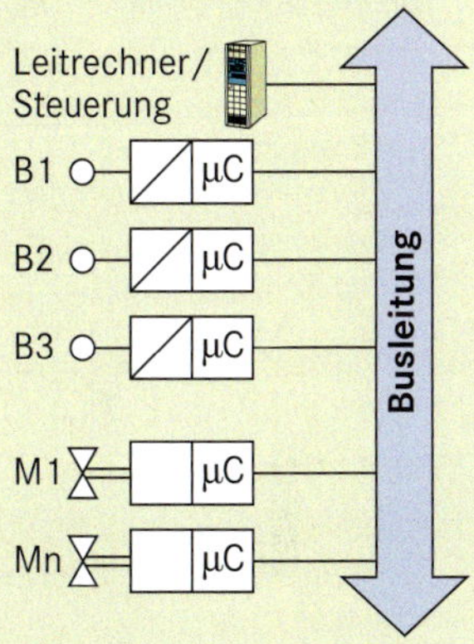

Durch diese Entwicklung können in Anlagen Stillstandzeiten stark reduziert werden. So kann z. B. im laufenden Betrieb ein Sensor gewechselt werden, da dieser die Parameter des alten Sensors einfach übernimmt. Bei Sensoren der neuesten Generation verlagert sich nun die „Intelligenz" aus der verarbeitenden Steuerung in die Sensoren und Aktoren, so dass sie auch bei Ausfall des Leitrechners einen Prozess aufrecht erhalten, indem sie über den Bus **direkt** miteinander kommunizieren. – Die Steuerung ist mit den Sensoren und Aktoren zusammengewachsen.

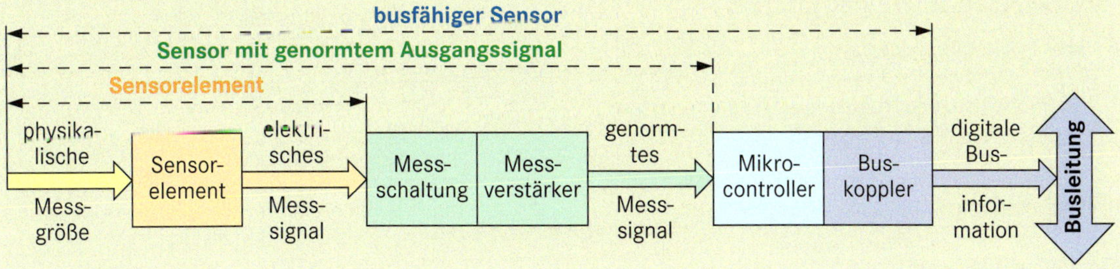

3.6 Analyse einer elektropneumatischen Anlage

3.6.1 Systembeschreibung

Um unnötige Produktionskosten zu vermeiden, sollen in einer Produktionsanlage nur maßhaltige Werkstücke weiterverarbeitet werden. Werkstücke, die oberhalb eines Sollmaßes liegen, sollen über eine Rutsche ausgesondert werden. Zeitgleich wird für die nachfolgenden Produktionsteile das Werkstückmaterial erfasst.

Da dieser Anlagenteil z. B. im Fehlerfall in kürzester Zeit wieder in Betrieb genommen werden muss, ist eine Funktionsanalyse notwendig.

Den Anlagenunterlagen sind folgende Pläne beigelegt:

- Funktionsbeschreibung
- Technologieschema
- elektrotechnischer Schaltplan
- pneumatischer Schaltplan

Funktionsbeschreibung des Herstellers

1. *Ein Werkstück ① wird auf einem Prüftisch positioniert.*
2. *Das Werkstückmaterial wird mit zwei Sensoren ermittelt.*
3. *Der Wegmesser B7 ist auf einem geführten Trägermodul befestigt, welches durch den **doppeltwirkenden Zylinder 1A1** ② auf und ab verschoben werden kann. Fährt der Zylinder 1A1 bis in die untere Endlage (B4 = 1), wird der Wegmesser B7 auf das Werkstück gedrückt. Dabei wird die Höhe des Werkstücks ermittelt. Eine Wartezeit zwischen Erreichen der Endlage des Zylinders 1A1 und der Messung verhindert Fehlmessungen durch mechanische Schwingungen.*
4. *Nach einer kurzen Wartezeit fährt der Zylinder die Messeinheit wieder in die Grundposition (oben) zurück (B3 = 1).*
5. *Ist das Werkstück zu groß, wird es mit Hilfe des **einfachwirkenden Zylinders 2A1** ③ in einen Ausschussbehälter ausgesondert.*
6. *Einwandfreie Werkstücke werden von dem Umsetzer der Folgestation entnommen (nicht im Technologieschema dargestellt).*

Ergänzende Hinweise

- *Der Wegmesser wandelt eine Strecke in eine Spannung von 0 bis 10 V um. Ab einer bestimmten Strecke soll ein 1-Signal abgegeben und dieses solange beibehalten werden, bis die Spannung einen bestimmten Wert wieder unterschreitet. Dies ist mit einem Schwellwertschalter umgesetzt, der ein binäres Ausgangssignal abgibt.*
- *Um die Werkstückoberfläche beim Aufsetzen des Wegmessers nicht zu verkratzen, ist der Vorhub des doppeltwirkenden Zylinders langsamer als der Rückhub (Hubgeschwindigkeit).*
- *Die Zylinder werden elektropneumatisch über einseitig betätigte Magnetventile angesteuert.*

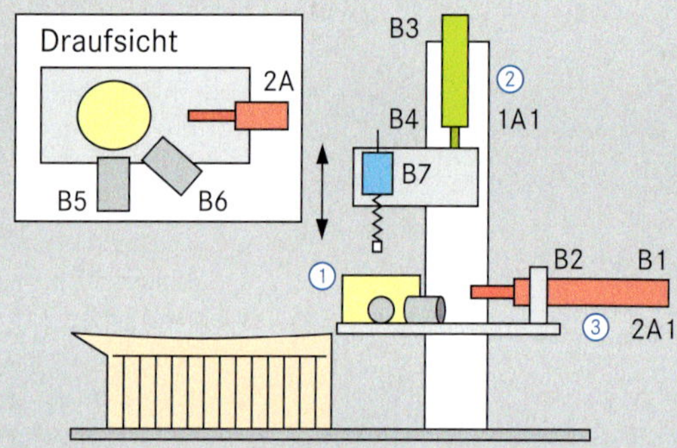

Technologieschema

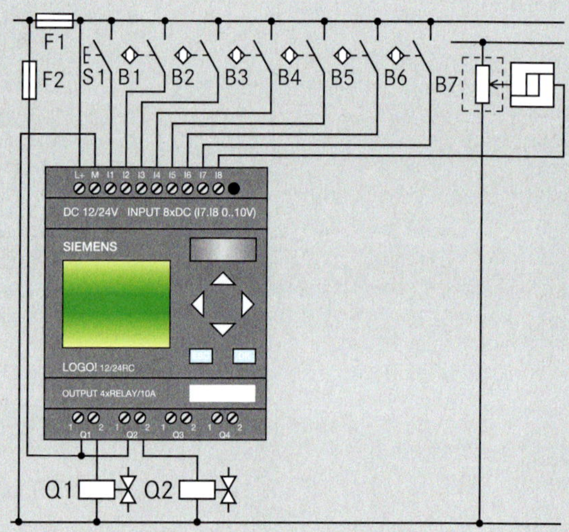

Elektrotechnischer Schaltplan

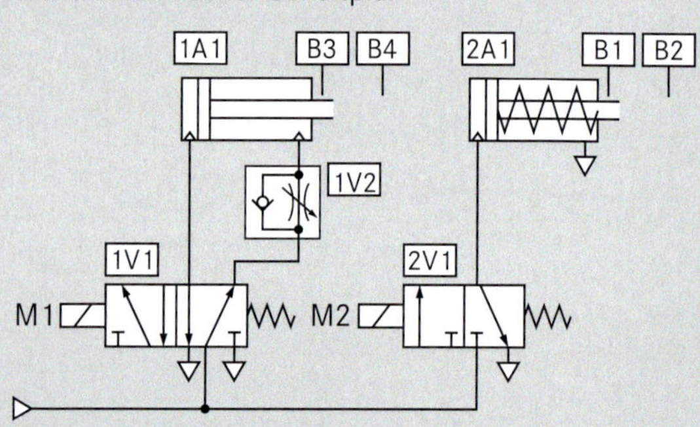

Pneumatischer Schaltplan

1: Herstellerunterlagen

3.6.2 Wegsensor und Materialerkennung

Um die Funktion und die Pläne der Anlage für eine Fehlerbehebung verstehen zu können, müssen die Komponenten/Eigenschaften im Folgenden analysiert werden:

- Wegmessung
- Schwellwertschalter
- Materialdifferenzierung
- Einfachwirkender Zylinder
- Doppeltwirkender Zylinder

Wie kann die Materialhöhe erfasst werden?

Mit Hilfe eines Weg-Sensors mit Potenziometer können kurze Wege und somit auch Materialstärken und ähnliches gemessen werden. Der in Abb. 2 gezeigte Sensor verfügt über einen beweglichen Stift, der die Mittelanzapfung des Potenziometers entsprechend des Weges verschiebt ①. Das Potenziometer (Abb. 3) wird mit einer konstanten Gleichspannung versorgt. Am Ausgang (Mittelanzapfung) ist dadurch die Spannung U_m abgreifbar. Sie ist ein Maß für den Weg, bzw. die Werkstückhöhe.

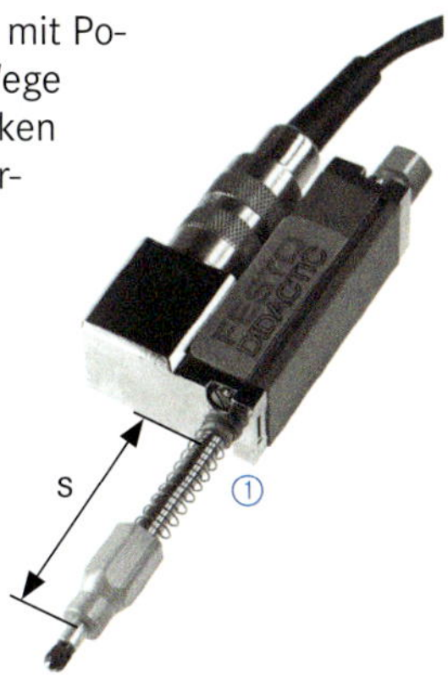

2: Weg-Sensor

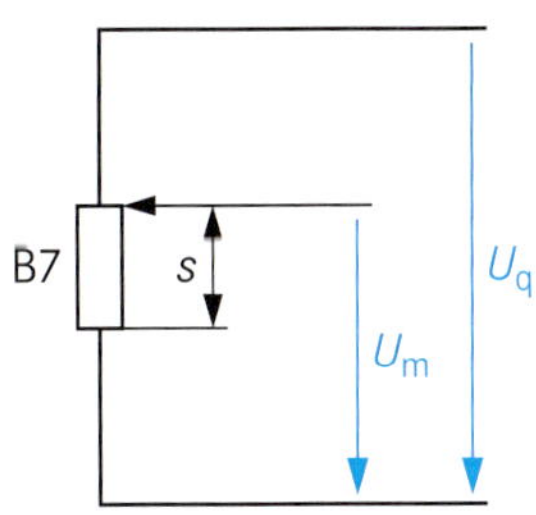

3: Schaltung zur Wegmessung

Für die Verarbeitung ist lediglich wichtig, ob das Werkstück eine bestimmte Höhe überschreitet. Das analoge Signal muss deshalb in zwei Bereiche aufgeteilt werden: maßhaltig oder zu groß. Diese Umformung erfolgt in einem Schwellwertschalter.

Wie kann das Material unterschieden werden?

Da die in Kapitel 3.2.4 beschriebenen Näherungssensoren unterschiedlich gut auf verschiedene Werkstoffe ansprechen, können somit auch die Materialien unterschieden werden.

Die Tabelle (Abb. 4) stellt dar, wie gut die unterschiedlichen Materialien von dem jeweiligen Sensortyp erkannt werden.

Eine weitere Unterscheidung ist bezüglich der Oberflächenbeschaffenheit oder Farbe durch optische Sensoren möglich.

Näherungssensoren	Ferromag. Werkstoff	Nichtmag. Werkstoff	Magnet	Karton	Wasser	Holz	Glas
induktiver	++	+	++	o	o	o	o
kapazitiv	++	++	++	+	++	+...-	-
magnetisch	o	o	++	o	o	o	o

++ sehr gut; + gut; - schlecht/schwach; o wird nicht erkannt

4: Erkennbarkeit von Werkstoffen mit Näherungssensoren

Besonderheiten der LOGO! 12/24 RC(o) und 24

Schnelle Eingänge

Die normalen Eingänge der LOGO! sind für Frequenzen bis 5 Hz geeignet. Höhere Taktfrequenzen können aber auftreten, wenn z. B. mit einem Windmessgerät, das Taktimpulse als Maß für die Geschwindigkeit liefert, die Windgeschwindigkeit gemessen werden soll. Die Eingänge I5 und I6 sind sogenannte schnelle Eingänge (ab 0BA6: I3 - I6) und können Frequenzen bis zu 2 kHz verarbeiten.

Hinweis: Um derartige Signale in der Simulation zu testen, kann in den Eingangseigenschaften unter Simulation der Punkt „Frequenz" gewählt werden.

Analogeingänge

Die Eingänge I7 und I8 (ab 0BA6 auch I1 und I2) können als Digitaleingänge oder Analogeingänge (I7 = AI1, I8 = AI2, ab 0BA6 I1 = AI3, I2 = AI4) verwendet werden. Dabei ist die Entscheidung, ob sie als Digital- oder Analogeingänge interpretiert werden, im Programm durch die Nummerierung gegeben. Wird im Programm die Klemme I7 auch mit I7 verarbeitet, ist das Eingangssignal digital. Wird im Programm AI1 verwendet, wird das Signal der Klemme I7 als Analogwert interpretiert. In diesem Fall muss der programminterne Eingang I7 frei bleiben. Wird ein Analogmodul angeschlossen, so beginnt die Nummerierung der Eingänge mit AI3 oder 5 fortlaufend.

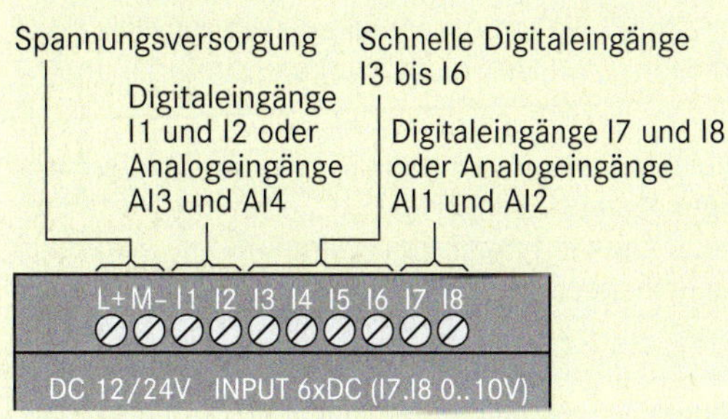

- Wegsensoren können zur Prüfung der Maßhaltigkeit von Werkstücken verwendet werden.
- Durch Kombination mehrerer Näherungssensoren können Werkstücke unterschieden werden.

3.6.3 Optische Näherungssensoren

In der Ausschusserkennung soll das Werkstückmaterial erkannt werden. Ein Merkmal kann dabei durch optische Näherungssensoren erfasst werden.

Optische Näherungssensoren bestehen aus einem **Licht-Sender** [*opto-transmitter*] und einem **Licht-Empfänger** [*opto-receiver*]. Der Sender erzeugt in der Regel ein rotes oder ein infrarotes (nicht sichtbares) Licht, das mit Hilfe einer Optik möglichst geradlinig in eine bestimmte Richtung strahlt. Infrarotes Licht wird eingesetzt, wenn eine große Lichtleistung benötigt wird, z. B. um eine Entfernung bis zu 500 m zur Gebäudesicherung zu überbrücken. Im Empfänger wird nur Licht der ausgesendeten Wellenlänge ausgewertet, so dass Fehler durch Fremdlichteinstrahlung nahezu ausgeschlossen sind (Abb. 1).

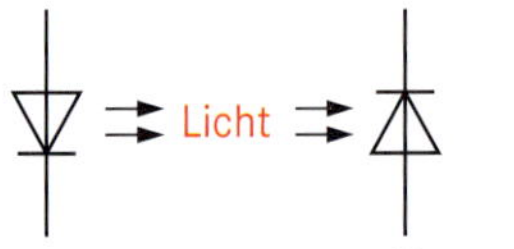

1: Funktionsschema

Optische Näherungssensoren sind von der Bauform her klein und robust. Je nach Verwendung werden der Sender und der Empfänger getrennt oder in einem gemeinsamen Gehäuse (häufigste Bauform) in zylindrischer oder rechteckiger Form hergestellt (Abb. 2).

2: Optische Näherungssensoren

Materialerkennung mit optischen Sensoren

In der Ausschusserkennung kann neben den zuvor beschriebenen Näherungssensoren auch mit Hilfe von Reflexionslichttastern das Werkstoffmaterial unterschieden werden.

Bei einem Reflexionslichttaster wird ein **Sende-Empfänger** [*transceiver*] eingesetzt, das heißt, dass der Sender und der Empfänger in einem Gehäuse direkt nebeneinander angeordnet sind. Die Reflexion des gesendeten Lichtes zum Empfänger erfolgt durch das zu erfassende Werkstück. Liegt kein Werkstück im Erfassungsbereich des Sensors, muss der Hintergrund den Lichtstrahl absorbieren oder so (weg-)spiegeln, dass er nicht auf den Empfänger trifft. Die eingesetzten Sensoren besitzen ein ein- oder mehrgängiges Potenziometer, mit dem die Ansprech- oder Schaltschwelle, also die Entfernung, bei der ein bestimmtes Werkstück erfasst wird, eingestellt werden kann.

Zur Erkennung unterschiedlicher Materialien und Oberflächen werden in der Praxis Reflexionslichttaster oft z. B. mit einem kapazitiven Näherungsschalter kombiniert.

Der kapazitive Sensor ermittelt dabei, dass sich z. B. ein Karton im Erfassungsbereich befindet, mit dem Reflexionslichttaster kann dann jedoch unterschieden werden, ob es sich um einen hellen oder dunklen Karton handelt.

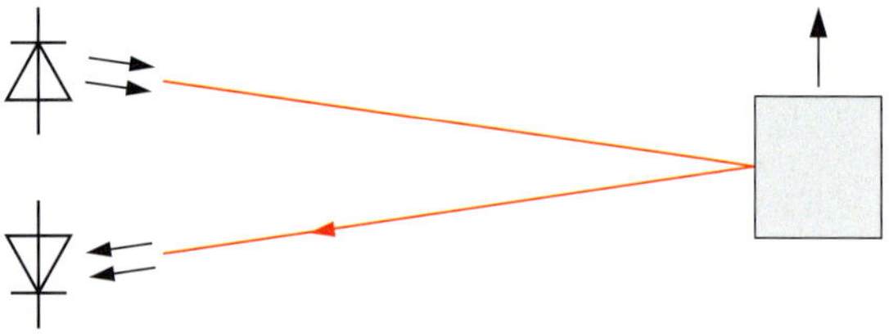
3: Reflexionslichttaster

Folgende Objekte können mit Reflexionslichttattern aufgrund ihres geringen Reflexionsgrades nur schlecht erfasst werden:

- schwarzer Gummi
- mattschwarzer Kunststoff
- Materialien mit rauer Oberflache
- roter Karton (bei Verwendung von rotem Licht)
- u. v. a. m.

In Kombination mit einem weiteren Sensor können Rückschlüsse auf die Oberflächenbeschaffenheit gezogen werden.

Aufgaben

1. Wie können die genannten Material-Kombinationen mit Hilfe von Sensoren unterschieden werden?
   a) Schwarzer und roter Kunststoff
   b) Schwarzer Kunststoff, braunes Holz und Aluminium
   c) Karton mit und ohne gläsernem Inhalt
   d) PET-Flaschen mit und ohne dunkle Flüssigkeit
2. Blanke Aluminiumwerkstücke sollen vor einem weißen Hintergrund mit einer Reflexionslichtschranke erfasst werden. Welche Maßnahmen können Sie ergreifen, damit der Sensor Werkstück und Hintergrund unterscheiden kann?

- Bei optischen Sensoren wird ein roter oder infraroter Lichtstrahl vom Sender zum Empfänger gesendet.
- Reflexionslichttaster reagieren auf die Lichtreflexion der zu erfassenden Gegenstände.
- Optische Näherungssensoren können durch ihr materialabhängiges Ansprechverhalten zur Erkennung des Oberflächenmaterials oder der Oberflächenfarbe eingesetzt werden.

Anwendungen von optischen Sensoren

Neben der Verwendung als Reflexionslichttaster werden optische Sensoren als **Lichtschranken** *[light barriers]* eingesetzt. Man unterscheidet dabei

- Einweg-Lichtschranken,
- Reflex-Lichtschranken.

Im Folgenden werden diese kurz an Praxisbeispielen vorgestellt.

Bei **Einweglichtschranken** werden der Sender und der Empfänger getrennt und gegenüberliegend mit „Sichtkontakt" montiert. Da das Licht direkt vom Sender zum Empfänger strahlt, können Reichweiten bis zu 500 m überbrückt werden und auch sehr kleine Objekte mit beliebiger Oberfläche erkannt werden. Einweg-Lichtschranken werden häufig zur Sicherung von Maschinen oder Maschinenteilen verwendet (Lichtvorhang). Zu beachten ist dabei, dass ein Senderausfall als eine Unterbrechung des Sichtkontaktes gewertet wird.

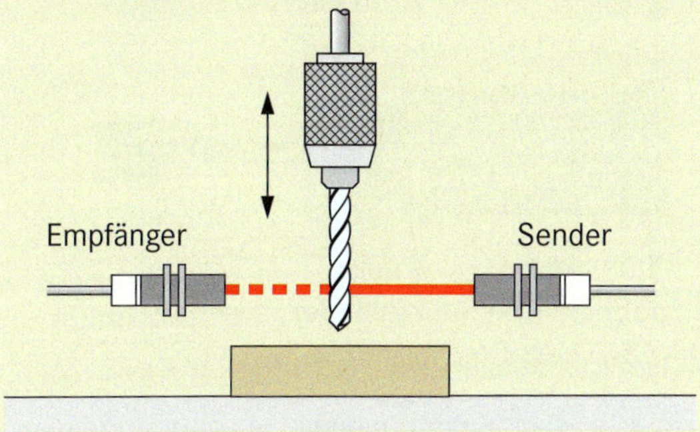

Bei Reflexionslichtschranken befinden sich der Sender und der Empfänger wie bei dem Reflexionslichttaster dicht beieinander im gleichen Gehäuse. In der Grafik erkennt man, dass die beiden Optiken übereinander angeordnet sind. Dadurch ist die Installation und die Justierung sehr einfach.

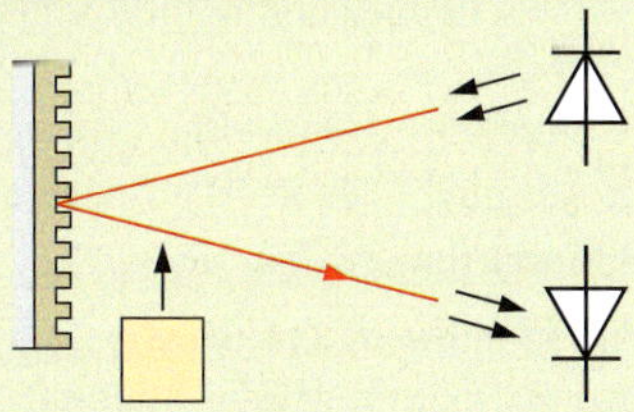

Der ausgesendete Lichtstrahl muss bei der Variante von einem geeigneten Material auf den Empfänger reflektiert werden. Dies geschieht in der Regel mit einem Reflektor, der das ausgesendete Licht ausreichend widerspiegelt. Reflexionsschranken werden häufig zur Werkstückerfassung eingesetzt, wenn kleine Entfernungen überbrückt werden müssen und die Umgebung nicht sehr staubig ist. Ihre Reichweite wird mit bis zu 50 m angegeben.

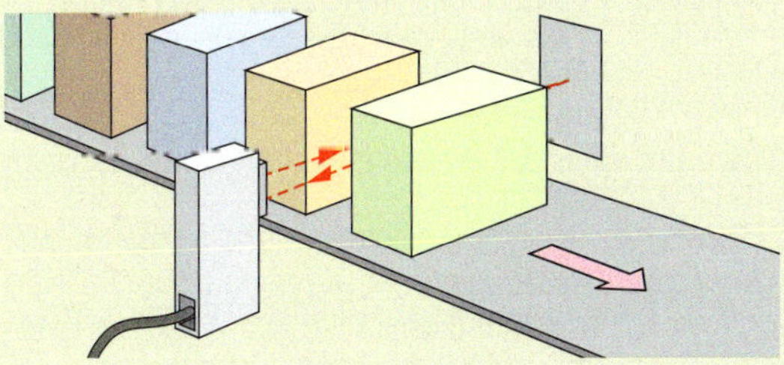

Optische Näherungsschalter mit Lichtwellenleiter

Optische Sensoren können mit Polymer- oder Glasfaser-Lichtwellenleitern versehen werden, die die gesendeten Lichtstrahlen nahezu verlustfrei an beliebige Punkte leiten.

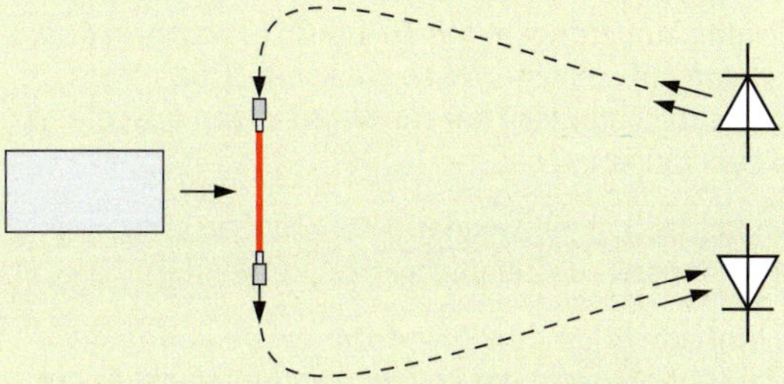

Dieses Verfahren kommt zum Einsatz, wenn z. B. an der Stelle, an der die Informationen erfasst werden sollen, nicht ausreichend Platz zur Verfügung steht. In diesem Fall kann der Lichtwellenleiter in Bohrungen o. ä. eingeführt werden. Der Sensor selbst kann auf diese Weise auch in einer günstigeren Umgebung (z. B. bei explosionsgefährdeten Bereichen) montiert werden. Da Polymer-Lichtwellenleiter wie flexible Leiter beweglich sind, ist auch eine Erfassung von Objekten auf beweglichen Teilen möglich.

Reflexionslichtschranken werden bei Bedarf mit Lichtwellenleitern ausgestattet. Dadurch kann dieser Sensor auch als Einweg-Schranke verwendet werden. Auf die Trennung von Sender und Empfänger wird so verzichtet. Durch diese Kombination in einem Gehäuse und der Verwendung von Licht, das mit einer bestimmten Frequenz gepulst ist, kann so der Fehlauswertung von Fremdlicht entgegengewirkt werden. Der Empfänger wertet dann nur Licht exakt der gesendeten Frequenz und Pulsung aus.

Durch die geringeren Ein- bzw. Austrittsöffnungen der Lichtwellenleiter ist der Öffnungswinkel des Lichtstrahls sehr gering. Somit lassen sich auch sehr kleine Objekte, wie Bohrer gut erfassen.

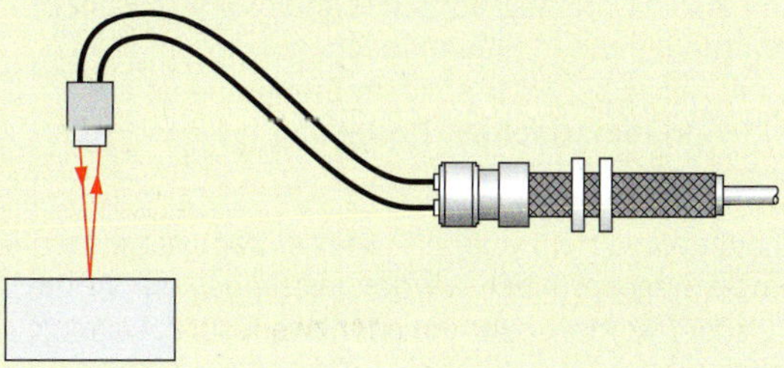

3.6.4 Elektropneumatische Objekte

In der Ausschusserkennung (S. 160) werden die Bewegungen der Werkstücke und des Wegsensors durch elektropneumatische Aktoren und Stellglieder ausgeführt.

Im Folgenden wird nun zunächst der Pneumatikplan beschrieben und anschließend werden die pneumatischen Objekte untersucht.

Pneumatikplan *[pneumatic circuit diagram]*

In automatisierten Prozessen wird häufig Druckluft (Luft = gr. Pneuma) eingesetzt, um Zylinder oder andere Antriebe zu betätigen. Mit **Druckluft** *[compressed air]* kann auf einfache Weise die Kraft variiert werden, so dass unkompliziert lineare Bewegungen ausgeführt werden können.

Man unterscheidet Zylinder entsprechend ihrer Funktion in doppelt- und einfachwirkende Zylinder.

Bei **einfachwirkenden Zylindern** *[single acting cylinders]* (Abb. 1a) wird der Kolben von der Druckluft nur in eine Richtung gedrückt. Dabei wird eine Feder zusammengedrückt. Die verdrängte Luft entweicht über die Entlüftungsbohrung. Wenn der Zylinder wieder in die Grundstellung gefahren werden soll, muss die Druckluftleitung entlüftet (drucklos) werden. Dabei drückt die Feder den Kolben in seine Grundposition zurück (Rückhub, Abb. 1a). Dieser Zylindertyp hat somit nur beim „Ausfahren" die Kraft der Druckluft, da der Rückhub durch die Feder erfolgt. Er wirkt nur in eine Richtung.

Bei **doppeltwirkenden Zylindern** *[double acting cylinders]* (Abb. 1b) wird auch der Rückhub mit der Kraft der Druckluft ausgeführt, wodurch ein zweiter Luft-Anschluss notwendig ist. Mit doppeltwirkenden Zylindern ist auch ein deutlich größerer Hub umsetzbar, weil keine Rückstellfeder verwendet wird. Bei beiden Zylindertypen muss die Luft je nach Bewegungsrichtung durch die gleiche Zuleitung zugeführt werden oder entweichen können. Man spricht je nach Richtung von Druckluft und Abluft. Die Umsteuerung der Strömungsrichtung geschieht mit Ventilen.

Magnetventile *[solenoid valves]*

Mit dem Begriff Magnetventil wird ein pneumatisches Ventil bezeichnet, das elektromagnetisch betätigt wird. Es ist also das Bindeglied zwischen der (elektrischen) Steuerung und den pneumatischen Aktoren. Man spricht daher bei einer solchen Steuerung von einer **elektropneumatischen Steuerung** *[electropneumatic control system]*.

Je nachdem, ob ein doppelt- oder einfachwirkender Zylinder angesprochen werden soll, muss ein Ventil verwendet werden, dass ein oder zwei Druckausgänge besitzt.

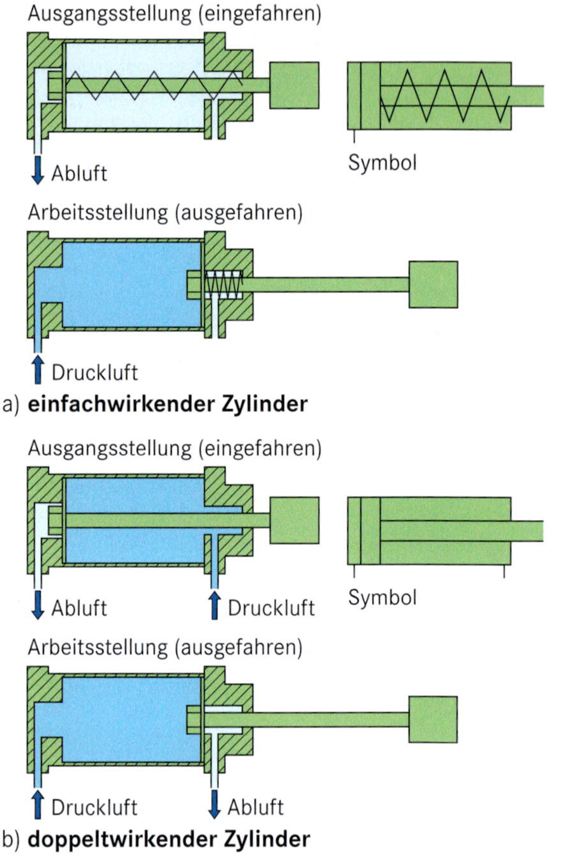

1: Funktionsweise von Druckluftzylindern

3/2 Wege-Ventil *[3/2 directional control valve]*

Als „Wege" werden Schaltstellungen bezeichnet. Die Bezeichnung 3/2 zeigt, dass das Ventil über drei Anschlüsse und 2 Schaltstellungen verfügt. Die Anschlüsse werden entsprechend ihrer Funktion durchnummeriert (Abb. 3):

1: Druckluft (früher: P)

2: Ausgang (früher: A) – Anschlussleitung zum Ventil

3: Entlüftung (früher: R)

Die Stellungen werden mit a (Schaltstellung) und b (Ruhestellung) gekennzeichnet.

Mit der **Hilfsbetätigung** kann das Ventil von Hand betätigt werden.

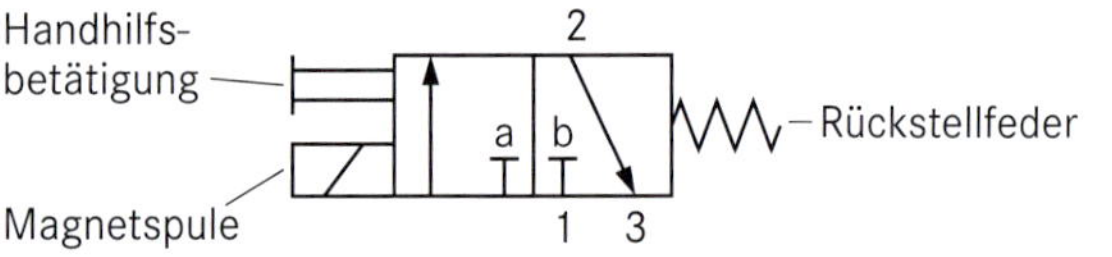

2: Symbol eines 3/2 Wege-Ventils mit Hilfsbetätigung

Funktion: In der Ruhestellung (b) ist die Magnetspule nicht erregt. Dadurch ist der Durchgang von 1 (Druckluft) nach 2 (Ausgang) gesperrt. Der Ausgang 2 ist über 3 entlüftet.

In der Schaltstellung (a) ist die Magnetspule erregt. Dadurch wird sich das linke Quadrat des Symbols unter die Anschlüsse verschoben gedacht. Die Druckluft kann dadurch vom Eingang 1 zum Ausgang 2 gelangen. Die Entlüftung 3 ist gesperrt. Mit dem 3/2 Wege-Ventil werden einfachwirkende Zylinder angesteuert.

5/2 Wege-Ventil

Das 5/2 Wege-Ventil dient meist zur Ansteuerung des doppeltwirkenden Zylinders (Abb. 1b), bei dem die Anschlussleitungen „umgepolt" werden müssen. Je nach Stellung des Ventils ist somit entweder auf der einen oder der anderen Zuleitung Druckluft. Die jeweils andere Leitung ist entlüftet.

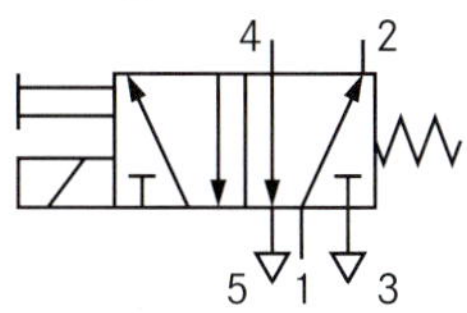

3: 5/2 Wege-Ventil

Darstellung in Stromlaufplänen

In Stromlaufplänen werden Ventile unabhängig von ihrer genauen Funktion durch ihren elektrischen Aufbau (Magnetspule) und durch das Symbol für das Ventil dargestellt (Abb. 4). Hier ist die Schnittstelle zwischen Elektrotechnik und Pneumatik.

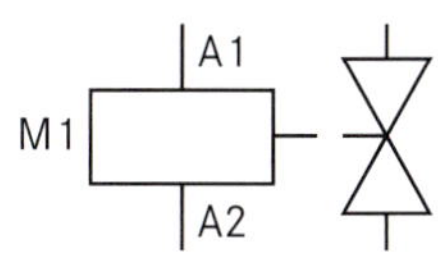

4: Ventilsymbol in Stromlaufplänen

Drosselrückschlagventil [*one-way control valve*]

Unterschiedliche Hubgeschwindigkeiten des Zylinders lassen sich mit Drosselrückschlagventilen realisieren. Dieses Ventil wird häufig direkt an dem Auslass eines Zylinders montiert und lässt die Druckluft (Zuluft) ungehindert durchströmen, während es den Durchfluss der Abluft drosselt (vermindert). Auf diese Weise wird verhindert, dass Lastschwankungen an der Kolbenstange zu einem unregelmäßigen Lauf führen. Mit einer Stellschraube kann der Drosselspalt variiert werden. Da in unserem Beispiel der Rückhub reduziert werden soll, muss das Ventil am Rückhubeinlass montiert werden.

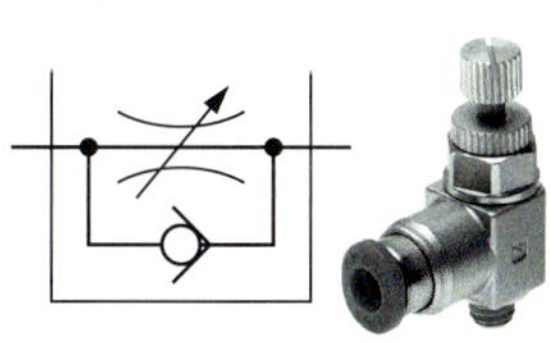
5: Drosselrückschlagventil

Kennzeichnung in pneumatischen Plänen

Jedes Objekt einer Pneumatikanlage besitzt eine umrahmte Kennzeichnung (Abb. 7).

Sie besteht aus

- der Schaltkreisnummer,
- dem Kennzeichen für die Bauteilart und
- der laufenden Bauteilnummer.

Den Elementen der Energieversorgung ist die Schaltkreisnummer 0 reserviert. In dem Beispiel ist auf die Darstellung der Versorgungselemente verzichtet worden.

Beispiel: 2V2: Schaltkreis 2, V: Ventil, Bauteil 2

Kennbst.	Bauteil	Beispiele
P	Pumpe, Verdichter	Kolbenkompressor
A	Antriebsglied	Zylinder
V	Ventile	Drosselrückschlagventil

6: Kennzeichnung pneumatischer Objekte

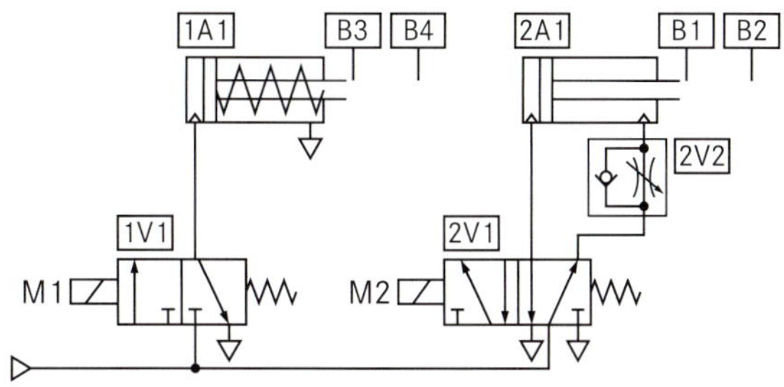

7: Pneumatischer Schaltplan

Funktionsbeschreibung des Pneumatikplans

Wird das Ventil 1V1 durch die Magnetspule M1 geschaltet, strömt Druckluft über das betätigte Ventil 1V1 in den Zylinder 1A1. Dieser fährt dadurch aus und betätigt mit Erreichen der Endlage den Sensor B2. Wird der Stromfluss durch M1 unterbrochen, geht das Ventil 1V1 durch die Federkraft in die Grundstellung zurück und entlüftet die Zuleitung des Zylinders. Der Zylinder 1A1 fährt daher durch die Kraft der Rückstellfeder wieder in seine Grundposition zurück. Die Abluft entweicht über das Ventil 1V1. Hat der Zylinder 1V1 seine Endlage erreicht, wird der Sensor B1 betätigt.

Wird die Magnetspule M2 geschaltet, wird dem Zylinder 2A1 über das betätigte 2V1 Druckluft zugeführt. Dessen Abluft wird durch das Drosselrückschlagventil 2V2 reduziert, sodass der Zylinder 2A1 langsam ausfährt. Die Abluft des Zylinders wird über das Ventil 2V1 entlüftet. Mit Erreichen der Endlage wird der Sensor B2 betätigt. Wird die Spule M2 abgeschaltet, geht das Ventil 2V1 in Grundstellung zurück und die Zuluft drückt den Kolben des Zylinders 2A1 in die Grundposition zurück. Die Abluft entweicht über das Ventil 2V1. Mit Erreichen der Endlage wird der Sensor B1 aktiviert. Der Prozess ist beendet.

- Bei elektropneumatisch gesteuerten Maschinen und Vorrichtungen ist die Steuerung elektrisch und der Antrieb pneumatisch realisiert.
- Magnetventile sind Bindeglieder zwischen elektrischer Steuerung und pneumatischer Aktorik.
- Einfachwirkende Zylinder üben nur beim Vorhub die maximale pneumatische Kraft aus, doppeltwirkende Zylinder beim Vor- und Rückhub.
- Mit Hilfe von Drosselrückschlagventilen kann der Luft-Durchfluss und somit die Bewegungsgeschwindigkeit eines Zylinders verändert werden.

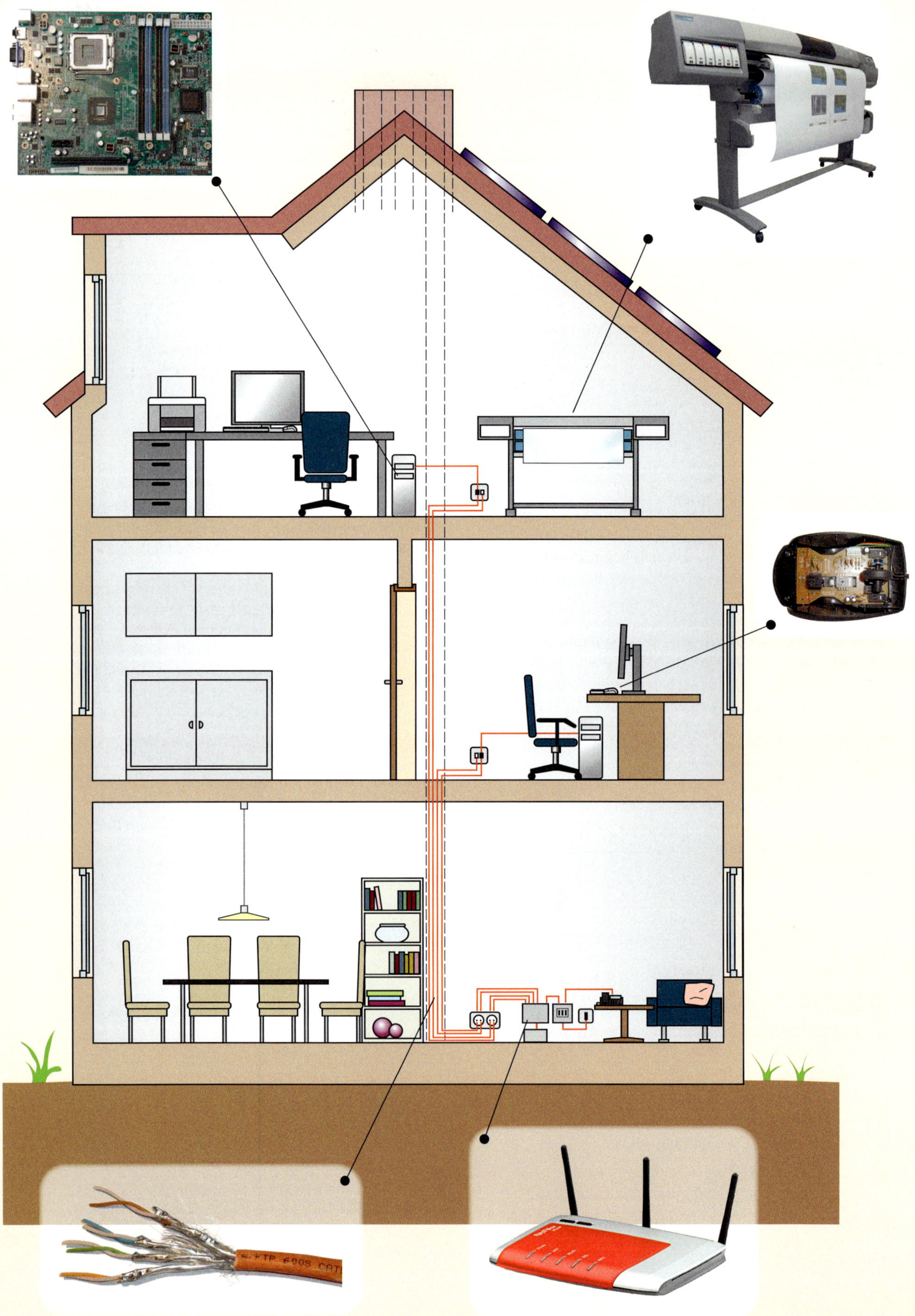

4 Informationstechnische Systeme bereitstellen

Dieses Kapitel behandelt die

- Produktauswahl,
- Beschaffung,
- Installation und
- Anwendung

von informationstechnischen Systemen, sowie die Einweisung in ein solches System. Dabei wird sowohl auf die technischen Fragen als auch auf die Durchführung eingegangen.

Wenn von informationstechnischen Systemen die Rede ist, wird häufig die Abkürzung **IT** verwendet. IT steht hierbei für **I**nformation und **T**elekommunikation. IT-Systeme sind also alle Systeme, die der Verarbeitung, Speicherung und Weiterleitung von Informationen in Form von Daten dienen.

Um die fachlichen Fragen und die Verfahren zur Durchführung eines IT-Projekts möglichst anschaulich zu verknüpfen, wird sich dieses Kapitel an folgendem Kundenauftrag orientieren (Abb. 1).

Auftrag
durch den selbstständigen Architekten Helge Rüst nach Umzug in einen Altbau an den IT-Dienstleister ITjen.

Der Auftrag beinhaltet im Einzelnen:

- Die Produktauswahl, die Beschaffung und die Installation eines Arbeitsplatz-PCs,
- die Anbindung des Arbeitsplatz-PCs an ein zu erstellendes hausinternes Netzwerk,
- die Anbindung des Arbeitsplatz-PCs an das Internet und
- die Einweisung in das gesamte IT-System.

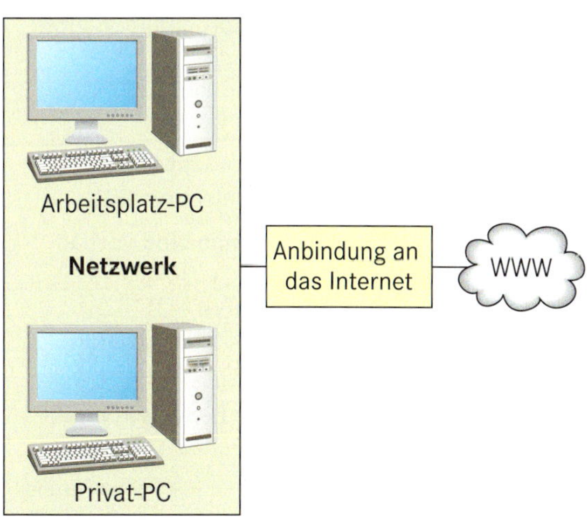

1: Kundenauftrag

4.1 Anfrage

Vor der Auftragserteilung steht in der Regel eine Anfrage des Kunden. Diese Anfrage entsteht aus dem Wunsch des Kunden, sich bei verschiedenen Anbietern über die Realisierungsmöglichkeiten und über den Preis zu informieren. Der Kunde will einen **Preis-Leistungs-Vergleich** [*cost performance comparison*] anstellen.

Bestandteile einer Anfrage sind im Allgemeinen

- Lieferumfang der gewünschten Waren bzw. Dienstleistungen,
- technische Spezifikationen und Ausführungen,
- Lieferzeiten und
- Preis.

Das Unternehmen prüft die Anfrage. Es reagiert nach einer von der Komplexität der Anfrage abhängigen kurzen oder längeren Planungsphase mit einer Angebotserstellung. Der Kunde prüft das **Angebot** [*offer*] und erteilt dann den Auftrag.

2: Ein Kundengespräch wie es sein sollte?

Aufgabe

1. Welche Forderungen lassen sich aus der Karikatur in Abb. 2 für die Entgegennahme einer Kundenanfrage und die Erstellung eines Angebotes z.B. für eine IT-Systeminstallation ableiten?

4.2 Lastenheft

Beim Kauf eines USB-Sticks oder der Beauftragung einer Firma mit einer kleinen, überschaubaren Dienstleistung (z.B. dem Wechseln eines DVD-Laufwerks) reicht eine kurze Information über den Preis. Der Kunde kann die Entscheidung schnell fällen und der Auftrag wird daraufhin sofort erteilt.

Bei der Realisierung von IT-Systemen und den damit verbundenen Dienstleistungen wie z.B. dem Einrichten eines PCs, dem Anschluss an ein Datennetz o.ä. wird die Sache schon komplizierter. Mit einem Firmenvertreter muss ein ausführliches Gespräch geführt werden (Abb. 1). Dieser braucht seinerseits das Gespräch, damit er ein detailliertes und realistisches Angebot erstellen kann.

1: Kundengespräch

Sinnvoll ist in einem solchen Fall eine Checkliste (Fragen in Abb. 2). Sie hilft das Kundengespräch zu strukturieren und eine **Bedarfsanalyse** [*requirement analysis*] durchzuführen.

Das Ergebnis der Bedarfsanalyse wird im **Lastenheft** (Anforderungskatalog) [*requirement specification*] festgehalten. In ihm sind alle Anforderungen aus Kundensicht dokumentiert. Es definiert, was für eine Aufgabe vorliegt und wofür diese zu lösen ist. Unverzichtbar ist das Lastenheft bei größeren Aufträgen oder Projekten.

Abb. 2 zeigt exemplarisch Auszüge der Ergebnisse eines **Beratungsgespächs** [*counselling interview*] im Zusammenhang mit der Beschaffung des IT-Systems zwischen dem IT-Systemdienstleister ITjen und dem Architekten Helge Rüst.

Die sorgfältige Beantwortung der formulierten Fragen ergibt das Lastenheft, aus dem sich dann z.B. die mit der Beschaffung verbundenen Kosten ermitteln lassen. Die Ermittlung dieser Kosten ist für den Anbieter ein wesentlicher Punkt im Zusammenhang mit der Kalkulation und der Angebotserstellung.

- Das Lastenheft beschreibt alle Anforderungen, die aus Kundensicht an das System gestellt werden. Es definiert, **was** für eine Aufgabe vorliegt und **wofür** diese zu lösen ist.
- Nach DIN EN 69901-5 ist in dem Lastenheft die Gesamtheit der Forderungen eines Auftraggebers an die Lieferungen und Leistungen eines Auftragnehmers in einem Auftrag festgelegt.

Bedarfsanalyse IT-System Rüst:

1. **Was soll mit dem IT-System erreicht werden?**
   - Es soll ein möglichst leiser und energiesparender PC-Arbeitsplatz realisiert werden, an dem alle Aufgaben eines Architekten erledigt werden können.
   - Von dem PC aus muss ein schneller Zugang zum Internet ohne Funk möglich sein.
   - Selbst erstellte oder aus dem Internet herunter geladene Dokumente müssen ausgedruckt bzw. geplottet (Plotter = Gerät zum Zeichnen) werden können.
2. **Welche Aufgaben sollen vom IT-System übernommen werden?**
   - Schnelles Erstellen und Bearbeiten von technischen Bauzeichnungen.
   - Bilder von Hausfassaden bearbeiten.
   - Angebote und Rechnungen erstellen.
   - Informationen aus dem Internet herunter-/heraufladen und E-Mails empfangen und senden.
   - Energieberatung mit Hilfe von branchenspezifischer Software durchführen.
   - Es soll eine Webseite auf einem externen Server betrieben werden.
   - Ausdrucken und Plotten von technischen Bauzeichnungen.
   - Hochqualitative Farbausdrucke von Fotos.
   - DVDs abspielen und brennen.
   - Datensicherung täglich.
3. **Wer soll mit dem IT-System umgehen?**
   - Helge Rüst
4. **Wie oft soll das IT-System eingesetzt werden?**
   - Im Mittel 12 Stunden am Tag, 6 Tage in der Woche, 48 Wochen im Jahr.
5. **Welche besonderen Beanspruchungen gibt es für das IT-System?**
   - Der Arbeitsplatz liegt unter dem Dach. Es wird dort im Sommer sehr warm.
6. **Wo wird das IT-System gebraucht?**
   - Am Arbeitsplatz im Büro unter dem Dach.
7. **Welche Geräte/Installationen sind vorhanden?**
   - Steckdosenanschluss (230V)
   - ISDN-Anschluss im Dachgeschoss. Leitung unter Putz.
8. **Wie viel Geld steht für das IT-System maximal zur Verfügung?**
   - max. 25000,00 €

2: Lastenheftauszug am Beispiel IT-System Rüst

4.3 Planung

Bei der Planung als Teil der Auftragsabwicklung geht es um die Frage „Wie geht man vor?“ Die in der Bedarfsanalyse gesammelten Informationen fließen in einen Plan ein.

Arbeitspakete [*work packages*]

Arbeitspakete zerlegen den Auftrag in kleine in sich abgeschlossene Abschnitte. Sie müssen identifiziert und beschrieben werden.

Abb. 4 zeigt beispielhaft das Arbeitspaket „Planung Arbeitsplatz-PC“ für den Beispielauftrag.

Strukturplan [*work breakdown structure*]

Der Strukturplan wird als Baumdiagramm dargestellt und hat die Aufgabe komplexe Aufträge übersichtlich und hierarchisch geordnet darzustellen. Die Blätter des Baumdiagramms entsprechen den Arbeitspaketbezeichnungen. Dabei werden allen Arbeitspaketen aussagekräftige Oberbegriffe zugeordnet.

Den Strukturplan für den Arbeitsauftrag „Architekturbüro Rüst“ zeigt Abb. 3.

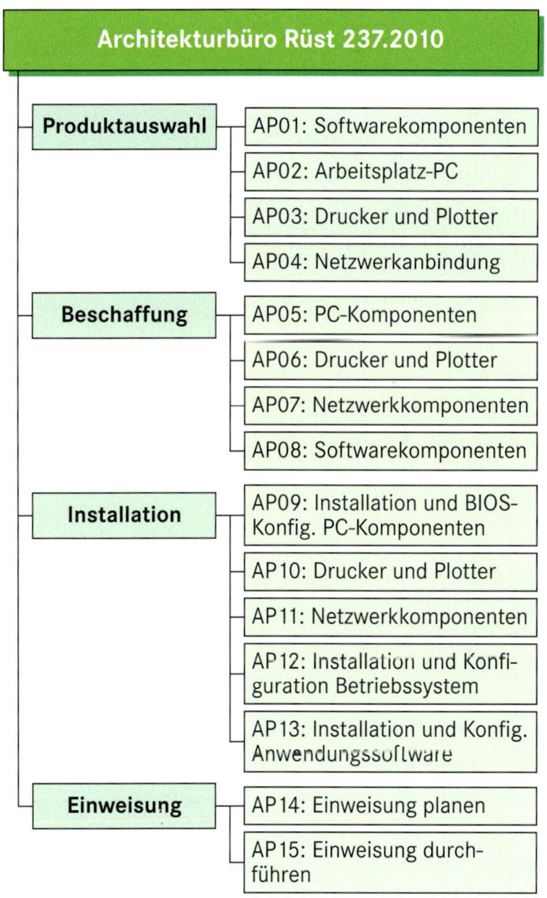

3: Strukturplan „Architekturbüro Rüst“

Arbeitspaket: Produktauswahl Arbeitsplatz-PC		
Plan-Nr.: 237.2010	**AP-Nr.:** 02	Verantwortlich: Herr Bittig
Beginn: 06.08.2010		**Ende:** 06.08.2010

Ergebnisse (Was soll genau herauskommen?):
Es sollen Komponenten für einen PC-Arbeitsplatz ausgewählt werden, so dass der PC den folgenden Anforderungen entspricht:

- Der PC soll
  - leise sein,
  - energiesparend sein,
  - die beschafften Programme schnell abarbeiten,
  - DVDs abspielen und brennen sowie
  - jede Nacht eine differentielle Datensicherung sowie jede Woche eine vollständige Datensicherung auf einer externen Festplatte durchführen.
- Mit dem PC wird im Mittel 12 Stunden/Tag, 6 Tage/Woche und 48 Wochen/Jahr gearbeitet.
- Der PC muss gut gekühlt werden.
- Der Monitor soll mindestens 22" Bildschirmdiagonale haben.

Tätigkeiten (Was genau muss gemacht werden?):
Basierend auf den optimalen Systemressourcen, die die zu beschaffende Software laut Hersteller benötigt, werden PC-Komponenten recherchiert. Diese sollen leise und Energie sparend sein, sowie optimal zusammenpassen. Dabei ist darauf zu achten, dass robuste und langlebige Komponenten ausgewählt werden.

Voraussetzungen (Welche Arbeitspaketergebnisse und Ressourcen werden benötigt?):

- AP01: Planung der Softwarekomponenten
- Herr Bittig muss entweder am 05.08., auf jeden Fall aber am 06.08 zur Verfügung stehen.

Unterschrift des Gesamtverantwortlichen:	**Unterschrift des Verantwortlichen:**
Klaus Itjen	**Herbert Bittig**

4: Arbeitspaketbeschreibung AP02

- Arbeitspakete zerlegen den Auftrag in kleine, abgeschlossene und zu bearbeitende Teile.
- Mit Strukturplänen werden Aufträge übersichtlich und hierarchisch geordnet dargestellt.

4.4 Produktauswahl

Um dem Kunden ein Angebot erstellen zu können, muss neben den Personalkosten für die

- Installation, Konfiguration und den Test des IT-Systems (s. Kap. 4.10-4.13) sowie
- Einweisung in das realisierte IT-System (s. Kap. 4.13.3)

die Produktauswahl vorgenommen und die dabei entstehenden Kosten für das IT-System ermittelt werden.

Der verantwortungsvollste Teil der Auftragsdurchführung ist die **Produktauswahl**. Ohne gut zusammenarbeitende Soft- und Hardware-Komponenten nützt auch die beste Installation nichts. Das IT-System funktioniert dann entweder schlecht oder gar nicht und die Konfigurationsphase gestaltet sich schwieriger als nötig.

Um ein Produkt sinnvoll auswählen zu können, muss man wissen

- wie und wo man sich Informationen beschaffen kann und
- welche Auswahlkriterien es gibt.

Informationsbeschaffung

Für eine fachgerechte Produktauswahl sind Informationen notwendig.

Dabei geht es in der Regel um

- technische Informationen,
- Informationen zu Beschaffungsquellen (also Firmen) und
- Preisinformationen.

Ganz allgemein ist eine **Informationsbeschaffung** [***information procurement***] über verschiedene Informationsquellen möglich (siehe z. B. Anhang im Buch: „Quellen der Informationsbeschaffung").

Auswahlkriterien

Die Auswahlkriterien ergeben sich aus den im Lastenheft formulierten Anforderungen und den prinzipiellen technischen Funktionsbedingungen des IT-Systems. Abb. 1 zeigt, wie aus den Anforderungen des Beispielauftrags „Architekturbüro Rüst" aus Kap. 4.2 schließlich die Auswahlgesichtspunkte entstehen.

Den fachlichen Hintergrund für die Auswahlkriterien liefern die folgenden Kapitel:

- Software (Kap. 4.5)
- PC-Hardware (Kap. 4.6)
- Netzwerk-Hardware (Kap. 4.7)

Vorgehensweise bei der Produktauswahl

Zunächst muss immer die Software (Betriebssystem und Anwendungsprogramme) festgelegt werden, die die Auswahlkriterien erfüllt. Denn die Software legt fest, welche Anforderungen an die Leistungsfähigkeit der Hardwarekomponenten gelegt werden.

Im zweiten Schritt werden die Hardwarekomponenten so ausgesucht, dass sie

- zusammenpassen,
- die Auswahlkriterien erfüllen und
- den Preis, den der Kunde bereit ist zu zahlen, in der Summe nicht überschreiten.

- Auswahlkriterien für das IT-System ergeben sich aus den Anforderungen im Lastenheft und den prinzipiellen technischen Funktionsbedingungen des zu realisierenden IT-Systems.
- Bei der Planung eines IT-Systems muss zuerst die Software und dann die den Anforderungen der Software entsprechenden Hardwarekomponenten ausgewählt werden.

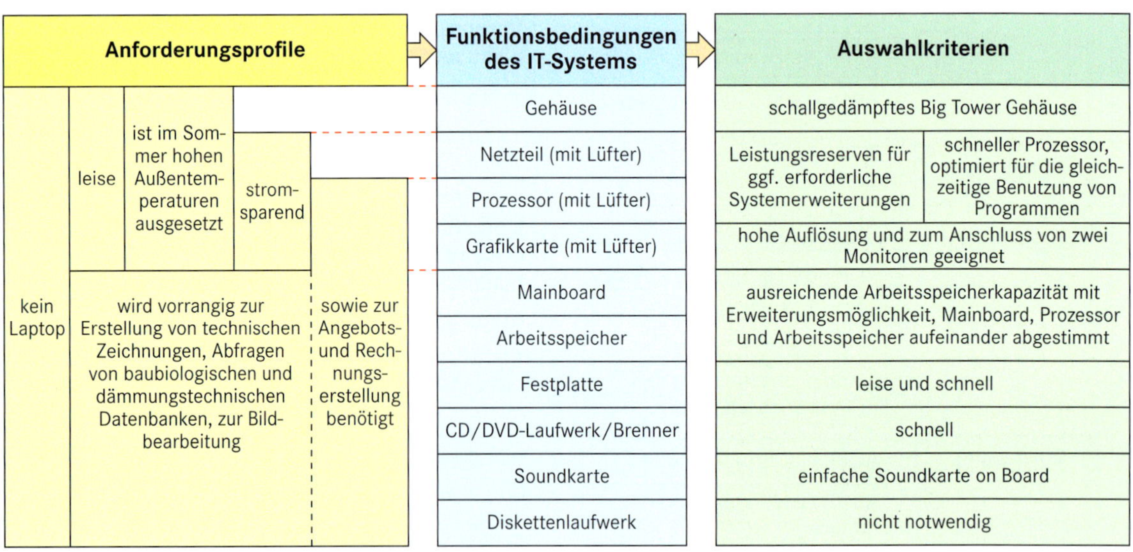

1: Auswahlkriterien herausbilden am Beispiel des zu beschaffenden Arbeitsplatz-PCs für das Architekturbüro Rüst

4.5 Software

Die Gesamtheit aller ausführbaren Datenverarbeitungsprogramme und die zugehörigen Daten werden als **Software** bezeichnet. Sie beeinflusst die Arbeitsweise von softwaregesteuerten Geräten.

Ein **Programm** *[program]* ist die Arbeitsanweisung an einen Computer, die aus einer Folge von Befehlen zur Lösung einer Aufgabe besteht.

Zu einem IT-System gehören also neben der Hardware (s. Kap. 4.6, Kap. 4.7) auch die unterschiedlichsten Programme, mit denen der Rechner erst zu einem benutzbaren Werkzeug wird.

Für die wichtigsten Anwendungsbereiche im technischen und kaufmännischen Bereich sind mittlerweile zahlreiche Programme entwickelt worden, die man auf CD, DVD oder direkt über das Internet erwerben kann.

Programme können wie in Abb. 2 eingeteilt werden.

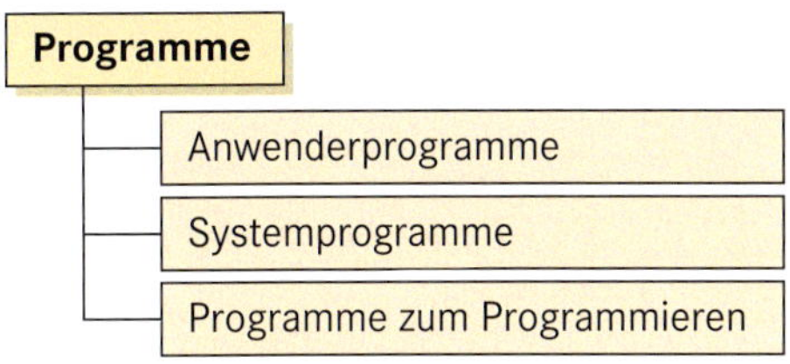

2: Programmtypen

4.5.1 Anwenderprogramme

Als Anwenderprogramme werden alle Programme zur Lösung spezieller Probleme der Anwender bezeichnet.

Dabei unterscheidet man die

- **Standardprogramme** *[standard software]*,
- **Branchenprogramme** *[industrial sector software]*,
- **Individualprogramme** *[individual software]*.

Einen Überblick über die verschiedenen Typen von Anwenderprogrammen gibt die Abb. 3.

Open Source-Programme und Freeware

Open Source-Programme:

- Der Programmcode muss öffentlich zugänglich sein und darf verändert werden.
- Das Programm darf beliebig verwendet werden.
- Das Programm darf beliebig weitergegeben werden.
- Das Programm ist meistens kostenlos.

Freeware:

- Der Programmcode (für den Menschen lesbarer Text eines Programms) ist in der Regel nicht veröffentlicht und darf nicht verändert werden.
- Das Programm ist in der Regel nur für private (nichtkommerzielle) Verwendung kostenlos.

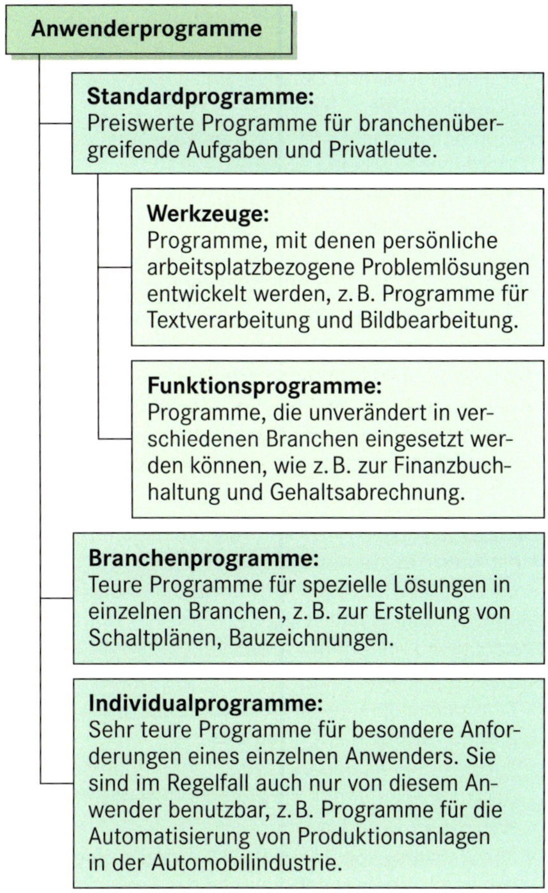

3: Anwenderprogramme

Auswahl

Die Auswahl von Anwenderprogrammen richtet sich in erster Linie nach den Vorlieben des Kunden. Der Kunde will oft Programme, die er schon kennt, da sich dann die Einarbeitungszeit für ihn verringert.

Wenn der Kunde nicht weiß, welches Programm er für eine Aufgabenstellung benutzen soll, so ist auch hier

- eine Analyse der bestehenden Anforderungen an das Programm durchzuführen,
- ein umfassender und individueller Kriterienkatalog zu erstellen und
- dann eine Sichtung des Programmmarktes auf geeignete Produkte und Anbieter zu tätigen.

Ein weiteres Kundengespräch mit Herrn Rüst basierend auf dem Lastenheft zeigt, dass er ein erfahrener Nutzer von Standard- und Branchenprogrammen für den Architekturbereich ist.

So nutzt er kostenlose Open Source-Programme für Standardanwendungen. Für den Beispielauftrag „Architekturbüro Rüst" werden deshalb die aktuellsten Versionen der von ihm bereits benutzten Open Source-Programme ausgewählt.

Verwendete Open Source-Programme:

- Das Textverarbeitungs-, Tabellenkalkulations-, Präsentations- und Datenbankmanagementsystemprogramm **OpenOffice**.
- Zum Aufrufen und Ansehen von Webseiten den Webbrowser **Mozilla Firefox**.
- Zum Empfangen und Versenden von E-Mails den E-Mail-Client **Mozilla Thunderbird**.
- Zur einfachen Erstellung der Webseiten für das Architekturbüro den WYSIWYG (What You See Is what You Get) – Webseiteneditor **KompoZer**.
- Zum Up- und Download eigener Webseiten auf einen Webserver das Programm **FileZilla**.
- Zur Bearbeitung von Hausfassadenbildern das Bildbearbeitungsprogramm **Gimp**. Damit zeigt Herr Rüst seinen Kunden schon vor einer Fassadenumgestaltung, wie das Ergebnis aussieht.

Darüber hinaus benutzt Herr Rüst die folgenden kommerziellen Programme schon seit Jahren. Für diese Programme gibt es nach Herrn Rüst's und auch ITjens Meinung keine gleichwertigen Freeware-Programme. Auch diese sollen in der jeweils aktuellsten Version beschafft werden:

- Zur Erstellung technischer Bauzeichnungen das Programm **AutoCAD Architecture**.
- Zur Berechnung bauenergetischer Maßnahmen und Beratung von Kunden die Energieeffizienzsoftware **IBP:18599 High End**.
- Zur Erstellung von Angeboten, Aufträgen, Rechnungen und Leistungsverzeichnissen das Programmpaket **ProjektPro**.

4.5.2 Systemprogramme

Die Systemprogramme sind die Basis für die Anwenderprogramme. Sie enthalten alle Programme und Dateien, die sämtliche Abläufe eines Rechners steuern. Die Systemprogramme vermitteln zwischen den Anwendungsprogrammen und der Hardware, in dem über sie kommuniziert wird (Abb. 1).

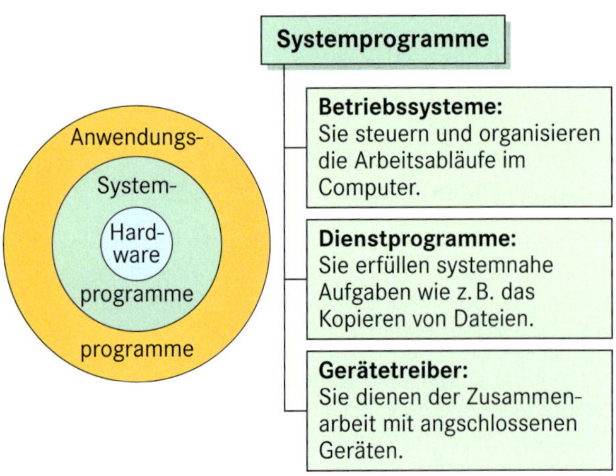

1: Systemsoftware

Betriebssystem

Das **Betriebssystem** [*operating system*] kann auch als Manager des Computers bezeichnet werden, der die Vorgänge des Computers steuert. Zur Bewältigung seiner Aufgaben verfügt das Betriebssystem über verschiedene Systemkomponenten, die jeweils bestimmte Teilaufgaben wahrnehmen.

Das Betriebssystem ist somit das grundlegende Programm für jeden Computer. Es besteht aus einer Sammlung von Teilprogrammen, die für die **Steuerung** und **Verwaltung** der Hardwarebestandteile, Programmabläufe und Dateien notwendig sind.

Beim Kauf eines PCs wird das Betriebssystem in der Regel auf DVD mitgeliefert und ist oft bereits vorinstalliert.

Steuerungsprogramme [*control software*] sind der Kern eines Betriebssystems. Die **Betriebsmittelverwaltung** [*resource management*] übernimmt dabei die folgenden Aufgaben:

- Koordinierung der Zusammenarbeit der einzelnen Rechnerbestandteile
- Kontrolle aller im System vorkommenden Speicher (**Speicherverwaltung** [*memory management*])
- Zuteilung von Speicherorten an Benutzerprogramme (Speicherverwaltung)
- Organisation der Speicherung der Daten auf Datenträgern (**Dateisystem** [*file system*])
- Steuerung und Kontrolle der Ein- und Ausgabe von und zu den einzelnen Geräten mit Hilfe des **Gerätemanagers** [*device manager*]

Aufgaben

1. Informieren Sie sich, was „What You See Is What You Get (WYSIWYG)" bedeutet. Formulieren Sie dazu einen aussagekräftigen Satz.
2. Nennen Sie drei Beispiele für Branchenprogramme im Bereich Elektrotechnik.

- Software ist unterteilt in Anwender-, System- und Programmierprogramme sowie Daten.
- Anwenderprogramme werden unterschieden in Standard-, Branchen- und Individualprogramme.
- Standardprogramme sind Programme, die in jeder Branche und von Privatpersonen genutzt werden.
- Branchenprogramme sind Programme, die von Unternehmen eines Wirtschaftszweigs gleichermaßen genutzt werden.
- Individualprogramme sind Programme, die einmalig für einen bestimmten Anwendungsfall erstellt werden.

Die **Prozessverwaltung** [*process control*] steuert den Ablauf gleichzeitig ausgeführter Programme. Ein Prozess ist ein im Ablauf befindliches Programm.

Abb. 2 zeigt das prinzipielle Zusammenspiel der wichtigsten Komponenten eines Betriebssystems untereinander und mit der Hardware.

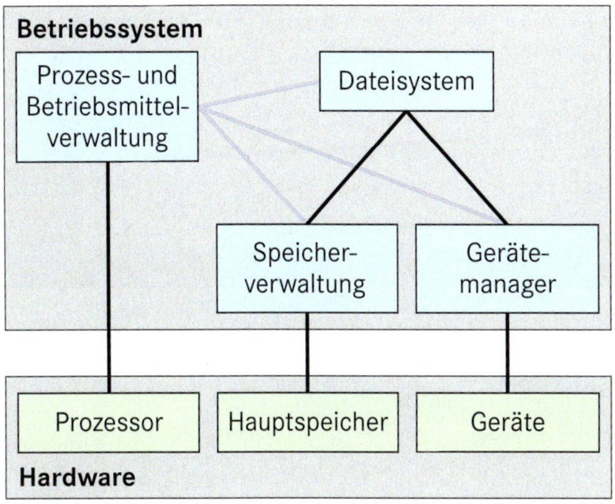

2: Zusammenspiel von Betriebssystem und Hardware

Bei Personal Computern sind am weitesten verbreitet die Betriebssysteme **Windows** (Microsoft), **MacOS** (Apple Macintosh) und **Linux** (Debian, RedHat, slackware, SUSE).

Windows ist das am häufigsten genutzte Betriebssystem. Es besitzt wie alle modernen Betriebssysteme eine grafische Benutzeroberfläche **GUI** [*Graphic User Interface*]. Ab Win NT ist es ein eigenständiges 32-Bit Betriebssystem mit integrierter Benutzeroberfläche. Ab Windows Vista gibt es auch 64-Bit Versionen des Betriebssystems. Das zur Zeit aktuelle Windows-Betriebssystem ist Windows 7.

MacOS ist das Betriebssystem des Herstellers Apple Macintosh. Das Betriebssystem ist für den eigenen Prozessortyp von Apple Macintosh entwickelt worden, läuft aber auch auf PCs mit Prozessoren der Firmen AMD und Intel. MacOS ist beliebt im kommerziellen Printmedien- und Multimediabereich. Das zur Zeit aktuelle MacOS-Betriebssystem ist MAC OS X 10.6 Snow Leopard.

(GNU/)Linux ist vom Finnen Linus Torvalds aus dem auf Großrechnern laufenden Betriebssystem **UNIX** zusammen mit anderen Programmierern entwickelt worden (**GNU** = **G**nu's **N**ot **U**nix). Das Besondere an Linux ist, dass der Programmcode (für den Menschen lesbarer Text eines Programms) von Linux frei erhältlich und nach Belieben weiterentwickelt werden darf. Debian, RedHat und SUSE vertreiben kommerziell eigene Linux-Distributionen (Komplettversion des Betriebssystems Linux) zu vergleichsweise sehr günstigem Preis und liefern dafür Handbuch, Benutzersupport und Verantwortlichkeit als Firma. Als Betriebssystem im Serverbereich ist Linux besonders leistungsfähig und stabil, setzt sich aber auch verstärkt im Anwenderbereich durch. Verschiedene Linux-Versionen ermöglichen bereits die Nutzung von Windows-Programmen unter Linux.

Entscheidungskriterien für die Wahl eines Betriebssystems

Heutige Betriebssysteme beherrschen

- präemptives Multitasking und sind
- multithreadingfähig,
- multiuserfähig sowie
- netzwerkfähig.

Die Auswahl eines Betriebssystems beschränkt sich deshalb auf die folgenden Fragen:

- Wie sicher ist das System?
- Laufen die benötigten Anwenderprogramme basierend auf diesem Betriebssystem?
- Was sind die vom Hersteller der Hardware empfohlenen Betriebssystemvoraussetzungen für die Hardware?
- Unterstützt das Betriebssystem einen 64- oder nur einen 32-Bit-Adressbus (s. Kap. 4.6.2)? Davon hängt ab wie viel Arbeitsspeicher in den Rechner eingebaut werden kann.
- Wie viele Prozessoren bzw. Prozessorkerne werden von dem Betriebssystem unterstützt.

Antworten auf diese Fragen, finden sich für eine Auswahl verschiedener Betriebssysteme in Abb. 2 auf der nächsten Seite.

Merkmale von Betriebssystemen

Präemptives Multitasking: Mehrere Programme werden vom Prozessor in so kurzen Abständen immer abwechselnd aktiviert, so dass für den Benutzer der Eindruck der gleichzeitigen (parallelen) Abarbeitung entsteht.

Multithreading: Mehrere Programmstränge eines Programms werden ähnlich dem präemptiven Multitasking vom Prozessor gesteuert, also gewissermaßen parallel abgearbeitet.

Multiuserfähigkeit: Unterschiedliche Nutzer eines Rechners können sich eine individuelle Arbeitsumgebung schaffen, auf die nur sie passwortgeschützt zugreifen können.

Die Wahl eines Betriebssystems hängt vor allen Dingen davon ab, welche Programme auf dem IT-System laufen sollen. Es sind also die Betriebssystemvoraussetzungen der Software zu klären, die bei jeder Software angegeben sind.

Ferner ist es dank **Virtualisierung** [*virtualisation*] relativ einfach möglich, auch parallel mehrere Betriebssysteme auf einem IT-System laufen zu lassen. Der Oberbegriff für Virtualisierungssoftware ist **„Virtuelle Maschine“** [*virtual machine*]. Dabei wird nicht nur das Betriebssystem, sondern auch die Rechnerhardware simuliert. Bekannte Virtualisierungssoftware sind VirtualBox, VMWare und Virtual PC.

Für eine Virtualisierung ist allerdings viel Arbeitsspeicher und ein leistungsfähiger Prozessor notwendig.

Abb. 1 zeigt den Bildschirm eines Rechners auf dem Windows Vista läuft. Im oberen Fenster wird das Linux-Betriebssystem Ubuntu 6.1 virtualisiert. Das untere Fenster ist das Windows-Programm „Virtual-PC-Konsole“ mit dem die virtualisierten Rechner verwaltet werden können.

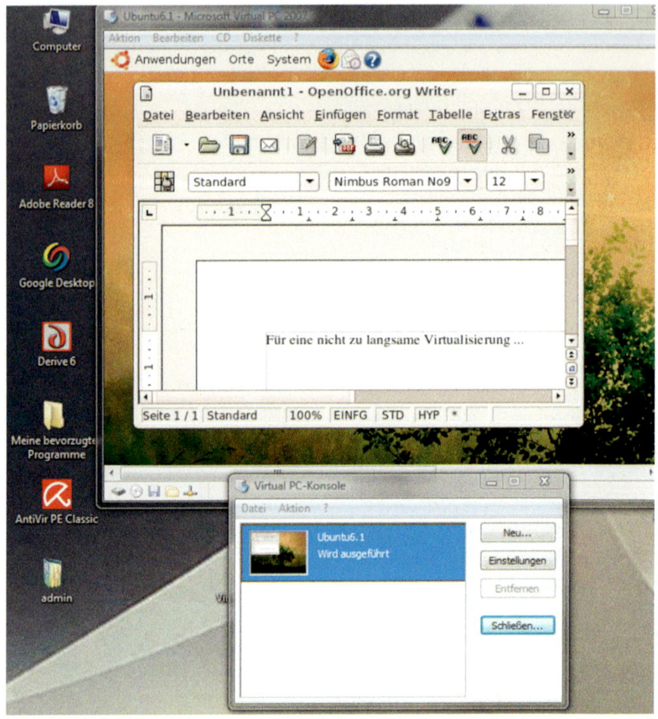

1: Linux Ubuntu läuft in einem Fenster unter Windows Vista

Betriebssystem	Vom Hersteller empfohlene Systemvoraussetzungen	64- oder nur 32-Bitfähig	Prozessoranzahl	Sicherheit
Windows XP Service Pack 3 Professional	Pentium oder kompatibler Prozessor schneller als 300 MHz Arbeitsspeicher: mind. 128 MB Festplattenspeicher: mind. 1,5 GB	32/-	2	Linux- und MacOS-Betriebssysteme sind sicherer als Windows-Betriebssysteme, da sie • weniger verbreitet sind als Windowsbetriebssysteme und es deshalb • wesentlich mehr Schadprogramme gibt, die Windowsrechner angreifen.
Windows Vista Service Pack 2 Ultimate	Prozessor mit mind. 1 GHz Arbeitsspeicher: mind. 1 GB Festplattenspeicher: mind. 15 GB	32/64	2	
Windows 7	Prozessor mit mind. 1 GHz Arbeitsspeicher: mind. 1 GB Festplattenspeicher: mind. 16 GB	32/64	bis zu 256	
Red Hat Enterprise Linux 5 Desktop	Pentium oder kompatibel und Power-PC Arbeitsspeicher: 512 MB Festplattenspeicher: 40 GB	32/64	1	
SUSE Linux Enterprise Desktop 11	Pentium oder kompatibler Prozessor mit mind. 600 MHz Arbeitsspeicher: mind. 256 MB Festplattenspeicher: mind. 500 MB	32/64	32	
MacOS X 10.4 Tiger	Macintosh mit PowerPC - Prozessor G3, G4 od. G5 od. Intel-Prozessoren Arbeitsspeicher: mind. 256 MB Festplattenspeicher: 3 GB	32/(64 eingeschränkt)	bis zu 32	
MacOS X 10.5 Leopard	Macintosh mit PowerPC - Prozessor G4 (mind. 867 MHz) od. G5 od. Intel-Prozessor Arbeitsspeicher: mind. 512 MB Festplattenspeicher: 9 GB	32/64	bis zu 32	

2: Vergleich von Betriebssystemen

Dienstprogramme

Bei der Installation eines Betriebssystems werden **Dienstprogramme** [*utilities*] zur Bearbeitung systemnaher Aufgaben mitinstalliert.

Ihre Aufgaben sind z. B.:

- Dateien kopieren
- Festplatte formatieren
- Datenträger verwalten

Gerätetreiber [*device driver*]

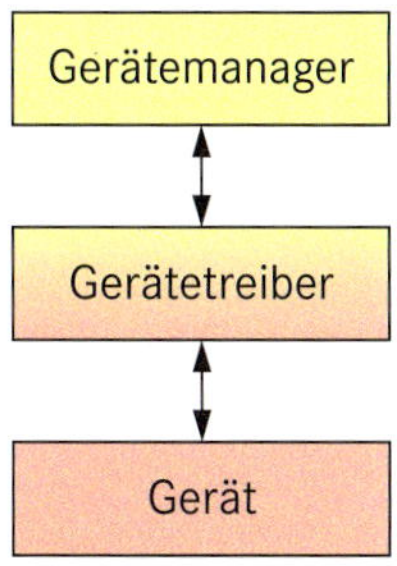

3: Gerätetreiber

Ein Gerätetreiber ist ein Programm, das die Steuerbefehle des Betriebssystems an ein Gerät übersetzt, z. B. die Netzwerkkarte oder die Grafikkarte. Da es Geräte von verschiedenen Herstellern in einer unüberschaubaren Vielzahl gibt, kann von einem Betriebssystem nicht erwartet werden, dass es direkt ein bestimmtes Gerät ansteuern kann. Deshalb gibt es für jedes Gerät einen vom Hersteller programmierten Treiber für jedes Betriebssystem und jede Rechnerhardware. Dieser Treiber wird mit dem Gerät auf einem Datenträger mitgeliefert.

„Falscher Freund"

Ein falscher Freund ist ein Paar von Wörtern oder Ausdrücken aus zwei Sprachen, die orthografisch oder phonetisch ähnlich sind, jedoch unterschiedliche Bedeutungen haben.

„Drive" ist im Englischen u. a. der Antrieb. Driver wurde aus diesem Grund fälschlich mit (An)treiber übersetzt. Drive heißt aber auch Ansteuerung. Dies wäre eine bessere Übersetzung, da ein Treiber ein Gerät ansteuert.

- Systemprogramme sind die Menge aller Programme (Betriebssystem, Dienstprogramme, Gerätetreiber) und Dateien, die sämtliche Abläufe beim Betrieb eines Rechners steuern.
- Das Betriebssystem ist das grundlegende Programm für jeden Computer. Es besteht aus einer Sammlung von Teilprogrammen, die für die Steuerung und Verwaltung der Hardwarebestandteile, Programmabläufe und Dateien notwendig sind.
- Dienstprogramme bearbeiten systemnahe Aufgaben, z. B. das Kopieren von Dateien.
- Der Gerätetreiber ist ein Programm, das zwischen dem Betriebssystem und dem Gerät vermittelt.

4.5.3 Programme zum Programmieren

Ähnlich wie die Menschen zur Verständigung die Sprache verwenden, benötigt man auch zur Verständigung mit dem Computer eine Sprache, um ihm mitzuteilen, welche Aufgabe er erfüllen soll.

Im Unterschied zu den von Menschen gesprochenen natürlichen Sprachen handelt es sich bei der „Computersprache" um eine künstliche Sprache. Sie dient zur Formulierung von Befehlsfolgen in Form von Programmen, die vom Computer ausgeführt werden können. Diese Sprachen, durch die sich Mensch und Computer verständigen, werden als **Programmiersprachen** [*programming languages*] bezeichnet.

Programmiersprachen werden folgendermaßen unterschieden:

- Die **Maschinensprache** [*machine language*] enthält die direkt von einem bestimmten Prozessortyp verstandenen Handlungsanweisungen. Dies geschieht durch binäre Zahlencodes (z. B. 0101000).
- **Maschinenorientierte Programmiersprachen** [*assembler*] benutzen zur Darstellung der binären Zahlencodes einprägsamere Befehle (z. B. add a,b), was für den Programmierer schon eine erhebliche Vereinfachung bedeutet.
- **Höhere (problemorientierte) Programmiersprachen** [*high-level languages*] sind stärker an die menschliche Arbeitsweise angepasst und helfen, ein Problem zu strukturieren und als Lösungsweg (**Algorithmus** [*algorithm*]) zu formulieren.

  Mit überwiegend englischen Befehlswörtern ermöglichen sie es dem Benutzer, unabhängig vom Rechnertyp relativ einfach Programme zur Lösung vielfältiger Probleme zu entwickeln.

Aufgaben

1. Nennen Sie, neben den bereits im Text genannten, weitere Dienstprogramme eines Betriebssystems. Suchen Sie nach diesen auf einem PC.
2. Recherchieren Sie nach den in Kap. 4.5.1 genannten Anwenderprogrammen für das „Architekturbüro Rüst" und entscheiden Sie sich für ein Betriebssystem. Begründen Sie Ihre Entscheidung.

- Programmiersprachen werden hinsichtlich ihrer Hardwarenähe unterschieden.

  Es gibt
  - Maschinensprachen,
  - maschinenorientierte Programmiersprachen und
  - problemorientierte höhere Programmiersprachen.

4.6 PC-Hardware

Der englische Begriff Hardware (deutsch: Datenverarbeitungsgeräte) ist im Zusammenhang mit IT-Systemen der Oberbegriff für deren maschinentechnische Ausrüstung. Hardware umfasst alle physischen („anfassbaren“) Bestandteile eines IT-Systems.

In diesem Kapitel wird das notwendige Wissen vermittelt, um Hardwarekomponenten eines PCs auswählen zu können.

4.6.1 Überblick über einen PC

In einem PC-**Gehäuse** [*case*] befinden sich mindestens (Abb. 1 und Abb. 2)

- das **Netzteil** [***power supply unit***] ① für die Energieversorgung aller PC-Komponenten,
- das **Mainboard** (Motherboard) ② als Grundleiterplatte eines PCs, an der alle anderen Komponenten angeschlossen werden,
- der **Prozessor** [***CPU: Central Processing Unit***] ③ als zentrale Verarbeitungseinheit, die in der Lage ist, Programme auszuführen,
- der **Hauptspeicher** [***main memory***] ④, der die laufenden Programme und die gerade verarbeiteten Daten vorübergehend abgespeichert,

2: PC-Komponenten im Gehäuse installiert

- die **Festplatte** [***hard disc drive***] ⑤, die zum dauerhaften Speichern von Daten und Programmen dient,
- die **Grafikkarte** [***graphics card***] ⑥ zum Steuern der Bildschirmanzeige,
- der **DVD**- oder **Blu Ray-Brenner** ⑦ zum Abspielen und Brennen von DVDs bzw. Blu Ray Discs und
- der **Kartenleser** [***card reader***] ⑧ zum Auslesen von Speicherkarten.

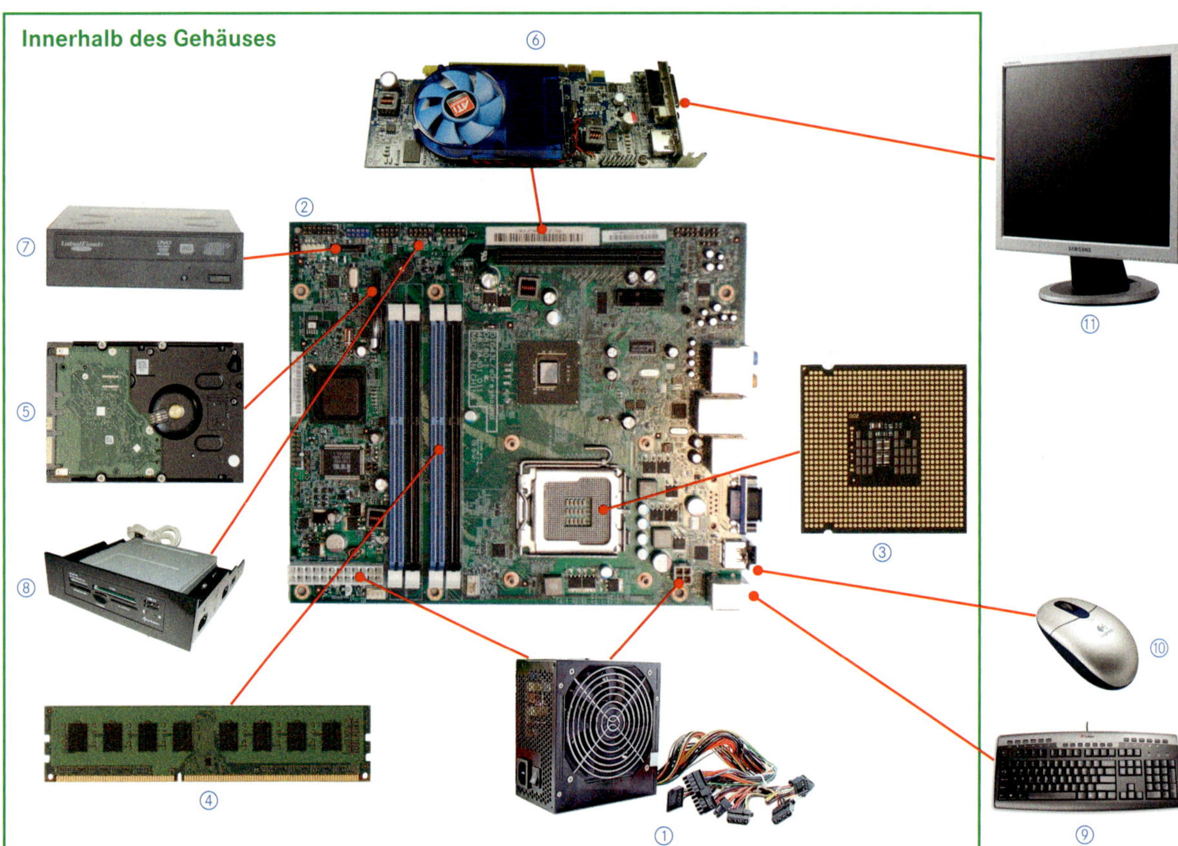

1: PC-Komponenten im Überblick

Um das Gerät bedienen zu können, kommen mindestens noch folgende **externe Peripheriegeräte** hinzu:

- **Tastatur** [*keyboard*] ⑨, zur Eingabe von Buchstaben, Zahlen, Symbolen und Tastenkombinationen als Befehlen
- **Maus** [*mouse*] ⑩ als Zeigegerät, um grafische Benutzeroberflächen zu bedienen
- **Monitor** [*monitor*] ⑪ als Anzeigegerät zur Darstellung von Texten, Bildern oder Videos

Bei der Lauffähigkeit eines Programms spielen immer der **Prozessor** und der **Hauptspeicher** (auch Arbeitsspeicher genannt) eine entscheidende Rolle. Da wiederum der Prozessor und der Hauptspeicher mit dem Mainboard eng aufeinander abgestimmt sein müssen, muss die Planung des Mainboards, der CPU und des Arbeitsspeichers als eine Einheit gesehen werden.

Die Gründe sind:

- Eine CPU passt nur auf einen bestimmten Sockel (Abb. 3), der sich auf dem Mainboard befindet.
- Eine CPU sendet die von ihr erzeugten Daten mit einer bestimmten Geschwindigkeit über den **Bus** (**B**idirectional **U**niversal **S**witch: Leitungen zwischen den einzelnen Komponenten auf dem Mainboard mit zugehörigen Steuerkomponenten). Damit der Hauptspeicher diese Daten mit einer gleich hohen Geschwindigkeit aufnehmen kann, müssen CPU und Hauptspeicher aufeinander abgestimmt sein.

3: CPU-Sockel Typ 775 auf dem Mainboard

Bei der Planung eines PCs muss sich an den Programmen orientiert werden, die später benutzt werden sollen. Die Programme benötigen bestimmte Vorraussetzungen des IT-Systems. Diese werden von den Programmherstellern z.B. in den Programmhandbüchern angegeben. Sie unterscheiden hierbei häufig zwischen **Mindestvoraussetzungen** [*minimum requirements*] und empfohlenen Voraussetzungen. In Abb. 4 sind diese für das Programmpaket *ProjektPro '09* im Auftrag „Architekturbüro Rüst" aufgeführt.

- Windows XP Service Pack 2
- Pentium III-Prozessor, 1 GHz oder höher
- 512 MB RAM
- mind. 500 MB freier Festplattenplatz

- Mac OS X 10.4.10
- PowerPC-Prozessor ab G4 oder Intel-Prozessor
- mind. 512 MB RAM
- mind. 500 MB freier Festplattenplatz

4: Empfohlene Voraussetzungen für ProjektPro '09

Dabei wird angegeben:

- das notwendige Betriebssystem,
- die notwendige CPU,
- der notwendige Hauptspeicher,
- der mindestens freie Festplattenspeicher und
- eventuell andere Voraussetzungen.

Es sollte sich mindestens an den empfohlenen Herstellervoraussetzungen orientiert werden, damit die Programme nutzerfreundlich ablaufen.

Die angebotenen Prozessoren und auch andere PC-Komponenten auf dem IT-Markt, fallen durch die kurze Verweildauer von Bezeichnungen und die starke Veränderung von Preisen auf. Der Grund dafür ist u.a. die hohe technische Entwicklungsgeschwindigkeit auf dem IT-Sektor. Nach dem **Moore'schen Gesetz** (Gordon Moore, *03.01.1929) verdoppelt sich in etwa alle zwei Jahre die Anzahl der Transistoren auf einem Prozessor und damit dessen Wirksamkeit. So ersetzen heutzutage Mehrkernprozessoren die früher üblichen Einkernprozessoren.

Mehrkernprozessoren

Der Begriff **Mehrkernprozessor** [*multicore processor*] bezeichnet einen Prozessor mit mehr als einem vollständigen Hauptprozessor auf einem einzigen Chip. Hat ein Mehrkernprozessor also z.B. vier Kerne, so besitzt dieser vier vollständige, weitgehend voneinander unabhängige Prozessoren.

Diese Kerne verwenden allerdings die prozessorinternen Leitungen gemeinsam, die zum Mainboard führen.

Gängige Bezeichnungen sind Dual Core (Zweikern) und Quad Core (Vierkern).

- In einem PC-Gehäuse befinden sich mindestens: Netzteil, Mainboard, Prozessor, Arbeitsspeicher, Festplatte, Grafikkarte, DVD- bzw. Blu Ray-Brenner.
- Prozessor und Hauptspeicher und damit verbunden das Mainboard sollten basierend auf den Empfehlungen des Softwareherstellers ausgesucht werden.

4.6.2 Funktionsprinzip eines Prozessors

In den meisten Fällen arbeiten Rechner heute noch nach dem 1946 formulierten **Neumann-Prinzip** (Mathematiker John von Neumann, 1903 - 1957). Danach besteht ein Prozessorkern im Prinzip aus einem **Steuerwerk** [*Control Unit*] **CU** und einem **Rechenwerk** [*Arithmetic Logic Unit*] **ALU**. Die Verbindung mit den anderen Komponenten im Rechner wird durch drei Busse (Abb. 1) hergestellt:

- **Steuerbus** [*control bus*]
- **Datenbus** [*data bus*]
- **Adressbus** [*address bus*]

Ein Bus besteht in der Regel aus parallelen Leitern.

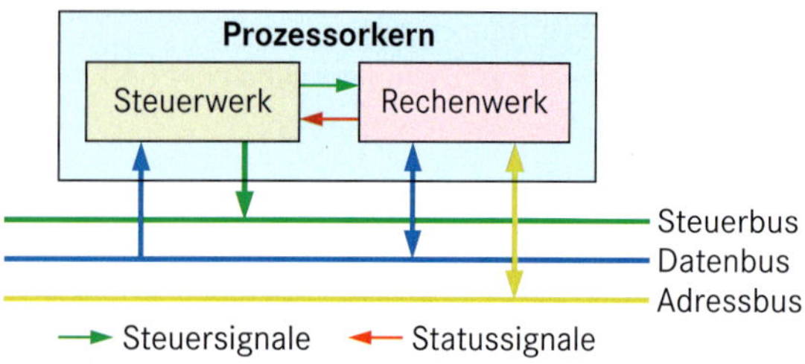

1: Prozessorkern nach dem Neumann-Prinzip

Das **Steuerwerk** übernimmt die Steuerung des Ablaufs im Prozessorkern und verwaltet den Zugriff auf das Bussystem. Das **Rechenwerk** kann einfache Berechnungen (z.B. Addition und Subtraktion) und logische Verknüpfungen (z.B. UND-, ODER-Verknüpfung) durchführen. Dabei werden im Speziellen auch Adressen berechnet. Adressen sind die Orte, an denen Informationen gespeichert werden.

Das Steuerwerk holt sich über den Datenbus nacheinander die einzelnen Programmbefehle eines auszuführenden Programms aus dem Arbeitsspeicher. Die Geschwindigkeit, in der das geschieht, wird vom **Takt** [*clock*] gesteuert. Ein solcher Takt (Abb. 2) wird von einem Taktgenerator erzeugt. Es handelt sich bei dem Takt um ein periodisches (sich wiederholendes) Rechtecksignal mit der Periodendauer *T*. Je kürzer die Periodendauer *T* ist, desto schneller kann ein Programm abgearbeitet werden.

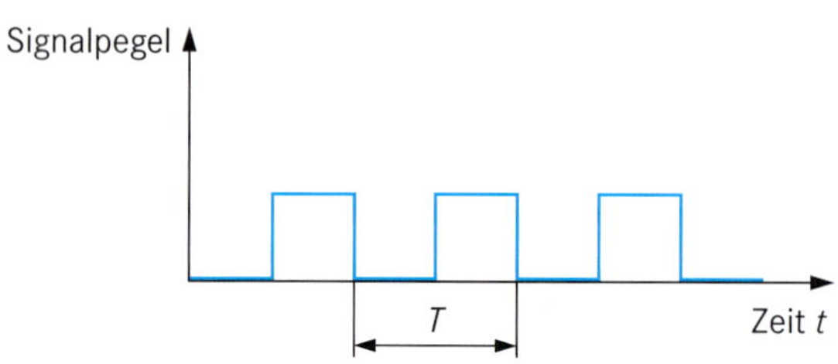

2: Taktsignal

Da Daten verarbeitet werden sollen, werden diese ebenfalls über den Datenbus in das Rechenwerk geholt. Das Ergebnis einer Berechnung wird über den Datenbus verschickt. Gleichzeitig wird eine vom Rechenwerk berechnete Adresse über den Adressbus verschickt (z.B. die des Arbeitsspeichers oder eines angeschlossenen Geräts). Dorthin gelangt das Ergebnis über den Datenbus. Über den Steuerbus werden Steuerbefehle gegeben, wenn z.B. Daten aus Sicht des Prozessorkerns verschickt (**geschrieben** [*write*]) oder empfangen (**gelesen** [*read*]) werden sollen.

Der Prozessortakt ist nicht allein verantwortlich für die Verarbeitungsgeschwindigkeit eines Rechners. Einen wesentlichen Einfluss darauf, wie viele Daten gleichzeitig über den Datenbus transportiert werden können, ist dessen Anzahl der Leitungen. Diese Anzahl wird **Datenbusbreite** [*data bus width*] genannt. Je nach Anzahl der Leitungen (8, 16, 32 oder 64) können 8, 16, 32 oder 64 Bits transportiert werden. Die Datenbusbreite gibt also an, wie viele Bits der Prozessor gleichzeitig an angeschlossene Komponenten verschicken kann (z.B. an die Festplatte oder Grafikkarte). Ein breiterer Datenbus hat also eine höhere Arbeitsgeschwindigkeit zur Folge.

Der **Adressbus** ist analog dazu die Menge an Leitungen, die an jeder Speicherzelle anliegen. Je breiter der Adressbus (**Adressbusbreite** [*address bus width*]) ist, umso mehr Speicherzellen lassen sich unterscheiden. Dies bedeutet eine größere Menge der zu speichernden Informationen im Arbeitsspeicher. Auch damit kann der Rechner schneller sein. Denn ein größerer Arbeitsspeicher bedeutet, dass während der Abarbeitung eines Programms weniger Informationen auf der wesentlich langsameren Festplatte zwischengespeichert werden müssen.

1 Byte = 8 Bit sowie Kilo ≠ Kilo

Ein Computer kann Operationen nur auf der Grundlage von zwei elektrischen Zuständen ausführen: AN/AUS bzw. HIGH/LOW

Ein Bit ist die Codierung eines elektrischen Zustandes mit den Ziffern 0 oder 1. Ein Bit beschreibt das Grundelement einer binären Darstellung. Ein Bit ist somit die kleinste Informationseinheit.

Hinweis: Kilo bedeutet hier $1024 = 2^{10}$ und nicht wie sonst $1000 = 10^3$.

1 Byte	= 1 Oktett	= 8 Bit
1 KiloByte	= 1024 Byte	= 8.192 Bit
1 MegaByte	= 1024^2 Byte	= 1024 KByte
1 GigaByte	= 1024^3 Byte	= 1024 MByte
1 TeraByte	= 1024^4 Byte	= 1024 GByte
1 PetaByte	= 1024^5 Byte	= 1024 TByte

Weitere wichtige Komponenten des Prozessors, die die Geschwindigkeit des Rechners beeinflussen, sind die Zwischenspeicher **L(evel) 1-Cache** und **L2-Cache**. Der Cache (gesprochen: käsch) ist ein sehr schneller Zwischenspeicher für Daten. Der L1-Cache ist direkt im CPU-Kern integriert (in Abb. 1 aus Vereinfachungsgründen nicht abgebildet). Der L2-Cache ist für jeden Kern mit auf dem CPU-Chip integriert und langsamer als der L1-Cache.

Prozessoren im Überblick

Für PCs gibt es hauptsächlich zwei Hersteller von Prozessoren: Intel und AMD. Um sich die ganze Vielfalt aktueller Prozessoren klar zu machen, informiert man sich am besten auf einer der Webseiten der großen Hardware-Onlineshops. In Abb. 3 sind einige CPUs mit jeweils 64 Bit Daten- und Adressbusbreite aufgeführt.

Achtung: Es muss bei diesen CPUs darauf geachtet werden, dass auch das eingesetzte Betriebssystem 64-Bit-fähig ist. Der Einsatz dieser CPUs funktioniert zwar, es wird aber nicht die ganze Leistungsfähigkeit der CPU genutzt.

Name	Sockel	L2-Cache in KByte	Taktfrequenz in MHz
Intel Core 2 Duo E7400	775	2 x 1536	2 x 2800
Intel Core 2 Quad Q 9650	775	2 x 6144	2 x 3000
Intel Core i7-950	1366	4 x 256	4 x 3066
AMD Athlon 64 X2 6000+	AM 2	2 x 512	2 x 3100
AMD Opteron 1220	AM 2	2 x 1024	2 x 2800
AMD Phenom 2 X4 955	AM 3	4 x 512	4 x 3200

3: Einige CPUs für Desktop-PCs

Es wurde schon erwähnt, dass nicht allein der Takt eines Prozessors bei seiner Auswahl wichtig ist, sondern auch die Daten- und Adressbusbreite sowie die Größe des Cache. Darüber hinaus gibt es weitere Leistungsmerkmale eines Prozessors, die man kennen muss:

- **Cool and Quiet/Enhanced Speed-Step (ESS)**: Bezeichnung von AMD/Intel für eine Technik zur Senkung der Taktfrequenz. Wenn die CPU gerade wenig rechnet, sinkt die Taktfrequenz. Dadurch wird die CPU kühler und der Prozessorlüfter dreht langsamer. Er wird leiser.
- **Non Executable Bit/Execute Disable Bit**: Durch diese Technik wird es einem **Wurm** *[worm]* (eine bestimmte Art von Schadsoftware) erschwert, aktiv zu werden und sich zu verbreiten.
- **Hyper Threading Technology**: Dieses ist ein Verfahren, bei dem ein Prozessorkern weitere virtuelle Prozessoren simuliert. Damit wird eine bessere Auslastung der CPU erreicht und damit die Leistungsfähigkeit erhöht.
- **L3-Cache**: Er ist bei Mehrkernprozessoren auf dem Chip integriert und dient der Koordinierung der einzelnen Caches der Kerne.

Abb. 4 zeigt beispielhaft einen Prozessor von Intel (Unterseite mit Kontakten). Prozessoren werden **boxed** (verpackt) und **bulk** (unverpackt) angeboten. In der Box sind neben dem Prozessor ein passender Kühler und, falls benötigt, Wärmeleitmaterial zur verbesserten Ableitung der Wärme von der CPU enthalten.

4: Intel Core 2 Quad Q8300

Aufgaben

1. Nennen Sie die wesentlichen Komponenten eines PCs.
2. Warum dürfen Prozessor, Hauptspeicher und Mainboard für einen PC nicht beliebig zusammen installiert werden?
3. Erklären Sie die Funktionen des Daten-, Adress- und Steuerbus.
4. Wie viele verschiedene Adressen lassen sich über einen 32-Bit-Adressbus und über einen 64-Bit-Adressbus übertragen?
5. Was ist der Unterschied zwischen L1-, L2- und L3-Cache?

- Der Prozessorkern besteht im Wesentlichen aus dem Steuerwerk, dem Rechenwerk und dem Cache.
- Das Steuerwerk übernimmt die Ablaufsteuerung im Prozessorkern und organisiert den Zugriff auf das Bussystem.
- Das Rechenwerk führt einfache Berechnungen und logische Verknüpfungen durch.
- Die Leitungen vom Prozessor zu den anderen Komponenten werden Bus (Datenbus, Adressbus, Steuerbus) genannt.
- Die wesentlichen Leistungsmerkmale eines Prozessors sind die Anzahl seiner Kerne, die Taktfrequenz, der L1- und der L2-Cache sowie die Datenbus- und die Adressbusbreite.

4.6.3 Hauptspeicher

Wenn bei einem PC von Speicherbausteinen gesprochen wird, so ist fast immer der **Hauptspeicher** [*main memory*] gemeint. Dieser speichert die zur Zeit eines Programmablaufs in Bearbeitung befindlichen Informationen. Dies könnte z. B. der in ein Textverarbeitungssystem eingegebene Text sein. Dieser auch als Arbeitsspeicher bezeichnete **RAM** (wahlfreier Zugriffsspeicher [*Random Access Memory*]) vermeidet das wesentlich länger dauernde Auslagern von Informationen auf die Festplatte.

Im Unterschied zur Festplatte bleiben die Informationen nach Ausschalten des Rechners nicht gespeichert.

Benötigt der Prozessor Informationen, so sucht er erst in dem sehr kleinen, aber sehr schnellen L1-Cache (Abb. 1 ①). Der L1-Cache arbeitet mit der gleichen Geschwindigkeit wie der Prozessor. Findet er die Informationen dort nicht, dann sucht er im größeren aber etwas langsameren L2-Cache ②. Wird er auch hier nicht fündig, sucht er im viel größeren aber auch wiederum langsameren Hauptspeicher ③ nach den benötigten Informationen. Die Hauptspeichergeschwindigkeit liegt näher an der Geschwindigkeit der Cache-Speicher als der der Festplatte. Ist auch dieser Speicher nicht groß genug, um alle Informationen bei einer Programmausführung zwischenzuspeichern, werden diese auf der sehr viel langsameren Festplatte ④ zwischengespeichert.

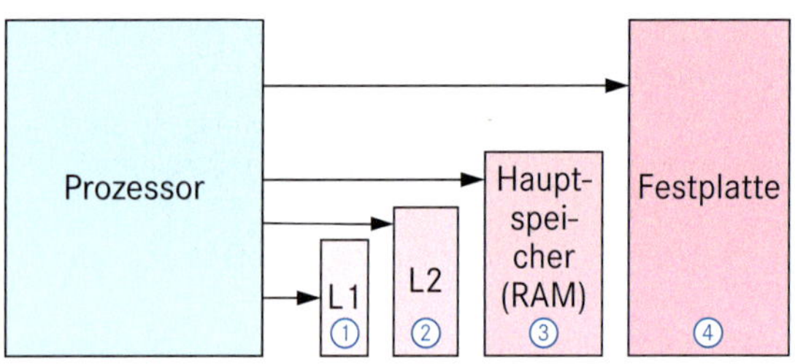

1: Zugriffsreihenfolge eines Prozessors auf Daten

Ein großer Hauptspeicher ist also eine wesentliche Komponente für eine hohe Arbeitsgeschwindigkeit des Rechners. Das Fassungsvermögen eines Speichers in Byte wird als **Speicherkapazität** [*memory capacity*] bezeichnet. Um einen Buchstaben zu speichern, wird ein Byte benötigt. Um einen Bildpunkt eines Bildes zu speichern, werden zwischen 1 Byte und 4 Byte benötigt.

Die Speicherkapazität von L1-Cache liegt derzeit im Kilobytebereich, die von L2-Cache im Megabyte-Bereich, die von Hauptspeicher im Gigabyte-Bereich und die von Festplatten im Terabyte-Bereich.

Abb. 2 gibt einen Überblick über die derzeit anzutreffenden Arbeitsspeichertypen.

Weitere wichtige Abkürzungen im Zusammenhang mit Speicherchips sind **SIMM** (**S**ingle **I**nline **M**emory **M**odule) und **DIMM** (**D**ual **I**nline **M**emory **M**odule).

Bei SIMM ist ein Speichermodul mit einer Kontaktreihe und bei DIMM mit zwei Kontaktreihen versehen. Deshalb ist bei DIMMs, bei sonst gleicher Bauform, nur ein Speichermodul für doppelt soviel Speicherplatz notwendig wie bei SIMMs.

Hauptspeicher	Beschreibung
SDRAM	• **S**ynchroner **D**ynamischer RAM • Für moderne Rechner zu langsam • Kann mit Intel- und AMD-Prozessoren eingesetzt werden.
RDRAM (RAMBUS)	• **R**ambus **D**ynamic RAM • 10 mal so schnell wie SDRAM • Es werden nur die alten Intelprozessoren Pentium 4 und Celeron unterstützt.
DDR-RAM (SDRAM-2)	• **D**ouble **D**ata **R**ate RAM • 2 mal so schnell wie SDRAM • Nur zu empfehlen, wenn kein DDR-RAM 2 benutzt werden kann.
DDR-RAM 2 (DDR 2)	• Double Data Rate RAM 2 • Schneller als SDRAM, RDRAM und DDR-RAM • Standard für AMD- und Intelprozessoren. Bei DDR-RAM gibt es verschiedene Geschwindigkeitsklassen, die je nach Prozessor und dem Front Side Bus-Takt zusammen passen müssen (s. S. 182).
DDR-RAM 3 (DDR 3)	• Double Data Rate RAM 3 • Schneller als DDR-RAM 2 • Künftiger Standard für AMD- und Intelprozessoren. Ansonsten gilt das gleiche wie für DDR-RAM 2

2: Hauptspeichertypen

Aufgaben

1. Wozu wird der Hauptspeicher in einem PC benötigt?
2. Warum würde ein PC auch ohne L1- und L2-Cache auskommen?
3. Wieviel mal größer ist die Festplattenspeicherkapazität gegenüber der Speicherkapazität von L1-Cache?

- Die Zugriffsreihenfolge auf den Speicher ist vom Prozessor ausgesehen: L1-Cache, L2-Cache, Hauptspeicher, Festplatte.
- Für eine hohe Arbeitsgeschwindigkeit ist ein Hauptspeicher mit großer Speicherkapazität notwendig.

4.6.4 Mainboard

Das Mainboard (auch Motherboard) ist die zentrale Leiterplatte eines PCs. Auf ihr sind die einzelnen Bauteile montiert, die durch Leitungen in mehreren **Lagen** [*layer*] miteinander verbunden sind. Abb. 3 zeigt die wesentlichen Elemente eines Mainboards:

- Mit **grün** markiert sind die **Buchsen** [*jacks*] über die von außen Geräte an den Rechner angeschlossen werden können.
- Mit **gelb** markiert sind die PCI-Express **Steckplätze** [*slots*] für Erweiterungskarten, die **Speicherbänke** [*memory banks*] zum Einstecken von Hauptspeicher und der CPU-Sockel zum Einstecken der CPU.
- Mit **rot** markiert sind fest verlötete elektronische Chips, die neben der CPU zur Steuerung des Rechners beitragen.
- Mit **blau** markiert sind Anschlüsse, über die weitere Baugruppen des Rechners innerhalb des Gehäuses an das Mainboard angeschlossen sind.
- Mit **grau** markiert ist die Batterie für den Baustein, der die Rechnerkonfiguration speichert sowie Uhrzeit und Datum weiter berechnet, auch wenn der Rechner ausgeschaltet ist.

Nach dem Einschalten eines PCs übernimmt das **BIOS**-Programm (**B**asic **I**nput **O**utput **S**ystem) die Grundsteuerung des Rechners. Es ist auf einem Chip, dem BIOS-**EEPROM** (**E**lectrically **E**rasable **P**rogrammable **R**ead **O**nly **M**emory, elektrisch löschbarer programmierbarer Nur-Lese-Speicher) gespeichert. Das Programm auf diesem Chip bleibt auch ohne Energieversorgung erhalten. Aus diesem Speicher wird im normalen Betrieb nur gelesen.

Das BIOS führt als erstes den **POST** (**P**ower **O**n **S**elf **T**est) durch. Dieser Test ist ein Selbsttest nach dem Einschalten des Computers. Er prüft, ob die grundlegenden Komponenten des PCs funktionsfähig sind.

Der **Chipsatz** [*chip set*] besteht hauptsächlich aus zwei Komponenten, dem **MCH** (**M**emory **C**ontroller **H**ubs, früher Northbridge) und dem **ICH** (**I**/O **C**ontroller **H**ub, früher Southbridge). Der Chipsatz dient der Unterstützung der CPU bei der Steuerung und dem Datentransfer der einzelnen Komponenten des Mainboards und der peripheren Geräte. Im Zuge der weiter fortschreitenden Miniaturisierung ist die Aufteilung in zwei Chips neuerdings auch schon aufgehoben. Immer mehr Hersteller bieten „Ein-Chip-Chipsätze“ an.

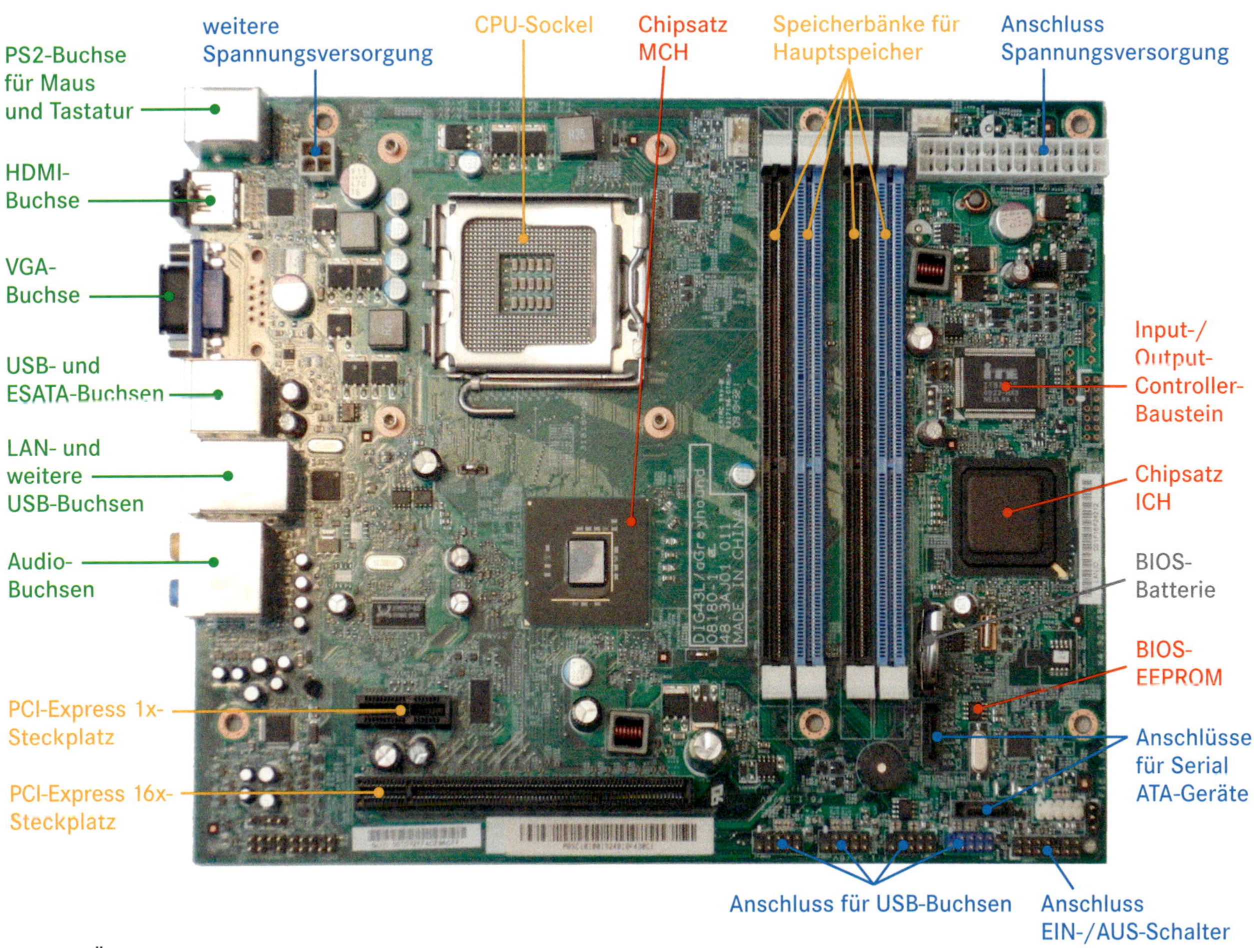

3: Überblick über ein Mainboard

Zusammenwirken der Komponenten über den Chipsatz

In Abb. 1 ist ein möglicher prinzipieller Zusammenhang zwischen den einzelnen Komponenten eines Rechners über den Chipsatz des Mainboards dargestellt.

Die Alternativen dazu sind:

- **Hypertransport** verbindet über den **FSB** (**F**ront **S**ide **B**us) direkt den Prozessor und den Hauptspeicher miteinander,
- **LGA 1156-Prozessortechnik** bindet die Speichermodule und die PCI-Expresskarte direkt an den Prozessor an.

Der MCH verbindet mit sehr hoher Datenübertragungsrate den Prozessor, den Hauptspeicher und den PCI-Express 16x-Steckplatz miteinander, in dem die Grafikkarte steckt.

Die Datenübertragungsrate, mit der Prozessor und MCH miteinander kommunizieren, wird vom **FSB-Takt** in Hertz (auch kurz: **Bustakt**) bzw. bei Hypertransport in MT/s (Megatransfers pro Sekunde) des Prozessors vorgegeben.

In der Abb. 2 ist für einige Prozessoren die Datenübertragungsrate des FSB angegeben. Quadpumped [(auch **Q**uadruple **D**ata **R**ate [**QDR**]) bedeutet, dass pro Takt die vierfache Datenmenge übertragen wird.

Ist die Wahl auf einen Prozessor gefallen, so muss ein Mainboard ausgesucht werden, das neben bestimmten **Schnittstellen** [*interfaces*], auf jeden Fall den Sockel für den Prozessor besitzt und dessen Datenübertragungsrate auf dem FSB unterstützt. Abb. 3 listet für jeden Sockel beispielhaft ein Mainboard mit der darauf möglichen maximalen Datenübertragungsrate auf.

Beispiel:
Wurde sich für die CPU „Intel Core i7-950“ entschieden, so muss aus den gezeigten Mainboards das „ASRock X58 Deluxe“ gewählt werden, da es den Sockel 1366 hat und die Datenübertragungsrate der CPU von 4800 MT/s sicher unterstützt. Das „Biostar TA790GX A3+“ besitzt zwar die benötigte Datenrate, hat aber den falschen Sockel.

Im Idealfall liefert/übernimmt der Hauptspeicher seine Daten mit der gleichen Datenübertragungsrate wie der Prozessor sie lesen/schreiben kann. Deshalb müssen Bustakt und Hauptspeichergeschwindigkeit zusammenpassen. Darauf muss beim Kauf geachtet werden.

Abb. 4 zeigt verschiedene DDR2- und DDR3-Hauptspeicheralternativen.

Da der Datenbus zum Hauptspeicher 64 Bit breit ist, lassen sich pro Takt also 8 Byte übertragen. Die Datenübertragungsrate ergibt sich also durch Multiplikation des Bustaktes mit 8.

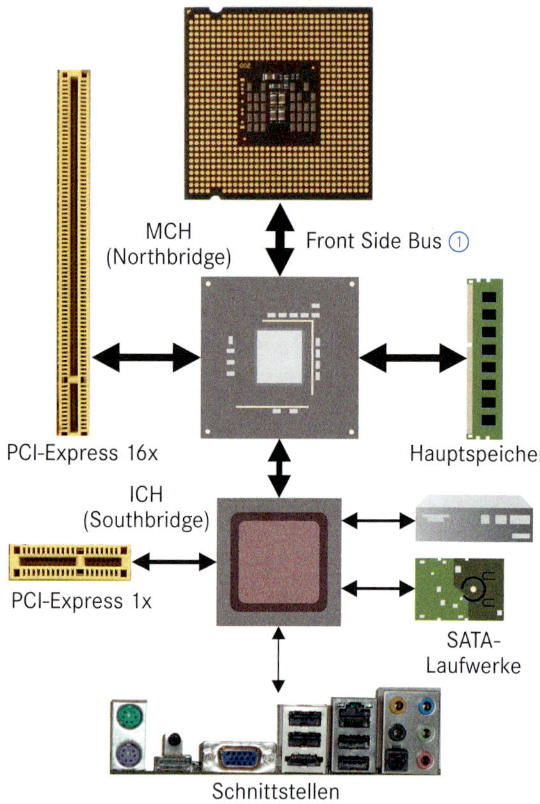

1: Zusammenspiel der Rechnerkomponenten

Name	Datenübertragungsrate	Sockel
Intel Core 2 Duo E7400	1066 MHz (Quadpumped)	775
Intel Core 2 Quad Q 9650	1333 MHz (Quadpumped)	775
Intel Core i7-950	4800 MT/s	1366
AMD Athlon 64 X2 6000+	2000 MT/s	AM 2
AMD Opteron 1220	2000 MT/s	AM 2
AMD Phenom 2 X4 955	4000 MT/s	AM 3

2: CPU-Beispiele mit Datenübertragungsraten

Name	Datenübertragungsrate	Sockel
Asus Maximus II Formula	1333 MHz	775
ASRock X58 Deluxe	6400 MT/s	1366
MSI K9N6PGM2-V	2000 MT/s	AM 2
Biostar TA790GX A3+	5200 MT/s	AM 3

3: Mainboardbeispiele mit verschiedenen Sockeln

Bezeichnung mit Bustakt	Leistungsklasse	Datenübertragungsrate in MByte/s
DDR2-533	PC2-4200	4200
DDR2-675	PC2-5400	5400
DDR2-800	PC2-6400	6400
DDR2-1066	PC2-8500	8500
DDR2-1150	PC2-9200	9200
DDR2-1200	PC2-9600	9600
DDR3-1066	PC3-8500	8500
DDR3-1333	PC3-10600	10600
DDR3-1600	PC3-12800	12800
DDR3-1866	PC3-15000	15000
DDR3-2000	PC3-16000	16000
DDR3-2133	PC3-17066	17066

4: Einige Speichertypen

Den richtigen Hauptspeicher, der zum ausgesuchten Prozessor und Mainboard passt, findet man folgendermaßen:

Beispiel: Bei der Planung eines PCs entscheidet man sich für den Prozessor „Intel Core 2 Duo E7400" und das dazu passende Mainboard „Asus Maximus II Formula". Der Prozessor stellt also seine Daten mit 1066 MHz auf dem FSB zur Verfügung. Im Handbuch des Mainboards findet man die unterstützten Speichertypen.

Hier sind dies:
DDR2-1200/1066/800/667 (**Achtung!** DDR2 und DDR3 sind nicht kompatibel zueinander, da sie verschiedene Spannungsversorgungen benötigen). Will man jetzt die maximale Leistungsfähigkeit haben, dann nimmt man den schnellsten Speicher, der auch zum Prozessor passt, hier also DDR2-1066.

Der MCH kommuniziert mit dem ICH mit einer geringeren Datenübertragungsrate als mit Prozessor, Hauptspeicher und Grafikkarte. Dies ist auch ausreichend, da die an den ICH angeschlossenen Komponenten für eine wesentlich niedrigere Datenübertragungsrate ausgelegt sind. Diese Komponenten sind weitere Steckkarten, SATA-Laufwerke wie DVD-Laufwerke und Festplatten sowie die an die Buchsen angeschlossenen Geräte.

Auswahl von Komponenten für das Architekturbüro Rüst

Das „ressourcenhungrigste" Programm für das Architekturprogramm Rüst ist „AutoCAD Architecture".

Die vom Hersteller empfohlenen Anforderungen für die 64-Bit-Version sind:

- MS Windows Vista SP2 Ultimate
- AMD Opteron mit SSE2-Technologie oder Intel Pentium 4 mit EM64T- und SSE2-Technologie
- 4 GByte Hauptspeicher

Mindestens sollte also folgendes angeschafft werden:

- **Intel Pentium 4 Prozessor** mit einer Taktfrequenz 1 x 2,8 GHz, 1 x 512 KByte L2-Cache und einem FSB-Takt von 533 MHz (quadpumped) für den Sockel 478.
- Das **Mainboard** MSI 945GCM478-L mit Sockel 478 für max. 4 GByte Hauptspeicher mit 2 Speicherbänken für Hauptspeicher vom Typ DDR2-533, DDR2-667.
- 2 x 2 GByte Kingston ValueRAM DIMM 2 GB DDR2-533, da der Prozessor nur einen FSB-Takt von 533 MHz hat.

Um Zukunftssicherheit zu erlangen, sollten leistungsfähigere Komponenten eingekauft werden.

Aufgaben

1. Was ist der Unterschied zwischen dem Prozessortakt und dem FSB-Takt?
2. Wozu wird ein Chipsatz benötigt?
3. Suchen Sie aus den Tabellen für den AMD Opteron 1220 das passende Mainboard aus. Recherchieren Sie im Internet nach einem passenden Hauptspeicher.
4. Erklären Sie, was 2 x 2 GByte Kingston Value RAM DIMM 2 GB DDR2-533 des PC für das „Architekturbüro Rüst" sind.

- Das Mainboard ist die zentrale Leiterplatte eines Computers.
- In die Steckplätze des Mainboards können Karten eingesteckt werden. In die nach außen geführten Buchsen des Mainboards können Geräte eingesteckt werden.
- Das BIOS ist ein Programm. Es übernimmt nach dem Einschalten die grundlegende Steuerung des Rechners. Während des Programmablaufs überprüft der POST, ob alle grundlegenden Komponenten des Rechners funktionieren. Erst dann wird das Betriebssystem gestartet.
- Der Chipsatz ist hauptsächlich für die Datenübertragung zwischen den einzelnen Komponenten auf dem Mainboard zuständig.
- Der MCH (Northbridge) ist der wichtige Baustein des Chipsatz, der für die schnelle Verbindung zwischen Prozessor, Hauptspeicher und Grafikkarte sorgt.
- Der Front Side Bus besteht aus Übertragungsleitungen zwischen Prozessor und MCH bzw. dem Hauptspeicher.
- Es muss zuerst der Prozessor, dann das dazupassende Mainboard und erst dann der passende Hauptspeicher ausgewählt werden.

4.6.5 Hardwareschnittstellen

Mit dem Begriff **Schnittstelle** wird im Zusammenhang mit Hardware die Verbindungsstelle zwischen zwei Teilkomponenten bezeichnet. Über diese soll der Austausch von Datensignalen erfolgen.

Es gibt neben den Schnittstellen zur Spannungsversorgung drei verschiedene Arten von Hardwareschnittstellen:

- **Steckplätze** [*slots*] zum Einstecken von Erweiterungssteckkarten, wie Grafikkarten, Netzwerkkarten, Soundkarten usw. auf das Mainboard.
- **Anschlüsse** für Festplatten, Laufwerke, Ein-/Ausschalter und die nach außen geführten Buchsen auf dem Mainboard.
- **Buchsen** [*jacks, connectors*] für externe Geräte wie Tastatur, Maus und Monitor.

PCI-Slots

Der **PCI**-Bus (**P**eripheral **I**nterconnect **C**omponent Bus) wurde 1991 eingeführt. Er dient der Verbindung von Peripheriegeräten mit dem Chipsatz eines Prozessors. Der Bus wurde in PCI-Slots aus dem Mainboard herausgeführt. PCI hat sich seit 1991 rapide weiter entwickelt. Abb. 1 zeigt die Steckplätze und die maximalen Datenübertragungsraten im Überblick.

Der **konventionelle PCI** war der erste Steckplatz, der Plug&Play fähig war. Der Begriff **Plug&Play** steht dafür, dass die Steckkarten nach dem Einstecken (plug) sofort verwendet (play) werden können. Das BIOS erkennt über den PCI-Bus eingesteckte Erweiterungskarten und konfiguriert sie selbst. Vom konventionellen PCI gab es mehrere Varianten, die von PCI 1.0 (1991) bis PCI 3.0 (2004) reichten.

PCI-Express, abgekürzt: **PCIe** oder **PCI-E** ist der Nachfolger des konventionellen PCI mit wesentlich höheren Datenübertragungsraten. Im Desktopbereich wird meist PCIe-1x als Ersatz für den PCI-Bus und PCIe-16x zur Anbindung einer Grafikkarte verwendet (**PCI**-**E**xpress for **G**raphics: **PEG**). Teilweise kommen auch noch 4x-Slots und 8x-Slots zum Einsatz.

PCI-Slots mit Datenübertragungsrate

PCIe 1x 250 MByte/s – 1000 MByte/s

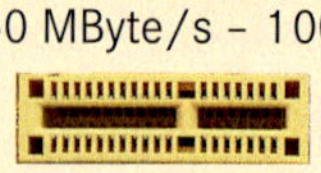

PCIe 16x 4000 MByte/s – 16000 MByte/s

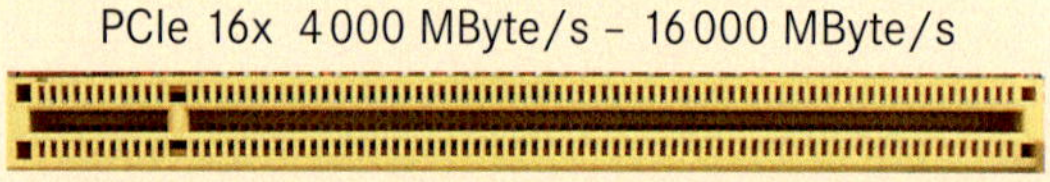

PCI 133 MByte/s – 533 MByte/s

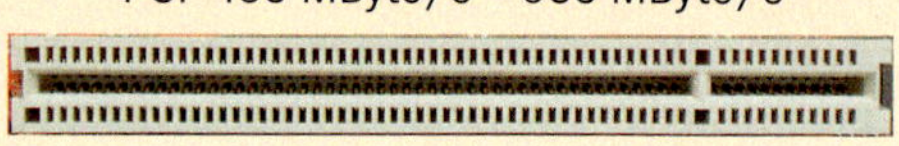

1: Verschiedene PCI-Slots mit Datenübertragungsraten

Während fast alle neueren Grafikkarten den PCIe-16x-Slot nutzen, sind bisher PCIe-Steckkarten anderer Typen (etwa Sound-, Netzwerk- oder Schnittstellenkarten) nur wenig verbreitet. Hierfür wird noch der konventionelle PCI-Slot bevorzugt, der daher auch auf neueren Mainboards fast durchweg noch vorhanden ist. Es ist dabei aufgrund der Bauform nicht möglich, eine PCI-Karte in einen PCIe-Slot zu stecken. Auch von PCIe gibt es mehrere Varianten: PCIe 1.0 (2002) bis PCIe 3.0 (2009).

AGP-Slot

Der **AGP**-Slot (**A**ccelerated **G**raphics **P**ort Slot) ist eine Weiterentwicklung des konventionellen PCI für das Einstecken einer Grafikkarte. Mit AGP konnten an die Grafikkarte gegenüber dem konventionellen PCI schneller Daten geschickt werden (bis zu 2100 MByte/s). AGP ist auf neuen Mainboards nur noch selten zu finden und wird von PCIe 16x abgelöst.

SATA-Anschluss

SATA (**S**erial **A**dvanced **T**echnology **A**ttachment) ist ein hauptsächlich für den Datenaustausch zwischen Prozessor und Festplatte entwickelter Datenbus. Aber auch DVD-Laufwerke und Blu Ray Disk-Laufwerke sowie Speicherkartenlesegeräte werden an SATA angeschlossen.

2: SATA-Anschluss

SATA wurde im Jahre 2000 von Intel eingeführt und überträgt die Daten seriell (Bit für Bit nacheinander). Die verschiedenen SATA-Versionen reichen von SATA 1,5 Gbit/s (auch SATA I oder SATA-150, Jahr: 2000) über SATA 3.0 Gbit/s (auch SATA II oder SATA-300, Jahr: 2005) bis hin zu SATA 6,0 Gbit/s (auch SATA III, 2009).

(E)IDE-Anschluss

(E)IDE (**E**nhanced **I**ntegrated **D**rive **E**lectronics) ist die veraltete langsame Technik Festplatten und andere Laufwerke an das Mainboard anzuschließen. Auch neue Mainboards werden mit EIDE-Slots angeboten, damit auch ältere Festplatten in einen neuen Rechner eingebaut werden können. EIDE wird heutzutage aus Marketinggründen auch als **(P)ATA** (**P**arallel **ATA**, kurz ATA) bezeichnet, um die Schnelligkeit von SATA zu suggerieren. Auf dem Mainboard sind meist zwei EIDE-Anschlüsse (Abb. 3) untergebracht. An jedem Anschluss können zwei Laufwerke betrieben werden. Beim gleichzeitigen Betrieb von zwei EIDE-Laufwerken an einem Anschluss wird mit Jumpern ein Laufwerk als Master und ein Laufwerk als Slave betrieben. **Jumper** sind kleine Verbindungsstecker, die per Hand gesteckt werden müssen (Abb. 4).

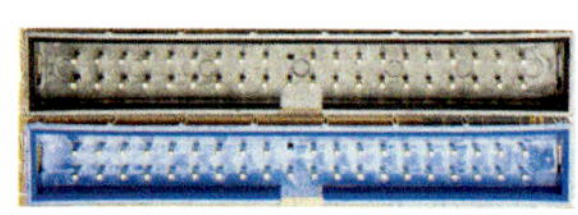

3: EIDE-Slots

4: Jumper

Nacheinander oder nebeneinander

Prinzipiell gibt es zwei Möglichkeiten, Daten zu übertragen:

- Die Daten werden parallel (nebeneinander, gleichzeitig) auf mehreren Verbindungsleitungen übertragen.
  Vorteil: Im Prinzip können mehrere Bits gleichzeitig über die parallelen Datenleitungen geschickt werden. Das ist schneller als nur ein Bit nach dem anderen zu verschicken.
  Nachteil: Da mehrere Datenleitungen parallel liegen, können sich diese Datenleitungen bei den heutzutage üblichen hohen Datenübertragungsraten gegenseitig stören. Somit ist eine störungsfreie Übertragung bei kostengünstigen Leitungen nicht gewährleistet.
- Die Daten werden seriell (nacheinander) auf eine Verbindungsleitung gegeben.
  Vorteil: Es ist nur eine Datenleitung notwendig, die sich selbst nicht stört. Somit ist eine günstige, störungsfreie und schnelle Datenübertragung möglich.
  Nachteil: Da die Datenbytes in einzelne Bits zerlegt und nach der Übertragung wieder in Bytes zusammengesetzt werden müssen, ist der elektronische Aufwand hoch.

Anschlussbuchsen für periphere Geräte

Zum Anschluss von Peripherie („am Rande liegende" externe Geräte) sind Buchsen für **I(nput)-/O(utput)-Schnittstellen** [*I/O-interfaces*] am Rand des Mainboards angelötet. Nach dem Einbau des Mainboards sind diese von außerhalb des Gehäuses zugänglich.

Abb. 5 zeigt die herausgeführten Buchsen an der Rückwand eines Rechners. Aus Abb. 5 lässt sich schließen, dass das zugehörige Mainboard u. a. **Grafik-onboard** ④, **LAN-onboard** ⑦ und **Sound-onboard** ⑧ – ⑪ besitzt. Es ist deshalb nicht notwendig eine Grafikkarte, eine Soundkarte und eine Netzwerkkarte in das Mainboard einzustecken, da diese Standardfunktionen bereits auf dem Mainboard untergebracht sind.

PS/2-Anschlüsse [*PS/2 connectors*] (Personal System/2) sind ein von IBM entwickelter Standard für das Anschließen von Maus ① und Tastatur ②. Die PS/2-Schnittstelle verwendet einen sechspoligen Mini-DIN-Stecker.

Der Anschluss ist nicht für das Stecken im **laufenden Betrieb** [*hot plugging*] vorgesehen. In wenigen Fällen wird dabei der Computer, die Tastatur oder die Maus zerstört. Die Daten werden seriell übertragen. PS/2-Anschlüsse werden mehr und mehr von USB-Anschlüssen abgelöst.

An **USB-Anschlüsse** [*USB connectors*] (Univeral Serial Bus) können mittels USB-Hub (Abb. 1 nächste Seite) bis zu 127 Geräte angeschlossen werden. Die Daten werden bei USB 2.0 (4 Adern) mit Übertragungsraten von bis zu 480 Mbit/s und bei USB 3.0 (8 Adern) im SuperSpeed-Modus von bis zu 5 Gbit/s seriell übertragen. Zwei der vier bzw. acht Adern einer USB-Leitung können der Spannungsversorgung der angeschlossenen Geräte dienen, so dass diese keine externe Spannungsversorgung mehr benötigen. USB-Geräte sind hotplugging-fähig. Hinzugefügte Geräte werden automatisch erkannt und durch Treiberinstallation automatisch konfiguriert (Plug & Play). An die USB-Schnittstelle lassen sich so gut wie alle Peripheriegeräteklassen anschließen.

- Auf einem modernen Mainboard befinden sich konventionelle PCI- und schnellere PCI-Express-Steckplätze für Erweiterungskarten.
- Der PCI-Express 16x-Steckplatz ist für die Grafikkarte vorgesehen.
- Moderne Festplatten und andere Laufwerke werden an Serial ATA angschlossen.
- (E)IDE ist der parallele Vorgänger von SATA zum Anschluss von Festplatten und anderen Laufwerken.
- Peripheriegeräte werden über von außen zugängliche I/O-Schnittstellen an den Rechner angeschlossen.
- Onboard ist die Bezeichnung dafür, dass eine bestimmte Funktionalität schon direkt auf dem Mainboard implementiert ist.
- An die serielle PS/2-Schnittstelle werden Maus und Tastatur angeschlossen.
- An die serielle USB-Schnittstelle lassen sich nahezu alle Standard-Peripheriegeräte anschließen.
- Die USB-Schnittstelle ist für das Einstecken von Geräten im laufenden Betrieb geeignet.

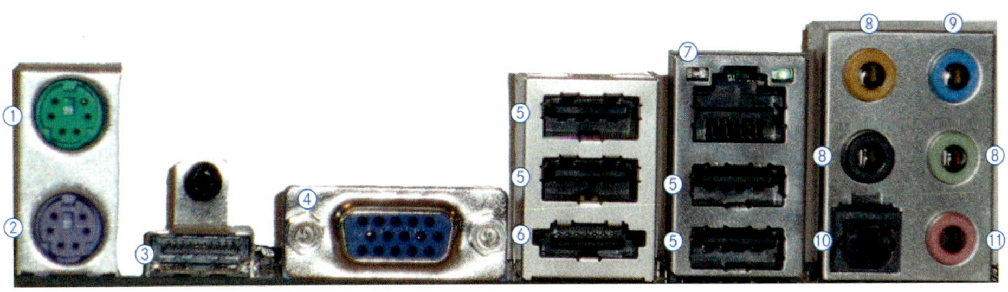

① Maus (PS/2)
② Tastatur (PS/2)
③ HDMI
④ Monitor (VGA)
⑤ USB
⑥ ESATA
⑦ Netzwerk (RJ45)
⑧ Lautsprecher
⑨ Line In
⑩ S/P-DIF
⑪ Mikrofon

5: Buchsen an der Rückwand eines Computers zum Anschluss von Peripheriegeräten

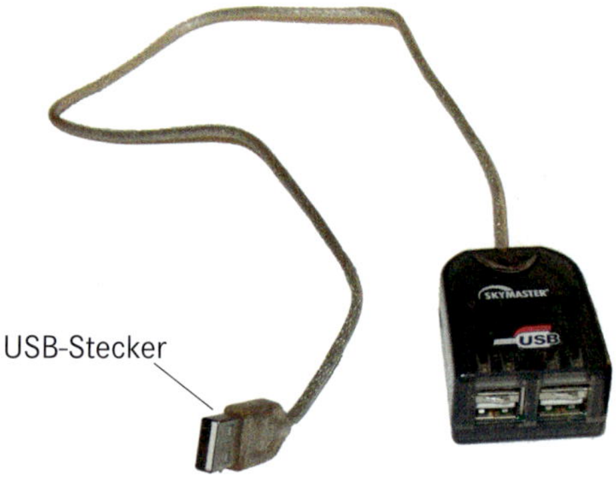

1: USB-Hub mit vier Anschlüssen

ESATA-Anschlüsse [*ESATA connectors*] (**E**xternal **SATA**) wurden für den Anschluss von externen SATA-Geräten geschaffen. ESATA verfügt im Gegensatz zu SATA über Leitungen, die die nötige Abschirmung gegen elektromagnetische Störungen besitzen. Die Stecker verfügen über die nötigen mechanischen Eigenschaften für den Betrieb außerhalb eines (abgeschirmten) Gehäuses. An ESATA-Anschlüsse werden hauptsächlich externe Festplatten angeschlossen.

Der **VGA-Anschluss** [*VGA connector*] (**V**ideo **G**raphics **A**rray) dient der analogen Bildübertragung zwischen Grafikkarten und Anzeigegeräten wie Monitoren oder Beamern.

Der **DVI-Anschluss** [*DVI connector*] (**D**igital **V**isual **I**nterface) (Abb. 2) ist eine 1999 eingeführte serielle Schnittstelle zur Übertragung von digitalen und analogen Videodaten. DVI ist der Standard für den Anschluss von Monitoren an die Grafikkarte eines Computers und qualitativ besser als VGA. Ferner verarbeiten Fernseher mit einem DVI-Anschluss Signale von digitalen Quellen, etwa Computern oder DVD-Playern. Bei einer maximalen Leitungslänge von 10 m sind Datenübertragungsraten von 3,7 Gbit/s pro digitalem Signal möglich. Abhängig von der Pinbelegung eines DVI-Anschlusses kann dieser analoge (DVI-A), analoge und digitale (DVI-I) oder nur digitale (DVI-D) Signale übertragen. Zudem ist es möglich, zwei digitale Signale zugleich zu übertragen (Dual-Link).

2: DVI-Buchse und DVD-D-Single Link-Stecker

Analoge und digitale Signalübertragung

Prinzipiell gibt es zwei Möglichkeiten Daten zu übertragen:

Analoge Signale sind wert- und zeitkontinuierlich. D.h. zu jedem beliebigen Zeitpunkt kann jeder beliebige Wert übertragen werden.

Der Nachteil von analogen Signalen gegenüber digitalen Signalen ist, dass analoge Signale durch Störungen verfälscht werden und diese Verfälschungen nicht korrigiert werden können.

Digitale Signale sind wert- und zeitdiskret. Die Signale springen nur in genau festgelegten Zeitabständen zwischen festen Werten hin und her.

Auch digitale Signale können verfälscht werden. Sie lassen sich jedoch am Ende der Übertragungsstrecke korrigieren. Die Korrektur kann auch durchgeführt werden, indem die Daten erneut angefordert werden.

3: HDMI-Stecker

Der **HDMI-Anschluss** [*HDMI connector*] (**H**igh **D**efinition **M**ultimedia **I**nterface) ist eine 2003 eingeführte sehr schnelle Schnittstelle für die digitale Übertragung von Audio- und Video-Daten in der **Unterhaltungselektronik** [*home entertainment*]. Es werden hauptsächlich DVD-Player/-Rekorder und Fernseher über diese Schnittstelle an den PC angeschlossen. Die Schnittstelle bietet ein zusammenhängendes **Kopierschutz-Konzept** [*digital rights management*]. Aktuell ist die Version 1.4 mit einer Datenübertragungsrate von 8,16 Gbit/s. Mit dieser Datenübertragungsrate verarbeitet HDMI alle heute bekannten digitalen Video- und Audioformate der Unterhaltungselektronik. Es gibt standardmäßig Leitungslängen bis zu 15 m, die mit Hilfe von **Signalverstärkern** [*repeater*] auf bis zu 100 m verlängert werden können. HDMI ist abwärtskompatibel zu DVI-D.

4: Firewire: 4-Pin- und 6-Pin-Stecker/Buchse

IEEE 1394 (auch **Firewire** oder **i.Link**) (Abb. 4) ist eine 1995 von Apple eingeführte serielle Schnittstelle vor allem zur Übertragung von digitalen Bildern oder Videos (z.B. Camcorder an PC oder zur Vernetzung von bis zu 63 Komponenten der Unterhaltungselektronik). Auch sehr viele Audiogeräte für den Einsatz in der Musikproduktion werden für den Firewire-Anschluss angeboten. In der Version IEEE 1394-2008 (auch Firewire S3200) sind dabei Leitungslängen bis zu 100 m und Datenübertragungsraten von 3,2 Gbit/s möglich.

SCSI (**S**mall **C**omputer **S**ystem **I**nterface, gesprochen Skasi) ist eine 1986 eingeführte standardisierte parallele Schnittstelle für die digitale Datenübertragung hauptsächlich zwischen Festplatten und Bandlaufwerken und dem Computerbus.

SCSI wurde im Desktopbereich von SATA abgelöst, wird aber im Serverbereich weiter eingesetzt. Im Vergleich zu SATA ist ein wesentliches Merkmal von SCSI die Möglichkeit, mehr als zwei Geräte anschließen zu können.

SCSI-1 (1986) bietet bei einer Leitungslänge von 6 m eine Datenübertragungsrate von 5 MByte/s, die von 8 Geräten genutzt werden kann. Ultra 320 (2002) bietet bei einer Leitungslänge von 12 m eine Datenübertragungsrate von 320 MByte/s, die von 16 Geräten genutzt werden kann.

SCSI ist nur sehr selten onboard. Deshalb ist fast immer ein Host Adapter notwendig, der in einen freien Steckplatz auf dem Mainboard gesteckt wird. An diesen SCSI-Adapter werden dann die SCSI-Komponenten angeschlossen.

Es gibt eine Vielzahl verschiedener SCSI-Stecker und Buchsen, da sich diese mit fast jeder Version verändert haben.

SAS (**S**erial **A**ttached **SCSI**) ist die serielle Weiterentwicklung des parallelen SCSI. In der zweiten Ausbaustufe (2009) lassen sich bei einer Leitungslänge von 25 m bis zu 16384 Geräte Daten mit einer Geschwindigkeit von 6 Gbit/s übertragen.

Die **Audioklinkenstecker/buchsen** [*TRS connector, audio jack*] sind für die Übertragung analoger Stereo-Audiosignale von/in die Soundkarte des Rechners gedacht. Im PC-Bereich kommt die 3,5 mm-Bauform zum Einsatz.

S/P-DIF (**S**ony/**P**hilips **D**igital **I**nter**f**ace) (Abb. 5) ist eine Schnittstellen-Spezifikation für die Übertragung digitaler Stereo-Audiosignale zwischen verschiedenen Geräten im Unterhaltungselektronikbereich (z.B. CD-Spieler, DVD-Player, Heimkinoreceiver und bei digitalen Audiokarten).

5: Optischer TOSLINK-Stecker für S/P-DIF

6: RJ45-Stecker

RJ45 (RJ: Registered Jack, Abb. 6) wird im Computerbereich zur Vernetzung von Computernetzwerken benutzt.

Aufgaben

1. Skizzieren und benennen Sie die Schnittstellen zum Anschluss externer Geräte an ihrem PC.
2. Welche Schnittstellen gibt es für den Anschluss von Monitoren?
3. Welche vier Kombinationsmöglichkeiten gibt es prinzipiell, Daten zu übertragen. Welche davon ist heutzutage am üblichsten und warum?

- Der ESATA-Anschluss ist ein störungssicherer SATA-Anschluss zum Anschluss externer Festplatten und anderer Laufwerke.
- VGA dient der analogen Videosignalübertragung zu einem Monitor oder Beamer.
- HDMI ist eine sehr schnelle digitale Schnittstelle für Audio- und Videodaten im Bereich der Unterhaltungselektronik.
- DVI ist eine Schnittstelle zur Übertragung von (digitalen) Videodaten und heutzutage Standard für den Anschluss von TFT-Monitoren.
- IEEE 1394 (Firewire, i.Link) wird hauptsächlich für den Anschluss von Geräten der Unterhaltungselektronik (z.B. Computer) an den PC verwendet.
- SCSI ist eine parallele Schnittstelle, die hauptsächlich zum Anschluss von Festplatten und Bandlaufwerken in Servern eingesetzt wird.
- SAS ist die serielle wesentlich schnellere Weiterentwicklung von SCSI.
- Klinkenstecker werden im Bereich des PCs zur Übertragung von analogen Stereo-Audiosignalen genutzt.
- S/P-DIF wird zur Übertragung von digitalen Stereo-Audiosignalen genutzt.
- RJ45 wird im Computerbereich zur Vernetzung von Rechnern benutzt.

4.6.6 Grafikkarten

Neben dem Mainboard, dem Prozessor und dem Arbeitsspeicher ist die Grafikkarte die wichtigste Komponente eines PCs. Die Grafikkarte dient der Aufbereitung der Signale, die dann mit einem Monitor oder einem Beamer angezeigt werden können.

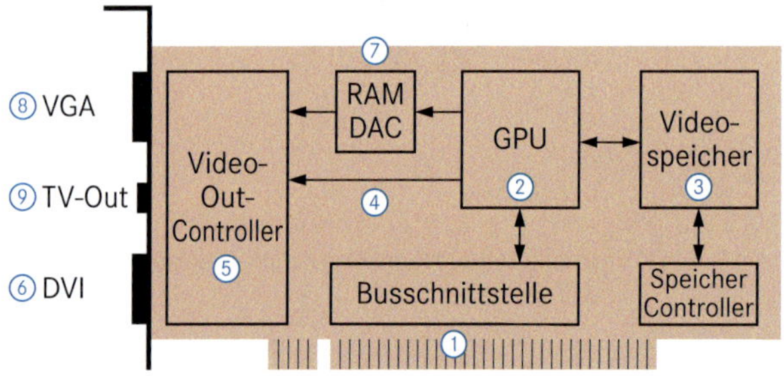

1: Funktionsprinzip einer Grafikkarte

Über die Busschnittstelle Abb. 1 ① gelangen die Grafikdaten in die Grafikkarte. Die Grafikdaten werden von dem Grafikprozessor (**G**raphics **P**rocessing **U**nit: **GPU**) verarbeitet ② und in den eigenen Speicherbausteinen (**Videospeicher** [*Video RAM*]: V-RAM) zwischengespeichert ③. Durch GPU und V-RAM werden der Hauptprozessor und der Hauptspeicher auf dem Mainboard entlastet, so dass diese parallel zur Grafikkarte andere Aufgaben übernehmen können.

Ist ein digitaler Monitor (s. Kap. 4.6.10.2) angeschlossen, so können die aufbereiteten Videodaten direkt ④ über den Video-Out-Controller ⑤ an die DVI-Schnittstelle ⑥ geschickt werden. Soll ein Röhrenmonitor angeschlossen werden, so benötigt dieser analoge Signale. Dazu ist ein **Digital-Analog-Wandler** [*Digital-Analog-Converter*] notwendig ⑦. Dieser benötigt zusätzlich einen kleinen Speicher. Er heißt abgekürzt **RAMDAC** (**R**andom **A**ccess **M**emory **D**igital **A**nalog **C**onverter). Das analoge Signal für den Röhrenmonitor wird an die VGA-Schnittstelle ⑧ gesendet. Wenn ein Fernseher an die Grafikkarte angeschlossen werden soll, muss diese eine dem Fernseher entsprechende TV-Out-Schnittstelle aufweisen ⑨.

Wichtige Merkmale von Grafikkarten sind:

- Fähigkeiten der GPU
- Speicherkapazität des V-RAM
- Wandlungsgeschwindigkeit des RAMDAC
- Auflösungen in Pixeln/Bildschirmfläche, z.B. 1600 (horizontal) x 1200 (vertikal).
- Anzahl der Schnittstellen
- Energieverbrauch
- Abmessungen
- Kühlung

In Abb. 2 sind diese Merkmale für eine einfache und damit günstige und eine teure High-End-Grafikkarte gegenübergestellt.

Merkmal	Einfache Grafikkarte	High-End-Grafikkarte
GPU	Taktfrequenz 600 MHz	Taktfrequenz 648 MHz, u.a. PPU (Physics Processing Unit) zur berechnung physikalischer Effekte in Computerspielen
V-RAM	256 MB DDR2	4096 MB DDR3
RAMDAC	400 MHz	400 MHz
Auflösungen	1024x768 1280x1024 1600x1200 2048x1536	1024x768 1280x1024 1600x1200 2048x1536 2560x1600
Schnittstellen	1 x HDMI 1 x DVI-I 1 x VGA	2 x DVI-I
Leistung	30 W (Volllast)	350 W (Volllast)
Abmessungen (BxHxT) in mm	62x20x168	104x40x269
Kühlung	mit Kühlkörper, ohne Lüfter	mit Kühlkörper und Lüfter inkl. Speicherkühlung

2: Merkmale von PCI-E Grafikkarten

Worauf sollte beim Kauf einer Grafikkarte geachtet werden?

Soll ein Röhrenmonitor (s. Kap. 4.6.10.2) an der Grafikkarte betrieben werden, dann sollte die Grafikkarte möglichst eine VGA-Schnittstelle besitzen. Alternativ lässt sich auch über einen Adapter ein solcher Monitor an DVI-I anschließen.

Sollen an einen Rechner zwei Monitore oder ein Monitor und ein Beamer angeschlossen werden, so wird eine Grafikkarte mit zwei Ausgängen benötigt, die **Dual-Head**-fähig ist.

Für einen Büro-PC reicht in den meisten Fällen eine einfache Grafikkarte aus. High-End-Grafikkarten haben einen hohen Energieverbrauch und sind durch den Extra-Lüfter häufig sehr laut.

Blu Ray- und HD-DVD-Filme sind mit dem Kopierschutz **HDCP** (**H**igh-bandwidth **D**igital **C**ontent **P**rotection) versehen. Damit die Wiedergabe möglich ist, muss die Grafikkarte den HDCP-Standard unterstützen.

- Die Hauptkomponenten einer Grafikkarte sind die GPU, der V-RAM und der RAMDAC sowie die Schnittstellen zu den Anzeigegeräten.
- Die wichtigsten Merkmale von Grafikkarten sind die Fähigkeiten der GPU, die Speicherkapazität des V-RAM, die maximale Auflösung, die Art und Anzahl der Schnittstellen und der Energieverbrauch.

4.6.7 Sound- und TV-Karten

Mit Soundkarten können an einem Computer Musik, Sprache sowie andere Geräusche gehört und aufgenommen werden. Mit TV-Karten kann das Fernsehprogramm über Kabel, Satellit oder terrestrische Antennen empfangen werden.

Soundkarten

Einfache Signaltöne zum Betriebszustand des Computers werden über den an das Mainboard angeschlossenen Lautsprecher ausgegeben.

Die Verarbeitung von akustischen Signalen im Computer (Eingabe und Ausgabe) wird von der Soundkarte übernommen.

Viele Mainboards haben Sound onboard. Diese Soundchips besitzen oft schon mehrere Lautsprecheranschlüsse und einen Mikrofoneingang. Ferner besitzen sie einen Eingang für weitere Audioquellen (Line-In-Eingang). An diesen können externe Audioquellen wie z. B. eine Stereoanlage angeschlossen werden, um Musik aufzunehmen.

Onboard-Soundkarten besitzen nicht die Qualität und den Funktionumfang wie hochwertige Steckkarten. Diese bringen spezielle Soundtechniken (z. B. Dolby Surround) mit, die bei Computerspielen und beim Abspielen von DVDs zum Einsatz kommen.

Die wichtigsten Qualitätsmerkmale von Soundkarten sind Anzahl und Typ der Anschlüsse sowie die unterstützten Soundtechniken:

- **Auflösung** [*resolution*]:
  Anzahl der Bits (8, 16 oder 24) für die Lautstärke der Töne. Je mehr Bits, desto geringer ist der Abstand von einer Lautstärkestufe zur nächsten und die Qualität der Wiedergabe ist besser.
- **Abtastrate** [*sampling rate*]:
  Das Tonsignal wird abgetastet: die Lautstärke des Tonsignals wird zu Zeitpunkten gemessen, die den gleichen zeitlichen Abstand besitzen. Je kürzer der Abstand zwischen diesen Zeitpunkten, desto realistischer klingt das Tonsignal. Abtastraten werden in Hz angegeben (z. B.: 48 kHz entsprechen einem Zeitabstand von ca. 20 µs).
- **Frequenzgang** [*frequency response*]:
  Der Frequenzgang zeigt den Frequenzbereich an, der von der Soundkarte gut verarbeitet werden kann. Dieser Frequenzbereich sollte zwischen 20 Hz und 20 kHz liegen, da das der Frequenzbereich ist, der vom Menschen gehört werden kann.

TV-Karten

Eine TV-Karte dient dazu, TV-Signale auf dem Bildschirm oder über einen Beamer darzustellen bzw. auf einem Massenspeicher aufzunehmen. Heutzutage sollten in einem neuen Rechner digitale TV-Karten eingebaut werden. Diese gibt es in Ausführungen für Kabelempfang (DVB-C), terrestrischen Empfang (DVB-T) und Satellitenempfang (DVB-S).

Mehrkanal-Tonsysteme

Ziel von Mehrkanal-Tonsystemen ist es, ein möglichst realistisches räumliches Klangerlebnis zu realisieren. So gibt es beispielsweise mit 5.1 (5 Hoch- und Mitteltöner + 1 Tieftöner) und 11.2 (11 Hoch- und Mitteltöner + 2 Tieftöner) bezeichnete Mehrkanaltonsysteme, bei denen mehrere Typen von Lautsprechern an unterschiedlichen Postionen angeordnet werden.

Farben der analogen Ein-/Ausgänge einer Soundkarte:

Farbe und Funktion	
	Mikrofoneingang (mono)
	Line-In (stereo)
	Line-Out (Kopfhörer oder Frontlautsprecher, stereo)
	Ausgang für Rücklautsprecher (stereo)
	Ausgang für Seitenlautsprecher (stereo)
	Ausgang für Center- und Tiefbass-Lautsprecher

Auswahl von Kompenenten für das Architekturbüro Rüst

Eine TV-Karte wird nicht benötigt. Bei der Soundkarte reicht eine Onboard-Lösung.

Die Grafikkarte soll möglichst energiesparend und leise sein. Desweiteren sollen zwei Monitore angeschlossen werden können, damit Herr Rüst technische Zeichnungen sowie Bildbearbeitungen auf dem einen Monitor und gleichzeitig Texte sowie Projektverwaltung auf dem anderen Monitor sehen kann. Dazu benötigt er eine Grafikkarte mit zwei Ausgängen. Außerdem soll auf eine hohe Auflösung der Grafikkarte geachtet werden.

Die Wahl fällt auf eine CAD-Grafikkarte, die nur mit einem Kühlkörper (ohne Lüfter) gekühlt wird und PCI-Express x16 unterstützt. Die Leistung der Karte liegt bei weniger als 100 W. Eine Auflösung von 2560 x 1600 Pixeln wird unterstützt. Die Karte ist Dual-Head-fähig mit zwei DVI-I-Schnittstellen.

- Soundkarten übernehmen die Verarbeitung von akustischen Signalen (Ein- und Ausgabe).
- Sollen an einem Rechner häufig DVDs geschaut und Spiele gespielt werden, so sollte statt einer Onboard-Soundkarte eine höherwertige Steckkarte verwendet werden.
- Die drei wichtigsten Qualitätsmerkmale von Soundkarten sind Auflösung, Abtastrate und Frequenzgang.
- Digitale TV-Karten werden unterschieden in solche für Kabelempfang (DVB-C), terrestrischen Empfang (DVB-T) und Satellitenempfang (DVB-S).

4.6.8 Permanentspeicher

Die elektronische Datenverarbeitung erfordert neben dem Ein- und Auslesen von Daten auch deren permanente (ständige) Speicherung. Da der Hauptspeicher auf dem Mainboard seine Informationen mit dem Abschalten der Spannung verliert, muss jedes Rechnersystem über Möglichkeiten der dauerhaften Speicherung dieser Informationen in Dateien verfügen. Dies geschieht mit **Permantspeichern**, die als Speicher für große Datenmengen (Massenspeicher) fungieren (Abb. 1).

Speicherverfahren

Es gibt drei wichtige Verfahren:

Magnetische Speicherung [*magnetic storage*]

Ein ferromagnetischer Belag wird über Schreibköpfe magnetisch beeinflusst. Die Daten sind in Form magnetischer Dipole (kleinste magnetische Einheit) gespeichert. Die Dipole werden dabei in jeweils eine von zwei Richtungen ausgerichtet. Die Kombination der Dipolrichtungen bildet die eigentliche Datenspeicherung.

Optische Speicherung [*optical storage*]

In einen Belag werden beim Beschreiben mit einem Laser Vertiefungen (**Pits**) gebrannt. Es entsteht so eine Oberfläche, auf der Erhebungen (**Lands**) und Pits vorhanden sind.

Beim Lesen wird die Oberfläche mit einem weniger intensiven Laserstrahl abgetastet. Die Lands reflektieren das Laserlicht vollständig, die Pits absorbieren es teilweise. Die Kombination von Lands und Pits bildet die Datenspeicherung (s. S. 192, Abb. 4).

Chipbasierte Speicherung [*chip based storage*]

Der Speicherchip besteht aus vielen einzelnen Speicherzellen. Diese Zellen haben die Eigenschaften Ladungen zu speichern. Die Kombination von geladenen und nicht geladenen Zellen bildet die Datenspeicherung. Diese Speicherung erfolgt über das Floating-Gate eines Feldeffekttransistors (FET). Beim Speichern springen Elektronen über. Da dies einem **Blitz** [*flash*] ähnelt, wird auch von **Flash-Speichern** gesprochen.

- Zum Speichern von großen Datenmengen auf permanenten Speichern werden die drei wichtigsten Verfahren verwendet:
  - Magnetische Speicherung
  - Optische Speicherung
  - Elektronische (chipbasierte) Speicherung (Flash-Speicherung)

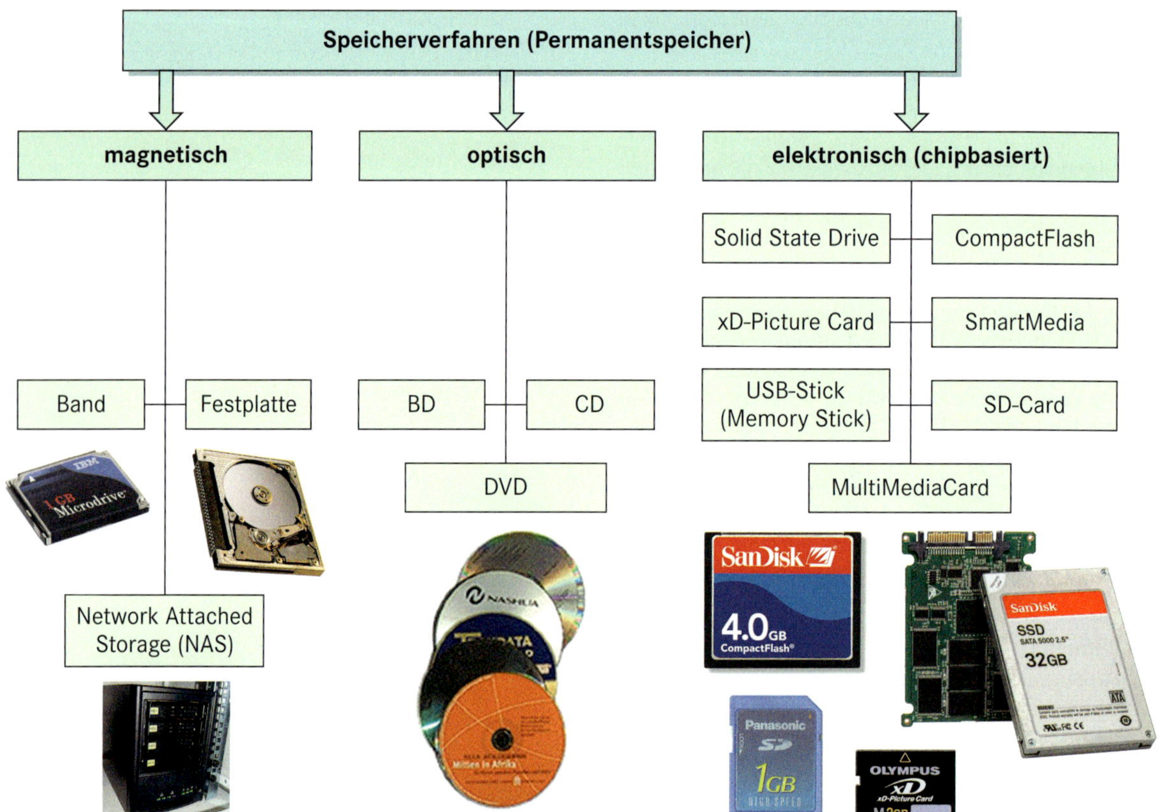

1: Speicherverfahren und Speichermedien für Permanentspeicher

Festplatten

Auf einer Festplatte (Abk. **HDD**: **H**ard**d**isc **D**rive oder kurz HD) ist im Normalfall das Betriebssystem installiert. Festplatten sind darüber hinaus die Permanentspeicher mit der höchsten Datenübertragungsrate. Damit ist die Festplatte der wichtigste Permanentspeicher für große Datenmengen in einem PC.

Festplatten sind Magnetplattenspeicher. Träger der Speicherschicht sind übereinander gestapelte, runde Aluminiumplatten ①, auf die beidseitig jeweils eine sehr dünne Eisenoxidschicht aufgedampft ist. Diese Platten sind in geringem Abstand starr miteinander verbunden.

2: Das Innenleben einer Festplatte

Zum Lesen oder Schreiben der Daten greifen seitlich pro Platte zwei Schreib-Lese-Köpfe ② zwischen die Platten ein. Alle Schreib-Lese-Köpfe sitzen auf einem Kamm ③, so dass sie stets gleichzeitig über die Oberflächen bewegt werden. Die Bewegung des Kamms erfolgt über einen Linearmotor ④. Bei einem Linearmotor werden die angetriebenen Objekte nicht in eine rotierende, sondern in eine geradlinige Bewegung umgesetzt.

In Arbeitsplatzrechnern werden hauptsächlich Serial-ATA-Festplatten eingebaut. Jede dieser Festplatten benötigt im Gegensatz zu den veralteten langsameren EIDE-Festplatten einen eigenen Anschluss am Mainboard. Serial-ATA-Festplatten können im laufenden Betrieb ausgetauscht werden (**hot swap**). Als Alternative zu SATA-Festplatten stehen die teureren SCSI-Festplatten zur Verfügung. Diese haben eine längere Lebensdauer. Es lassen sich mehrere SCSI-Festplatten hintereinander an einen Anschluss anschließen. Deshalb werden SCSI-Festplatten fast ausschließlich in Servern (s. Seite 218) eingebaut und **RAID**-Systeme (**R**edundant **A**rray of **I**ndependant **D**iscs) damit realisiert, um bei Ausfall einer Festplatte weiter arbeiten zu können (höhere Verfügbarkeit) und/oder einen erhöhten Datendurchsatz zu erzielen. Für RAID wird ein RAID-Controller benötigt. Mit der einfachen RAID 1-Variante werden Daten gleichzeitig auf zwei identische Festplatten geschrieben (**Spiegelung** *[mirroring]*). Fällt eine Festplatte aus, so existieren die Daten noch einmal auf der anderen Festplatte.

Merkmale einer Festplatte

Schnittstelle: Sie bestimmt über welche Anschlüsse das Mainboard verfügen muss, um die Festplatte anzuschließen: z. B. SATA, EIDE, SCSI.

Breite: Sie gibt an, wie breit eine Festplatte ist. Typische Breiten sind 3,5 Zoll (Desktops) und 2,5 Zoll (Notebooks). Dies sind keine exakten Angaben. 3,5 Zoll-Festplatten sind z. B. exakt 100 mm breit.

Speicherkapazität *[memory capacity]*: Sie gibt die Anzahl der Bytes an, die auf der Festplatte gespeichert werden können.

Drehzahl: Je schneller die Drehzahl einer Festplatte, desto schneller können Daten gelesen und gespeichert werden, aber desto höher ist auch deren Energieverbrauch. Typisch sind 5400 1/min und 7200 1/min. Es gibt aber auch SCSI-Festplatten, die sich mit 15000 1/min drehen.

Zugriffszeit *[access time]*: Sie ist die Zeitspanne, die für das richtige Positionieren des Schreib-Lese-Kopfes auf der Platte und dem Lesen bzw. Schreiben benötigt wird. SATA-Festplatten arbeiten typischerweise mit Zugriffszeiten zwischen 8 ms und 14 ms. Je geringer die Zugriffszeit, desto schneller können Daten gelesen bzw. geschrieben werden.

Cache: Dieser Speicher ist schneller als der Festplattenspeicher. Das hat beispielsweise beim Beschreiben zur Folge, dass die Festplatte vor ihrer eigentlichen Magnetisierung die zu schreibenden Daten in den Cache übernommen hat. Der Rest des Systems kann so während der Magnetisierung weiterarbeiten. Typische Cache-Größen sind 8 MByte und 16 MByte.

3: Wichtige Merkmale einer Festplatte

Network Attached Storage (NAS)

Eine NAS ist ein einfach zu verwaltender Dateiserver, der mehrere Festplatten und einen RAID-Controller beinhaltet. Eine NAS stellt Speicherkapazität in einem lokalen Rechnernetzwerk (siehe Kap. 4.7) bereit.

Aufgaben

1. Wozu werden Permanentspeicher benötigt?
2. Wie groß ist ca. die Geschwindigkeit in km/h am Rand einer 3,5"-Festplatte, die sich mit 7200 1/min dreht?

- Eine Festplatte ist ein Magnetspeicher.
- In Desktops werden typischerweise SATA-Festplatten, in Servern SCSI-Festplatten eingebaut.
- Die wichtigsten Merkmale einer Festplatte sind: Schnittstelle, Größe, Speicherkapazität, Drehzahl, Zugriffszeit und Cache.

Datenbänder

Im professionellen Umfeld werden Magnetbänder wegen ihrer allgemein hohen Zuverlässigkeit und Lebensdauer zur Datenspeicherung und Archivierung nach wie vor häufig eingesetzt.

Ein mit Eisenoxid beschichtetes Band aus Polyester wird kontinuierlich an mindestens je einem Lösch- und Schreibkopf vorbeigeführt.

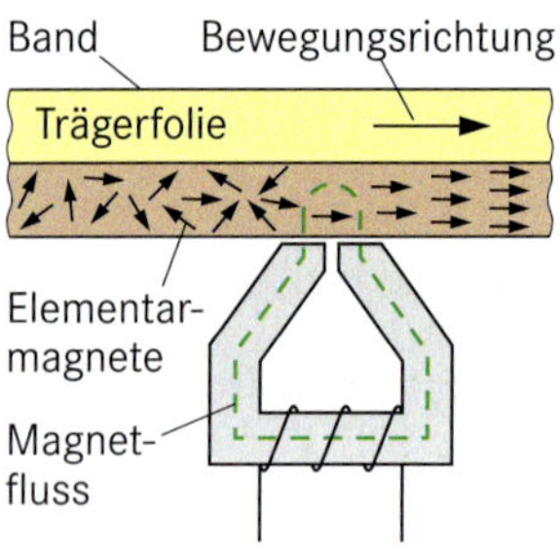

1: Aufnahmeprinzip bei Magnetbändern

Abb. 1 zeigt den Vorgang der Datenspeicherung beim Vorbeilauf des Bandes am Schreibkopf.

Da die Datenzugriffe nur sequentiell (also nacheinander) erfolgen können, sind Einzelzugriffe mit relativ hohen Zugriffszeiten verbunden.

Bandlaufwerke haben deshalb heute nur noch Bedeutung im Bereich der Datensicherung, wo es ja um die kontinuierliche Duplizierung vorhandener Daten z. B. von einer Festplatte auf das Band [***backup***], bzw. um das Zurückschreiben der Daten vom Band auf Festplatte [***restore***] geht.

In der Tabelle in Abb. 2 sind wichtige Speicherverfahren für Datenbänder genannt.

Verfahren	**Speicherverfahren**
(Super) Advanced Intelligent Tape ((S)AIT)	bis 4 TB
Digital Audio Tape (DAT)	bis 160 GB
Digital Linear Tape (DLT)	bis 160 GB
Linear Tape Open (LTO)	bis 3200 GB
Travan	bis 20 GB

2: Speicherverfahren für Datenbänder

Compact Disc (CD)

Die CDs gehören zu den Permanentspeichern, bei denen die Informationen optisch ausgelesen werden.

Bei den CDs wird unterschieden zwischen den Standard-CDs, die nur gelesen und solchen, die auch beschrieben werden können (Abb. 3).

Gemeinsam ist allen CDs der spiralförmige Verlauf der Datenspur (Abb. 4). Innen beginnt der **Einlaufspurbereich** [*lead-in*] ①, der die Basisdaten (Inhaltsverzeichnis, Gesamtlänge, Tracks usw.) aufnimmt. Die Datenspur ② endet im Außenbereich mit dem **Spurauslauf** [*lead-out*] ③.

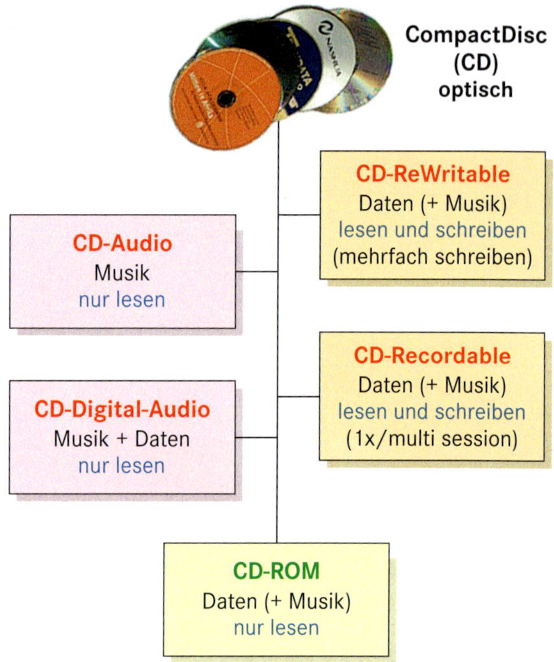

3: Eignung von optischen CDs

Die Datenspur wird von einem Laser abgetastet. Die Reflexionen des Laserstrahls durch die Lands ④ werden am Übergang zu den Pits ⑤ gestört. Jeder Übergang zwischen Lands und Pits und umgekehrt entspricht der logischen 1.

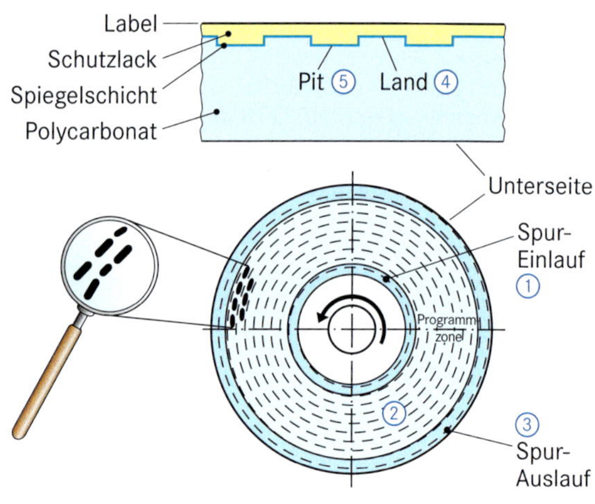

4: Aufbau der CD

DVD (Digital Versatile Disc)

Die DVD ist ein optischer Permanentspeicher. Unterschiede zur CD bestehen in den geometrischen Abmessungen der Datenspuren und der Anordnung der Informationsschichten. Während alle CDs nur eine Informationsschicht pro Scheibe haben, gibt es DVDs in vier verschiedenen Ausführungen (Tabelle in Abb. 5). Bei DVDs können bis zu vier Informationsschichten (2 Schichten 2-seitig) genutzt werden.

Ausführung	Eigenschaften
DVD 5	4,7 GBytes, 1 Seite (single sided), 1 Schicht (single layer), Videospielzeit ca. 2,2 Std.
DVD 9	8,5 GBytes, 1 Seite (single sided), 2 Schichten (dual layer), Videospielzeit ca. 4 Std.
DVD 10	9,4 GBytes, 2 Seiten (double sided), 2 Schichten (dual layer), Videospielzeit ca. 4,4 Std.
DVD 18	17 GBytes, 2 Seiten (double sided), 2 Schichten (dual layer), Videospielzeit ca. 8 Std.

5: DVD-Ausführungen

Ihre besondere Anwendungsbedeutung haben DVDs als Datenträger für Video-Signale erlangt. Aber auch Betriebssysteme und komplexe Programme werden auf DVDs vertrieben.

DVDs gibt es als:

- DVD-ROM (Audio-, Video- und Computerdaten)
- DVD-R (einmal beschreibbar),
- DVD-R/W (einmal wiederbeschreibbar)

DVDs und CDs können von einem kombinierten CD-/DVD-Brennerlaufwerk gelesen und beschrieben werden. In den meisten Fällen werden diese als SATA-Laufwerke (Abb. 6) in einen PC eingebaut.

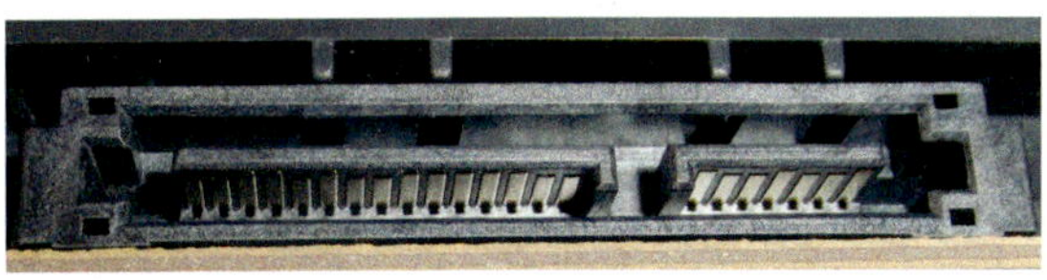

6: Anschlüsse eines SATA-CD-/DVD-Laufwerkes

Blu-ray Disc (BD)

„Blu(e)-ray“ bedeutet „blauer Strahl“, was sich auf den violetten Lichtstrahl des verwendeten Lasers bezieht. Blu-ray Discs sind Nachfolger von DVDs für **HDTV** (**H**igh **D**efinition **T**ele**v**ision). HDTV ist ein für das Fernsehen entwickelter Standard, der sich vom herkömmlichen Fernsehen durch eine erhöhte vertikale und horizontale Auflösung oder eine höhere Bildrate und damit durch eine bessere Bildqualität unterscheidet. Auf Blu-ray Discs können Videos in HD mit bis zu 27 GB (single layer) bzw. 54 GB (dual layer) gespeichert werden. Dies entspricht 13 Stunden Video in DVD-Auflösung. Blu-ray-Laufwerke werden u.a. als BD-Brenner angeboten, die BDs, CDs und DVDs lesen und beschreiben können. Es gibt diese Geräte zum Einbau ins Gehäuse mit SATA-Anschluss und extern anschließbar mit USB- und ESATA-Anschluss.

Auf BDs können nicht nur HD-Filme, sondern auch alle anderen Daten gespeichert werden.

Chipbasierte Speicher

Diese Speicher haben geringe Abmessungen (Abb. 7) und ein geringes Gewicht, jedoch eine relativ dazu hohe Speicherkapazität von einigen Gigabyte. Sie sind also ideale Speicher für Kleingeräte, z. B. Digitalkameras, MP3-Player, Mobiltelefone, SmartPhones usw.

7: Größenvergleich

USB-Sticks (Memory Sticks) haben eine ganz besondere Bedeutung als mobile Speicher für PCs. Die Speicherkarte ist in einem kleinen Gehäuse untergebracht, die über eine USB-Schnittstelle verfügt. PCs erkennen diese USB-Sticks als Wechselplatten.

In PCs sind oft **Kartenleser** [*card reader*] eingebaut, die alle gängigen chipbasierten Speichermedien lesen und beschreiben können. Diese werden an einen internen USB-Anschluss am Mainboard angeschlossen.

Solid State Drives (SSDs, „Halbleiterlaufwerke“) sind chipbasierte Speicher, die wie herkömmliche magnetische Festplatten eingebaut und angesprochen werden. Sie haben aber keine beweglichen Teile, da nur Halbleiterspeicherbausteine verwendet werden. Vorteile eines Solid State Drive sind mechanische Robustheit, kurze Zugriffszeiten und niedriger Energieverbrauch. Nachteil ist die im Verhältnis zu herkömmlichen Festplatten noch niedrige Speicherkapazität und der deutlich höhere Preis.

Auswahl von Massenspeicherkomponenten für das Architekturbüro Rüst

Es soll eine magnetische SATA-Festplatte mit einer großen Speicherkapazität (> 2TB) für den PC angeschafft werden, die schnell und leise ist. Ferner soll eine NAS mit zwei Festplatten (> 2 TB) zum Speichern der Daten im Netz angeschafft werden.

Außerdem soll ein schneller DVD-Brenner für Datensicherungen gekauft werden, mit dem auch CDs und DVDs gelesen werden können.

Darüber hinaus soll ein einfacher Kartenleser im PC eingebaut werden, um gegebenfalls auch chipbasierte Speicherkarten für eine Digitalkamera einlesen zu können.

- Datenbänder werden für die Datensicherung benutzt.
- Optische Speichermedien sind die CD, die DVD und die BD.
- Chipbasierte Speicher sind klein und leicht. Sie kommen als mobile Speicher und als Solid State Drive auch als Festplatte zum Einsatz.

4.6.9 Gehäuse und Netzteil

Nachdem klar ist, welche Komponenten in dem Rechner eingebaut werden sollen, muss ein Gehäuse und ein Netzteil ausgesucht werden. Hieran werden folgende Anforderungen gestellt:

- Das Gehäuse muss genügend Platz für die Komponenten und eine ausreichende Luftzirkulation bieten.
- Das Netzteil muss allen eingebauten Komponenten die von Ihnen benötigte Leistung zur Verfügung stellen.

Desweiteren muss darauf geachtet werden, wie laut der Netzteillüfter ist und inwieweit das Gehäuse geräuschgedämmt ist.

Gehäuse

Abb. 1 zeigt ein typisches Beispiel für ein Gehäuse:

- Drei 5,25"-Einschübe, z. B. für optische Laufwerke und Bandlaufwerke ①,
- zwei 3,5"-Einschübe, z. B. für Kartenleser und Audio-/Video-In/-Output ②,
- weitere nicht nach außen zugängliche 3,5"-Einschübe für Festplatten ③,
- sechs Aussparungen für das Herausführen der Steckkarten ④,
- Lüftungsgitter für das optionale Anbauen eines weiteren Lüfters ⑤,
- ein bereits eingebautes Netzteil ⑥.

Entscheidend wichtig für die Auswahl des Gehäuses ist der **Formfaktor** [*form factor*] (besser: Format).

Im Konsumerbereich werden die Formfaktoren BTX, ATX und µATX verwendet. Diese unterscheiden sich in den verwendbaren Netzteilen, dem Format und der Anordnung der in das Gehäuse einbaubaren Komponenten, vor allem dem Mainboard.

1: Midi Tower-Gehäuse

Gehäusebauformen

Desktop: Es hat eine flache Bauform. Desktop heißt auf Deutsch Schreibtisch. Dieser Gehäusetyp ist dazu gedacht, auf dem Schreibtisch zu stehen.

Midi Tower (Abb. 1): Er hat eine mittelhohe Bauform und kann auf oder unter dem Tisch aufgestellt werden.

Big Tower: Er hat die höchste Bauform mit dem meisten Platz und wird unter dem Tisch aufgestellt.

Servergehäuse: Ein Big Tower mit vielen Einschubplätzen für Festplatten oder andere Komponenten.

„Pizza Box": Für den Einbau in 19"-breite Serverschränke. In diese können mehrere Gehäuse mit 1, 2 oder mehreren **Höheneinheiten** (HE) [***hight units***] eingebaut werden. 1 HE entspricht 1,75 Zoll = 44,45 mm.

Bei der **Auswahl eines Gehäuses** ist folgendermaßen vorzugehen:

1. Formfaktor des geplanten Mainboards feststellen.
2. Platzbedarf für Steckkarten, optische Laufwerke, Festplatten und sonstige einzubauenden Komponenten ermitteln.
3. Gute Gehäuse haben viele kleine Erleichterungen für den Einbau der Komponenten zu bieten. Z. B. werden Gehäuse mit Käfigen zum leichteren Einbau von Festplatten angeboten, die komplett aus dem Gehäuse herausgenommen werden können. Je billiger ein Gehäuse ist, desto wahrscheinlicher ist die Verletzungsgefahr durch scharfe Kanten.
4. Der Ein- und Ausschalter sowie der Reset-Knopf sollten versenkt sein, damit sie nicht versehentlich betätigt werden.
5. Obwohl die Hardware entscheidend für einen leisen PC ist, muss entschieden werden, ob das Gehäuse zusätzlich geräuschgedämmt sein soll.

Auswahl des Gehäuses für das Architekturbüro Rüst

In Kapitel 4.6.4 wurde sich für das Mainboard MSI 945GCM478-L entschieden. Dieses hat den Formfaktor µATX. Ferner werden mindestens benötigt:

- Eine Aussparung für eine Grafikkarte
- Ein 5,25"-Einschub für den DVD-Brenner
- Ein 3,5"-Einschub für die Festplatten
- Zwei 3,5"-Einschübe für den Kartenleser und Audio/Video-In/Output

Dafür ist ein Midi-Tower ausreichend. Da Herr Rüst seinen PC evtl. später weiter aufrüsten will, wird ein Big Tower geplant, in den die weiteren Komponenten bequem eingebaut werden können.

Netzteil

Ein Netzteil (Abb. 2) soll den Rechner störungsfrei und möglichst leise mit Spannung versorgen. Gute Netzteile verwenden deshalb langlebige, qualitativ hochwertige Bauteile mit leisen Lüftern.

2: Netzteil

Es muss darauf geachtet werden, dass das Netzteil zum Mainboard passt. Dies muss im Handbuch des Mainboards nachgelesen werden.

Es sollte darauf geachtet werden, dass für alle Komponenten Stecker vorhanden sind. Die Stecker müssen zum Mainboard und zu den zu versorgenden Laufwerken passen, z. B. SATA.

Ferner sollten die Leitungen ausreichend lang sein, um alle Laufwerke zu erreichen.

Darüber hinaus ist wichtig, dass ein Netzteil die Leistung liefert, die alle eingebauten Komponenten insgesamt benötigen. Dies soll an den Komponenten für das Architekturbüro Rüst deutlich gemacht werden.

Auswahl des Netzteils für das Architekturbüro Rüst

Für den PC des Architekturbüros werden die Leistungen aller einzelnen Hardwarekomponenten aus den technischen Datenblättern festgestellt und summiert (Abb. 3). Basierend auf dem Lastenheft ist ein PC zusammengestellt worden, der mit einer Gesamtleistung von ca. 280 W im Vergleich mit einem heutzutage angebotenen Standard-PC, wenig Energie benötigt. Um Toleranzen auszugleichen, sollte zu der berechneten Gesamtleistung ein Sicherheitspuffer von 20 % vorgesehen werden. So ergibt sich eine Mindestleistung von 340 W für das benötigte Netzteil. Da Herr Rüst aber den Rechner später noch aufrüsten möchte, wird ein Netzteil mit 450 W eingeplant.

Jetzt muss noch das ausgewählte Mainboard ‚MSI 945GCM478-L' beachtet werden. In dessen Betriebsdaten wird nach folgendem Netzteil verlangt: ‚ATX 12V 2.0 (24-Pin+4-Pin)'.

Komponente	Benötigte Leistung
Mainboard	30 W
Prozessor	90 W
Hauptspeicher	50 W
Grafikkarte	60 W
Tastatur und Maus	2,5 W
SATA-Festplatte	10 W
DVD-Brenner	15 W
Kartenleser	5 W
IEEE 1394	8 W
2 x USB-Gerät (extern angeschlossen)	2 x 5 W
Zwischensumme	**ca. 280 W**
+ 20 % Puffer	**ca. 60 W**
Gesamtsumme	**340 W**

3: Leistung der einzelnen PC-Komponenten des PCs für das Architekturbüro Rüst

Das verlangte Netzteil muss also
- die ATX 12V 2.0-Spezifikation unterstützen, die neben elektrischen und mechanischen auch sicherheitsrelevante Vorgaben beschreibt,
- einen 24-Pin-Versorgungsstecker für das Mainboard und einen 4-Pin-Versorgungsstecker für die CPU besitzen.

Ferner muss das Netzteil mindestens zwei SATA-Stecker haben, um die Festplatte und den DVD-Brenner mit Spannung zu versorgen. Der Schalldruckpegel muss kleiner als 20 dB sein.

Aufgabe

1. Ein PC läuft 60 h/Woche in 48 Wochen/Jahr mit einer durchschnittlichen Leistung von 200 W. Wieviel Energie und Geld kann man pro Jahr gegenüber einem PC mit einer durch schnittlichen Leistung von 300 W einsparen, wenn eine Kilowattstunde 25 Cent kostet?

- Bei der Auswahl eines Gehäuses ist der Formfaktor die wichtigste Größe. Der Formfaktor muss zum Mainboard passen.
- Bei den Gehäusebauformen werden Desktop, Midi Tower, Big Tower, Servergehäuse und „Pizza Box" unterschieden.
- Bei der Auswahl eines Netzteils muss beachtet werden, dass das Netzteil
  - die geforderte Spezifikation des Mainboards erfüllt,
  - genügend Leistung für alle Hardwarekomponenten besitzt und
  - die richtigen und genügend viele Spannungsversorgungsstecker hat.

4.6.10 Externe Peripheriegeräte

Alle Komponenten, die der Datenein- und -ausgabe dienen und nicht im Rechnergehäuse eingebaut sind, werden als externe Peripheriegeräte bezeichnet.

Ihr Anschluss erfolgt über Anschlussbuchsen (vgl. Kap. 4.6.5). Abb. 3 zeigt eine Übersicht möglicher externer Peripheriegeräte.

4.6.10.1 Eingabegeräte [*input devices*]

Die Tastatur ist eine Anordnung von Tasten, die weitestgehend von der Schreibmaschine übernommen wurde. Diese Anordnung ist länderspezifisch.

Im deutschsprachigen Raum wird die QWERTZ-Tastatur verwendet, während in vielen anderen Ländern die QWERTY-Anordnung im Gebrauch ist (Abb. 1).

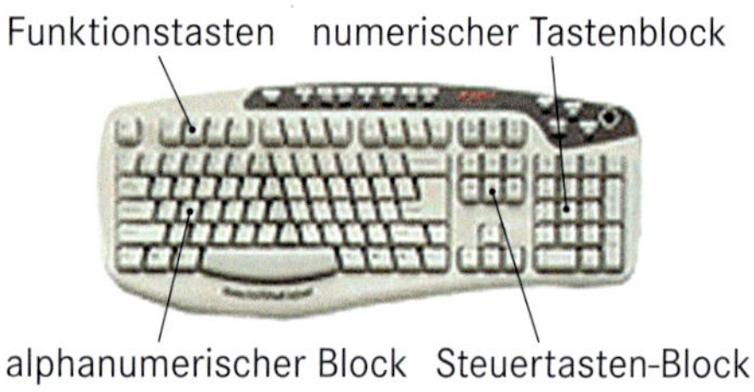

1: Aufteilung des Tastaturfeldes

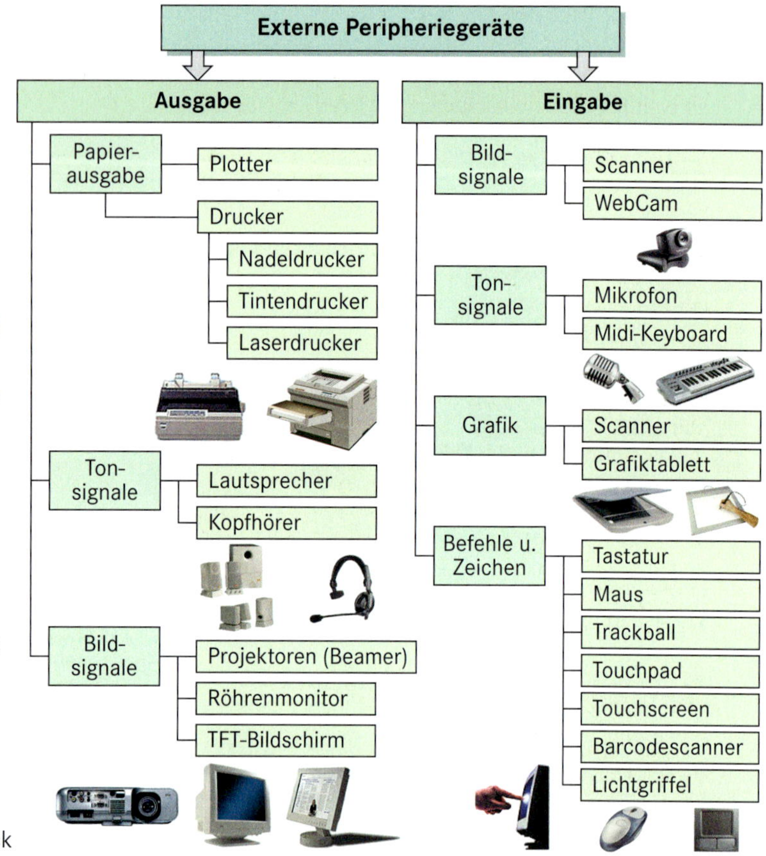

3: Externe Peripheriegeräte

Beim Betätigen einer Taste wird der Tastenkopf auf die darunter befindliche Isolierfolie gedrückt (Abb. 2). Durch eine Metallfläche an der Unterseite des Tastenkopfes wird die der Taste zugeordnete Kapazität verändert: Es kommt zur Signalauslösung. Damit der Prozessor nicht permanent mit der „Beobachtung" des Tastaturstatus beschäftigt ist, wird mit einem **Unterbrechungssignal** [***interrupt***] wie folgt gearbeitet:

Jedes Betätigen der Tastatur sendet neben dem Tastencode einen Interrupt an den Prozessor. Ein gerade abzuarbeitendes Programm wird unterbrochen, der tatsächliche Status der Tastatur wird abgefragt und ausgewertet. Danach wird die Abarbeitung des laufenden Programmes fortgesetzt.

Für die Tastaturansteuerung und -auswertung ist ein eigener Mikroprozessor zuständig.

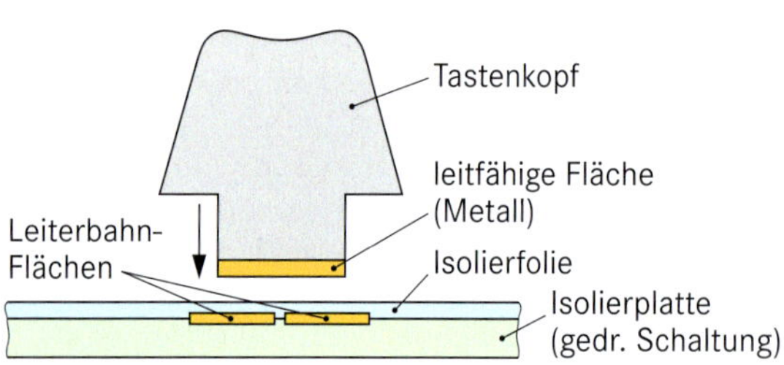

2: Signalerzeugung durch Tasten

Der Anschluss der Tastatur erfolgt an einer PS/2- oder USB-Buchse. Es gibt aber auch kabellose Tastaturen, die mit Infrarot- oder Funksignalen mit dem Rechner kommunizieren.

Wer viel mit der Tastatur arbeitet, sollte sich eine robuste Tastatur anschaffen, die außerdem ein geteiltes Tastenfeld und eine Handablage besitzt, damit die Handgelenke geschont werden.

Es gibt Tastaturen mit mehr oder weniger sinnvollen Zusatzfunktionen. So gibt es Tastaturen

- mit Touchpad (Abb. 5),
- mit USB-Hub zum Anschluss weiterer Geräte mit USB-Stecker,
- mit Magnetkartenleser, z. B. zum Lesen von Krankenkarten für Arztpraxen,
- die wasserdicht sind und
- die einrollbar bzw. besonders klein sind.

- Externe Peripheriegeräte sind Geräte, die der Dateneingabe und -ausgabe dienen und nicht im Gehäuse eingebaut sind.
- Die Tastatur dient der Eingabe von alphanumerischen Zeichen und Steuerbefehlen.

Maus und Trackball dienen der schnellen Bewegung des Cursors (Bildschirmzeiger) und dem Auswählen bestimmter Schaltflächen auf der Bedienoberfläche eines Programms durch Betätigen verschiedener Tasten. Zusätzlich verfügen sie über ein Scrollrad (to scroll: blättern), um den Inhalt eines Dokumentes hoch- und herunterzurollen. Sie werden seriell (PS/2; USB) angeschlossen.

Die Maus wird entsprechend zur gewünschten Steuerung des Cursors auf einer **Unterlage** *[mouse pad]* bewegt. Diese zweidimensionalen Bewegungen werden digital umgesetzt.

Eine optische Maus (Abb. 4) ist ein Zeigegerät, das Bewegung optisch erfasst. In dieser ist ein Sensorchip eingebaut, der ständig Bilder mit einer Bildwiederholrate von mehr als 1500 Bildern pro Sekunde aufnimmt. Die Mausunterlage wird von einer **Leuchtdiode** *[light emitting diode]* (LED) beleuchtet. Das von der Unterlage reflektierte Licht wird mit einer Linse gebündelt und gelangt in den Sensorchip. Das aufgenommene Bild wird dann in Bewegungsdaten umgerechnet, die den Mauszeiger auf der Bedienoberfläche bewegen lassen.

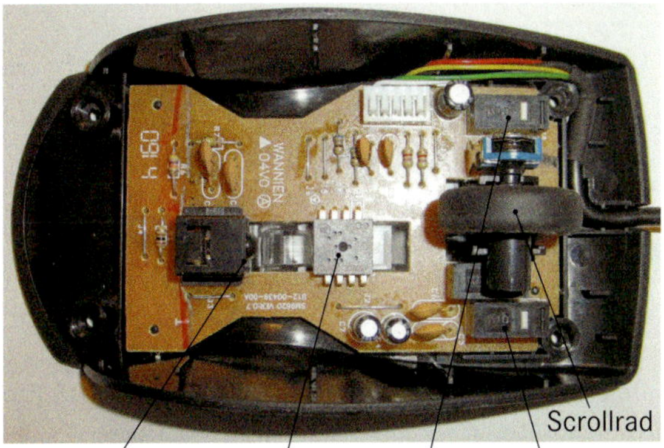

4: Signalerzeugung durch Tasten

Eine **Lasermaus** arbeitet auch mit Licht, löst aber die Strukturen der Mausunterlage genauer auf. Deshalb kann die Lasermaus noch bei Oberflächen verwendet werden, die für die LED-Mäuse ungeeignet sind, wie z. B. glänzende Oberflächen.

Die **Bluetrack-Technologie** beleuchtet den Untergrund mit blauem Licht und hat einen hochauflösenden Sensor. Mäuse mit dieser Technik können auch auf Teppich oder Holz benutzt werden.

Trackballs sind umgedrehte mechanische Mäuse, bei denen eine Kugel zwei um 90° gedrehte Walzen antreiben, die eine für die *x*- und die andere für die *y*-Richtung. Die Drehung dieser Walzen wird von Rotationssensoren erfasst und in Bewegungsdaten umgerechnet. Der Vorteil des Trackballs ist, dass sich nur wenige Finger zu bewegen brauchen und die Hand ruhig gelagert ist. Daher kann er bei gesundheitlichen Problemen (Sehnenscheidenentzündung) eine Alternative zur Verwendung einer üblichen Computermaus sein.

Ein **Touchpad** (Abb. 5) besteht aus einer empfindlichen, rechteckigen Fläche, auf der mit dem Finger die Bewegung des Cursors vollzogen wird. Touchpads finden bei Notebooks Verwendung, da sie häufig unter Bedingungen verwendet werden, bei denen eine ebene Arbeitsfläche nicht zur Verfügung steht.

5: Touchpad

Beim **Touchscreen** (Abb. 6) enthält das Sichtgerät (z. B. der Monitor) eine Oberfläche, die auf Berührung mit dem Finger oder einem Stift reagiert. Es gibt verschiedene Verfahren, diese Berührung zu orten. So reagieren beispielsweise **resistive** Touchscreens auf Druck, bei dem zwei elektrisch leitfähige Schichten stellenweise verbunden werden. Die Schichten bilden so einen Spannungsteiler, an dem der elektrische Widerstand gemessen wird. Dadurch wird die Position der Druckstelle ermittelt. Touchscreens eignen sich nur bei klar zugewiesener Ausgabedarstellung und erfordern eine programmtechnische Zuordnung zwischen Matrixfeld und Ausgabefeld (z. B. Fahrkartenautomat, Gebäudeführer usw.).

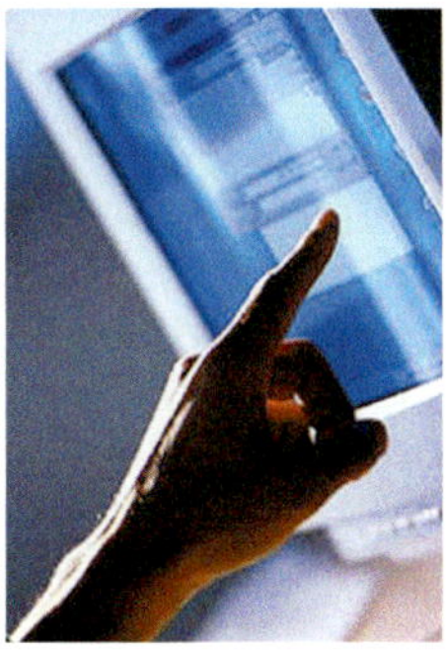
6: Touchscreen

Grafiktabletts (auch Digitalisiertablett, Abb. 7) sind ebenfalls berührungsempfindliche Flächen, die allerdings nicht direkt mit dem Finger, sondern mittels eines besonderen Stiftes berührt werden müssen.

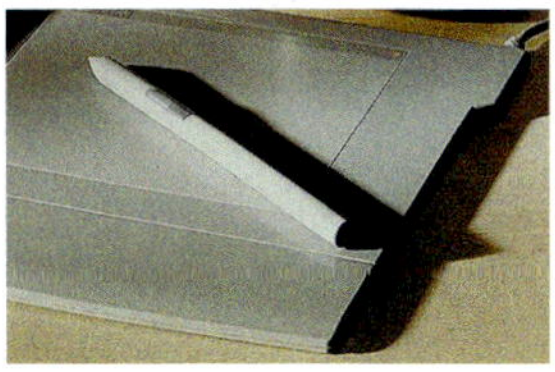
7: Grafiktablett

Sie eignen sich auch zur Positionierung des Bildschirmcursors, haben aber ihre besondere Bedeutung in der Übernahme der Stiftbewegung als Handzeichnung in entsprechender Grafiksoftware bzw. zum Schreiben mit der Hand und nachfolgender Handschrifterkennung.

Der Stift enthält in der Regel eine Spule, die ein magnetisches Feld erzeugt. Beim „Zeichnen" wird so im Tablett eine Spannung induziert, die dem Computer seriell (USB) zugeführt wird.

- Mäuse, Trackballs, Touchpads, Touchscreens und Grafiktabletts dienen der Bewegung des Cursors über die Bedienoberfläche und der Auswahl von Schaltflächen auf der Bedienoberfläche.

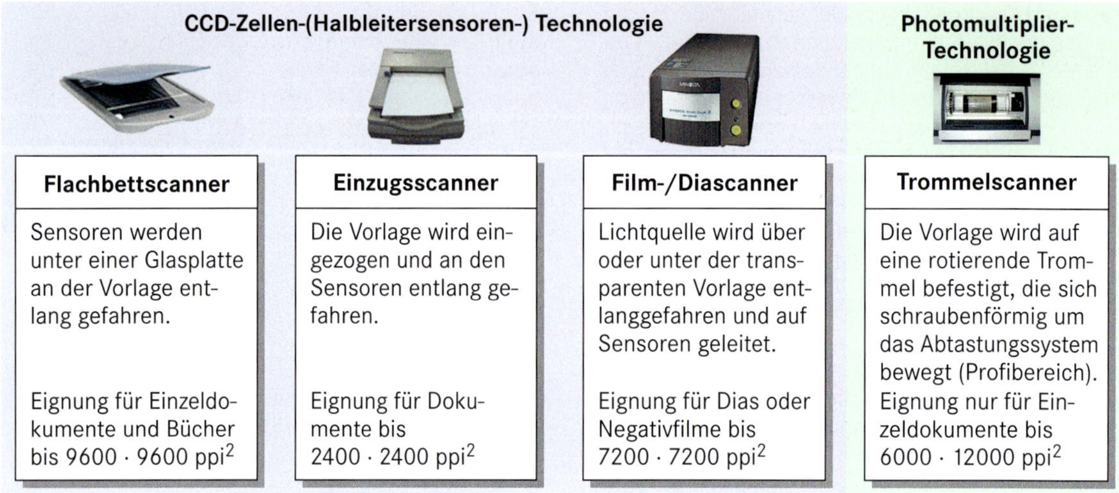

1: Scannertypen

Scanner tasten Vorlagen mit lichtempfindlichen **CCD**-Sensoren (**C**harge **C**oupled **D**evices) bzw. **CMOS**-Sensoren (**C**omplementary **M**etal **O**xide **S**emiconductor) oder mit Photomultiplier (nur Trommelscanner) ab und wandeln die daraus gewonnen Signale in digitale Daten um. Die Vorlage wird in ein zweidimensionales Raster von **Bildpunkten** *[pixels]* zerlegt und die Farbe der einzelnen Bildpunkte erfasst. Abb. 1 zeigt verschiedene Arten.

Flachbettscanner haben für Standardanwendungen die größte Bedeutung. Sie sind vielseitig, einfach und zuverlässig in der Handhabung und weisen ein gutes Preis-Leistungsverhältnis auf.

Die Ansteuerung der Scanner erfolgt in der Regel über USB, seltener über IEEE 1394 und SCSI.

Neben Farbtiefe (s. rechte Spalte) und Auflösung ist die Scangeschwindigkeit ein Kriterium, das in die Kaufüberlegungen mit einbezogen werden sollte.

Auflösung

Die Auflösung wird in **ppi** angegeben und steht für **p**ixel **p**er **i**nch und gibt an, wie viele Bildpunkte pro Zoll (1 Zoll ≈ 2,54 cm) vom Scanner erfasst werden.

In der Scanrichtung ist die Genauigkeit des Schrittmotors für die Auflösung bestimmend. In der Scanzeile ist entscheidend, wie viele lichtempfindliche CCD-Sensoren der Scankopf in einer Zeile besitzt. Da also zwei verschiedene Faktoren die Auflösung bestimmen, wird diese für Scanrichtung und Scanzeile angegeben (z. B. 2400 ppi · 4800 ppi). Oft wird **dpi** (**d**ots **p**er **i**nch) statt ppi benutzt. Die Abkürzung stammt aus der Druckausgabe und meint das Gleiche.

Wird die Auflösung als „interpoliert" angegeben, so handelt es sich um mathematisch errechnete Zwischenwerte, die von der Optik nicht erfasst werden. Die Auflösung ist nur scheinbar höher: Klare Abstufungen fließen farblich zusammen, das Original „verschwimmt".

Farbtiefe und Speicherplatz

Die **Farbtiefe** wird in Bit angegeben und gibt an, wie viele Farbtöne ein Bild maximal hat.

1 Bit: Unterscheidung von genau 2 Farbtönen

8 Bit: Unterscheidung von 2^8 = 256 Farbtönen

24 Bit = 3 · 8 Bit (für jede der Farbanteile **R**ot, **G**rün und **B**lau): 256 · 256 · 256 = 16.777.216 Farbtöne.

Bilder mit der Farbtiefe 24 Bit werden als Truecolor-Images bezeichnet, da ein Mensch die einzelnen Farbtöne nicht mehr unterscheiden kann und das Bild realistisch aussieht.

Der **Speicherplatz** einer DIN-A4-Seite in Grautönen mit einer Farbtiefe von 8 Bit, bei einer Auflösung von 600 ppi · 600 ppi errechnet sich wie folgt:

1. 600 ppi · 600 ppi = 360.000 Pixel pro $inch^2$
2. Farbtiefe 8 Bit: 8 Bit · 360.000 ppi^2 = 2,88 Mio. Bit pro $inch^2$ ≈ 352 $kByte/inch^2$
3. 1 inch = 2,54 cm. Eine DIN-A4-Seite hat die Fläche von 21 cm · 29,7 cm, das entspricht also 8,27 inch · 11,69 inch
4. Insgesamt werden also 8,27 · 11,69 $inch^2$ · 352 $kByte/inch^2$ ≈ 33,23 MByte Speicherplatz benötigt.

Aufgaben

1. Berechnen Sie den Speicherplatzbedarf für ein Foto (8 cm · 13 cm (B x H)), das mit einer Farbtiefe von 24 Bit und einer Auflösung von 300 ppi · 300 ppi eingescannt werden soll.
2. Berechnen Sie, wie lange das Einscannen des Fotos unter 1. dauert, wenn eine ein Pixel breite Zeile in 1,8 ms eingescannt wird.

4.6.10.2 Ausgabegeräte [*output devices*]

Bildschirme [*displays*] haben generell die Aufgabe, die von der Grafikkarte ausgegebenen Signale in sichtbare Bilder umzuwandeln. Sie sind als Schnittstelle zwischen Maschine und Mensch einer besonderen Aufmerksamkeit zu unterziehen. Für den Einsatz im gewerblichen Bereich regelt eine spezielle Verordnung sicherheitstechnische, arbeitsmedizinische und ergonomische Anforderungen (Verordnung über Sicherheit und Gesundheitsschutz bei der Arbeit an Bildschirmgeräten - Bildschirmarbeitsverordnung - **BildscharbV**).

Zu unterscheiden sind **Flüssigkristall-Bildschirme LCD** [*liquid crystal displays*], **Plasma-Bildschirme** [*plasma displays*] (PLDs) und Organic-Light Emitting Displays (OLEDs) sowie **Röhrenbildschirme** [*cathode ray tubes*].

Der **TFT-LCD** (kurz TFT-Bildschirm) ist der derzeit wichtigste Bildschirmtyp. Jedes Bildelement wiederum besteht aus drei LCD-Zellen für die Grundfarben Rot, Grün und Blau. Pro Bildelement steuern deshalb drei **Dünnschichttransistoren** (**TFT**) [*thin film transistors*] den Grad der Helligkeit der einzelnen Grundfarben. Damit ergeben sich aufgrund der additiven Farbmischung alle möglichen Farben. Bei der Ansteuerung der einzelnen Bildelemente wird eine Ladung auf das Bildelement aufgebracht, dem ein zusätzlicher Kondensator zum Speichern der Ladung parallelgeschaltet ist (Abb. 3).

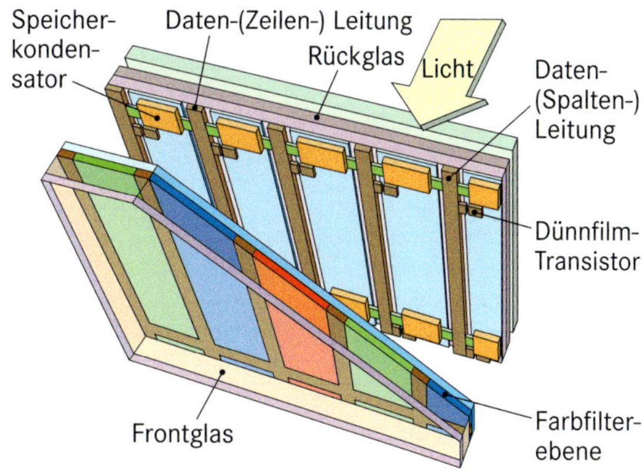

3: Funktionsprinzip des TFT-LCD-Bildschirms

Diese Art der Ansteuerung bewirkt bei TFT-Bildschirmen einen verbesserten Kontrast und eine reduzierte Abhängigkeit des Kontrastes von dem Blickwinkel gegenüber herkömmlichen LCDs.

Die Tabelle in Abb. 2 zeigt beispielhaft die technischen Daten eines TFT-Bildschirms und erklärt wichtige Begriffe in diesem Zusammenhang.

Neben den dort aufgeführten Daten sind die Schnittstellen (DVI und evtl. VGA) und die elektrische Leistung wichtige Entscheidungskriterien beim Kauf eines TFT-Bildschirms.

Technische Daten		Erklärung
Ergonomie	TCO 03	Anforderungssiegel der **T**jänstemännens **C**entral**o**rganisation (schwedischer Gewerkschaftsbund) von 2003 mit Mindestanforderungen an Helligkeit, Kontrast, Bildwiederholfrequenz u.a.
Bilddiagonale [*screen diagonal*]	22", sichtbar 55,8 cm	Entfernung von der Bildschirmecke links oben zu der rechts unten.
Auflösung [*resolution*]	1680 x 1050 Pixel	Auflösung bezeichnet die Anzahl der Bildpunkte (horizontal x vertikal) aus denen sich das dargestellte Bild zusammensetzt. TFT-Bildschirme können nicht jede Auflösung vollkommen scharf darstellen.
Zeilenfrequenz [*line frequency*]	30 - 81 kHz	Gibt an, wie viele Bildschirmzeilen pro Sekunde beschrieben werden können. Sie bestimmt zusammen mit der Auflösung die Bildwiederholfrequenz.
Bildwiederholfrequenz [*refresh rate*]	50 - 85 Hz	Anzahl der neu dargestellten Bilder in einer Sekunde. Bei LCD-Bildschirmen ab 60 Hz ist kein Flimmern des Bildes wahrnehmbar.
Reaktionszeit [*switching time*]	5 ms	Die Zeit, die die Flüssigkristallmoleküle benötigen, um auf Spannungsveränderungen zu reagieren. Schaltzeiten über 30 ms führen zu „Schlieren".
Blickwinkel [*viewing angle*]	170 Grad (hor.) 160 Grad (vert.)	Er gibt den Winkel an, ab dem Farbveränderungen, Kontrastverluste und Helligkeitseinbußen bei seitlicher Betrachtung wahrgenommen werden.
Pixelabstand [*pixel pitch*]	0,28 mm	Abstand der einzelnen Bildpunkte. Ein kleiner Abstand erzeugt ein einheitlicheres und harmonischeres Bild.
Helligkeit [*brightness*]	300 cd/m²	Nach TCO 03 wird eine Mindesthelligkeit von 150 cd/m² (Lichtstärke in Candela cd pro m²) gefordert. Die Helligkeit eines Monitors muss immer mit den Umgebungslichtverhältnissen konkurrieren.
Kontrastverhältnis [*contrast ratio*]	8000 : 1	Kontrast ist das Verhältnis zwischen der Helligkeit eines schwarzen und weißen Bildpunktes. Höherer Kontrast führt in der Regel auch zu einer höheren Farbsättigung. Bei TFT-Bildschirmen kann allerdings ein zu hoher Kontrast zu kleineren Blickwinkeln führen.

2: Technische Daten eines TFT-Bildschirms

Projektoren (umgangssprachlich Beamer) projizieren Bilder aus einem visuellen Ausgabegerät (Computer, DVD-Player) in vergrößerter Form an eine Projektionsfläche. Die drei wichtigsten Projektionstechnologien (Abb. 1) werden hier beschrieben.

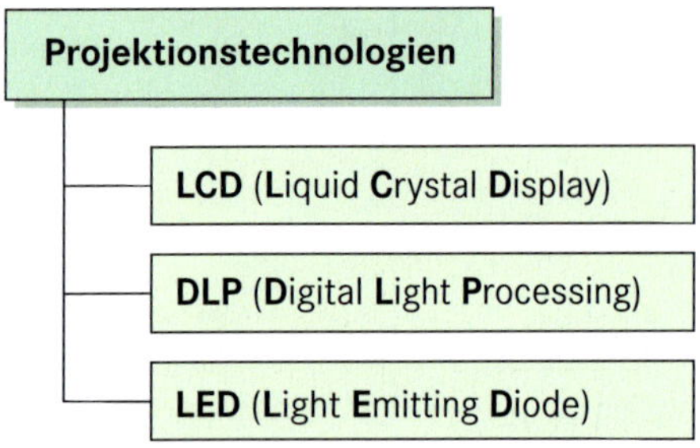

1: Projektionstechnologien

LCD-Projektoren (Abb. 2) verwenden für jede Grundfarbe (R,G,B) ein LCD-Element. Diese werden über ein System halbdurchlässiger Spiegel zu einem Bild zusammengefügt. Wichtigster Vorteil: relativ preiswert. Wichtigster Nachteil: die scharf abgezeichnete Pixelstruktur („Fliegengitter") wird störend wahrgenommen.

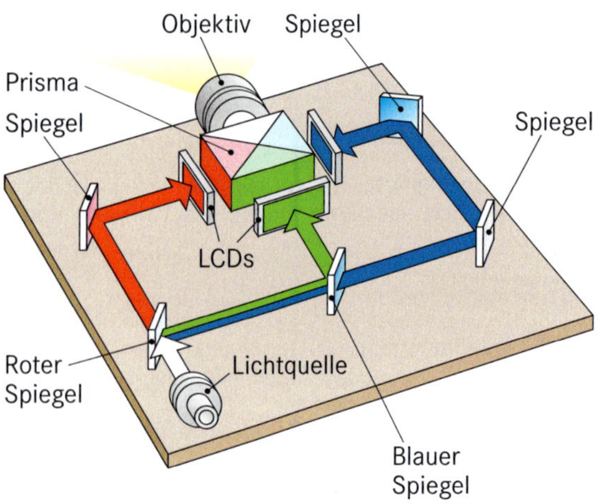

2: Funktionsprinzip LCD-Projektor

DLP-Projektoren *[Digital Light Processing]* verwenden einen **DMD**-Chip *[Digital Micromirror Device]*. Ein DMD verfügt für jedes Pixel über einen winzigen kippbaren Spiegel, der durch einen elektrischen Impuls gekippt werden kann. Das Licht wird entweder ganz oder gar nicht in Richtung der Projektionsoptik abgelenkt. Helligkeitsabstufungen werden deshalb durch entsprechend schnelles und vielfaches Kippen der Spiegel erzeugt. Mithilfe eines schnell rotierenden Farbrads werden nacheinander alle drei Grundfarben projiziert. Wichtigster Vorteil: Keine stark ausgeprägte Pixelstruktur und hoher Kontrast. Wichtigster Nachteil: Durch das Nacheinanderprojizieren der einzelnen Grundfarben werden Farben falsch dargestellt. In teureren Geräten wird deshalb statt des Farbrads für jede Grundfarbe ein eigener DMD eingesetzt.

LED-Projektoren arbeiten mit LEDs als Lichtquelle. Ansonsten arbeiten sie wie DLP-Projektoren. Wichtigster Vorteil: LEDs halten wesentlich länger als herkömmliche Projektorlampen. Damit werden die Verbrauchskosten geringer. Wichtigster Nachteil: Die Lichtleistung von LEDs ist geringer als bei herkömmlichen Projektorlampen.

Wichtige technische Daten von Projektoren sind Auflösung, Kontrast und Helligkeit. Die Helligkeit wird durch den Lichtstrom in Lumen angegeben.

Drucker (auch Printer oder **LPT** = **L**ine **P**rin**t**er) sind Ausgabegeräte zur Darstellung von Text- und Grafikinformationen auf Papier in Farbe oder schwarzweiß.

Abb. 4 zeigt die heute gebräuchlichen Druckertypen. Alle Drucker lassen sich den beiden Kategorien Impact oder Non-Impact zuordnen. Impact-Drucker sind Anschlagsdrucker, bei denen das Druckmedium mit dem Papier in Berührung kommt (Typenraddrucker, Nadeldrucker) während Tintenstrahl-, Laser- und Thermotransferdrucker Nichtanschlagsdrucker sind.

Alle heutigen Drucker können prinzipiell Zeichen und Grafiken darstellen. Während bei **Nadeldruckern** die Punktmatrix (z. B. 24 · 36) angegeben wird, ist für Tintenstrahl- und Laserdrucker die Auflösung (z. B. 600 · 1200) in dpi (dots per inch = Bildpunkte pro Zoll) ein wichtiges Gütekriterium.

Farbdrucker *[color printer]* nutzen das subtraktive Farbmischungsverfahren (Grundfarben Gelb, Cyan und Magenta, Abb. 3). Das Farbmodell wird auch mit CMY (Cyan, Magenta, Yellow) bezeichnet. Die Farbe schwarz wird jedoch in der Regel durch eine separate Tintenpatrone erzeugt (CMYK, K steht für Black).

3: Subtraktive Farbmischung

Bei **Tintenstrahldruckern** werden die Druckpunkte durch kleinste Farbtröpfchen erzeugt.

Beim **Thermoverfahren** verfügt jede Druckdüse über ein Heizelement. Bei dessen Ansteuerung wird eine Temperatur von ca. 300 °C erzeugt. Die Tinte verdampft. Es entsteht Überdruck und ein Tintentröpfchen wird mit hoher Geschwindigkeit auf das Papier geschossen (Bubble-Jet). Die schnell verschleißenden Druckköpfe müssen mit der Tinte ausgetauscht werden.

Beim **piezoelektrischen Verfahren** wird ein Piezo-Element im Druckkopf durch eine elektrische Spannung mechanisch verformt und drückt so Farbtröpfchen auf das Papier. Die robusten Druckköpfe müssen beim Tintenwechsel nicht mit ausgetauscht werden.

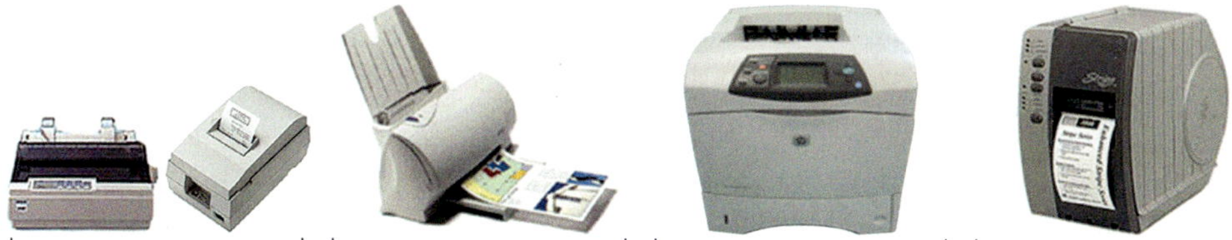

	Nadeldrucker	Tintenstrahldrucker	Laserdrucker	Thermotransferdrucker
Bezeichnung	Nadeldrucker	Tintenstrahldrucker	Laserdrucker	Thermotransferdrucker
Druckprinzip	Elektromagnetisch angetriebene Nadeln pressen ein Farbband auf Papier.	Tintentropfen werden aus Düsen auf Papier gespritzt.	Toner wird elektrostatisch auf Papier gebracht und fixiert (erhitzt).	Farbpartikel werden von Farbbändern abgeschmolzen und auf Papier gebracht.
	schwarz / schwarz, rot	schwarz / farbig	schwarz / farbig	schwarz / farbig
Verwendung	Endlospapier, Matrizen, Etiketten, Kassenbon	Einzelblatt, Normalpapier, Fotopapier, Stofftransferfolien, Spezialfolien, Etiketten	Einzelblatt, Normalpapier, Fotopapier, Kopierfolien, Etiketten	Einzelblatt, Rollen Normalpapier, Etiketten, Kassenbon
Arten	24 Nadeln	Thermoverfahren / Piezoelektrisches Verfahren	Bildtrommel Polygonspiegel / LED-Zelle, Tonerjet	Wachsfarbband, thermisches Druckelement

4: Druckertypen

Laserdrucker bringen eine Seite durch ein elektrostatisches Verfahren komplett als Negativ auf eine Bildtrommel. Anschließend wird dieses Bild auf das Papier gebracht und dort durch Wärme fixiert. Übertragungsmedium ist ein Toner. Bei Laserdruckern sind die Druckkosten wesentlich geringer als bei Tintenstrahldruckern, so dass Vieldrucker sich einen Laserdrucker anschaffen sollten, obwohl der Anschaffungspreis des Gerätes höher ist als bei einem Tintenstrahldrucker.

Ein **Plotter** (Kurvenschreiber) ist ein Ausgabegerät, das vor allem technische Zeichnungen auf verschiedenen Materialien darstellt. **Stiftplotter** sind für Darstellungen auf Papier ausgelegt. In der Regel kann Papier im Format DIN A3 bis DIN A0 beplottet werden. Dazu wird ein Stift benutzt, der auf einem Schlitten angebracht ist. Bei einem **Flachbettplotter** wird dieser Schlitten auf zwei Schienen über die gesamte Papierbreite und -höhe verschoben. Bei einem **Rollenplotter** gleitet der Schlitten auf nur einer Schiene und das Papier wird zusätzlich über eine Walze verschoben. Eine mögliche Alternative zu Stiftplottern sind LED-Plotter, die nach dem Prinzip des Laserdruckers funktionieren und Rollenplotter mit Tintenstrahldruckkopf (Abb. 5), die auch bis zu einem Format von DIN A0 plotten können.

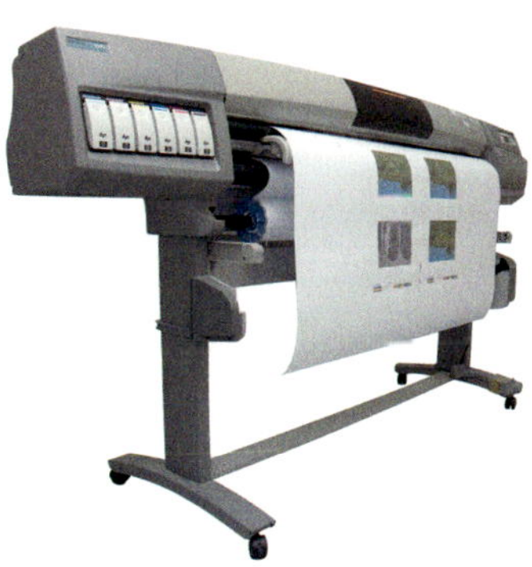

5: Rollenplotter

Auswahl von externen Peripheriegeräten für das Architekturbüro Rüst

- Ergonomische Tastatur zum Schonen der Handgelenke
- Lasermaus, damit die Maus auch auf glatten und glänzenden Oberflächen verwendet werden kann
- Grafiktablett für das Erstellen technischer Zeichnungen
- Schneller Scanner zum Einscannen von handschriftlichen Notizen/Skizzen, der die Bilder mittels mitgeliefertem Programm direkt als Bild- oder PDF-Dokument abspeichert
- Zwei hochwertige 24"-TFT-Bildschirme, um gleichzeitig technische Zeichnungen erstellen und diese dokumentieren zu können
- Hochwertiger Laserdrucker mit geringen Druckkosten
- DIN A0-Rollenplotter mit Tintenstrahldruckkopf

- Scanner tasten Vorlagen mit lichtempfindlichen Sensoren ab und wandeln die daraus gewonnenen Signale in digitale Daten um.
- Der TFT-LCD (kurz für TFT-Bildschirm) ist der derzeit wichtigste Bildschirmtyp.
- Projektoren werfen Bilder aus einem visuellen Ausgabegerät in vergrößerter Form an eine Projektionsfläche.
- Laserdrucker sind für Vieldrucker unter Berücksichtigung der Anschaffungs- und Druckkosten günstiger als ein Tintenstrahldrucker.
- Plotter dienen der Ausgabe großformatiger Zeichnungen, z. B. technischen Zeichnungen.

4.7 Netzwerk-Hardware

Bei der Bedarfsanalyse für das IT-System Rüst (s. Kap. 4.2) hat sich herausgestellt, dass es dort Digitaltelefone ① gibt, die zusätzlich zu einem privat genutzten PC ② mit dem Telekommunikationsnetz ③ verbunden sind (s. **ISDN**-Anschlussschema (**I**ntegrated **S**ervices **D**igital **N**etwork) in Abb. 1).

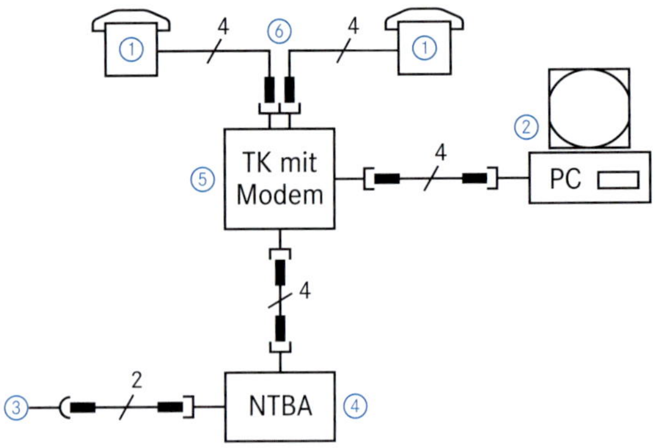

1: ISDN-Anschlussschema

Der **NTBA** [**N**etwork **T**ermination for ISDN **B**asic rate **A**ccess] ④ grenzt den digitalen ISDN-Bus von dem analogen Telekommunikationsnetz ab. Er bereitet die Daten vom bzw. zum Bus so auf, dass sie zur Vermittlungsstelle des Telekommunikationsnetz übertragen werden können und umgekehrt. Es werden RJ45-Stecker (Westernstecker) benutzt. Von den acht Kontakten werden allerdings nur vier verwendet.

Vom NTBA führt eine Leitung zur **Tele**kommunikationsanlage (**TK**) ⑤. Von dort gehen nicht geschirmte vieradrige Leitungen in die einzelnen Etagen des Hauses, u. a. das Büro des Architekten, an deren Ende jeweils eine Dose zum Einstecken von ISDN-Telefonen ⑥ vorhanden ist.

Über das in der TK-Anlage integrierte Modem kann der PC ② eine Gegenstelle irgendwo im Telekommunikationsnetz anwählen und digitale Nutzdaten versenden bzw. empfangen.

Nachteile des bestehenden IT-Systems:
Das ISDN-Modem lässt nur Datenübertragungsraten von 64 kbit/s zu. Das ist für die ‚Ansprüche' von Herrn Rüst viel zu wenig.

Da RJ45-Stecker benutzt werden, die auch in der Netzwerktechnik Verwendung finden, sieht es so aus, als wenn die bestehende Verkabelung weitergenutzt werden könnte. Dies ist falsch, denn die in der Netzwerktechnik verwendeten Kupferleitungen besitzen acht Adern mit teilweise anderer Kontaktbelegung an den Anschlussdosen. Ein weiterer Nachteil ist, dass die vorhandenen Leitungen so aufgebaut sind, dass sie für hochfrequente (digitale) Signale nicht geeignet sind.

Das neue IT-System soll mit besseren Leitungen ausgestattet werden. Deshalb muss zunächst überlegt werden, mit welchem Übertragungsmedium gearbeitet werden soll.

4.7.1 Übertragungsmedien

Abb. 2 gibt einen Überblick über die Technologien, mit denen Daten in einem Netzwerk übertragen werden können.

4.7.1.1 Metallische Leiter (Kupfer)

Über Kupferleiter werden die Daten elektrisch übertragen. Der Vorteil von Kupferleitern gegenüber Lichtwellenleitern ist, dass sie kostengünstiger und der Installationsaufwand gering ist. Die Nachteile sind:

- **Hohe Dämpfung**
  Der Leiterwiderstand und hohe Frequenzen verringern die Nutzsignalamplitude.
- **Begrenzte Bandbreite**
  Die Bandbreite ist die Breite des Frequenzbandes, das vom Medium mit akzeptabler Dämpfung übertragen wird. Sie ist nach oben begrenzt.
- **Nebensprechen**
  Die von benachbarten Adern in einer Leitung abgestrahlten Signale überlagern das Nutzsignal.
- **Abhörbarkeit**
  Da die Adern in der Leitung Signale abstrahlen, können diese Signale abgehört werden.

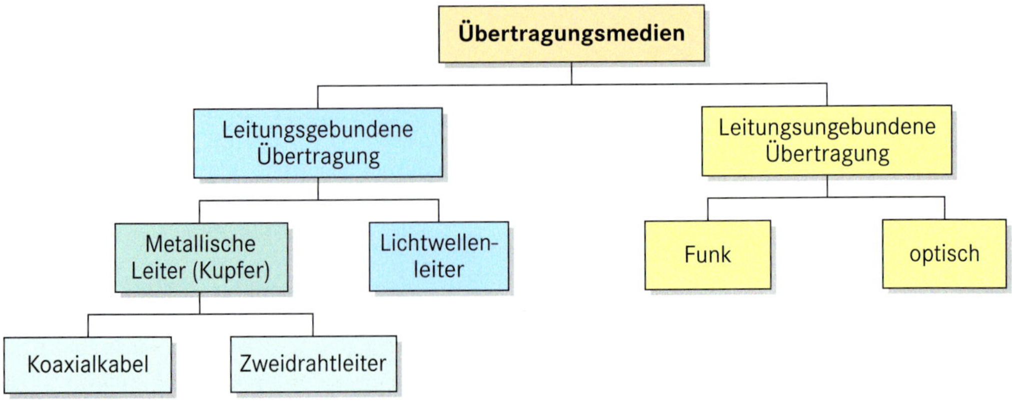

2: Übersicht Übertragungsmedien

Kupferleiter gibt es in zwei Bauformen:

- Zweidrahtkupferleitung als Twisted Pair-Kabel
- Koaxialkabel

Bei **Twisted Pair-Kabeln** (TP-Kabeln) sind jeweils die Adernpaare des Hin- und Rückleiters miteinander zu einer Doppelader verseilt (Abb. 3).

Die Verseilung ist ein einfacher Schutz gegen das Nebensprechen. Da die Ströme im Hin- und Rückleiter gleich, aber entgegengesetzt sind, heben sich störende elektromagnetische Felder nahezu auf.

Ferner wird durch sorgfältiges Verseilen der Widerstand der Leitung gesenkt. Damit wird die Bandbreite erhöht und die Dämpfung gesenkt.

Bei hochwertigen TP-Kabeln sind jede Doppelader mit einer Folie und alle Doppeladern mit einem Kupferdrahtgeflecht geschirmt (Abb. 3). Damit werden die Doppeladern gegeneinander und das gesamte Kabel gegen äußere elektrische Felder geschützt.

Nach **ISO/IEC-11801** werden TP-Kabel bezüglich ihrer Schirmung nach dem Schema X/YTZ unterschieden (Abb. 4). Darüber hinaus gibt es das SF/FTP-Kabel, das als Gesamtschirmung sowohl ein Drahtgeflecht als auch eine Folie besitzt.

Bei **Installationskabeln** bestehen die Adern aus starren Kupferdrähten. Bei fertig konfektionierten **Anschlusskabeln** *[patch cables]* wird flexible Kupferlitze mit RJ45-Steckverbindern benutzt (Abb. 5a). Für sehr hohe Datenübertragungsraten (ab 10 Gbit/s) sind GG45-Steckverbinder im Einsatz (Abb. 5b).

- blanker Kupferleiter 0,6 mm Durchmesser
- foam-skin-PE-Isolierung (02YS), je 2 Adern zu Paaren verseilt
- Schirm (PiMF) aus kunststoffkaschierter AL-Folie
- vier geschirmte Paare zur Seele verseilt (4x2)
- Schirmgeflecht aus verzinnten Cu-Drahten
- Mantel aus PVC (Y) oder halogenfreiem Material, flammwidrig, petrolfarben

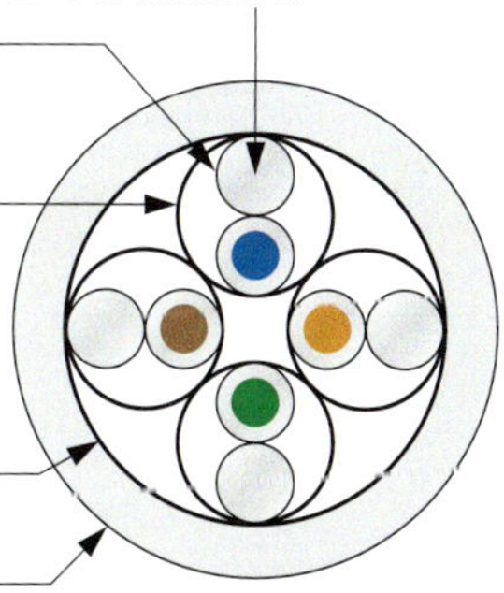

3: Geschirmte TP-Installationsleitung (S/FTP, J-02YSCY 4 x 2 x 0,6 PiMF) mit vier verseilten Doppeladern

X Gesamtschirmung	Y Aderschirmung	T Twisted	Z Verseilte Aderzahl
U Unshielded (ungeschirmt)	S Screened shielded	T	P (pair: 2)
S Screened shielded (Schirm aus Drahtgeflecht)			
F Foiled shielded (Folienschirm)	F Foiled shielded		Q (quad: 4)

4: TP-Kabel-Bezeichnung nach dem Schema X/YTZ

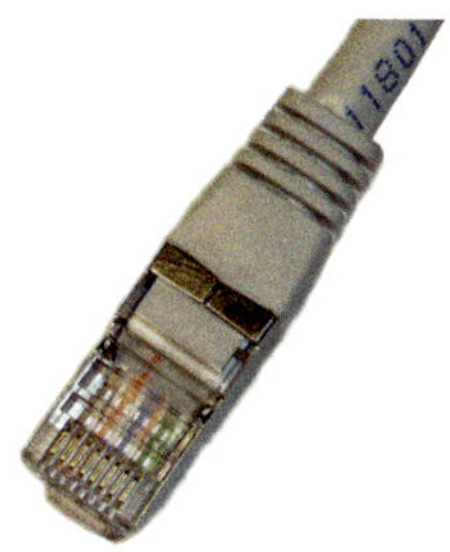

a) RJ45

b) GG45

5: Steckverbinder

Aufgaben

1. Warum funktioniert die Datenübertragung von und zu einem PC über die RJ45-Anschlussbuchse im Architekturbüro Rüst nicht?
2. Worum handelt es sich bei der Teilbezeichnung S/FTQ auf einem TP-Kabel?

- Als Übertragungsmedien stehen zur Verfügung:
  - Leitungsgebundene Übertragung: Kupferleiter, Lichtwellenleiter
  - Leitungsungebundene Übertragung: Funk, optisch
- Kupferleiter haben folgende Nachteile: Dämpfung, Bandbreitenbegrenzung, Nebensprechen, Abhörbarkeit
- Twisted Pair-Kabel besitzen geschirmte und verseilte Adernpaare. Sie können durch ein Kupfergeflecht gegen elektrische Felder von außen geschirmt sein.

Kategorie	maximale Frequenz	typischer Kabelaufbau	typische Anwendung
Cat 1	0,1 MHz	U/UTP	Telekommunikationskabel für Sprachübertragung
Cat 2	1,5 MHz	U/UTP	Telekommunikationskabel für Sprache und ISDN
Cat 3	16 MHz	U/UTP	Telekommunikationskabel für Sprach- und Datenübertragung mit bis zu 10 Mbit/s
Cat 4	20 MHz	U/STP	Datenübertragung mit bis zu 16 Mbit/s
Cat 5	100 MHz	F/UTP S/FTP	Datenübertragung mit bis zu 100 Mbit/s (unter bestimmten Voraussetzungen auch bis zu 1 Gbit/s
Cat 6	250 MHz	S/FTP	Neben Sprach- und Datenübertragung (unter bestimmten Voraussetzungen bis zu 10 Gbit/s) speziell für Multimediaübertragung geeignet
Cat 7	600 MHz	S/FTP	Datenübertragung bis zu 10 Gbit/s
Cat 8	In Vorbereitung, soll z. B. für HDTV (hochauflösendes Fernsehen) geeignet sein.		

1: TP-Kabelkategorien

TP-Kabel werden in die **Kategorien Cat 1 bis Cat 8** eingeteilt. Bei dieser Einteilung steht die Eignung für eine bestimmte maximale Frequenz im Vordergrund. Abb. 1 gibt einen Überblick über die einzelnen Kategorien.

Koaxialkabel [*coax cable*] wurden früher in Netzwerken verwendet und sind heute nur noch selten anzutreffen. Abb. 2 zeigt den Aufbau eines Koaxialkabels.

Innenleiter und Außenleiter sind durch eine Isolationsschicht (Dielektrikum) getrennt. Der Außenleiter wirkt gleichzeitig als Abschirmung. Innen- und Außenleiter werden von einem Isolationsmantel eingehüllt.

Durch diesen Aufbau können relativ hohe Frequenzen übertragen werden.

Freie Enden eines Koaxialkabels müssen mit einem Widerstand abgeschlossen werden, damit es zu keinen Signalreflektionen kommt (typisch sind 50 Ω). Die verfügbaren Koaxialkabel RG58 (Thinwire) und RG8 (Yellowcable) lassen Datenraten von typischerweise 10 Mbit/s zu.

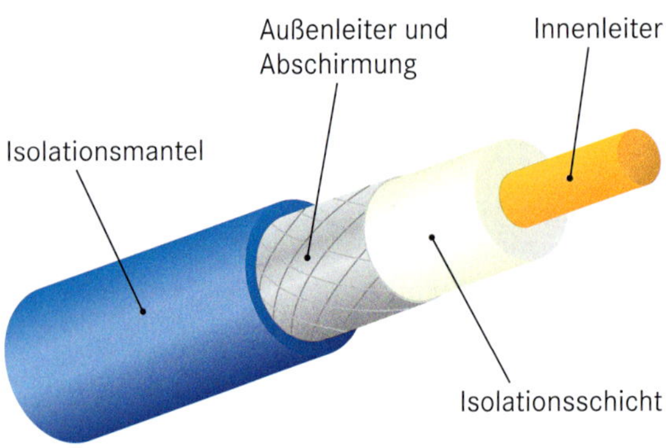

2: Aufbau eines Koaxialkabels

4.7.1.2 Lichtwellenleiter

Licht**w**ellen**l**eiter (**LWL**) übertragen Lichtsignale. Sie haben gegenüber Kupferleitern folgende Vorteile:

- Geringere Dämpfung
- Höhere Datenübertragungsrate
- Keine elektromagnetische Beeinflussung
- Schwerer abzuhören, da das Licht den LWL wegen der Beschichtung nicht verlassen kann.

LWL werden als

- **Glasfaserkabel** [*glass fibre optic cable*] für den Profibereich oder
- **Kunststofffaserkabel** [*plastic fibre optic cable*] für den Privatbereich angeboten.

Ein **Glasfaserkabel** (Abb. 3) besteht aus einem **Glasfaserkern** [*core*] ①, in dem das Signal als Lichtstrahl geführt wird. Dieser Kern wird von einem Glasmantel ② mit einem anderen physikalischen Verhalten umschlossen. Dadurch kommt es an der Grenzfläche zur Reflektion der Lichtstrahlen. Der Kern ist mit einer **Beschichtung** [*coating*] ③ aus Kunststoff versehen. Mit dieser Beschichtung wird die mechanische Belastbarkeit erhöht und der LWL gegen Feuchtigkeit geschützt.

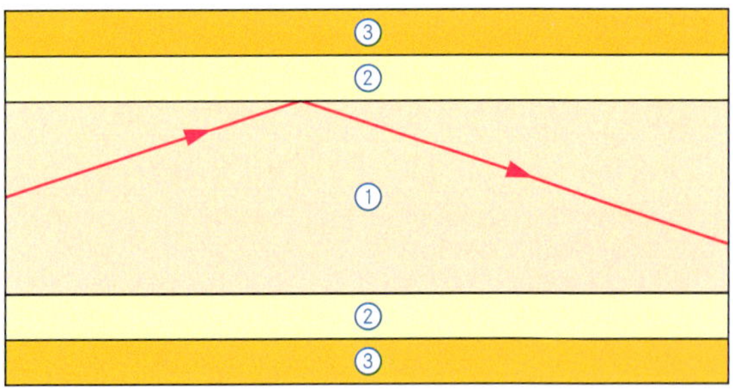

3: Aufbau eines LWL

Ein wichtiges Qualitätsmerkmal für einen Lichtwellenleiter ist sein **Bandbreiten-Längenprodukt** (auch Bandbreiten-Reichweitenprodukt).

Das Bandbreite-Längenprodukt ist das Produkt aus der Länge eines Lichtwellenleiters und der über diesen Lichtwellenleiter zu übertragenden Bandbreite.

Das bedeutet z. B. für einen Lichtwellenleiter mit dem Bandbreiten-Längenprodukt von 1,6 GHz·km folgendes:

- Bandbreite: 1,6 GHz
  Länge: 1000 m
  $\rightarrow$ 1,6 GHz · 1000 m = 1,6 GHz · 1 km
  = 1,6 GHz · km
- Bandbreite: 3,2 GHz
  Länge: 500 m
  $\rightarrow$ 3,2 GHz · 500 m = 3,2 GHz · 0,5 km
  = 1,6 GHz · km
- Bandbreite: 0,8 GHz
  Länge: 2000 m
  $\rightarrow$ 0,8 GHz · 2000 m = 0,8 GHz · 2 km
  = 1,6 GHz · km

Die Beispiele verdeutlichen, dass je breiter die zu übertragende Bandbreite ist, desto kürzer darf der übertragende Lichtwellenleiter bei gleichem Bandbreiten-Längenprodukt sein und umgekehrt.

Kunststofffaserkabel werden hauptsächlich als **Polymerfaserkabel** (**POF**) [*Polymer Optical Fibre cable*] hergestellt. Sie sind sehr preiswert und genauso unempfindlich gegenüber elektromagnetischer Strahlung wie Glasfaserkabel. Allerdings haben sie ein geringes Bandbreiten-Längenprodukt (< 10 MHz · 100m).

Abb. 4 zeigt gebräuchliche **LWL-Steckverbinder ST** [*Straight Tip*], **SC** [*Subscriber Connector*], **ESCON** und **SC-Duplex**.

Typ	Abbildung	Faseranzahl
ST	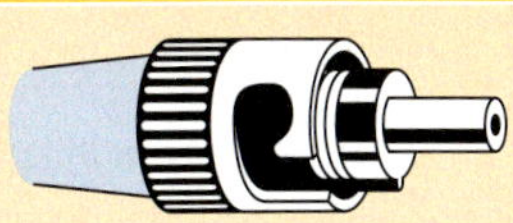	eine Faser
SC	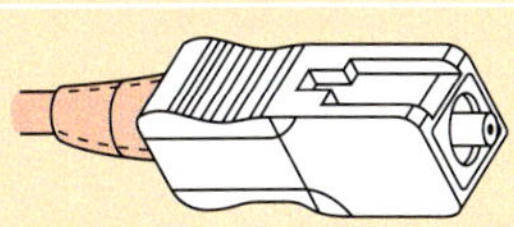	eine Faser
ESCON	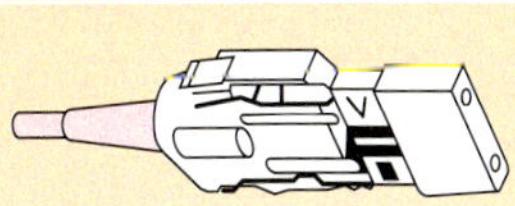	zwei Fasern
SC-Duplex	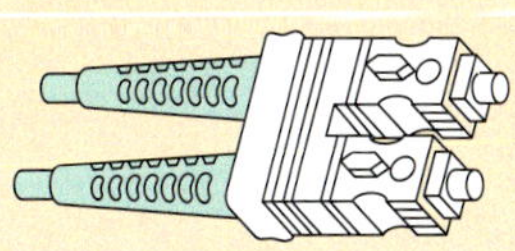	zwei Fasern

4: Gebräuchliche LWL-Steckverbinder

Zwei Fasern sind für den **Vollduplexbetrieb** notwendig. Hierbei ist das gleichzeitige Senden und Empfangen möglich. Dazu können entweder zwei LWL-Kabel mit einer Faser oder nur ein LWL-Kabel mit zwei Fasern und einem entsprechenden Steckverbinder verwendet werden.

In der LWL-Technik werden **Medienkonverter** [*media converter*] (Abb. 5) eingesetzt, um die im Rechner vorhandenen elektrischen Signale zur Übertragung in Lichtsignale umzuwandeln und umgekehrt. An das Gerät wird eine Kupferleitung mit RJ45-Stecker ④ und ein LWL-Kabel mit ST-Stecker ⑤ angeschlossen.

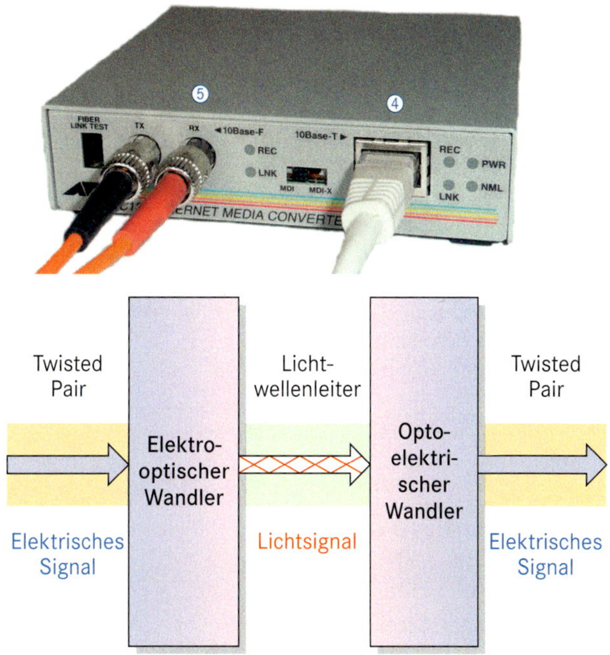

5: Medienkonverter

Aufgabe

1. Wie lang darf ein LWL-Kabel mit einem Bandbreiten-Längenprodukt von 750 MHz · km bei einer maximalen Signalfrequenz von 1,24 GHz höchstens sein?

- Twisted Pair-Kabel werden in die Kategorien Cat 1 bis Cat 8 eingeordnet. Je höher die Kategorie, desto größer ist die maximal zulässige Übertragungsrate.
- Das Bandbreiten-Längenprodukt in GHz · km ist ein wichtiges Qualitätsmerkmal für Lichtwellenleiter.
- Lichtwellenleiter gibt es als qualitativ bessere Glasfaserkabel und als Kunstfaserkabel.

4.7.1.3 Funknetze

Bei Funknetzen ist der Informationsträger eine elektromagnetische Welle, die sich leitungsungebunden ausbreiten kann. Es sind also Antennen notwendig, um diese elektromagnetischen Wellen zu senden oder zu empfangen.

Funknetze werden immer dann eingesetzt, wenn
- leitungsgebundene Medien nicht zur Verfügung stehen oder nicht zur Verfügung gestellt werden können oder
- ein geringer Installationsaufwand gewollt ist.

WLAN (**W**ireless **L**ocal **A**rea **N**etwork) ist ein wichtiges Beispiel für ein LAN mit Funkübertragung.

In diesem Zusammenhang wird auch häufig der Begriff ‚**Wi-Fi**' verwendet. Die Wi-Fi-Alliance hat den Standard (**IEEE 802.11**), der WLAN zugrundeliegt, durchgesetzt.

Es existieren zwei wichtige Gründe für die außerordentliche Bedeutung von WLAN:
- WLAN verwendet Frequenzbereiche, die ohne weitere Lizensierung von Jedermann genutzt werden dürfen.
- WLAN kann einfach in leitungsgebundene Netzwerke nach dem Ethernetstandard (s. Kap. 4.7.4.2) eingebunden werden.

Abb. 1 zeigt einen Überblick über wichtige Eigenschaften von WLAN (802.11).

Datenübertragungsrate	max. 54 Mbit/s (802.11g) max. 300 Mbit/s (802.11n)
Reichweite	bis ca. 100 m (Freiland)
Frequenzbereiche (FB)	FB 1: 2,4 GHz - 2,4835 GHz FB 2: 5,15 GHz - 5,725 GHz
Überlappungsfreie Kanäle	FB 1: drei FB 2: neunzehn

1: Wichtige Eigenschaften von WLAN

2: Accesspoint

WLAN hat zwei Betriebsarten (Abb. 3).

WLAN-Betriebsarten

- Im **Ad-Hoc-Modus** kommunizieren die Netzwerkendgeräte, wie z. B. ein Rechner, direkt miteinander. Er eignet sich nur für eine sehr geringe Anzahl an Rechnern.
- Im **Infrastrukturmodus** kommunizieren die Endgeräte über einen **Accesspoint** (Abb. 2). Darüber hinaus kann ein WLAN an ein leitungsgebundenes LAN angebunden werden.

3: Betriebsarten von WLAN

Weitere wichtige Funknetze neben WLAN sind:
- **WPAN** [*Wireless PAN*] ist ein leitungsungebundenes PAN. Abb. 4 zeigt Merkmale der drei Funk-WPANs **WUSB** [***Wireless Universal Serial Bus***], **ZigBee** und **Bluetooth**.
- **UMTS** [***Universal Mobile Telecommunication System***] gehört zur Gruppe der **WWANs** [***Wireless WANs***].

Räumliche Ausdehnung von Netzwerken

LAN (**L**ocal **A**rea **N**etwork) wird oft falsch als Synonym für miteinander vernetzte PCs benutzt. LAN ist aber ein im Privatbesitz (kann auch ein Unternehmen oder eine öffentliche Einrichtung sein), befindliches Netzwerk, das örtlich (eng) begrenzt, d. h. auf das im Privatbesitz befindliche Gelände beschränkt ist.

Über das LAN hinaus gibt es weitere auf die örtliche Begrenzung bezogene Netzwerkbegriffe:
- **BAN**s (**B**ody **A**rea **N**etworks): Unmittelbar am menschlichen Körper befindliches Netzwerk zur Vernetzung menschlicher Kleidung bzw. zu medizinischen Zwecken.
- **PAN**s (**P**ersonal **A**rea **N**etworks): In kurzer Zeit aufbaubare Netzwerke für persönliche Assistenzgeräte wie z. B. Mobiltelefone.
- **CAN**s (**C**ontroller **A**rea **N**etworks): Netzwerk zur Automatisierung z. B. in der Automobil-, Flugzeug- und Medizintechnik.
- **MAN**s (**M**etropolitan **A**rea **N**etworks): Ein auf Großstädte begrenztes Netzwerk.
- **WAN**s (**W**ide **A**rea **N**etworks): Ein über LANs und MANs hinausgehendes Netzwerk, das z. B. die Rechner eines **Internetanbieters** [***internet provider***] miteinander vernetzt.
- **GAN**s (**G**lobal **A**rea **N**etworks): Über unbegrenzte Entfernungen werden mehrere Wide Area Networks miteinander verbunden. Das Internet ist ein Beispiel für ein GAN.

Leitungsungebundene optische Übertragung

Die beiden wichtigsten optischen leitungsungebundenen Verfahren zur Datenübertragung sind

- **IrDA** [*Infrared Data Association*]
  Es handelt sich um ein gerichtetes WPAN-Datenübertragungsverfahren, das mit Infrarotlicht arbeitet. Genutzt wird diese langsame Technik (bis 16 Mbit/s) z. B. bei der Verbindung von Organizern oder Mobiltelefonen untereinander. Die Geräte dürfen bis zu 1 m entfernt auseinanderstehen und müssen exakt aufeinander ausgerichtet sein.
- **FSO** [*Free Space Optics*]
  FSO ist ein gerichtetes WMAN-Datenübertragungsverfahren. Die Datenübertragungsrate beträgt max. 2,5 Gbit/s. Es lassen sich mehrere km überbrücken. Deswegen wird dieses Verfahren hauptsächlich zur Verbindung von mehreren LANs z. B. auf einem Firmengelände genutzt.

Gerichtete und ungerichtete Ausbreitung

Unter einer **gerichteten Ausbreitung** von elektromagnetischen Wellen wird eine direkte Punkt-zu-Punkt-Verbindung zwischen Sender und Empfänger verstanden.

Bei einer **ungerichteten Ausbreitung** von elektromagnetischen Wellen werden diese vom Sender in alle Richtungen abgestrahlt.

- Bei den leitungsungebundenen Übertragungsverfahren werden funkbasierte und optische Verfahren unterschieden.
- WLAN basiert auf dem von der Wi-Fi-Alliance durchgesetzten Standard 802.11.
- WLAN kann mithilfe von Accesspoints einfach an leitungsgebundene Netzwerke angebunden werden.

Auswahl des Übertragungsmediums für das Architekturbüro Rüst

In der Bedarfsanalyse hat sich herausgestellt, dass Herr Rüst keine Funklösung haben möchte. Er hat dazu zwei Gründe angegeben:

- Funknetzwerke können sehr einfach abgehört werden, wenn man keine Maßnahmen wie Verschlüsselung ergreift (s. Kap. 4.12.3). Da Herr Rüst mitbekommen hat, dass es nur eine Frage der Zeit ist, dass Hacker jede Schutzmaßnahme umgehen können, möchte er dieses Risiko nicht eingehen.
- Obwohl nicht bewiesen ist, dass Funknetzwerke gesundheitliche Schäden verursachen, ist Herr Rüst diesbezüglich sehr vorsichtig. Er benutzt deshalb auch kabelgebundene Telefone. Nur auf ein Mobiltelefon kann er aus beruflichen Gründen nicht verzichten.

Er bevorzugt deshalb ein kabelgebundenes Medium. Da in seinem Haus maximal Strecken von 30 m zu überwinden sind, entscheidet er sich für Kupferleitungen, da diese kostengünstiger als LWL sind. Um Zukunftssicherheit zu gewährleisten, entscheidet er sich für Cat 7-TP-Kabel, mit denen Datenübertragungsraten von bis zu 10 Gbit/s möglich sind.

Da die Kabel in den Wänden wegen des Aufwands nicht Unterputz und aus optischen Gründen nicht Aufputz verlegt werden sollen, wird das Kabel vom Büro aus durch einen stillgelegten Kaminschacht verlegt, der auch in Zukunft mit Sicherheit nicht benutzt werden wird. Nach DIN 18160 ist das Verlegen von Kabeln in betriebenen Kaminschächten auf keinen Fall erlaubt.

Aufgaben

1. Erklären Sie den Unterschied zwischen dem Ad-Hoc-Modus und dem Infrastrukturmodus.
2. Recherchieren Sie, was hinter „IEEE 802.11p" steckt und schreiben Sie dies auf.

	WUSB	**ZigBee**	**Bluetooth**
Frequenz	3,1 GHz bis 10,6 GHz	2,46 GHz	2,402 GHz bis 2,480 GHz
Entfernung (abhängig von der Umgebung)	10 cm bis 10 m	30 m bis 500 m	10 cm bis 100 m
Datenübertragungsrate (abhängig von Entfernung und Umgebung)	bis 480 Mbit/s	bis 250 kbit/s	bis 250 kbit/s
Anwendung	Anschluss von externen Peripheriegeräten an einen Rechner	Verbindung von Haushaltsgeräten und medizinischen Geräten	Anbindung von Organizern, Mobiltelefonen und anderen externen Peripheriegeräten an Rechnern

4: Merkmale von Funk-WPANs

4.7.2 Netzwerkschnittstellen

Durch ein Netzwerk sollen Computer und bei Bedarf weitere Endgeräte wie z. B. ein netzwerkfähiger Drucker miteinander verbunden werden (Abb. 1).

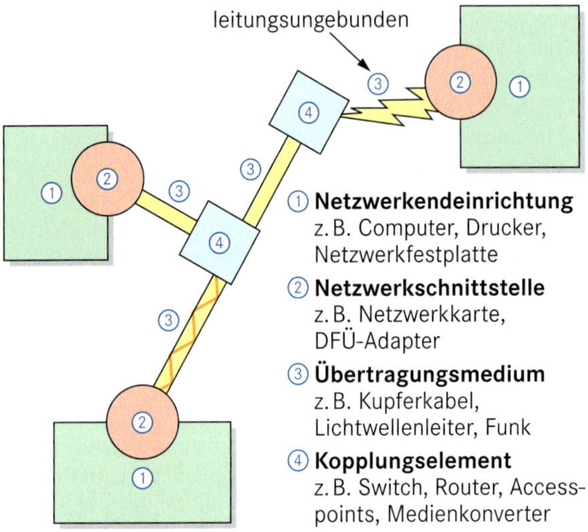

1: Verallgemeinertes Beispielnetzwerk

Die Netzwerkendeinrichtungen ① sind über eine Netzwerkschnittstelle ② an das Übertragungsmedium ③ angeschlossen. Die Übertragungsmedien sind in der Realität dann noch oft mittels Kopplungselementen ④ miteinander verbunden.

Netzwerkschnittstellen dienen entweder dem Anschluss an ein lokales Netzwerk (LAN) oder per Datenfernübertragung dem Anschluss an MANs, WANs oder GANs, wie z. B. an das Internet.

Netzwerkkarte

Eine Netzwerkkarte **NIC** [*Network Interface Card*] dient dem Anschluss einer Netzwerkendeinrichtung an ein lokales Netzwerk. Dabei handelt es sich in den meisten Praxisfällen nicht mehr um eine Karte (Abb. 2) die ins Mainboard eingesteckt wird, sondern die „Netzwerkkarten" sind bereits auf dem Mainboard (oder in den netzwerkfähigen Drucker usw.) integriert.

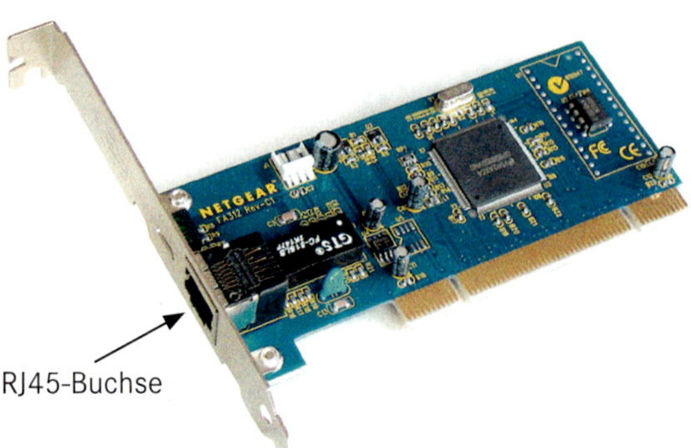

2: Steckkarte für leitungsgebundene Netzwerkanbindung

Netzwerkkarten realisieren verschiedene Datenübertragungsraten. Diese Übertragungsrate sollte von dem Übertragungsmedium unterstützt werden, damit das Medium die mögliche Datenübertragungsrate der Netzwerkkarte nicht „ausbremst".

Mit der Netzwerkkarte

- werden die digitalen Nutzdaten mit zwei Adressen versehen, damit die anderen Endeinrichtungen wissen woher die Daten stammen und wohin sie sollen,
- werden die digitalen Daten der Netzwerkendeinrichtung in elektrische, elektromagnetische oder optische Signale gewandelt und
- wird der Zugriff auf das Medium gesteuert.

Jede Netzwerkkarte hat weltweit eine andere individuelle Adresse, die sogenannte **MAC**-Adresse [***Media Access Control***]. In Ethernet-Netzwerken (vgl. Kap. 4.7.4) bestehen die MAC-Adressen aus 6 Byte = 48 Bit. Jedes Byte wird als zweistellige Hexadezimalzahl angegeben. Ein Beispiel für eine MAC-Adresse ist z. B.

D1-14-F4-57-8B-84

Diese MAC-Adresse ist bei der Konfiguration eines Netzwerks notwendig. Sie ist der Netzwerkkarte entweder aufgedruckt oder lässt sich unter dem Betriebssystem MS Windows mit Hilfe der Eingabeaufforderung **C:** und des Befehls `ipconfig/all` als „Physikalische Adresse" herausfinden.

Hexadezimalzahlen

- Dezimalzahlen sind Zahlen mit den 10 Ziffern 0 bis 9 (von lat. decimus = Zehnter).
- Hexadezimalzahlen sind Zahlen mit 16 Ziffern 0 bis 9 und A = 10 bis F = 15 (von griech. hexa = sechs und lat. decimus)

Im Dezimalsystem ist z. B. 57 die Abkürzung für

$$5 \cdot 10^1 + 7 \cdot 10^0 = 57_{dez}$$

Im Hexadezimalsystem ist z. B. 57_{hex} die Abkürzung für

$$5 \cdot 16^1 + 7 \cdot 16^0 = 87_{dez}$$

und

$$D1_{hex} = 13 \cdot 16^1 + 1 \cdot 16^0 = 209_{dez}$$

Netzwerkzugriffsverfahren

Die Benutzung eines **gemeinsam genutzten Übertragungsmediums** [*shared medium*] durch die angeschlossenen Geräte ist durch **Netzwerkzugriffsverfahren** [*access methods*] so geregelt, dass sich beim Kommunizieren die gesendeten Daten dieser Geräte nicht gegenseitig überlagern. Dies würde z. B. beim gleichzeitigen Zugriff auf das Übertragungsmedium der Fall sein.

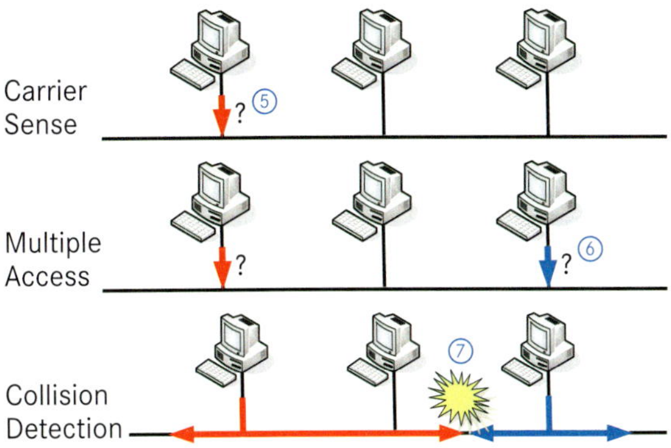

3: Phasen des CSMA/CD-Verfahrens

Konkurrierende Zugriffsverfahren

Bei konkurrierenden Zugriffsverfahren haben prinzipiell alle an das Übertragungsmedium angeschlossenen Rechner das Recht, wann sie wollen auf das Übertragungsmedium zuzugreifen. Da die Rechner nicht gleichzeitig auf das Medium zugreifen dürfen, muss es Verfahren geben, die diesen Zugriff regeln.

In Ethernet-Netzwerken (s. Kap. 4.7.4.2) wird das konkurrierende Zugriffsverfahren **CSMA/CD** [***Carrier Sense Multiple Access/Collision Detection***] eingesetzt. Abb. 3 zeigt beispielhaft die einzelnen Phasen des CSMA/CD-Verfahrens für drei an ein einziges Übertragungsmedium angeschlossene Rechner:

1. **Carrier Sense**: Der Rechner der Daten in das Netzwerk senden möchte, „hört die Leitung ab". Er stellt fest, ob gerade auch ein anderer Rechner sendet oder nicht ⑤. Ist die Leitung frei sendet der Rechner. Im Idealfall empfangen die beiden anderen Rechner die Nachricht und nur der Rechner mit der mitversendeten Ziel-MAC-Adresse nimmt die Daten entgegen.
2. **Multiple Access**: Da die einzelnen Rechner nicht voneinander wissen, wer zu welchem Zeitpunkt Daten ins Netzwerk schickt, kann es dazu kommen, dass ein weiterer Rechner kurz nach dem ersten Sender auch Daten sendet ⑥.
3. **Collision Detection**: Sofort nach dem Senden überprüfen beide sendenden Rechner, ob ein anderer Rechner ebenfalls gesendet hat wie in diesem Beispiel. Die **Datenkollision** [***data collision***] ⑦ wird anhand einer **Signalüberlagerung** [***jam***] festgestellt. Der Rechner, der die Datenkollision als erstes fest stellt, sendet ein **Störungssignal** [***jam signal***] ins Netzwerk. Nach Empfang des Störungssignals beenden beide Rechner das Senden und beginnen nach einer unabhängigen Zufallszeit erneut mit dem Senden. Damit wird verhindert, dass es sofort wieder zu einer Datenkollision kommt.

CSMA/CD hat einen Nachteil: Bei sehr vielen angeschlossenen Rechnern an ein einziges Medium kommt es häufig zu Kollisionen und die Nutzdatenübertragung kommt im Extremfall zum Erliegen.

Die bei WLAN eingesetzte Alternative zu CSMA/CD heißt **CSMA/CA** [***Carrier Sense Multiple Access/ Collision Avoidance***]. Die **Kollisonserkennung** [***collision detection***] wird hier durch eine **Kollisonsvermeidung** [***collision avoidance***] ersetzt. Jeder Rechner schickt dazu vor dem Senden eine Sendeankündigung. Die anderen Rechner warten dann mit dem Senden bis das Medium wieder frei ist.

Die konkurrierenden Netzwerkzugriffsverfahren arbeiten also nach dem Motto „Wer zuerst kommt, mahlt zuerst".

Nicht konkurrierende Zugriffsverfahren

Eine vollständige Vermeidung von Datenkollisionen bieten nicht konkurrierende Zugriffsverfahren. Bei ihnen gibt es Regeln, die den gleichzeitigen Zugriff auf das Übertragungsmedium unmöglich machen.

Netzwerkkarte für Architekturbüro Rüst

Das eingeplante Mainboard hat LAN-onboard. Diese integrierte Netzwerkkarte unterstützt nur eine Datenübertragungsrate von 100 Mbit/s. Deshalb wird eine Netzwerkkarte eingeplant, die 1 Gbit/s übertragen kann. Sollte dies irgendwann in der Zukunft nicht mehr ausreichen, kann auf 10 Gbit/s aufgerüstet werden, da das verlegte Kabel diese Datenübertragungsrate unterstützt.

Aufgaben

1. Wie lautet die hexadezimal dargestellte MAC-Adresse 44-E3-7F-AB-99-CC in dezimaler Form?
2. Erstellen Sie ein Flussdiagramm, das den Ablauf des Versendens bei CSMA/CD erklärt.

- Ein Netzwerk besteht aus Netzwerkendeinrichtungen, Netzwerkschnittstellen, Übertragungsmedien und Kopplungselementen.
- Eine Netzwerkkarte NIC dient der Anbindung einer Netzwerkendeinrichtung an ein lokales Netzwerk.
- Eine Netzwerkkarte besitzt eine eindeutige MAC-Adresse. Sie ist 48 Bit lang.
- CSMA/CD ist das konkurrierende Zugriffsverfahren bei Ethernet-Netzwerken (leitungsgebunden).
- CSMA/CD hat den Nachteil, dass es bei vielen Netzwerkendeinrichtungen an einem einzigen Übertragungsmedium zu vielen Kollisionen kommen kann und damit langsam wird.
- CSMA/CA ist das konkurrierende Zugriffsverfahren bei WLAN (leitungsungebunden).
- Bei nicht konkurrierenden Zugriffsverfahren kommt es zu keinen Kollisionen.

WLAN-Adapter

Für die leitungsungebundene Datenübertragung werden spezielle Netzwerkkarten benötigt. Wird WLAN nach dem Standard 802.11 eingesetzt, werden diese Netzwerkkarten WLAN-Adapter genannt.

Netzwerkendeinrichtungen, insbesondere Laptops, haben heutzutage WLAN-onboard. Soll ein WLAN-Adpater ein Gerät erweitern, so gibt es mehrere Möglichkeiten:

- **PCI-Steckkarten**, die Datenübertragungsraten von bis zu 11 Mbit/s (802.11b) und bis zu 54 Mbit/s (802.11g) zulassen
- **USB-Sticks**, die wegen ihrer extrem kleinen Maße insbesondere für Laptops eingesetzt werden, die Datenübertragungsraten von bis zu 11 Mbit/s, 54 Mbit/s und 300 Mbit/s (802.11n) zulassen
- **ExpressCards** (Abb. 1) sind Einsteckkarten, meist für Laptops, die die Standards 802.11b, 802.11g und 802.11n unterstützen

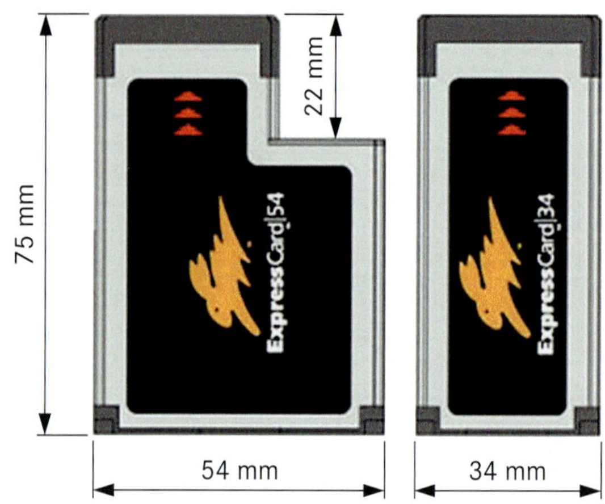

1: Formfaktoren von ExpressCards

Bei der Benutzung eines WLAN-Adapters ist es aus Datensicherheitsgründen auf jeden Fall erforderlich seine Daten zu verschlüsseln. Dies liegt daran, dass die Daten ungerichtet über ein Übertragungsmedium gesendet werden, die jeder abhören kann, der in einem Umkreis von mehreren hundert Metern (je nach baulicher Situation) einen WLAN-Adapter betreibt. Als sichere **Verschlüsselung** gilt der **WPA**2-Standard [*WiFi-Protected Access*], der dann von allen ans lokale Netzwerk angeschlossenen Geräten unterstützt werden muss (s. Kap. 4.12.3).

Schnittstellen für die Datenfernübertragung

Zur Anbindung eines lokalen Netzwerks (LAN) an ein Weitverkehrsnetz (WAN) und schlussendlich häufig an das Internet werden **D**aten**f**ern**ü**bertragungsschnittstellen (**DFÜ**-Schnittstellen) benötigt. Diese sind notwendig, um die Daten so zu wandeln, dass sie auf das vorhandene Medium im WAN zurückgreifen können. Dies sind z. B. das vorhandene analoge Telekommunikationsnetz oder das Breitbandkabelnetz (z. B. für das Kabelfernsehen).

DSL [*Digital Subscriber Line*]

DSL ist eine Technik zur Datenfernübertragung mit einer hohen Datenübertragungsrate gegenüber älteren Technologien, die das Telekommunikationsnetz nutzen. Diese erklärt sich durch die parallele Übertragung der Daten in einem breiten Frequenzband. Dieses Frequenzband liegt oberhalb von dem Frequenzband der Sprachsignale (**POTS**: **P**lain **O**ld **T**elephone **S**ervice) und dem Frequenzband, das ISDN nutzt (Abb. 2).

Es ist zu erkennen, dass der von POTS und ISDN genutzte Frequenzbereich zwischen 0 kHz und 120 kHz liegt. Über die verlegten Telekommunikationsleitungen lassen sich aber wesentlich höhere Frequenzen übertragen. Das nutzt DSL aus. So wird bei **ADSL** (**a**symmetrisches **DSL**) das Frequenzband von 138 kHz bis 276 kHz in 32 Kanäle für das parallele Senden von Daten und das Frequenzband von 276 kHz bis 1104 kHz in 192 Kanäle für das parallele Empfangen von Daten aufgeteilt. Diese asymmetrische Aufteilung (32 : 192) ist auf den typischen Internetnutzer angepasst, der wesentlich mehr Daten aus dem Netz herunterlädt [*downloaded*] als er selber in das Netz sendet [*uploaded*]. Mit ADSL2+ (erweitertes Frequenzband bis 2,2 MHz gegenüber herkömmlichem ADSL) lassen sich theoretisch Datenübertragungsraten von maximal 25 Mbit/s erreichen.

SDSL (**s**ymmtrisches **DSL**) teilt das Frequenzband zwischen 138 kHz und 1104 kHz gleichmäßig für upstream und downstream auf. Damit erhöht sich die Übertragungsrate für das Senden von Daten, allerdings wird diese für das Herunterladen geringer.

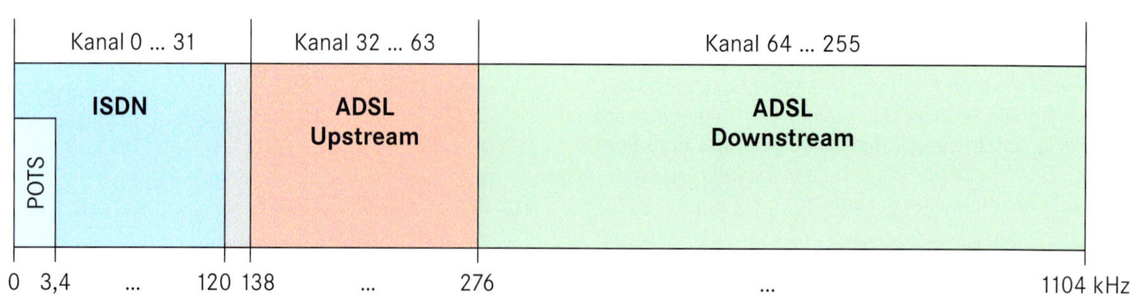

2: Frequenzbereiche für asymmetrisches DSL

In Abb. 3 ist die Internetanbindung eines Teilnehmers über das analoge Telekommunikationsnetz mittels **DSL-Modem** dargestellt. Die **Splitter** trennen die POTS- und ISDN-Signale von dem DSL-Frequenzband.

In der Vermittlungsstelle des TK-Netzanbieters wird dann über die DSL-Vermittlungsstelle **DSLAM** (**DSL** **A**ccess **M**ultiplexer) der Anschluss an das Internet hergestellt. Der DSLAM ist das Gegenstück zum DSL-Modem beim Teilnehmer. Der DSLAM testet in der Synchronisationsphase mit dem DSL-Modem aus, welche Kanäle sicher für die Datenübertragung genutzt werden können.

Neben dem **DSL-Modem** existieren

- **Kabel-Modems** zur Anbindung von Rechnern an das Breitbandkabelnetz und
- **Standleitungs-Modems** [*leased line modems*].
  Eine Standleitung ist eine dauerhaft aufrechterhaltene Verbindung zweier oder mehrerer Kommunikationspartner über ein Netzwerk. Im Gegensatz zu einer Wählleitung steht der gesamte Übertragungsweg immer und ausschließlich den festgelegten Kommunikationspartnern zur Verfügung.
- Veraltete, aber teilweise noch anzutreffende DFÜ-Schnittstellen sind das Analogmodem und der ISDN-Adapter.

DSL-Modem für Architekturbüro Rüst

Wie im nächsten Kapitel deutlich wird, ist es nicht notwendig extra ein DSL-Modem einzubauen, da für die Anwendung im privaten Bereich bzw. für kleinere Büros **SOHO**-Geräte [*Small Office Home Office*] zur Verfügung stehen, die gleich mehrere Funktionen auf einmal übernehmen. Zunächst sollen nur zwei PCs an das Internet angeschlossen werden. Um Zukunftssicherheit zu gewährleisten, wird zu diesem Zweck ein SOHO-Router eingeplant, über dessen DSL-Modem bis zu vier Geräte angeschlossen werden können.

Modem und Modulieren

Modem ist eine Abkürzung für ein Gerät, das **mo**dulieren und **dem**odulieren kann.

Die folgende Abbildung zeigt das Prinzip der Modulation des einfachsten digitalen Signals (Rechtecksignal) ① auf das einfachste analoge Trägersignal (Sinusschwingung) ②. Das Trägersignal „trägt“ dann das digitale Signal ③ über das analoge Medium.

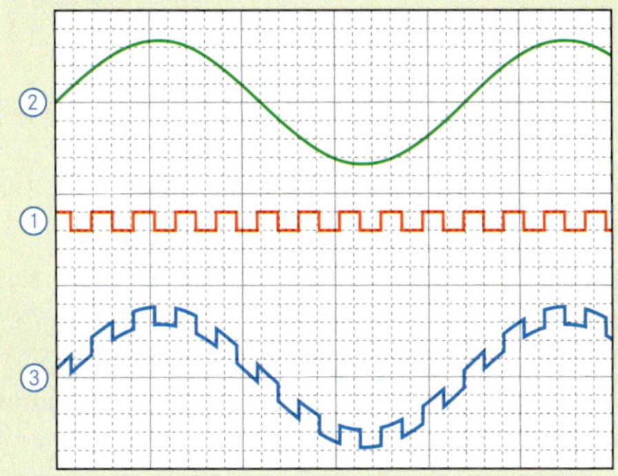

- WLAN-Adapter sind Netzwerkkarten für die leitungsungebundene Datenübertragung.
- Die Datenübertragung mit WLAN sollte mit dem WPA2-Standard verschlüsselt werden.
- Zur Anbindung eines LANs an ein WAN werden DFÜ-Schnittstellen benötigt.
- Mit einem DSL-Modem kann ein LAN an das analoge Telekommunikationsnetz angeschlossen werden.
- Die ADSL-Datenübertragungsrate ist bei Downstream sechs mal höher als bei Upstream.
- Bei SDSL ist die Datenübertragungsrate für Upstream und Downstream gleich groß.

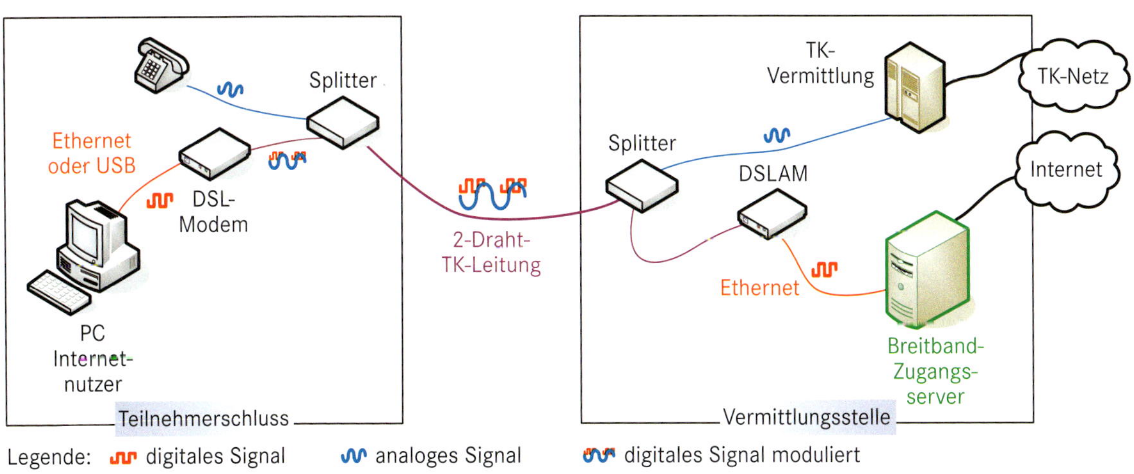

3: Internetanbindung über analoge Telefonleitung mittels DSL-Modem und DSLAM

4.7.3 Kopplungselemente

Vernetzung von Netzwerkendeinrichtungen bedeutet, dass diese miteinander verbunden werden müssen. Dies kann durch **Crossover**-Kabel bewerkstelligt werden, bei denen jeweils der Sendeausgang eines Endgerätes mit dem Empfangseingang des anderen Endgerätes verbunden wird. Dies ist aber nur bei zwei zu vernetzenden Endgeräten praktikabel. Bei einer **Vollvermaschung** von z.B.

- drei Endgeräten werden 1+2=3 Kabel und jeweils Netzwerkkarten mit zwei Buchsen bzw. zwei Netzwerkkarten pro Endgerät benötigt,
- zehn Endgeräten werden 1+2+3+4+5+6+7+8+9=45 Kabel und jeweils Netzwerkkarten mit neun Buchsen bzw. neun Netzwerkkarten pro Endgerät benötigt. Die gibt es nicht.

Dies ist der Hauptgrund für die Verwendung von Kopplungselementen. Darüber hinaus gibt es Kopplungselemente zur

- Kopplung unterschiedlicher Übertragungsmedien oder verschiedener Netzwerkprotokolle. Ein **Netzwerkprotokoll** ist eine genaue Vorschrift, nach der Daten zwischen Netzwerkendgeräten ausgetauscht werden, die durch ein Netzwerk miteinander verbunden sind,
- **Verstärkung des Signals**, um längere Signalstrecken zu überwinden.

Im Folgenden werden die verschiedenen Kopplungselemente (Abb. 1) vorgestellt:

Repeater

Jede eingesetzte Netzwerktechnologie ist für eine bestimmte maximale Reichweite ausgelegt, nach der das Signal noch erkennbar ist. Soll das Signal noch weiter verschickt werden, stellt ein Repeater (Wiederholer) das Signal wieder annähernd her. Er verstärkt es und korrigiert Störungen (Signalregeneration).

Medienkonverter

Müssen Signale von einem Medium für ein anderes umgewandelt werden, z.B. von Kupferleitern für Lichtwellenleiter, so wird diese Umwandlung von einem Medienkonverter durchgeführt.

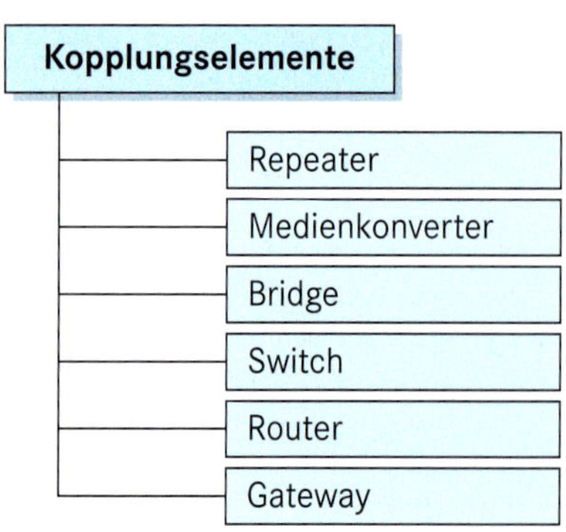

1: Kopplungselemente

Topologien [*topologies*]

Topologie stammt von dem griechischen Wort topos = Ort ab. Die Topologie untersucht die Eigenschaften geometrischer Körper, die durch Verformungen wie z.B. Dehnen, Stauchen, Biegen, aber nicht Abtrennen oder Durchbohren ineinander übergeführt werden können. Zum Beispiel haben ein Donut und eine einhenkelige Tasse die gleiche Topologie.

In der Netzwerktechnik haben Netzwerke die gleiche Topologie, wenn die Struktur der Verbindungen der Endgeräte miteinander gleich ist. Die folgenden Abbildungen zeigen die in der Netzwerktechnik möglichen Topologien. Die Kreise werden als Knoten bezeichnet und stellen die Endgeräte dar.

Die Bustopologie ist nicht zu verwechseln mit den auch als Bus bezeichneten Leitungen zwischen den einzelnen Komponenten auf dem Mainboard.

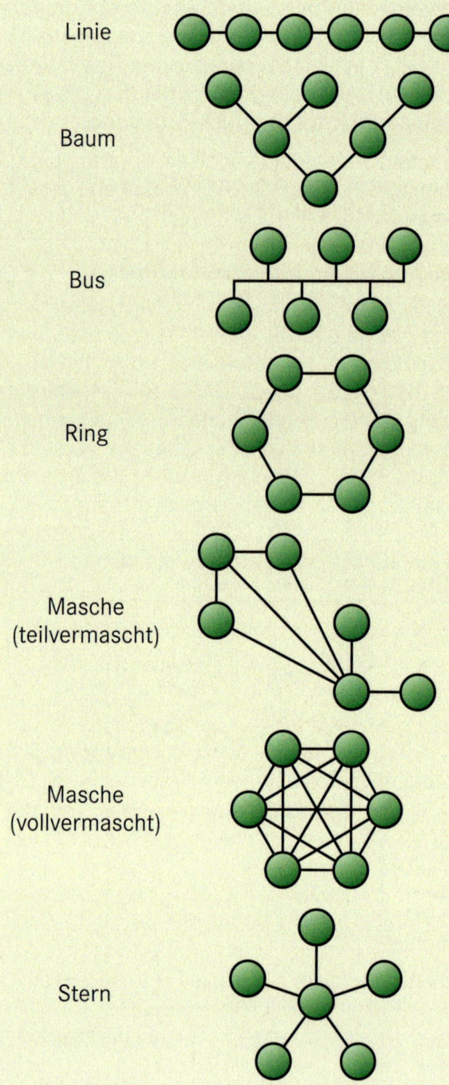

Bridge

Ein Medienkonverter ist ein Beispiel für eine Bridge (Brücke). Sie überbrücken zwei Netzwerkabschnitte mit unterschiedlichen/gleichen Übertragungsmedien und/oder verschiedenen/gleichen Topologien. Deshalb besitzen sie auch zwei Netzwerkschnittstellen.

Eine Bridge wertet die Ziel-MAC-Adresse ankommender Daten aus und leitet diese dorthin weiter. Nur fehlerfreie Daten werden weitergeleitet.

Lernende Bridges *[learning bridges]* merken sich sogar, ob sich in dem anderen Netzwerksegment das Endgeräte mit der Ziel-MAC-Adresse befindet. So werden beim nächsten Mal die Daten mit dieser Ziel-MAC-Adresse erst gar nicht in das andere Netzwerksegment weitergeleitet. Das spart Zeit.

Switch

Ein Switch (Schalter oder hier besser Weiche) ist eine Bridge mit mehr als zwei Ports *[multiport bridge]*, die mehrere Netzwerksegmente mit gleichem Zugriffsverfahren verbinden.

Ein Switch verbindet einzelne angeschlossene Endgeräte oder angeschlossene Netzwerksegmente quasi gleichzeitig miteinander. Er „merkt" sich den Zusammenhang zwischen seinem Port und der Ziel-MAC-Adresse in der **Weiterleitungstabelle SAT** *[Source Address Table]* und kann damit Verbindungen gezielt herstellen (Abb. 2).

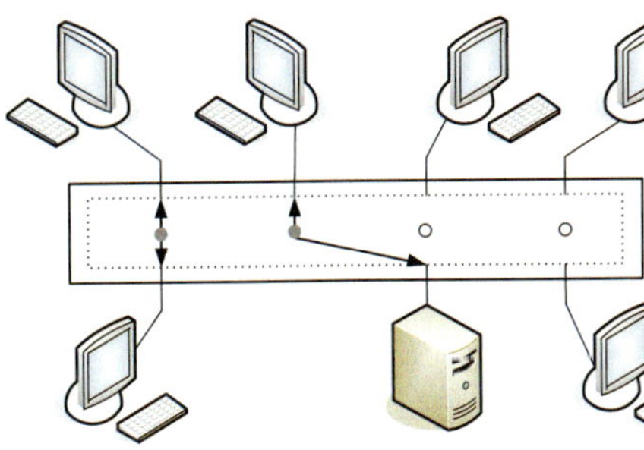

2: Switchprinzip (schematisch)

Switches gibt es als kostengünstige SOHO-Switches mit wenigen Ports. Für große Netzwerke gibt es 24-Port- oder 48-Port-Switches.

Für sehr große Netzwerke werden mehrere Switches über ihren **Uplink-Port** miteinander gekoppelt. Bei diesem sind die Sende- und Empfangsleitung vertauscht oder bei **Auto-Uplink**-Funktion wird selbstständig die notwendige Vertauschung der Sende- und Empfangsleitung erkannt. Es ist dabei darauf zu achten, dass die Endgeräte, die an den einen Switch angeschlossen sind, möglichst viel miteinander kommunizieren. Genauso gilt dies für den anderen Switch. Rechner, die an verschiedenen Switches angeschlossen sind, sollten möglichst wenig miteinander kommunizieren. Ansonsten geht viel Netzwerkverkehr über das Kabel, das die Uplink-Ports miteinander verbindet und das Netzwerk wird unnötigerweise verlangsamt.

Auch bei Switches sollte auf deren maximale Datenübertragungsrate geachtet werden, die zu den anderen Netzwerkkomponenten passen sollte. Zur Zeit sind Datenraten von max. 1 Gbit/s üblich.

Physikalische und logische Topologien

Es wird zwischen physikalischer („anfassbarer") und logischer Topologie unterschieden.

Die physikalische Topologie beschreibt den Aufbau der Netzverkabelung.

Die logische Topologie beschreibt den Datenfluss zwischen den Endgeräten. Mit ihr lassen sich die möglichen Datenkollisionen beschreiben.

Physikalisch erzeugt ein Switch eine Sterntopologie und logisch eine Punkt-zu-Punkt-Verbindung zwischen den einzelnen Endgeräten.

Sind dagegen alle Endgeräte direkt an eine einzige Leitung angeschlossen, so wird von einer physikalischen und logischen Bustopologie gesprochen. Dies ist z. B. bei Bussystemen in der Automatisierungstechnik der Fall.

Ein Hub (Nabe) war früher ein einfaches Kopplungselement. In seine **Anschlussbuchsen** *[ports]* wurden die von den einzelnen Netzwerkendgeräten kommenden Kabel eingesteckt. Der Hub selbst verbindet die einzelnen Ports alle miteinander. Damit ist ein Netzwerk mit einem Hub ein Beispiel für ein Netzwerk mit physikalischer Sterntopologie und logischer Bustopologie.

Aufgaben

1. Erläutern Sie den Unterschied zwischen Bridge und Switch.
2. Erläutern Sie den Unterschied zwischen einer physikalischen und einer logischen Netzwerktopologie.

- Repeater verstärken u. regenerieren ein Signal.
- Medienkonverter wandeln ein Signal von einem Übertragungsmedium für ein anderes um.
- Eine Netzwerktopologie gibt die Struktur der Verbindungen der Endgeräte an.
- Bridges koppeln zwei Netzwerkabschnitte mit unterschiedlichen/gleichen Übertragungsmedien und/oder verschiedenen/gleichen Topologien.
- Switches verbinden Netzwerkendgeräte miteinander. Jedes Netzwerkendgerät bzw. Netzwerksegment, das an einen Port angeschlossen ist, wird mit einem anderen Endgerät bzw. Segment Punkt-zu-Punkt verbunden.
- Switches können über deren Uplink-Ports miteinander gekoppelt werden, wenn zu wenig Ports zur Verfügung stehen.

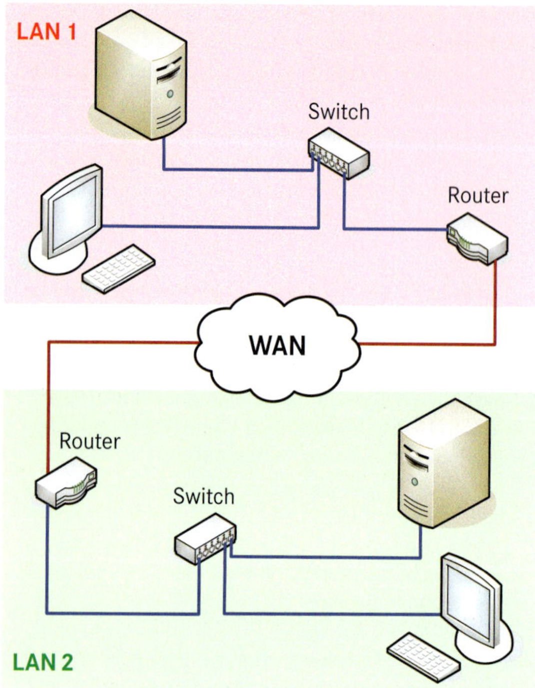

1: Kopplung zweier LANs über Router

Router

Ein Router (gesprochen ruter oder rauter, Abb. 2) ermittelt eine Route („Reiseweg") für die Daten - typischerweise durch das Internet. Dabei koppelt er LANs mit WANs (Abb. 1). Das unterscheidet ihn deshalb von einem Switch, denn dieser ermittelt Wege nur innerhalb eines LANs.

Für das Routen verwaltet er eine **Routingtabelle**. In dieser steht, über welche Zwischenadresse(n) am besten zu einem Rechner in einem anderen Netzwerk gelangt werden kann. Optimale Transportwege werden vom Router ermittelt und als **Routing-Metrik** in der Routingtabelle abgespeichert. Die Routing-Metrik wird aus verschiedenen Kriterien der Route errechnet. Beispiele: Gesamtlänge, Verlässlichkeit, Datenübertragungsrate und wie viele Router auf dem Weg zum Zielrechner liegen. Die errechnete Metrik wird als ein einziger Zahlenwert in der Routingtabelle gespeichert.

Ein Router hat im Gegensatz zu einem Switch echte Netzwerkschnittstellen mit jeweils einer MAC-Adresse. Typisch sind Geräte mit einer Netzwerkschnittstelle zum LAN und einer zum WAN. Aus Sicht eines Switches ist ein Router mit der LAN-zugewandten Netzwerkschnittstelle ein Endgerät wie jedes andere.

2: Professioneller Router

Im Einsatz sind typischerweise **Einprotokollrouter**, die z. B. ausschließlich Netzwerke miteinander verbinden können, die auf dem Internetprotokoll basieren. Daneben gibt es **Brouter** (**B**ridging **R**outer) und **Multiprotokollrouter**, die Netzwerke mit verschiedenen Protokollen koppeln können.

SOHO-Router

Für den kleinen professionellen und den privaten Officebereich werden **SOHO**-Geräte (**S**mall **O**ffice **H**ome **O**ffice) angeboten, die in einem Gerät mehrere Funktionalitäten vereinen (Abb. 3).

So bieten SOHO-Router beispielsweise die Kombination aus DSL-Modem, Switch und WLAN-Accesspoint. Sie besitzen allerdings Anschlussmöglichkeiten für nur wenige Endgeräte.

Internetprotokoll (IP) und IP-Adressen

Für das Verbinden von LANs ist das Internetprotokoll (IP) entwickelt worden. Dieses Protokoll benutzt zur Adressierung **IP-Adressen**.

Grundsätzlich sind die MAC-Adressen ausreichend für eine eindeutige Adressierung, denn es sind mit dieser 48 Bit-Adresse ca. 280 Billionen verschiedene Adressen möglich. Diese sind den Netzwerkschnittstellen allerdings fest eingebrannt und können nicht verändert werden. Aus diesem Grund werden IP-Adressen verwendet, die Netzwerkendgeräten von außen zugeordnet und damit auch einfach verändert werden können.

So bekommt der Router eines LANs vom für ihn zuständigen Internetprovider dynamisch eine IP-Adresse zugewiesen. Diese kann bei jedem Neustart des Routers eine andere sein. Innerhalb eines LANs ist der LAN-Betreiber selbst zuständig für die Vergabe von IP-Adressen. Dazu darf er nur bestimmte weltweit festgelegte private IP-Adressen verwenden. Genau die gleichen IP-Adressen dürfen auch in anderen LANs verwendet werden, da diese vom Internet durch den Router abgeschottet werden. Aus Sicht des Internets ist nur der Router mit einer eindeutigen IP-Adresse angeschlossen.

Versionen

IP-Version 4 (IPv4):
Die Adressen werden als vier Dezimalzahlen zwischen 0 und 255 mit **trennenden Punkten** [*dotted notation*] angegeben, z. B.

234.17.171.5

IP-Version 6 (IPv6):
Die Adressen werden als acht 16-Bitzahlen, die jeweils als vierstellige Hexadezimalzahl geschrieben werden und durch einen Doppelpunkt getrennt, angegeben, z. B.

D3F4:120E:4823:2D3E:A759:66BB:4567:AFDE

3: SOHO-Router

Gateway

Ein Gateway ist das Tor zu einer anderen Netzwerkwelt. Es ist in der Lage Netzwerkprotokolle beliebig umzusetzen. Dazu packt ein Gateway die in andere Protokolldaten (z. B. IP- und MAC-Adressen) eingepackten Nutzdaten komplett aus und verpackt sie wieder, so dass die andere Netzwerkwelt weiß, was sie tun soll.

So gibt es bei Internetprovidern beispielsweise Voice over IP (VoIP) - Telefon-Gateways, die die Kommunikation auf Basis von IP in die Kommunikation auf Basis des Telefonstandards umsetzen.

Der Begriff Gateway wird häufig auch in anderem Zusammenhang in der Netzwerkwelt gebraucht, meint dann aber nicht ein Gateway im eben beschriebenen Sinn:

- Oft wird der Router eines LANs als **Standard-Gateway** bezeichnet.
- SOHO-Router, die die Funktionalität eines Routers und eines DSL-Modems übernehmen werden als **Internet-Gateway** bezeichnet.

An Gateways und SOHO-Routern erkennt man gut, dass in der Netzwerkwelt teilweise ein gewisses **Sprachwirrwarr** herrscht, das gerade einem Anfänger das Leben schwer macht.

Auswahl der Kopplungselemente für das Architekturbüro Rüst

Herr Rüst möchte seinen Büro-PC und einen weiteren Privat-PC miteinander vernetzen und zusätzlich mit den beiden Rechnern ins Internet gehen.

Grundsätzlich benötigt er also einen Switch, einen Router und als Netzwerkschnittstelle ein DSL-Modem (Abb 4). Statt der drei einzelnen Geräte wird ein SOHO-Router eingeplant, an den vier Netzwerkendgeräte über RJ45 angeschlossen werden können. Er muss nur eine RJ45-WAN-Schnittstelle besitzen.

Das DSL-Modem in diesem SOHO-Router soll ADSL2+-fähig sein, um eine möglichst hohe Datenübertragungsrate vom und ins Internet zu garantieren.

Der integrierte Switch soll eine Datenübertragungsrate von 1 Gbit/s gewährleisten.

Aufgaben

1. Wozu wird eine Routing-Metrik benötigt?
2. Warum benötigt ein Router zwei IP-Adressen?
3. Was ist der Unterschied zwischen einem Router und einem SOHO-Router?

- Router ermitteln den besten Weg zu einem Zielendgerät und leiten die gesendeten Daten dorthin weiter.
- Router besitzen eine eigene MAC-Adresse.
- SOHO-Geräte sind Geräte, die mehrere Funktionen in einem Gerät vereinen. Sie werden für den kleinen professionellen und privaten Officebereich angeboten.
- Ein Gateway kann beliebige Netzwerkprotokolle ineinander umsetzen.

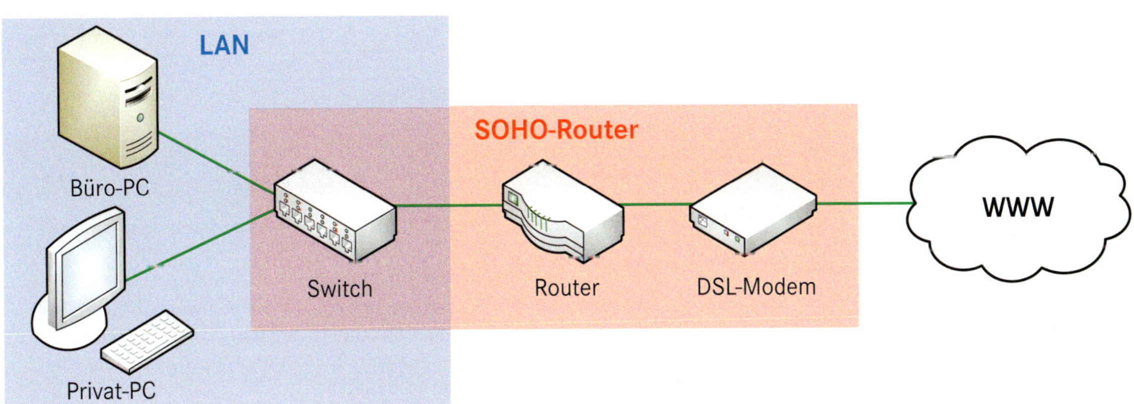

4: Kopplungselemente für das Architekturbüro Rüst

4.7.4 Verkabelung

Nachdem für das Architekturbüro Rüst das Übertragungsmedium ausgewählt und die Netzwerkschnittstellen sowie die Kopplungselemente bestimmt wurden, muss nun ein Verkabelungskonzept und die Anschlusstechnik geplant werden.

4.7.4.1 Verkabelungskonzepte

Das gewählte Verkabelungskonzept muss immer für die jeweilige Situation passend ausgewählt werden. Es gibt verschiedene Verkabelungskonzepte zum Verbinden der Netzwerkendeinrichtungen und Kopplungselemente (Abb. 1).

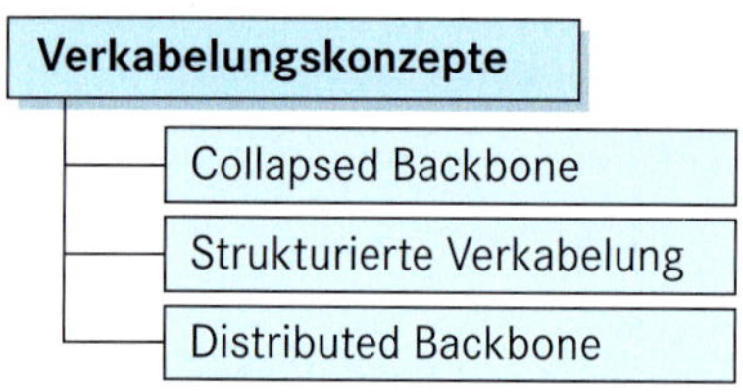

1: Verkabelungskonzepte

Collapsed Backbone

Bei einem Collapsed Backbone (gestauchte Wirbelsäule ≈ zusammengelegter Hauptstrang) werden alle Netzwerkendgeräte an einen einzigen leistungsfähigen Backbone-Switch in einem Verteilungsraum angeschlossen (Abb. 2). Der Backbone-Switch kann aus mehreren miteinander verbundenen („**gestapelten**" [***stacked***]) Switches bestehen.

Wegen der Gefahr des Ausfalls des gesamten Netzwerks ist hier ein sehr ausfallsicherer und leistungsfähiger Switch zu verwenden, denn der Backbone-Switch muss alle Netzwerkendeinrichtungen gleichzeitig bedienen.

Die Vor- und Nachteile eines Collapsed Backbone zeigt die Tabelle in Abb. 3.

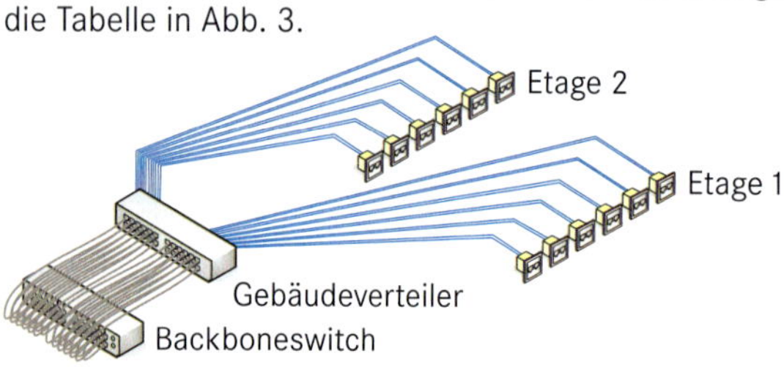

2: Collapsed Backbone – Beispiel in 2 Etagen

Strukturierte Verkabelung

Die Strukturierte Verkabelung ist ein Verkabelungskonzept für Gebäude auf einem Grundstück. Sie wird auch angewendet, wenn nur Teilbereiche eines großen Gebäudes miteinander verkabelt werden sollen. Sie wird auch **U**niverselle **G**ebäude**v**erkabelung (**UGV**) genannt.

Die Strukturierte Verkabelung normiert die Verkabelung für Sprach- und Datensignale. Grundlage sind die (inter)nationalen Normen ISO/IEC 11801, EN 50173 und DIN 44312-5.

Bei der Strukturierten Verkabelung werden drei Bereiche (Abb. 4, Abb. 5) unterschieden.

Bereich	
Primär	gebäudeübergreifend
Sekundär	etagenübergreifend
Tertiär	auf einer Ebene

4: Bereiche der strukturierten Verkabelung

Mit der Strukturierten Verkabelung sind die folgenden **Vorteile** verbunden:

- **Übersichtlichkeit** durch eine hierarchische Verkabelung
- **Flexibilität** bezogen auf die Ausbau- und Anpassungsfähigkeit des Netzwerks
- **Geringere Gesamtlänge aller Kabel** im Verhältnis zum Collapsed Backbone
- Relativ **einfache und damit kostengünstige Switches** reichen aus

Die **Nachteile** sind die große Anzahl an Switches und Verteilern, die damit verbundene Kaskadierung über die Uplink-Ports (Netzwerk wird langsam, vgl. Kap. 4.7.3), sowie die relativ hohe Anzahl an notwendigen Verteilerräumen.

Primärverkabelung

Diese Verkabelung verbindet die einzelnen Gebäude auf einem Gelände miteinander. Sie wird auch als Standort- oder Campusverkabelung bezeichnet (Abb. 5). Die einzelnen Kabel zwischen dem zentralen Standortverteiler ① und den Gebäudeverteilern ② dürfen bis zu 1500 m lang sein.

Collapsed Backbone	
Vorteile	**Nachteile**
Da nur ein (evtl. gestapelter) Switch notwenig ist, folgen daraus • eine einfache Wartung der Kopplungselemente, • eine zentrale Verwaltung des Netzwerks, • geringe Kosten für die Kopplungselemente und • ein geringer Raumbedarf, da nur ein Verteilungsraum benötigt wird.	• Hoher Kabelaufwand, da von jeder Anschlussdose mit zwei Buchsen zwei Kabel zum Backboneswitch verlegt werden müssen. • Es müssen teure LWL verwendet werden, wenn die Entfernung zum Backboneswitch > 100 m beträgt. • Gesamter Ausfall des Netzwerks, wenn der Backboneswitch ausfällt.

3: Vor- und Nachteile eines Collapsed Backbone

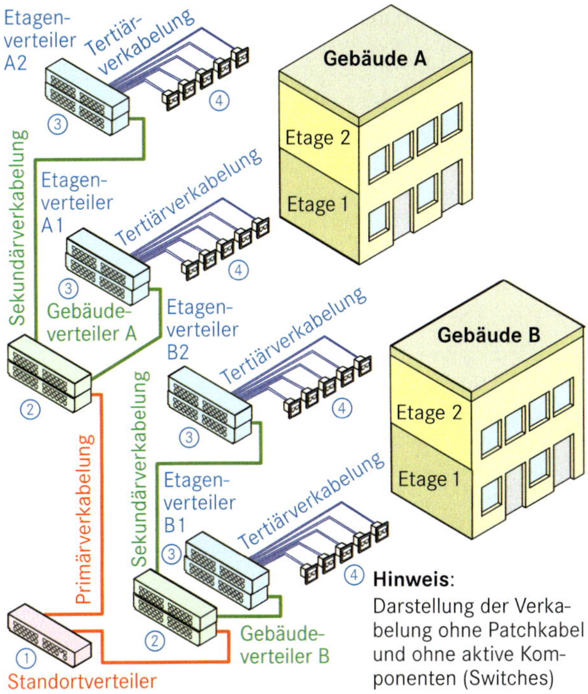

Hinweis:
Darstellung der Verkabelung ohne Patchkabel und ohne aktive Komponenten (Switches)

5: Strukturierte Verkabelung

Da die Distanz zwischen den einzelnen Gebäuden leicht 100 m überschreitet, bietet sich hier die Verlegung von LWL an. Mit LWL sind darüber hinaus hohe Datenübertragungsraten möglich.

Sekundärverkabelung

Bei ihr werden die Gebäudeverteiler ② mit den Etagenverteilern ③ verbunden. Da diese Verkabelung senkrecht durch das Gebäude verläuft, wird sie auch vertikale (senkrechte) Verkabelung genannt. Eine andere Bezeichnung ist **Gebäudebackbone**, da diese Verkabelung das Rückgrat der gesamten Verkabelung in dem Gebäude ist.

Die Länge der einzelnen Kabel darf maximal 500 m betragen. Deshalb werden auch hier bei Neuverkabelungen LWL eingesetzt.

Tertiärverkabelung

Bei dieser Verkabelungsart sind die Etagenverteiler ③ mit den einzelnen Anschlussdosen ④ verbunden. Sie wird auch Etagen- oder Anschlussverkabelung genannt. Die Tertiärverkabelung wird auch genutzt, wenn nicht eine gesamte Etage, sondern einzelne Abteilungen miteinander verkabelt werden sollen.

Die Länge der einzelnen Kabel sollte 100 m nicht überschreiten. Deshalb sind günstige Twisted-Pair-Kabel einsetzbar.

Um eine zukunftssichere Verkabelung zu gewährleisten, sollte achtadriges Twisted Pair-Kabel der Kategorie Cat 7 verlegt werden. Damit sind Übertragungsraten von bis zu 10 Gbit/s zu erreichen.

Distributed Backbone

Es handelt sich hierbei um ein Verkabelungskonzept, das zwischen dem Collapsed Backbone und der Strukturierten Verkabelung anzusiedeln ist.

Dabei wird durch den Einsatz mehrerer Switches statt des einen (gestapelten) Backbone-Switches eine Dezentralisierung erreicht, die aber weniger komplex als eine Strukturierte Verkabelung ist.

Ein Distributed Backbone ist also die Vorstufe zu der aufwändigeren Strukturierten Verkabelung.

Verkabelungskonzept für das Architekturbüro Rüst

Da die Netzwerkkabel alle in dem einen SOHO-Router enden werden, der den Switch beinhaltet, entspricht diese Verkabelung einem Collapsed Backbone.

Aufgaben

1. Warum fällt das gesamte Netzwerk aus, wenn der Backbone-Switch ausfällt?
2. Skizzieren Sie eine strukturierte Verkabelung für ein Gelände mit drei Gebäuden A, B und C. Gebäude A hat zwei Etagen mit drei und vier Doppeldosen.
   Gebäude B hat drei Etagen mit zwei, drei und vier Doppeldosen.
   Gebäude C ist ein Bungalow mit fünf Doppeldosen.
3. Warum ist über die Kabel der Primärverkabelung der höchste Datenverkehr gegenüber der Sekundärverkabelung und der Tertiärverkabelung zu erwarten?

- Das gewählte Verkabelungskonzept muss immer passend für die Auftragssituation ausgewählt werden.
- Bei einem Collapsed Backbone werden alle Netzwerkendeinrichtungen mit Hilfe jeweils eines Kabels an einen leistungsfähigen Backboneswitch angeschlossen.
- Die Strukturierte Verkabelung ist ein Verkabelungskonzept
  - zwischen Gebäuden auf einem Grundstück (primärer Bereich),
  - zwischen den Etagen im Gebäude (sekundärer Bereich) und
  - für die einzelnen Etagen (tertiärer Bereich).
- Ein Distributed Backbone ist eine Mischung aus den Verkabelungskonzepten Collapsed Backbone und Strukturierter Verkabelung.

4.7.4.2 Twisted-Pair-Verkabelung in der Praxis

Die Planung und Installation einer Verkabelung ist von der jeweiligen Situation abhängig. Die folgenden allgemeinen Aspekte für eine TP-Verkabelung sind also für jede Situation kritisch zu beurteilen.

Verteilerraum:

Bei komplexen Netzwerken sollte immer ein klimatisierter Verteiler- und Serverraum vorgesehen werden. Ein Beispiel für eine Verkabelung mit Kupferleitern zeigt Abb. 1.

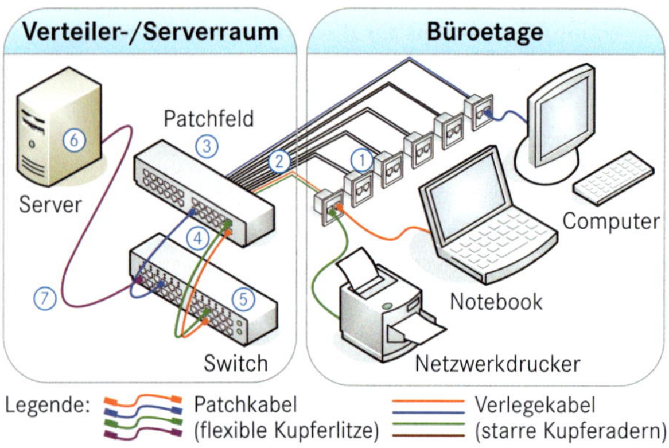

1: Beispiel für eine Verkabelung

Client-Server-Netzwerk

In einem Client-Server-Netzwerk übernehmen ein oder mehrere Server (Dienstleister) herausgestellte Funktionen und bieten diese den einzelnen Clients (Kunden) an.

Bereitgestellte Dienstleistungen lassen sich den folgenden Bereichen zuordnen:

- **Dateiservice** [*file service*]
- **Datenbankservice** [*data base service*]
- **Druckservice** [*print service*]
- **Kommunikationsservice** [*communication service*]
- **Anwendungsservice** [*application service*]

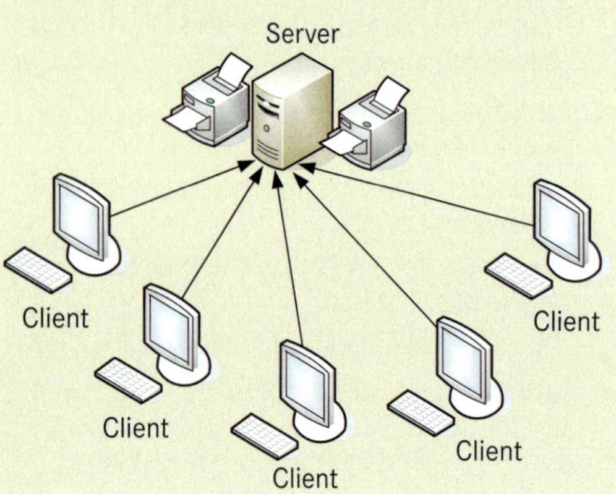

Die Anschlussdosen einer Etage ① werden mittels Kabeln ② in einem Verteilerraum zusammengeführt und auf einem Patchfeld ③ aufgelegt. Ein **Patchfeld** ist ein Verteiler für Kabel, der viele Anschlussdosen in einem Gehäuse besitzt.

Von dem Patchfeld führen Patchkabel ④, das sind fertig konfektionierte Kabel mit Steckern, zum Switch ⑤. Der Server ⑥ ist ebenfalls über ein Patchkabel ⑦ mit dem Switch verbunden.

Das Patchfeld und der Switch sind in einen Schaltschrank eingebaut (Abb. 2).

Schaltschränke

Im professionellen Bereich wird fast ausschließlich 19-Zoll-Technik eingesetzt. In die genormten Schaltschränke werden an Lochleisten die mit 19 Zoll genormten Geräte eingebaut. Die Höheneinteilung in einem Schaltschrank geschieht über die **H**öhen**e**inheiten (**HE**) [*units (U)*]. 1 HE entspricht 1,75 Zoll ≈ 44,45 mm. Geräte mit 1 HE werden auch als „Pizzaschachteln" bezeichnet. Abb. 3 zeigt ein Beispiel für einen 12-HE-Schrank für die zentralisierte Verkabelung zur Daten- und Telekommunikation.

a) schlechtes Beispiel

b) gutes Beispiel

2: Verkabelung der Patchfelder und Switches in einem Schaltschrank

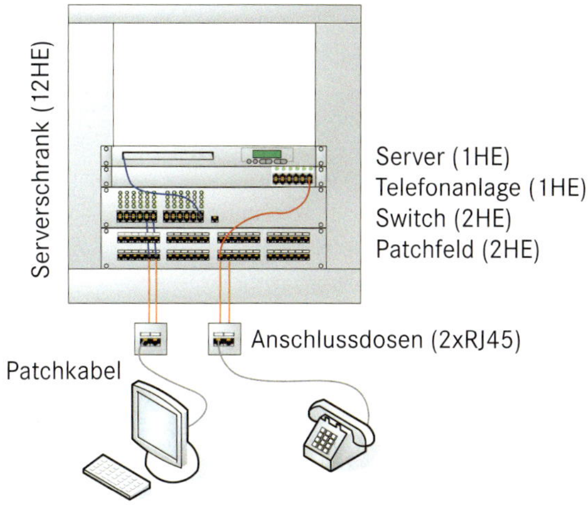

3: 12-HE-Schrank

Kabel

- Um Zukunftssicherheit zu garantieren, sollten nur Kabel der Kategorie 7 verlegt werden (Cat 7).
- Regel zur Schätzung der Kabellänge:
  2 · Luftlinie = Kabellänge inkl. Reserve
- Da bei Ethernet-TP die Gesamtlänge aller Kabel nicht mehr als 100 m sein darf, müssen die Anschlusskabel (Patchkabel) bei der Berechnung der Länge des Verlegekabels mit berücksichtigt werden (Abb. 4).

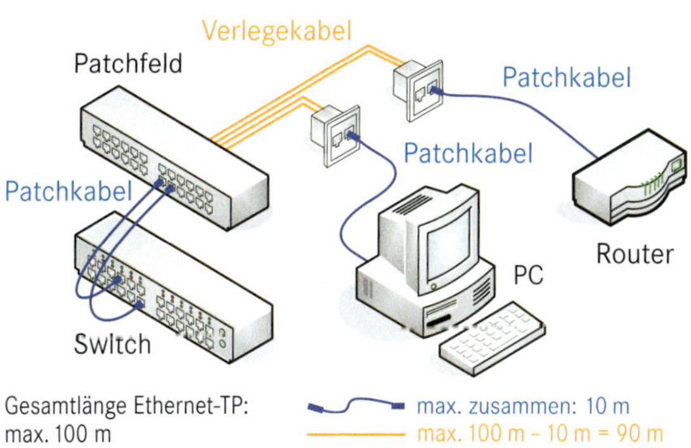

4: Längenermittlung

Ethernet

Ethernet ist der Name für eine kabelgebundene Netzwerktechnologie, die alle Festlegungen für Kabeltypen und Stecker umfasst sowie die Signalisierung für die Datenübertragung auf dem Übertragungsmedium festlegt.

Darüber hinaus arbeitet Ethernet mit dem Ethernet-Protokoll, das u. a. festlegt, dass die Nutzdaten in einzelne Ethernetpakete zerlegt werden.

Ein einzelnes Ethernetpaket besteht u. a. aus der Ziel-MAC-Adresse, der Quell-MAC-Adresse, einem Teil der Nutzdaten und einigen Bits zur Fehlererkennung bei der Übertragung.

Kabelführung

5: Bodentank

- Kabel möglichst im doppelten Boden führen und an Dosen in Bodentanks anschließen. Damit können die Endgeräte direkt am Arbeitsplatz angeschlossen werden.
- Um Versorgungs- und Datenleitungen getrennt zu führen, sind Doppelkanäle bzw. verschiedene Schlitze zu verwenden.
- Kabelsharing (je vier Adern für Netzwerk und Telefon) sind zu vermeiden.
- Sollen fertig konfektionierte Patchkabel mit RJ45-Steckern verwendet werden, müssen Bohrungen durch Wände 15 mm Durchmesser besitzen.
- Bei Wand und Geschossdurchführungen müssen die Brandschutzbestimmungen beachtet werden.

Anschlussdosen

- Die Anzahl und die Positionen der Dosen im Raum ergeben sich aus der Anzahl und den Positionen der anzuschließenden Endgeräte. Für die Zukunftssicherheit sollten mehr Dosen als benötigt installiert werden.
- Bei massiven Mauern sollten Unterputzdosen Aufputzdosen vorgezogen werden.

Aufgabe

1. Das Patchkabel eines Netzwerkdruckers zur Anschlussdose ist 2 m lang. Das Patchkabel des PCs, der auf diesem Drucker drucken will, ist 4 m lang. Das Patchkabel vom Patchfeld zum Switch im Verteilerraum ist 50 cm lang. Wie lang darf das TP-Verlegekabel maximal sein?

- Bei komplexen Netzwerken sind immer ein oder mehrere Verteilerräume vorzusehen, in dem auch Serverrechner untergebracht werden können.
- Ein Patchfeld ist ein Verteiler.
- Im professionellen Bereich werden 19-Zoll-Schaltschränke und passende Geräte verwendet. In senkrechter Richtung wird in Höheneinheiten (HE) gerechnet.
- Die Kabellänge muss einschließlich genügend Reserve vorgesehen werden.
- Kabel sollten möglichst im Boden geführt und in Bodentanks herausgeführt werden.
- Es sollen mehr als die unbedingt notwendigen Anschlussdosen vorgesehen werden.

Anschlusstechnik

1: RJ45-Anschlussdose

Für die Verbindung der Netzwerkendgeräte über die Kopplungselemente mit Leitungen stehen für Kupferleitungen und Lichtwellenleiter verschiedene Anschlusssysteme zur Verfügung.

Für Twisted-Pair-Kabel sind die RJ- bzw. die GG-Steckverbindungen und LSA+-Klemmverbindungen gebräuchlich. Für die in der Netzwerktechnik veralteten Koaxialkabel werden BNC-Verbindungen benutzt.

Für Glasfasermedien wird insbesondere die ST- und SC-Steckertechnik verwendet (vgl. Kap. 4.7.1.2).

LSA+-Klemmverbindung

LSA steht für **L**öt-, **S**chraub- und **A**bisolierfreiheit. Diese Anschlusstechnik wird eingesetzt, wenn TP-Kabel zwischen Anschlussdosen (Abb. 1) und Patchfeldern fest verlegt werden sollen.

Mit Hilfe des **LSA+-Tools** werden die starren Adern des Kabels in jeweils eine Klemme gedrückt. Dabei wird die Isolierung der Ader von der Klemme aufgeschnitten und der Kontakt hergestellt. Abb. 2 zeigt das Auflegen eines Kabels auf ein Patchfeld.

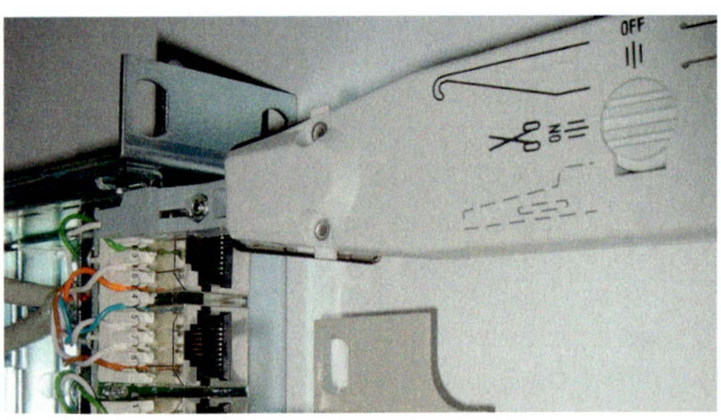

2: LSA+-Tool

RJ-Steckverbindungen

RJ steht für **R**egistered **J**ack (eingetragene/r (genormte/r) Buchse/Stecker).

Mit RJ-Steckverbindungen werden

- Netzwerkendgeräte mit den Anschlussdosen
- bzw. Kopplungselemente mit dem Patchfeld

verbunden.

Häufig werden dazu fertig vorkonfektionierte Kabel mit bereits montierten Steckern in verschiedenen Längen benutzt.

Solche Kabel lassen sich aber auch selbst herstellen. Die Adern solcher Kabel bestehen aus Kupferlitze. An die Litzen werden mit Hilfe einer **Crimpzange** RJ45-Stecker gepresst (Abb. 3). Die Reihenfolge beim Crimpen ist wie folgt.

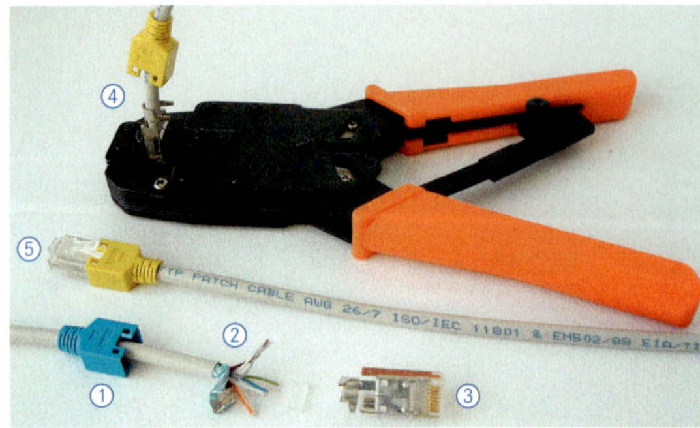

3: Crimpen

① Vor dem Crimpen die Hülse des Steckers zunächst auf das Kabel schieben.
② Beim Crimpen die äußere Kabelhülle entfernen.
③ Die Adern in korrekter Anordnung (Abb. 5) mit einer Einführhilfe in den Stecker schieben.
④ Den Stecker und die Adern mit Hilfe der Crimpzange zusammenpressen.
⑤ Die Steckerhülse auf den Stecker schieben.

GG-Steckverbindungen

GG wurde als Abkürzung für **G**iga**G**ate verwendet. Dieser Name konnte aber nicht geschützt werden, so dass die Bezeichnung GG45 allein als Markenname verwendet wird. Der Zusatz 45 soll die Abwärtskompatibilität zu RJ45 verdeutlichen (Abb. 4).

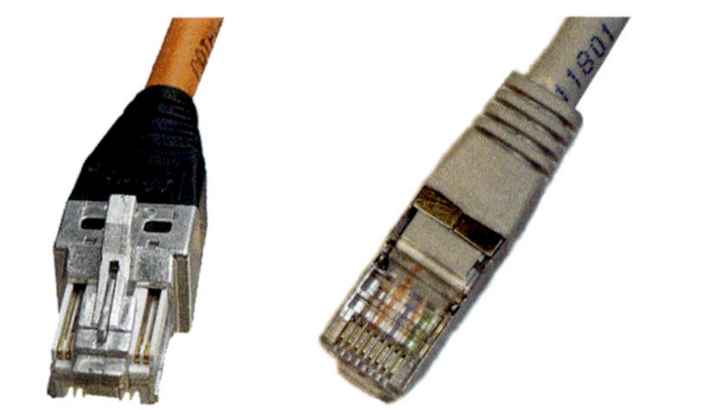

4: GG45- und RJ45-Stecker

Adernbelegung für RJ45

Die Anschlussbelegung eines RJ45-Steckers und die Farbcodierungen der einzelnen Adern sind in Abb. 5 dargestellt.

Es wird zwischen den Anschlussnormen **EIA/TIA 586A** und **EIA/TIA 586B** unterschieden. Im europäischen Raum ist zumeist die B-Variante zu finden. In einem Installationsauftrag ist immer nur eine der beiden Anschlussnormen zu verwenden.

Ferner wird zwischen **1 zu 1-Kabeln** und **Crossoverkabeln** unterschieden. Mit 1 zu 1-Kabeln werden Switches bzw. Hubs mit den Netzwerkkarten der Endgeräte verbunden. Mit Crossoverkabeln werden zwei Netzwerkkarten oder zwei Switches/Hubs direkt miteinander verbunden. Die Tabelle in Abb. 5 zeigt die Anschlussvarianten.

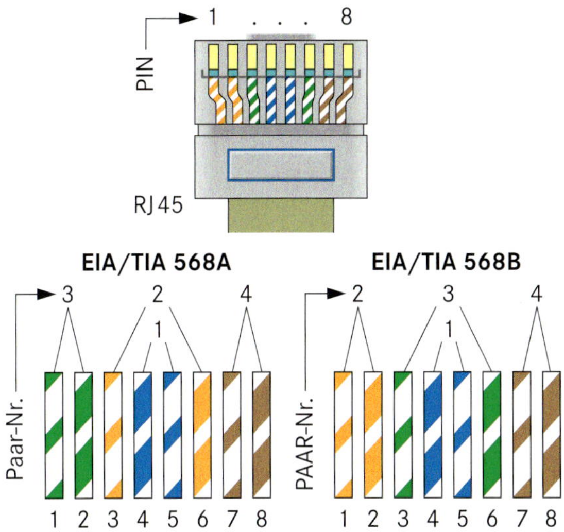

1 zu 1-Kabel			
Switch/Hub	1- RC+ 2- RC- 3- TX+ 6- TX-	TX+ -1 TX- -2 RC+ -3 RC- -6	Netzwerk-karte
Crossoverkabel			
Netzwerk-karte	1- TX+ 2- TX- 3- RC+ 6- RC-	TX+ -1 TX- -2 RC+ -3 RC- -6	Netzwerk-karte
Switch/Hub	1- RC+ 2- RC- 3- TX+ 6- TX-	RC+ -1 RC- -2 TX+ -3 TX- -6	Switch/Hub

RC: Empfang TX: Senden

5: Anschlussbelegung und Farbcodierungen RJ45

LWL-Verbindungen

In der Praxis werden meist fertig konfektionierte LWL-Kabel verwendet. Der Vorteil sind sehr geringe Dämpfungen. Es ist sehr aufwändig Stecker wie z. B. ST und SC (vgl. Kap. 4.7.1.2) selbst zu montieren. Wenn man dies selbst machen will, müssen die Enden der Leitungen plan poliert sein. Ungenutzte LWL-Stecker müssen mit Schutzkappen abgedeckt werden, da Verschmutzungen zu hohen Dämpfungen führen.

LWL können durch Spleißen eine nicht lösbare Verbindung eingehen. Dieses Verfahren erfordert einen hohen technischen Aufwand und ist schwierig.

Für das Erstellen von LWL-Verbindungen gibt es diverse Werkzeuge, von denen ein Absetzwerkzeug zur Entfernung der Faserbeschichtung in Abb. 6 dargestellt ist.

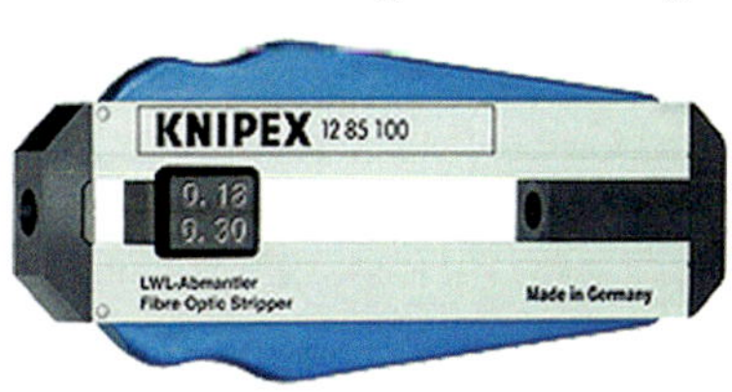

6: Absetzwerkzeug

Planung der Verkabelung und Anschlusstechnik für das Architekturbüro Rüst

Das Haus von Herrn Rüst hat drei Etagen. Das Dachgeschoss, in dem das Architekturbüro eingerichtet ist, eine mittlere Etage und das Erdgeschoss.

Im Dachgeschoss und im mittleren Geschoss wird in der unmittelbaren Nähe des stillgelegten Schornsteins jeweils eine Doppeldose vorgesehen. Im Erdgeschoss werden zwei Doppeldosen eingeplant.

Die Kabel zum Anschluss der beiden Rechner und des SOHO-Routers an die Dosen sind fertig konfektionierte 1 zu 1-Anschlusskabel der Länge 5 m. Die Kabel müssen zu den Dosen frei im Raum verlegt werden. Damit man über diese Kabel nicht stolpert, werden diese mit Kabelabdeckungen gesichert.

Die 1 zu 1-Kabel zur Verbindung der Anschlussdosen im Dachgeschoss und dem mittleren Geschoss mit den beiden Dosen im Erdgeschoss müssen mit Hilfe des LSA+-Tools selbst aufgelegt werden. Da es sich um Doppeldosen handelt, werden aus jedem Geschoss jeweils zwei achtadrige Kabel bis ins Erdgeschoss durch den stillgelegten Schornstein gelegt. Die Luftlinien zwischen den Dosen im Dachgeschoss bzw. dem mittleren Geschoss zu den Dosen im Erdgeschoss betragen 8 m bzw. 4 m. Nach der Daumenregel werden also zwei Kabel von 16 m und zwei Kabel von 8 m Länge benötigt.

Aufgaben

1. Erstellen Sie ein Flussdiagramm für den Prozess des Crimpens.
2. Erklären Sie den Unterschied zwischen RJ45- und GG45-Steckverbindern.
3. Skizzieren Sie die geplante Kabelführung mit Dosen und Netzwerkendgeräten für das Haus von Herrn Rüst.

- LSA+-Klemmverbindungen werden zur direkten Verbindung von Anschlussdosen untereinander und zu Patchfeldern verwendet.
- RJ-Steckverbindungen werden zur Verbindung von Netzwerkendgeräten mit Anschlussdosen und von Kopplungselementen mit dem Patchfeld benutzt.
- 1 zu 1-Kabel verbinden Switches bzw. Hubs mit den Netzwerkkarten der Endgeräte.
- Crossoverkabel verbinden zwei Netzwerkkarten von Endgeräten oder zwei Switches/Hubs miteinander.
- LWL-Verbindungen selbst herzustellen ist schwierig. Deshalb werden meist fertig konfektionierte Kabel verwendet.

4.8 Pflichtenheft und Angebot

Mit dem Kunden sind bereits die genauen Ansprüche detailliert im Lastenheft (vgl. Kap. 4.2) festgelegt und dokumentiert worden. Im nächsten Schritt werden die „Pflichten" des Auftragnehmers in Form des **Pflichtenheftes** festgeschrieben (Abb. 1). Das Pflichtenheft beschreibt detailliert und eindeutig die technische Umsetzung der IT-Systemlösung aus der Sicht des Auftragnehmers. In ihm ist definiert wie und womit die Anforderungen zu realisieren sind.

Das Pflichtenheft umfasst das Lastenheft und das Lösungskonzept zur Umsetzung der Anforderungen an das IT-System.

1: Vom Lastenheft zum Pflichtenheft

Für ein IT-System bedeutet die Erstellung des Pflichtenheftes die Festschreibung der zu

- beschaffenden Hard- und Softwarekomponenten,
- leistenden Installationsarbeiten usw.

Abb. 2 zeigt in einem Überblick ein zum Beispielauftrag passendes Pflichtenheft. Zur klaren Strukturierung sollte das Pflichtenheft für IT-Systemlösungen die Bereiche PC-Komponenten, Netzwerkkomponenten, Softwarekomponenten und Installation (PC, Netzwerk, Software) aufweisen.

Das Pflichtenheft ist unverzichtbar bei großen Aufträgen oder Projekten. Für das Pflichtenheft gibt es keine einheitlichen formalen Anforderungen. Ein Pflichtenheft kann aus sehr vielen Seiten bestehen.

Lastenheft und Pflichtenheft sind in der DIN-Normenreihe **DIN 69901-5** definiert. Die DIN 69901-1 bis DIN 69901-5 definiert insgesamt Grundlagen, Prozesse, Prozessmodell, Methoden, Daten, Datenmodell und Begriffe im Projektmanagement.

Auf der Grundlage des Pflichtenheftes wird dann das **Angebot** *[offer]* erstellt. Mit dem Angebot legt der Anbieter die Bedingungen fest, wie die Waren zu liefern oder Dienstleistungen zu erbringen sind.

Ein Angebot umfasst u. a. folgende Bestandteile:

- Genaue Bezeichnung der Ware bzw. Dienstleistung
- Menge und den Preis der Ware bzw. Dienstleistung
- Kosten der Fracht und Verpackung
- Lieferzeit
- Zahlungsbedingungen

Pflichtenheft **Nr.**: 237.2010
Kundennummer: 000417

Übergabeziel: 18.08.2010

- Beschaffung PC-Komponenten
  ⋮
- Installation PC-Komponenten
  ⋮
- Beschaffung Netzwerkkomponenten
  ⋮
- Installation Netzwerkkomponenten
  ⋮
- Beschaffung Softwarekomponenten
  ⋮
- Installation Softwarekomponenten
  ⋮

2: Pflichtenheft

Aufgaben

1. Erläutern Sie den Unterschied zwischen einem Lastenheft und einem Pflichtenheft.
2. Suchen Sie die für das Pflichtenheft des Architekturbüros Rüst wichtigen Stellen aus dem Kapitel 4 heraus. Schreiben Sie die Seitenzahl, die Spalte (rechte, linke) sowie die Position in der Spalte (oben, mittig, unten) auf.

- Das Pflichtenheft beschreibt eindeutig die technische Umsetzung einer Lösung aus Sicht des Auftragnehmers. Es definiert wie und womit die Anforderungen zu realisieren sind.
- Nach DIN EN 69901-05 umfasst das Pflichtenheft die vom Auftragnehmer erarbeiteten Realisierungsvorhaben als Umsetzung der Anforderungen des Lastenheftes.

Angebot für das Architekturbüro Rüst

Für das Architekturbüro Rüst sind nachfolgend nur die genaue Bezeichnung, die Menge und der Preis der Ware bzw. Dienstleistung angegeben.

Der IT-Dienstleister ITjen gibt das Angebot in Höhe von insgesamt 22.829,58 € in Schriftform ab. Für ihn ist das Angebot verbindlich. Von Freizeichnungsklauseln wie „unverbindlich“, „Lieferung vorbehalten“ oder „Preis freibleibend“ sieht Herr Itjen ab.

Beschaffung der PC-Komponenten

Bezeichnung	Anzahl	Stückpreis
Prozessor Intel® Pentium® 4 Prozessor 2.8 GHz (mPGA, „Northwood“)	1	71,90 €
Mainboard MSI 945GCM478-L	1	46,99 €
Kingston ValueRAM DIMM 2 GB DDR2-533	2	56,90 €
CAD-Grafikkarte PNY Quadro FX1700 (Retail, 2 x DVI)	1	459,00 €
Festplatte Seagate ST32000641AS 2 TB (Barracuda XT)	1	284,00 €
DVD-Brenner Sony Optiarc AD-7243S-0B	1	33,99 €
Cardreader Lian Li CD-36A 50 in1 (Aluminium, Silber)	1	23,99 €
Gehäuse Chieftec CD-01B-B-355	1	64,90 €
Netzteil Cooler Master RealPower Pro 360 Watt (1 x PCIe, Schwarz)	1	54,90 €
Summe		**1 153,47 €**

Beschaffung der externen Peripheriegeräte

Bezeichnung	Anzahl	Stückpreis
NAS Seagate BlackArmor NAS 220 4 TB (zwei HDD-Slots, 2 x 2 TB, Schwarz)	1	519,00 €
Tastatur Microsoft Natural Ergonomic Keyboard 4000 (Schwarz)	1	44,49 €
Lasermaus Logitech V550 Nano Cordless Laser Mouse for Business (Schwarz)	1	47,49 €
Grafiktablett Wacom Intuos4 L Tablett (Schwarz, Hochglanz)	1	479,00 €
Scanner Canon CanoScan LiDE 700F (Silber/Schwarz)	1	107,90 €
TFT-Bildschirm EIZO EV2411WH-BK DVI-D (HDCP), Sound, Schwarz)	2	499,00 €
Laserdrucker Hewlett-Packard Color LaserJet 4700DN (USB/PAR/LAN, Farblaser, Grau)	1	1499,00 €
Rollenplotter Hewlett-Packard DesignJet T1120 (USB/LAN, 111,8 cm)	1	4799,00 €
Summe		**8493,88 €**

Installation der PC-Komponenten

Bezeichnung	Zeit	Stundenpreis
Auswahl der PC-Komponenten	0,5	60,00 €
Zusammenbau und Test der PC-Komponenten	2,5	60,00 €
Summe		**180,00 €**

Beschaffung der Netzwerkkomponenten

Bezeichnung	Anzahl	Stückpreis
Netzwerkkarte Netgear GA311	1	19,49 €
SOHO-Router Asus DSL-N13	1	104,90 €
Patchkabel RJ45 Cat 7 S/STP 5 Meter	3	10,79 €
Verlegekabel Cat 7, 50 Meter	1	36,54 €
Doppel-Anschlussdosen	4	11,59 €
Summe		**239,66 €**

Installation der Netzwerkkomponenten

Bezeichnung	Zeit	Stundenpreis
Auswahl der Netzwerkkomponenten	0,5	60,00 €
Installation und Test der Netzwerkkomponenten	2,5	60,00 €
Summe		**180,00 €**

Beschaffung der Softwarekomponenten

Bezeichnung	Anzahl	Stückpreis
Windows 7 Ultimate	1	319,00 €
Open Office (Freeware)	1	0,00 €
Mozilla Firefox (Freeware)	1	0,00 €
Mozilla Thunderbird (Freeware)	1	0,00 €
KompoZer (Freeware)	1	0,00 €
FileZilla (Freeware)	1	0,00 €
Gimp (Freeware)	1	0,00 €
AutoCAD Architecture	1	5489,47 €
IBP:18599 High End	1	1773,10 €
ProjektPro	1	4641,00 €
Summe		**12222,57 €**

Installation der Softwarekomponenten

Bezeichnung	Zeit	Stundenpreis
Auswahl der Software	1,0	60,00 €
Installation, Konfiguration und Test der Software	3,0	60,00 €
Einweisung in das gesamte IT-System	2,0	60,00 €
Summe		**360,00 €**

4.9 Auftrag

Nimmt der Kunde das Angebot an, erteilt er den Auftrag an den Anbieter. Bei der **Auftragserteilung** [*placing of order*] ist der Kunde an keine besondere Form gebunden. Bei größeren Aufträgen wird in der Regel aus Gründen der gegenseitigen Absicherung die Schriftform gewählt. Nach der Auftragserteilung ist eine nochmalige schriftliche Bestätigung durch den Auftraggeber notwendig. In dieser schriftlichen **Auftragsbestätigung** [*order confirmation*] werden die vereinbarten Bedingungen wiederholt. Sie dient der Kontrolle der getroffenen Vereinbarungen.

Auf Grundlage des Angebotes wird der Firma ITjen von Helge Rüst der **verbindliche Kundenauftrag** [*binding order*] in Abb. 1 erteilt.

ITjen
Inh. Klaus Itjen
Untergraben 20
28201 Bremen

fon: 0421-31415926535
fax: 0421-31415926535
E-Mail: info@ITjen-online.de
web: www.itjen-online.de

ITjen
Der, der IT in seinem Namen trägt

Kundenauftrag

Kundennummer: 000417 **Auftragsnummer:** 237.2010 **Datum:** 01.08.2010

Name:	Helge Rüst
Straße:	Obergraben 10
PLZ: 28199	**Ort:** Bremen
fon: 0421-2718281828459	**fax:** 0421-2718281828458
E-Mail:	helge.ruest@tolleranbieter.de

Hiermit beauftrage ich die Fa. ITjen zu:

Verkauf: ☒ **Reparatur:** ☐ **Installation:** ☒

Beschaffung, Installation und Konfiguration eines netzwerk- und internetfähigen Einzelplatz-PC-Systems.
- Beschaffung der Einzelkomponenten, Einrichtung und Konfiguration des Rechners,
- Beschaffung, Einrichtung und Konfiguration eines Druckers und eines Plotters,
- Beschaffung, Installation und Konfiguration von Netzwerkkabel, SOHO-Router und Anschlussdosen,
- Beschaffung der branchenspezifischen Software für Architekten, eines Bildbearbeitungsprogramms, eines Officeprogramms, eines FTP-Programms und eines Betriebssystems,
- Installation der Software und Konfiguration der Software,
- Anschluss an das Internet,
- Konfiguration der Internetverbindung,
- Übergabe und Kundeneinweisung.

Gesamtpreis lt. Angebot vom 27.07.2010:	22831,58 €
Darin enthaltener Arbeitslohn:	690,00 €
Darin enthaltene MWSt (19 %):	3645,44 €

Bremen, den 01.08.2010

Helge Rüst
Unterschrift des Kunden

1: Kundenauftrag mit betrieblichem Auftragsformular

4.10 Hardwareinstallation Einzelplatz-PC

Die Installation eines PC-Systems lässt sich in die Bereiche **Hardwareinstallation** und **Softwareinstallation** aufteilen. In der Regel wird mit der Hardwareinstallation begonnen.

Bei der Hardwareinstallation ist dann zwischen der Installation des Einzelplatz-PCs und der Installation der Netzwerkkomponenten zu unterscheiden.

Der Ablauf der Hardwareinstallation des Einzelplatz-PCs ist in Abb. 2 als Prozess dargestellt und nachfolgend im Detail beschrieben. Die Reihenfolge der Arbeitsschritte sollte zur Vermeidung von Fehlern eingehalten werden.

4.10.1 Vorbereitungen

Die vollständigen und äußerlich unbeschädigten Komponenten werden auf einer geeigneten Arbeitsfläche ausgebreitet. Alle Bauteile sollten noch in den Antistatikbeuteln verbleiben, damit elektrostatische Aufladungen diese Bauteile nicht zerstören. Die zu den einzelnen Komponenten gehörenden Handbücher und Treiber-Datenträger müssen bereitliegen.

Ideal ist es, wenn zusätzlich ein PC zur Verfügung steht, mit dem im Internet z. B. nach aktuellen Treibern recherchiert werden kann.

Zur Fehlerbehebung nach dem Zusammenbau oder zur Aktualisierung von Treibern sind die Kennzeichnungen aller Bauteile zu dokumentieren. Dazu gehören

- der **Hersteller und** der **Produktname** [*manufacturer and productname*],
- die **Typbezeichnung** [*model*],
- die **Seriennummer** [*serial number*],
- die **Versionsnummern** [*version numbers*] und
- gegebenenfalls die **Chipbezeichnungen** der Steckkarten.

Diese Dokumentation hilft später das Öffnen des Rechnergehäuses und den Ausbau einzelner Komponenten zu vermeiden, um z. B. die Versionsnummer eines Bauteils herauszufinden.

Als **Werkzeug** sind zumindest bereitzuhalten:

- Ein nur schwach magnetisierter **Kreuzschlitzschraubendreher** [*crosshead screwdriver*] zum Befestigen der Komponenten,
- eine **Flachrundzange** [*flat nose plier*] für das Befestigen der Mainboard-Abstandhalter,
- eine **Pinzette** [*tweezer*] für das eventuell notwendige Aufheben heruntergefallener Schrauben im Gehäuse und
- ein **Erdungsarmband** [*grounding wristband*], um die Komponenten zu schützen (Abb. 3).

Als **Hilfsmittel** werden zumindest

- **Kabelbinder** [*cable tie*] und
- **Wärmeleitpaste** [*thermal grease*]

benötigt.

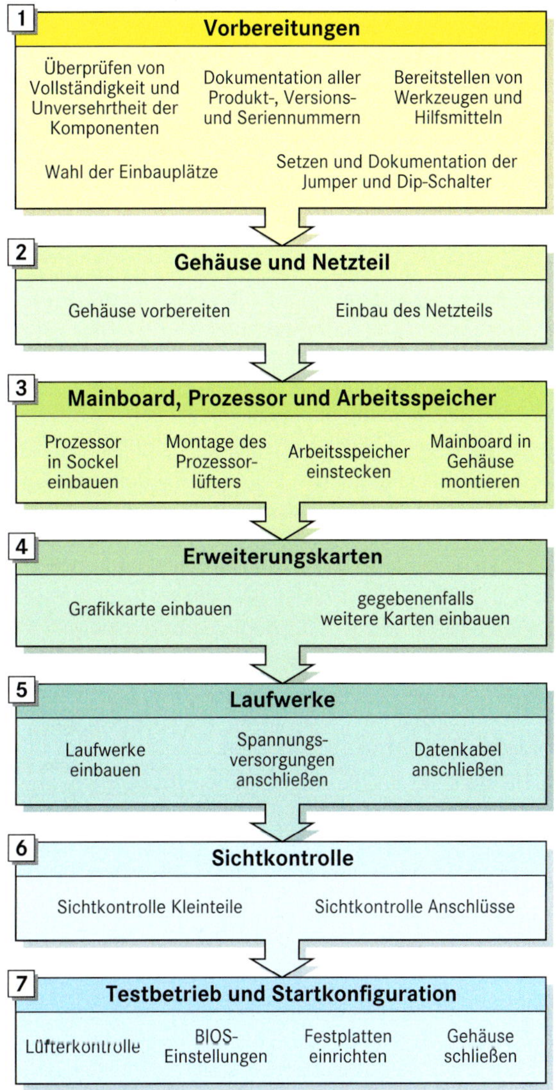

2: Installationsprozess Einzelplatz-PC

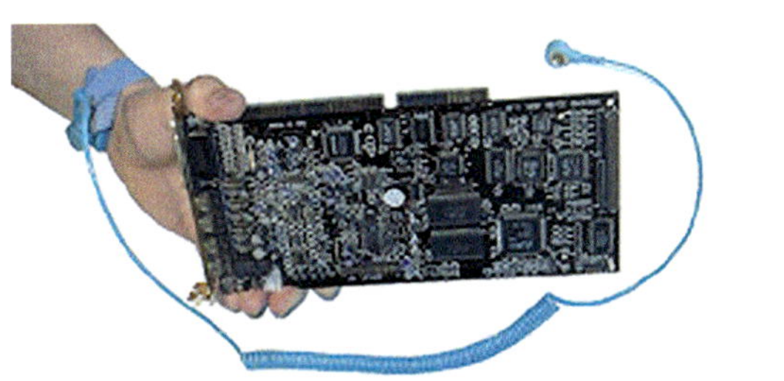

3: Erdungsarmband

- Zur Vorbereitung der Installation müssen die Handbücher und Treiber der Komponenten sowie geeignetes Werkzeug und weitere Hilfsmittel bereitgelegt werden.
- Die Kennzeichnungen aller Bauteile sind zu dokumentieren.

Wichtige Vorüberlegungen sind:
- Welche Längen haben die Datenkabel?
- Welche Steckkarten und Laufwerke müssen im Gehäuse untergebracht werden?

Die Beantwortung dieser Fragen beeinflusst die Lage der Laufwerke und Steckkarten. Laufwerke und Schnittstellen, die häufig benutzt werden, sollten so platziert werden, dass der Benutzer sie gut erreichen kann.

In jedem Fall sollte bei der Platzierung auf eine gute **Belüftung** [*ventilation*] und ausreichende **Wärmeabfuhr** [*heat dissipation*] geachtet werden. Dies gilt besonders für den Prozessor und die Grafikkarte, da diese viel Wärme produzieren. Beim Einbau anderer Karten sollte deshalb ein möglichst großer Abstand zur CPU und zur Grafikkarte vorgesehen werden.

Damit die Bauteile auf den Leiterplatten durch **elektrostatische Ladungen** [*electrostatic charges*] nicht beschädigt werden, gilt es folgende Regeln in der genannten Reihenfolge auf jeden Fall einzuhalten, auch wenn in den meisten Fällen nichts passiert:

1. Den eigenen Körper an einem geerdeten Metallkörper entladen (Heizung, Wasserleitung, geerdetes Gehäuse).
2. Das Erdungsarmband anziehen und an einem geerdeten Metallkörper anschließen.
3. Die Bauteile aus den Antistatikbeuteln nehmen und die Bauteile nicht an den Anschlüssen anfassen.

Mainboard

Das Mainboard sollte vor dem Einbau vollständig bestückt (siehe nächste Abschnitte) und alle Hardwarekonfigurationen vorgenommen werden. So wird man durch das Gehäuse nicht eingeengt und es ist genügend Platz zum Bestücken vorhanden.

Als wichtigster Schritt muss anhand des Handbuches für das Mainboard überprüft werden, ob und gegebenenfalls welche Jumper oder **DIP**-Schalter (**D**ual **I**nline **P**ackage) gesteckt bzw. eingestellt werden müssen ⚠.

Nur wenn das Mainboard wie fast alle modernen Mainboards als „**Jumperfree**" oder „**Jumperless**" bezeichnet wird, entfallen diese Einstellungen.

4.10.2 Installation von Gehäuse und Netzteil

Zunächst wird das Gehäuse geöffnet. Dazu werden die Befestigungsschrauben an der Gehäuserückseite gelöst. Zumeist können dann die Seitenteile durch kurzes Verschieben abgenommen werden.

Das Gehäuse besitzt auf der Rückseite eine Öffnung, vor die das Netzteil installiert werden muss (Abb. 1). Jetzt muss das Netzteil mit den beiliegenden Schrauben am Gehäuse befestigt werden.

Wenn das Netzteil im oberen Bereich des Gehäuses befestigt ist, müssen die Kabel in den unteren Bereich geführt werden, da dort später die Anschlüsse an das Mainboard zu finden sind.

1: Öffnung vor der Installation des Netzteils

Es muss darauf geachtet werden, dass bei Netzteilen mit wählbarer Netzspannung die Spannung auf 230 V eingestellt ist ⚠.

Zum Schluss werden die Abstandhalter (Abb. 2) für das Mainboard in das Gehäuse eingeschraubt.

2: Abstandhalter für das Mainboard

Dazu wird das Gehäuse auf die Seite gelegt und das Mainboard in der Antistatiktüte hineingelegt. So lassen sich die im Gehäuse befindlichen passenden Gewinde für das Mainboard herausfinden. Die Abstandhalter werden in diese Gewinde geschraubt und leicht mit der Zange angezogen.

Jetzt muss überprüft werden, ob die am Mainboard vormontierte Schnittstellenblende zu dem Mainboard passt. Ist dies nicht der Fall, muss diese Blende gegen eine dem Mainboard beigefügte Blende ausgetauscht werden.

- Das Aufladen des eigenen Körpers ist durch das Anlegen des Erdungsarmbandes zu verhindern.
- Beim Mainboard ist darauf zu achten, ob es „Jumperfree" ist. Wenn nicht, müssen Einstellungen gemäß dem Handbuch vorgenommen werden.
- Bei Netzteilen mit wählbarer Netzspannung ist darauf zu achten, dass es auf 230 V eingestellt ist.

4.10.3 Installation von Prozessor und CPU-Lüfter

Für die Installation der Komponenten auf dem Mainboard sollte es auf eine Schaumstoffunterlage gelegt werden. Damit sind die Lötstellen und Kontaktstifte (Pins) auf der Unterseite des Mainboards geschützt.

Der Einbau des Prozessors auf das Board besteht aus fünf Schritten:

1. Schutzabdeckung vom Sockel entfernen
2. Einlegen bzw. Einstecken des Prozessors in den Sockel (Abb. 3)
3. Aufbringen der Wärmeleitpaste
4. Aufsetzen des Kühlkörpers und des Lüfters
5. Anschluss der Lüfter-Spannungsversorgung

Auch hier gilt, dass das Handbuch sehr genau beachtet werden muss ⚠.

3: Einlegen eines Quad-Core-Prozessors in den Sockel

Die Prozessoren können aufgrund von Einkerbungen oder anderen Markierungen ① korrekt eingelegt oder bei Prozessoren mit Kontaktstiften eingesteckt werden.

Sie werden zumeist durch einen eingerasteten Hebel gesichert.

Jetzt muss der Prozessor laut der beiliegenden Anleitung dünn mit Wärmeleitpaste bestrichen werden, damit der Prozessor gut seine Wärme an den Kühlkörper abgeben kann, der als nächstes aufgesetzt wird.

Der **Kühlkörper** [*heat sink*] wird meist mit Schrauben (Abb. 4 ③) in die Halterungen (Abb. 3 ② auf dem Mainboard eingeschraubt, die um den Prozessor herum zu finden sind (Abb. 4a). Dies kann je nach Kühlkörper eine etwas knifflige Angelegenheit sein, die mit Geduld und Vorsicht bewerkstelligt werden sollte ⚠.

Danach muss noch der **Lüfter** [*fan*] auf dem Kühlkörper befestigt werden (Abb. 4b).

4: Installation von CPU-Kühler und -Lüfter

Zum Schluss wird der Lüfter an seine Spannungsversorgung ④ auf dem Mainboard angeschlossen. Wird die CPU ohne Lüfter betrieben, kann sie schon nach einigen Sekunden defekt sein ⚠.

- Beim Einbau der CPU ist auf Markierungen oder/und Kerben zu achten, die für die richtige Positionierung der CPU sorgen.
- Kühlkörper vorsichtig mit Wärmeleitpaste auf die CPU aufsetzen und am Mainboard befestigen.
- Lüfter sofort an seine Spannungsversorgung auf dem Mainboard anschließen, da ansonsten die CPU wenige Sekunden nach dem Einschalten defekt werden kann.

4.10.4 Installation des Hauptspeichers

Auf dem Mainboard befinden sich in der Nähe des Prozessorsockels die **Speicherbänke** *[banks]* für den Hauptspeicher (Abb. 1). Eine Speicherbank ist ein zusammenhängender Bereich des Hauptspeichers, der je nach Mainboard durch ein, zwei oder vier Speichermodule gebildet wird.

Eine Speicherbank muss vollständig bestückt sein. Sollen nicht alle Speicherbänke bestückt werden, so muss zuerst die erste Speicherbank (Speicherbank 0, teilweise auch Speicherbank 1), dann die zweite Speicherbank usw. bestückt werden.

Es ist darauf zu achten, dass alle Speichermodule möglichst die gleichen technischen Kenndaten (gleicher Typ, gleiche Speicherkapazität und gleiche Zugriffszeit) besitzen, da ansonsten mit einem instabilen Betrieb des Rechners gerechnet werden muss. Detaillierte Informationen, welche Speichertypen benutzt werden dürfen und eventuell gemischt werden dürfen, können dem Handbuch des Mainboards entnommen werden.

Beim Bestücken der Speicherbänke sollten die Module an den kurzen Seiten angefasst werden. Das Modul wird so positioniert, dass die Kerbe über deren Gegenstück im Slot liegt (Abb. 1) ①. Beim Eindrücken der Speichermodule wird ein leichter Druck ausgeübt bis die seitlichen Hebel einrasten ②. Es muss sichergestellt werden, dass das Speichermodul komplett im Slot eingefügt ist.

Danach kann das Mainboard in das Gehäuse eingesetzt werden.

a) nicht belegt b) eine Speicherbank belegt

1: Zwei Speicherbänken für jeweils zwei Module

4.10.5 Installation des Mainboards

Zum Einbau des Mainboards in das Gehäuse sollte es an der Seite angefasst und vorsichtig auf die bereits eingeschraubten Abstandhalter aufgelegt werden. Es muss darauf geachtet werden, dass die externen Anschlüsse des Mainboards exakt in die Blende eingepasst werden. Desweiteren sollten keine Netzteilkabel durch das Mainboard eingeklemmt werden.

Im nächsten Schritt wird das Mainboard an das Gehäuse geschraubt werden. Fällt dabei eine Schraube auf das Mainboard oder in das Gehäuse, sollte die Schraube nicht mit den Fingern, sondern mit der Pinzette aufgehoben werden, um keine Bauteile auf dem Mainboard abzubrechen.

Danach müssen die Taster, Lautsprecher und LED-Anschlüsse des Gehäuses (Abb. 2) und die Spannungsversorgung für das Mainboard (Abb. 3) eingesteckt werden. Häufig werden **ATX**-Boards (**A**dvanced **T**echnology **E**xtended) mit entsprechenden Steckern verwendet. Diese können wegen der abgerundeten Kanten des Steckers nur mit absoluter Gewalt falsch herum eingesteckt werden.

Da die Bauteile auf dem Mainboard verschiedene Gleichspannungen benötigen, werden 12 V, 5 V und 3,3 V vom Netzteil bereitgestellt. Mit **PSON** (**P**ower **S**upply **ON**) ③ kann das Mainboard das Netzteil ein- und ausschalten. **PWROK** (**Pow**er **OK**) ④ zeigt dem Mainboard an, dass das Netzteil betriebsbereit ist.

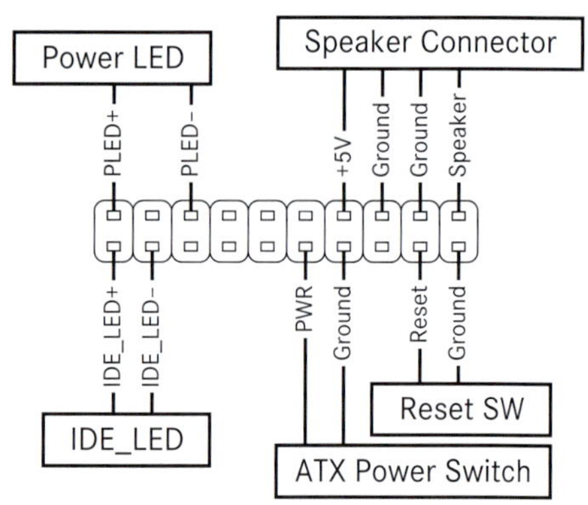

2: Anschlüsse für Taster, Lautsprecher und LED

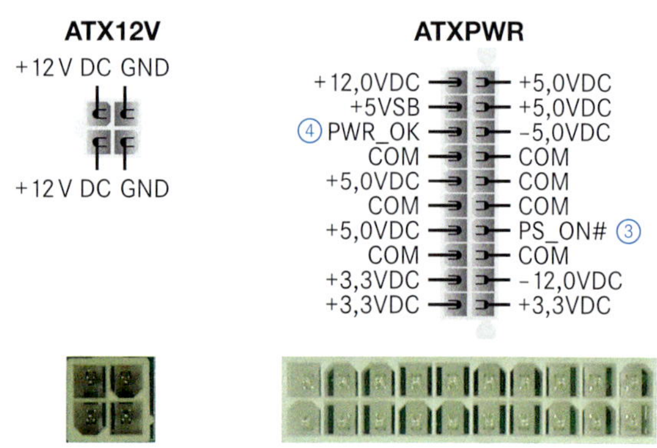

3: Anschlüsse Spannungsversorgung

4.10.6 Installation von Anschlüssen an der Frontseite

Wenn nicht schon im Gehäuse enthalten, muss jetzt das Frontpanel an der vorderen Innenseite des Rechners eingebaut werden. An dem Frontpanel können häufig neben USB-Geräten, ein Kopfhörer und/oder ein Mikrofon sowie Multimediageräte angeschlossen werden.

Desweiteren sollte jetzt auch ein gegebenenfalls vorhandener Cardreader an der vorderen Innenseite eingebaut werden.

Es sind jetzt eine Fülle von Kabeln mit verschiedenen Steckern im Innenraum vorhanden, die jetzt am Mainboard angeschlossen werden müssen (Abb. 4).

Diese Stecker sind beschriftet und müssen in die entsprechend gekennzeichneten Anschlüsse auf dem Mainboard gesteckt werden. Im Zweifelsfall steht im Handbuch des Mainbords, wo welcher Anschluss auf dem Mainboard zu finden ist.

Die Kabel sollten mit Kabelbindern fixiert werden.

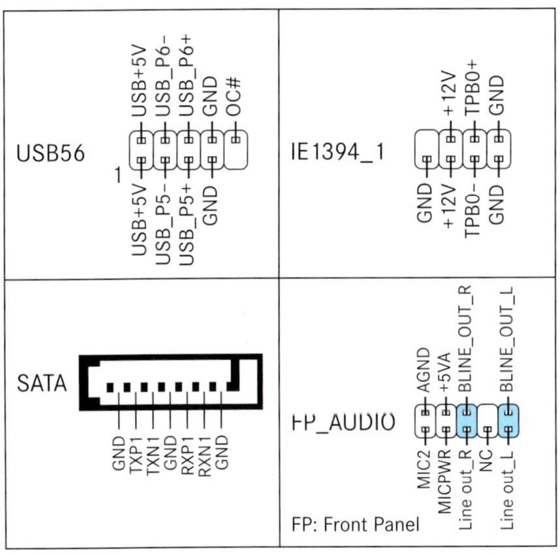

4: Anschlüsse auf dem Mainboard

4.10.7 Installation von Erweiterungskarten

Nun werden die Erweiterungskarten eingebaut. Diese können vielfältiger Art sein. Hauptsächlich werden dies Grafikkarten, Soundkarten oder TV-Karten sein. Es kann sich z. B. aber auch um Netzwerkkarten und RAID-Controller handeln.

Die Karten werden in die passenden PCI-Express-Steckplätze vorsichtig eingesteckt. Danach wird die Karte mit einer Schraube am Gehäuse gesichert.

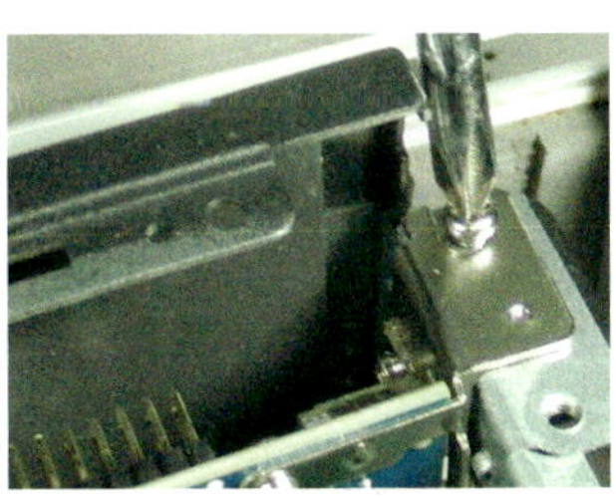

4.10.8 Installation von Laufwerken

Standardmäßig ist vom Einbau von ein oder zwei SATA-Festplatten und einem SATA-BD/DVD-Laufwerk/Brenner auszugehen.

Nach dem Einschieben der Laufwerke in die Einschübe des Gehäuses werden sie seitlich an diese angeschraubt.

Jetzt werden die Stecker mit der Versorgungsspannung des Netzteils auf das Laufwerk aufgesteckt und die Dateneingänge der Laufwerke mit den noch freien SATA-Anschlüssen auf dem Mainboard verbunden. Spannungsanschluss (Abb. 5) ⑤ und Datenanschluss ⑥ sind bei allen SATA-Laufwerken gleich.

Für jedes Laufwerk muss eine Spannungsversorgung und ein Anschluss auf dem Mainboard vorhanden sein. Dies ist bei der Auswahl des Mainboards mit zu beachten (vgl. Kap. 4.6.4).

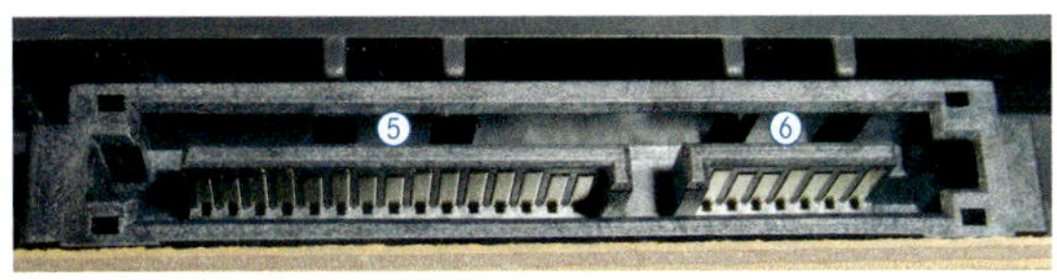

5: SATA-Anschlüsse an den Laufwerken

Rechnerinstallation für das Architekturbüro Rüst

Die Hardwarekomponenten des Rechners für Herrn Rüst werden von einem Techniker von Herrn Itjen gemäß der vorangegangenen Installationsbeschreibungen zusammengebaut.

Aufgaben

1. Entwerfen Sie ein Checklistenformular, das bei der Hardwareinstallation benutzt werden kann.
2. Informieren Sie sich mit Hilfe des Handbuches eines beliebigen Mainboards, wo sich die Anschlüsse und Steckplätze auf diesem Mainboard befinden.

- Eine Speicherbank ist ein zusammenhängender Bereich des Hauptspeichers, der je nach Mainboard durch ein, zwei oder vier Speichermodule gebildet wird.
- Eine Speicherbank muss vollständig bestückt sein.
- Die eingesetzten Speichermodule müssen zum Mainboard passen und sollten alle die gleichen technischen Kenndaten besitzen.
- Anschlusspositionen für die Frontpanelkabel sind dem Mainboardhandbuch zu entnehmen.
- Für jedes SATA-Laufwerk muss eine Spannungsversorgung vom Netzteil und ein Datenanschluss auf dem Mainboard bereitstehen.

4.10.9 Abschlussüberprüfung

Vor dem ersten Hardwaretest sind folgende Überprüfungen notwendig:

- Es befinden sich keine losen Kleinteile wie z. B. Schrauben mehr im Gehäuse!
- Alle Erweiterungskarten sind gut eingesteckt und verschraubt!
- Die Spannungsanschlüsse und die Datenanschlüsse sind korrekt gesteckt.
- Alle Speicherelemente sind eingerastet!
- Die CPU und der Lüfter sind arretiert!
- Alle Lüfter sind angeschlossen!!!
- Gehäuse ist noch nicht verschlossen!

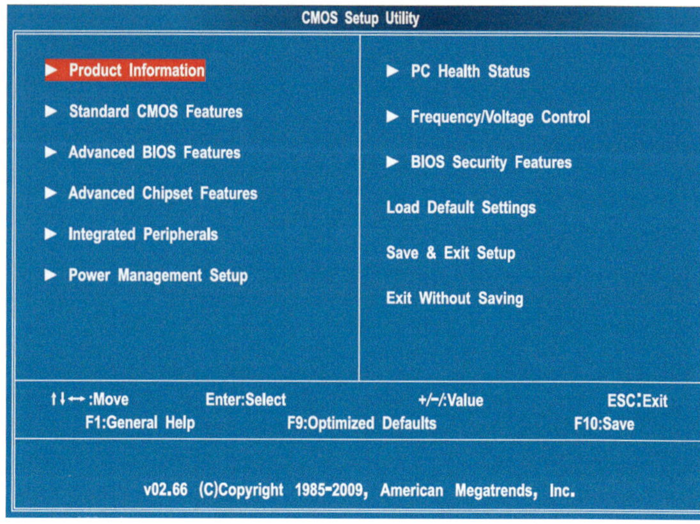

1: Startbildschirm CMOS-Setup-Utility von AMI

Erster Hardwaretest

Nach dem Anschließen von Monitor, Maus, Tastatur und Netzkabel kann der Rechner eingeschaltet werden.

Überprüfen Sie sofort, ob sich der CPU-Lüfter dreht. Ansonsten schalten Sie den Rechner sofort aus ⚠.

Liegen keine Fehler vor, sorgt das BIOS (vgl. Kap. 4.6.4) dafür, dass der Rechner einmal kurz piept und die Power-LED leuchtet. Je nach BIOS-Einstellung (Quick and Quiet Boot disabled) werden eventuell noch der Typ der Grafikkarte, die BIOS-Version und die Hauptspeicherkapazität angezeigt. Wenn keine Fehler durch Piepen oder Textausgaben mitgeteilt werden, hält nach einiger Zeit das Hochfahren des Rechners an und es wird angezeigt, dass kein Betriebssystem gefunden wird [*non-system disk error*].

4.10.10 Konfiguration des BIOS

Unter der Konfiguration des BIOS wird das Abspeichern der individuell anzupassenden Vorgaben in dem speziellen Speicherbaustein CMOS-RAM verstanden. Hierzu steht ein herstellerspezifisches Programm zur Verfügung (CMOS-Setup-Utility oder BIOS-Setup). Beim Starten des PCs wird meistens die herstellerabhängige Tastenkombination für das BIOS-Setup angezeigt, die nach deren Anzeige sofort gedrückt werden muss. Wenn die Tastenkombination nicht angezeigt wird, muss diese im Mainboardhandbuch nachgeschlagen werden.

Einen charakteristischen Startbildschirm des Setups zeigt beispielhaft Abb. 1. Die Menüpunkte heißen bei anderen BIOS-Herstellern (Award, MR, Phoenix) sehr ähnlich.

Bei Veränderungen an den Einstellungen ist unbedingt zu beachten ⚠, dass

- falsche Einstellungen zu Problemen mit dem PC führen können,
- alle Einstellungen sorgfältig dokumentiert werden müssen und
- unbedingt das Mainboard-Handbuch zu beachten ist.

Im Setup werden kleine Hilfen zu den einzelnen Einstellungsmöglichkeiten angeboten.

Die wichtigsten Einstellungen (Fa. AMI) sind folgende:

- **Standard CMOS Features**: U. a. Einstellung von Datum und Uhrzeit.
- **Advanced BIOS Features**: U. a. Einstellung der Reihenfolge, in der auf Datenträgern nach einem Betriebssystem gesucht werden soll, um dieses zu starten und Quick and Quiet Boot.
- **Power Management Setup**: U. a. Einstellungen für die Energiesparmodi des Rechners.
- **BIOS Security Features**: Einstellung eines Passworts für den Schutz der BIOS-Einstellungen vor Veränderungen durch Unbefugte.
- **Load Default Settings**: Die Standardeinstellungen können wiederhergestellt werden. Dies sind oft optimale Einstellungen. Dies ist vor allen Dingen dann zu beachten, wenn die Hardware eines bereits fertig konfigurierten PCs verändert wird. Kommen weniger leistungsfähige Komponenten zum Einsatz als vorher, könnte der Rechner nicht mehr richtig funktionieren.
- **Save & Exit Setup**: Die Einstellungen werden nach einer Sicherheitsabfrage gespeichert und das Setup verlassen.
- **Exit without Saving**: Die Einstellungen werden nach einer Sicherheitsabfrage verworfen und das Setup verlassen.

Konfiguration für das Architekturbüro Rüst

Die Abschlussüberprüfung wird durchgeführt und der erste Hardwaretest verläuft positiv.

Im BIOS-Setup wird festgestellt, dass alle eingebauten Komponenten erkannt und **aktiv** [*enabled*] sind. Die Einstellungen müssen nicht verändert werden.

4.11 Softwareinstallation Einzelplatz-PC

Ein Anwenderprogramm ist nur lauffähig, wenn ein Betriebssystem und die Gerätetreiber installiert sind. Deshalb ist die Installationsreihenfolge in Abb. 2 einzuhalten.

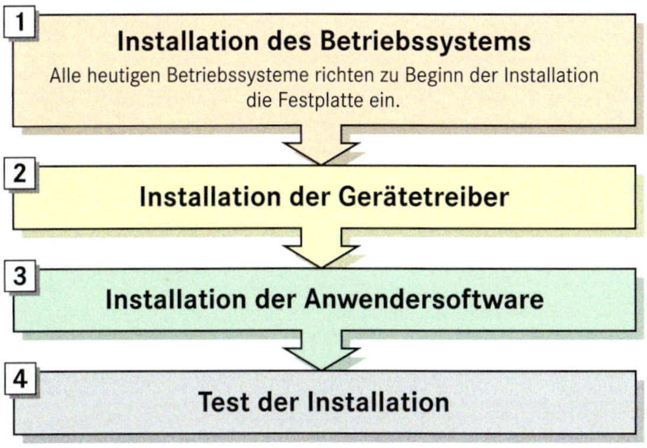

2: Installationsreihenfolge Software

Installation des Betriebssystems

Nach dem Start des betriebssystemenfreien Rechners bleibt er mit der Forderung nach einem Betriebssystem in Wartestellung (vgl. Kap. 4.10.9). Jetzt kann das Betriebssystem auf einer CD/DVD in das entsprechende Laufwerk eingelegt werden. Das BIOS lädt zunächst ein Minibetriebssystem von der CD/DVD in den Hauptspeicher des Rechners, um die weiteren Installationsroutinen von der CD/DVD zu lesen und auszuführen.

Stellt das Minibetriebssystem fest, dass das Betriebssystem auf einer noch nicht eingerichteten Festplatte installiert werden soll, muss diese erst konfiguriert werden.

Dazu muss die Festplatte formatiert werden. Es gibt die folgenden Formatierungsarten:

- **Low-Level-Formatierung**: Die Festplatte wird in einzelne kleine Speichereinheiten (Zylinder, Spuren und Sektoren) eingeteilt.
- **Partitionierung**: Unter einer **Partition** wird ein zusammenhängender Teil des Speicherplatzes auf der Festplatte verstanden.
- **High-Level-Formatierung**: Die Festplatte wird durch das Betriebssystem mit einem Dateisystem versehen.

Es ist sinnvoll zwei Partitionen auf einer Festplatte vorzusehen. Eine primäre Partition für das Betriebssystem und die zu installierende Anwendungssoftware sowie eine zweite Partition für die vom Benutzer erstellten Daten.

Jedes Betriebssystem benutzt zur Dateiablage eigene **Dateisysteme** [*file systems*] zum Schreiben, Lesen und Löschen von Dateien (Abb. 3).

Die einzelnen Dateisysteme unterscheiden sich dadurch, wie die Zugriffsrechte auf die einzelnen Dateien festgelegt werden. Es kann festgelegt werden, wer

Betriebssystem	Dateisystem
WinXP/Vista/Win7	NTFS
Linux	ext4, Reiser4
MAC OS X 10.x	HFS+

3: Dateisysteme

Dateien **öffnen** [*open*], **lesen** [*read*], **ausführen** [*execute*], **verändern** [*change*] oder **schreiben** [*write*] darf.

Nach der Formatierung der Festplatte wird das Betriebssystem installiert. Dieser Vorgang wird durch einige einfach zu beantwortende Fragen unterbrochen.

Installation der Gerätetreiber

Während der Installation des Betriebssystems werden viele der benötigten Gerätetreiber mit installiert. Einige Treiber müssen von der Treiber-CD des Hardwareherstellers gelesen werden.

Installation der Anwendersoftware

Mit dem Betriebssystem wurden schon eine ganze Reihe von einfachen Anwenderprogrammen mit installiert. Der Installationsprozess weiterer Anwendersoftware wird über eigene Installationsprogramme gesteuert. Die Installation benutzerfreundlicher Software sollte dabei selbsterklärend sein.

Um die Übersicht nach dem Installieren zu behalten, sollte die Anwendersoftware in Ordnern für einzelne Softwarekategorien, wie Officeanwendungen, Grafikanwendungen, Sound- und Videoanwendungen usw. installiert werden.

Nach der Installation sollte die Funktionsfähigkeit der Programme überprüft werden.

Installation der Software für das Architekturbüro Rüst

Im ersten Schritt wird das Betriebssystem Windows 7 Ultimate mit dem NTFS-Dateisystem installiert. Dabei werden auf der Festplatte zwei Partionen eingerichtet. Eine für das Betriebssystem und die Programme und eine für die selbst erstellten Daten.

Bei und nach der Installation werden die erforderlichen Gerätetreiber für die Mainboardkomponenten, die Grafikkarte und den Monitor installiert.

Danach werden die Treiber für die externen Peripheriegeräte Grafiktablett, Scanner, Drucker und Rollenplotter installiert.

Zum Schluss wird folgende Anwendersoftware installiert: Open Office, Mozilla Firefox, Mozilla Thunderbird, KompoZer, FileZilla, Gimp, AutoCad Architecture, IBP: 18599 High End und Project Pro.

- Mit dem BIOS-Setup werden wichtige Einstellungen für die Mainboardkomponenten vorgenommen.
- Bei der Installation des Betriebssystems wird die Festplatte gegebenenfalls mit eingerichtet.

4.12 Konfiguration Netzwerkkomponenten

Nachdem der Einzelplatz-PC fertig eingerichtet (vgl. Kap. 4.10) und die Verkabelung des Geländes bzw. des Gebäudes fertiggestellt ist (vgl. Kap. 4.7.4), werden die Netzwerkgeräte bei den leitungsgebundenen Netzwerken an die installierten Dosen angeschlossen.

Dazu werden die einzelnen Rechner und sonstigen netzwerkfähigen Geräte mit Hilfe von fertig konfektionierten Patchkabeln mit den Anschlussdosen in der Wand oder im Boden verbunden. Dies entfällt bei einem rein leitungsungebundenen Netzwerk.

Die im Raum mit dem Switch befindlichen Dosen (bzw. die Anschlüsse im Patchfeld) werden per Patchkabel mit dem Switch verbunden. Weitere Rechner (Server) sowie Router und Modem werden direkt mit dem Switch verbunden.

Falls keine Netzwerkkarte onboard ist oder diese noch nicht eingebaut wurde, muss diese und ihr Treiber noch installiert werden.

4.12.1 Konfiguration der IP-Adressen

Jeder Rechner und netzwerkfähige Drucker in einem LAN braucht eine eindeutige private IP-Adresse.

Abb. 1 zeigt die privaten IP-Adressbereiche, die in LANs benutzt werden dürfen.

IP-Adressen	typ. Subnetzmaske	Netzklasse
10.0.0.0 – 10.255.255.255	255.0.0.0	A
172.16.0.0 – 172.31.255.255	255.255.0.0	B
192.168.0.0 – 192.168.255.255	255.255.255.0	C

1: Private IP-Adressen (IPv4)

Eine IP-Adresse besteht aus 4 Bytes (vgl. Kap. 4.7.3), die jeweils durch einen Punkt getrennt dargestellt werden. Die verwendeten **Subnetzmasken** [***subnet masks***] legen fest, welche Bytes die Subnetzadresse und welche Bytes die Endgeräteadresse der gesamten Adresse darstellen.

Beispiel:

172.18.2.23 mit der Subnetzmaske 255.255.0.0

172.18 ist die Subnetzadresse

2.23 ist die Endgeräteadresse

Der Rechner mit der Adresse 172.18.5.134 ist im gleichen Subnetz wie das Endgerät mit der Adresse 172.18.2.23, da die Netzadresse 172.18 gleich ist.

Das Endgerät mit der Adresse 172.28.2.23 ist in einem anderen Subnetz als das Endgerät mit der Adresse 172.18.2.23, da die Subnetzadressen ungleich sind (172.28≠172.18). Die beiden Endgeräte benutzen also das gleiche physikalische Netzwerk, aber zwei logisch unterschiedliche Subnetze.

An jedem Client muss nun eingestellt werden, ob dieser seine IP-Adresse automatisch vom **DHCP**-Server (**D**ynamic **H**ost **C**onfiguration **P**rotocol) beziehen oder eine IP-Adresse mit Subnetzmaske fest eingestellt werden soll. Im letzten Fall muss darauf geachtet werden, dass jeder Client im Netzwerk eine andere eindeutige Adresse ① im gleichen Netz bekommt, die Subnetzmaske gleich ist ② und die IP-Adresse des Routers ③ angegeben wird (Abb. 2).

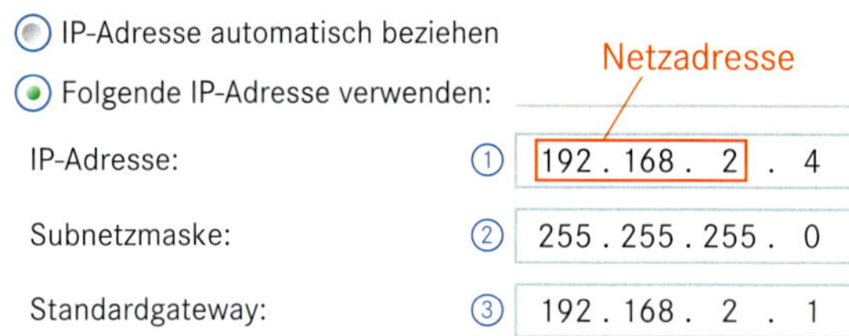

2: Beispieldialog für die IP-Konfiguration eines Clients

Spezielle Netzwerkbetriebssysteme für sehr große Netzwerke bieten den DHCP-Dienst an. Aber auch SOHO-Router bieten eine solche Funktionalität, die dann auf dem Router eingeschaltet werden muss (Abb. 3 ⑥).

3: DHCP-Dienst auf einem SOHO-Router einschalten

Desweiteren kann hier die IP-Adresse des Routers ④, die zu benutzende Subnetzmaske ⑤ und der erlaubte Adressbereich ⑦ für die automatische IP-Adressvergabe eingestellt werden.

4.12.2 Konfiguration des Interzugangs

Nachdem das DSL-Modem auf der LAN-Seite mit dem Router und auf der WAN-Seite mit der DSL-Leitung verbunden ist, muss nur noch der WAN-Verbindungstyp eingestellt werden. Dies ist in Deutschland bei ADSL-Anschlüssen **P**oint to **P**oint **P**rotocol **o**ver **E**thernet (**PPPoE**).

Nach erfolgreicher Herstellung einer Verbindung mit dem Internet wird dann dem Router vom Internet Service Provider (ISP) eine im WAN eindeutige IP-Adresse zugeteilt. Diese kann von Mal zu Mal eine andere sein. Der Router hat also zwei IP-Adressen: Eine aus Sicht des WAN und eine aus Sicht des LAN.

4.12.3 Sicherheitseinstellungen bei WLAN

Bei Verwendung von WLAN ist das eigene Netzwerk vor unbefugten Zugriffen zu schützen.

Dies erfolgt durch

1. einen **Passwortschutz** des Routers,
2. Anlegen einer **Tabelle mit den MAC-Adressen** der Geräte, die auf das Netzwerk zugreifen dürfen und
3. eine **Verschlüsselung** des Netzwerks.

Die MAC-Adressen der eingebauten WLAN-Karten lassen sich unter dem Windows-Betriebssystem mit dem Befehl ipconfig/all in der Eingabeaufforderung (Programme → Zubehör) herausfinden (Abb. 4). Sie ist dort als „Physikalische Adresse" unter „Drahtlose Netzwerkverbindung" angegeben ⑧. Bei USB-WLAN-Sticks steht die MAC-Adresse auf den Sticks.

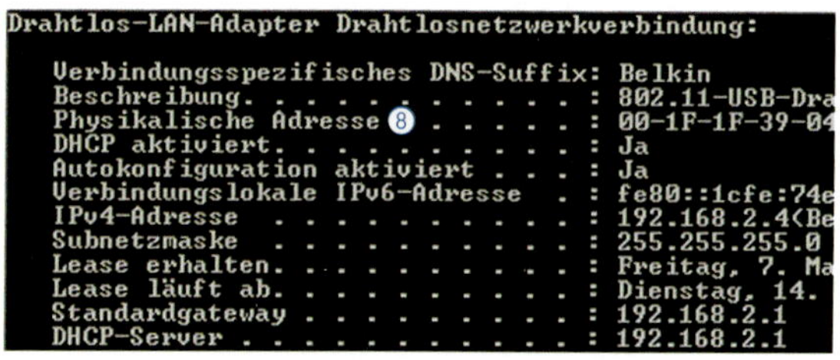

4: MAC-Adresse herausfinden mit ipconfig/all

Bei einer Verschlüsselung sollte der Standard **W**i-Fi **P**rotected **A**ccess **2** (**WPA2**) eingestellt werden. Dieser hat die mittlerweile unsicheren Verschlüsselungsmethoden WPA und **W**ired **E**quivalent **P**rivacy (**WEP**) abgelöst.

Für WPA2 sind bis jetzt nur Passwort-Angriffe bekannt. Deshalb ist dringend anzuraten, ein langes Passwort mit mehr als 60 Zeichen zu verwenden, das Groß- und Kleinbuchstaben sowie Sonderzeichen enthält. Ein mit ausreichend langem Passwort geschützter Wireless-Router mit WPA2-Verschlüsselung gilt aus heutiger Sicht als praktisch unentschlüsselbar.

Zur Authentifizierung des Clients am Access Point oder dem SOHO-Router und umgekehrt kann u.a. ein geheimer Text, der **P**re-**S**hared **K**ey (**PSK**) benutzt werden. Die Authentifizierung mit einem Pre-Shared-Key wird oft bei kleinen Installationen wie bei Privatanwendern üblich benutzt und daher auch als „Personal" bezeichnet. Der PSK muss dann auf dem Accesspoint bzw. dem SOHO-Router und den Clients der gleiche sein.

Konfiguration der Netzwerkkomponenten für das Architekturbüro Rüst

- Der Büro-PC wird im Dachgeschoss mit einem Patchkabel an eine Dose angeschlossen.
- Der Privat-PC wird in der mittleren Etage mit einem Patchkabel an eine Dose angeschlossen.
- An die entsprechenden Dosen im Erdgeschoss werden Patchkabel angeschlossen, die in den SOHO-Router eingesteckt werden.
- Die NAS wird im Erdgeschoss in der Nähe des SOHO-Routers aufgestellt und ebenfalls per Patchkabel an den SOHO-Router angeschlossen.
- Der SOHO-Router wird mit der DSL-Leitung verbunden.
- Für die IP-Adressen wird der SOHO-Router auf automatische IP-Adressvergabe geschaltet. Als privates Netz wird ein Klasse C-Netz verwendet, da nicht damit zu rechnen ist, dass jemals mehr als 254 Netzwerkendgeräte an das Netzwerk angeschlossen sein werden. Es stehen nur 254 und nicht 256 Adressen zur Verfügung, da Adressen mit der Endung 0 und 255 reserviert sind und nicht benutzt werden dürfen.
- Der SOHO-Router bekommt die IP-Adresse 192.168.0.1 zugeteilt. Als Subnetzmaske wird 255.255.255.0 gewählt.
- Es werden automatisch zu vergebende IP-Adressen von 192.168.0.2 bis 192.168.0.200 zugelassen. So können später eventuell einige Geräte mit festen IP-Adressen von 192.168.0.201 - 192.168.0.254 vergeben werden.
- Beim Büro-PC, dem Privat-PC und bei der NAS wird eingestellt, dass diese ihre IP-Adressen automatisch beziehen.
- Beim SOHO-Router wird PPPoE eingestellt.

Aufgaben

1. Geben Sie die IP-Adressen von fünf Rechnern für ein Klasse A-Netzwerk und ein Klasse C-Netzwerk mit ihren Subnetzmasken an, so dass diese sich jeweils in einem einzigen logischen Subnetz befinden. Geben Sie zusätzlich auch die jeweiligen Netz- und Endgeräteadressen an.
2. Wozu dient ein DHCP-Server?
3. Finden Sie die MAC-Adressen der Netzwerkkarten in ihrem PC heraus.

- Es gibt drei privat zu nutzende IP-Adressbereiche.
- Eine IP-Adresse besteht aus einer Netzadresse (vorne) und einer Host-ID (dahinter).
- Die Netzadresse und damit auch die Hostadresse werden durch die Subnetzmaske bestimmt.
- Ein DHCP-Server kann automatisch IP-Adressen an die Clients vergeben.
- Für den Internetzugang über ADSL wird in Deutschland PPPoE vergeben.
- Zum Verschlüsseln von WLAN-Netzwerken wird WPA2 verwendet.

4.13 Auftragsabschluss

4.13.1 Funktionstest

Vor der Übergabe des beschafften und vorinstallierten IT-Systems an den Kunden ist ein umfassender Funktionstest notwendig. Abb. 1 zeigt die Reihenfolge einer sinnvollen Vorgehensweise.

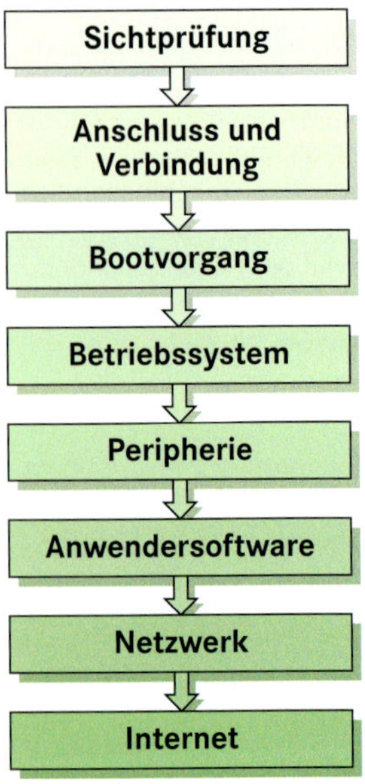

1: Reihenfolge beim Funktionstest

Bei der **Sichtprüfung** [*visual inspection*] ist das IT-System auf Vollständigkeit und Unversehrtheit zu prüfen. Insbesondere sollte geprüft werden, ob alle Befestigungsteile vorhanden sind und sich noch Verpackungsreste oder Transportsicherungen am System befinden.

Bei der anschließenden Überprüfung der Anschlüsse und **Verbindungen** [*connections*] ist festzustellen, ob die Einzelkomponenten fest untereinander verbunden sind. Die Anschlussleitungen sind auf festen Sitz und auf die erforderlichen Verschraubungen zu überprüfen. Als letztes erfolgt der Anschluss an die Spannungsversorgung.

Nun muss der Rechner gestartet werden. Beim **Startvorgang** (auch Bootvorgang oder kurz booten genannt) [*boot process*] ist auf Signaltöne zu achten. Die beim Booten (Quick Boot und Quiet Boot im BIOS-Setup disabled) gezeigten Bildschirmmeldungen zeigen gegebenenfalls vorhandene Hardwarefehler sofort an.

Beim Start des **Betriebssystems** [*operation system*] ist auf spezifische Meldungen zu achten. Insbesondere der Versuch des Systems, neue Komponenten einzubinden oder Treiber anzufordern, deutet auf eine nicht abgeschlossene Hardware-Installation hin. Ist das Betriebssystem erfolgreich gestartet, sollte über das Dateimanagementprogramm (z. B. Windows Explorer) festgestellt werden, ob alle Laufwerke erkannt wurden. Es empfiehlt sich, Probeverzeichnisse und -dateien anzulegen, zu verschieben, umzubenennen und zu löschen. Die Systemsteuerung im Bereich des Gerätemanagements zeigt eventuell vorhandene Fehler an (Abb. 2 ①). Hier einen deaktivierten Netzwerkcontroller.

Die Funktionsüberprüfung der externen Peripheriegeräte bezieht sich auf eventuell angeschlossene Komponenten wie Drucker, Scanner usw. So grenzt z. B. ein Probeausdruck direkt aus dem Druckermanagement mögliche Softwarefehler aus.

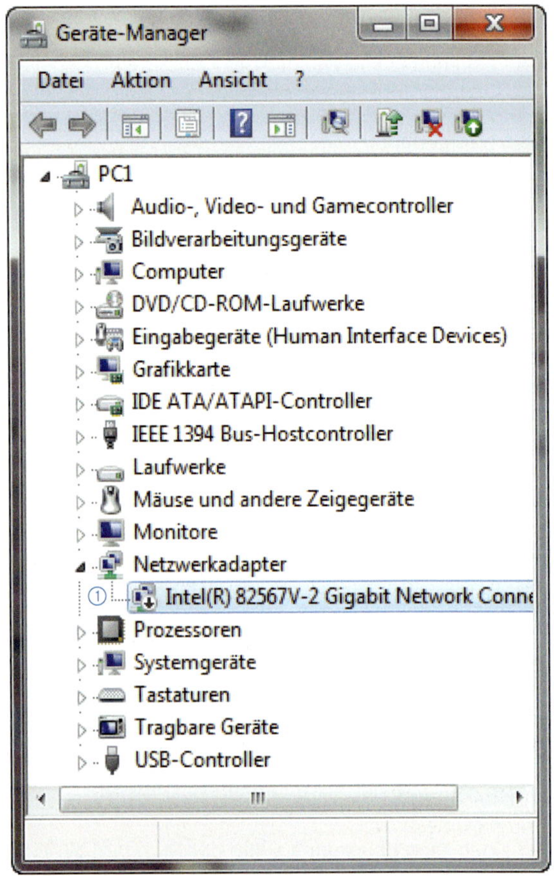

2: Windows-Gerätemanager

Als letzter Schritt am Einzelplatz ist die Funktion der installierten Anwendersoftware zu testen. Hierzu ist jede Anwendung mindestens einmal zu starten, ein Testdokument der jeweiligen Applikation zu erzeugen, abzuspeichern und wieder zu öffnen. Dies ist auch deshalb notwendig, da manche Programme beim ersten Start grundkonfiguriert werden und z. B. erst dann nach Lizenzschlüsseln fragen. Die Registrierung der Programme sollte aber in jedem Falle dem Kunden überlassen werden.

Funktioniert der Einzelplatzrechner problemlos, sind die Netzwerkverbindungen zu testen. Über das Dateimanagementprogramm ist festzustellen, ob die anderen Rechner „gesehen“ werden (Netzwerkumgebung). Die Freigabe eines Testverzeichnisses und das Kopieren von Testdateien von PC zu PC runden diesen Funktionstest ab.

Als letzter Schritt ist das Funktionieren der Internetverbindung zu testen. Dies geschieht in zwei Schritten:

- Aufbau der Verbindung zum **I**nternet-**S**ervice-**P**rovider (**ISP**) und
- Start des Browsers und Testen einer Webseite durch Eingabe irgendeiner URL.

4.13.2 Fehlerdiagnose und -beseitigung

Wird ein Fehler beim Funktionstest festgestellt, so lässt sich über die Reihenfolge der Vorgehensweise die Fehlfunktion gut einkreisen.

Abb. 3 zeigt dies am Beispiel eines Druckerfehlers. Der Fehler tritt erst beim Peripherietest auf. Da die vier vorher vorzunehmenden Überprüfungen sorgfältig durchgeführt wurden und kein Zusammenhang mit Software, Netzwerk oder Internet bestehen kann, sollte die Suche am Drucker beginnen.

3: Lokalisieren eines Druckerfehlers

Sinnvoll ist in einem solchen Fall der Funktionstest des vom Rechner getrennten Druckers. Das Handbuch bzw. die Anleitung von CD sind dazu heranzuziehen.

Die beim Lokalisieren des Fehlers gezeigte Vorgehensweise ist aber nicht auf den Fall eines abschließenden Funktionstests beschränkt. Vielmehr lässt sich hieraus eine allgemeingültige Fehlersuchstrategie ableiten, die immer von Bedeutung ist, wenn es gilt Fehler bei IT-Systemen zu finden.

Fehlersuchstrategie [*trouble shooting strategy*]:

- Den Fehler vom Kunden möglichst genau beschreiben lassen
- Durch den Fehler verursachte Auswirkungen erfassen. Erstellte Dokumente, Ausdrucke und gegebenenfalls Screenshots mitgeben lassen. Ein Screenshot lässt sich mit der Tastenkombination STRG + DRUCK erzeugen und dann in ein Bildbearbeitungsprogramm einfügen.
- Diagnose des Kunden immer prüfen
- Reihenfolge des Funktionstests einhalten
- Fehler über Ausschlussprinzip lokalisieren (Gesamtsystem ⇒ Teilsystem ⇒ Hardware ⇒ Software)
- Ruhig und sorgfältig vorgehen
- Nach Fehlereinkreisung auf Informationen für das Teilsystem zurückgreifen (Handbuch, Herstellerinformationen oder Erfahrungsberichte aus dem Internet)

4.13.3 Übergabe an den Kunden

Die Übergabe des fertig installierten, konfigurierten und getesteten IT-Systems an den Kunden vollzieht sich in drei Schritten:

1. Übergabe der angeschlossenen Hardware
2. Erläuterung zur Systemnutzung
3. Klärung von Kundenfragen

Um dem Anspruch nach Kundenzufriedenheit gerecht werden zu können, ist für die Übergabe genügend Zeit, vor allem aber Geduld mitzubringen. Der Kunde hat in der Regel eine geringe technische Vorbildung. Sein Wunsch ist es, das IT-System möglichst störungsfrei anwenden zu können.

Übergabe der angeschlossenen Hardware

Dem Kunden wird die Funktion der einzelnen Systemkomponenten erläutert und die zu den Teilsystemen gehörenden technischen Dokumentationen und mitgelieferten digitalen Datenträger übergeben. Zur Dokumentation gehören auch die erstellten Installationspläne, wenigstens aber ein Anschlussschema, dass die Verbindung der Geräte untereinander zeigt.

Erläuterungen zur Systemnutzung

Das System wird gestartet. Dabei werden dem Kunden die dabei stattfindenden Abläufe beim Booten des Rechners und beim Start des Betriebssystems erläutert. Die prinzipielle Vorgehensweise zum Starten und Beenden von Programmen, zur Verwendung der angeschlossenen Peripherie und zum Herunterfahren und Abschalten des Systems wird erklärt. Je nach vorhandenen Kenntnissen des Kunden kann die Erläuterung grundlegender Systemprogramme sinnvoll sein (Dateimanager, Anwahl zum Internet, Nutzung des Browsers usw.)

Klärung von Kundenfragen

Dem Kunden muss Gelegenheit gegeben werden, Fragen zu stellen. Die Beantwortung sollte immer konkret mit dem Handling am System verbunden sein.

Auftragsabschluss für das Architekturbüro Rüst

Der Funktionstest ergibt, dass ein Patchkabel im Erdgeschoss nicht an die richtige Anschlussdose angeschlossen ist. Dieser Fehler wird behoben.

Da Herr Rüst ein erfahrener Anwender ist, wird ihm vor allem die Bedienung des Plotters, die Vernetzung und die Verbindung zum Internet ausführlich gezeigt und erläutert.

- Beim Funktionstest systematisch vorgehen.
- Den Fehler über das Ausschlussprinzip eingrenzen.
- Bei der Übergabe an den Kunden sind die Anforderungen und Wünsche des Kunden unbedingt zu berücksichtigen.

4.14 Datenschutz und Datensicherheit

Datenschutz

Datenschutzmaßnahmen werden notwendig, da Daten sowohl personenbezogene als auch sachbezogene Informationen beinhalten können, bei deren Fremdnutzung, Weitergabe oder Veröffentlichung erhebliche persönliche und wirtschaftliche Schäden verursacht werden können. Der Missbrauch von Daten kann bis zur Existenzvernichtung führen (Persönlichkeitsschutz, Wirtschaftsschutz).

Maßnahmen zum Datenschutz:

- **Zugangsschutz** (z. B. bautechnische Maßnahmen)
- **Zugriffsschutz** (z. B. Firewall)
- **Übertragungsschutz** (z. B. Verschlüsselung)
- **Benutzerkontrolle** (z. B. Kennwörter)

Der Datenschutz ist durch das **B**undes**d**aten**s**chutz**g**esetz (**BDSG**) geregelt.

Datensicherheit

Datensicherheitsmaßnahmen werden notwendig, da digitale Daten durch Einflüsse außerhalb des IT-Systems, durch Hardwaredefekte, Softwarefehler oder Einwirkung von Schadsoftware vernichtet werden können.

Maßnahmen zur Datensicherheit:

- **Bautechnik** (Brand-, Hochwasser- und Blitzschutz)
- **Datensicherung** (manuelle Datenkopien, Back-up-Systeme, RAID-Systeme)
- **Virenschutzprogramme**

Die Datensicherheit ist nur gewährleistet, wenn die Sicherung der Daten regelmäßig durchgeführt wird und die **Virenschutzprogramme** [*virus protection software*] ständig über das Internet aktualisiert werden.

1: Probleme mit dem Datenschutz

Schadsoftware [*malware*]

Es gibt verschiedene Software, die Daten eines Computerbenutzers oder den Computernutzer selbst schaden sollen:

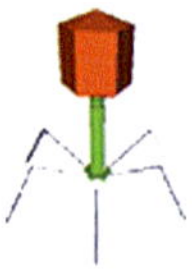

Computerviren [*computer viruses*] sind, in Anlehnung an ihre biologischen Vorbilder, Programmteile, die für sich selbst nicht existieren können. Sie schleusen sich in andere ausführbare Programme ein und verändern diese so, dass sie

- die Anweisungen des Virus ausführen und
- den Virus durch Kopieren vermehren.

Die Auswirkungen reichen von der Ausgabe von Tönen (harmlos) bis hin zum Löschen aller Daten (gefährlich).

Makroviren [*macro viruses*] unterscheiden sich von Viren nur durch die genutzten Wirte. So lässt z. B. Microsoft-Office die Ausführung von Programmbefehlen über Visual-Basic-Scripte zu. Word-, Excel- und PowerPoint-Dateien (.doc, .xls, .ppt) können also Makroviren enthalten.

Trojanische Pferde [*trojan horses*] dienen vor allem dem Ausspionieren, dem Datenklau oder der Fernsteuerung von fremden Rechnern. Sie sind eigenständige „nicht ansteckende" Programme, die nach der Aktivierung z. B. ausspionierte Daten zurücksenden oder die Kontrolle über das System erlauben. Killer-Trojaner können auch Daten vernichten.

Würmer [*worms*] infizieren ganze Netzwerke. Sie sorgen für das automatische Versenden von E-Mail-Kettenbriefen, können aber auch die gefährlichen Fähigkeiten von Trojanern und Viren kombinieren. Der Wurm „lebt" in ausführbaren E-Mail-Anhängen. Er benötigt zur Vermehrung ein E-Mail-Programm.

Hoaxes sind Falschmeldungen und „Scherze" in der Form von Ketten-E-Mails. Dabei wird z. B. vor nicht vorhandenen Viren gewarnt. Oder der Benutzer wird aufgefordert bestimmte Systemveränderungen selbst vorzunehmen oder diese E-Mail an möglichst viele Freunde zu schicken. Beispiel: Löschen Sie die Datei „sulfnbk.exe". Diese Datei ist aber eine wichtige Windows-Systemdatei. Während ein Hoax meist nur erschrecken soll, eignet sich das sogenannte Phishing zum Betrug, indem es den Empfänger der E-Mail auffordert, Anmeldedaten, beispielsweise für das Onlinebanking, per E-Mail oder über eine gefälschte Website bekannt zu machen.

Scareware ist Erschrecksoftware und ähnlich den Hoaxes darauf angelegt, den Benutzer zu verunsichern. So melden z. B. „Antivirenprogramme" Viren, die gar nicht vorhanden sind. Eine Säuberung des Computers wird gegen Bezahlung angeboten. Zahlt das Scareware-Opfer, werden die Warnungen einfach abgeschaltet.

Schutz vor Schadsoftware

Schadsoftware wird bis auf Hoaxes immer über den Austausch von Dateien verbreitet. Dabei nehmen Dateianhänge von E-Mails den Spitzenplatz ein.

Die häufigsten Träger von Schadsoftware sind Dateien mit den folgenden Endungen: *.exe, *.com, *.pif, *.scr, *.bat, *.jpg und Dateien von MS Office.

Ein weiteres wichtiges Einfallstor sind Downloads auf Webseiten.

Der größte Schaden, den Viren verursachen können, ist der Verlust aller Daten. Wurden die Daten vor der Attacke gesichert, reduziert sich der Schaden auf den Zeitbedarf zum Wiederherstellen.

Virenschutzprogramme helfen den Schutz zu erweitern. Sie bestehen aus mehreren Komponenten:

- **Virenscanner** können den Datenbestand nach bekannten Viren durchsuchen und diese entfernen. Sie müssen immer aktuell sein.
- **Virenwächter** überwachen das Öffnen von Dateien und geben Warnmeldungen aus, wenn eine Aktivität von Viren angenommen wird.
- **Verhaltensblocker** überwachen wichtige Systembereiche und prüfen das Verhalten laufender Programme. Wichtige Eingriffe muss der Nutzer bestätigen.

Personal Firewalls kontrollieren den ein- und ausgehenden Datenverkehr auf dem PC. Dabei können unerlaubte Datenpakete und erlaubte Anwendungszugriffe herausgefiltert werden. Der Schutz ist abhängig von der persönlichen Konfiguration.

Es gibt Programmpakete von verschiedenen Unternehmen, die alle zuvor genannten Schutzprogramme unter einem Dach vereinen.

Es lassen sich also folgende Schutzmaßnahmen zusammenfassen:

- Niemals Dateianhänge öffnen, von denen man nicht absolut sicher weiß,
  - wer die Datei geschickt hat,
  - warum die Datei geschickt wurde und
  - dass diese wirklich benötigt wird.
- Niemals ausführbare Dateien von Webseiten laden, wenn man nicht ganz sicher ist,
  - wer diese Datei eingestellt hat,
  - welchen Zweck diese Datei hat und
  - dass Sie diese Datei wirklich benötigen.
- Datensicherungen regelmäßig durchführen
- Installieren eines Schutzprogrammpaketes, das automatisch über das Internet mit Updates versorgt wird
- Installieren einer persönlich konfigurierbaren Personal Firewall

Viele weitere Informationen zur Datensicherheit werden auf der Webseite des **Bundesamtes für Sicherheit in der Informationstechnik** gegeben.

Rechnung und Datensicherheit für das Architekturbüro Rüst

ITjen erstellt für Herrn Rüst eine Rechnung gemäß den im Angebot und Auftrag ausgewiesenen Preisen. Aufgrund der Vorkenntnisse von Herrn Rüst hat die Einweisung eine halbe Stunde weniger gedauert als angeboten. Damit muss Herr Rüst 30 € netto weniger bezahlen als im Auftrag angegeben.

Herr Rüst informiert sich in Fachzeitschriften wie z. B. der c't oder der iX über Schutzprogrammpakete. Er entscheidet sich für den Testsieger eines aktuellen Tests und installiert diese Internet Security Suite auf dem Privat- und dem Büro-PC.

Schadsoftware in Abhängigkeit vom Betriebssystem

Es gibt unterschiedliche Positionen zu der Frage, ob Rechner mit den Betriebssystemen Mac-OS oder Linux sicherer sind als Rechner mit dem Betriebssystem Microsoft Windows.

Für die Hersteller von kommerzieller Schutzsoftware ist dies nur eine Frage der Verbreitung der jeweiligen Betriebssysteme. Und da liegt Microsoft Windows derzeit vorn.

Aufgaben

1. Warum sind Hoaxes eigentlich keine Schadsoftware?
2. Inwieweit trägt eine NAS (vgl. Kap. 4.6.8) zur Datensicherheit bei?

- Unter Datenschutz werden Maßnahmen zum Schutz von Daten gegen unberechtigten Zugriff und Missbrauch verstanden.
- Unter Datensicherheit werden Maßnahmen zur Sicherstellung des Erhaltes von gespeicherten Daten verstanden.
- Maßnahmen zur Datensicherheit sind Schutz durch bautechnische Maßnahmen, Schutz durch Datensicherung und Schutz durch Virenschutzprogramme.
- Datensicherungen müssen regelmäßig durchgeführt werden.
- Virenschutzprogramme sollten sich automatisch Updates aus dem Internet besorgen.

Industrie-Berufe

- Elektroniker/in für Automatisierungstechnik
- Elektroniker/in für Betriebstechnik
- Elektroniker/in für Gebäude- und Infrastruktursysteme
- Elektroniker/in für Geräte und Systeme
- Elektroniker/in für Maschinen- und Antriebstechnik
- Systeminformatiker/in
- IT-Systemelektroniker/in ①
- Fachinformatiker/in ①
- IT-Systemkaufmann/frau ①
- Informatikkaufmann/frau ①
- Industrieelektriker/in
- Mechatroniker/in

Handwerks-Berufe

- Informationselektroniker/in für Bürosystemtechnik
- Informationselektroniker/in für Geräte- und Systemtechnik
- Systemelektroniker/in
- Elektroniker/in Fachrichtung Automatisierungstechnik
- Elektroniker/in Fachrichtung Informations- und Telekommunikationstechnik
- Elektroniker/in Fachrichtung Energie- und Gebäudetechnik

Ausbildung

Die Ausbildungszeit dauert für fast alle elektrotechnischen Berufe dreieinhalb Jahre.

Im **ersten Ausbildungsjahr** werden für die meisten Elektroberufe die **Kernqualifikationen** durch folgende Lernfelder vermittelt:

1. Elektrotechnische Systeme analysieren und Funktionen prüfen
2. Elektrische Installationen planen und ausführen
3. Steuerungen analysieren und anpassen
4. Informationstechnische Systeme bereitstellen

Im **zweiten Ausbildungsjahr** werden die **berufsgruppenspezifischen Fachqualifikationen** vermittelt.

So werden alle Auszubildenden der **Anlagenberufe** bzw. der **Geräteberufe** in den jeweils gleichen Inhalten unterwiesen.

Ab dem **dritten Ausbildungsjahr** werden die **berufsspezifischen Qualifikationen** vermittelt.

In den Berufen **IT-System- und Informatikkaufmann/frau** werden neben den technischen auch Inhalte aus dem kaufmännischen Bereich vermittelt.

In dem Beruf **Mechatroniker/in** werden neben elektrotechnischen Sachverhalten Inhalte der Mechatronik und Informatik vermittelt.

Für den Beruf **Industrieelektriker/in** beträgt die Ausbildungszeit zwei Jahre.

In den Berufen der IT-Branche (①) und für den Beruf Mechatroniker/in sind die Ausbildungsinhalte in anderen Lernfeldern strukturiert als in den übrigen Elektroberufen.

Bei entsprechenden Vorkenntnissen können **verkürzte Ausbildungszeiten** vereinbart werden. Bei guten theoretischen und praktischen Leistungen kann die Ausbildungszeit auf Antrag um ein halbes Jahr verkürzt werden.

Berufliche Handlungskompetenz

Die Ansprüche an einen guten Facharbeiter im modernen Arbeitsleben sind hoch. Sie sollen

- über hervorragende fachliche Kenntnisse verfügen,
- in der Lage sein, einen Kundenauftrag komplett selbstständig zu bearbeiten,
- den Arbeits- und Umweltschutz beachten,
- Kunden-Fachgespräche führen,
- Präsentationstechniken beherrschen,
- alleine oder im Team arbeiten,
- engagiert sein und
- aufgrund der schnellen technischen Innovationszyklen sich kontinuierlich fortbilden!

Keine Angst!
Sie müssen nicht alles sofort beherrschen!

Für Ihren neuen Lebensabschnitt benötigen Sie drei Dinge: → ***Interesse*** zeigen
→ ***Zeit*** nehmen
... und ***Spaß*** dabei haben!

Beachten Sie:
Niemand ist perfekt ...
(... schon gar nicht am Anfang der Ausbildung ☺)!

Betrachten Sie Ihre Berufsausbildung als eine wertvolle Chance in Ihrem Leben!
Als zukünftiger Facharbeiter sind Sie in ganz Europa eine gefragte Persönlichkeit.

Ausbildung

Ihre Ausbildung findet in der Berufsschule in Lernfeldern statt. Das bedeutet, der Unterricht wird nicht in bestimmten Fächern erteilt, sondern es werden so genannte Lernsituationen bearbeitet. Diese orientieren sich an der realen Berufswelt.

Lehrinhalte wie beispielsweise elektrotechnische Grundlagen, Elektronik, Fachrechnen, Fachzeichnen und Englisch werden in die jeweilige Lernsituation integriert. Dadurch wird eine realitätsnahe vollständige Handlung zur Erledigung eines Kundenauftrags durch die Schritte **Informieren** – **Planen** – **Ausführen** – **Kontrollieren** – **Auswerten** – **Kundenübergabe** vollzogen (s. Abbildung unten).

Kompetenzen

Neben der fachlichen Kompetenz werden noch weitere Kompetenzen vermittelt, z.B.:

- **Sozialkompetenz** (sich mitteilen können, Interesse an anderen zeigen, sich mit anderen verantwortungsbewusst auseinandersetzen)
- **Lernkompetenz** (systematisches Lernen, Lernzeitplanung, Eigeninitiative)
- **Methodenkompetenz** (Informationen sammeln, Problemlösungsstrategien beherrschen, Vorträge halten)
- **Personalkompetenz** (Selbstständigkeit, Zuverlässigkeit, Selbstvertrauen, Kritikfähigkeit)

Sämtliche Kompetenzen werden im Laufe der Ausbildung gestärkt und ausgebaut. Ziel ist das Erlangen der **beruflichen Handlungskompetenz**.

Am Beispiel der Lernsituation in Lernfeld 2 „Garageninstallation des Ehepaars Carsten" soll das Prinzip der vollständigen Handlung erläutert werden:

Der Elektrobetrieb macht sich beim Kunden über Art und Umfang des Auftrages sachkundig. Es findet eine Kundenberatung statt. Die Mitarbeiter benötigen hierfür fundierte Fachkenntnisse.

Die elektrische Anlage der Garageninstallation wird geplant. Berechnungen und aktuelle Vorschriften spielen hierbei eine wichtige Rolle. Aspekte des Arbeitsschutzes werden berücksichtigt.

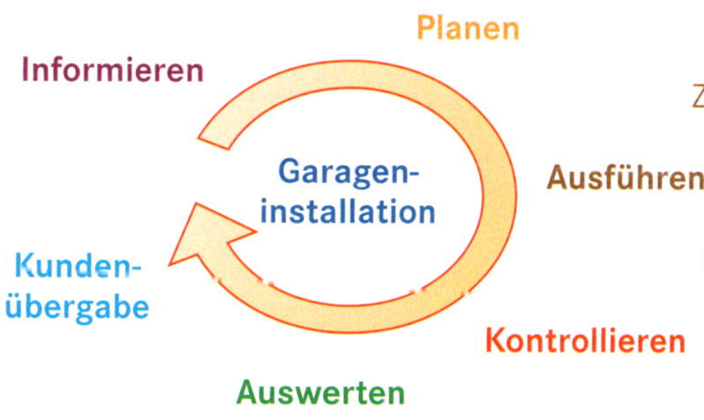

Der Kunde wird in die Anlage eingewiesen und er erhält eine Rechnung. Ein freundliches und kompetentes Auftreten ist generell die „Visitenkarte" des Betriebes.

Zu den Ausführungen gehören neben der eigentlichen Elektroinstallation, die Dokumentation und das normgerechte Zeichnen von Schaltplänen.

Die Ergebnisse der elektrischen Sicherheitsüberprüfung müssen beurteilt werden. Dazu sind Kenntnisse über aktuelle Vorschriften notwendig.

Bei der neu installierten Garageninstallation wird eine elektrische Sicherheitsüberprüfung vorgenommen.

Was sind Geschäfte?

- Unter einem Geschäft versteht man eine wirtschaftliche und am Gewinn orientierte Tätigkeit.
- Der Wert des Outputs soll stets größer sein als der des Inputs.
- Das Ziel ist dabei eine Wertschöpfung durch Optimierung der
  - Ressourcen,
  - Durchlaufzeiten,
  - Qualität und
  - Kosten.

Was sind Geschäftsprozesse?

- Der Geschäftsprozess ist eingebettet zwischen der Kundenanfrage und dem fertigen Produkt bzw. der Dienstleistung (z. B. Elektroinstallation einer Garage).
- Mit ihm wird das gewünschte betriebliche Handeln beschrieben, das durch Ereignisse ausgelöst und nach Ablauf einer bestimmten Zeit beendet wird.

- Der Geschäftsprozess besteht aus einer Folge von inhaltlich abgeschlossenen **Einzeltätigkeiten**, die auch öfter durchlaufen werden können.
- Die zeitlich und sachlogisch **aufeinander folgenden Aktivitäten** werden dabei organisiert.
- Während des Ablaufs sollen **geschäftliche bzw. betriebliche Ziele** (Schaffung von Produkten oder Dienstleistungen) erreicht werden.
- Der Geschäftsprozess soll den Mitarbeitern und Mitarbeiterinnen verlässliche **Entscheidungshilfen** geben und verdeutlichen, bei welchen Ereignissen wie entschieden werden soll.
- Durch die Transparenz bei Geschäftsprozessen kann das **betriebliche Handeln beschleunigt** werden.
- Beim betrieblichen Handeln soll die **Kundenorientierung** immer im Mittelpunkt stehen.
- Aktivitäten von Zulieferern, Kunden und ggf. Konkurrenten werden in Geschäftsprozesse mit einbezogen.

Welche Rolle hat das Geschäftsprozessmanagement?

Es werden vom Management
- verschiedene Organisationformen und Methoden zur Gestaltung von Geschäftsprozessen benutzt,
- Planungs- und Steuerungselemente bei der Durchführung der Prozesse verwendet und
- die oft komplexe Realität durch Modelle abgebildet.

Beispiele:
- Bearbeitung eines Kundenauftrags
- Durchführung einer Entwicklung
- Produktion eines Gerätes
- Abwicklung einer Reklamation

Beispiel für den Geschäftsprozess einer Elektroinstallation (vereinfacht)

Erfassung der Daten (Büro)
- Kunde
- Terminwunsch
- Art der Installation
- ...
- Weitergabe der Daten an Werkstatt

Prüfung der Durchführbarkeit (Werkstatt)
- Verfügbarkeit von Personal und Material
- Termin möglich?
- Ortsbesichtigung erforderlich?
- ...

Angebot (Büro)
- Angebot formulieren
- Rückmeldung an Kunden
- ...

Erfassung der Daten (Werkstatt)
- Material bereitstellen
- Installation vornehmen
- Prüfung durchführen
- Anlage an Kunden übergeben
- ...

Auftragsabschluss (Büro)
- Rechnung erstellen
- Zahlungseingang prüfen
- ...

Wozu verwendet man Geschäftsprozessmodelle?

Modelle von Geschäftsprozessen sind vereinfachte Darstellungen mit denen sich z. B. folgende Fragen beantworten lassen:
- Was wird dargestellt?
- Für wen ist das Modell gedacht?
- Welche Beziehungen bestehen zwischen den am Prozess beteiligten Abteilungen?
- Wofür wird es benötigt?

Modelle dienen dazu
- komplexe Zusammenhänge zu vereinfachen,
- Strukturen und Beziehungen zu erkennen,
- den Blick auf das Wesentliche zu konzentrieren,
- überflüssige oder nicht klar definierte Schritte zu beseitigen und
- Veränderungen modellhaft zu testen und zu überprüfen.

Geschäftsprozessmodelle sind dann sinnvoll, wenn Geschäftsprozesse häufig und mit gleicher Grundstruktur ablaufen.

Was sind Merkmale technischer Prozesse?

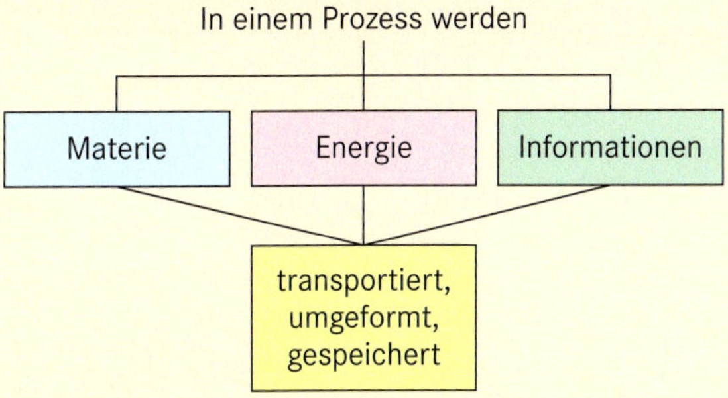

- Mit einem Prozess verfolgt (definiert) man ein bestimmtes Ziel.
- Der Prozessablauf erfolgt in einem abgeschlossenen System.
- In einem Prozess gibt es Ein- und Ausgangsgrößen sowie Zustände.
- Prozesse sind z. B.:
  - Planungsprozesse
  - Verfahrensprozesse
  - Einrichtungsprozesse
  - Fertigungsprozesse
  - Verteilungsprozesse
  - Messprozesse
  - Prüfprozesse
  - Wartungsprozesse
- Alle Teilprozesse im Gesamtprozess sind aufeinander bezogen.
- Der gesamte Prozess wird oft in Schritte aufgeteilt, wobei ein Teilschritt erst dann beginnt, wenn der davor liegende Schritt beendet wurde.
- Der Prozess wird durch physikalische oder chemische Größen beeinflusst (gesteuert, geregelt).

Wie lassen sich Prozesse darstellen?

- Bei der Auswahl einer geeigneten Darstellungsart muss gefragt werden,
  - **was**,
  - **für wen** und
  - **mit welcher Zielrichtung**

  dargestellt werden soll.
- Grafische Darstellungen erleichtern das Verständnis für technische Prozesse.

  Beispiele:

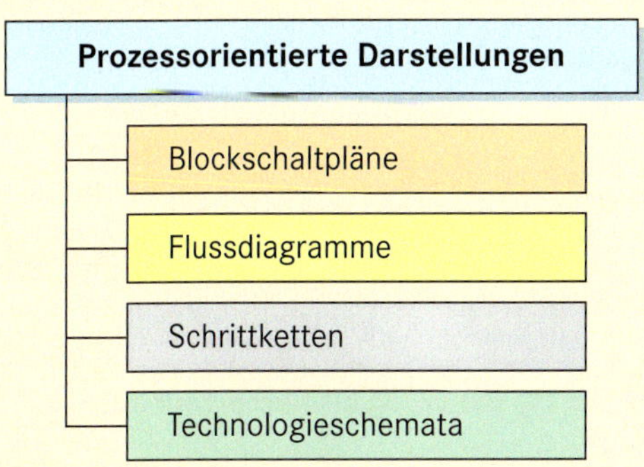

Technischer Prozess als Technologieschema

Beispiel: Zerkleinerungsanlage für Steingut

Mit dem abgebildeten Technologieschema wird das Ziel verfolgt, den Prozessablauf zu veranschaulichen.

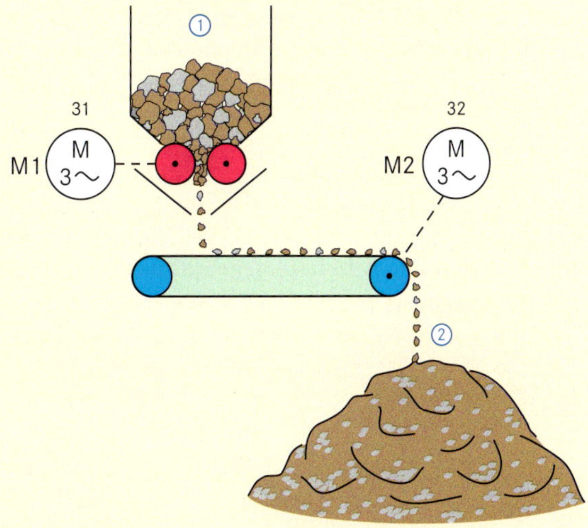

Merkmale des abgebildeten Technologieschemas:

- Das Technologieschema verdeutlicht, wie elektrische und mechanische Komponenten zusammenwirken.
- Verwendet werden verständliche und zum Teil nicht genormte Symbole.
- Der Materialtransport (**Materialfluss**) ergibt sich wie folgt:
  - Das Schüttgut ① wird durch Walzen zerkleinert.
  - Das zerkleinerte Material gelangt danach auf ein Förderband.
  - Am Ende des Förderbandes wird das zerkleinerte Material aufgeschichtet ②.
- Der Einsatz von elektrischer Energie (**Energiefluss**) erfolgt an folgenden Stellen:
  - Der Antrieb der Walzen für die Zerkleinerung des Materials erfolgt durch den Drehstrommotor M2.
  - Das Förderband wird durch den Drehstrommotor M1 angetrieben.
  - Die Energiezufuhr für die Motoren erfolgt über die Strompfade 31 und 32.
- Damit die Anlage ordnungsgemäß funktioniert, muss eine bestimmte Schaltfolge der Motoren gewährleistet sein (**Informationsfluss**). Es muss z. B. zuerst das Förderband eingeschaltet werden, bevor die Mühle in Betrieb genommen wird.
  1. Einschalten des Motors M2
  2. Freigabe des Motors M1
  3. Einschalten des Motors M1

  Je nach Anlage erfolgt diese **Ablaufsteuerung** per Hand oder automatisch.

Was ist Ergonomie?

Ergonomie = Wissenschaft von der menschlichen Arbeit

Ziele

- Arbeitsprozesse an menschliche Bedürfnisse anpassen
- Individueller Gesundheitsschutz
- Humane Arbeitsplatzgestaltung

Was ist menschengerechte Arbeit?

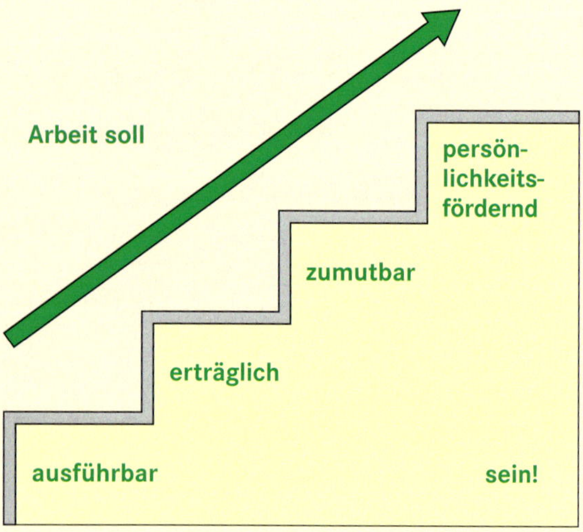

Welche körperlichen Beeinträchtigungen können eintreten?

- Körperliche Beschwerden
- Gefährdung des Sehvermögens
- Psychische Belastungen

Ich vermeide psychische Beanspruchungen

durch Abbau von

- Monotonie,
- sinnlosem Wiederholen,
- sinnentleerter Arbeit,
- hohem Arbeitstempo und Arbeitsverdichtung,
- Informationsüberflutung,
- sozialer Isolation,
- Lärmbelästigung.

Ich vermeide einseitige Arbeit

durch

- Mischarbeit (abwechslungsreiche Arbeit),
- Pausen.

So richte ich meine Arbeitsfläche ein!

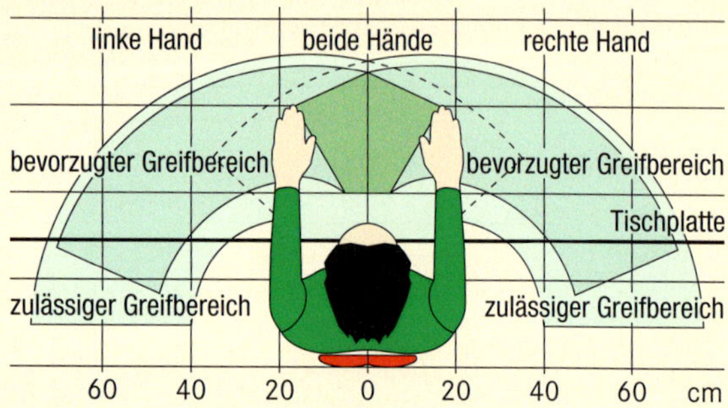

Arbeitstisch

Fläche:	mindestens 160 cm breit, 80 cm tief
Höhe:	68 cm bis 76 cm (verstellbar)
Beinfreiraum:	Höhe: 65 cm, Breite: 58 cm, Tiefe: 60 cm
Oberfläche:	reflexionsarm

So richte ich meinen PC-Arbeitsplatz ein!

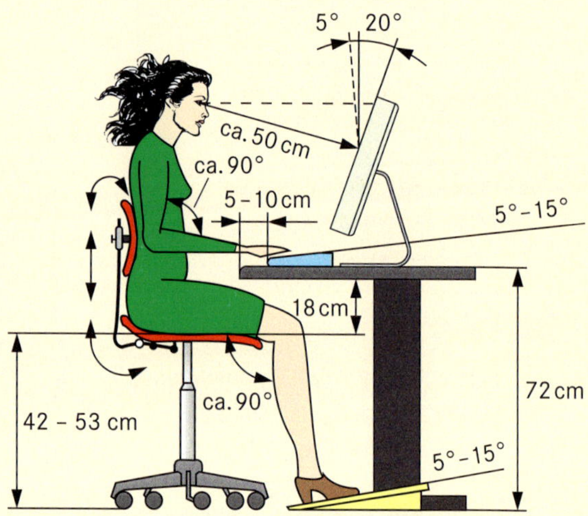

Meinen Monitor stelle ich wie folgt ein:

- Lichtquellen nicht vor oder hinter dem Monitor
- Bildwiederholfrequenz mindestens 70 Hz bei einem Röhrenmonitor
- Bildschirmdiagonale mindestens 19 Zoll
- Auflösung hoch, z. B. 1280 x 1024 Pixel
- Kontrast und Helligkeit ausreichend
- Sehentfernung 50 cm bis 60 cm
- Ausreichende Schriftgröße (z. B. „B und 8" gut unterscheidbar)

Ich achte auf die richtige Sitzhaltung!

- Aufrechte Haltung entlastet die Wirbelsäule, belastet aber die Rückenmuskulatur.
- Ich neige mich nicht nach vorne, da dadurch die Wirbelsäule am stärksten belastet wird.
- Ich verändere meine Haltung öfter.

Ich achte bei der Bildschirmarbeit auf ausreichende Pausen!

Wann arbeite ich am effektivsten?

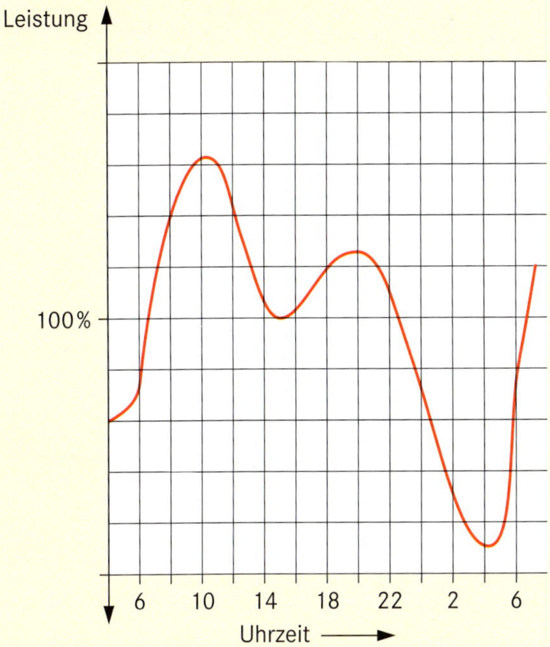

Ich beachte Regeln für meine Zeitplanung!

(60:40 Regel)

60 % für geplante Aktivitäten
20 % für unerwartete Aktivitäten (Reserve, Puffer)
20 % für spontane Aktivitäten (kreative Zeit)

Ich bewerte meine Aufgaben nach Wichtigkeit!

- Äußerst wichtig
  ⇒ Ich tue es selbst und delegiere nicht!
- Durchschnittlich wichtig
  ⇒ Ich versuche es fallweise zu delegieren!
- Weniger wichtig, unwichtig
  ⇒ Ich delegiere, verkürze den Aufwand oder streiche das Vorhaben!

Ich bewerte oder lasse meine Arbeit bewerten!

⇒ Erfolgserlebnisse
⇒ Arbeitsfreude, Motivation
⇒ Zufriedenheit
⇒ Gesundheit

Ich organisiere meine Arbeit planvoll!

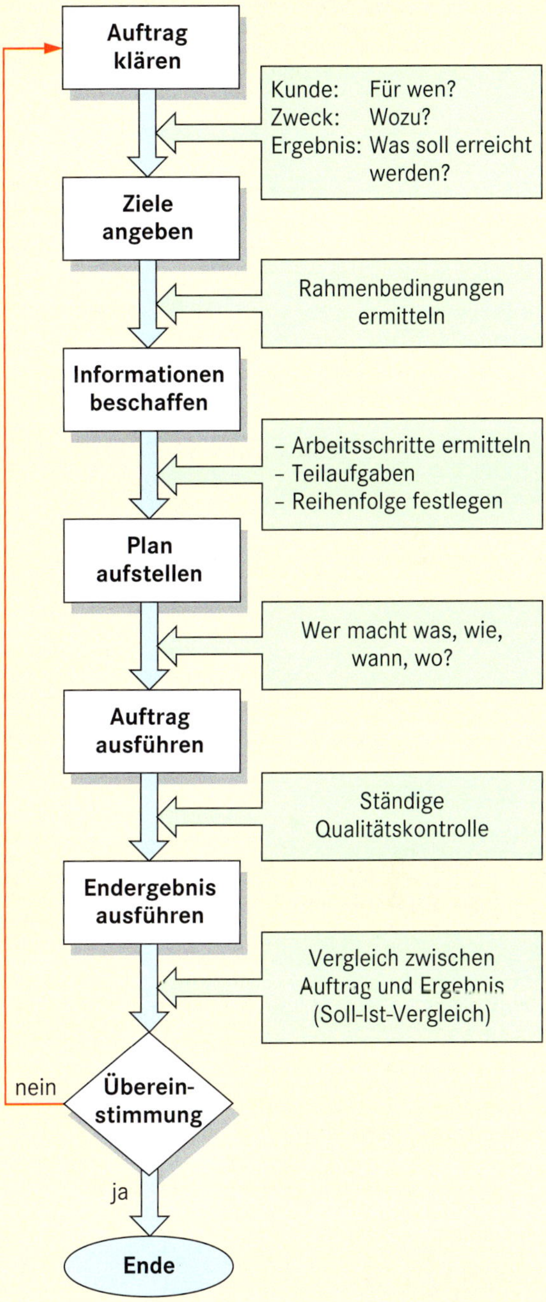

So nicht!

Was sind Merkmale eines Teams?

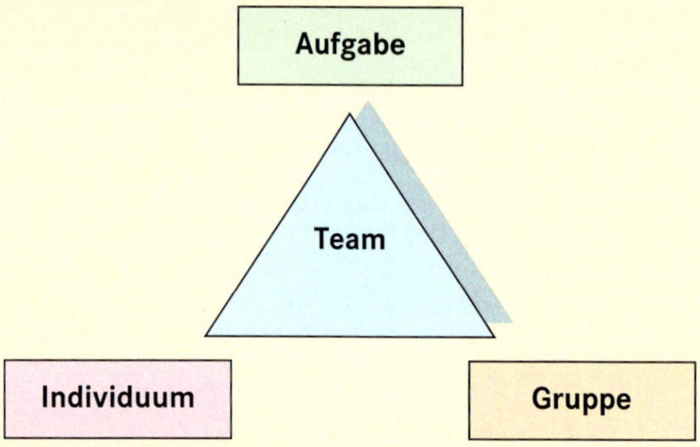

- Das Team ist ein Mittel, nicht der Zweck.
- Es existiert eine klar definierte Aufgabe.
- Jedes Mitglied übernimmt Verantwortung für die Erreichung der Ziele.
- Die selbst gesetzten Leistungsstandards sind hoch.
- Die persönlichen Leistungsziele stehen nicht im Widerspruch zueinander.
- Die Teammitglieder akzeptieren sich gegenseitig und haben füreinander Verständnis.
- Die Kommunikation ist offen

Welche Ziele verbindet man mit Teamarbeit?

Wirtschaftliche Ziele

- Reduzierung von Kosten
- Verbesserung der Qualität
- Verkürzung von Durchlaufzeiten
- Erhöhung von Termintreue

Personelle Ziele

- Verbesserung (Humanisierung) der Arbeitsbedingungen
- Senkung von Fluktuation der Teammitglieder
- Verbesserung der Gesundheit
- Verbesserung der Motivation
- Steigerung der Zufriedenheit bei der Arbeit

Organisatorische Ziele

- Erhöhung der personellen Flexibilität
- Verringerung von Informationsverlusten
- Ständige Verbesserung im Arbeitsprozess

Wann sind Teams sinnvoll?

Bei

- fachlich übergreifenden Aufgaben,
- komplexen Aufgaben,
- anspruchsvollen Aufgaben,
- Aufgaben, für die Personen aus verschiedenen Fachbereichen mit verschiedenen Erfahrungen benötigt werden.

Welche Teamphasen unterscheidet man?

Kontaktphase

Vorgesetzte und Teammitglieder:
- Klärung gegenseitiger Erwartungen, Ziele, Rahmenbedingungen

Notwendige Voraussetzungen der Beteiligten:
- Offenheit, Ehrlichkeit und Engagement

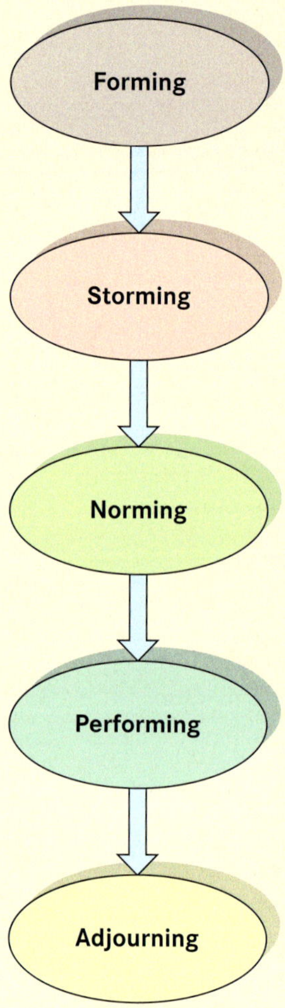

Forming:
- Erstes Kennenlernen
- Individuelle Verhaltensmuster der Teilnehmer treffen aufeinander

Storming:
- Gegensätzliche Meinungen werden deutlich
- Konflikte entstehen
- Machtkämpfe

Norming:
- Widerstände sind überwunden
- Eingespielte Verhaltensweisen
- Regeln werden akzeptiert

Performing:
- Geklärte Rollen
- Konzentration auf die Aufgaben
- Effektive Arbeit mit höchster Leistung

Adjourning:
- Auflösung der Strukturen durch Zu- und Abgänge
- Neubeginn

⇒ **Teamarbeit muss erlernt werden!**

Ich analysiere meine Teamarbeit am Ende, indem ich folgende Fragen beantworte!

- Wie habe ich mich im Team gefühlt?
- Werde ich von den Teammitgliedern akzeptiert?
- Welchen Beitrag habe ich im Team erbracht?
- Im Rahmen der Teamarbeit war ich für folgende Aufgabe zuständig: ...
- Bin ich mit unserem Arbeitsergebnis zufrieden?
- Welche Störungen hat es während der Teamarbeit gegeben?
- Welche Möglichkeiten zur Verbesserung der Teamarbeit gibt es?

Welche Faktoren bestimmen eine erfolgreiche Teamarbeit?

1. Planbare, messbare und damit überprüfbare Faktoren.

Ziele	**Teamführung**
Zeitplanung	**Projektplanung**

Qualifikation und Aufgabenverteilung

Entscheidungskompetenzen

Einbindung in die Betriebsstruktur

2. Kaum messbare und subjektiv wahrgenommene Faktoren

Visionen	**Arbeitsklima**
Teamgeist	**Konkurrenz**

Kommunikation und Interaktion

Sachliche und emotionale Offenheit

Gegenseitige Unterstützung

Teilnahme und Engagement

Interesse, Vertrauen und Akzeptanz

Übernahme von Verantwortung

Unzufriedenheit

So nicht!

Welche Rollen treten im Team hervor?

- **Entscheider** (Thruster-Organizer)
  - Organisiert Termine und Ziele
  - Sorgt für die Einhaltung von Terminen und die Umsetzung der Ziele
  - Bewältigt Krisen
  - Befürwortet klare Strukturen und Hierarchien
  - Neigt zu unpersönlichem Umgang
- **Macher** (Concluder-Producer)
  - Bewältigt Routinearbeiten
  - Ist zuverlässig
  - Hat Ausdauer
  - Besitzt großes Durchhaltevermögen
  - Wacht über die Einhaltung von Plänen und Vorgaben
- **Berater** (Reporter-Adviser)
  - Sorgt für notwendige Informationen und Hilfsmittel
  - Leistet wichtige Aufbauarbeit
  - Klärt einzelne Details
  - Liefert inhaltliche Beiträge
  - Ist vorsichtig bei Entscheidungen
- **Kreativer** (Creator-Innovator)
  - Ist „Querdenker" (denkt in neuen Bahnen)
  - Liefert neue Ideen und „experimentiert"
  - Akzeptiert Hierarchien nur widerstrebend
  - Kann Probleme bei der Teamintegration bereiten
- **Bewerter** (Assessor-Developer)
  - Überprüft mögliche Realisierbarkeiten
  - Kann Ergebnisse realistisch einschätzen
  - Ist wenig an Routinearbeit interessiert
- **Überzeuger** (Explorer-Promotor)
  - Bewahrt den Überblick
  - Organisiert nötige Kontakte
  - Ist nicht immer an Details interessiert
  - Interessiert sich für Innovationen
  - Ist kontaktfreudig und kann präsentieren
- **Prüfer** (Controller-Inspector)
  - Arbeitet genaue Details aus
  - Sorgt für Qualitätssicherung
  - Besitzt eine konzentrierte Arbeitshaltung
  - Verfügt über wenige personelle Kontakte
  - Arbeitet mehr im Hintergrund
- **Bewahrer** (Upholder-Maintainer)
  - Kümmert sich um Werte und Teamnormen, ist besonders hilfsbereit
  - Stabilisiert die gefühlsmäßigen Beziehungen der Teammitglieder
  - Verfügt über geringes Innovationspotenzial
  - Hat geringe Führungsqualitäten
- **Darsteller** (Controller-Inspector)
  - Repräsentiert das Team nach außen
  - Koordiniert Informationen

Lastenheft und Pflichtenheft

Was ist ein Lastenheft?

- DIN 69901-5, VDI 2519 Blatt 1, VDI 3694
  Es ist die „vom Auftraggeber festgelegte Gesamtheit der Forderungen an die Lieferungen und Leistungen eines Auftragnehmers innerhalb eines Auftrages“.

Im Einzelnen:

- Das Lastenheft (Leistungsverzeichnis) enthält alle Forderungen des Auftraggebers (Kunden) an die Lieferungen und/oder Leistungen eines Auftragnehmers.
- Die Forderungen sind aus Anwendersicht einschließlich aller Randbedingungen zu beschreiben. Diese sollten quantifizierbar und prüfbar sein.
- Im Lastenheft wird definiert, was für eine Aufgabe vorliegt und wofür diese zu lösen ist.

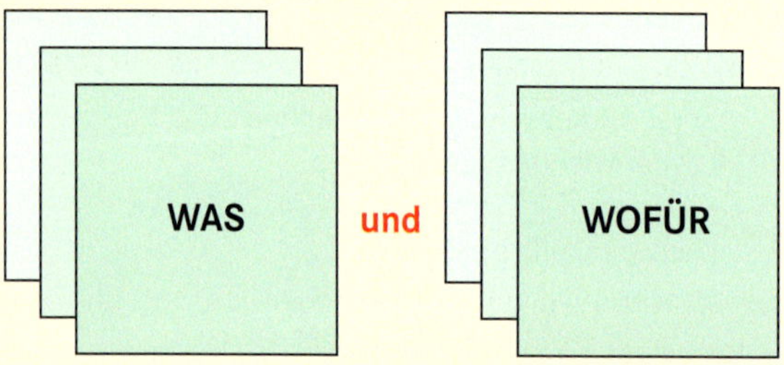

Vorteile

- Einheitliche Vorgabe für alle am Entwicklungsprozess Beteiligten.
- Weniger Missverständnisse und Versäumnisse durch eine systematische Dokumentation.

Nachteile

- Hoher Aufwand
- Individuelle Erstellung (keine Standardisierung)

Einsatzbereiche

- Dokumentation der Anforderungen der Planung eines Produktes bzw. einer Dienstleistung.
- Prinzipiell für alle Produkte bzw. Dienstleistungen einsetzbar.

Vom Lastenheft zum Auftrag

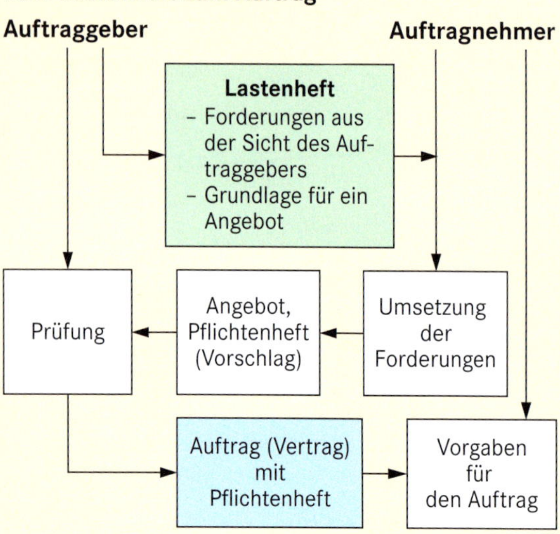

Was ist ein Pflichtenheft?

- DIN 69901-5, VDI 2519 Blatt 1, VDI 3694
  Es handelt sich um die „vom Auftragnehmer erarbeiteten Realisierungsvorhaben aufgrund der Umsetzung des vom Auftraggeber vorgegebenen Lastenhefts“.

Im Einzelnen:

- Das Pflichtenheft ist Teil des Lastenheftes.
- Im Pflichtenheft werden die Anwendervorgaben detailliert und in einer Erweiterung die Realisierungsforderungen unter Berücksichtigung konkreter Lösungsansätze beschrieben.
- Im Pflichtenheft wird definiert, wie und womit die Forderungen zu relisieren sind.

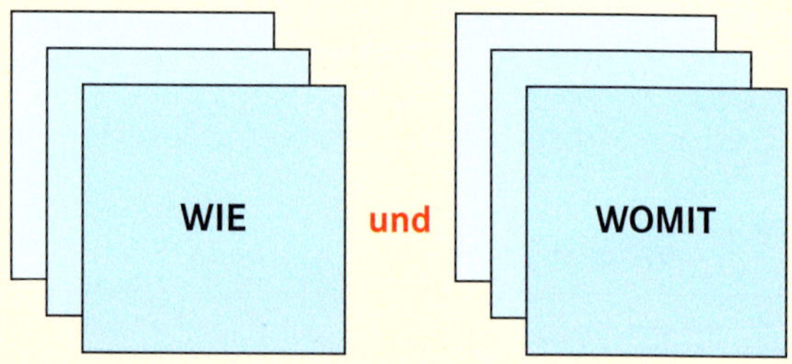

Funktion

- „Roter Faden“ während des Ablaufs der Entwicklung, Produktion, ...

Wesentliche Bestandteile (Beispiele)

- Name des Prozesses, Projektes, Vorhabens, ...
- Verfasser des Pflichtenheftes
- Version
- Ablage der Dateien, Dokumentation
- Ziele
- Beschreibung, Nutzen für den Auftraggeber (Kunden), aktuelle Situation (z. B. bisheriges System)
- Anforderungen
  - **Vollständigkeit**
    Alle Details der Anforderung sind festzulegen. Es sollten so wenig wie möglich Aspekte als selbstverständlich eingeschätzt werden.
  - **Eindeutigkeit**
    Damit keine Missverständnisse entstehen, sind die Anforderungen möglichst mit einfachen Worten zu definieren.
  - **Testbarkeit**
    Alle Anforderungen müssen überprüfbar sein. Dieses ist eine Voraussetzung für die Abnahme durch den Auftraggeber.
- Schnittstellen
  Sie verdeutlichen Verbindungen zu anderen Systemen, Projekten, usw.
- Randbedingungen
- Unterschriften
  - Projektauftraggeber
  - Projektleiter

Was muss ich mir vor einer Beschaffung überlegen?

Was soll beschafft werden?

Material

↓

Wie viel soll beschafft werden?

Menge

↓

Wann soll beschafft werden?

Zeit

↓

Wo soll beschafft werden?

Bezugsquelle

Welche Abteilungen sind bei einer Auftragsbearbeitung beteiligt? (Bild s. unten)

- Die Geschäftsführung ① leitet das Unternehmen. Sie arbeitet mit Buchhaltung, angegliederter Personalabteilung und Rechnungsprüfung zusammen.
- Der Kontakt mit dem Kunden besteht über die Fakturierung ② bzw. dem Call Center. Es entsteht ein Auftrag (Auftragsbestätigung), der auf Vollständigkeit und Richtigkeit geprüft wird.
- Die Einkaufsabteilung ③ sorgt dafür, dass genügend Material zur Verfügung steht (Bestandsführung).
- Die Einkaufsabteilung arbeitet mit den Lieferanten und dem Lagerpersonal ④ zusammen.
- Bei der Auftragsdurchführung ⑤ werden entsprechende Leistungen erbracht. Eine Zusammenarbeit mit dem Lager findet statt (z. B. Materialentnahme, Transport). Die Steuerung des Auftrags erfolgt in diesem Beispiel zentral.
- Nach der Erledigung des Auftrags wird dem Kunden die Rechnung zugestellt.
- Die Bank ⑥ ist zwischen dem Kunden, der Geschäftsführung und den Lieferanten eingebunden.

Komplexe Bearbeitungsabläufe (Geschäftsprozess)

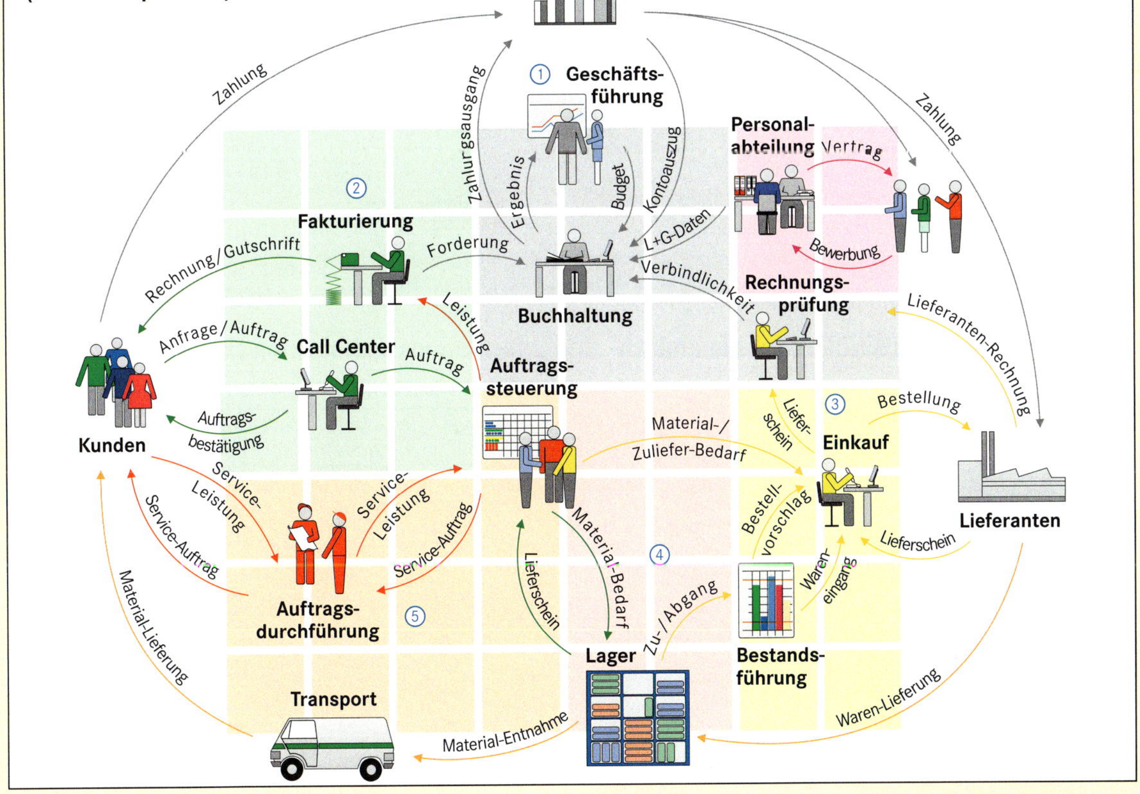

Für jedes Angebot ist eine Kalkulation notwendig. Mit Hilfe der Kalkulation werden die Verkaufspreise ermittelt.

Kalkulation ⇩ **Angebot**

Die Verkaufspreise setzen sich aus den Kosten des Unternehmens und dem gewünschten Verdienst (Gewinn) und der Mehrwertsteuer zusammen.

Welche Kostenarten entstehen dem Unternehmen?

Materialkosten	treten bei der Beschaffung des Materials auf, z. B. Einkauf von Leitungen
Lohnkosten	treten im Zusammenhang mit Arbeitnehmern auf, z. B. Stundenlohn, Rentenbeitrag
Variable Kosten	hängen von der Stückzahl ab, z. B. Schalterdosen
Fixe Kosten	sind unabhängig von der Stückzahl z. B. Miete, Kreditzinsen
Gemeinkosten	können keinem Produkt direkt zugeordnet werden, z. B. Werbung, Büroeinrichtung Sie werden als Prozentsatz den entsprechenden Kosten zugerechnet, z. B. Material-Gemeinkosten
Selbstkosten	sind Unternehmerkosten ohne Gewinn und Mehrwertsteuer

Zusammenhang der Kostenarten

Fixe Kosten werden stets bei den Gemeinkosten verrechnet.

Variable Kosten können Lohn-, Materialkosten und auch Gemeinkosten (z. B. Energiekosten) sein.

Ermittlung der Verkaufspreise

Materialkosten		Lohnkosten
+ Material-gemeinkosten		+ Lohn-gemeinkosten
= Material-selbstkosten	+	**= Lohn-selbstkosten**

= Selbstkosten
+ Gewinn
+ Mehrwertsteuer
= Verkaufspreis

Vereinfachtes Industrie-Schema

Für die elektro- und informationstechnischen Handwerke erstellt der ZVEH alle zwei Jahre eine Zusammenstellung unverbindlicher Kalkulationsbeispiele für alle typischen Materialien und Leistungen. Grundlagen dafür sind bundesdurchschnittliche Preise, Arbeitszeiten und Arbeitslöhne.

Es werden dabei unterschiedliche Gemeinkostenzuschläge und verschiedene Stundenlöhne verwendet. Die Unternehmer verwenden dann die für ihre Firma ermittelten Werte, z. B. 15 % Material-Gemeinkosten-Zuschlag.

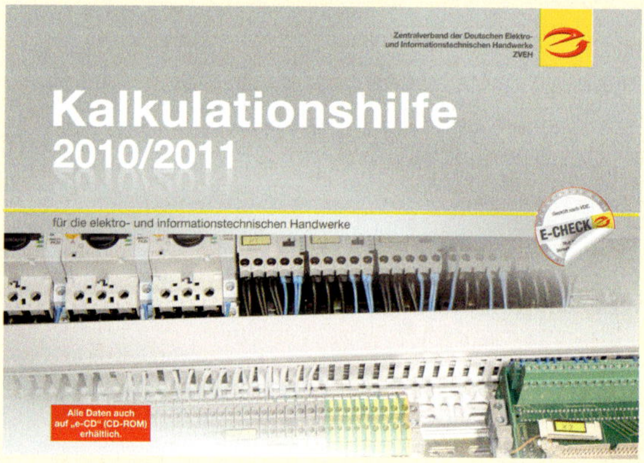

Auszug aus einer Kalkulationshilfe

Leistungspositionen für die elektro- und informationstechnischen Handwerke

	unverbindliche Kalkulationsbeispiele								Cu Stand: 150		Seite 12		
	Zeit	Lohn/Montage (€/Stunde)			Material (€/Meter bzw. €/Stück)				Kalkulationssatz für Lohn und Material (€)				
(1) **01.04 Mantelleitung in offener Rohrverlegung verlegen**	Minuten	28,81 €	32,88 € (4)	eigen	netto	15 % (5)	30 %	eigen	28,81/15 %	28,81/30 %	32,88/15 %	32,88/30 %	eigen
PVC-Mantelleitung nach DIN VDE 0250 in Teillängen liefern und in Rohrverlegung ohne Bogen mit Lieferung und Montage eines Kunststoff-Steckstangenrohres als:													
01.04.01 NYM Gr. 1x2,5 qmm EN 20 Cu 24	5,0	2,40	2,74		0,75	0,86	0,98		3,26	3,38	3,60	3,72	
01.04.12 NYM Gr. 3x1,5 qmm EN 20 Cu 43 (2)	(3) **5,6**	2,69	3,07		0,69	0,79	0,90		3,48	3,59	(6) **3,86**	3,97	
01.04.13 NYM Gr. 3x2,5 qmm EN 20 Cu 72	6,1	2,93	3,34		0,88	1,01	1,14		3,94	4,07	4,35	4,48	

Beispiel für Kaufpreisermittlung

Lieferung und Installation
von 1 m NYM 3x1,5 mm^2 in Elektrorohr

Nach Industrieschema

Materialkosten	0,69 €
Materialgemeinkosten (15 %)	+ 0,10 €
Materialselbstkosten	0,79 €
Lohnkosten	2,46 €
Lohngemeinkosten	+ 0,61 €
Lohnselbstkosten	3,07 €
Lohnselbstkosten	3,07 €
Materialselbstkosten	+ 0,79 €
Selbstkosten	3,86 €
Selbstkosten	3,86 €
Gewinn (10 %)	+ 0,39 €
Nettopreis	4,25 €
Nettopreis	4,25 €
Mehrwertsteuer (19 %)	+ 0,81 €
Verkaufspreis	**5,06 €**

Mit Kalkulationshilfe

Positionsnummer 01.04.12
(3x1,5 qmm NYM im E-Rohr) ① ②

Lohnselbstkosten Montagezeit: **5,6 Minuten** ③ bei Stundenlohn von 32,88 € ④ (einschließlich Gemeinkosten)	**3,07 €**
Materialkostenselbstkosten mit 15 %-Zuschlag ⑤	**0,79 €**
Selbstkosten ⑥	**3,86 €**
Gewinn (10 %) (siehe oben)	**+ 0,39 €**
Mehrwertsteuer (19 %) (siehe oben)	**+ 0,81 €**
Verkaufspreis	**5,06 €**

Bedingungen eines Angebotes

Neben den Preisen für Lieferungen und Leistungen müssen Angebote weitere Angaben enthalten, z. B. Ausführungszeit.

- **Liefer-, Ausführungszeit**
  Datum oder Zeitspanne angeben
- **Zahlungen**
  Datum und Modus angeben z. B. Anzahlung, per Überweisung
- **Versand**
  „Kosten gehen zu Lasten des Kunden" oder „ab Werk", „ab Lager", „frei Baustelle" o. ä.
- **Verpackung**
  „Kosten gehen zu Lasten des Kunden" oder „netto einschließlich Verpackung" o. ä.
- **Bindungsfrist**
  Der Anbieter ist **grundsätzlich unbefristet** an die Preise seines Angebotes gebunden. Er kann aber vorsichtshalber eine Bindungsfrist angeben, damit er bei Preiserhöhung der Großhändler keine Probleme bekommt.

  Es sind Abweichungen nur dann zulässig, wenn der Kunde Zusatzarbeiten verlangt. Nach Gerichtsurteilen sind in begründeten Fällen Preiserhöhungen bis zu 25 % möglich.

Hinweis

Die Abgabe eines Angebots hat noch keine Rechtswirksamkeit. Erst wenn der Kunde den Auftrag erteilt hat und der Unternehmer den Auftrag annimmt, ist ein rechtswirksamer Vertrag (z. B. Werkvertrag für die Installation einer Anlage) entstanden. Die Absprachen können schriftlich oder mündlich sein.

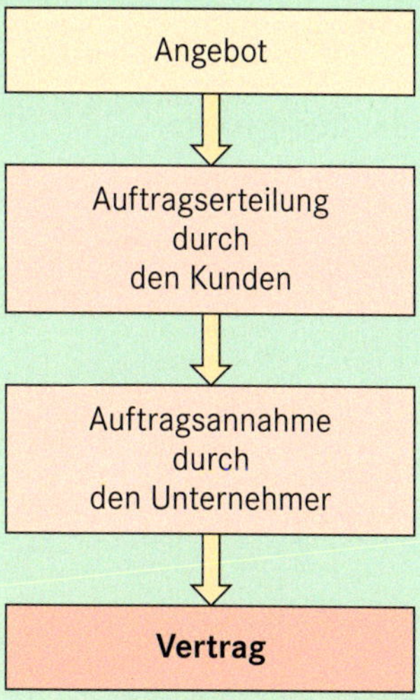

Ladung *Q*

$[Q] = A \cdot s$ $\quad 1\ A \cdot s = 1\ C$ (Coulomb)

Kräfte *F* zwischen Ladungen

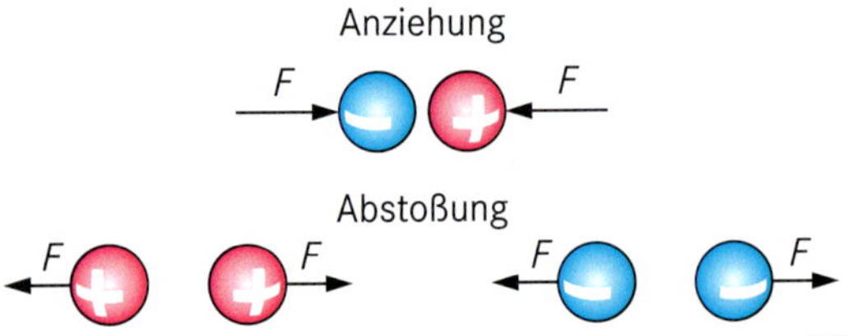

Spannung *U*

$[U] = V$ (Volt)

In Spannungsquellen werden negative von positiven Ladungen getrennt. Dazu ist die Trennungsarbeit *W* zu verrichten. Es entsteht die elektrische Spannung *U*.

Messung der Spannung

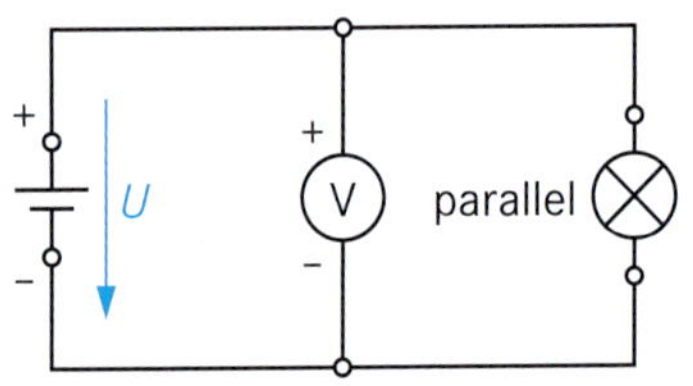

Spannungsarten

Gleichspannung Wechselspannung Mischspannung

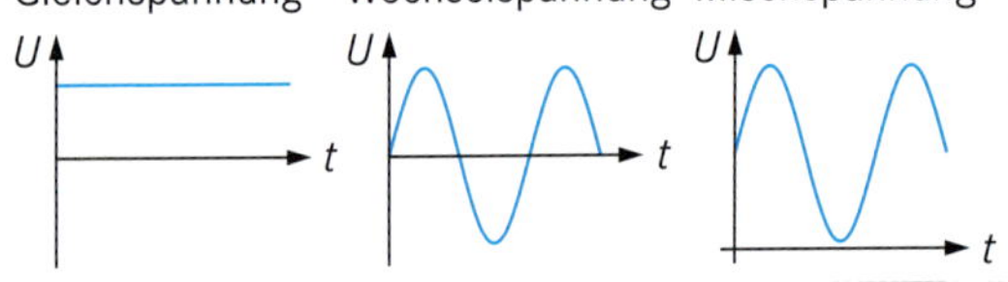

Stromstärke *I*

$[I] = A$ (Ampere)

Die elektrische Stromstärke gibt an, wir groß die bewegte Ladung innerhalb einer bestimmten Zeit ist.

Messung der Stromstärke

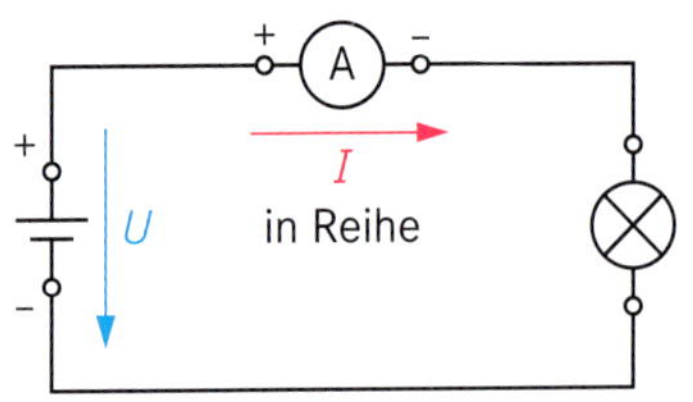

Stromarten

Gleichstrom Wechselstrom Mischstrom

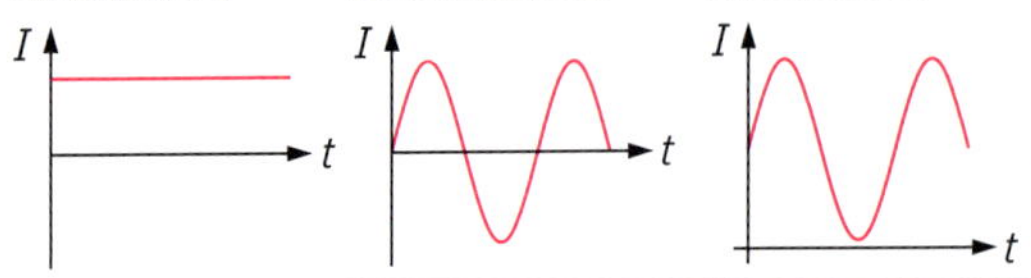

Widerstand *R*

$[R] = \Omega$ (Ohm)

Linearer Widerstand

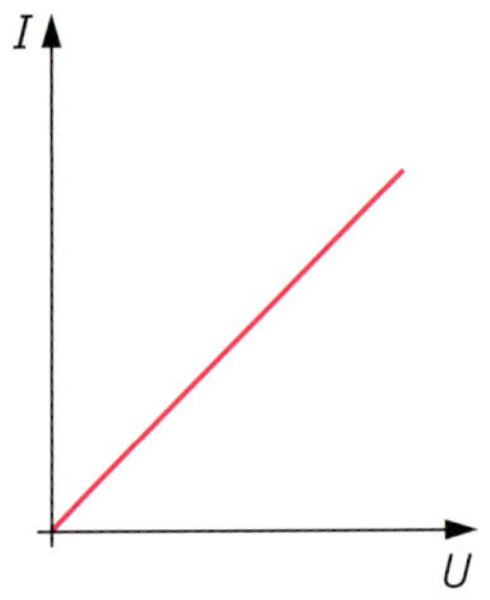

$$1\ \Omega = \frac{1\ V}{1\ A}$$

$$R = \frac{U}{I}$$

Leitwert *G*

$[G] = S$ (Siemens)

$$[G] = \frac{1}{\Omega} \qquad \frac{1}{\Omega} = 1\ S$$

$$G = \frac{I}{U} \qquad G = \frac{1}{R}$$

Leiterwiderstand R_L

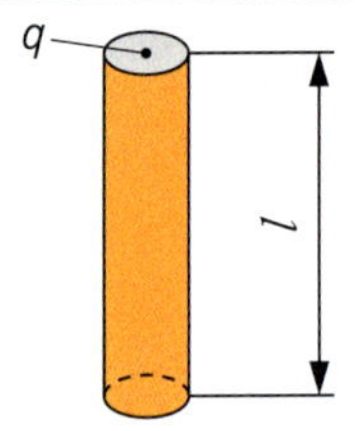

$$R_L = \frac{\varrho \cdot l}{q} \qquad R_L = \frac{l}{\varkappa \cdot q}$$

$$\varkappa = \frac{1}{\varrho}$$

ϱ: Spezifischer elektrischer Widerstand (Rho)

$$[\varrho] = \Omega \cdot m \qquad [\varrho] = \frac{\Omega \cdot mm^2}{m}$$

$\varkappa$: Elektrische Leitfähigkeit (Kappa)

$$[\varkappa] = \frac{S}{m} \qquad [\varkappa] = \frac{S \cdot m}{mm^2}$$

Leistung *P*

$[P] = W$ (Watt)

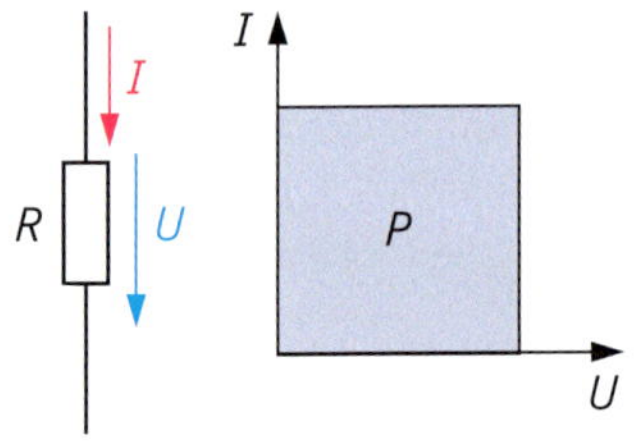

$$P = U \cdot I$$

$$1\ W = 1\ \frac{Nm}{s} = 1\ \frac{J}{s}$$

Nm: Newtonmeter

J: Joule

$$P = \frac{W}{t} \qquad P = I^2 \cdot R \qquad P = \frac{U^2}{R}$$

Elektrische Arbeit *W*

$[W] = W \cdot s$ (Wattsekunde)

$$1\ W \cdot s = 1\ V \cdot A \cdot s = 1\ Nm = 1\ J$$

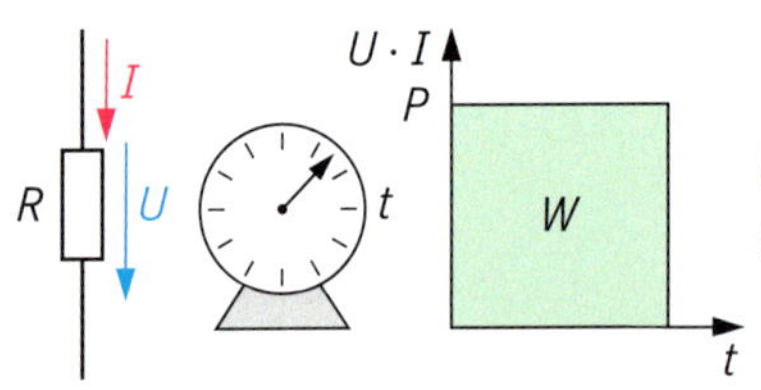

$$W = U \cdot I \cdot t$$

$$W = P \cdot t$$

Nach welchen Grundsätzen wird verfahren?

- Die Objekte aller Gewerke (z.B. Elektrotechnik, Maschinenbau usw.) werden nach demselben Prinzip gekennzeichnet.
- Dieses Prinzip richtet sich nach einer der folgenden Strukturen der Objekte:
  - Aufgabe (funktionsbezogen)
  - Herstellung (produktionsbezogen)
  - Lage (ortsbezogen)
- Die Kennzeichnung besteht aus großen Buchstaben, die nach DIN EN 61346-2 genormt sind. Je nach Struktur kann ein Trennzeichen vorangesetzt werden.
  funktionsbezogen **=** z.B. = A1
  produktionsbezogen **–** z.B. – M3
  ortsbezogen **+** z.B. + P5
- Zur eindeutigen Identifizierung gleicher Objekte werden diese durchnummeriert. In einer Anlage darf eine bestimmte Kennzeichnung nur einmal vorkommen.
- Es sind auch mehrere Trennzeichen möglich, z.B. = A1 + H1 (Unterverteilung A1 im Gebäude H Stockwerk 1)

Wie werden elektrotechnische Objekte gekennzeichnet?

- Zur Kennzeichnung elektrotechnischer Objekte wird die **funktionsbezogene Klassifizierung** benutzt.
- Jedes Objekt wird dabei als Teil eines Prozesses mit einem Eingang und einem Ausgang betrachtet, z.B. Elektroheizung:
  ⇒ Eingang: elektrische Energie
  ⇒ Ausgang: Wärmeenergie
- Die **Kennbuchstaben** werden den Objekten nach ihrer Aufgabe (Funktion) zugeordnet und nicht nach der Wirkungsweise des Objektes.
  So wird z.B. die Elektroheizung mit dem Buchstaben **E** (lt. Tabelle: Erzeugen von Wärme) versehen und nicht mit **R** (lt. Tabelle: Begrenzen von Energie).
- Hat ein Objekt mehrere Aufgaben bzw. Funktionen, wird es nach seiner Hauptaufgabe gekennzeichnet. Ist eine solche nicht sinnvoll festlegbar, erhält das Objekt den Kennbuchstaben **A**, z.B. Verteilung A1 (Verteilung, Verbrauchszählung, Schutz gegen Überlast).
- Es können auch Unterklassen gebildet werden, deren Kennbuchstaben in einer Legende erläutert werden.

Kennbuchstaben elektrischer Objekte

Kennbuchstabe	Aufgabe	Beispiele
A	Keine Hauptaufgabe feststellbar	Verteilung Schaltschrank
B	Umwandeln einer physikalischen Größe in ein Signal	Bewegungsmelder Fühler
C	Speichern von Energie oder Signalen	Festplatte Kondensator
E	Kühlen, Heizen, Leuchten, Strahlen	Kühlschrank Leuchte
F	Schützen von Personen oder Sachen	Sicherung Motorschutzrelais
G	Erzeugen von Energie, Materialfluss oder Signalen	Batterie Generator
K	Verarbeiten von Signalen oder Informationen	Hilfsschütz Zeitrelais
M	Bereitstellen von mechanischer Energie für Antriebe	Motor Stellantrieb
P	Darstellen von Informationen	Messgerät Lautsprecher

Kennbuchstabe	Aufgabe	Beispiele
Q	Schalten und Variieren von Energie-, Signal- oder Materialfluss	Installationsschalter Hauptschütz
R	Begrenzen oder Stabilisieren von Energie-, Informations- oder Materialfluss	Begrenzer Diode Widerstand
S	Umwandeln manueller Betätigung in Signale	Tastschalter Tastatur
T	Umwandeln von Energie oder Signalen (Beibehaltung der Energie- oder Informationsart)	Transformator Verstärker Netzgerät Wechselrichter
U	Halten von Objekten	Mast
V	Verarbeiten oder Behandeln von Material oder Produkten	Filter Waschmaschine
W	Leiten von Energie oder Signalen	Leitung Bussystem
X	Verbinden	Steckdose

Welche Arten von Dokumenten werden verwendet?

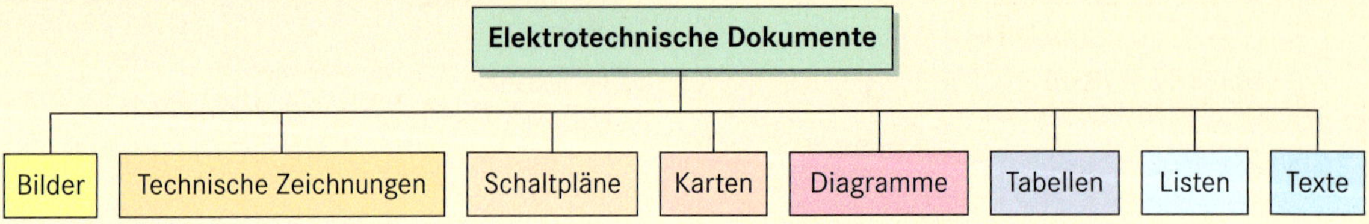

Was sind Merkmale elektrotechnischer Dokumente?

- Elektrotechnische Dokumente werden als Printmedien oder in digitaler Form (CD, DVD) hergestellt. Sie sind die Grundlage für
  - Planung,
  - Entwurf,
  - Installation,
  - Inbetriebnahme,
  - Nutzung,
  - Wartung und
  - Rückbau einer Anlage oder eines Objekts.
- Genormte **Zeichnungsformate**, **Linien**, **Schriften** und **Schaltzeichen** sind zu verwenden (Normen s. rechte Spalte).
- Eine Seite kann in ein oder mehrere Identifikationsfelder (Buchstaben für Zeilen ①, Zahlen für Spalten ②) und in ein Inhaltsfeld (Zeichnungsfeld) unterteilt sein.

Beispiel:

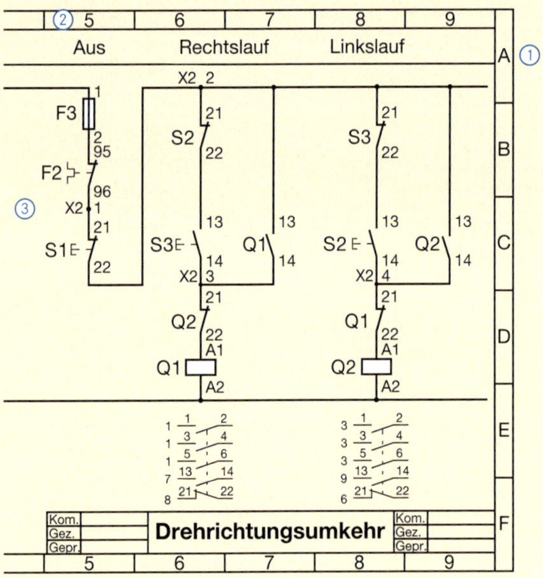

- Die **Hauptflussrichtung** und damit die Leserichtung soll in der Regel von oben nach unten oder von links nach rechts gehen (s. Beispiel Wendesteuerung oben).
- Neben den Schaltzeichen ③ oder entlang der Verbindungslinien können technische Daten angegeben werden.
- Dokumente sollten in Datenbanken abspeicherbar und so gekennzeichnet sein, dass sie jederzeit abgerufen werden können. Sie sollten aktualisierbar- und erweiterbar sein.

Für welche Zielgruppen werden elektrotechnische Dokumente erstellt?

- Benutzer/Anwender
- Kundendienst/Servicepersonal
- Hersteller/Produzent

Welche Normengremien gibt es?

Kurzname	Vollständiger Name	Herkunftsland
DIN	**D**eutsches **I**nstitut für **N**ormung	Deutschland
DNA	**D**eutscher **N**ormen**a**usschuss	Deutschland
ECQAC	**E**lectronic **C**omponents **Q**uality **A**ssurance **C**ommittee, Komitee für Bauelemente mit bestätigter Beschaffenheit	Europa
IEC	**I**nternational **E**lectrotechnical **C**ommission, Internationale Elektrotechnische Kommission	
IEEE	**I**nstitute of **E**lectrical and **E**lectronics **E**ngineers, Verein der Elektro- und Elektronik-Ingenieure	USA
VDE	**V**erband **d**er **E**lektrotechnik, Elektronik, Informationstechnik	Deutschland

Normen für elektrotechnische Dokumente

Norm	Bezeichnung
IEC 61082-1 (2006), DIN EN 61082-1 (2007)	Graphische Symbole für Schaltungsunterlagen
IEC 60848 (2002), DIN EN 60848 (2002)	GRAFCET, Spezifikationssprache für Funktionspläne der Ablaufsteuerung
DIN EN 61346-2 (2000)	Kennzeichnung von elektrischen Betriebsmitteln

Norm elektrotechnischer Symbole

Norm	Bezeichnung
DIN EN 60617-2 bis 13 (1997)	Graphische Symbole für Schaltungsunterlagen

Wodurch wird ein Bericht verständlich?

Einfachheit
- verständliche Sätze
- aktive und positive Formulierungen
- keine verschachtelten Sätze

Gliederung und Ordnung
- übersichtliche Darstellungen
- Wesentliches muss hervortreten (Schrift, Unterstreichung, Fettdruck)
- Gliederungspunkte, Absätze, ...

Kürze und Prägnanz
- kurze Satzteile
- auf den Punkt kommen
- Wesentliches herausstellen

Anregende Zusätze
- Neuheiten und Überraschungen
- Visualisierungen
- Abwechslung

Wie baue ich ein Protokoll auf?

1. Protokollkopf
- Anlass bzw. Überschrift
- Datum, Beginn, Ende
- Ort, Raum
- Teilnehmerinnen und Teilnehmer, Leitung
- Protokollantin, Protokollant
- Tagesordnung

2. Protokolltext

Verlaufsprotokoll oder **Ergebnisprotokoll**

- Verlauf (chronologisch) bzw. Ergebnis (Zusammenfassung, Ordnung nach Wichtigkeit, Übersichten, Tabellen, usw.)
- Anlagen

3. Protokollende
- Unterschrift des Protokollanten, der Protokollantin
- Datum der Protokollerstellung
- Unterschrift des Gegenzeichnenden (z. B. Leiter/in der Konferenz dokumentiert damit die sachliche Richtigkeit)

Wie verfasse ich einen Arbeitsbericht?

Er soll

verständlich geschrieben sein,

das **Wesentliche** enthalten und

übersichtlich gestaltet sein.

Beispielhafter Aufbau	
Projekt	Name, Beschreibung
Auftraggeber	Name, Institut, ...
Verfasser	Der Verantwortliche für die Erstellung des Berichts
Letzte Änderung	Datum der letzten Änderung
Dateiablage	Dateiname, Ort der Dateiablage, Ordner, ...
Zeit	Zeitspanne, für den dieser Bericht erstellt wurde (von ... bis ...)
Status	z. B. unproblematisch, kritisch, ansatzweise kritisch, ..., 50 %, ...
Aufgabenfortschritt	Fertigstellungsgrad (Angabe z. B. in %)
Besondere Ereignisse	z. B. folgende Teilaufgabe wurde erfolgreich abgeschlossen: ...
Nachfolgende Aktivitäten	Was ist als nächstes zu erledigen, ...
Zu erwartende Schwierigkeiten	Welche Probleme können bei den nächsten Teilaufgaben auftreten?
Entscheidungs- und Handlungsbedarf	- Welche Entscheidungen müssen von wem und bis wann getroffen werden. - Welche Probleme treten auf, wenn die geforderten Entscheidungen nicht getroffen werden? - Welche Handlungen müssen von wem und wann durchgeführt werden? - Welche Probleme treten auf, wenn die Handlungen nicht ausgeführt werden?
...	

Installationsplan

Beispiel:
Wohnungsinstallation

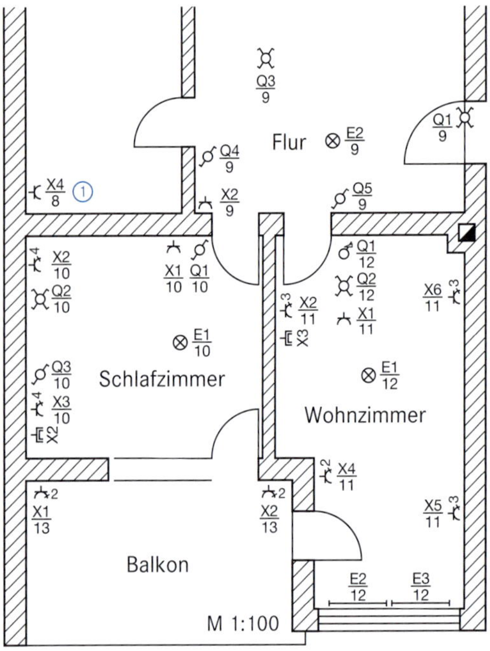

- Objekte sind im **Grundriss** eingezeichnet.
- Guter **Überblick** über die gesamte Installation.
- Geeignet für die **Kommunikation** mit dem Kunden.
- Schnelle Erstellung von **Stücklisten** (gesamt bzw. raumbezogen) möglich.
- **Ergänzungen** und **Änderungen** können schnell und deutlich eingezeichnet werden.
- **Stromkreise** sind nur **durch Stromkreisnummern** erkennbar ①.
- **Leitungen** sind **nicht** eingezeichnet.
- Durch Skizzierung der Leitungsführung ergibt sich der **Installationsschaltplan**.

Anwendung

Festlegung und Dokumentation der örtlichen Lage von Objekten.

Übersichtsschaltplan

Beispiel:
Unterverteilung einer Wohnung

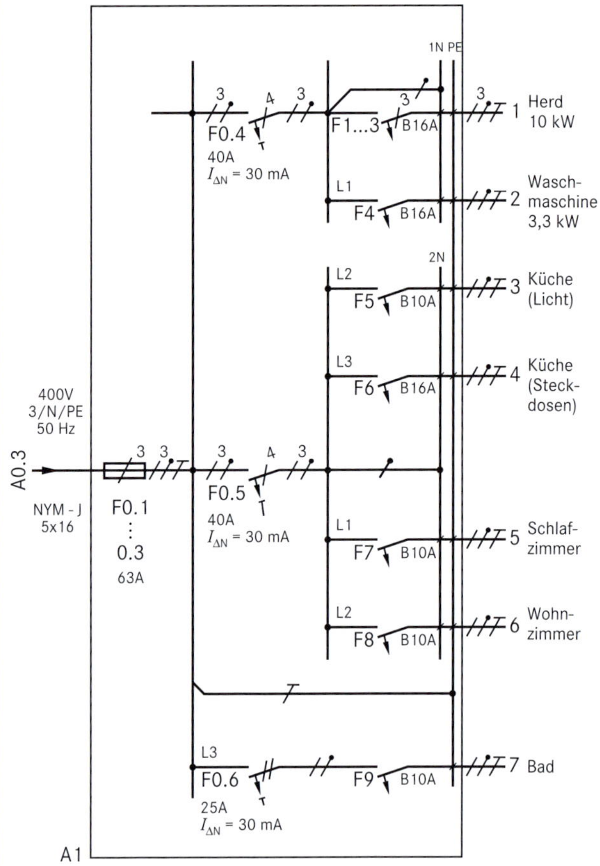

- **Einpolige** Darstellungen der Objekte der Verteilung und deren Verbindungen.
- Die **Funktion** tritt besonders gut hervor.
- Die **Leitungen** zwischen den Objekten sind gut erkennbar.
- Die **Objektkennzeichnung** tritt gut hervor. Dadurch wird die Funktion deutlich.
- Die **Aufteilung innerhalb der Stromkreise** ist **nicht** eingezeichnet.
- Die Darstellung ist **nicht ortsbezogen**.

Anwendung

Übersicht über die Struktur von komplexen Installationen (Objekte, Stromkreise, Leitungen und ihre Verbindungen).

Übersichtsschaltplan

Beispiel: Drehstrommotor

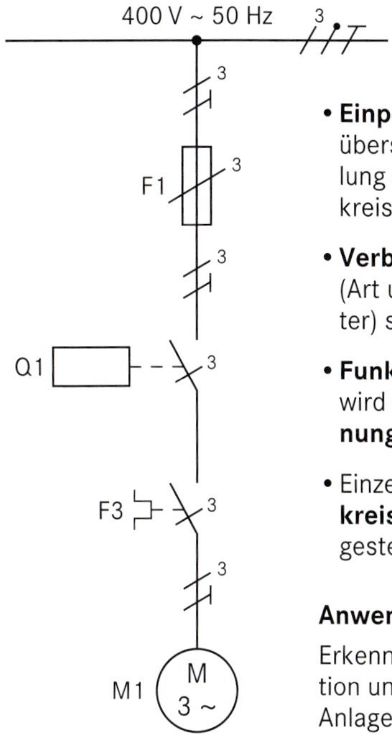

- **Einpolige** und sehr übersichtliche Darstellung der Hauptstromkreise.
- **Verbindungsleitungen** (Art und Anzahl der Leiter) sind dargestellt.
- **Funktion** der Objekte wird durch **Kennzeichnungen** deutlich.
- Einzelheiten der **Stromkreise** sind nicht dargestellt.

Anwendung

Erkennen der Hauptfunktion und Gliederung der Anlage.

Anordnungsplan

Beispiel: Schaltschrank

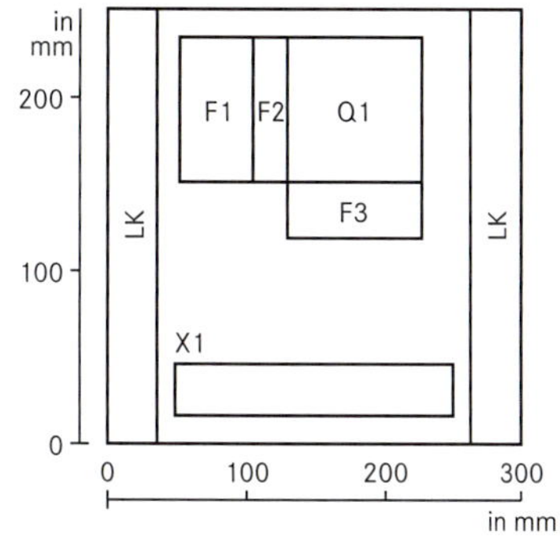

- Objekte sind als **geometrische Figuren ortsbezogen, zusammenhängend** und **lagerichtig** dargestellt.
- Die **ungefähre Größe** der Objekte ist erkennbar.
- **Funktion** der Objekte wird durch **Kennzeichnungen** deutlich.
- Die **Verbindungsleitungen** sind **nicht** dargestellt.

Anwendung

Erkennen der Lage und des Platzbedarfs der Objekte.

Geräteverdrahtungsplan

Beispiel: Schaltschrank

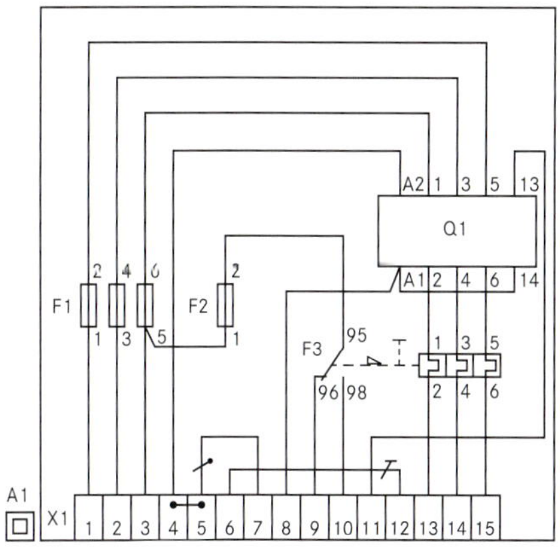

- **Mehrpolige Darstellung** der Verbindungen der Objektanschlüsse.
- **Hilfen für die Installation** durch Klemmenbezeichnung.
- **Funktion der Objekte** wird durch Kennzeichnungen deutlich.
- Bei **großen Systemen unübersichtlich**.

Anwendung

Erkennen und Herstellen der Verbindungen der Objekte.

Anschlussplan

Beispiel: Klemmleiste des Schaltschranks

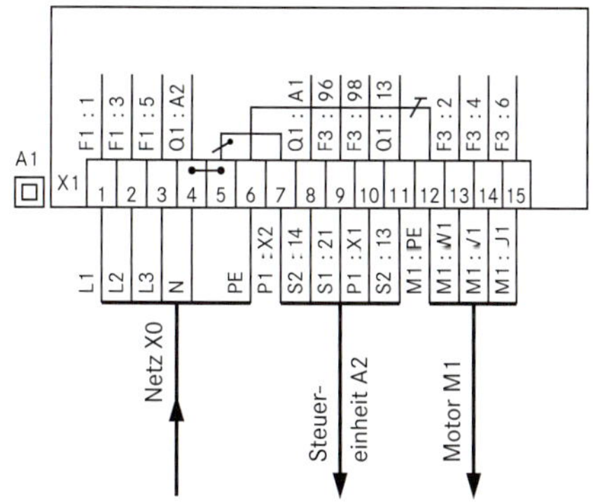

- **Klemmenbelegung** ist sehr gut erkennbar, Hilfe für die Installation.
- **Richtungen der Verbindungen** sind erkennbar (z. B. nach unten zu den Objekten außerhalb des Schaltschranks, nach oben zu den Objekten im Schaltschrank).
- **Objekt- und Klemmenbezeichnung** sind zusammen dargestellt (z. B. F1:3 bedeutet F1 (Sicherung), Klemme 3 und dessen Verbindung über Objekt X1.2 mit L2 des Objektes X0 (Netzanschlussklemme).

Anwendung

Erkennen und Herstellen der Verbindungen der Klemmleiste nach innen und außen.

Stromlaufplan in zusammenhängender Darstellung

Beispiel: Drehstrommotor

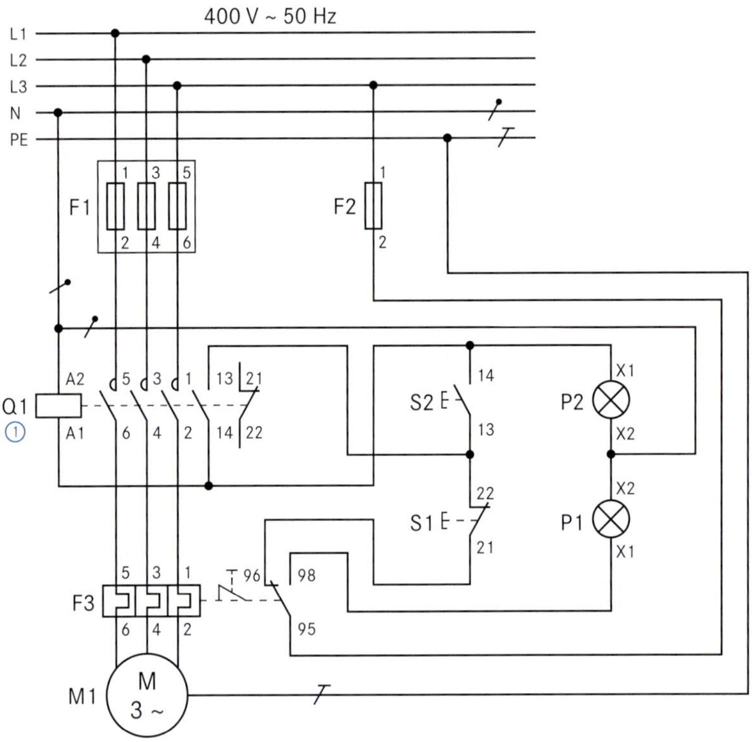

- **Schaltzeichen** sind mehrpolig als Einheit dargestellt (z. B. Q1 ①).
- Die **Anschlüsse** der Objekte mit Ihren **Verbindungen** sind erkennbar.
- **Stromkreise** sind **erkenn-** und **nachvollziehbar**.
- Die Funktion der **Objekte** ist durch ihre Kennzeichnung erkennbar.
- Durch die vielen Leiter wird das Erkennen der **Funktion der Anlage erschwert**.
- Die **Leitungsführung** ist **nicht** erkennbar.
- Die örtliche Lage der Objekte kann nicht bestimmt werden.

Anwendung

Erkennen der Objekte mit ihren Verbindungen.

Stromlaufplan in aufgelöster Darstellung

Beispiel: Drehstrommotor

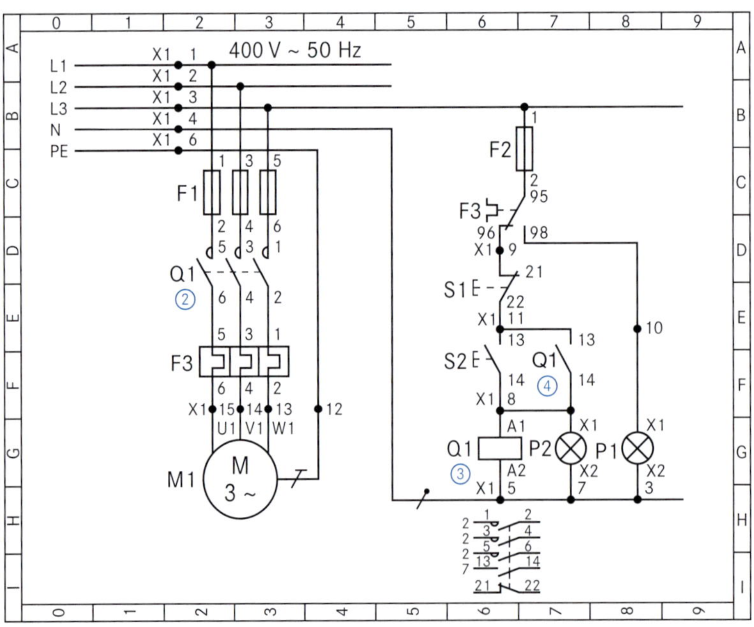

- Aus Gründen der **Übersichtlichkeit** werden die Funktionseinheiten getrennt dargestellt.
- Die **Zusammengehörigkeit** der Objekt-Teile (②③④) wird durch dieselbe Kennzeichnung dargestellt.
- Aufgrund der **Strompfade** kann eine **exakte Beschreibung** (Fehlerangabe, Kommunikation) vorgenommen werden.
- Die **Funktion** der **Objekte** ist durch ihre Kennzeichnung erkennbar.
- Die **örtliche Lage** der Objekte kann **nicht** bestimmt werden.
- **Leitungsführungen** sind nicht erkennbar.

Anwendung

Erkennen der Funktion der Anlage.

Verbindungsplan

Beispiel: Schaltschrank

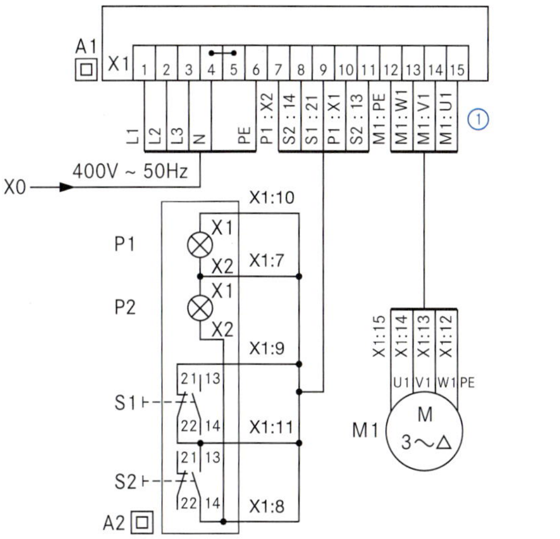

- **Verbindung zwischen Klemmen der Objekte** ist dargestellt.
- **Leitungen** haben **Zielbezeichnungen** ①.
- **Verbindung zwischen** einzelnen **größeren Systemen** wird hervorgehoben.

Anwendung

Erkennen und Herstellen der Verbindungen der Objekte.

Funktionsschaltplan

Beispiel: Taktgeber

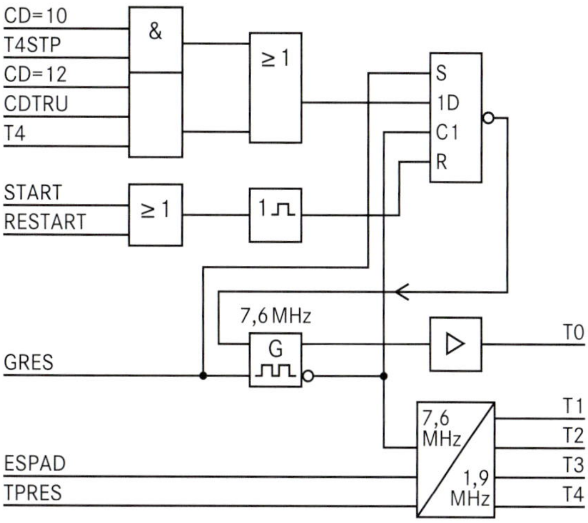

- **Funktion** der Anlage wird durch die Schaltzeichen der einzelnen Objekte und den funktionellen Verbindungen erkennbar.
- Der **Informationsfluss** kann nachvollzogen werden.
- Die **Bedeutung der Signale** auf den Leitungen wird durch Abkürzungen hervorgehoben.
- **Technische Realisierung** ist **nicht** erkennbar.

Anwendung

Erkennen der Funktion der Anlage.

Blockschaltplan

Beispiel: Funkempfänger

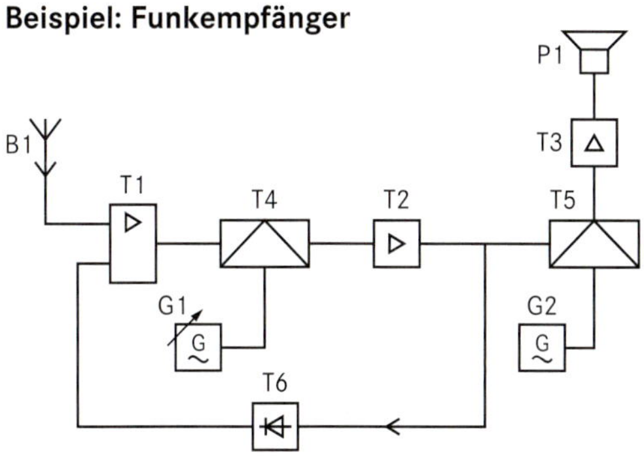

- **Funktionseinheiten** werden durch **Blöcke** dargestellt (einzelne Schaltzeichen).
- **Funktion** und **Anschlüsse** sind nachvollziehbar.
- **Verdrahtungen** und **Anschlüsse** an den Blöcken sind **nicht** erkennbar.
- **Technische Realisierung** ist nicht erkennbar.

Anwendung

Erkennen der Teilfunktionen und das Zusammenwirken der Objekte.

Kontaktplan (KOP)

Beispiel: Behältersteuerung

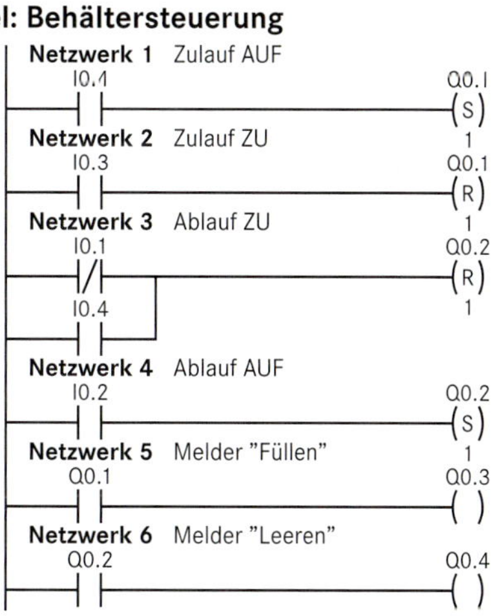

- **Verhalten von Systemen** ist nachvollziehbar (z. B. Schritte).
- **Funktion** wird deutlich.
- **Technische Realisierung** ist nicht erkennbar.

Anwendung

Programmieren von SPS.

Was sind Merkmale einer Präsentation?

Zielgerichtete Darstellung von Inhalten

Eine an den Adressaten ausgerichtete Information

Visualisierung der Darstellung

Welche Ziele verfolge ich?

Die Teilnehmerinnen und Teilnehmer sollen die Präsentation mit bestimmten

- Meinungen,
- Vorstellungen und
- einem bestimmten Wissen verlassen.

Folgende Ebenen spielen dabei eine Rolle:

Sachlich
- Informationen geben
- Entscheidungen vorbereiten
- Überzeugungen anbahnen
- Problembewusstsein wecken

Persönlich
- Verständnis wecken
- Zustimmung erhalten
- Anerkennung bekommen
- Akzeptanz erreichen
- Sich darstellen

Bei der Auswahl der Inhalte beachte ich

- Thema,
- Ziele,
- Teilnehmerinnen und Teilnehmer und die
- zur Verfügung stehende Zeit.

Wie bereite ich mich vor?

Absichten **formulieren**

↓

Materialien, Ideen, Informationen **sammeln**.

↓

Geeignete Materialien im Hinblick auf Absichten und Adressaten **auswählen**.

↓

Ausgewählte Materialien **strukturieren**.

↓

Adressaten- und themengerechte Methoden sowie Medien **auswählen**.

↓

Präsentationsstruktur **entwickeln** und **schriftlich festhalten**.

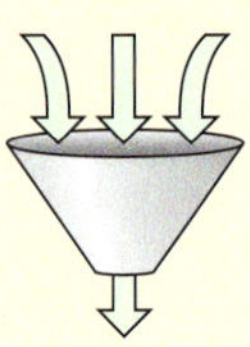

Bei der Durchführung beachte ich

- die Regeln der Kommunikation

Sachebene | **Selbstoffenbarung**

Beziehungsebene | **Appell**

- die Einhaltung des „Roten Fadens“,
- die unterschiedlichen „Lerntypen“
  - Visuell: Beobachten und Sehen,
  - Auditiv: Hören und Sprechen,
  - Haptisch: Fühlen und „Begreifen“ und gegebenenfalls Schmecken.
- das Zusammenspiel zwischen verbalen Aussagen und Visualisierungen,
- eine angemessene Sprachdynamik und Lautstärke,
- sinnvolle Sprechpausen,
- eine der Situation entsprechende Körperhaltung,
- Farbwirkungen und ihren sinnvollen Einsatz.

Farbe	Einsatz	Wirkung
Schwarz	Schrift, Kontur, Grafik, Zeichnung	Schwer, hart, Distanz, eng, Trauer
Grau	Hintergrund	Leblos, langweilig, Ruhe
Weiß	Hintergrund	Leer, leicht, hell, Reinheit
Rot	Betonung, Signal	Wärme, erregend, aufmerksam, Feuer, Verbot
Rosa	Hintergrund	Zart, zerbrechlich
Grün	Positive Betonung	Beruhigend, lebensfroh, Natur, Gesundheit
Blau	Schrift	Kälte, Distanz, Eis, Weite
Cyan	Schrift, Füllung	Entspannend, abwartend
Violett	Rahmen, Rand	Statisch, beharrend
Braun	Rahmen, Rand	Vertraut, gemütlich, bieder, arm
Gelb	Hintergrund	Hell, leicht, Freude, freundlich, Neid
Orange	Füllung für Grafiken	Lebendig, leicht, Vergnügen, Wonne

Ich beachte Farbkombinationen!

Farbkreis

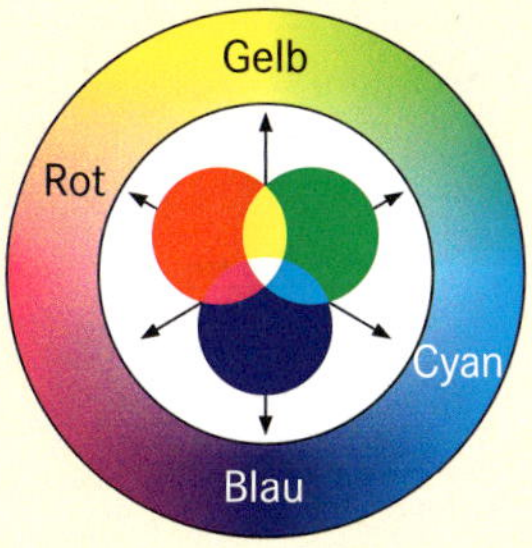

Harmonische Kombinationen

Ich lasse die Präsentation beurteilen!

Merkmal	Beispiele
Darstellungsweise	Frei gesprochen, Inhalt abgelesen
Verständlichkeit	Inhalt klar und verständlich, Inhalt unklar und weitschweifig
Wirkung auf Zuhörer	Sehr sicher, ruhig und sachlich; selbstsicher, unsicher
Sprache	Verständlich; dynamisch unverständlich; monoton
Blickkontakt	Hält Kontakt und variiert diesen; schaut unsicher
Antwort auf Fragen	Freundliche und kompetente Antwort; unklar; ausweichend
Medien	Übersichtlich; zielgerichtet; passend; gegliedert; unübersichtlich; überladen

Bei der Präsentation von Schaubildern, Grafiken und Diagrammen sind folgende drei Schritte sinnvoll:

1. Basisinformation geben
- Titel
- Art der Darstellung

2. Informationen vermitteln
- Zusätzliche Erklärungen
- Lenkung der Aufmerksamkeit

3. Informationen interpretieren
- Bedeutung, Stellenwert, Grenzen
- Entwicklung

Ich wähle angemessene Medien aus!
- Tafel, Whiteboard
- Flipchart
- Pinwand
- Overheadprojektor
- Datenprojektor

Hinweise zur Tafel und zum Whiteboard
- Whiteboard: Weiße Kunststofftafel, Beschriftung mit speziellen Filzstiften
- Zentrale und oft frontale Präsentationsfläche
- Kurzzeitige und situationsabhängige Informationen sind möglich
- Änderungen, Ergänzungen sind rasch möglich
- Begrenzte „Dynamik“ durch Auf- und Zuklappen
- In Grenzen verstellbar (vertikal, horizontal)

Hinweise zur Pinwand

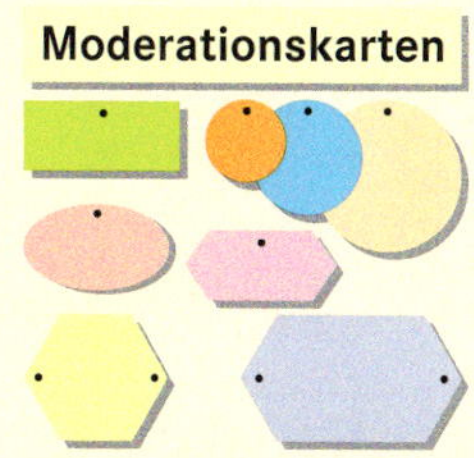

- Geeignet zum Anheften verschiedenster Materialien: Plakate, Karten (Wirkung der verschiedenen Formen und Farben beachten)
- Zwei Seiten
- Umgruppierung, Gruppierung der Karten leicht möglich

Hinweise zur Flipchart

- Überdimensionaler „Notizblock“ mit DIN A0 Blättern (Charts)
- Informationsinstrument (vorgefertigte Blätter) und aktives Arbeitsinstrument
- Beschriftung mit großen Wörtern, keine langen Sätze
- Gedankengänge können entwickelt werden
- Arbeitsergebnisse können mitgenommen (archiviert) werden
- Flexibel im Einsatz
- Charts sind leicht zu transportieren

Hinweise zum Overheadprojektor

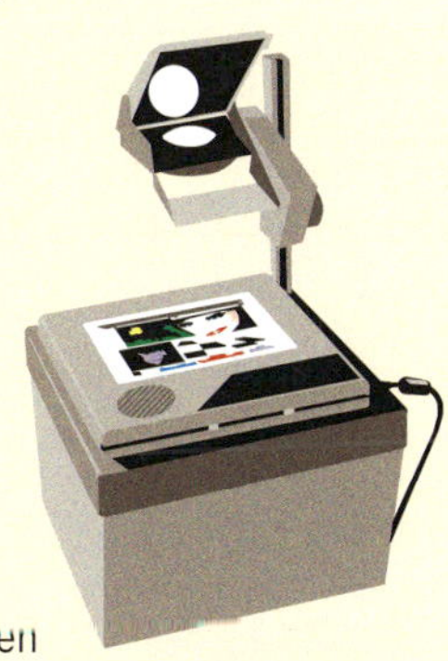

- Folien sind schnell und einfach herzustellen
- Blickkontakt zu den Teilnehmern herstellbar
- Informationsinstrument (vorgefertigte Folien) und aktives Arbeitsinstrument
- Ergänzungen sind jederzeit möglich
- Präsentation kann im Sitzen und im Stehen erfolgen
- Folien können einfach transportiert und archiviert werden
- Dynamik durch Klappfolien herstellbar
- Raum muss unter Umständen abgedunkelt werden
- Folien sind in der Regel klein (A4)
- Es kann immer nur eine Folie betrachtet werden.

Fachbücher

- Sie sind zur Vorbereitung und Nachbereitung von Lehrstoff an beliebigen Orten geeignet.
- In der Regel sind sie fachlogisch gegliedert.
- Eigene Markierungen erleichtern den Zugriff auf bestimmte Themen.
- Über das Stichwortverzeichnis (bzw. Inhaltsverzeichnis) lassen sich die gewünschten Themen finden.
- Quellen- und Literturverzeichnisse liefern Hinweise auf weiterführende Literatur.

Fachzeitschriften

- Sie sind aktuelle Informationsquelle über ein begrenztes Gebiet.
- Fachaufsätze können zu bestimmten Themen gesammelt werden.

Lexikon, Tabellenbuch, Handbuch

- Sie sind zum Nachschlagen bestimmter komprimierter Themen geeignet.
- Die Gliederung erfolgt nach Fachgebieten bzw. ist alphabetisch.
- Ein schneller Zugriff auf wesentliche Informationen über das Stichwortverzeichnis ist möglich.

Firmenunterlagen

- Vorgesehen sind sie für Käufer als Produktwerbung und Selbstdarstellung der Firma.
- Für den Service sind sie eine hilfreiche technische Informationsquelle, Bedienungsanleitung usw.

Datenspeicher, CD, DVD

- Verschiedenste Text-, Bild-, Video- und Tonquellen (umfangreiche Daten).
- Informationsteile lassen sich über Links rasch finden.
- Der Benutzer kann aufgefordert werden, aktiv in die Darbietungen einzugreifen (interaktiv).
- Bestimmte Teile lassen sich ausdrucken bzw. weiterverarbeiten.

Informationsbeschaffung im Internet

Web-Verzeichnisse, Web-Kataloge

- Die Verzeichnisse bzw. Kataloge werden von Fachleuten erstellt, sind übersichtlich und nach Themen sortiert.
- Sie enthalten Sammlungen von Webseiten-Adressen.
- Schritt für Schritt kann man sich der speziellen Thematik nähern.
- Die Verzeichnisse bzw. Kataloge enthalten „Wertvorstellungen“ der jeweiligen Verfasser.
- Bei nichthierarchischen Web-Verzeichnissen ist eine netzartige Struktur aufgebaut, deren Elemente durch Links verknüpft sind.
- Die Bewertung der Beiträge kann manuell (Voting), automatisch (Ranking) oder durch Auswertung der Zugriffe erfolgen.

Suchmaschinen

- Mit Programmen werden Dokumente (Text, Bild, Ton, Video) automatisch im Internet analysiert und indiziert.
- Der Index enthält die Datenstruktur sowie Informationen über das Dokument.
- Wenn ein Suchbegriff in die Suchmaschine eingegeben wird, liefert diese auf Grund ihrer Indizierung (indexbasierte Suchmaschine) eine Liste von Verweisen auf wichtige Dokumente und Kurzinformationen zum Dokument.

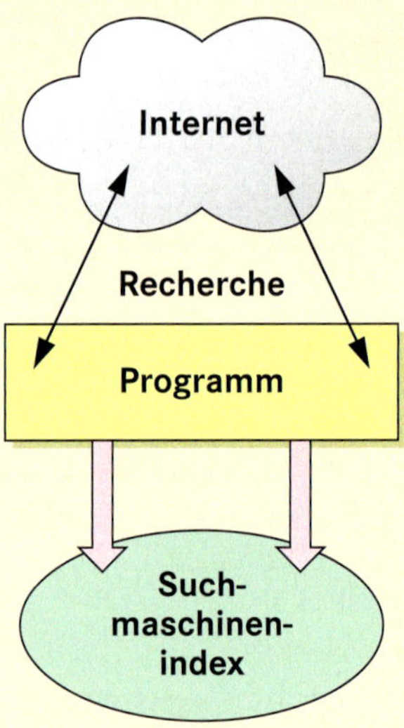

Metasuchmaschinen

- Ihre Aufgabe besteht darin, die Suchanfrage an mehrere andere Suchmaschinen gleichzeitig weiterzuleiten. Die Ergebnisse werden gesammelt und aufbereitet.
- Anfragen werden langsamer beantwortet als eine direkte Anfrage bei einer einzelnen Suchmaschine, da die Antwort aller Suchdienste abgewartet wird (Servicequalität).

Wie gehe ich mit Suchmaschinen um?

Beispiele

Google
http://www.google.de

Fireball
http://www.fireball.de

Bing (Microsoft)
http://www.bing.com

Altavista
http://www.altavista.de

Vorüberlegungen

- Welche Art von Informationen suche ich?
- Welche Einschränkungen gibt es?
- Wo kann ich sie finden?
- Wie eindeutig ist der Suchbegriff?
- Suche ich im
  - gesamten Internet,
  - deutschsprachigen Raum, ...
- Suche ich zuerst in einem Katalog und danach mit einer Suchmaschine?
- Suche ich mit einer oder mehreren Suchmaschinen?

Suchprozess

- Suchbegriff wählen
  - Sprachraum eingrenzen (Deutsch oder Englisch)
  - Synonyme, Abkürzungen verwenden
  - Rechtschreibung beachten
- Suchmethode
  - Einfaches Suchen
  - Erweitertes Suchen (Suchhilfen nutzen)

Suchhilfen

Als Suchhilfen werden mathematische Zeichen, boolesche Operatoren (Großbuchstaben, Leerzeichen davor und dahinter), Klammern, Anführungszeichen, ... verwendet (s. rechte Spalte).

Suchstrategie

- Zu Beginn weder zu allgemeine noch zu konkrete Begriffe verwenden; eventuell auch Synonyme verwenden.
- Durch Begriffseinengung wird die Suche zunehmend verfeinert.

Wie kennzeichne ich die Internetquelle?

Wenn in Texten Internetquellen angegeben werden, gilt der Grundsatz:

Die Quelle muss vom Leser auffindbar sein, deshalb sind die genaue Adresse und das Datum der Benutzung anzugeben.

Wie bewerte ich Internetquellen?

Da jeder im Internet Veröffentlichungen vornehmen kann, gilt immer: Das Suchergebnis muss bewertet werden.

Beispiele für Bewertungsgesichtspunkte:

URL

- Dienst etsprechend dem Protokoll (http, ftp, news, ...)
- Nationalität (.de, .at, ...)
- Kontext (.edu, .org, ...)

Seriosität

- Verfasser (kommerziell, privat, wissenschaftliches Institut, ...)
- Aktualität (Datum der Erstellung)
- Präsentation (Übersichtlichkeit, Verständlichkeit, ...)
- Vollständigkeit

Wie grenze ich Suchaufträge ein?

Die nachfolgenden Operatoren werden nicht von allen Suchmaschinen unterstützt. Auch kann die Schreibweise abweichen. Deshalb: Bedienungsanleitung beachten.

Operator	Erklärung	Beispiel
AND	Die verknüpften Suchbegriffe müssen vorkommen.	Festplatte AND Einbau
+	Der Begriff direkt ohne Leerzeichen nach dem Pluszeichen muss vorkommen.	Buch+IT
OR	Mindestens einer der Begriffe muss vorkommen (häufig Standardoperator)	Shareware OR Freeware
–	Begriff direkt ohne Leerzeichen nach dem Minuszeichen soll nicht vorkommen.	Betriebssystem -Windows
NOT	Der nach dem NOT folgende Begriff soll nicht vorkommen.	CD-ROM NOT Sony
NEAR	Die Begriffe sollen nahe beieinander auftauchen.	Microsoft NEAR Office
„...“	Phrasensuche: Es werden genau die in Anführungszeichen gesetzten Begriffe gesucht.	„Internet Explorer 9.0“
(...) {...} [...]	Klammern werden für komplexe Abfragen mit booleschen Operatoren verwendet.	Software AND (Adobe OR Corel)
title: url: link:	Sucheinschränkungen für Titel, Domäne, Link	title:DVB-S2
*, %	Platzhalter für eine unbestimmte Anzahl beliebiger Zeichen.	Auto*, Ergebnis: Automat, Automobil, ...

Was ist erfolgreiche geistige Arbeit?

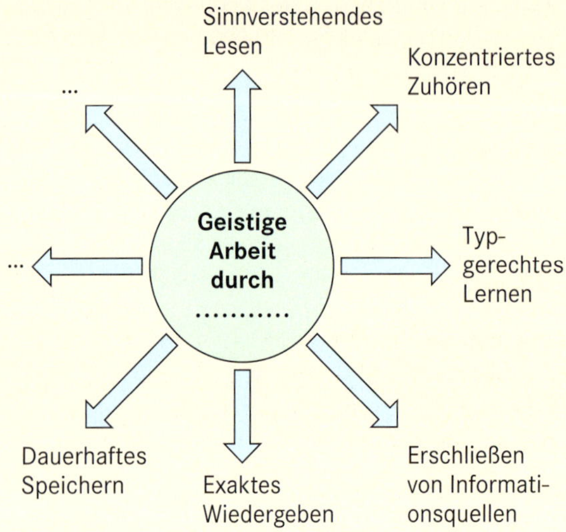

Ich schaffe effiziente Bedingungen!

- Äußerer Rahmen:
  z. B. Raum, Anordnung der Möbel bzw. Arbeitsgeräte, eventuell Musik
- Persönliche Bedingungen:
  z. B. psychologische Verfassung, positive Motivation, richtige Ernährung, ausreichend Schlaf, ausgewogener Lebenswandel

Richtiges Zuhören gelingt, wenn ich

- mich vorher mit dem Thema auseinandergesetzt habe,
- mitdenke und mir die wesentlichen Aussagen merke,
- mir Kritikpunkte und Fragen überlege und
- mich nicht ablenken lasse.

Wie kann ich effektiv lesen?

- Blickwinkel erweitern (dadurch weniger Haltepunkte für das Auge),
  ⇒ Augen ermüden weniger schnell.
- Nur die Augen bewegen, nicht den Kopf.
- Sinnerfassend lesen und nicht Wort für Wort aufnehmen.
- Lesepausen einlegen und über das Gelesene nachdenken.
- Verschiedene Lesearten anwenden.

  Beispiele:
  - Prüfen durch „überfliegen", ob der Text überhaupt für mich wichtig ist.
  - Text für einen ersten Überblick „überfliegen" (Schlüsselaussagen finden).
  - Gesamttext in wichtige und weniger wichtige Textstellen einteilen (selektieren) und nur die wichtigen intensiv verarbeiten.

Wie verarbeite ich Texte?

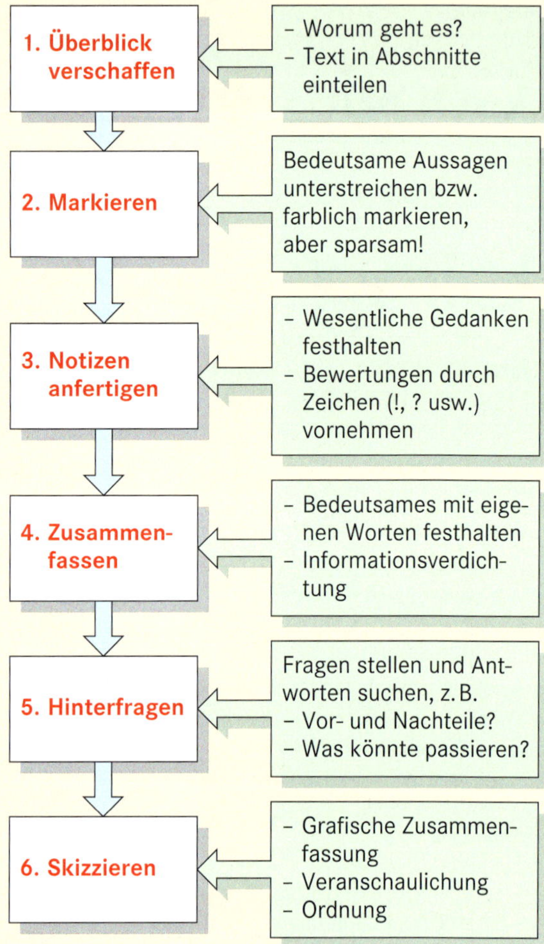

Was für ein Lerntyp bin ich?

- Sehtyp (**visuell**)
- Hörtyp (**auditiv**)
- Gesprächstyp (**verbal**)
- Fühltyp (**haptisch**)

Diese Lernbesonderheiten treten in der Regel nicht in reiner Form auf. Vorherrschend sind Mischformen.

⇒ Ich finde heraus, welchem Lerntyp ich entspreche und verbessere dadurch meine Lernfähigkeit!

Ich beachte meine Gedächtnisleistung!

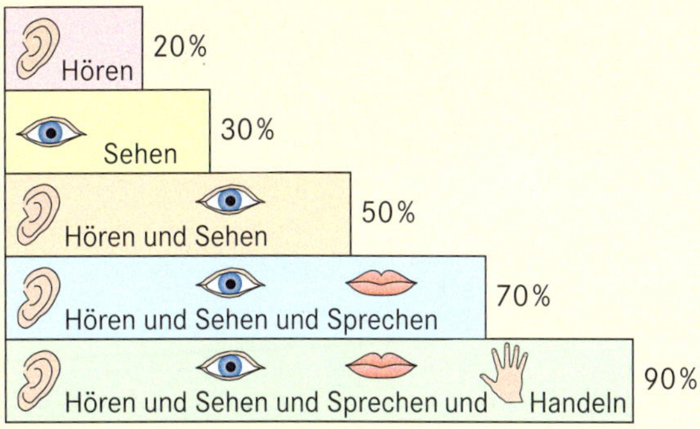

Regel:

- Möglichst viele Sinne ansprechen.
- Der größte Erfolg tritt ein, wenn selbsttätig gehandelt wird (selber tun!).

Ich beachte das Zusammenspiel zwischen Kurz- und Langzeitspeicherung!

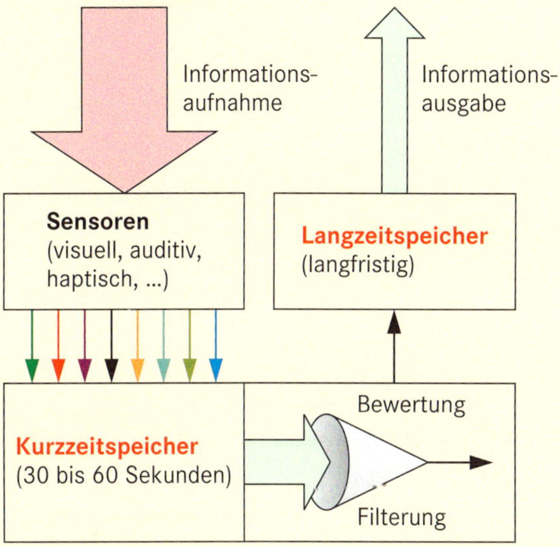

Nicht so!

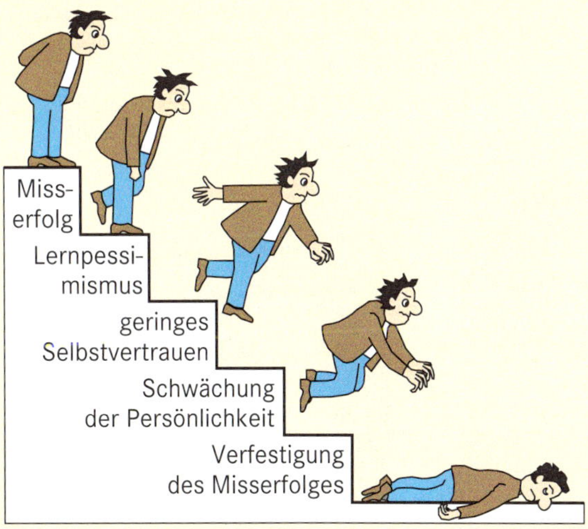

Ich visualisiere und strukturiere meine Gedanken durch ein Mind-Map

Mind-Map: Bildhafte Darstellung von Gedankengängen (bildhafte Gedankenstütze)

Regeln:

- **Zentrales Thema** (**Hauptidee, Hauptbegriff**) in die Mitte (Kreis, Ellipse, Wolke, ...) setzen.
- **Weiterführende Gedanken** verzweigen sich dann vom zentralen Thema aus in alle Richtungen.
- Weitere Aspekte werden als **Zweige** (Abzweigungen) dargestellt.
- **Druckschrift** zur besseren Lesbarkeit verwenden.
- **Pfeile** zum Aufzeigen von Verbindungen einsetzen.
- **Farben** zur Hervorhebung benutzen.
- **Bilder** und **Grafiken** zur Illustration verwenden.

Einsatzmöglichkeiten:

- Verdeutlichung von Strukturen (Elemente und ihre Beziehungen).
- Auswertung eines Textes (Überblick).
- Protokollierung von Vorträgen.
- Vorbereitung auf Gespräche („Spickzettel“) oder Prüfungen.
- Sammlung von Wissen (Brainstorming).

Vorteile:

- Vieles ist auf einem Blick erkennbar.
- Ordnungsstrukturen werden deutlich.
- Bildhafte Strukturen fördern das Erinnerungsvermögen.
- Nachträgliche Ideen können eingefügt werden.
- Kreativität wird gefördert.
- „Verborgene“ Ideen können sichtbar werden.
- Für die Erstellung ist ein geringer Aufwand erforderlich.

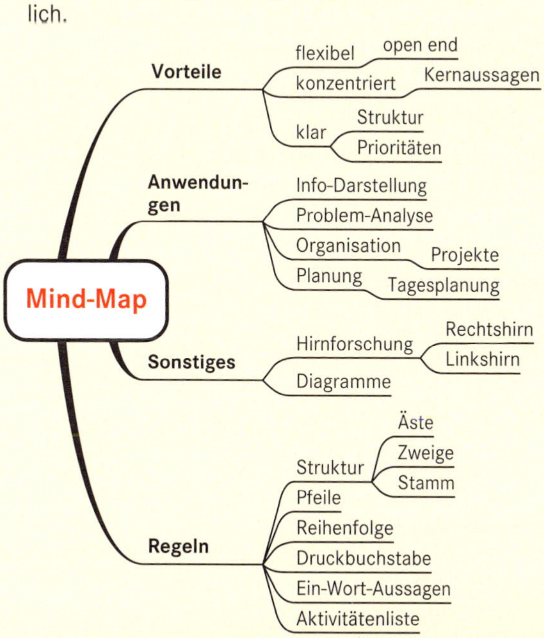

Dateiorganisation

- Digitale Informationen als Grundlage oder Ergebnis von Anwendungssoftware sind als Dateien auf der Festplatte abgelegt. Sie lassen sich in Ordnern und Unterordnern zusammenfassen.
- Jedes Betriebssystem stellt Dienstprogramme zur Verwaltung von Ordnern und Dateien zur Verfügung, z. B. Kopieren und Löschen.

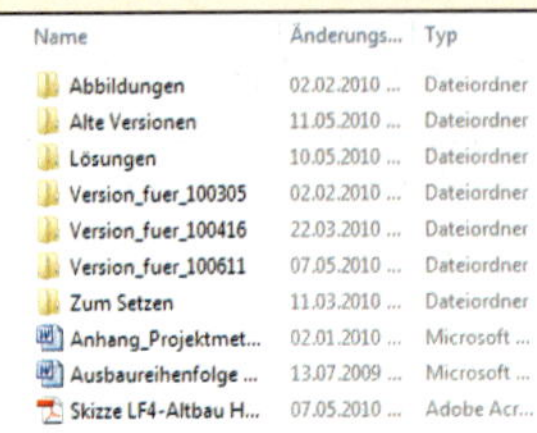

Textverarbeitung

- Texte werden erfasst, gestaltet, gespeichert und ausgedruckt.
- Bearbeitungsmöglichkeiten: Gliedern und Strukturieren, Rechtschreibprüfung, Tabellen und Grafiken einbinden, Fußnoten und Inhaltsverzeichnisse erstellen usw.

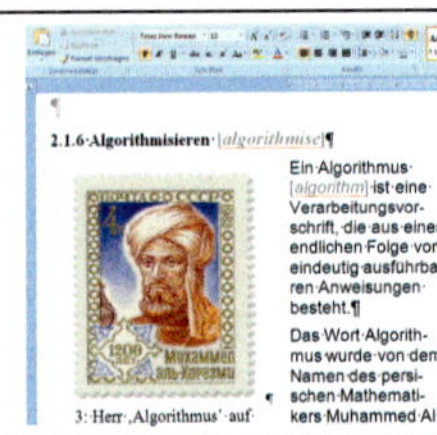

Präsentation

- Arten:
  - moderiert, z. B. für einen Vortrag
  - unmoderiert, z. B. selbstständiger Ablauf für eine Werbung
- Bestandteile: multimediale Folien mit Texten, Bildern, Tönen, Filmen und Animationen.

Tabellenkalkulation

- Aufgaben:
  - Verwaltung großer Zahlenmengen
  - Berechnung von Zusammenhängen dieser Zahlen
  - Ergebnisse können als Diagramme dargestellt werden
- Grundlage aller Berechnungen sind Werte in Zellen, Zeilen und Spalten von Tabellen

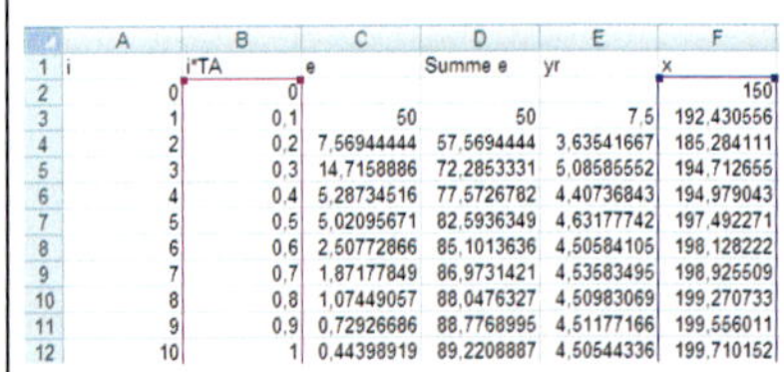

	A	B	C	D	E	F
1	i	i*TA	e	Summe e	yr	x
2	0	0				150
3	1	0,1	50	50	7,5	192,430556
4	2	0,2	7,56944444	57,5694444	3,63541667	185,284111
5	3	0,3	14,7158886	72,2853331	5,08585552	194,712655
6	4	0,4	5,28734516	77,5726782	4,40736843	194,979043
7	5	0,5	5,02095671	82,5936349	4,63177742	197,492271
8	6	0,6	2,50772866	85,1013636	4,50584105	198,128222
9	7	0,7	1,87177849	86,9731421	4,53583495	198,925509
10	8	0,8	1,07449057	88,0476327	4,50983069	199,270733
11	9	0,9	0,72926686	88,7768995	4,51177166	199,556011
12	10	1	0,44398919	89,2208887	4,50544336	199,710152

Webbrowser

- Anzeigen von Webseiten im Internet
- Surfen im Internet über Hyperlinks
- Anzeigen verschiedener Dokumententypen
- Suchen nach Informationen
- Arbeiten mit webbasierten Anwendungen
- Einkaufen, kommunizieren und spielen

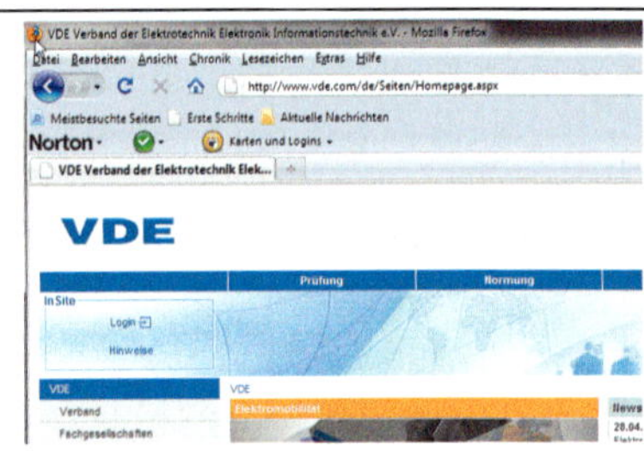

E-Mail-Client

- E-Mails sind elektronische Postsendungen, die mit Dateianhängen versehen werden können.
- Aufgaben sind z. B.:
  - E-Mails von einem oder mehreren Providern herunterladen
  - E-Mails verwalten
  - E-Mail-Adressen verwalten
  - E-Mails an zusammengestellte Gruppen senden

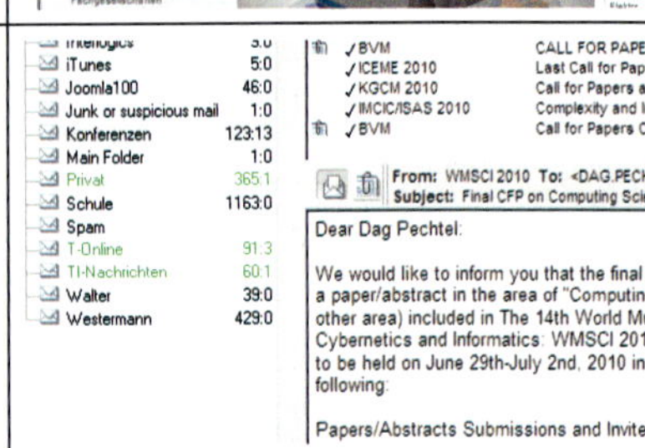

Grafik

- Grafiken: z. B. Foto, Logo, Skizze, technische Zeichnung
- Grafikprogramme dienen der Erstellung, Veränderung und Verwaltung von digitalen Grafiken.
- Es werden Programme zur Verarbeitung pixelorientierter und vektororientierter Grafiken unterschieden. Ein Pixel ist das kleinstmögliche Bildelement. Ein Vektor ist z. B. eine Gerade oder ein Kreisbogen.

Was sollte man bei der Textverarbeitung beachten?

- Text als Fließtext eingeben
- Nur bei gewünschtem Absatz Returntaste verwenden
- Formatvorlagen bei der Texterstellung benutzen
- Eigene Formatvorlagen erstellen
- Rechtschreib- und Grammatikprüfung nutzen
- Tabellen ohne Rahmen als Gestaltungsmittel nutzen
- Formatierungen erst am Ende vornehmen
- Gliederungsfunktion zur automatischen Erstellung von Verzeichnissen und Indexen nutzen

Wozu kann man die Tabellenkalkulation verwenden?

- Kalkulation und Kostenrechnungen erstellen
- Angebotsvergleiche durchführen und Rechnungen erstellen
- Investitionspläne erstellen
- Statistiken erstellen und auswerten
- Tabellen zur Datenerfassung erstellen
- Messwerttabellen erstellen und auswerten
- Diagramme erstellen
- Simulationen durchführen
- Interaktive Formulare erstellen

Worauf sollte man bei Präsentationen achten?

- Für ein einheitliches Layout der gesamten Präsentation Formatvorlagen und Folienmaster verwenden
- Maximal 20 unabhängige Folien verwenden
- Möglichkeiten der Visualisierung nutzen
- Textumfang begrenzen, keine ganzen Sätze, kein Fließtext
- Pro Folie maximal 10 Informationseinheiten verwenden
- Schriftgröße mindestens 18 pt. (abhängig von der Raumgröße) einsetzen
- Maximal drei Schriftarten, -stile benutzen
- Farbanzahl begrenzen und aufeinander abstimmen
- Animationen sparsam und mit Bezug zum Inhalt einsetzen
- Nur Sound mit Bezug zum Inhalt einsetzen
- Folienhintergrund inhaltsbezogen einsetzen, dabei auf Kontrast und Lesbarkeit achten
- Unterstützung des roten Fadens der Präsentation durch Symbolwiederholung
- Präsentationen frühzeitig testen

Wie lassen sich Dateien organisieren?

- Den Desktop (Schreibtisch) nur für aktuell zu erstellende Dokumente nutzen
- Eine Ordnerstruktur mit einer nicht zu tiefen, aber auch nicht zu flachen Hierarchie erstellen
- Aussagekräftige Datei- und Ordnernamen verwenden
- Wenn die Inhalte aufeinander aufbauen: Datei- und Ordnernamen mit Nummern, z.B. 001, 002 usw. beginnen

Sachwortverzeichnis

C

E

F

J

K

M

N

O

P

Q

R

S

T

U

V

W

X

Y

Z

Bildquellenverzeichnis

Verlag und Autoren möchten hiermit den nachstehend aufgeführten Firmen, Verbänden, Institutionen, Zeitschriften- und Buchredaktionen sowie Einzelpersonen für ihre tatkräftige und großzügige Hilfe bei der Bereitstellung von Bild- und Informationsmaterial und für ihre Beratung danken.

ALTMANN GmbH, Herford: 38.3;

AVM Computersysteme Vertriebs GmbH, Berlin: 166.4, 215.3;

Berufsgenossenschaft Energie Textil Elektro, Köln: 68.3;

das eib-team, Gebäudesystemtechnik, Velden: 120.2, 126.3;

Dema-Vertriebs GmbH, Mangoldsall: 26.1;

Deutsche Zählergesellschaft mbH, Oranienburg: 60.6, 1.3;

Draht, Herbert, Lahstedt: 186.4;

EGO Elektrogeräte GmbH, Oberedingen: 29.3;

Festo AG & Co. KG, Esslingen: 127.10, 161.2, 165.5;

Fluke Deutschland GmbH, Kassel: 108.1, 117.1;

Fotolia.com: Titelbild (DRX);

Fotostudio Druwe & Polastri, Cremlingen/Weddel: 6.2, 21 (alle), 27.9, 38.1b, 48.1, 54.1, 55.5, 56.1, 64.3, 66 (alle);

Günther Spelsberg GmbH + Co.KG, Schalksmühle: 64.1, 64.2;

Hübscher, Heinrich, Lüneburg: 7 (alle), 14.1, 28.2, 38.1a, 59.2, 187.6, 195.2;

Jagla, Dieter, Neuwied: 13.1;

Keystone Pressedienst, Hamburg: 168.1 (Jochen Zick);

Klaue, Jürgen, Roxheim: 23.4, 41.1, 60.3, 60.4, 67 (beide), 68.1, 69 (beide), 72.1, 73.2, 83.1;

KNIPEX-Werk C. Gustav Putsch KG, Wuppertal: 221.6;

Kreuzburg, Armin, Braunschweig: 63.3b, 225.3;

Levy, Marco, Berlin: 62.2, 90.1b, c, 93.4, 97.4, 98.2, 102.1, 103.1-4, 106.2, 107.4, 109.2, 110.2, 112.1, 114.1, 116.1;

Logitech Europe S.A., Morges: 176.1, 176.2;

Lüders, Martin, Lüneburg: 206.2, 220.1-3;

Microsoft Deutschland GmbH, Unterschleißheim: 173.1;

Möhle, Roland, Braunschweig: 176.1.8;

Moeller GmbH, Bonn: 129.2, 130.1, 149.4;

Olympus Europa GmbH, Hamburg: 190.1f, i;

Panasonic Industrial Europe GmbH, Hamburg: 190.1h;

Pechtel, Dag, Bremen: 166.1, 166.3, 174.1, 176.1.1-7, 9-11, 176.2, 177.3, 179.4, 181.3, 182.1a, 182.1b, 184 (alle), 185.5, 186.1-3, 193.6, 193.7, 197.4, 219.5, 226 (alle), 227 (alle), 228 (alle), 229.1, 229.5, 230.1, 232.2, 232.3, 233.4, 234.2;

Pepperl + Fuchs GmbH, Mannheim: 120.1, 126.6, 127.8;

PHOENIX CONTACT GmbH & Co. KG, Blomberg: 158.2;

Ritsch und Renn, A-Wien: 236.1;

Rixe, Dieter, Braunschweig: 63.3a;

SanDisk GmbH, Sauerlach: 190.1e, 193.7;

Sausel, Stephan, Kutenholz-Aspe: 166.5, 197.5-7, 203.3, 205.5, 214.2, 220.4;

Siemens AG, Konzernzentrale, München: 37.4, 44 (alle), 45 (alle), 71.1, 2, 90.1a, d, 90.3, 92 (alle), 125.5b, 150.1, 155.3, 162.2;

Sperling, Annegret, Infodesign, Gehrden: 6, 60, 120, 166;

Thielert, Mike, Lehrte: 136.1, 142.1, 143 (beide), 144.1, 154.1;

Vanselow, Holger - Medizinische und anatomische Illustrationen, Stuttgart: 104 (alle);

VARTA Microbattery GmbH, Ellwangen: 6.1, 12 (alle), 14.2, 39.6;

VDE Verband der Elektrotechnik Elektronik Informationstechnik e.V., Frankfurt/Main: 101.5;

VEM Sachsenwerke GmbH, Dresden: 120.3;

Vielhauer, Stefanie, Gelsenkirchen: 166.2, 201.5;

Wickert, Harald, Emmelshausen: 60.5;

wikipedia.org: 190.1b, 194.1, 208.2, 218 (beide);

Zentralverband der Deutschen Elektro- und Informationstechnischen Handwerke ZVEH, Frankfurt am Main: 250.1.

→ Weitere Produkte aus unserem

Elektrotechnik-Programm:

Fachkundetitel

Michael Dzieia, Heinrich Hübscher, Dieter Jagla, Jürgen Klaue, Stephan Plichta, Torsten Reh

Energie- und Gebäudetechnik Lernfelder 5-13

568 Seiten, vierfarbig
978-3-14-**222232**-5

Michael Dzieia, Heinrich Hübscher, Dieter Jagla, Stephan Plichta, Torsten Reh, Roland Stolzenburg u.a.

Betriebstechnik Lernfelder 5-13

632 Seiten, vierfarbig
978-3-14-**222132**-8

Stefan Gemmel, Thomas Malburg, Roland Stolzenburg, Nils Weiß

Geräte- und Systemtechnik

176 Seiten, vierfarbig
978-3-14-**231040**-4